Holzfrei

Nr. 42 1954
S. 9443—9674 20. Oktober

Chemisches Zentralblatt

Vollständiges Repertorium für alle Zweige der reinen und angewandten Chemie

1830 gegründet. 1897—1945 von der Deutschen Chemischen Gesellschaft fortgeführt.
Im Auftrage der Deutschen Akademie der Wissenschaften zu Berlin, der Chemischen Gesellschaft in der Deutschen Demokratischen Republik, der Akademie der Wissenschaften zu Göttingen und der Gesellschaft Deutscher Chemiker
herausgegeben von Prof. Dr. Maximilian Pflücke

125 Jahrgang

1954

Chefredakteure: Dr. Eugen Klever und Prof. Dr. Maximilian Pflücke

Akademie-Verlag GmbH., Berlin — Verlag Chemie, GmbH., Weinheim/Bergstr.

Inhalt

Namenregister

Chemisches Zentralblatt

1954 Nr. 42 20. Oktober

A. Allgemeine und physikalische Chemie.

A_1. Kernphysik und Kernchemie.

Jerzy Rayski, *Über die Energie von gebundenen Zuständen in der Quantenfeldtheorie.* 1. Mitt. Theoret. Betrachtungen, in denen eine Gleichung für die Eigenwerte der Energie eines Zweikörpersyst. aus einfachen feldtheoret. Prinzipien abgeleitet wird. (Acta physica polon. **13.** 51—65. 1954. Toruń, Nicholas Copernicus Univ., Dep. of Phys.) HEINSOHN. 80

M. Avramy Melvin, *Die neue klassische Elektrodynamik.* (Vgl. C. **1954.** 6876.) Ableitung einiger aus der neuen DIRACschen Elektrizitätstheorie folgender Beziehungen. (Nature [London] **171.** 890—92. 16/5. 1953. Princeton, Univ., Palmer Phys. Labor.) FUCHS. 80

Walter Wessel und **S. J. Czyzak,** *Über die Darstellung und Generalisierung der Diracschen Theorie des Elektrons.* (Vgl. u. a. C. **1952.** 1943.) Ohne Änderung des von einem (WESSEL) der Vff. aufgestellten Formalismus läßt sich der Spin als ein den Teilchen anhaftendes Verh. einführen, so daß die Halbintegralwerte eingeschlossen sind. Die theoret. Folgerungen dieser Hypothese werden diskutiert. (Physic. Rev. [2] **91.** 986—96. 15/8. 1953. Dayton, O., U. S. Air Force Inst. of Technol., Wright-Patterson Air Force Base, Flight Res. Labor.) GERHARD SCHMIDT. 80

T. H. Crowley, *Über Reziprozitätstheoreme in der elektromagnetischen Theorie.* Für 5 verschied. Typen von Quellen elektromagnet. Felder wird das entsprechende Reziprozitätstheorem mathemat. abgeleitet. (J. appl. Physics **25.** 119—20. Jan 1954. Columbus, O., Ohio State Univ., Res. Found., Antenna Labor.) GERHARD SCHMIDT. 80

K. Symanzik, *Zur renormierten einzeitigen Bethe-Salpeter-Gleichung.* Vf. modifiziert die bereits renormierte mehrzeitige BETHE-SALPETER-Gleichung, um auf einfache Weise eine renormierte einzeitige Gleichung zu erhalten. (Nuovo Cimento [9] **11.** 88—91. 1/1. 1954. Göttingen, Max-Planck-Inst. für Phys.) GERHARD SCHMIDT. 80

L. I. Dorman, *Zur Theorie der meteorologischen Effekte der Höhenstrahlen.* Vf. leitet Beziehungen ab für die Zahl der μ-Mesonen auf einer bestimmten Höhe u. berücksichtigt hierbei die Entstehung der μ-Mesonen beim Zerfall der π-Mesonen, die Mesonenbldg. innerhalb der ganzen Atmosphäre, das Energiespektr. der Mesonenerzeugung u. die Gültigkeit der Formel $h/\varrho = RT$. Vf. erhält Beziehungen für die Veränderung des Absorbers, den Barometer- u. Temperatureffekt u. den Einfl. der Feuchtigkeit u. der Gravitation. (Доклады Академии Наук СССР [Ber. Akad. Wiss. UdSSR] [N. S.] **94.** 433—36. 21/1. 1954. Forschungsinst. für Erdmagnetismus.) WIEDEMANN. 85

Harald Trefall, *Höhenstrahlintensität und die Temperatur der oberen Atmosphäre.* Die Intensität der harten Komponente auf Seehöhe ist abhängig von dem Luftdruck auf Seehöhe, von der Höhe H des Druckniveaus t_1, das die mittlere atmosphär. Tiefe der Mesonenerzeugung darstellt, u. von der Temp. T direkt unter diesem Niveau. Zu dem Glied mit T tragen drei Effekte bei, die im einzelnen diskutiert werden. Insgesamt erhält Vf. einen Beitrag von 0,079%/° C für $t_1 = 100$ mbar u. von 0,150%/° C für $t_1 = 50$ mbar in guter Übereinstimmung mit den Werten von DUPERIER. (Nature [London] **171.** 888—89. 16/5. 1953. Bergen, Univ., Phys. Dep.) WIEDEMANN. 85

Kinsey Anderson und **John R. Winckler,** *Untersuchung der Höhenstrahlung in großer Höhe mittels eines Čerenkov-Zählers.* 1. Mitt. *Apparative Einzelheiten.* (Sitzungsbericht.) Zur Unters. des relativist. Albedos u. zum Vgl. der Impulshöhenverteilung auf Seehöhe u. in großen Höhen wurden ČERENKOV-Zähler mittels Ballon in einer atmosphär. Tiefe von 25 g/cm² auf 40° N geflogen. (Physic. Rev. [2] **91.** 431. 15/7. 1953. Univ. of Minnesota.) WIEDEMANN. 85

John R. Winckler und **Kinsey Anderson,** *Untersuchung der Höhenstrahlung in großer Höhe mittels eines Čerenkov-Zählers.* 2. Mitt. *Experimentelle Ergebnisse.* (1. vgl. vorst. Ref.) (Sitzungsbericht.) Für einen Zenitwinkel von 0° zeigt die Impulshöhenverteilung ein Maximum für einfach geladene Teilchen, das breiter ist als auf Seehöhe.

Der gesamte Fluß nach oben macht 6% des nach unten gerichteten aus, der relativist. Fluß 3%. Bei einem Zenitwinkel von 60° besteht eine Ost–West-Asymmetrie des Gesamtflusses, bei einem Winkel von 90° nicht. Dagegen beträgt die Asymmetrie des relativist. Flusses bei 60° 40% u. bei 90° Zenitwinkel 90%. (Physic. Rev. [2] **91.** 431. 15/7. 1953.) WIEDEMANN. 85

T. H. Stix, *Schwere Kerne in der primären Höhenstrahlung.* (Sitzungsbericht.) Um das Ladungsspektr. der Primärstrahlung u. die zeitliche Schwankung der einzelnen Komponenten zu ermitteln, wurde eine durch 3 Proportionalzähler gesteuerte Nebelkammer auf 41° N mittels Ballon geflogen. Die Impulshöhen u. die Nebelkammerbilder wurden registriert. (Physic. Rev. [2] **91.** 431. 15/7. 1953. Princeton Univ.) WIEDEMANN. 85

Victor H. Yngve und **Marcel Schein,** *Zeitliche Schwankung der schweren Kerne der Höhenstrahlung.* (Sitzungsbericht.) Um die Zeit, zu der ein schwerer Kern die Emulsion passierte, genau festlegen zu können, wurden zwei ILFORD G 5-Emulsionen 8 Std. am Tag in 90000 ft. Höhe exponiert u. dabei langsam u. gleichmäßig gegeneinander bewegt. Es wurden 964 Kerne mit mehr als 10 δ-Strahlen je 100 μ, entsprechend $Z > 10$, beobachtet. Die Intensität in den einzelnen Zeitintervallen wird verglichen. (Physic. Rev. [2] **91.** 432. 15/7. 1953. Univ. of Chicago.) WIEDEMANN. 85

G. W. Anderson, P. S. Freier und **J. E. Naugle,** *Untersuchung der Zeit- und Richtungsabhängigkeit schwerer primärer Kerne.* (Sitzungsbericht.) Auf zwei Ballonflügen auf 55° N in Höhen von 18,5 u. 30 g/cm² von je 14 Std. wurde mittels Kernemulsionen der Fluß der prim. schweren Kerne bestimmt. Die Schwankungen mit der Zeit überschreiten $\pm$20% nicht. Die azimutale Verteilung ist zu weniger als 12% asymm., das Maximum liegt nach Nordwesten. (Physic. Rev. [2] **91.** 431. 15/7. 1953. Univ. of Minnesota.) WIEDEMANN. 85

L. R. Davis, H. M. Caulk und **C. Y. Johnson,** *Intensität primärer Protonen und α-Teilchen.* (Vgl. C. **1953.** 8769.) (Sitzungsbericht.) Auf Ballonflügen wurden einfach u. doppelt geladene Teilchen durch Messungen mittels Proportionalzähler u. Pb-Absorbern nach Ionisationsvermögen u. Reichweite identifiziert. Die Teilchen zeigen eine Abschwächungsweglänge von 50 g/cm² in Luft. Die Vertikalintensitäten betragen für einfach geladene Teilchen $0{,}21 \pm 0{,}01$, für doppelt geladene $0{,}034 \pm 0{,}004$/cm²/Sek./Raumwinkel. (Physic. Rev. [2] **91.** 431. 15/7. 1953. Naval Res. Labor.) WIEDEMANN. 85

Kurt Sitte, Don L. Stierwalt und **Irving L. Kofsky,** *Entwicklung ausgedehnter Schauer in der Atmosphäre.* (Sitzungsbericht.) Auf 4300 m Höhe wurde mittels einer mit C-Platten u. einem Zählerhodoskop ausgestatteten Nebelkammer sowie Pb-Absorbern u. Zählrohren die Elektronenverteilung in Schauern verschied. Alters untersucht. Die seitliche Ausdehnung scheint größer zu sein, als nach der Kaskadentheorie für einzelne Elektronen erwartet wird. (Physic. Rev. [2] **91.** 433. 15/7. 1953. Syracuse, Univ., Smith Coll.) WIEDEMANN. 85

O. Piccioni und **R. L. Cool,** *Höhenschwankung und Übergangseffekte von Luftschauern.* (Sitzungsbericht.) In Höhen bis zu 35000 ft. wurden Luftschauer mit mehr als 10⁴ Elektronen untersucht. Bis 11000 ft. ist die N-Komponente der Elektronenkomponente nahezu proportional, dann nehmen die N-Teilchen rascher mit der Höhe zu als die Elektronen. Auf 11000 ft. wurden mit *Pb* u. *C* Übergangseffekte an den Schauerkernen beobachtet. Mit Pb-Absorbern erreicht der Übergangseffekt bei 6 Strahlungslängen den Faktor 3. (Physic. Rev. [2] **91.** 433. 15/7. 1953. Brookhaven Nat. Labor.) WIEDEMANN. 85

P. Bassi, G. Clark und **B. Rossi,** *Zeitliche Verzögerungen in Luftschauern.* (Sitzungsbericht.) Mittels großer Flüssigkeitsscintillatoren wurden durch Dreifachkoinzidenzen Luftschauer festgestellt, die Ankunftszeit der Teilchen wurde registriert. Es wurden Verzögerungen zwischen den einzelnen Zählern von $0{,}5$—$10 \cdot 10^{-8}$ Sek. gemessen. Hieraus kann die Richtung des Schauerkerns ermittelt werden. Die meisten Teilchen in einem Luftschauer sind in einer Schauerfront in einem gegebenen Moment konzentriert. (Physic. Rev. [2] **91.** 432—33. 15/7. 1953. M. I. T.) WIEDEMANN. 85

G. Pfotzer, *Über den Beitrag der von μ-Mesonen angestoßenen Elektronen zu den Ultrastrahlungsschauern hinter verschieden starken Bleidicken.* Vf. berechnet die Zahl der Stoßelektronenschauer, die von μ-Mesonen herrühren, hinter verschieden dicken Pb-Schichten. Die Kurve zeigt ein flaches Maximum bei 4 cm Pb, das durch das n. ROSSI-Maximum überdeckt wird, u. einen Wert von noch ca. 5 Schauern unter mehr als 10 cm Pb. Das zweite Maximum der ROSSI-Kurve bei 15 cm Pb kann durch diese Schauer nicht erklärt werden. (Z. Naturforsch. **8a.** 335—36. Mai 1953. Weissenau, Max-Planck-Inst. für Phys. der Stratosphäre.) WIEDEMANN. 85

Martin Deutschmann, *Zur Kernwechselwirkung schneller μ-Mesonen.* Mittels einer Nebelkammer, in der sich 9 Pb-Platten von 1,5 bzw. 2 cm Dicke in Abständen von 5 cm befanden, wurde auf Seehöhe die Wechselwrkg. energiereicher μ-Mesonen, die insgesamt 105 cm Pb durchdrangen, mit Materie untersucht. Es wurden 3537 Bahnspuren entsprechend einer Strecke von 442 m Pb geprüft. Es wurde nur ein stark ionisierendes Sekundärteilchen (Proton oder α-Teilchen) unter einem Winkel von 140° gegen das μ-Meson beobachtet, dagegen keine durchdringenden Sekundärteilchen. Der Wirkungsquerschnitt für ihre Entstehung ist $<3{,}3 \cdot 10^{-30}$ cm²/Nucleon. (Z. Naturforsch. **8a.** 308—11. Mai 1953. Göttingen, Max-Planck-Inst. für Phys.)
WIEDEMANN. 85

A. Lenard, *Innere Bremsstrahlung beim μ-Zerfall.* (Sitzungsbericht.) Die Wahrscheinlichkeit für den Zerfall eines μ-Mesons unter gleichzeitiger Emission eines Elektrons u. eines Photons in Abhängigkeit von der Energie der beiden Teilchen u. dem Winkel zwischen ihren Richtungen wird nach einer Störungstheorie zweiter Ordnung berechnet. (Vgl. auch C. **1954.** 6160.) (Physic. Rev. [2] **90.** 372. 15/4. 1953. State Univ. of Iowa.)
WIEDEMANN. 90

A. I. Achijeser, *Beugungsstrahlung von Photonen durch Teilchen mit dem Spin 1/2.* Bei der Absorption schneller Teilchen durch Kerne kommt es zu einer elast. Streuung u. zu einer Streuung mit Aussendung von Photonen. Beugungsstreuung u. Beugungsstrahlung werden für den Fall der Absorption von Teilchen mit dem Spin 1/2, nämlich Protonen, durch einen absol. schwarzen (undurchlässigen) Kern untersucht. Die Wirkungsquerschnitte werden ermittelt. Der Einfl. des Spins macht sich nur bei hohen Frequenzen bemerkbar. (Доклады Академии Наук СССР [Ber. Akad. Wiss. UdSSR] N. S.] **94.** 651—54. 1/2. 1954.)
WIEDEMANN. 90

Gérard Petiau, *Über die Berechnung des Wirkungsquerschnitts für die Emission von Bremsstrahlung durch ein Teilchen vom Spin ħ/2 in Wechselwirkung mit einem Teilchen vom Spin n ħ/2 (n ganzzahlig).* (Vgl. u. a. C. **1953.** 483.) Es wird eine Kovarianzberechnung des Wirkungsquerschnitts der Emission von Bremsstrahlung durch ein Teilchen vom Spin ħ/2 (DIRAC-Elektron) bei der COULOMB-Wechselwrkg. mit einem Teilchen vom Spin n ħ/2 (Atomkern) durchgeführt. Dabei werden die irreduzierbaren Wellengleichungen der Theorie von Teilchen mit beliebigem Spin benutzt. (C. R. hebd. Séances Acad. Sci. **236.** 462—64. 2/2. 1953.)
WIEDEMANN. 90

G. R. Satchler, *Winkelverteilung der γ-Strahlen bei Abstreifreaktionen.* Die Aufschlüsse, die die Winkelverteilung der γ-Strahlung, die einer Deuteron–Abstreif-Rk. folgt, über das Schalenmodell, die j–j(Gesamtbahnmoment)- u. die L–S-Kopplung gibt, werden diskutiert. (Physic. Rev. [2] **90.** 722—23. 15/5. 1953. Oxford, Clarendon Labor.)
WIEDEMANN. 90

W. H. Voelker, *Die Winkelverteilung Compton-gestreuter γ-Strahlen.* (Sitzungsbericht.) Vf. bestimmt die Winkelverteilung COMPTON-gestreuter γ-Strahlen für eine einfallende γ-Energie von 15 MeV. Als γ-Strahlenquelle dient ein Betatron, die einfallende γ-Energie wird durch Nachw. des gestreuten γ-Strahls u. Elektrons in Koinzidenz (Auflösungszeit $5 \cdot 10^{-9}$ Sek.) bei bekannten Winkeln mit dem einfallenden Bündel ausgewählt. Die Energiebande der einfallenden Strahlen hat eine Breite von 2 MeV. Die experimentelle Verteilung stimmt mit der KLEIN-NISHINA-Voraussage innerhalb des experimenteIln Fehlers überein. (Physic. Rev. [2] **93.** 362. 15/1. 1954. Case Inst. of Technol.)
GERHARD SCHMIDT. 90

L. Leipuner, R. Siegel und **S. DeBenedetti,** *Polarisation der Dreiquanten-Vernichtungsstrahlung.* (Vgl. C. **1953.** 4.) Vff. untersuchen die Polarisation eines der γ-Strahlen, die sich aus der Dreiquanten-Vernichtung von Positronen u. Elektronen ergeben, relativ zur Emissionsebene der 3 Quanten. Zur Messung wird eine dünne ^{22}Na-Probe verwendet, die sich in einem Al-Behälter mit einer dichten SF_6-Atmosphäre befindet. Die Positronen aus dieser Quelle bilden Positronium u. liefern ausreichend intensive Quellen von Dreiquanten-Vernichtungsereignissen. Zum Nachw. der γ-Strahlen dienen drei NaJ(Tl)-Scintillationszähler unter Winkeln von 120°. Die Theorie sagt ein Polarisationsverhältnis von 3:1 zugunsten der Strahlen, die mit dem elektr. Vektor (senkrecht zur Ebene der 3 Quanten) planpolarisiert sind. Aus einer rohen Monte-Carlo-Berechnung wird ein Verhältnis (parallel/senkrecht) von $1{,}80 \pm 0{,}15$ erhalten. (Physic. Rev. [2] **91.** 198—99. 1/7. 1953. Pittsburgh, Pa., Carnegie Inst. of Technol.)
GERHARD SCHMIDT. 90

Marcel Schein, Joseph Fainberg, D. M. Haskin und **R. G. Glasser,** *Teilchenpaare hoher Energie aus Kernwechselwirkungen.* (Sitzungsbericht.) Negative Pionen von 450 MeV aus dem Cyclotron erzeugten in Kernemulsionen Paare hoher Energie, die vermutlich aus Elektronen bestehen, Energien zwischen 22 u. 205 MeV u. Winkel zwischen 0,3 u. 25,9° aufweisen. Der Abstand zwischen Stern u. Ursprung des Paares ist $<2\,\mu$. Es wird die Rk. $\pi^0 \rightarrow e^+ + e^- + \gamma$ mit einer Lebensdauer von $<4 \cdot 10^{-15}$ Sek. angenommen. (Physic. Rev. [2] **91.** 479—80. 15/7. 1953. Univ. of Chicago.) Wiedemann. 90

Marcel Schein, Joseph Fainberg, D. M. Haskin und **R. G. Glasser,** *Erzeugung von Elektronenpaaren hoher Energie durch negative Pionen in Kernzusammenstößen.* Ausführliche Darst. der vorst. referierten Arbeit. (Physic. Rev. [2] **91.** 973—80. 15/8. 1953. Chicago, Ill., Univ. of Chicago, Dep. of Phys.) Wiedemann. 90

F. Rohrlich und **B. C. Carlson,** *Energieverlust von Positronen und Elektronen.* (Sitzungsbericht.) Berechnungen zeigen, daß der mittlere Energieverlust bei Positronen bis zu 350 keV größer ist als bei Elektronen, oberhalb dieser Energie sind die Verhältnisse umgekehrt. Bei 100 keV beträgt die Positron–Elektron-Differenz $\sim$4% in *Al,* 6% in *Pb,* bei 2 MeV $\sim$—2,5% in Al, —3,5% in Pb. Der Effekt macht sich bes. bei großen Streuwinkeln bemerkbar. Die Abhängigkeit von Energie u. Ordnungszahl wird diskutiert. (Physic. Rev. [2] **90.** 378. 15/4. 1953. Princeton, Univ.) Nelkowski. 90

Harry E. Moses, *Austauschstreuung in einem Dreikörperproblem.* (Vgl. C. **1954.** 4087.) Vf. führt den Beweis, daß in dem Dreikörper-Streuproblem, deren Prototyp die Streuung eines Elektrons durch ein H-Atom ist, der die Austauschstreuung entsprechende Koeff. sich wie eine radial nach außen fortschreitende Welle verhält. Die von Mott u. Massey aufgestellte Hypothese für die Behandlung des Problems findet somit ihre Bestätigung. (Physic. Rev. [2] **91.** 185—92. 1/7. 1953. New York, N. Y., New York Univ., Mathemat. Res. Group.) Gerhard Schmidt. 90

E. Corinaldesi, *Relativistische Streuung von Elektronen und die Bornsche Approximation.* Mathemat. Vgl. der exakten Streuamplitude bei unendlicher Energie mit der durch die Bornsche Approximation gegebenen Amplitude. (Nuovo Cimento [9] **11.** 200—02. 1/2. 1954. Dublin, Inst. for Adv. Stud.) Gerhard Schmidt. 90

Niels Bohr und **Jens Lindhard,** *Einfang und Verlust von Elektronen durch schwere Ionen beim Durchgang durch Materie.* Theoret. Betrachtungen über das Gleichgewicht zwischen Verlust u. Einfang von Elektronen durch schwere Ionen sowie über den Mechanismus des Elektronenverlustes u. -einfangs. Der experimentelle Nachw. für Einfang u. Verlust durch schwere Ionen in Gasen bei tiefen Tempp. wird diskutiert. (Kgl. danske Vidensk. Selsk., mat.-fysiske Medd. **28.** Nr. 7. 1—30. 1954. Kopenhagen, Univ., Inst. für Theoret. Phys.) Voitländer. 90

D. J. Grove und **J. G. Fox,** *e/m für 385 MeV-Protonen.* (Sitzungsbericht.) Das e/m-Verhältnis für 385 MeV-Protonen ($\beta \cong 0,7$) wurde mit dem inneren Strahl des 140 in.-Synchrotrons gemessen. An einem 0,00033 in. W-Draht gestreute Protonen wurden mit einem oberhalb der Mittelebene im gleichen Radius (61 in.) montierten Scintillationszähler gemessen. Mit einem Frequenzdiskriminator wurde die Winkelgeschwindigkeit ω der Protonen auf der Gleichgewichtsbahn gemessen. Mit Hilfe der magnet. Feldstärke H konnte $(e/m)_1 = \omega \cdot c/H$ bestimmt werden. Ferner konnte durch genaue Best. des Bahnzentrums der relativist. Wert $(e/m)_2 = c/m_0(1 - \omega^2 r^2/c^2)^{1/2}$ berechnet werden. (Physic. Rev. [2] **90.** 378. 15/4. 1953. Carnegie Inst. of Technol.) Nelkowski. 90

J. Eugster, *Neutronenmessungen in großen Tiefen unter der Erde.* Vorläufiger Bericht über Messungen der Neutronenintensität 2100 m unter der Erdoberfläche im Rahmen einer Unters. über die biol. Wrkg. der Höhenstrahlung. Die zur Beobachtung in einem Tunnel exponierten Platten (teils mit, teils ohne Cd-Umhüllung) ergaben um eine Größenordnung höhere u. energiereichere Neutronenintensität als Kontrollplatten auf der Erdoberfläche. Es scheint, als habe die beobachtete Neutronenintensität im Erdinnern mit der Höhenstrahlung nicht zu tun. (Rev. sci. Instruments **25.** 5—7. Jan. 1954. Zürich, Univ.) H. C. Wolf. 90

Howard C. Volkin, *Die Wirkung unelastischer Zusammenstöße auf die Bremslänge von Neutronen in einer wasserstoffhaltigen Mischung.* (Vgl. C. **1954.** 2324.) Die vom Vf. definierte Bremslänge L_s von Neutronen wird für Mischsysteme, die H enthalten, unter der Voraussetzung unelast. Znsammenstöße aus der Transportgleichung abgeleitet. Weiter wird vorausgesetzt, daß die Massen der Nicht-H-Atome unendlich groß sind u. daß die Stöße so erfolgen, daß nur Energieaustausch mit wohldefinierten diskreten Energieniveaus der Bremssubstanz stattfindet. Anwendung der Ergebnisse auf Mischungen von Fe u. H_2O für Neutronen mit Energien bis zu 2 MeV. (J. appl. Physics **25.** 83—86. Jan. 1954. Cleveland, O., Nat. Advis. Comm. for Aeronaut., Lewis Flight Propuls. Labor.) H. C. Wolf. 90

Alexander Langsdorf jr., *Untersuchungen über anisotrope und unelastische Streuung mit einem scharf begrenzten Neutronenbündel.* (Sitzungsbericht.) Die Neutronen werden in einem sich langsam verengenden Loch in der Achse einer kon. geformten Abschirmvorr. gebündelt. Als Nachweisgeräte werden 9 BF_3-Proportionalzähler benutzt, die auf 7 Kreisen mit ansteigenden Radien in einem Paraffinring angeordnet sind. Anisotrope Streuung wird durch Anbringen des Streukörpers vor, in u. hinter dem Ring gemessen. Für 1 MeV-Neutronen u. isotrope Streuung beträgt die Wirksamkeit der Zähler in der zentralen Stellung 20%; bei 90% Durchlässigkeit der Streukörper ist der Untergrund ca. 10%. Von besonderem Interesse ist eine mit der Resonanzstreuung verbundene Anisotropie. Eine „Altersverteilung" wird aus der radialen Ausschlagverteilung erhalten. (Bull. Amer. physic. Soc. **25.** Nr. 4. 17. 21/6.; Physic. Rev. [2] **80.** 132. Okt. 1950. Argonne Nat. Labor.) WEIGEL. 90

W. E. Meyerhof, D. B. Nicodemus und **Felix Bloch,** *Polarisationseffekte gestreuter Neutronen.* (Sitzungsbericht.) Wird ein Neutron an einem Kern mit $I \neq 0$ gestreut, so existiert eine endliche Wahrscheinlichkeit Q der Spinübertragung (spin flip), die eine Berechnung der Spinstreulängen gestattet. Q wird durch Best. der Polarisationsänderung eines polarisierten, langsamen Neutronenbündels bei Streuung an verschied. Substanzen gemessen. Zwei ½ in. dicke, bis zur Sättigung magnetisierte Fe-Blöcke werden als Polarisator u. Analysator benutzt. Für *C* ($I = 0$) ist $Q = 0{,}15 \pm 0{,}25$ statt $Q = 0$ (Erwartungswert). (Bull. Amer. physic. Soc. **25.** Nr. 4. 17. 21/6.; Physic. Rev. [2] **80.** 132. Okt. 1950. Stanford Univ.) WEIGEL. 90

H. G. Kolsky und **A. Klein,** *Eigenschaften des n–p-Systems bei geringen Energien.* (Sitzungsbericht.) Diskussion über die Berücksichtigung von Gliedern höherer Ordnung bei der Berechnung des Nucleonenpotentials. (Physic. Rev. [2] **91.** 459—60. 15/7. 1953. Los Alamos Scient. Labor., Harvard Univ.) KIRSCHSTEIN. 90

F. T. Solmitz, *Proton–Proton-Streuung für ein nucleonisobares Modell.* Ausführliche Darst. der C. **1954.** 2542 referierten Arbeit. (Physic. Rev. [2] **92.** 164—72. 1/10. 1953. Chicago, Ill., Univ. of Chicago.) CONRAD. 90

S. Sack, L. C. Biedenharn und **G. Breit,** *Die elastische Streuung von Protonen durch α-Teilchen.* Die aus der Analyse der elast. Streuung von Protonen durch α-Teilchen bestimmten $p_{1/2}$- u. $p_{3/2}$-Phasenverschiebungen werden in Termen einer Potentialwechselwrkg. zwischen dem Proton u. α-Teilchenkern mit einer Spin–Bahn-Wechselwrkg. vom THOMAS-Typ behandelt. Die Ergebnisse sind in bezug auf den gewählten Porentialwallverlauf empfindlich u. sprechen für eine GAUSSsche Potentialwallwechselwirkung. Die theoret. Grenzen des nach diesem Typ behandelten Problems werden diskutiert. (Physic. Rev. [2] **93.** 321—25. 15/1. 1954. New Haven, Conn., Yale Univ.) GERHARD SCHMIDT. 90

James A. Phillips, *Der Energieverlust von Protonen geringer Energie in einigen Gasen.* Der durch Ionisation, Anregung u. Umladungen erzeugte Energieverlust $\Delta E/\Delta x$ von Protonen mit Energien zwischen 10 u. 80 keV in H_2, *He*, N_2, O_2, *Ar*, *Kr*, H_2O, CO_2 u. CCl_4 wurde bei Zimmertemp. gemessen. $\Delta E/\Delta x$ steigt mit wachsender Energie bis zu einem Maximum zwischen 60 u. 90 keV an; $\Delta E/\Delta x$ läßt sich durch $L f(ME)$ ausdrücken, wobei L u. M Konstanten der elementaren Gase sind. Durch Normierung von $\Delta E/\Delta x$ lassen sich alle Kurven der elementaren Gase zur Deckung bringen. Der Energieverlust für die zusammengesetzten Gase ist gleich der Summe der Verluste ihrer Komponenten. Der Energieverlust pro Atom ist unabhängig vom Druck der Gase im Bereich von 0—1,5 Torr. (Physic. Rev. [2] **90.** 532—37. 15/5. 1953. Los Alamos, N. Mex., Univ. of California, Los Alamos Scient. Labor.) HEINSOHN. 90

John L. Johnson und **J. L. McHale,** *Die Berechnung der Halbwertsbreiten von Einkörperresonanzen.* Vff. berechnen die Resonanzhalbwertsbreiten für Protonen, die auf leichte Elemente mit Z zwischen 4 u. 14 auftreffen, nach einer Einkörperapproxomation. Die Berechnungen ergeben, daß bei Vernachlässigung des Ausläufers der Wellenfunktion im Integral, das die Wahrscheinlichkeit des Protons im einfallenden Zustand darstellt, Fehler in der Größenordnung von 50% auftreten können. Unter Verwendung der von BREIT abgeleiteten Formel werden die Niveauverschiebungen abgeschätzt. (Physic. Rev. [2] **91.** 87—89. 1/7. 1953. New Haven, Conn., Yale Univ.)
GERHARD SCHMIDT. 95

D. C. Choudhury, *Berechnungen zur mittelstarken Kopplung im einheitlichen Kernmodell.* Vf. berechnet nach dem Kernmodell von BOHR u. MOTTELSON Kernzustände für ein Nucleon mit $j = 5/2$, welches mit den Oberflächenoscillationen des Quadrupoltyps gekoppelt ist. Konfigurationswechselwrkg. zwischen Teilchenzuständen mit verschied. j werden ausgeschlossen. Trotz der vorgenommenen Vereinfachungen liefern die Rechnungen für die Kernzustände, magnet. Momente u. Quadrupolmomente viele charakterist. Eigg. für den Fall mittleren Kopplungsgrades. (Kgl. danske Vidensk. Selsk., mat.-fysiske Medd. **28.** Nr. 4. 1—15. 1954. Kopenhagen, Univ., Inst. für Theor. Phys.) VOITLÄNDER. 95

Alex E. S. Green und **Nicholas A. Engler**, *Massenoberflächen.* (Vgl. C. **1953.** 3992.) Es werden mehrere Anwendungen der in der Massenoberflächendefinition auftretenden Schlüsselfunktionen zum Vgl. von halbempir. Massenoberflächen mit experimentellen Daten gegeben. Vff. zeigen, daß die meisten der in der Literatur angegebenen halbempir. Konstanten Anlaß zu systemat. Fehlern bei der Best. der Kernmassen geben können. Das ist jedoch nicht auf die halbempir. Massengleichung als solche zurückzuführen, denn es läßt sich eine Gruppe von Konstanten finden, die den Fehler in der Größe der Kernmasse auf die durch Schaleneffekte bedingte Ungenauigkeit reduzieren. (Physic. Rev. [2] **91.** 40—45. 1/7. 1953. Cincinnati, O., Univ. of Cincinnati, Dep. of Phys.) Wasserroth. 95

Alex E. S. Green und **David F. Edwards**, *Diskontinuitäten in der Kernmassenoberfläche.* (Vgl. vorst. Ref.) Vff. analysieren Protonen- u. Neutronenbindungsenergien bzgl. ihrer Verwendbarkeit zur angenäherten Abschätzung der durch die Paarbldg. u. Schalenstruktur bedingten Effekte. Die Genauigkeit verschied. theoret. Ansätze für den Paarbildungseffekt wird krit. diskutiert. Vff. geben einen Schalenstrukturterm zur Korrektur der Kernenergien u. schließen, daß ein wesentlich größerer Teil der Variationen der Kernmasse durch die Schalenstruktureffekte bedingt ist, als bisher angenommen wurde. (Physic. Rev. [2] **91.** 46—53. 1/7. 1953.) Wasserroth. 95

Abraham Klein, *Symmetrische pseudoskalare Theorie der Kernkräfte.* (Vgl. Lévy, C. **1953.** 9376.) Vf. weist auf einige Fehler in dem adiabat. Kernpotential hin, das Lévy (l. c.) mit einer dreidimensionalen Störungstheorie aus der symm. pseudoskalaren Theorie mit pseudoskalarer Kopplung abgeleitet hat. (Physic. Rev. [2] **89.** 1158—59. 1/3. 1953. Cambridge, Mass., Harvard Univ.) Wiedemann. 95

E. M. Henley und **M. A. Ruderman**, *Kernkräfte von ausgedehnten Quellen.* (Sitzungsbericht.) Zur Erklärung der starken Verschiebung der p-Welle bei der Meson–Nucleon-Streuung wurde ein Modell mit schwacher u. ausgedehnter Gradientenkopplung eingeführt. Mit diesem Modell wird die adiabat. Kraft zwischen zwei Nucleonen berechnet. (Physic. Rev. [2] **91.** 480. 15/7. 1953. Columbia Univ.) Wiedemann. 95

David Feldman, *Die Ladungsunabhängigkeit der Kernkräfte.* Die Hypothese der Ladungsunabhängigkeit führt zu einigen Voraussagen über die energiereiche Streuung von Nucleonen, u. zwar lassen sich Ungleichheiten voraussagen. So muß für die Rkk. $p_1 + p_2 \rightarrow p_3 + p_4$ u. $n_1 + p_2 \rightarrow n_3 + p_4$ gelten $R = \sigma_{pp}(90^0)/\sigma_{np}(90^0) < 4$. Die experimentellen Befunde für Energien von 220—260 MeV ergeben $2{,}8 \pm 0{,}5$ bzw. $3{,}8 \pm 0{,}5$. (Physic. Rev. [2] **89.** 1159—60. 1/3. 1953. Rochester, N. Y., Univ., Dep. of Phys.) Wiedemann. 95

Erwin H. Kronheimer, *Berechnung von Bindungsenergien des Kerns mit Einteilchen-Oscillator-Wellenfunktionen.* Theoret. Betrachtungen über die Berechnung der Bindungsenergien von leichten Kernen durch Verallgemeinerung der Integrale von Elliott u. Mitarbeitern (nicht veröffentlicht). (Physic. Rev. [2] **90.** 1003—04. 1/6. 1953. Southampton, Univ., Dep. of Math.) Heinsohn. 95

Niels Bjerrum, *Bemerkungen zur Anordnung der Elemente in Gruppen innerhalb des Periodischen Systems.* Vf. begründet seine These, daß die 3. Nebengruppe aus *Ga, In, Tl* u. die 4. Nebengruppe aus *Ge, Sn* u. *Pb* besteht, neuerdings damit, daß Sc u. Ti kaum den Charakter von Übergangselementen hätten u. somit in die 3. u. 4. Hauptgruppe eingeordnet werden müßten. Für diese Entscheidung spricht auch das Komplexbildungsvermögen der Elemente in den umstrittenen Gruppen. (Bull. Soc. chim. belges **62.** 78—90. Jan./Febr. 1953. Kopenhagen.) Kirschstein. 95

Berthold Stech, *Die elektrische Strahlung isomerer Kerne mit ungerader Neutronenzahl.* Kerne mit ungerader Neutronenzahl können ihre Anregungsenergie auch beim strengen Einteilchenmodell unter Aussendung elektr. Multipolstrahlung verlieren. Ein relativist. Term, der vom magnet. Moment des Neutrons herrührt, beschreibt die experimentell gefundene Strahlung recht gut. Eine Herleitung der Formeln für magnet. Multipolstrahlung wird gegeben. (Z. Naturforsch. **9a.** 1—4. Jan. 1954. Heidelberg, Univ., Inst. für theoret. Phys.) Nelkowski. 103

D. Walker, W. T. Link und **W. I. B. Smith**, *Eine Suche nach der Kernreaktion* $^4He(\alpha, n)^7Be$. Bei der Suche nach der Rk. $^4He(\alpha, n)^7Be$ (Schwellenwert $38{,}0 \pm 0{,}1$ MeV) wird eine 9,2 cm dicke He-Schicht unter 3 at Druck mit Cyclotron-α-Teilchen beschossen u. in hinter dem Target aufgestellten Al-Absorbern nach der charakterist. Aktivität der stark nach rückwärts gestreuten ^7Be-Kerne gesucht. Die Abwesenheit dieser Aktivität gestattet die Festlegung der oberen Grenze für σ zu $7 \cdot 10^{-28}$ cm^2. Dieses Ergebnis wird bzgl. der Rkk. $^4He(\alpha, p)^7Li$ u. $^7Li(p, \alpha)^4He$ diskutiert. Aus der Anregungsfunktion der letzten Rk. wird geschlossen, daß die Rk. $^4He(\alpha, n)^7Be$ unter verbesserten Bedingungen für $E_\alpha > 41$ MeV beobachtbar sein sollte. (Proc. physic. Soc., Sect. A **65**. 861—62. 1/10. 1952. Birmingham, Univ., Phys. Dep.) WEIGEL. 103

F. L. Talbott und **N. P. Heydenburg,** *γ-Resonanzen beim Beschuß von Beryllium und Bor mit α-Teilchen.* Vff. untersuchen die Niveaus der Compoundkerne ^{13}C u. ^{14}N durch Best. der Abhängigkeit der γ-Intensität von der Energie der α-Teilchen bei den Rkk. $^{9}Be(\alpha, n\gamma)^{12}C$ (I) u. $^{10}B(\alpha, p\gamma)^{13}C$ (II). Die α-Teilchen von 1,0—3,0 MeV werden mit einem elektrostat. Generator erzeugt u. die γ-Intensität mit einem NaJ(Tl)-Kristall gemessen. Bei I wird außerdem die Neutronenausbeute mit einer Bor-Ionisationskammer bestimmt, bei II wird natürliches wie an ^{10}B angereichertes B verwendet. aus den Resonanzstellen ergeben sich Energieniveaus von 11,95 u. 12,46 MeV für ^{13}C u. von 12,77; 12,87; 12,90; 13,01 u. 13,24 MeV für ^{14}N, ferner eine Anzahl höherer, nicht eindeutig auflösbarer Niveaus. Die Energie des γ-Strahls wird für I zu $4,2 \pm 0,2$ MeV, für II zu $3,9 \pm 0,1$ MeV bestimmt. (Physic. Rev. [2] **90**. 186—87. 15/4. 1953. Washington, Catholic Univ. of America, Dep. of Phys.; Carnegie Inst. of Washington, Dep. of Terrestr. Magnetism.) G. HERRMANN. 103

C. K. Bockelman, C. P. Browne, W. W. Buechner und **A. Sperduto,** *Unelastische Streuung von Protonen und Deuteronen an ^{10}B und ^{14}N.* Vff. beschleunigen Protonen u. Deuteronen auf 4—8 MeV, lenken das beschleunigte Bündel unter 90° auf das ca. 1 ft. entfernte Target u. registrieren die Streuteilchen in einem 180°-Magnetspektrographen auf Kernphotoplatten. Untersucht werden als Targets ^{10}B (dünne, auf Formvar aufgedampfte Schichten von angereichertem ^{10}B) u. ^{14}N (dünne Nylonfolien). Die Niveauwerte (in MeV) sind von ^{10}B $0,717 \pm 0,005$, $1,739 \pm 0,005$, $2,152 \pm 0,005$, $3,583 \pm 0,005$ u. $4,771 \pm 0,005$, von ^{14}N $2,313 \pm 0,005$, $3,945 \pm 0,005$, $4,910 \pm 0,010$ u. $5,104 \pm 0,010$. Je ein Niveau in den untersuchten Kernen liefert keine Deuteronenstreuung (1,74 MeV in ^{10}B u. 2,31 MeV in ^{14}N). Dieses Verh. läßt sich durch die Auswrkg. einer Isobarenspinregel deuten. (Physic. Rev. [2] **92**. 665—69. 1/11. 1953. Cambridge, Mass., MIT., Phys. Dep. and Labor. for Nucl. Sci.) WEIGEL. 103

E. Broda und **G. Rohringer,** *Über den Einfangquerschnitt des Kohlenstoffisotops 13 für thermische Neutronen und eine Methode der Stickstoffbestimmung durch Aktivierung.* Vff. suchen nach einem SZILARD-CHALMERS-Effekt bei der Rk. $^{13}C(n,\gamma)\,^{14}C$ in Paraffin. Aktivierungsmessungen nach Neutronenbestrahlung im Reaktor zeigen, daß der Neutroneneinfangquerschnitt von ^{13}C höchstens 0,01 barn betragen kann, statt 0,1 barn wie von verschied. anderen Autoren angegeben. Unter diesen Umständen ist der gesuchte Effekt nicht nachweisbar, hingegen können ^{14}N-Gehh. auch bei Ggw. von ^{13}C genau bestimmt werden wegen des 17000fach größeren Aktivierungsquerschnitts. Das Verf. bietet eine gute Meßmeth. für N-Analysen in Metallen. (Naturwissenschaften **40**. 337—38. Juni 1953. Wien, Univ., II. Physik. Inst. u. I. Chem. Labor.) NELKOWSKI. 103

F. K. Goward und **J. J. Wilkins,** *Mehrfachresonanzen in Photozertrümmerungsquerschnitten.* Vff. beschießen ILFORD-Kernemulsionen (200 μ E 1 u. C 2) mit 20 bis 70 MeV-Bremsstrahlung u. untersuchen die Reaktionssterne, die von $^{16}O(\gamma, 4\alpha)$ (I) u. $^{12}C(\gamma, 3\alpha)$ (II) herrühren. Die aus den Messungen an 700 Sternen von I u. 1800 Sternen von II bestimmten σ-Kurven zeigen eine komplizierte Resonanzstruktur, die sich durch Überlagerung benachbarter, diskreter Resonanzmaxima wiedergeben läßt. Bei denjenigen Energien, bei denen die (γ, n)-Rkk. Maxima aufweisen, zeigen die vorliegenden Kurven Minima. Die Befunde lassen sich durch Annahme eines Compoundkerns deuten. (Proc. physic. Soc., Sect. A **65**. 671—72. 1/8. 1952. Harwell, Didcot, Berks. AERE.) WEIGEL. 103

D. L. Livesey und **C. L. Smith,** *Resonanzeffekte bei der Photozertrümmerung von ^{16}O-Kernen in vier α-Teilchen.* Vff. beschießen 100 μ-ILFORD C 2-Emulsionen mit Synchrotron-γ-Quanten einer Maximalenergie von 32 MeV u. untersuchen die Anregungsfunktion der Rk. $^{16}O(\gamma, \alpha)^{12}C^* \rightarrow 2\,^{4}He + {}^{8}Be \rightarrow 4\,^{4}He$ an 83 Zertrümmerungssternen. Gefunden werden 3 Sterngruppen, entsprechend den γ-Energien ~ 22 MeV (I), 25 MeV (II) u. 29 MeV (?) (III). I entspricht im wesentlichen der von GOWARD u. WILKINS (C. **1952**. 638) angegebenen Verteilung; der Zerfall erfolgt hauptsächlich über den Grundzustand oder den 3 MeV-Anregungszustand von ^{8}Be; einige Sterne lassen sich durch das zusätzliche Auftreten der ^{12}C-Niveaus bei 9,7 bzw. 11,3 MeV deuten. Bei II scheint das 4,3 MeV-Niveau von ^{8}Be aufzutreten, III läßt wegen der geringen Zahl der beobachteten Sterne keine Deutung zu. (Proc. physic. Soc., Sect. A **65**. 758—60. 1/9. 1952. Northants, Oundle School; Cambridge, Univ., Dep. of Radiotherap.) WEIGEL. 103

C. A. Hsiao und **V. L. Telegdi,** *Der Mechanismus der Reaktion $^{16}O + h\nu \rightarrow 4\,^{4}He$.* Vff. beschießen 400 μ-ILFORD E 1-Kernemulsionen mit 48 MeV-Bremsstrahlung u.

teilen die an 230 beobachteten Zertrümmerungssternen gewonnenen Ergebnisse mit. Die Befunde werden mit denjenigen von GOWARD u. WILKINS sowie von LIVESEY u. SMITH (vgl. vorst. Reff.) verglichen. Die Energieverteilungen für alle Einzelprozesse mit $E_T > 8$ MeV (I) sowie für alle Einzelprozesse mit $E_T > 10$ MeV (II) werden angegeben. Die Verteilung von II stimmt gut mit der kontinuierlichen Verteilung überein, die sich ergibt, wenn zwei Zwischenniveaus, u. zwar ein 16 MeV-^{12}C- u. ein 3 MeV-^{8}Be-Niveau angenommen werden, u. wenn dem 16 MeV-Niveau eine Halbwertsbreite von 1,8 MeV zugeordnet wird. Diese Annahme zwingt jedoch zu dem Schluß, daß die Rk. dann nicht mehr über die bei niedrigen Energien beteiligten Niveaus verläuft. (Physic. Rev. [2] **90.** 494—95. 1/5. 1953. Chicago, Ill., Univ. of Chicago, Inst. for Nucl. Stud., Dep. of Phys.) WEIGEL. 103

A. B. Bhatia, Kun Huang, R. Huby und **H. C. Newns,** *Winkelverteilung bei (d, p)- und (d, n)-Reaktionen.* Ableitung u. Diskussion einer Formel für den Wirkungsquerschnitt von (d, p)- oder (d, n)-Rkk. mit Anwendung auf die Rk. ^{16}O(d, n)^{17}F, die von EL-BEDEWI u. Mitarbeitern (C. **1952.** 3440) untersucht worden ist. (Philos. Mag. [7] **43.** 485—500. Mai 1952. Liverpool, Univ., Dep. of Theoret. Phys.) KIRSCHSTEIN. 103

R. B. Day, C. Y. Chao, W. A. Fowler und **J. E. Perry jr.,** *Winkelverteilung von γ-Strahlen aus Fluor.* (Sitzungsbericht.) Die Winkelverteilung der γ-Strahlen aus $^{19}F(p, \alpha\gamma)^{16}O$ wird untersucht. Als Nachweisgerät dienen drehbar um die Targetkammer angeordnete G.-M.-Zähler. Gemessen werden Koinzidenzen zwischen den vorderen u. hinteren Zählern, wobei variierende Al-Absorberstärken verwendet werden. Die Targetkammer u. das Nachweisgerät sind zur Unterdrückung des Untergrundes in ein großes Pb-Gehäuse eingebaut. Die gemessene Verteilung ist von der Gestalt $1 + a \cdot \cos^2 \Theta$. Folgende Werte von a wurden gemessen (in Klammern E_p in keV): 0,14 (873), 0,02 (935), 0,69 (1290), 0,30 (1355) u. —0,03 (1381). (Bull. Amer. physic. Soc. **25.** Nr. 4. 16. 21/6.; Physic. Rev. [2] **80.** 131. 1/10. 1950. California Inst. of Technol.) WEIGEL. 103

Hilliard Roderick und **Calvin Wong,** *Die totale Zerfallsenergie von ^{29}P.* (Vgl. C. **1954.** 2754.) Vff. nehmen das Positronenspektr. von ^{29}P, das durch (d, n)-Rk. aus ^{28}Si entstanden war, mit einem β-Spektrometer vom Linsentyp auf. Das Quarztarget, das mit 3 MeV-Deuteronen beschossen wurde, war in der Fokalebene des Spektrometers montiert. Die FERMI-KURIE-Kurve des Positronenspektr. ergab eine Endpunktsenergie von 3,945 ± 0,010 MeV. Daraus ergibt sich die totale Zerfallsenergie von ^{29}P zu 4,967 ± 0,010 u. der Grundzustand der Rk. ^{28}Si(d, n)^{29}P zu 0,497 ± 0,013 MeV. Die M. von ^{29}P ist 28,990984 ± 36, die log *ft*-Werte der ^{29}P-Positronenübergänge in den Grundzustand, das 1,28 MeV- u. das 2,43 MeV-Niveau von ^{29}Si betragen 3,73 ± 0,03 bzw. 4,7 ± 0,3 u. 4,4 ± 0,3. (Physic. Rev. [2] **92.** 204. 1/10. 1953. Stanford, Calif., Stanford Univ.; Pasadena, California Inst. of Technol., Kellog Radiat. Labor.) CONRAD. 103

Maurice Duquesne, *Untersuchung der wahren Koinzidenzen bei dem Zerfall von ^{32}P.* Vf. gelingt es, die durch Rückwärtsstreuung von Elektronen ausgelösten Koinzidenzen auszuschalten u. so für ^{32}P die wahren zu bestimmen. Die Größenordnung der Wahrscheinlichkeit einer mit der β-Strahlung koinzidierenden Strahlung, bei der es sich nach Absorptionsmessungen ebenfalls um Elektronen handelt, liegt bei 10^{-3}, es besteht eine Winkelkorrelation. (C. R. hebd. Séances Acad. Sci. **236.** 598—600. 9/2. 1953.) WIEDEMANN. 103

P. Huber und **H. Adler,** *Q-Wert der (n,α)-Reaktion an ^{35}Cl.* (Vgl. C. **1948.** II. 8.) (Sitzungsbericht.) Die Rk. ^{35}Cl(n, α) zeigt eine α-Teilchengruppe mit sehr großer Halbwertsbreite. Vff. deuten das Auftreten dieser Halbwertsbreite durch das Vorhandensein eines erheblichen Sättigungsdefizits der schweren ^{32}P-Rückstoßatome, was zu einer Verschiebung des Gruppenmaximums nach kleinen Energien führt. Eine unter dieser Annahme durchgeführte Berechnung des Effektes ergibt Q = 0,97 ± 0,16 MeV in befriedigender Übereinstimmung mit dem aus den Massen erhaltenen Wert (1,02 ± 0,15 MeV) u. dem von FOLKIERSKI (C. **1954.** 2956) gemessenen Wert (1,07 ± 0,15 MeV). Die nach der Theorie berechnete Form der Ionisationskammerimpulse stimmt mit der experimentell gefundenen Form überein. (Helv. physica Acta **26.** 427—28. 15/6. 1953. Basel.) WEIGEL. 103

K. F. Chackett, J. H. Fremlin und **D. Walker,** *Durch Stickstoff- und Sauerstoffionen hervorgerufene Kernreaktionen.* (Vgl. C. **1954.** 3621.) Im Falle des $^{16}O^{6+}$-Beschusses werden ^{38}K, ^{34}Cl, ^{30}P, ^{18}F, ^{32}P u. ^{24}Na erzeugt. Vff. greifen zur Erklärung der Rk. auf eine Vorstellung zurück, nach der z. B. der ^{14}N-Kern, zumindest im Felde des Targetkerns, als aus drei unabhängigen α-Teilchen, einem Proton u. einem Neutron zusammengesetzt gedacht wird. Der Targetkern wird dann nicht von einem einzigen Geschoß, sondern von einer „Geschoßgarbe" getroffen. Die durch verschiedenartigen Einfang entstehenden Kerne zerfallen dann unter α-, β-, n- oder p-Emission. Mit Hilfe dieser Vorstellung kann die Bldg. nahezu sämtlicher Reaktionsprodd. gedeutet werden. (Philos. Mag. [7] **45.** 173—89. Febr. 1954. Birmingham, Univ., Dep. of Phys.) VOITLÄNDER. 103

Henriette Faraggi, *Nichtbeobachtung der Reaktion Fe(n,α)Cr unter der Einwirkung thermischer Neutronen.* Vf. prüft, ob die Rk. $^{56}Fe + n \rightarrow {}^{53}Cr + \alpha + Q$ mit therm. Neutronen eintritt. Fe-Ndd. von 0,455 bzw. 0,800 mg/cm² auf Cu wurden einem Neutronenfluß von $4 \cdot 10^{11}$/cm² ausgesetzt, ein massives Fe-Blättchen einem solchen von $9{,}7 \cdot 10^{11}$. Mit diesen Proben wurden 50 μ dicke ILFORD C 2-Emulsionen in Kontakt gebracht. Die Emulsionen wurden zunächst 30 Min. lang auf 4° abgekühlt, dann bei 30° 4 Min. entwickelt. Der Wirkungsquerschnitt der Rk. muß, falls sie überhaupt eintritt, kleiner als 10^{-29} cm² sein. Theoret. Betrachtungen unter Verwendung genauer Massenzahlen u. Bindungsenergien ergeben für Q einen Wert, der unter 3,5 MeV liegt u. wahrscheinlich Null beträgt, falls der Wirkungsquerschnitt kleiner als 10^{-29} cm² ist. (J. Physique Radium **14.** 160—68. März 1953. Gif-sur-Yvette, Seine et Oise, Centre d'Études Nucl. de Saclay, Serv. de Phys. Nucl. du Commiss. à l'Énergie atomique.) WIEDEMANN. 103

Yvon Deschamps und **Paul Avignon,** *γ-Strahlung des Übergangs* $^{113}Sn \rightarrow {}^{113}In$. ^{113}Sn geht durch K-Einfang in einen angeregten Zustand von ^{113}In über. Die Halbwertszeit wurde in Übereinstimmung mit dem Literaturwert zu 120 ± 4 Tagen ermittelt. Mittels eines Scintillationsspektrometers mit einem NaJ-Kristall wurde die mit dieser Halbwertszeit verbundene γ-Strahlung untersucht. Zur Ausschaltung der Elektronen wurde ein Filter aus 0,547 g/cm² Plexiglas benutzt. Es wurde eine Linie von 393 keV gefunden, Anzeichen für weitere Linien sind nicht vorhanden. Ein Termschema ist wiedergegeben. (C. R. hebd. Séances Acad. Sci. **236.** 478—80. 2/2. 1953.) WIEDEMANN. 103

L. Katz, H. E. Johns, R. A. Douglas und **R. N. H. Haslam,** *Der (γ,n)-Querschnitt einiger Isotope für γ-Energien bis zu 27 MeV.* (Sitzungsbericht.) Es werden die (γ, n)-Querschnitte aus den Ausbeutekurven solcher Rkk. berechnet, die durch Betatron-γ-Strahlen ausgelöst werden. Der Querschnitt von $^{63}Cu(\gamma, n)^{62}$Cu besitzt ein Maximum von 0,10 barn bei 17,5 MeV. Die Kurve verläuft symm. zu diesen Punkt, besitzt eine Halbwertsbreite von 6 MeV u. eine Fläche von 0,6 MeV-barn im Bereich von 11 bis 24 MeV. Die Werte E (σ_{max}), σ_{max}, Halbwertsbreite, Flächeninhalt unter der Kurve sind für $^{65}Cu(\gamma, n)^{64}$Cu 19 MeV, 0,02 barn, 6 MeV, 0,12 MeV-barn; für $^{121}Sb(\gamma, n)^{120}$Sb 14,5 MeV, 0,20 barn, 6 MeV, 1,2 MeV-barn; für $^{123}Sb(\gamma, n)^{122}$Sb 14,5 MeV, 0,28 barn, 6 MeV, 1,5 MeV-barn u. für $^{131}Ta(\gamma, n)^{130}$Ta 13,5 MeV, 0,05 barn, 5 MeV bzw. 0,26 MeV-barn. (Physic. Rev. [2] **80.** 131. 1/10.; Bull. Amer. physic. Soc. **25.** Nr. 4. 16. 21/6. 1950. Univ. of Saskatchewan.) WEIGEL. 103

J. W. M. DuMond, H. C. Hoyt, P. E. Marmier und **J. J. Murray,** *Der Zerfall von* ^{183}Ta. Im Anschluß an die Unters. von MULLER u. Mitarbeiter (C. **1954.** 6657) wird bei der Spektrometermessung eines starken Präp. eine große Zahl von γ-Linien gefunden, die mit $T_{1/2} = 5{,}2 \pm 1$ Tage abklingen. Die 5,2 Tage-Aktivität wird dem durch doppelten (n,γ)-Prozeß aus ^{181}Ta entstandenem ^{183}Ta zugeschrieben, der Einfangquerschnitt für ^{182}Ta (n, γ) zu ca. 10000 barn abgeschätzt. Die Energiewerte für insgesamt 21 γ-Linien von ^{183}Ta werden mitgeteilt, der Endpunkt seines β^--Spektr. zu 558 ± 10 keV gefunden. (Physic. Rev. [2] **92.** 202. 1/10. 1953. Pasadena, Calif., California Inst. of Technol.) WEIGEL. 103

J. Horton und **R. Sherr,** *α-γ-Winkelkorrelation in ThC.* (Sitzungsbericht.) Vff. bestimmen durch die Winkelkorrelationsmeth. angenähert den Drehimpuls der beiden energiereichsten α-Teilchengruppen beim Th (C + C'')-Übergang. Mit zwei NaJ(Tl)-Scintillationszählern wurden ein 6 MeV-α-Teilchen u. ein nachfolgender 40 keV-γ-Strahl nachgewiesen. Koinzidenzmessungen bei verschied. Winkeln entsprechen der Korrelationsfunktion $(1 + A \cdot \cos^2\Theta)$, die aus dem magnet. Dipolcharakter der γ-Strahlung vorausgesagt worden ist. Das Verhältnis der Koinzidenzen (90°/180°) ist 1,298 mit einem statist. Fehler von 0,011. Der Spin von ThC wird zu 1 angegeben. Bei geringer elektr. Quadrupolstrahlung sind die Spinzuordnungen 1–3–4 u. 1–4–5. Die Werte der Drehimpulse für die energet. schwächeren α-Gruppen liegen zwischen 2 u. 5, für die energiereichsten zwischen 4 u. 6. (Physic. Rev. [2] **90.** 388. 15/4. 1953. Princeton Univ.) GERHARD SCHMIDT. 103

A. A. Caretto jr. und **S. Katcoff,** *Kurzlebige Cerisotope aus der Uranspaltung.* Die von verschied. Autoren beobachteten Aktivitäten von 1,8 Std.-^{145}Ce u. 4,5 Std.-^{145}Pr

scheinen unter den Spaltprodd. von U nicht aufzutreten. Die Nachunters. der ^{146}Ce-^{146}Pr-Kette ergab, daß ^{146}Ce mit einer Halbwertszeit von 13,9 ± 0,6 Min. zerfällt u. β-Strahlen von 0,9 MeV maximaler Energie aussendet, die von weichen γ-Strahlen gefolgt sind; ^{146}Pr zerfällt mit einer Halbwertszeit von 24,4 ± 0,5 Min. u. seine maximale β-Energie ist 3,8 MeV. Weiter wird gezeigt, daß alle noch nicht beobachteten kurzlebigen Ce-Spaltprodd. mit einer Halbwertszeit < 6 Min. zerfallen müssen. (Physic. Rev. [2] **89.** 1267—68. 15/3. 1953. Upton, N. Y., Brookhaven Nat. Labor., Chem. Dep.)
GERHARD SCHMIDT. 103

R. E. Carter und **J. R. Beyster,** *Unelastische Stoßquerschnitte für Neutronen des Spaltungsspektrums.* (Sitzungsbericht.) Vff. bestimmen die Neutronendurchlässigkeiten durch Umkleidung verschied. Schwellendetektoren mit kugelförmigen Schalen aus *Al, Fe, Ni, Cu, Zn, Zr, Ag, Cd, Sn, W, Au, Pb* u. *Bi.* Die Wirkungsquerschnitte werden nach der BETHE-Meth. berechnet. Mitgeteilt werden die mit ^{237}*Np*-, ^{238}*U*- u. mit ^{27}Al(n, p)^{27}*Mg*-Detektoren erhaltenen σ-Werte in barn. (Physic. Rev. [2] **90.** 389. 15/4. 1953. Los Alamos Scient. Labor.) GERHARD SCHMIDT. 103

C. P. Keim, *Elektromagnetische Anreicherung stabiler Isotope.* (Vgl. C. **1953.** 3675.) Überblick über die Arbeitsweise des Calutrons u. die Methoden der Anreicherung, Reinigung u. Messung der Proben. Eine Tabelle umfaßt Daten für in verschied. Mengen verfügbare 177 Isotope von **44** Elementen. (J. appl. Physics **24.** 1255—61. Okt. 1953. Oak Ridge, Tenn., O. R. N. L., Stable Isotope Res. and Prod. Div.)
G. HERRMANN. 104

V. Raievski, *Arbeitsweise eines Meilers mit Schwerem Wasser.* Vf. untersucht die Änderungen in der Leistung u. Reaktivierung eines mit Schwerem W. betriebenen Meilers bei Veränderung der Bremsplatten. Bei der unterkrit. Reaktivierung des Meilers (negative Neutronenausbeute) ist die Leistung von der Neutronenausbeute u. von restlichen Photoneutronen abhängig. Im krit. Gebiet (Neutronenausbeute 0) erreicht die Leistung einen Wert, der nicht von der ursprünglichen Neutronenausbeute abhängt. Im überkrit. Gebiet (Neutronenausbeute positiv) steigt die Neutronenausbeute infolge des Zurückziehens der Platten zuerst rasch, dann langsamer, da die Temp. der Uranbarren ansteigt. Die Leistung erreicht einen Wert, der nur von der Kühlung des Meilers u. der verfügbaren Neutronenausbeute abhängt, so bleibt z. B. für eine Leistung von mehr als 0,1 kW die Neutronenausbeute stets unter $3 \cdot 10^{-3}$. (J. Physique Radium **14.** 473—77. Juli/Sept. 1953.) WIEDEMANN. 110

V. Faltings, *Tritiumzähler mit Wasserstoffüllung und Toluoldampfzusatz.* Ein kleiner Zusatz von Toluol- oder *Xylol*-Dampf zur H_2-Füllung eines Zählrohres verbessert dessen Zählfähigkeit für *Tritium.* Das Zählrohr, Cu-Kathode, 300 cm³ Inhalt, mit Drahtanode 0,1 mm, konnte bei einer Arbeitsspannung von 1800 V mit 340 Torr H_2 u. 2—5 Torr Dampf gefüllt werden u. wies ein Zählplateau von ~ 150 V mit weniger als 1% Zunahme je 100 V auf. (Naturwissenschaften **40.** 409. Aug. 1953. Hamburg, Univ., Inst. für Physik. Chem.) H. HAUSWALD. 112

Arthur I. Berman und **John N. Harris,** *Präzisionsmessung der Gleichförmigkeit von Substanzen aus der Durchlässigkeit für γ-Strahlen.* Es werden die optimalen Bedingungen für die Prüfung von einheitlichem Material auf einheitliche M. pro Fläche aus der Durchlässigkeit für γ-Strahlen untersucht. Hat man beliebige Intensität zur Verfügung, so ist weiche Strahlung am empfindlichsten auf Inhomogenitäten. Bei begrenzter Intensität wird die größte Empfindlichkeit erreicht, wenn die freie Weglänge der Strahlung im Objekt gleich dessen Dicke ist. Mit einer 1-Curie-Quelle lassen sich noch Änderungen von 0,01% feststellen. In der prakt. Ausführung werden ein Kollimator aus *U,* ein NaJ-Scintillationszähler u. akt. Isotope als Quelle benutzt. (Rev. sci. Instruments **25.** 21—29. Jan. 1954. Los Alamos, N. Mex., Univ. of California, Los Alamos Scient. Labor.) H. C. WOLF. 112

Beat Hahn, *Durch α-Teilchen in CsJ hervorgerufene Scintillationen.* Unters. der Eigg. von nicht aktivierten CsJ-Kristallen bei 77° K hinsichtlich ihrer Eignung für Scintillationszähler. Die Luminescenzausbeute bei α-Beschuß beträgt 35% bei einer Dauer der Einzelimpulse von 0,5 μSekunde. Im Bereich von 4—9 MeV ergibt sich eine lineare Abhängigkeit der Impulshöhe (J) von der Energie der α-Teilchen (E_α) u. im Vgl. zu anderen Scintillationskristallen die beste Proportionalität zwischen J u. E_α. (Physic. Rev. [2] **91.** 772—73. 1/8. 1953. Neuchâtel, Univ. of Neuchâtel, Dep. of Phys.)
EICHHOFF. 112

G. R. Keepin, *Neutronenscintillationszählung nach der Reaktion S(n,p)^{32}P in ZnS(Ag)-Phosphoren.* Bei dem Mechanismus im ZnS-Lucite-Neutronen-Scintillationszähler nach HORNYAK (C. **1953.** 2387) handelt es sich um die endotherme Rk. S(n, p)^{32}P in ZnS. Es wird diskutiert, wie weit diese Rk. in S-haltigen Kristallen zur

Neutronen-Scintillationsspektrometrie oberhalb ~2 MeV benutzt werden kann. (Rev. sci. Instruments **25**. 30—32. Jan. 1954. Los Alamos, N. Mex., Univ. of California, Los Alamos Scient. Labor.) H. C. WOLF. 112

D. Lal, Yash Pal und **B. Peters,** *Die Herstellung großer Detektoren aus Kernemulsionen und ihre Anwendung auf die Untersuchung der K-Mesonen und Hyperonen.* Die Herst., Entw. u. Auswertung von dicken u. großen ILFORD G 5-Emulsionsschichten wird beschrieben. Diese Schichten bestehen aus 24 unmittelbar aufeinandergelegten 600 μ dicken Einzelplatten. (Proc. Indian Acad. Sci., Sect. A **38**. 277—87. Okt. 1953. Erratum: **39**. 214. April 1954. Bombay, Tata Inst. of Fundament. Res.) G. HERRMANN. 112

Ouang Te-Tchao und **Eliane Montel,** *Einwirkung der β-Strahlen von ^{204}Tl und ^{90}Sr auf normale photographische Filme.* Die Verss. dienten der Prüfung, ob sich das Verf. zur Dickenmessung durch die Absorption von β-Strahlung auf die Messung der Emulsionsdicke bei der Herst. n. photograph. Filme übertragen läßt. Die Strahlungsquellen mit einer Intensität von je 5 mC befanden sich 2,5 cm über dem mit 6,6 m/Min. ablaufenden trockenen Film. Es wurden untersucht „Panchro Studio“ (33° Scheiner) u. „Radio normal“. Die erste Emulsion zeigt keine, die empfindlichere zweite Emulsion eine schwache Einwirkung. ^{204}Tl mit der geringeren Maximalenergie der Strahlung zeigt die stärkere photograph. Wirkung. Die Unterss. zeigen, daß die Messung der Emulsionsdicke mit β-Strahlen ohne Qualitätsminderung an n. photograph. Filmen bei der Herst. erfolgen kann. (C. R. hebd. Séances Acad. Sci. **237**. 800—02. 12/10. 1953.) EICHHOFF. 112

Georges Kayas, *Die Übertragung auf Glas und die Behandlung von trägerfreien Kernemulsionen.* Angabe verschied. Verff. zum Aufziehen von trägerfreien dicken Kernemulsionen auf vorpräparierte Glasunterlagen vor oder nach der Entw. u. Fixierung. (J. Physique Radium **14**. 621—22. Nov. 1953. Paris, École Polytechn., Labor. de Phys.) EICHHOFF. 112

A₂. Optisches Verhalten der Materie.

Emile-Jacques Blum, *Über eine Asymmetrie der radioelektrischen Strahlung der Sonne bei der Beobachtung von Dezimeterwellen.* Es wird ein Modell wiedergegeben, das die verschied. Beobachtungen über die Asymmetrie der Sonnenstrahlung im Dezimetergebiet (60 cm) erklären kann. (C. R. hebd. Séances Acad. Sci. **237**. 135—37. 15/7. 1953.) WIEDEMANN. 113

M. Cutolo, *Über eine neue Erscheinung der Wechselwirkung zwischen Wellen und freien Elektronen in einem Erdmagnetfeld.* Wenn modulierte elektromagnet. Felder mit einer Frequenz von der Größenordnung der gyromagnet. Felder in die Ionosphäre vordringen, ist eine merkliche Abnahme ihres Modulationsgrades unter dem Einfl. des magnet. Erdfeldes zu beobachten; diese Abnahme ist um so stärker ausgeprägt, je höher die Modulationsfrequenz der betreffenden Welle ist. Vf. erörtert den Mechanismus dieser Erscheinung („Gyrodemodulation“) u. hebt ihre Bedeutung für die Fortpflanzung der Radiowellen u. für die Deutung der Nichtlinearität der MAXWELLschen Gleichungen bei magnet. akt. ionisierten Medien hervor. (Nuovo Cimento [9] **9**. 687—98. 1/8. 1952. Napoli, Univ., Ist. di Fis. tecn.) R. K. MÜLLER. 113

E. P. Gross, *Elektronenbewegung in polaren Kristallen.* (Sitzungsbericht.) Es wurden die Energieniveaus eines Syst. berechnet, das aus einem mit den longitudinalen opt. Schwingungen der Frequenz ω in einem polaren Kristall in Wechselwrkg. stehenden Elektron besteht. Für die niedrigsten Niveaus u. für kleine Kopplungsstärken stimmen die Energie u. die effektive M. mit der durch die intermediäre Kopplungstheorie vorhergesagten linearen Abhängigkeit von der Kopplung überein. Abweichungen in der Richtung höherer effektiver Massen wurden bei zunehmenden Wechselwirkungsstärken gefunden. Für Energiezustände $\approx h\omega/2$ über dem Grundzustand ist die effektive M. größer als für die niedrigsten Niveaus. Es wurde die Depression des Energiekontinuums der Niveaus, welches für Kopplung Null bei einer Energie $h\omega$ liegt, abgeschätzt. (Physic. Rev. [2] **91**. 228. 1/7. 1953. M. I. T.) GOTTFRIED. 114

Louis C. Green, Marjorie M. Mulder und **Paul C. Milner,** *Korrelationsenergie im Grundzustand von He I.* (Vgl. C. **1953**. 5452.) Die Koeffizienten in der l. c. angegebenen Entw., die Funktionen der Abstände der zwei Elektronen vom Kern sind, nehmen mit steigender Ordnung der LEGENDRE-Funktionen ab. Es wird die Meth. zur Abschätzung der Größe der Konfigurationswechselwirkungsenergie diskutiert. Die gesamte Korrelationsenergie beträgt mindestens —0,129 R_{He} h c für den Grundzustand von HeI, sie setzt sich zusammen aus dem radialen, dem winkelabhängigen u. einem gemischten Term. (Physic. Rev. [2] **91**. 35—39. 1/7. 1953. Haverford, Pa., Haverford Coll., Strawbridge Observ.) WASSERROTH. 118

Francine Rimbert und **Arlette Vassy,** *Spektrum der Vorentladung in Funken großer Länge.* Bei Funkenentladungen einer Länge von 50—75 cm in Luft geht der Hauptentladung etwa um 20 μSek. eine Vorentladung voraus, deren — mit einem drehbaren Objektiv aufgenommenes — Spektr. außer der CO_2^+-Bande bei 2883—2896 Å eine Reihe von Linien des *OII, NII, NIII* u. *NIV* zwischen 4200 u. 3000 Å zeigt, die auch in der Hauptentladung auftreten. Aus der Abschätzung der Linienintensitäten ergibt sich, daß die Anregungsbedingungen in der Vor- u. Hauptentladung verschieden sind. Sichtbare Emissionen treten in der Vorentladung nicht auf. In Funken sehr großer Länge (1,50 m) wird das Vorentladungspektr. nicht beobachtet. (C. R. hebd. Séances Acad. Sci. **237.** 1324—25. 23/11. 1953.) RUDOLPH. 118

Katumi Ikenoue, *Die Rotationsstruktur des Bandenspektrums des S_2-Moleküls.* 1. Mitt. Unters. des S_2-Bandenspektr. im Gebiet von 3700—4500 Å. Die auf ±0,03 cm^{-1} vermessenen Linien der Banden mit $v' = 0$; $v'' = 7, 8, 9, 10$ u. $v' = 2$; $v'' = 9, 10, 14, 15$ werden in Tabellenform mitgeteilt, desgleichen die Wellenlängen der bekannten Bandenköpfe im Gebiet von 2799—4700 Å. Folgende Werte für die Rotationskonstanten wurden erhalten: $B_e'' = 0{,}2962\ cm^{-1}$; $D_e'' = -0{,}000023\ cm^{-1}$; $\gamma'' = -0{,}035\ cm^{-1}$; $\alpha_e'' = 0{,}00163\ cm^{-1}$; $\beta_e'' = -0{,}0000003\ cm^{-1}$. Für das Trägheitsmoment u. den Kernabstand im unteren Zustand ergab sich: $I_e'' = 94{,}77 \cdot 10^{-40}\ gcm^2$ u. $r_e'' = 1{,}887 \cdot 10^{-8}$ cm. (J. physic. Soc. Japan **8.** 646—52. Sept./Okt. 1953. Tokyo, Univ., Fac. of Sci., Dep. of Phys. [Orig.: engl.].) EICHHOFF. 118

Schame Weniger und **Renée Herman,** *Anregung einiger neuer erlaubter und verbotener Linien des Al I im Ultraviolett.* In einer Bogenentladung zwischen Al-Elektroden in N_2 bei Drucken von ca. 1—80 at u. Strömen von 4—50 A werden zwischen 2100 u. 3100 Å außerhalb des kontinuierlichen Untergrundes folgende Emissionen des Al I beobachtet: 1. Etwas verbreiterte Emissionslinien bei 2419 u. 2426 sowie 3034 u. 3044 Å, die verbotenen Übergängen infolge Begünstigung durch die Raumladungsbedingungen des Bogens zugeschrieben werden. 2. Linien in Absorption auf kontinuierlichem Untergrund zwischen 2090 u. 2150,6 sowie 2652 u. 2660 Å, bei denen es sich offenbar um höhere Terme einer diffusen Serie handelt. (C. R. hebd. Séances Acad. Sci. **232.** 2300—02. 18/6. 1951.) RUDOLPH. 118

Jean Robin und **Stéphane Robin,** *Spektrographische Absorption im Ultraviolett von bis 1500 at komprimiertem Sauerstoff.* Messungen der Lage u. Form der diffusen Banden von O_2 bei 3436, 3607 u. 3803 Å bei Drucken P bis 1500 at zeigen keinen wesentlichen Einfl. von P. Der Extinktionskoeff. der Maxima ε_m wächst — wie die Banden im Sichtbaren bei höheren Drucken — weniger schnell als mit P^2, aber etwas schneller als mit ϱ^2 (ϱ = D.). Die Absorptionstripletts zwischen 2650 u. 2700 bzw. 2700 u. 2750 Å verlieren bei höheren Drucken ihre Struktur. (C. R. hebd. Séances Acad. Sci. **236.** 2393—95. 22/6. 1953.) RUDOLPH. 118

Murray Zelikoff, K. Watanabe und **Edward C. Y. Inn,** *Absorptionskoeffizienten von Gasen im Vakuumultraviolett.* 2. Mitt. *Stickstoffoxyd.* (1. vgl. C. **1954.** 8282; vgl. auch C. **1954.** 2110). Das nahe UV-Absorptionsspektr. von N_2O wird im Gebiet von 1080—2100 Å untersucht u. die Absorptionskoeffizienten bestimmt. Es werden vier Kontinua mit Maxima bei 1820, 1450, 1285 u. 1080 Å mit den f-Werten von 0,0015, 0,0211, 0,367 u. 0,1 gefunden. Im UV liegt bei 1178 Å eine sehr starke Absorptionsbande mit einem Absorptionskoeff. von 3010 cm^{-1}. Früher gefundene Banden von DUNCAN werden an gleicher Stelle bestätigt u. außerdem noch einige weitere dazu gefunden. Einige Kontinua werden im Hinblick auf mögliche Dissoziationsprozesse interpretiert sowie ein Potential–Energie-Diagramm beigefügt. (J. chem. Physics **21.** 1643—47. Okt. 1953. Cambridge, Mass., Geophys. Res. Directorate, Air Force Cambridge Res. Center, Air Res. and Development Command.) D. HAHN. 118

Edward C. Y. Inn, K. Watanabe und **Murray Zelikoff,** *Absorptionskoeffizienten von Gasen im Vakuumultraviolett.* 3. Mitt. *CO_2.* (2. vgl. vorst. Ref.) Im Gebiet von 1060 bis 1800 Å werden quantitative Messungen des Absorptionskoeff. von CO_2 durchgeführt. Es treten drei Kontinua (λ_{max} bei 1121, 1332, 1475 Å) u. wahrscheinlich ein viertes, alle von vielen Banden überlagert, auf. Für jedes Kontinuum werden die f-Werte berechnet, sowie die oberen Grenzen der Dissoziationsenergien der erregten Zustände von CO_2 geschätzt. Die Ergebnisse werden mit einigen theoret. Formeln von MULLIKEN verglichen. (J. chem. Physics **21.** 1648—50. Okt. 1953.) D. HAHN. 118

Yoshio Tanaka, Edward C. Y. Inn und **K. Watanabe,** *Absorptionskoeffizienten von Gasen im Vakuumultraviolett.* 4. Mitt. *Ozon.* (3. vgl. vorst. Ref.) Vff. führen Absorptionsmessungen an O_3 zwischen 1050 u. 2200 Å durch. Sie beobachten einige starke Kontinua u. schwache Banden. Bei 2015 Å zeigt die Kurve der Absorptionsintensität ein Minimum (8 cm^{-1}), bei 1725 Å erscheint ein schwaches Maximum (23 cm^{-1}) u. bei 1330 Å ein starkes Maximum (420 cm^{-1}). Zwischen 1050 u. 1450 Å fällt die Absorptionsintensität nicht unter 130 cm^{-1}. Es treten Kontinuummaxima bei 1725, 1450, 1330, 1215 u. 1120 Å auf, für die Übergänge vorgeschlagen werden. Die Ergebnisse werden mit der MULLIKEN-Behandlung des Elektronenspektr. von O_3 verglichen. (J. chem. Physics **21.** 1651—53. Okt. 1953.) D. HAHN. 118

Renée Herman, *Neuer verbotener Übergang im N_2-Molekül.* Das im Aurora-Infrarotspektr. beobachtete MEINEL-Syst. des N_2 wird vom Vf. in einer stromschwachen Entladung in reinem N_2 beobachtet. Bei erhöhtem Druck werden diese Banden teilweise durch ein neues Infrarotbandensyst. ersetzt, das entsprechend einem vorgeschlagenen Schwingungsschema verbotenen Übergängen $\nu \rightarrow q\,^1\Sigma_u^+$ zugeschrieben wird. (C. R. hebd. Séances Acad. Sci. **233.** 738—40. 1/10. 1951.) RUDOLPH. 120

P. N. Schatz und **D. F. Hornig,** *Bindungsmomente und Ableitungen des CF_4, SiF_4 und SF_6 aus Infrarotintensitäten.* Vff. messen die Intensitäten der infrarotakt. Grundschwingungen für CF_4, SiF_4 u. SF_6 nach der Druckverbreiterungstechnik. Die integrale Absorptionsintensität wird als Funktion von Substanzdruck × Zellenlänge graph. wiedergegeben. Vff. berechnen daraus die effektiven Bindungsmomente u. die Differentialquotienten $\delta\mu/\delta r$ als Funktion eines allg. Potentialansatzes. Es resultieren jeweils doppelte Lösungen. Spezielle Werte werden erhalten, indem die Potentialkonstanten unter Annahme eines UREY-BRADLEY-Feldes berechnet werden. Sie lauten: SiF_4: $\mu_0 = 2{,}3$ D, $\delta\mu/\delta r = -7{,}49$ D/Å oder $\mu_0 = 3{,}3$ D, $\delta\mu/\delta r = 3{,}66$ D/Å; CF_4: $\mu_0 = 1{,}12$ D, $\delta\mu/\delta r = 4{,}88$ D/Å oder $\mu_0 = 2{,}36$, $\delta\mu/\delta r = 3{,}35$ D/Å; SF_6 $\mu_0 = 2{,}65$ D, $\delta\mu/\delta r = 3{,}85$ D/Å oder $\mu_0 = 0{,}65$, $\delta\mu/\delta r = -6{,}58$ D/Å. Vff. diskutieren diese Ergebnisse u. geben dabei den jeweils erstgenannten Werten den Vorzug. (J. chem. Physics **21.** 1516—30. Sept. 1953. Providence, R. I., Brown Univ., Metcalf Chem. Labor.) BECHER. 120

Richard E. Stroup und **Robert A. Oetjen,** *PH_2D- und PHD_2-Rotationslinien im Gebiet zwischen 50 und 100 cm^{-1}.* Bei Verss., ein Rotationsspektr. vom PD_3 im fernen Ultrarot aufzunehmen, beobachteten Vff. Linien, die weder dem PD_3 noch dem PH_3 zugeordnet werden können, die sie daher dem PH_2D u. dem PHD_2 zuschreiben. Diskussion des Intensitätsverlaufes der Banden in einer Reihe von Aufnahmen ermöglicht eine Zuordnung, die in einer Tabelle mitgeteilt ist. (J. chem. Physics **21.** 2092. Nov. 1953. Columbus, O., Ohio State Univ., Dep. of Phys.) BECHER. 120

René Alègre, *Untersuchung des Faktors der diffusen Reflexion von feuerfesten SiO_2-Al_2O_3-Massen im Infrarot bei hoher Temperatur.* Die Eigenstrahlung der hocherhitzten Probekörper wird durch Modulation des auffallenden Meßlichtes u. Messung mit einem entsprechend abgestimmten, selektiven Verstärker ausgeschaltet. Wiedergabe der Reflexionsspektren von 95% SiO_2 + 3% CaO + 2% Kaolin bei n. Temp. u. 1000° sowie von 95%ig. Al_2O_3 bei 970° im Bereich von 1—13 μ. SiO_2 zeigt eine starke, temperaturabhängige Reflexionsbande bei 9 μ, Al_2O_3 eine starke Reflexionsbande bei 12 μ. Diskussion der Ergebnisse hinsichtlich der spektralen Emission dieser Massen. (C. R. hebd. Séances Acad. Sci. **238.** 1209—10. 15/3. 1954.) EICHHOFF. 120

C. E. Mandeville und **H. O. Albrecht,** *Die Energiespeicherung in silberaktiviertem Kaliumchlorid.* Inhaltlich ident. mit den C. **1954.** 6423 u. 8042 referierten Arbeiten. (J. Franklin Inst. **255.** 570—71. Juni 1953.) RUDOLPH. 125

A_3. Elektrizität. Magnetismus. Elektrochemie.

Bunjirō Ichijō, *Über die neue Methode zur Messung der Dielektrizitätskonstanten und des Verlustwinkels von Halbleitern.* Es wird ein Verf. zur Best. der DK. u. des Verlustwinkels von schlecht isolierenden Stoffen beschrieben, das sich zweier elektrostat. miteinander verbundener Resonanzkreise bedient. Messungen an typ. Stoffen, wie feuchtem Holz oder Papier, werden mitgeteilt. (J. appl. Physics **24.** 307—11. März 1953. Nagoya Univ., Japan, Fac. of Engng.) K. L. WOLF. 132

I. C. Hisatsune, G. A. Crosby und **D. F. Eggers jr.,** *Dipolmomentänderungen in den Halogenwasserstoffmolekülen.* Vff. bestimmen mit Hilfe einer Zwei-Elektronen-Näherung das Vorzeichen von $\partial\mu/\partial r$ für die Moll. der Halogenwasserstoffe. Die berechneten Werte von $\partial\mu/\partial r$ sind höher als die experimentell aus Intensitäts- oder Dispersionsmessungen im infraroten Gebiet erhaltenen, doch besteht qualitative Übereinstimmung bzgl. der relativen Größe für die einzelnen Halogenwasserstoffe: Mit steigendem Mol.-Gew. nimmt $\partial\mu/\partial r$, ebenso wie der Ionenbindungscharakter, ab.

Vff. schließen aus ihren Ergebnissen, daß $\partial\mu/\partial r$ ein positives Vorzeichen zukommt. (J. Amer. chem. Soc. **76.** 3088—89. 5/6. 1954. Seattle, Washington, Univ. of Washington, Dep. of Chem.) R. STEIN. 132

F. Humbel, F. Jona und **P. Scherrer,** *Das dielektrische Verhalten und die Elastizitätsmoduln von Eiseinkristallen.* (Vgl. C. **1954.** 2962.) Es wurden nach KYROPOULOS große Eiseinkristalle gezüchtet, in Platten geschnitten u. mit Ag-Elektroden versehen. Daran werden gemessen die DK., ihre Temperatur- u. Frequenzabhängigkeit, ihre Anisotropie u. a., ferner werden die fünf Elastizitätsmoduln der Einkristalle gemessen. Vgl. mit früheren Messungen. (J. Chim. physique Physico-Chim. biol. **50.** C40—43. Juli/Aug. 1953. Zürich, ETH, Physikal. Inst.) K. L. WOLF. 132

J. Chapelle und **A. Galy,** *Dielektrizitätskonstanten einiger Hydratkristalle.* (Vgl C. **1954.** 6422.) Die DKK. der folgenden monokristallinen Hydrate wurden gemessen: $BaCl_2 \cdot 2H_2O$; $Li_2SO_4 \cdot H_2O$; $BeSO_4 \cdot 4H_2O$; *Oxalsäure*$\cdot 2H_2O$. Zwischen der DK. u. der Länge der H-Bindungen besteht kein Zusammenhang. (J. Chim. physique Physico-Chim. biol. **50.** C44—45. Juli/Aug. 1953. Nancy, Fac. des Sci., Centre d'Études Cryst.) K. L. WOLF. 132

K. N. Karmen, *Über die Natur der Seignetteelektrizität in Seignettesalz.* Vf. untersucht die elektr. Eigg. von Seignettesalz in Abhängigkeit von der Temp., dem angelegten Feld u. nach der „Härtung" (bei 50°) mit einer ballist. Meth. u. zeigt, daß die Verzögerung u. die Dauer der Prozesse (Polarisation u. Depolarisation) im Seignettesalz beim Anlegen eines elektr. Feldes mit bestehenden Theorien nicht erklärt werden kann. (Журнал Экспериментальной и Теоретической Физики [J. exp. theoret. Physik] **26.** 370—76. März 1954. Blagoweschtschinskij, Pädagog. Inst.) GEIGER. 133

W. P. Dyke und **J. K. Trolan,** *Feldemission: Große Stromdichten, Raumladung und der Vakuumbogen.* Sitzungsbericht zu der C. **1953.** 8283 referierten Arbeit. (Physic. Rev. [2] **92.** 541. 15/10. 1953. McMinnville, Ore., Linfield Coll., Phys. Dep.) RUDOLPH. 134

Robert Gomer, *Feldemission von Nickeloberflächen.* Es wird eine Vorr. beschrieben, um einen bestimmten Temperaturgradienten an der Spitze eines Feldelektronenmikroskops zu erzeugen. Die Ni-Spitze wird in mit $KClO_4$ gesätt. HCl-Lsg. geätzt u. bei 10^{-7} Torr u. 950° entgast. An der Oberfläche vorhandenes C wird durch Oxydation bei 800° (10^{-6} Torr O_2) entfernt. Beim Aufdampfen von Ni auf eine kalte Spitze verschwindet das charakterist. Bild. C u. CO-Verunreinigungen verursachen die gleiche Änderung in der Emission. Der Einfl. von *Si*-Verunreinigungen wurde untersucht. Schon bei 10^{-7} u. 400° tritt eine irreversible O_2-Adsorption auf. Über 400° findet Oxydbldg. statt, bei Tempp. über 1000° erscheint das Ni-Bild wieder. Vergrößerung: 10^5, Auflösungsvermögen: 30 Å. Chemisorbierter O_2 hält sich möglicherweise bis zu 1200°. Der größte Teil der Spitze ist kugelförmig, ihre monatelange Beständigkeit bei 450° zeigt, daß sie sich nur sehr wenig von der Gleichgewichtsform unterscheidet. Aus der Zeit, die bei verschied. Tempp. zum Erreichen desselben Emissionsbildes benötigt wird, wird die Aktivierungsenergie der Si-Diffusion zu 42 ± 6 kcal berechnet. (J. chem. Physics **21.** 293—303. Febr. 1953. Chicago, Ill., Univ., Inst. for Study of Metals.) LANDSBERG. 134

N. B. Gornyi, *Untersuchung der Energieverteilung der Sekundärelektronen von mit monokristallinen Kupfer(I)-oxydfilmen bedeckten Kupfereinkristallen.* In den Kurven der Energieverteilung der Sekundärelektronen von mit Cu_2O-Filmen bedeckten Cu-Einkristallen konnten außer dem Hauptmaximum Nebenmaxima beobachtet werden, deren Existenz jedoch wegen des der Meßmeth. eigenen Fehlers nicht als erwiesen betrachtet werden kann. Die entsprechenden Kurven von Cu-Polykristallen zeigen ein Maximum u. glatten Verlauf. (Журнал Экспериментальной и Теоретической Физики [J. exp. theoret. Physik] **26.** 327—36. März 1954. Leningrad, Elektrotechn. Inst. des Nachrichtenwesens.) GEIGER. 134

R. Clark Jones, *Eine Methode zur Kennzeichnung des Ansprechvermögens von Photoleiterzellen.* Das Ansprechvermögen D eines Photoleiters wird bestimmt durch Temp. T, empfindliche Oberfläche A der Zelle, durch Rausch- bzw. Signalspannung (E_R bzw. E_S) am Verstärkerausgang, durch Rauschbandbreite Δf u. Zerhackfrequenz des Lichtes sowie durch die auf die Flächeneinheit fallende Lichtleistung J. Vf. definiert unter Zugrundelegung dieser Größen das Ansprechvermögen. Die Kenntnis dieser Größe erlaubt den direkten Vgl. zweier Zellen, selbst wenn die Zellen verschied. Oberflächen besitzen u. unter verschied. Bedingungen geprüft werden. Eine Reihe bei der Kennzeichnung von Photoleitern zu beachtender Grundregeln werden mitgeteilt. (Rev. sci. Instruments **24.** 1035—40. Nov. 1953. Cambridge, Mass., Polaroid Corp., Res. Labor.) RUDOLPH. 134

H.-G. Smolczyk, *Der Einfluß der Schwefelkonzentration und des Antimongehaltes auf Bleiglanzphotoelemente.* Vf. berichtet über Unterss. des elektr. Verh. natürlicher p- u. n-leitender Bleiglanzphotoelemente nach Temperungen im Schwefeldampf u. im Vakuum sowie über ein neues Verf. zur Herst. gut wirksamer, vollsynthet. PbS-Photoelemente beider Leitungstypen. In Fortführung der früheren Arbeit von HILLER u. Vf. (C. **1953.** 4164) wird gezeigt, daß sich Sb^{3+} an Stelle von Pb^{2+} in das PbS-Gitter einbauen läßt u. dann die Bldg. von Überschußhalbleitern begünstigt. Einbau von Cu^{+} soll dagegen zu keiner Änderung des Leitungstyps führen. Der Einfl. des S- u. des Sb-Geh. auf die Fehlordnung des PbS läßt sich auf Grund der WAGNER-SCHOTTKYschen Theorie quantitativ deuten. Weiter werden die Vorgänge beim Übergang von n- zu p-Leitung diskutiert; dabei tritt zunächst nur beim Photoeffekt u. dann erst beim Thermoeffekt Vorzeichenwechsel ein. Abschließend werden Möglichkeiten zur Herst. von Bleiglanz-p-n-Schichtkristallen besprochen. (Z. Elektrochem., Ber. Bunsenges. physik. Chem. **58.** 263—70. 1954. Berlin-Charlottenburg, Techn. Univ., Inst. für Mineralog. u. Petrograph.) R. STEIN. 134

Werner Veith und **Gérard Wlérick,** *Ein Einfluß des Lichts auf Halbleiter: Änderung der Kontaktpotentialdifferenz.* Es wurde die durch Bestrahlung mit Licht hervorgerufene Kontaktpotentialdifferenz einer halbleitenden *CdS*-Schicht, hergestellt u. aufbewahrt im Vakuum, gemessen. Die Unters. wurde elektronenopt. durchgeführt. Die Ergebnisse sind in Übereinstimmung mit einer klass. abgeleiteten Formel. Auch eine therm. bedingte Änderung des Kontaktpotentials wurde gefunden. (C. R. hebd. Séances Acad. Sci. **233.** 1097—99. 5/11. 1951.) v. HARLEM. 135

W. Primak, L. H. Fuchs und **P. Day,** *Strahlungsschädigung in Isolatoren.* Vff. behandeln das Verh. u. die Änderung zahlreicher physikal. Eigg. von Isolatoren, bes. von *Diamant* u. *Quarz,* die in einem Atommeiler einer energiereichen Neutronenbestrahlung ausgesetzt sind, wobei verschied. Tempp. benutzt wurden. Über Einzelheiten vgl. das Original. (Physic. Rev. [2] **92.** 1064—65. 15/11. 1953. Lemont, Ill., Argonne Nat. Labor., Chem. Div.) v. HARLEM. 135

J. G. Thomas und **E. Mendoza,** *Der elektrische Widerstand von Magnesium, Aluminium, Molybdän, Kobalt und Wolfram bei tiefen Temperaturen.* Mg-Drähte (mit 0,01 At.-% Fe) bei tiefen Tempp. zeigen definierte Minima. Der Magnetwiderstand u. die Susceptibilität sind jedoch temperaturunabhängig. Es scheint deshalb, obgleich das Minimum im Nullfeld ein Verunreinigungseffekt sein wird, daß der Mechanismus nicht ein Streuen von Leitfähigkeitselektronen durch ungefüllte d-Schalen in diesen Verunreinigungsatomen sein kann. Messungen an einer verd. Lsg. von Mn in Al bestätigen die Auffüllung der d-Schalen des Übergangsmetalls durch das mehrwertige Lösungsmittel. Der Widerstand mehrerer Proben von Mo läuft durch ein Minimum u. wird unterhalb von ca. 0,1° K konstant. Eine nichtidentifizierte Verunreinigung (wahrscheinlich eine Verb.), die Supraleitfähigkeit bewirkt ($T_c \sim 0,4°$ K, $H_0 \sim 30$ Gauß), konnte durch Glühen hervorgerufen werden. Co-Proben (hexagonal dicht gepackt mit Spuren kub. flächenzentriert) u. W zeigen keine Anomalien oder Supraleitfähigkeit bis in das Gebiet von 0,06° K. (Philos. Mag. [7] **43.** 900—10. Aug. 1952. Bristol, Univ., H. H. Wills Physic. Labor.) KLEFFNER. 136

R. A. Dugdale, *Der elektrische Zusatzwiderstand von Platin, hervorgerufen durch Kaltbearbeitung und Neutronenbestrahlung.* Nach SEITZ (Advances in Physics **1.** [1952.] 43) kann die Kaltbearbeitung von Metallen einen Zusatzwiderstand durch Schaffung von freien Gitterplätzen infolge Bewegung der Störstellen bewirken. Ein Neutronenbombardement kann lokalisierte Gruppen von freien Gitterplätzen u. Zwischenatomen hervorrufen, da ein Neutron bei einer Kollision mit irgendeinem Gitteratom genügend kinet. Energie ergibt, um andere benachbarte Atome zu verschieben. Durch nachfolgendes Erwärmen können die freien Gitterplätze oder Zwischenatome oder beide wieder einige Beweglichkeit erlangen u. dabei zu einem oder mehreren der folgenden Prozesse führen: 1. eine Wiedervereinigung der Zwischenatome u. Leerstellen, 2. eine zufällige räumliche Verteilung, 3. eine Verdichtung der Leerstellen, 4. ein Verschwinden der Leerstellen u. Zwischenplätze an den Korngrenzen. Diese Prozesse führen wieder zu einer Verminderung des Zusatzwiderstandes. Es wird nun der Widerstandsabfall von zwei bestrahlten u. einer kaltbearbeiteten Probe von Pt ($\sim$1 Ohm) nach einer ersten Erwärmung auf 70° (640 Std.) u. einer weiteren Erwärmung auf 90° (336 Std.) untersucht. Die beiden bestrahlten Proben (3 Monate Bestrahlung bei 50°) hatten eine Widerstandszunahme von 0,2%. Der Zusatzwiderstand nach Kaltbearbeitung betrug anfänglich 1,5%. Nach den beiden Erwärmungsperioden verschwanden ca. 13% des Zusatzwiderstandes einer kaltbearbeiteten u. einer bestrahlten u. 17% der anderen bestrahlten Probe. Die fallenden Widerstandskurven können auf eine empir. Formel: $r = A - B \log (t + \gamma)$ zurückgeführt werden. Die Aktivierungsenergie U kann dann erhalten werden, wenn $dr/dt = f(r)\, e^{-U/kT}$ angenommen wird. Die Übereinstimmung in den Werten von U u. die Ähnlichkeit in der Gestalt der Kurven deutet darauf hin, daß in beiden Fällen dieselben Prozesse für die Widerstandsabnahme verantwortlich sind. Dadurch wird die Annahme von SEITZ, daß die Widerstandszunahme infolge Kaltbearbeitung wenigstens zum Teil auf die Schaffung von Leerstellen (u. vielleicht von Zwischenatomen) zurückzuführen ist, unterstützt. (Philos. Mag. [7] **43.** 912—14. Aug. 1952. Didcot, Berks., Atomic Res. Establ. Harwell.) KLEFFNER. 136

O. G. Folberth, R. Grimm und **H. Weiß,** *Über die elektrischen Eigenschaften von InAs.* Kurze Mitt. über Leitfähigkeits- u. HALL-Effekt-Messungen an n- u. p-leitendem InAs. Die Beweglichkeit der Elektronen ist wesentlich größer als die der Löcher, der Nullpunktswert für den Bandabstand dürfte zwischen 0,4 u. 0,6 eV liegen. (Z. Naturforsch. **8a.** 826. Dez. 1953. Erlangen, Siemens-Schuckertwerke A. G., Forschungslabor.) R. STEIN. 136

Floyd C. Haley und **Donald H. Andrews,** *Ein anomaler kritischer Stromeffekt in supraleitendem NbN.* Von 4 verschied. drahtförmigen Proben von *NbN* (hergestellt durch Erhitzen von Nb in NH_3 auf 1200—1550°) wurde im Stromstärkebereich J = 0,01—10 mA der Übergang vom normal- zum supraleitenden Zustand gemessen. Für Feldstärken $H_J > 100$ Oe gilt die Beziehung $H_J = a\,(T_0^2 - T^2)$, wo T_0 = Temp., bei der der Widerstand R des Drahtes gleich dem halben Wert des Normalwiderstandes R_n ist ($R = 0{,}5\, R_n$) u. H_J = Feldstärke, die zur Einstellung von $R = 0{,}5\, R_n$ erforderlich ist. Für $H_J < 100$ fällt H_J wesentlich schwächer mit steigendem T ab u. erreicht die T-Achse einige Zehntel Grad oberhalb des gemäß obiger Gleichung extrapolierten T_0-Wertes (T_0 extrapoliert = 15,46° K). Vff. sehen in ihren Verss. eine Bestätigung der Annahme von MENDELSSOHN u. Mitarbeiter (C. **1954.** 478) über das Vorliegen einer schwammartigen Struktur bei den supraleitenden Legierungen. (Physic. Rev. [2] **89.** 821—23. 15/2. 1953. Baltimore, Md., Johns Hopkins Univ., Dep. of Chem.) FUCHS. 136

Ted G. Berlincourt, *Der de Haas-van Alphen-Effekt in Arsen.* Vff. berichten über Messungen des DE HAAS-VAN ALPHEN-Effektes an Einkristallen aus As bei 1,84 u. 4,22° K in Abhängigkeit vom Winkel zwischen der trigonalen Achse u. der Richtung des Magnetfeldes (22—25 kGauß). Als Verunreinigungen wurden spektroskop. festgestellt 1% Sb, 0,1% Bi, 0,1% Pb u. Spuren von Cu, Mg, Si; es ist jedoch anzunehmen, daß die mitgeteilten Werte für die Periode β/E_0 u. die Amplitude die wahren Werte für As sind. Eine leichte Verschiebung des Mittelwertes der Oscillationen kann noch nicht gedeutet werden. (Physic. Rev. [2] **92.** 1068. 15/11. 1953. Washington, D. C., U. S. Naval Res. Labor.) v. HARLEM. 137

Robert Forrer, *Einführung des Begriffes der Zwischenaktivierung bei der Untersuchung des Ferromagnetismus.* (Vgl. C. **1951.** II. 2005.) Kurze zusammenfassende Übersicht über die vom Vf. entwickelte Theorie der Entstehung des atomaren magnet. Momentes bei den Elementen u. Legierungen der Eisengruppe. (J. Physique Radium **11.** 57 S. Aug./Sept. 1950.) v. HARLEM. 137

Warren E. Henry, *Eine antiferromagnetische H-T-Abgrenzung und ein scheinbares Molekularfeld von $MnBr_2 \cdot 4\,H_2O$.* (Sitzungsbericht.) Für die NÉEL-Temp. (Temp. der antiferromagnet. Umwandlung im Magnetfeld Null) von $MnCl_2 \cdot 4\,H_2O$ u. $MnBr_2 \cdot 4\,H_2O$ werden ca. 1,73 bzw. 2,2° K gemessen, die scheinbaren Molekularfelder betragen ca. 14000 u. 17500 Gauß. Ferner wurde für $MnBr_2 \cdot 4\,H_2O$ die Abhängigkeit der antiferromagnet. Umwandlung vom angelegten Magnetfeld untersucht (H_c — T-Funktion). (Physic. Rev. [2] **92.** 844—45. 1/11.; Bull. Amer. physic. Soc. **28.** Nr. 4. 8. 18/6. 1953. Naval Res. Labor.) v. HARLEM. 137

Albert W. Overhauser, *Polarisation von Kernen in Metallen.* Inhaltlich ident. mit der C. **1954.** 3866 referierten Arbeit. (Physic. Rev. [2] **92.** 411—15. 15/10. 1953. Urbana, Ill., Univ. of Illinois, Dep. of Phys.) v. HARLEM. 137

H. G. Dehmelt, *Kernquadrupolresonanz von stabilen Galliumisotopen.* Die Kernquadrupolresonanz einer polykristallinen Probe aus $GaCl_3$ wurde im Bereich 9,3 bis 36,8 MHz untersucht. 8 Absorptionslinien wurden beobachtet. 6 hiervon wurden den Cl-Isotopen zugeordnet. Die restlichen 2, die den stabilen $^{69,71}Ga$ zugehören, gestatten die Best. des Verhältnisses der Quadrupolmomente $Q(^{69}Ga)/Q(^{71}Ga)$. In sehr guter Übereinstimmung mit den Ergebnissen aus Atomstrahlverss. ergibt sich der Wert $1{,}5867 \pm 0{,}0004$. (Physic. Rev. [2] **92.** 1240. 1/12. 1953. Durham, N. C., Duke Univ., Dep. of Phys.) v. HARLEM. 137

J. A. S. Smith, *Magnetische Kernresonanzabsorption.* (Vgl. C. **1953.** 493.) Allg. Übersicht über die magnet. Kernresonanzabsorption u. ihre Theorie sowie Anwendung. (Quart. Rev. [chem. Soc., London] **7.** 279—306. 1953. Leeds, Univ., Dep. of inorg. and phys. Chem.) V. HARLEM. 137

J. G. Castle jr., *Paramagnetische Resonanzabsorption in Graphit.* Vf. berichtet über Messungen der paramagnet. Resonanzabsorption an verschied. Graphitproben (dünne Filme aus orientiertem Pulver) bei einer Wellenlänge von 3 cm. Der g-Wert einer Probe war 1,003mal größer als der eines Syst. freier Elektronenspins, jedes mit dem Moment $1{,}00115 \cdot \mu_0$. Die Linien sind recht scharf u. die Frequenz der Zusammenstöße mit den Kanten der Mikrokristallite von der Größe der Meßfrequenz. Messungen der stat. Susceptibilität ergaben nur sehr geringfügige ferromagnet. Verunreinigungen. Wegen der zweidimensionalen Freiheit der Ladungsträger u. der angewendeten Orientierung der Proben ist keine Verbreiterung auf Grund des Diffusionsmechanismus u. keine Verschiebung der g-Werte infolge von Wirbelströmen zu erwarten. (Physic. Rev. [2] **92.** 1063. 15/11. 1953. Buffalo, N. Y., Univ. of Buffalo, Dep. of Phys.) V. HARLEM. 137

E. L. Yasaitis und **B. Smaller**, *Paramagnetische Resonanz in bestrahlten Gläsern.* Bei Gläsern, die einer γ-Bestrahlung ausgesetzt waren, wurde eine paramagnet. Resonanzabsorption festgestellt. Der benutzte Frequenzbereich lag zwischen 18 u. 375 MHz. Es waren mindestens $2 \cdot 10^{14}$ Spins zum Nachw. erforderlich, entsprechend einer Mindestbestrahlung durch 10^3 r. Die untersuchten Gläser bildeten zwei Gruppen: solche, die Borsilicat enthielten, u. solche, die B-frei waren. Die B-freien Gläser zeigten eine starke Resonanz bei $g = 2{,}0$, weitere Einzelheiten vgl. Original. Die Borsilicat enthaltenden Gläser, bei 375 MHz untersucht, zeigten vier verschied. Resonanzlinien mit 1—2 Oe Linienbreiten u. Abständen von 10—15 Oe, hervorgerufen wahrscheinlich durch ^{11}B mit $I = 3/2$. Anomale Effekte in schwachen Feldern müssen noch gedeutet werden. Außerdem wurde bis auf eine Ausnahme eine starke, bestrahlungsunabhängige Resonanz mit $g = 4{,}00 \pm 0{,}20$ gefunden, wahrscheinlich hervorgerufen durch eine paramagnet. Verunreinigung. Es wurde ferner eine Beziehung zwischen der paramagnet. Resonanzamplitude der bestrahlten Proben u. ihrer opt. Dichte festgestellt. In Abhängigkeit von der Gesamtbestrahlung zeigte die Spinkonz. eine Sättigungscharakteristik mit einer Anfangsausbeute von ca. 20 eV pro erzeugten Spin. (Physic. Rev. [2] **92.** 1068—69. 15/11. 1953. Lemont, Ill., Argonne Nat. Labor., Chem. Div.) V. HARLEM. 137

K.-F. Bonhoeffer, M. Kahlweit und **H. Strehlow**, *Über elektrochemische Analogien zwischen nichtwässerigen Elektrolytlösungen und Ionenaustauschern.* Entsprechend der Trennung von zwei verschieden konz. Lsgg. desselben Elektrolyten durch eine Ionenaustauscherphase, die eine Spannung zwischen den beiden Elektrolytlsgg. hervorruft, kann man als Mittelphase eine mit W. nicht mischbare Fl. wählen, in der ein in dieser Fl. im Gegensatz zu W. gut lösl. Elektrolyt aufgelöst ist. Vff. wählten *Chinolin* mit dem Elektrolyten *Chininhydrochlorid.* In W. war LiCl gelöst. Die Theorien von MEYER-SIEVERS sowie von TEORELL für Ionenaustauscherpotentiale wurden modifiziert u. zeigten befriedigende Übereinstimmung mit den gemessenen Potentialen. Die entsprechenden Ergebnisse sind nicht mitgeteilt. (Z. Elektrochem., Ber. Bunsenges. physik. Chem. **57.** 614—15. 1953. Göttingen, Max-Planck-Inst. für physikal. Chem.) FALKENHAGEN. 138

V. Gutmann, *Tellurtetrachlorid als Ampholyt im Solvosystem Arsentrichlorid.* $TeCl_4$ reagiert in $AsCl_3$ nicht nur mit den Solvobasen Tetramethylammoniumchlorid (vgl. C. **1953.** **1142**) u. PCl_5, sondern auch mit Solvosäuren, wie $SnCl_4$, $SbCl_5$ u. VCl_4, wobei als Zwischenprodd. solvosaure u. solvobas. Salze gebildet werden. Durch Leitfähigkeitstitration einer Auflösung von $TeCl_4$ in $AsCl_3$ mit PCl_5 entsteht zuerst unter annähernd konstantem Leitvermögen die farblose Verb. *2* $TeCl_4 \cdot PCl_5$. Vermutlich bilden sich zunächst die Ionen des dreifach solvosauren Salzes $(PCl_4)(AsCl_2)_3(TeCl_6)_2$, die beim Entfernen des Solvens im Vakuum ihr $AsCl_3$ unter Bldg. von 2 $TeCl_4 \cdot PCl_5$ abgeben. Beim Überschreiten des Molverhältnisses $PCl_5 : TeCl_4 = 0{,}5$ bildet sich unter Ansteigen des Leitvermögens eine kanariengelbe Lsg., die das Salz $(PCl_4)(AsCl_2)(TeCl_6)$ enthält, das sehr leicht in die Verb. $TeCl_4 \cdot PCl_5$ übergeht. Diese wird als Tetrachlorophosphoniumpentachlorotellurit formuliert. Strukturelle Unterss. stehen jedoch noch aus. Die vollständige Solvoneutralisation führt dann zum Tetrachlorophosphoniumhexachlorotellurit: $(PCl_4)(AsCl_2)(TeCl_6) + PCl_4AsCl_4 \rightleftharpoons (PCl_4)_2TeCl_6 + 2\ AsCl_3$. Die konduktometr. Titration einer Lsg. von $SnCl_4$ mit $TeCl_4$ ergibt eine Rk. in 3 Stufen. Die Knickpunkte entsprechen den Molverhältnissen $SnCl_4 : TeCl_4 = 2:1$, $1:1$, $1:2$ u. der Bldg. von $(TeCl_3)(AsCl_2)_3(SnCl_6)_2$ (lösl.), $(TeCl_3)(AsCl_2)(SnCl_6)$ (fällt aus), u. $(TeCl_3)_2(SnCl_6)$ (lösl.). Bei der Umsetzung von $TeCl_4$ mit $SbCl_5$ entsteht zunächst das neutrale, lösl. u. elektrolyt. dissoziierte Solvosalz *$TeCl_3 \cdot SbCl_6$*, das im Überschuß der Solvobase $TeCl_3AsCl_4$ in das unlösl. solvobas. Salz *$(TeCl_3)_2(AsCl_4)(SbCl_6)$* übergeht. Bei anteilweiser Zugabe einer Lsg. von VCl_4 in $AsCl_3$ zu einer Lsg. von $TeCl_4$ in $AsCl_3$ entsteht zunächst eine blaßgelbe Lsg., die einen Stoff mit 2 Mol $TeCl_4$ pro Mol VCl_4 enthält. Bei weiterer Zugabe der VCl_4-Komponente bildet sich eine grüngelbe Lsg., die wahrscheinlich Stoffe der Zus. *$VCl_4 \cdot TeCl_4$* u. *$TeCl_4 \cdot 2\ VCl_4$* enthält, diese geht schließlich in eine goldgelbe Lsg. über. (Mh. Chem. **84.** 1191—96. S.-B. österr. Akad. Wiss., math.-naturwiss. Kl., Abt. II b **162.** 1191—96. 1953. Wien, TH, Inst. für allg. Chem.) E. L. JAHN. 139

H. J. V. Tyrrell und **R. Colledge,** *Thermische Diffusionspotentiale und der Soret-Effekt.* Die bei der Einstellung des SORET-Gleichgewichtes als Folge der Änderungen der therm. Diffusionspotentiale auftretenden Änderungen der EMK. einer Zelle lassen sich durch die Beziehungen $\Delta_t = -2\,R\,T/F \cdot n_+\ d/d\,T\,(\ln m)$ u. $\Delta_t = +2\,R\,T/F \cdot n_-\ d/d\,T\,(\ln m)$, für Elektroden, die reversibel für Anionen bzw. für Kationen sind, wiedergeben. Vff. prüften diese Beziehungen am Syst. $Ag/AgNO_3$ (Konz. $= m - \Delta m/2$) bei $T^0/AgNO_3$ (Konz. $= m + \Delta\, m/2$) bei $T + \Delta\, T^0/Ag$. Die Ergebnisse deuten darauf hin, daß derartige Messungen zur Ermittlung der Abweichungen von den Idealgesetzen geeignet sind u. eine bessere Unters. des SORET-Effektes ermöglichen. Die Meßmethodik ist nicht auf hohe Konzz. beschränkt. (Nature [London] **173.** 264—65. 6/2. 1954. Sheffield, Univ., Dep. of Chem.) WOELK. 140

W. A. Patrick und **W. E. Thompson,** *Das Normalpotential des Halbelementes Eisen–Eisen(II)-Ion bei 25°.* Unter Bedingungen, die eine sowohl an Sauerstoff als auch an Wasserstoff freie Eisenelektrode garantierten, wurde als neuer Wert für das Normalpotential des Halbelementes Fe/Fe^{2+} $E_0 = +0{,}4090$ V gefunden. Dieser Wert liegt niedriger als alle bisher bestimmten Werte. Die höheren Werte konnten auf einen Wasserstoffgeh. im Elektrodenmetall zurückgeführt werden. (J. Amer. chem. Soc. **75.** 1184—87. 5/3. 1953. Baltimore, Md., Johns Hopkins Univ., Dep. of Chem.) PETSCH. 140

H. K. El-Shamy und **A. M. El-Aggan,** *Das Redoxpotential des Systems Molybdän(V)-Molybdän(VI).* Differenzen zwischen früher gemessenen Potentialen dieses Syst. u. berechneten, sowie eine Farbänderung der Mo(V)–Mo(VI)-Lsg. von Braun nach Grün mit steigendem p_H-Wert regten Vff. zu spektrophotometr. Unterss. des Syst. bei verschied. p_H-Werten an. Die in einem Diagramm aufgetragenen Meßergebnisse bestätigen die Vermutung, daß bei Säurenormalitäten unterhalb 3 bzw. oberhalb 5,75 zwei verschied. Formen des Mo(V) in Lsg. vorliegen, die charakterist. Absorptionen bei 395 u. 450 mμ zeigen. Potentialmessungen in einem breiten p_H-Bereich zeigen ebenfalls einen Sprung im Kurvenverlauf bei der Säurenormalität 5,75. Die graph. Darst. des Ausdrucks $E - 2\,R\,T/n\,F \ln[HCl]$ gegen die Quadratwurzel aus der Ionenkonz. wird auf unendliche Verdünnung extrapoliert u. für 30° $E_0 = 0{,}4826$ V gegen die Normalwasserstoffelektrode bzw. $E_0 = 0{,}4825$ V gegen Kalomel erhalten. (J. Amer. chem. Soc. **75.** 1187—90. 5/3. 1953. Alexandria, Univ., Dep. of Chem.) PETSCH. 140

H. J. Gardner, *Strom-Zeit-Beziehungen in der Polarographie.* Die Gleichung von ILKOVIČ für den augenblicklich herrschenden Strom $i_t = 709\,n\,D^{1/2}\,C\,m^{2/3}\,t^{1/6}$ gilt nur unter bestimmten Voraussetzungen. Für $t > 1{,}5$ ist nach LINGANE u. LOVERIDGE $i_t = 709\,n\,D^{1/2}\,C\,m^{2/3}\,t^{1/6}\,(1 + 44{,}5\,D^{1/2}\,m^{-1/3}\,t^{1/6})$. Auch diese Gleichung bedarf noch einer Korrektur, wie die Kurven zeigen, bes. dann, wenn die Tropfperiode in der Nähe von 6 Sek. liegt. Ein ernstes Problem ist die Asymmetrie in der Diffusionsschicht. Nach den Unterss. von GARDNER haben die Differenzen in der Spitze der Capillaren einen beträchtlichen Einfl. auf den elektr. Widerstand der Tropfelektrode. (Austral. J. Sci. **15.** 177—80. April 1953. Sydney, Univ., School of Chem.) J. FISCHER. 142

Robert L. Pecsok und **Richard S. Juvet jr.,** *Polarographische Charakteristik der Komplexe von Vanadin mit Äthylendiamintetraessigsäure.* Vff. untersuchten das polarograph. Verh. der Komplexe von Äthylendiamintetraessigsäure (I) mit V verschied. Oxydationsstufen, in einem Bereich von p_H 5—12,6. Für V(II)- u. V(III)-Komplexe ist $E_{1/2} = -1{,}27$ V u. unabhängig vom p_H-Wert im p_H-Bereich 5—8,5, darüber besteht Abhängigkeit. Die Diffusionsstromkonstanten sind $K_D = 1{,}10 \pm 0{,}02$ bzw. $K_D = 1{,}20 \pm 0{,}02$. Bei V(IV)-Komplexen wurde eine charakterist. Vorwelle beobachtet, die der Red. von V(IV) zu V(III) zugeschrieben wird, u. eine Hauptwelle, die die Red. von V(III) zu V(II) anzeigt. $K_D = 2{,}20 \pm 0{,}02$. Für alle drei Oxydationsstufen war $E_{1/2}$ unabhängig vom Geh. an I. Polarogramme von V(V) zeigen in saurem Gebiet zwei Wellen (Red. von V zu IV u. IV zu II) mit $K_D = 1{,}00$ u. $K_D = 2{,}19$ u. im alkal. Gebiet eine Welle (direkte Red. V zu II) mit $E_{1/2} = 1{,}22$ V u. $K_D = 3{,}29$ (p_H 9,55). Da K_D für beide Wellen vom p_H-Wert abhängt, ist diese Oxydationsstufe weniger für prakt. polarograph.

Analysen geeignet. Die Komplexe der ersten drei Oxydationsstufen dagegen werden empfohlen, wenn ein Geh. an fremden Ionen mit den Wellen des nicht komplexen V interferiert. (J. Amer. chem. Soc. **75.** 1202—05. 5/3. 1953. Los Angeles, Calif., Univ. of California, Dep. of Chem.) PETSCH. 142

I. M. Kolthoff und **P. E. Toren,** *Polarographie des Nitroprussidions. Gleichgewichtskonstante der Reaktion zwischen Nitroprussid- und Hydroxylion.* Die polarograph. Red. des Nitroprussidions an der tropfenden Hg-Elektrode geht in drei Stufen vor sich, von denen die ersten beiden reversibel u. unabhängig vom p_H-Wert, die dritte irreversibel u. p_H-abhängig verläuft. Die Werte für $E_{1/2}$ sind —0,4 V; —0,6 V; —1,2 V u. die Diffusionsstromkonstante I für die erste Stufe ist I = 1,86 bei 25° u. p_H 6—9. Diagramme veranschaulichen den Einfl. vom p_H auf I u. $E_{1/2}$. Für die ersten zwei Reduktionsstufen wird folgender Mechanismus aufgestellt: $Fe(CN)_5(NO^+)^{3-}$ + e → $Fe(CN)_5NO^{3-}$ u. $Fe(CN)_5NO^{3-}$ + e → $Fe(CN)_5NO^{4-}$. Über den Mechanismus der dritten Stufe kann noch keine Aussage gemacht werden. Im alkal. Gebiet $p_H > 10$ findet folgende Rk. statt: $Fe(CN)_5NO^{2-} + OH^- \rightarrow Fe(CN)_5NO_2^{4-}$. Diese Verb. ist nicht reduzierbar. Sie kann aber im Gegensatz zu $Fe(CN)_5NO^{2-}$ in alkal. Lsg. bei stark positiven Potentialen mit stehenden u. rotierenden Platinelektroden oxydiert werden zu $Fe(CN)_5NO_2^{3-}$. $E_{1/2}$ ist abhängig vom p_H-Wert u. beträgt bei p_H 10,15 + 0,34 V, bei p_H 11,5 + 0,29 V. Für die Gleichgewichtskonstante obiger Rk. fanden Vff. durch spektrophotometr. u. polarograph. Messungen den Wert $1 \cdot 10^{-6}$ bei 25° u. einer Konz. von 0,5 mol., der von dem von CAMBI u. SZEGÖ (Gazz. chim. ital. **58.** [1928.] 71) gefundenen Wert abweicht. (J. Amer. chem. Soc. **75.** 1197—1201. 5/3. 1953. Minneapolis, Minn., Univ., School of Chem.) PETSCH. 142

A_4. Thermodynamik. Thermochemie.

M. v. Laue, *Le Chatelier-Braunsches Prinzip und Relativitätstheorie.* Vf. zeigt, daß das LE CHATELIER-BRAUNsche Prinzip eine einfache Anwendung zur Unterscheidung zwischen adiabat. u. isothermer, isobarer u. isochorer Dynamik gestattet. (Z. Physik **137.** 113—16. 1954. Berlin-Dahlem, Fritz Haber-Inst. der Max Planck-Ges.) GERHARD SCHMIDT. 146

Peter H. Kemp, *Thermodynamik irreversibler elektrochemischer Phänomene.* Die Gegensätze in den Ergebnissen von DE GROOT u. denen des Vf. lassen sich auf die Anwendung einer inkorrekten Form der Gleichung von GIBBS durch DE GROOT zurückführen. Die Einführung einer Gleichung der Form $Tds = du + pdv - \sum_k \mu_k dc_k - \sum_k e_k \varphi dc_k - ed\varphi$ an Stelle von $Tds = du + pdv - \sum_k \mu_k dc$ führt nach Ansicht des Vf. zu übereinstimmenden Schlüssen. (Nature [London] **172.** 498. 12/9. 1953. London, Friern Barnet Lane.) WOELK. 146

J. I. Sasslawski und **K. B. Jatzimirski,** *Die Konstante der absoluten Kompression und das periodische Gesetz.* Die Konstante der absol. Kompression, das heißt das Verhältnis des Mol.-Vol. einer Verb. zur Summe ihrer At.-Voll. $C = V_m/\sum V_a$, stellt für typ. Verbb. (Oxyde, Halogenide, Sulfide usw.) eine period. Funktion der Ordnungszahl des Grundelements dar. Bei den Chloriden stimmt die Grenze zwischen $C < 1$ u. $C > 1$ (zwischen Li–Be, Al–Si, Sc–Ti, Y–Zr, Hf–Ta, Th–Pa) mit derjenigen zwischen in Schmelze leitenden u. nichtleitenden Chloriden überein (außer bei Al), bei den Oxyden trennt die Grenze zwischen $C < 0,65$ u. $C > 0,65$ (zwischen Be–B, Al–Si, Ti–V, Zr–Nb, Hf–Ta, Pa–U) die Elemente mit typ. Ionen- u. Mol.-Gitter. Ferner bestehen Beziehungen zur Bildungswärme u. zum geochem. Charakter der Elemente. (Журнал Общей Химии [J. allg. Chem.] **22** (**84**). 1711—15. Okt. 1952. Iwanowo, Chem.-technol. Inst.) R. K. MÜLLER. 148

Richard T. Swim, *Das Fließen von Helium II durch enge Schlitze.* (Sitzungsbericht.) Die von BOWERS u. MENDELSSOHN benutzte App. (vgl. Proc. Roy. Soc. [London], Sect. A **213.** [1952.] 158) wurde so umgebaut, daß auch bei höheren Drucken gemessen werden konnte. Die Ergebnisse bei gewöhnlichem Druck stimmen mit denen von BOWERS u. MENDELSSOHN überein; bei höheren Drucken nähert sich die Fließgeschwindigkeit einem Grenzwert, der bei 1,75° K erreicht wird u. 30 cm/sec beträgt. (Physic. Rev. [2] **89.** 906. 15/2. 1953. Rice Inst.) KIRSCHSTEIN. 149

R. Berman und **J. Poulter,** *Über die latente Wärme und Dampfdichte von Helium.* Zwischen 2,9 u. 4,5° K wurde das He-Dampfvol., das durch eine bekannte Wärmemenge erzeugt wird, gemessen. Die latente Verdampfungswärme liegt zwischen 2,5 u. 3,4° K dicht oberhalb 22,0 kcal/Mol u. nimmt auf ca. 19 kcal/Mol bei 4,5° K ab. Die Werte für die Dampfdichte sind noch mit einer gewissen Unsicherheit behaftet. (Philos. Mag. [7] **43.** 1047—54. Okt. 1952. Oxford, Clarendon Labor.) KIRSCHSTEIN. 149

Roger L. Jarry, Fred D. Rosen, Charley F. Hale und **Wallace Davis jr.**, *Flüssigkeit–Dampf-Gleichgewicht in dem System Uranhexafluorid–Fluorwasserstoff.* Im Anschluß an die Messungen des fl. Syst. (vgl. RUTLEDGE u. Mitarbeiter, C. **1954**. 498) untersuchten Vff. nunmehr das Dampf–Fl.-Gleichgewicht des Syst. UF_6–HF im Temperaturbereich zwischen 40,89 u. 104,74°. In diesem Temperaturbereich u. darüber hinaus gehört das Syst. zu denjenigen mit Siedepunktsminimum. Die Aktivitätskoeffizienten u. Trennungsfaktoren wurden bestimmt. (J. physic. Chem. **57.** 905—09. Dez. 1953. Oak Ridge, Tenn., Carbide and Carbon Chemicals Comp., K–25 Labor. Div.) FORCHE. 150

Ch. G. Boissonnas und **R. M. A. Noordtzij**, *Beziehungen zwischen der Bildungswärme und der Zusammensetzung binärer Mischungen.* Die Mischungswärme einer bin. Mischung kann durch einen einfachen Ausdruck als Funktion der Zus. dargestellt werden, wenn die Bestandteile unpolar u. symm. sind. Es wird gezeigt. daß ein solcher Ausdruck aus der Betrachtung der Zahl der erstnächsten Nachbarn jedes Mol. der Mischung abgeleitet werden kann. (Helv. chim. Acta **37.** 1060—63. 15/6. 1954. Neuchâtel, Univ., Inst. de Chim.) W. KAUFMANN. 155

K. B. Jatzimirski und **S. M. Grafowa**, *Thermochemie von Nickelammoniakkomplexen in wässeriger Lösung.* Die Lösungswärme von $NiCl_2$ in NH_3-Lsgg. nimmt mit deren Konz. zu u. nähert sich einem Endwert um 26 kcal. Die Bildungswärme von $[Ni(NH_3)_4]^{2+}$ (**I**) u. $[Ni(NH_3)_6]^{2+}$ (**II**) in wss. Lsg. ergibt sich zu 17 bzw. 26 kcal, die Gleichgewichtskonstante K der Rk. $\mathbf{I}_{aq} + 2\,NH_{3aq} \rightleftharpoons \mathbf{II}_{aq}$ zu 0,43, das Löslichkeitsprod. von $[Ni(NH_3)_6]J_2$ (**III**) zu $5{,}5 \cdot 10^{-6}$ (daraus ein höherer Wert für K, im Mittel 1,04). Es werden ferner die Werte der freien Energie ΔZ (**I** = 10,5, **II** 0,13 kcal) u. der Entropie (**I** 54,3, **II** 76,78, $\mathbf{III}_{fest}$ 130,1 cal/g) berechnet. Es wird angenommen, daß **I** gleichzeitig 2 Mol NH_3 anlagert. (Журнал Общей Химии [J. allg. Chem.] **22** (**84**). 1726—31. Okt. 1952. Iwanowo, Chem.-technol. Inst.) R. K. MÜLLER. 155

Charles E. Holley jr. und **Elmer J. Huber jr.**, *Die Verbrennungswärmen des Magnesiums und des Aluminiums.* Ein elektr. eichbares Verbrennungscalorimeter wird beschrieben; die Zeitmessung erfolgt durch Zählung der Schwingungen einer 60 Hz-Stimmgabel. Elektr. u. mit Benzoesäure bestimmte Wasserwerte stimmen auf ca. 0,02% überein. Als Verbrennungswärmen des Mg u. des Al ergeben sich —24,667 $\pm$0,020 kJ/g (—5,8956 kcal) u. —30,976 $\pm$0,024 kJ/g (—7,4034 kcal) bei 25° u. 25 at. Daraus folgen die Bildungswärmen des MgO zu —601,23 $\pm$0,50 kJ/Mol (—143,70 kcal) u. des Al_2O_3 zu —1674,8 $\pm$1,3 kJ/Mol (—400,29 kcal). Die Reinheit des Mg u. des Al wurde analyt. geprüft. (J. Amer. chem. Soc. **73.** 5577—79. Dez. 1951. Los Alamos, N. Mex., Univ. of California, Los Alamos Scient. Labor.) WITTIG. 156

W. A. Popow, *Einige Gesetzmäßigkeiten des Vordetonationsgebietes der Flammenfortpflanzung.* Der theoret. Teil der Unters. beruht auf der Meth. der Charakterisierung von gleichmäßigen, nicht eingestellten Bewegungen. Auf der Basis des erhaltenen experimentellen Materials ergab sich für die Natur der Flammenvibration in Vordetonationsgebieten, daß diese Vibration durch Zusammenwrkg. der formierenden Detonationswelle, hervorgerufen durch die Bewegung der Flamme im prim. Stadium der Verbreitung, mit der Front der Flamme entsteht. (Известия Академии Наук СССР, Отделение Технических Наук [Nachr. Akad. Wiss. UdSSR, Abt. techn. Wiss.] **1953.** 1428—39. Okt.) R. RICHTER. 157

Francis Guyomard, *Vereinfachte Theorie über die Höhe laminarer Diffusionsflammen.* Vf. leitet die Gleichungen zur Berechnung von Diffusionsflammenhöhen unter den verschied. Bedingungen ab. Als Brennerform wählte er den von BURKE u. SCHUMANN (1928) angegebenen Aufbau, bei dem durch zwei koaxiale Rohre die brennbare Substanz u. die zur Verbrennung notwendige Substanz der Flamme zugeführt werden. (C. R. hebd. Séances Acad. Sci. **234.** 67—69. 2/1. 1952.) ROEDER. 157

Marcel Véron und **Jean Dumortier**, *Untersuchung über die Verbrennung von CO-Spuren, die eine lebhafte Konvektion an warmen Wänden hervorrufen kann.* Vff. untersuchten den Einfl. der Wandtemp. sowie deren Beschaffenheit auf die Entzündung von Gasmischungen, die 0,8—1,5% CO in Ggw. von O_2 enthielten. So erhitzten sie z. B. in Quarzröhren, die von außen elektr. gleichmäßig erhitzt wurden, die Gase, wobei diese mittels einer MARIOTTEschen Flamme in Bewegung gehalten wurden. Die Konzentrationsänderungen an CO u. CO_2 wurden mit einem Infrarotspektrographen verfolgt. Es ergab sich, 1. daß der Geh. an CO stark mit wachsender Temp. zunimmt, 2. daß der Anfangsgeh. an CO fast ohne Einfl. auf die Temp. bei Beginn oder Ende der Verbrennung ist, 3. daß CO sich in Si-Rohren bei Abwesenheit von Metall bei ca. 340° entzündet u. die Verbrennung niemals vollständig ist u. die Hälfte des Anfangsgeh. bis 585° erhalten bleibt, 4. daß das CO sich im gleichen Si-Rohr bei Ggw. schon häufiger gebrauchten Metalls bereits bei 150° (weicher Stahl) oder 170° (Metall

E. M. 10) entzündet, bei 300° bzw. 375° verläuft die Verbrennung vollständig, 5. daß bei verschmutztem Metall die Verbrennung eher einsetzt als bei reinem Metall (hier beginnt sie bei 240° bzw. 245°) u. 6. daß die dargebotene Metallfläche, die Kontaktzeit zwischen CO u. der Metallfläche, die Umlaufgeschwindigkeit der Gase u. ihre Gehh. an Wasserdampf auch einen Einfl. auf die Entzündungstempp. haben. (C. R. hebd. Séances Acad. Sci. **238.** 588—90. 1/2. 1954.) ROEDER. 157

N. P. W. Moore und **J. R. Simonson,** *Entzündung von Methan–Luft-Gemischen durch schnelle Kompression.* Vff. untersuchten in Maschinen mit dem konstanten Kompressionsverhältnis 14,7 : 1 das Verh. von *Methan* (I)–Luft-Gemischen, wenn diese vor der Kompression auf bestimmte Tempp. T_v vorerwärmt waren. Sie stellten fest, bei welchen Verhältnissen I: Luft (= V_1) u. welchem T_v blaue bzw. gelbe Reaktionsflammen auftraten (gemessener Bereich: V_1 = 0,75—5% I, T_v = 220—320°). Bereits bei V_1 um 1,0% u. T_v = 220° konnte an der Entw. von CO das Stattfinden einer Rk. erkannt werden, jedoch ohne merkliches Auftreten von Leuchterscheinungen. Bei allmählicher Steigerung von V_1 u. T_v wird bis zur scharf definierten u. gut reproduzierbaren Grenze des Auftretens der blauen Leuchterscheinung eine Zunahme der CO-Konz. beobachtet, die aber im Augenblick des blauen Reaktionslichtes plötzlich stark abfällt. Spektroskop. Unterss. gemeinsam mit **A. G. Laydon** zeigten, daß dem blauen Licht das Kontinuum des CO zugrunde liegt, dem die wohl definierten Banden des *Formaldehyds* überlagert sind. Bei weiterer Steigerung von V_1 u./oder T_v geht die Leuchterscheinung allmählich in ein gelbes Reaktionsleuchten über. Es treten dabei zusätzlich die Banden des HCO- u. OH-Radikals auf. Der gelben Leuchterscheinung selbst liegt trotz der geringen Konz. das C-Kontinuum zugrunde. (Nature [London] **173.** 543—44. 20/3. 1954. London, City and Guilds Coll., Dep. of Mechan. Engng.) ROEDER. 157

Clifford Truesdell, *Kritische Länge für die Ausbreitung freier Wellen in einer zähen Flüssigkeit.* Den NAVIER-STOKESschen Differentialgleichungen zäher inkompressibler Fll. liegt die bekannte Beziehung zwischen den beiden Zähigkeitskoeffizienten $3\lambda + 2\mu = 0$ zugrunde. Sie ist für die meisten Fll. besser durch den Parameter $V = 2 + (\lambda/\mu)$ zu ersetzen. Die Einführung von V liefert eine krit. Wellenlänge l_0 von meistens mol. Größenordnung, unterhalb der die Wellen „überdämpft“ sind u. sich nicht mehr ausbreiten. In einigen Fällen (für große V) kann l_0 allerdings für die Praxis wichtig werden; z. B. ist für CO_2 bei 0° u. 1 at $l_0 = 2 \cdot 10^{-2}$ cm. (C. R. hebd. Séances Acad. Sci. **235.** 702—04. 6/10. 1952.) FALKENHAGEN. 159

William J. Fry, Ruth Baumann Fry und **Wayne Hall,** *Variable Resonanzfrequenzkristallsysteme.* Es werden theoret. Kristallsysteme mit variabler Resonanzfrequenz (Frequenzband 40—80 kHz) behandelt, bei denen eine Fl. als Übertragungsmedium benutzt wird. (J. acoust. Soc. America **23.** 94—110. Jan. 1951. Urbana, Ill., Univ.) GOTTFRIED. 159

A_5. Kolloidchemie. Grenzschichtforschung.

P. P. Pugatschewitsch und **O. A. Timofejewitschewa,** *Experimentelle Untersuchung der Oberflächenspannung von Natriumamalgam.* Nach dem Spezialverf. der Vff. (C. **1953.** 1447) wurde die Oberflächenspannung σ von 56 Na-Amalgamen (I) mit $8 \cdot 10^{-5}$ —0,284 At.-% Na bei 22° u. im Hochvakuum untersucht. Es wurde festgestellt, daß schon bei $8 \cdot 10^{-5}$ At.-% Na eine σ-Abnahme von I um 2—3 Dyn/cm eintritt. Die σ-Kurve zeigt eine stetige Abnahme. Der nach der Mol.-Theorie der Oberflächenerscheinungen von SSEMENTSCHENKO zu erwartende Umkehrpunkt der σ-Kurve liegt demnach, wenn überhaupt vorhanden, im Bereich geringerer Konzz. als die untersuchten. Das von CONVERS (Recherches sur l'adsorption en solution metallique, 1938) mitgeteilte Auftreten je eines Minimums u. Maximums auf der σ-Kurve u. die daran geknüpften theoret. Vorstellungen werden damit widerlegt. (Доклады Академии Наук СССР [Ber. Akad. Wiss. UdSSR] [N. S.] **94.** 285—87. 11/1. 1954.) LEBTAG. 166

F. E. Bartell und **Carl W. Bjorklund,** *Hysterese von Kontaktwinkeln. Eine Untersuchung über Grenzflächenkontaktwinkel beim System Quecksilber–Benzol–Wasser.* Vff. messen die „advancing-“ u. „receding-“Kontaktwinkel von Wassertropfen an der Grenzfläche Bzl./Hg, ferner die entsprechenden Oberflächenspannungen in diesem Syst. durch die „hängende Tropfen“-Meth. u. verfolgen beide Werte messend während einer gewissen Zeitdauer (von 2 Min. bis zu 23 Std.). Es treten bei beiden Winkeln Veränderungen auf, ein Hystereseeffekt der Kontaktwinkel wird beobachtet, der in erster Linie durch das Altern der Oberflächen hervorgerufen wird. Die Größe der Kontaktwinkel hängt von der Beziehung der Grenzflächenspannungen in dem Syst. ab, ihre Veränderungen müssen darum Veränderungen der Kontaktwinkelwerte zur Folge haben. (J. physic. Chem. **56**. 453–57. April 1952. Ann Arbor, Mich., Univ. of Michigan., Dep. of Chem.) JÄGER. 166

L. R. Sonders, D. P. Enright und **W. A. Weyl**, *Benetzbarkeit, eine Funktion der Polarisierbarkeit der Oberflächenionen.* Hochpolarisierbare Ionen verleihen der Oberfläche von Ionenkristallgittern, ionenaustauschfähigen Gläsern u. selbst wss. Lsgg. die Fähigkeit, sich dem angrenzenden Medium in Hinsicht auf minimale Freie Grenzflächenenergie anzupassen. Aus der hieraus folgenden Unbestimmtheit der Oberflächenkräfte lassen sich zur Erklärung verschied. Effekte, wie verzögerte Einstellung von Benetzungsgleichgewichten, verzögertes Zusammenfließen wss. Lsgg., Abhängigkeit der katalyt. Wrkg. adsorbierter Ionen vom umgebenden Medium u. vom Adsorbens erklären. An *Na–Ca-Silicatgläsern* ist für die Benetzbarkeit durch OH-Gruppen enthaltende Fll. die Ggw. von OH-Gruppen entscheidend. Das wird durch Verss. mit konz. H_2SO_4 demonstriert. Während diese normalerweise vollständig benetzt, sammelt sie sich in Tropfen bei spurenweisem Zusatz von NaF. Es findet an der Glasoberfläche Austausch der OH^-- durch F^--Ionen statt; infolge Bindung des gebildeten H_2O durch die konz. H_2SO_4 wird die Gegen-Rk. der Hydrolyse verhindert. Die in Ggw. von W. unstabile SiF-Oberflächenschicht bleibt stabil. Die H^+-Ionen dieser Glasoberfläche können durch mehr oder weniger polarisierbare Metallkationen ausgetauscht werden, womit die Geschwindigkeit der Benetzbarkeit durch W. merklich herabgesetzt wird. Durch Austausch aus den wss. Lsgg. der Nitrate (Chloride u. Sulfate brachten Störungen durch Mitadsorption der Anionen) wurde die Steighöhe von W. in Glascapillaren (in Aufstiegrichtung!), in der Reihenfolge der Kationen Ba^{2+}, Tl^+, Fe^{3+}, Co^{2+}, Zn^{2+}, Cu^{2+}, Cd^{2+}, Mn^{2+}, Ni^{2+}, Hg^{2+}, Pb^{2+} zunehmend, vorübergehend vermindert, u. zwar nach Lagern der Gläser in den Nitratlsgg.; Li^+, Na^+, K^+, Be^{2+}, Mg^{2+}, Ca^{2+}, Sr^{2+}, Al^{3+} als schwach polarisierbare Ionen ergaben keinen Effekt. Unter Einfl. von H_2O-Dampf werden die Oberflächenmetallionen entpolarisiert, u. die Benetzbarkeit u. Aufstiegshöhe nimmt allmählich in dem Maße zu, wie wieder OH-Gruppen an der benetzten Oberfläche gebildet werden. An Wyoming-*Bentonit* wurde die vorübergehende Hydrophobizität durch Spreitverss. von Wassertropfen auf Filmen aus Suspensionen des Bentonits in wss. Lsgg. der Nitrate (auch Chloride u. Sulfate) der auszutauschenden Kationen untersucht. Während H^+-, Li^+-, Na^+-, K^+-Bentonite sofort Randwinkel von 0° ergaben, zeigten in der Reihenfolge Mg^{2+}, Ca^{2+}, Sr^{2+}, Be^{2+}, Al^{3+}; Ba^{2+}, Tl^+, Zn^{2+}, Cd^{2+}, Cu^{2+}, Co^{2+}, Cr^{3+}; Ni^{2+}, Mn^{2+}; Pb^{2+}, Hg^{2+} Neuwinkel von rund 20°; 40°; 60°; 70° u. Spreitdauern der Tropfen bis zum 0°-Winkel von 1–3,5–10; 10–12; 15–30 Minuten. Die Viscositäten der vorübergehend, im getrockneten Zustand hydrophobesten Pb(II)- u. Hg(II)-Bentonitsuspensionen zeigten keine Anomalien. — Weiter verfolgten Vff. den Einfl. der polarisierbaren Metallionen auf die „Benetzbarkeit einer Wasseroberfläche". Kenngröße war die krit. Fallhöhe H eines entgasten Wasserstrahls in Luft, oberhalb welcher dieser in die aufnehmende Wasseroberfläche Luftblasen mitriß (83 mm). Mit *Na-Stearat* in 0,1 mol. Konz. oder *Laurylamin* in 2%ig. Volumkonz. war H um 20–15% niedriger. H^+- u. Li^+-Ion erbrachten hier wie vordem keine Effekte, dagegen bereits die schwach polarisierbaren Na^+ u. K^+. Die temporäre Hydrophobierung der Wasseroberfläche durch 0,5 mol. $Pb(NO_3)_2$, *Tl*- u. *Hg-Acetat* sowie durch 1 mol. *Cr*-, *Co*-, *Ni-Nitrat* lag in derselben Größenordnung wie diejenige durch die oberflächenakt. Moll. der oben angegebenen Lösung. Die Untersuchungsmeth. kann für Feststellung von Komplexionenbldg. Anwendung finden. Aus kombinierten Verss. mit $HgCl_2$ u. KCl vermuten Vff. ein Gleichgewicht $HgCl_2 + 2\,KCl \rightleftharpoons K_2(HgCl_4)$, mit einem Ion $(HgCl_4)^{2-}$, das weniger polarisierbar als Hg^{2+} ist. (J. appl. Physics **21**. 338–44. April 1950. State College, Pa., Pennsylvania State Coll., School of Min. Ind.) v. EICHBORN. 166

R. S. Jessup, *Die Bedingung für das Kriechen einer Flüssigkeit durch einen Quecksilberverschluß.* In einem Rohr aus rostfreiem Stahl eines BUNSEN-Calorimeters wurde beobachtet, daß *Diphenyläther* durch einen Verschluß aus Hg hindurchdiffundierte, u. zwar mit einer Geschwindigkeit von 0,01 ml/Tag. Auch *tert.-Butylalkohol* zeigt diese Erscheinung, während sich Diphenyläther u. Toluol in einer Glasapp. nicht so verhalten. Dieses Phänomen wird auf Grund thermodynam. Theorien über Oberflächen diskutiert u. erklärt. (J. appl. Physics **23**. 543–45. Mai 1952. Washington, D. C., Nat. Bur. of Stand.) JÄGER. 171

Douglas H. Everett, *Adsorptionsthermodynamik.* 2. Mitt. *Thermodynamik von Monoschichten auf festen Körpern.* (1. vgl. C. **1952**. 972.) Zur thermodynam. Behandlung des Adsorptionsgleichgewichts in einem realen Syst. werden 2 idealisierte Systeme (Modelle) eingeführt, nämlich das der lokalisierten u. das der nichtlokalisierten Monoschicht. Im ersten (A) wird keine Wechselwrkg. zwischen den Moll. angenommen, die an akt. Stellen einer homogenen Oberfläche adsorbiert sind; beim zweiten (B) mögen die Moll. in einem Potentialfeld längs der Oberfläche frei beweglich sein, dessen Schwenkungen weniger als kT betragen; das Adsorbat wird dann als ideales zweidimensionales Gas betrachtet. Vf. zeigt, daß eine physikal. Adsorptionstheorie nicht schon als bewiesen gelten darf, wenn sie die beobachteten Adsorptionsisothermen, die Wärmetönungen u. die Entropieänderungen zahlenmäßig richtig erklärt, weil diese Größen in sehr verschied. Theorien um so geringe Beträge differieren, daß eine experimentelle Entscheidung nicht möglich ist. Das Modell B gilt nur bei erhöhten Tempp.; u. das Adsorbat als zweidimensionales Gas zu betrachten, ist auf Grund von Adsorptionsisothermen allein nicht zulässig. (Trans. Faraday Soc. **46.** 942—57. Nov. 1950. Dundee, Univ. of St. Andrews, Chem. Dep.) Kirschstein. 176

Douglas H. Everett, *Adsorptionsthermodynamik.* 3. Mitt. *Analyse und Diskussion experimenteller Daten.* (2. vgl. vorst. Ref.) Zur Prüfung der theoret. Überlegungen wurden vor allem Daten über die Adsorption zahlreicher Gase an Holzkohle herangezogen. Es zeigte sich, daß das Modell A (lokalisierte Monoschicht) das am meisten geeignete idealisierte Bezugssyst. ist. Zwischen den zusätzlichen partiellen mol. Adsorptionsentropien u. den differentiellen Adsorptionswärmen besteht eine lineare Beziehung, die im Fall der Holzkohle mit der Gleichung von Barclay u. Butler (Trans. Faraday Soc. **34.** [1938.] 1445) ident. ist, die für die Kondensationswärmen u. -entropien von Fll. sowie von Gasen u. Dämpfen bei der Kondensation in Lsgg. gilt. Dieses Ergebnis läßt gewisse Theorien der statist. Mechanik als revisionsbedürftig erscheinen. Auch die Inhomogenität der Holzkohlenoberfläche ist wahrscheinlich sehr stark. Die Anwendbarkeit der angestellten Überlegungen auf Mehrfachschichten u. auf die Chemisorption wird kurz angedeutet. (Trans. Faraday Soc. **46.** 957—69. Nov. 1950.) Kirschstein. 176

D. H. Everett und **D. M. Young,** *Adsorptionsthermodynamik.* 4. Mitt. *Das Einsetzen der Mehrschichtenbildung.* (3. vgl. vorst. Ref.) Durch eine geringfügige Abwandlung der vorher dargelegten Beziehungen zwischen Adsorptionsenergie u. Entropie, wobei der Begriff der „idealen Konfigurationsentropie“ eingeführt wird, gelingt es Vff., die Daten über verschied. Adsorptionssysteme, darunter über das Syst. Ar-pulverisiertes KCl bei 79,5° K, befriedigend zu deuten. Die Abweichungen gegenüber den vorher behandelten Systemen (vgl. 3. Mitt.) werden darauf zurückgeführt, daß eine zweite Adsorptionsschicht sich zu bilden beginnt, wenn die erste zu 50—80% vollständig ist. (Trans. Faraday Soc. **48.** 1164—70. Dez. 1952.) Kirschstein. 176

L. E. Drain und **J. A. Morrison,** *Erklärung der thermodynamischen Eigenschaften von adsorbiertem Argon bei geringer Oberflächenbedeckung.* Die früheren Messungen einiger thermodynam. Eigg. von Ar, das an TiO_2 (Rutil) adsorbiert wurde, können befriedigend an dem Modell einer lokalisierten Adsorption durch eine nicht gleichmäßige (heterogene) Oberfläche gezeigt werden, bei der keine Rk. der adsorbierten Atome stattfindet. Die Verteilungsfunktion für die Adsorptionsenergie der Adsorptionszentren erhalten Vff. aus den Wärmewerten der Adsorption, woraus sich die Entropien u. Wärmekapazitäten der adsorbierten Phase errechnen lassen. Die vorliegende Analyse zeigt die Notwendigkeit einer genauen Best. der Entropie, auch zum Vgl. von Theorie u. Experiment. Eine Diskussion der Ursache der Heterogenität der Oberfläche einer festen Phase folgt. (Trans. Faraday Soc. **48.** 316—26. April 1952. Ottawa, Can., Nat. Res. Labor., Div. of Chem.) Jäger. 176

Conway Pierce und **R. Nelson Smith,** *Adsorptions-Desorptions-Hysterese in Beziehung zur Capillarität von Adsorbentien.* Vff. geben eine allgemeingültige Erklärung der Desorptionshysterese für Systeme mit u. ohne Capillaren, ferner für die Erscheinung, daß bei gleichen Capillarsystemen bei einem Adsorbat Hysterese auftritt, bei einem andern jedoch nicht. Als Beispiele werden die Adsorptions- u. Desorptionsisothermen von *Äthylchlorid* u. W. an *Graphit NC-1, Graphon* u. der *Aktivkohle S 84* gemessen. Die Ursache aller Hystereseerscheinungen liegt in einem verschiedenartigen Adsorptionsmechanismus; Voraussetzung ist, daß akt. Stellen in der Oberfläche vorhanden sind, an denen sich Klumpen oder Mehrfachfilme bilden, die bei höherem Druck verschmelzen. Geht die Adsorption aber so vor sich, daß sich die Gesamtoberfläche gleichmäßig zuerst mit einem monomol. Film bedeckt, worauf sich weitere Filme aufbauen, so zeigt sich keine Hysterese. In ersterem Falle wirken die Gesamtkräfte der akt. Stellen auf die Moll. in den Klumpen, der Dampfdruck aller Moll. in diesen Stellen wird erniedrigt, wodurch die Hysterese entsteht. Der allgemeinste Fall einer Hysterese tritt dann auf, wenn die Capillaren so weit gefüllt sind, daß die Multischichten der gegenüberliegenden Wände zusammentreffen, wobei die Moll.

von den Oberflächenkräften beider Wände festgehalten werden. Vff. unterscheiden Capillarsysteme, bei denen keine Hysterese auftritt (Klasse I) im Gegensatz zu solchen, die Hysterese zeigen (Klasse II). Die ersteren sind meist nur einige Moleküldurchmesser weit; weitere Bedingungen für die Einordnung in diese Systeme werden angegeben: Es ist z. B. möglich, aus dem Isothermentyp auf die Art der Adsorption zu schließen. Die Gültigkeit der KELVINschen Gleichung zur Abschätzung der Porengröße wird diskutiert. (J. physic. Colloid Chem. **54.** 784—94. Juni 1950. Claremont, Calif., Pomona Coll., Dep. of Chem.) JÄGER. 176

M. M. Poljakowa und **P. A. Tessner,** *Untersuchung der Oberflächenstruktur von Rußteilchen.* An Kanalruß, der eine durch Behandlung in KW-stoff (Bzl., CH_4)-Atmosphäre bei 900° in verschied. Grade mit elementarem C bedeckte Oberfläche (x% C) aufweist, werden Isothermen der Adsorption von Bzl. (als Maß für die spezif. Oberfläche) aufgenommen. Es zeigt sich, daß schon eine monomol. C-Schicht die ursprüngliche Porosität völlig aufhebt, bei weiterer C-Beimengung nimmt die spezif. Oberfläche wieder etwas zu (Maximum 112—114 m^2/g bei x = 80—100), dann wieder ab. Voroxydierter Kanalruß (302 m^2/g) kann 15,6% C aufnehmen, ohne daß die spezif. Oberfläche abnimmt, bei weiterem Zusatz nimmt sie ab, bleibt aber von 28,3% C ab konstant (81 m^2/g). Bei Rußarten mit glatter Oberfläche (Ofen-, Düsen-, C_2H_2-Ruß) ändert C-Bedeckung die spezif. Oberfläche wenig. Der mit N_2-Adsorption gemessene Porositätskoeff. von Kanalruß ist höher als der mit Bzl. gemessene, woraus auf mol. Dimensionen der Oberflächenporen geschlossen wird. (Доклады Академии Наук СССР [Ber. Akad. Wiss. UdSSR] [N. S.] **93.** 1061—64. 21/12. 1953. Allunions wiss. Forsch.-Inst. für Naturgase.) R. K. MÜLLER. 176

Je. N. Nikitin, *Sorptionseigenschaften der geglühten äquimolekularen Gemische CaO–ZrO_2 und MgO–ZrO_2.* (Vgl. C. **1954.** 3871 u. 4792.) *CaO* (**I**), *ZrO_2* (**II**) u. *MgO* (**III**) wurden bei verschied. Tempp. (bis 1200°) geglüht u. ihre äquimol. Gemische nach Glühen bei der gleichen Temp. auf ihr Sorptionsvermögen gegenüber A.-Dämpfen bei 20° u. N_2-Dämpfen bei —196° untersucht. Nach den aus den Sorptionsisothermen von **I–II** berechneten Verteilungskurven der Poren nach ihrem wirksamen Radius ergibt sich für alle Tempp. eine der monodispersen sehr nahe poröse Struktur des Gemisches. Die Zahl der feinen Poren, am größten beim ungeglühten Gemisch, nahm mit steigender Glühtemp. rasch ab (oberhalb 1200° keine feinen u. Übergangsporen). Die gleichen Verteilungskurven wurden beim Gemisch **II–III** beobachtet. Die größte spezif. Oberfläche der beiden Gemische beobachtete man im ungeglühten Gemisch. Die Kurven für die reinen Komponenten hatten ein deutliches Maximum bei 250 bis 300° (therm. Zers. der Hydroxyde im Vakuum). (Доклады Академии Наук СССР [Ber. Akad. Wiss. UdSSR] [N. S.] **92.** 617—20. 21/9. 1953. Inst. für Silicatchem. der Akad. der Wiss. der UdSSR.) LEBTAG. 176

C. F. Drake, *Die chemische Versilberung nichtmetallischer Oberflächen.* Nach einer kurzen Besprechung der in den Versilberungslsgg. sich abspielenden Rkk., Red. des Ag^+, Bldg. des Ag-Sols, Ausflockung u. Nd. des metall. Ag, weist Vf. zunächst darauf hin, daß der Reduktionsmechanismus auf dem reduzierenden Reagens beruht. Im allg. tritt Red. schneller auf Oberflächen als in Lsg. ein u. ist demnach autokatalyt., wenn nicht die Oberflächen der koll. Ag-Teilchen durch Adsorption eines „Verzögerers" blockiert sind. Die Stabilität des Ag-Sols ist eine Funktion des Verhältnisses von Schutzkolloiden oder adsorbierten negativen Ionen u. den Elektrolyten oder adsorbierten positiven Ionen, welche in der Lsg. vorhanden sind. Als oberflächenakt. Reagentien nennt Vf. die verschied. Klassen des nichtion. *Lissapol N*, des anion. *Lissapol C* u. des kation. *Fixanol C.* Als Beispiel wird die Versilberung einer Probe *Perspex* beschrieben: nach Reinigung mit W. u. Teepol 10 Min. Eintauchen in eine 5%ig. wss. $SnCl_2$-Lsg., 5%ig. HCl, 0,005%ig. Lsg. von Lissapol N, Abspülen unter fließendem W. u. Eintauchen in die Versilberungslsg.; diese erhält man durch Zufügen von Lissapol C u. einem bekannten Überschuß von NH_4OH zu einer 1%ig. $AgNO_3$-Lösung. Kurz vor der Versilberung setzt man der Lsg. 0,2 cm^3 einer 4%ig. Formaldehydlsg. zu. (Research **3.** 582—83. Dez. 1950. Enfield, Middlesex, Standard Telecommunications Labor. Ltd.) GOTTFRIED. 176

N. E. Topp, *Ionenaustauschharze.* Zusammenfassender Bericht über Struktur, Herst., Eigg. u. Anwendung der Ionenaustauschharze. — 43 Literaturzitate. (Sci. Progr. **39.** 640—56. Okt. 1951. Teddington, Principal Scientific Office, Chem. Res. Labor.) GABRIELE GÜNTHER. 177

H. R. Kruyt en **J. Th. G. Overbeek,** Inleiding tot de physische chemie, de kolloidchemie in het bizonder, voor biologen en medici. 14e dr. Amsterdam: H. J. Paris. (XII + 219 S.) fl. 8.90.

A_6. Strukturforschung.

Hans Grümm, *Die Eigenladungsverbreiterung eines fokussierten Elektronenbündels.* Mit Hilfe der wellenmechan. Theorie der elektronenopt. Abb. von GLASER u. SCHISKE werden die Eigenladungseffekte (Bündelverbreiterung, Verschiebung der Bildebene, Verschiebung der FRAUNHOFER-Ebene usw.) fokussierter Elektronenbündel theoret. untersucht u. Formeln zur Abschätzung ihrer oberen Grenzen angegeben. (Ann. Physik [6] **11**. 131–44. 1952. Wien.) LENZ. 181

H. Froula und **E. Bowler,** *Eine Vorrichtung zur automatischen Registrierung der Vergrößerungseinstellung.* (Sitzungsbericht.) Durch mechan. Kopplung zwischen dem Knopf der Vergrößerungsregelung u. einer beweglichen Marke am Rand der Photoplatte wird die jeweilige Einstellung der Vergrößerungsregelung automat. auf jedem elektronenmkr. Bild registriert. (J. appl. Physics **24**. 114. Jan. 1953. Los Angeles, Calif., Univ., Dep. of Engng.) LENZ. 181

Ernest F. Fullam, *„Athene"-Objektträger.* (Sitzungsbericht.) Beschreibung der in England als Objektträger für die Elektronenmikroskopie hergestellten „Athene"-Netzblenden aus elektrolyt. abgeschiedenem u. hochpoliertem Cu u. ihrer Verwendungsweise. (J. appl. Physics **24**. 114. Jan. 1953. Schenectady, N. Y., Knolls, Gen. Electrics Res. Labor.) LENZ. 181

Sterling P. Newberry, *Mikroradiographie als eine Annäherung an die Röntgenstrahlmikroskopie.* (Sitzungsbericht.) Die modernen photograph. Emulsionen u. Röntgenstrahlquellen ermöglichen einen Fortschritt der Mikroradiographie in Richtung auf die Röntgenstrahlmikroskopie hin. Als Vorzüge der Mikroradiographie gegenüber anderen Methoden werden großes Gesichtsfeld, kurze Belichtungszeiten u. techn. Einfachheit genannt. Vergleichende Diskussion der Kontaktmeth. einerseits u. Projektionsmeth. andererseits. (J. appl. Physics **24**. 114. Jan. 1953. Schenectady, N. Y., Gen. Electric Co., Gen. Engng. Labor.) LENZ. 181

V. E. Cosslett und **W. C. Nixon,** *Das Röntgenschattenmikroskop.* (Vgl. C. **1952**. 3217.) Inhaltlich ident. mit der C. **1954**. 5700 referierten Arbeit. (J. appl. Physics **24**. 114. Jan. 1953. Cambridge, Cavendish Labor.) LENZ. 181

H. N. Ritland, *Dichteänderungen in Glas während der Wärmebehandlung.* (Sitzungsbericht.) Gemeinsam mit Fll. besitzt das Glas eine Gleichgewichtsstruktur, die von der Temp. abhängig ist. Bei Tempp. nahe dem Erweichungspunkt ist zur Erreichung des Gleichgewichts ca. 1 Std. nötig; mit sinkender Temp. nimmt diese Zeit sehr schnell zu. Diesen Temperaturbereich, in welchem physikal. mit der Zeit sich ändernde Eigg. beobachtet werden können, nennt man den Transformationsbereich. Die Eigg. des Glases bei Zimmertemp. sind in dem Transformationsbereich von der therm. Vorgeschichte abhängig. Untersucht wurde der Einfl. der Wärmebehandlung auf die Raumtemperaturdichte u. den Brechungsindex eines Borsilicatcrownglases. Erhalten wurde hierbei die Änderung der D. mit der Länge der Behandlung bei einer konstanten Temp. in dem Transformationsbereich u. die Annäherung der D. an ihren asymptot. Wert während der Abkühlung durch diesen Bereich bei einer konstanten Geschwindigkeit. Die Ergebnisse wurden in Verbindung mit dem Begriff einer fiktiven Temp. diskutiert, in der der Zustand des Glases durch die Temp. in dem Transformationsbereich charakterisiert ist, bei der der Zustand im Gleichgewicht sein würde. (Physic. Rev. [2] **91**. 228. 1/7. 1953. Corning Glass Works.) GOTTFRIED. 188

Bernard Laurent, *Beziehungen zwischen physikalischen Eigenschaften und der Struktur verschiedener reiner Boratgläser.* Vf. untersucht den Verlauf der Änderung einiger physikal. Eigg. von Boratgläsern mit verschied. Geh. an B_2O_3, BO bzw. Li_2O bei Änderung des Molverhältnisses O/B von 1,171–1,93. Eingehend diskutiert er die Ergebnisse von Messungen der therm. Ausdehnung, der Viscosität u. des elektr. Widerstandes u. schließt daraus, daß der Einfl. verschied. Ionen auf die Deformationen, die sie in der ursprünglichen Struktur des Glases hervorriefen, bestimmend für die beobachteten Änderungen ist. Danach wird die Grundform des Glases bei hohen Tempp. gebildet von Dreiecken aus BO_3, die unter sich immer deutlicher über 2 Ecken verbinden, je größer der Wert des Verhältnisses O/B wird. Diese Dreiecke bilden flexible Ketten, die eine geringere Zähigkeit haben u. die Wanderung der Kationen unter dem Einfl. des elektr. Stromes zulassen. Die Beobachtung des Angriffes von W. auf die verschied. Gläser zeigt die Bldg. von kleinsten Plättchen von einigen hundertstel mm Dicke, ganz analog den Flittern der Borsäure, die ebenfalls auf das Vorhandensein von ebenen Dreiecken hinweisen, welche über drei Ecken verbunden sind, wie sie im B_2O_3-Glas vorkommen. Diese Verknüpfung geht über in die an 2 Ecken in dem Maße, wie der Grad der Vernetzung der Glasstruktur abnimmt. (Chim. et Ind. **68**. 710–16. Nov. 1952.) KÜHNERT. 188

A. Kofler, *Über die Kristallisationsgeschwindigkeit in unterkühlten binären Gemischen.* Es wurden bei den Systemen a) *Acetanilid–2.4-Dinitrophenol* (**I**), b) *Azobenzol–Benzil* (**II**) u. c) *Anästhesin–Benzil* die Isothermen der Kristallisationsgeschwindigkeit bei Unterkühlung bestimmt. Das Eutektikum von a) liegt bei 53% **I**, F. 78°. Bestimmt wurden die Isothermen der Kristallisationsgeschwindigkeit für die Unterkühlungstempp. 70, 60 u. 50°. Das bei 52° schm. Eutektikum von b) enthält 38% **II**; die Isothermen wurden für Unterkühlungstempp. 40 u. 30° gemessen. Bei c) schließlich liegt das Eutektikum bei 52° mit F. 64°. Unterkühlungstemp. war hier 45°. Bei allen Systemen besteht die Isotherme der Kristallisationsgeschwindigkeit der prim. u. sek. Kristallisation bei Unterkühlung aus je zwei Teilkurven, von denen sich die ersteren schneiden, während die letzteren mit mehr oder weniger großem Abstand übereinander liegen. Die Kurven für die prim. Kristallisation sinken in einem mittleren, vom Unterkühlungsgrad abhängigen Konzentrationsbereich unter die Kurven für die sek. Kristallisation, so daß sie zum Schnitt kommen. Der zwischen den Schnittpunkten liegende Kurvenast stellt die Isotherme für die Kristallisationsgeschwindigkeit der quasi-eutekt. Kristallisation dar. Das innerhalb dieses Kurvenastes liegende Minimum entspricht dem Schnittpunkt der beiden Primärkristallisations-Isothermen u. besitzt in der Regel eine von der eutekt. abweichende, vom Unterkühlungsgrad abhängige Konzentration. Mikrochim. Acta [Wien] **40.** 311—18. 1953. Innsbruck.) GOTTFRIED. 190

A. Kofler, *Über die Kristallisationsgeschwindigkeit in unterkühlten binären Gemischen.* 2. Mitt. (1. vgl. vorst. Ref.) Für die Systeme a) *Anästhesin* (**IV**)–*Acetanilid* (**I**), b) **IV**–*Phenacetin* (**II**), c) **IV**–*Fluoren* (**III**), d) **I**–**III** u. e) *Azobenzol*–**I** wurden die Isothermen der Kristallisationsgeschwindigkeit bei Unterkühlung bestimmt. Der F. des Eutektikums, die eutekt. Zus. sowie die Unterkühlungstempp. sind in dieser Reihenfolge für a): 69°, 33% **I**; 69 u. 66°; für b): 78°; 21% **II**; 78°, 72 u. 66°; für c): 75°; 31,5% **IV**; 75, 76 u. 60°; für d): 94°; 74% **III**; 94, 90 u. 85° u. für e): 66°; 6,5% **I**; 66, 63 u. 60°. In den Systemen c) u. d) konnten die Isothermen über 50% **III** infolge dessen hoher Keimbildungs- u. großer Kristallisationsgeschwindigkeit nicht mehr ermittelt werden. Die bei den Systemen beobachteten Anomalien der Abscheidung bei Unterkühlung werden genau beschrieben. Durch die Messungen ergab sich eine Bestätigung früherer Beobachtungen, daß der Grad der Anomalie mit der Differenz der spezif. Kristallisationsgeschwindigkeit der Komponenten u. der Annäherung des eutekt. Punktes an eine Ordinate des Diagramms rasch zunimmt. Die Versuchsergebnisse sind in zahlreichen Diagrammen wiedergegeben. Mikrochim. Acta [Wien] **40.** 405—15. 1953.) GOTTFRIED. 190

I. W. Ssalli, *Zur Theorie des Zerfalls übersättigter Lösungen.* Ein aus übersätt. Lsg. sich ausscheidender Kristall vom Radius r ist von einer an diesem Stoff verarmten Lsg. in einer Schichtdicke x umgeben. Auf Grund der Diffusionstheorie wird die Gleichung für die durch diese Schicht diffundierende Substanzmenge q u. ihre zeitliche Veränderung (dq/dt) abgeleitet u. auf verschied. Fälle angewandt: 1. Zunahme von x mit wachsendem r (am häufigsten bei nicht stark übersätt. festen Lsgg.); 2. Konstantbleiben von x (am häufigsten bei fl. Lsgg.) mit den Sonderfällen $x \ll r$ u. $x > r$. Für die Form des sich ausscheidenden Kristalls spielt die Oberflächenspannung an der Phasengrenze, für die Wachstumsgeschwindigkeit mit konstantem Neigungsradius ihre Veränderung eine Rolle. Die gefundenen Beziehungen werden auf die Verhältnisse bei der Ausscheidung von Zementit u. Graphit aus Fe–C-Legierungen angewandt. Sie erklären auch, warum bei viscosen Fll. die Dendritkristallisation, bei weniger viscosen Fll. die polyedr. Kristallisation charakterist. ist. (Доклады Академии Наук СССР [Ber. Akad. Wiss. UdSSR] [N. S.] **89.** 61—64. 1/3. 1953. Dnepropetrowsk, Univ.) R. K. MÜLLER. 190

Lieselott Herforth und **Johannes Krumbiegel,** *Einige Beobachtungen an Cadmiumsulfid-Kristallen.* Dem mkr. Aussehen nach lassen sich bei 500 untersuchten gezüchteten CdS-Einkristallen 5 Gruppen unterscheiden: homogene, rechtwinklig u. schräg zur Seitenkante geriffelte Kristalle, sowie homogene u. geriffelte mit Zwillingsbildung. Letztere treten am häufigsten auf. Im Polarisationsmikroskop zeigt sich, daß die Schwingungsrichtung mit der der Riffelung übereinstimmt. Große Leitfähigkeitsunterschiede waren bei allen Typen feststellbar. Unter den beiden letzten Kristallarten waren weniger gut leitende. Alle Kristalle zeigten — infolge ihrer Hemimorphie — starke Abhängigkeit der Leitfähigkeit von der Feldrichtung. (Naturwissenschaften **40.** 270—71. Mai 1953. Berlin-Buch, Dtsch. Akad. der Wiss., Abt. Biophys., Inst. für Med. u. Biol.) RUDOLPH. 190

Ju. D. Kondraschew, *Über den Parameter des Bors in der Struktur des CaB_6.* Zur Klarstellung der bei der Berechnung auf Grund der harmon. Analyse nach Röntgendaten der Literatur erhaltenen, in der F- u. der F^2-Reihe divergierenden Werte für den Parameter des B in CaB_6 werden an einem Einkristall (ca. 0,15 mm) Röntgenunterss. mit filtrierter Mo-Strahlung durchgeführt. Sie ergeben in der F-Reihe 0,217, in der F^2-Reihe 0,200 u. 0,208, also im Mittel $0,21 \pm 0,01$, womit die Auffassung der Struktur des CaB_6 mit etwa gleichen Abständen der B-Atome voneinander bestätigt wird. (Доклады Академии Наук СССР [Ber. Akad. Wiss. UdSSR] [N. S.] **94.** 471–72. 21/1. 1954.) R. K. MÜLLER. 195

Stanley M. Ohlberg und **Philip A. Vaughan,** *Die Kristallstruktur von Selendithiocyanat.* Im Anschluß an Unterss. von OHLBERG u. VAN DER MEULEN (vgl. C. **1954.** 4136) bestimmen Vff. die Kristallstruktur von $Se(SCN)_2$ mit Hilfe von PATTERSON- u. FOURIER-Projektionen. $Se(SCN)_2$ krist. in der orthorhomb. Raumgruppe D_{2h}^{16}—Pnma mit der Elementarzelle $a = 9,87$; $b = 13,03$; $c = 4,44$ Å. Aus der gemessenen D. 2,265 ergibt sich für $Z = 4$ eine berechnete D. von 2,273. Atomlagen: 4 Se in 4(c): $x, 1/4, z$; $\bar{x}, 3/4, \bar{z}$; $1/2 - x, 3/4, 1/2 + z$; $1/2 + x, 1/4, 1/2 - z$ mit $x = -0,047$ u. $z = 0,500$; 8 S, 8 C u. 8 N in 8(d): x, y, z; $1/2 + x, 1/2 - y, 1/2 - z$; $\bar{x}, 1/2 + y, \bar{z}$; $1/2 - x, \bar{y}, 1/2 + z$; $\bar{x}, \bar{y}, \bar{z}$; $1/2 - x, 1/2 + y, 1/2 + z$; $x, 1/2 - y, z$; $1/2 + x, y, 1/2 - z$ mit $x_S = 0,058$; $y_S = 0,119$; $z_S = 0,285$; $x_C = 0,206$; $y_C = 0,111$; $z_C = 0,474$; $x_N = 0,305$; $y_N = 0,105$; $z_N = 0,600$. Molekülparameter: Se—S = 2,21 Å; S—C = 1,69 Å; C—N = 1,13 Å; ∢S—Se—N = 101°; ∢Se—S—C = 104°. Der diedr. Winkel zwischen der S—Se—S- u. der Se—S—C-Ebene beträgt 79°. (J. Amer. chem. Soc. **76.** 2649–51. 20/5. 1954. New Brunswick, N. J., Rutgers Univ., School of Chem.) B. REUTER. 195

G. G. Lemmlein und **N. W. Gliki,** *Neue Methode zum Nachweis von Feinstrukturelementen im Relief der Kristallfläche.* Die früher (C. **1948.** II. 1155) beschriebene Taumeth., bei der auf einer Kristallfläche kondensiertes W. zum Nachw. von Struktureinzelheiten verwendet wird, leidet unter dem Nachteil, daß der kondensierte „Tau" sehr kurzlebig ist u. rasch verdampft. Es wird gezeigt, daß die im Prinzip gleiche Meth. mit NH_4Cl-Dämpfen eine Aufnahme von Reliefeinzelheiten in derselben Art, jedoch mit länger haltbarem Kondensat ermöglicht. Auf einem Kristall von SiC (Fläche 0 0 0 1) erleiden die NH_4Cl-Kriställchen Orientierung, wobei $(1\,1\,1)_{NH_4Cl}$ sich parallel zu $(0\,0\,0\,1)_{SiC}$ u. $[110]_{NH_4Cl}$ parallel zu $[1\,0\,\bar{1}\,0]_{SiC}$ einstellt, daneben findet auch teilweise polykristalline Abscheidung von NH_4Cl statt. Die Unterss. bestätigen den spiralschichtigen Aufbau der SiC-Flächen. (Доклады Академии Наук СССР [Ber. Akad. Wiss. UdSSR] [N. S.] **94.** 473–75. 1 Tafel. 21/1. 1954. Inst. für Kristallographie der Akad. der Wiss. der UdSSR.) R. K. MÜLLER. 196

A. E. Jenkins, *Die Oxydation von Titan bei hohen Temperaturen in einer Atmosphäre von reinem Sauerstoff.* Die Oxydation von Ti wurde für den Temperaturbereich von 600–925° bei einem O_2-Druck von 700 mm Hg untersucht u. dabei die Gewichtszunahme der Proben nach verschied. Zeiten bestimmt. Bei Tempp. oberhalb 850° u. nach 72 std. Erhitzen bei 750° bilden sich porige, hellgelbe bis hellbraune Oxydschichten, die sich leicht abstreifen lassen u. darunter eine schwarze Oberfläche des Grundmetalls zeigen. Bei einer Temp. bis 40° unterhalb dieser Temp. ist die Oxydschicht dünn u. grau u. blättert beim Abkühlen ab. Darunter liegt die dunkle Oberfläche des Grundmetalls. Unterhalb dieser Tempp. ist die Oxydschicht dunkelschiefergrau u. haftet außerordentlich fest. Die Verteilung des O zwischen den bei Tempp. oberhalb 850 bzw. 750° gebildeten Oxydschichten u. dem Grundmetall wurde bestimmt. Diese Oxydschichten waren O-durchlässig. Die Oxydation geht in der Metalloxyd/Metall-Zwischenschicht vor sich. Röntgenograph. Unterss. ergaben, daß als einziges Oxyd TiO_2 in seiner Rutil-Modifikation in den Oxydschichten vorkommt. Die Oberflächenschichten des Grundmetalls sind Lsgg. von Ti–O in festem Zustand. Die Oberflächenkonz. u. der innere O-Geh. sind abhängig von der Oxydationstemperatur. Bei hoher Temp. ist die Oxydationsgeschwindigkeit abhängig von der Diffusionsgeschwindigkeit des O im Grundmetall. (J. Inst. Metals **82.** 213–21. 1 Tafel. Jan. 1954. Melbourne, Australien, Univ.) VIER. 196

C. E. Ells und **G. D. Scott,** *Die Struktur von aufgestäubten Silberfilmen.* Die Struktur von aufgestäubten Ag-Filmen wird mit Hilfe des Elektronenmikroskops untersucht u. mit aufgedampften Filmen verglichen. Beim Stäubeverf. erreichen die aus der Kathode ausgelösten Ag-Atome die Auflage mit geringerer Geschwindigkeit, u. deren Oberfläche wird beim Entladen von anhaftenden Gasmoll. befreit. Diese Effekte bewirken das Entstehen einer gleichmäßigen Schicht, bes. für dünne Filme. Da jedoch auch durch größere Geschwindigkeit der Ablagerung gleichmäßige Filme erzielt werden, ist das Aufdampfverf. für dickere Filme vorzuziehen. Dies gilt für Filme von einer Dicke von über 100 Å. Messungen des elektr. Widerstandes bestätigen die Annahmen. (J. appl. Physics **23.** 31—34. Jan. 1952. Toronto, Can., Univ., Dep. of Phys.) KRÖNERT. 196

Ronald King, *Wirkung von Oberflächenfilmen auf die Verzwilligung von Metallkristallen.* Die Unterss. wurden an *Cd*-Einkristallen von 1 mm Durchmesser u. verschied. Länge durchgeführt. Die Zwillingsbldg. wurde durch Deformationsmessungen verfolgt. Bei Präpp., die bei 250° in einer O_2-Atmosphäre von 50 mm Druck oberflächlich oxydiert worden waren, zeigte sich eine Zunahme der Verzwilligungstendenz mit wachsender Oxydationsdauer. Oxydation unter anderen Bedingungen sowie elektrolyt. Niederschlagung von Hydroxydschichten führte zu ähnlichen Ergebnissen. Die Beziehungen zwischen Verzwilligung u. Gleitung werden erörtert. (Nature [London] **169.** 543—44. 29/3. 1952. London, Royal Inst. of Great Britain, Davy Faraday Res. Labor.) H. W. LEVI. 196

P. L. Grusin und **D. F. Litwin,** *Über die Bestimmung von Diffusionskoeffizienten in festen Körpern nach der Methode der radioaktiven Isotopen.* Wenn ein gleichzeitig β- u. γ-Strahlen aussendendes Isotop auf einen festen Körper aufgebracht u. dieser einer die Diffusion bewirkenden Wärmebehandlung unterworfen wird, ändert sich das Verhältnis der meßbaren Intensität der β-Strahlung zu derjenigen der γ-Strahlung, da letztere wenig, erstere stark in der Diffusionsschicht absorbiert wird; aus der Änderung kann der Diffusionskoeff. D bestimmt werden. Vff. leiten die Gleichungen hierfür ab. Experimentell wird das Verf. an der Diffusion von ^{60}Co in Fe nachgeprüft. Es ergibt sich für die Temperaturabhängigkeit von D in α-Fe: $D_\alpha = 0{,}2 \cdot e^{-54\,000/RT}$, in γ-Fe: $D_\gamma = 300 \cdot e^{-87\,000/RT}$, in Übereinstimmung mit den nach der Meth. der Schichtaufnahme ermittelten Werten. Die Meth. bietet den Vorteil, daß der Einfl. der Oberflächendiffusion ausgeschaltet wird, ferner ist sie ohne Zerstörung der Probe ausführbar, gut reproduzierbar u. ohne Korrektur für den Zerfall des radioakt. Isotops anwendbar. (Доклады Академии Наук СССР [Ber. Akad. Wiss. UdSSR] [N. S.] **94.** 41—44. 1/1. 1954. Zentr. wiss. Forsch.-Inst. für Eisenmetalle, Inst. für Metallkunde u. Metallphysik.) R. K. MÜLLER. 197

B. Donovan, *Eine neue Berechnung einiger Eigenschaften des metallischen Berylliums.* Es wird eine quantenmechan. Berechnung der Gitterkonstanten, Kompressibilität, Kohäsionsenergie u. Kräftefunktion von metall. Be nach einer Meth. von RAIMES (C. **1951.** I. 1424) durchgeführt u. dabei eine Erweiterung der Zellenmeth. von WIGNER u. SEITZ benutzt. Wellenfunktionen u. Energien, entsprechend dem niedrigsten Elektronenzustand in Metall, werden durch numer. Integration der SCHRÖDINGER-Gleichung erhalten. Das Ionenkernfeld wird der Rechnung von HARTREE (Proc. Roy. Soc. Sect. A **149.** [1935.] 210) für Be^{2+} entnommen, wobei angenommen wird, daß der Ionenkern im Metall unverändert bleibt. Die Gesamtenergie im Metall ist: $E = \varepsilon_0 + (3{,}508\, \alpha(\nu_s)/\nu_s^2) - (1{,}154/\nu_s) - 0{,}576/(0{,}79\, \nu_s + 5{,}1)$. Der zweite, dritte u. vierte Term stellen die FERMI-, die Austausch- u. die Wechselwirkungsenergie dar. Die FERMI-Energie wird durch Best. der effektiven Elektronenmasse nach der BARDEEN-Meth. errechnet. Für die Austausch- u. die Wechselwirkungsenergie werden Werte der freien Elektronen gebraucht. Dabei wird dargelegt, daß die Korrekturen dieser beiden Terme sich gegenseitig aufheben können. Die Energie der Valenzelektronen in dem freien Atom wird aus Rechnungen von HARTREE erhalten. Mit Ausnahme der Kräftefunktion stimmen die Endergebnisse sehr zufriedenstellend mit den Verss. von GORDON u. BRIDGMAN u. den Werten, die nach einer exakten Meth. nach HERRING u. HILL (Physic. Rev. [2] **58.** [1940.] 132) errechnet wurden, überein. Es wurden folgende Werte für Be gefunden: Gitterkonstante: 2,34 BOHR-Einheiten, Kompressibilität: 8,0 $cm^2/kg \cdot 10^7$; Kohäsionsenergie: 84 kcal/Mol; Kräftefunktion: —0,3 V. (Philos. Mag. [7] **43.** 868—74. Aug. 1952. Sheffield, Univ., Dep. of Phys.) KLEFFNER. 197

C. Tyzack und **G. V. Raynor,** *Eine Röntgenuntersuchung der indiumreichen Legierungen der Systeme Indium–Blei und Indium–Quecksilber.* Vff. berichten über die Nachprüfung der Gitterkonstanten der In-reichen Legierungen der Systeme In–Pb u. In–Hg. Zusatz von Pb zu reinem In führt zu einer Vergrößerung beider Gitterkonstanten der tetragonalen Elementarzelle; das Achsenverhältnis wächst von 1,07586 für reines In auf 1,0866 bei 13,07 At.-% Pb. Bei 14,29 At.-% Pb dagegen ist das Achsenverhältnis 0,9327, obwohl die Struktur ebenfalls tetragonal-flächenzentriert ist. Diese Struktur ist beständig bis zum Gleichgewicht mit der kub.-flächenzentrierten Struktur der bleireichen Legierungen. Es besteht Analogie zum Verh. des Syst. In–Tl. — Zusatz von Hg zu In führt zur Vergrößerung von a u. Verkleinerung von c, das Achsenverhältnis nimmt ab, bis bei ca. 6 At.-% Hg die Struktur kub. geworden ist. Es besteht auch hier Analogie zum Syst. In–Tl. — Die Ergebnisse zeigen, zusammen mit denen früherer Arbeiten (vgl. RAYNOR, Trans. Faraday Soc. **45.** [1949.] 698), daß das Achsenverhältnis von In durch Zusatz höherwertiger Metalle erhöht u. durch niedrigerwertige Metalle erniedrigt wird. (Trans. Faraday Soc. **50.** 675–84. Juli 1954. Birmingham, Univ., Dep. of Metallurgy.) R. STEIN. 197

Konrad Schubert und **Gundolf Brandauer,** *Zum Aufbau des Systems Cu–Ge.* Kurze Mitt. zu der C. **1953.** 2563 referierten Arbeit. (Naturwissenschaften **39.** 208–09. Mai 1952. Stuttgart, Max-Planck-Inst. für Metallforsch.) H. SCHÖBERL. 197

Charles Crussard, *Einfluß von Spannungen auf die Martensitumwandlung.* Vf. untersucht den Einfl. innerer u. äußerer Spannungen auf die Martensitbildung. Die Wechselwirkungsenergie der Martensitbldg. mit einem Spannungsfeld wird durch das COLONETTIsche Theorem auf eine einfache Form transformiert, die sowohl auf lanzettenförmige wie plattenförmige Martensitkristalle anwendbar ist. — Als Beispiel wird angegeben, daß ein einachsiger Zug von 1 kg/mm² den Martensitpunkt um 1,5° verschiebt. (C. R. hebd. Séances Acad. Sci. **237.** 1709–11. 21/12. 1953.) KRISEMENT. 197

S. Bhagavantam und **K. V. Krishna Rao,** *Photoelastisches Verhalten von Kristallen von Bariumnitrat und Bleinitrat.* Ausführliche Wiedergabe der C. **1954.** 8040 referierten Arbeit. (Acta crystallogr. [Copenhagen] **6.** 799–801. 10/10. 1953. Hyderabad, Osmania Univ., Phys. Labor.) GOTTFRIED. 200

A₇. Gleichgewichte. Kinetik.

Je. I. Achumow und **N. Ss. Spiro,** *Über die Beziehungen zwischen den Konzentrationen isoaktiver wässeriger zweikomponentiger Lösungen.* In Weiterentw. der theoret. Betrachtungen der Vff. (C. **1953.** 2403) wird gezeigt, daß bei konstanter Temp. zwischen den reziproken Konzz. der nach dem Lösungsm. isoakt. zweikomponentigen Lsgg. eine lineare Beziehung besteht. Dies wird am Versuchsmaterial über die ungesätt. Lsgg. von *HCl*, *NaOH*, $NaNO_3$, Na_2CO_3, $MgCl_2$, $CaCl_2$ u. $MgSO_4$ bei 25° gezeigt, ferner für übersätt. Lsgg. von K_2SO_4 bei 25° u. Na_2SO_4 bei 25 u. 100°. Zwischen den reziproken Konzz. einer bei verschied. Temp. isoakt. zweikomponentigen Lsg. besteht ebenfalls eine lineare Beziehung. Die Diagramme von $HCl–H_2O$ u. $CaCl_2–H_2O$ bei 0, 25, 50, 100° bestätigen die Richtigkeit der abgeleiteten Formel. (Доклады Академии Наук СССР [Ber. Akad. Wiss. UdSSR] [N. S.] **91.** 573–76. 21/7. 1953.) LEBTAG. 221

Randall E. Hamm, *Komplexionen des Chroms.* 2. Mitt. *trans-cis-Isomerisation von Kalium-dioxalato-diaquo-chromat(III).* (1. vgl. C. **1951. II.** 2422.) Vf. nahm mittels eines BECKMAN-Spektrophotometers Modell DU die Absorptionsspektren der cis-trans-Isomeren des Kalium-dioxalato-diaquo-chromats(III) auf. Entsprechende Absorptionsmaxima waren bei der cis-Form größer u. nur wenig zu längeren Wellenlängen hin verschoben. Der Verlauf der cis-trans-Umwandlung wurde am Maximum 415 mμ spektrophotometr. verfolgt. Vf. nimmt an, daß nach Anlagerung eines geeignet polarisierten H_2O-Mol. an die trans-Form, durch eine innermol. Rk., dieses H_2O-Mol. eine Stelle der oktaedr. Anordnung um das Cr-Zentralatom besetzt. Das dadurch frei gewordene Ende eines Oxalatrestes wird durch 3 H_2O, wahrscheinlich über H-Brükken, lose fixiert. Bei Abgabe des angelagerten H_2O wird die trans-Form zurückgebildet. Wird jedoch eines der anderen H_2O-Moll. abgelöst, so wird das freie Oxalatende so gebunden, daß die cis-Form entsteht. Bzgl. des Chromsalzes ist die Umwandlungs-Rk. 1. Ordnung u. unabhängig von der H^+-Konzentration. Die Reaktionsgeschwindigkeit ändert sich nur wenig mit der Ionenstärke. Auf Grund von Reaktionsgeschwindigkeitsmessungen bei verschied. Temp. berechnete Vf. die Aktivierungswärme u. die Aktivierungsentropie der Isomerisation. (J. Amer. chem. Soc. **75.** 609–11. 5/2. 1953. Salt Lake City, Ut., Univ. of Utah, Chem. Labor.) PLUST. 223

Randall E. Hamm und **Robert E. Davis,** *Komplexionen des Chroms.* 3. Mitt. *Reaktionen zwischen Hexaquo-chrom(III)- und Oxalat-Ionen.* (2. vgl. vorst. Ref.) Polarograph. u. konduktometr. Unterss. ergaben, daß die Bldg. des Dioxalatodiaquochromat(III)-Ions (**I**) aus *Hexaquo-chrom(III)-Ion* (**II**) u. Oxalat-Ionen über zwei aufeinander folgende langsam verlaufende Stufen verläuft. Die Halbwellenpotentiale dabei intermediär reagierender Verbb. wurden mittels einer Hg-Tropfelektrode zu –0,09 u. –1,15 V gegenüber einer Hg_2Cl_2-Elektrode bestimmt. In äquimol. Cr^{3+}- u. Oxalatlsgg. liegt ein schwacher Komplex mit Cr : Oxalat = 1 : 1 vor, der mit **II** u. Oxalat im Gleichgewicht steht. Er reagiert nach längerem Stehen oder Kochen zu einem stabilen purpurfarbenen Komplex mit Cr : Oxalat = 1 : 1 (1. Stufe), der dann in der 2. Stufe mit überschüssigem Oxalat weiterreagiert. Den Reaktionsmechanismus der Bldg. von **I** vgl. nachst. Formel. Beide Rkk. verlaufen nach der

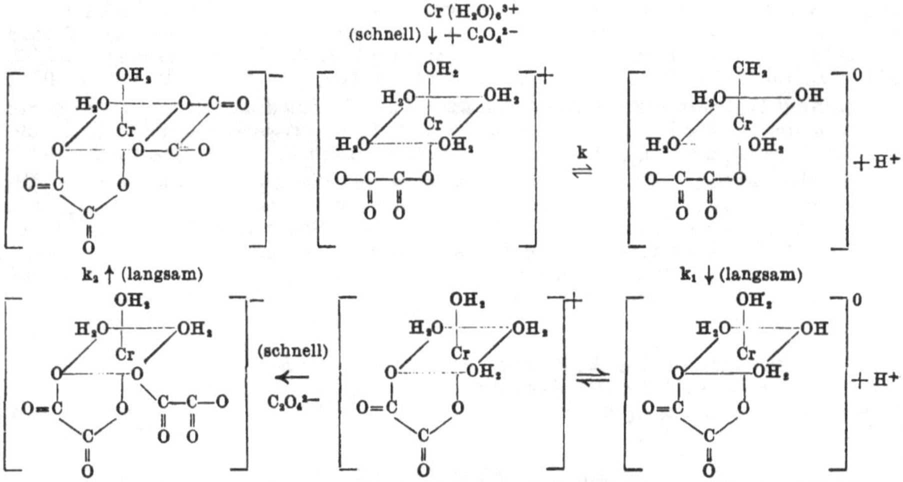

1. Ordnung bzgl. der reagierenden Verbindungen. Während die erste Rk. der H^+-Konz. umgekehrt proportional ist, wurde für die zweite Rk. $[H^+]$-Unabhängigkeit festgestellt. Beide Rkk. sind unabhängig von der $C_2O_4^{2-}$-Konzentration. Eine direkte Messung der Gleichgewichtskonstanten K war nicht möglich. Mit einem Wert von $K = 1{,}0 \cdot 10^{-6}$ berechneten sich $pk_1 = 2{,}55 \pm 0{,}03$ u. $pk_2 = 3{,}51 \pm 0{,}12$. Für die erste Rk. ist $\Delta H = 23{,}2$, $\Delta S = 7{,}5$ u. für die zweite Rk. $\Delta H = 23{,}7$ u. $\Delta S = 4{,}4$ (kcal/Mol bzw. cal/Grad·Mol). (J. Amer. chem. Soc. **75**. 3085—89. 5/7. 1953.)

PLUST. 223

Randall E. Hamm, *Komplexionen des Chroms.* 4. Mitt. *Komplex der Äthylendiamintetraessigsäure mit Chrom(III).* (3. vgl. vorst. Ref.) Vf. nahm die Absorptionsspektren der violetten u. der blauen Form des Cr(III)-Äthylendiamintetraessigsäure-Komplexes auf u. untersuchte deren Bldg. in Abhängigkeit von der H^+-Konzentration. Für die violette Form können in wss. Lsg. folgende Säuredissoziationen angenommen werden: $HCrYH_2O \rightleftharpoons CrYH_2O^- + H^+$ u. $CrYH_2O^- \rightleftharpoons CrYOH^{2-} + H^+$ (Y = Äthylendiamintetraessigsäure), für die bei Ionenstärke 0,05 die Werte der Dissoziationskonstanten (K) $K_1 = 8 \cdot 10^{-4}$ u. $K_2 = 3 \cdot 10^{-8}$ sind. Die Bldg. der Komplexe durchläuft einige langsamere Stufen. Die der violetten Kombination verläuft schemat. nach $Cr(H_2O)_2^{3+} + H_2Y \xrightleftharpoons{\text{schnell}} B$, $B \xrightleftharpoons{K_4} B' + H^+$ u. dann langsam unter Ausbldg. des ersten Chelatringes $B' \xrightleftharpoons{K_3} C$. Diese erste langsame Reaktionsstufe verläuft in 1. Ordnung bzgl. des Cr u. ist der H^+-Konz. umgekehrt proportional. Bei 31° war $K_4 = 1{,}2 \cdot 10^{-5}$ u. $K_3 = 2{,}19 \cdot 10^{-3}$. Zum Schluß berechnet Vf. für die untersuchten Rkk. für $\Delta H^{\ddagger} = 2{,}13$ [kcal·Mol^{-1}], für $\Delta S^{\ddagger} = -8{,}7$ [cal·Mol^{-1}·Grad^{-1}] u. vergleicht die gefundenen Werte mit bereits bekannten ähnlicher Rkk. des Cr(III)-Ions. (J. Amer. chem. Soc. **75**. 5670—72. 20/11. 1953.)

PLUST. 223

Georg Brauer und **Heinz Haag**, *Zur Löslichkeit von Ceroxyd-Lanthanoxyd-Gemischen in Säure.* Die Zusammenhänge zwischen der Phasenstruktur u. der Löslichkeit von CeO_2/La_2O_3-Mischoxyden, wie sie etwa beim analyt. Arbeiten durch Verglühen von Oxalatfällungen anfallen, wird untersucht. Röntgenograph. Unterss. der aus gefällten Oxalaten durch Veraschen im offenen Tiegel u. anschließendes, 1 std. Glühen auf 950° im elektr. Ofen erhaltenen Mischoxyde liefern Debyeogramme, die im wesentlichen die Befunde von ZINTL u. CROATTO (Z. anorg. Chem. **242**. [1939.] 79) bestätigen, wonach im Bereich von 100—40 Mol-% CeO_2 (0—60 Mol-% $LaO_{1,5}$) Mischkristalle vom Fluorittyp entstehen. Die Röntgenunterss. geben jedoch keine Hinweise auf eine mögliche Stabilisierung von Ce_2O_3 im La_2O_3-Gitter. Die Löslichkeit der erhaltenen Mischoxyde in 1nHCl wird untersucht. (1 g Oxyd wird mit 170 ml sd. 1nHCl 20 Min. digeriert, dann vom Ungelösten abfiltriert u. der Ce- u. La-Geh. von Lsg. u. Rückstand nach bekannten Methoden bestimmt.) Für die Gesamtlöslichkeit wird gefunden, daß die festen Mischoxyde, ausgehend von 100 Mol-% CeO_2, mit steigendem $LaO_{1,5}$-Geh. zunächst wenig, bei >30 Mol-% $LaO_{1,5}$ aber zunehmend leichter gelöst werden, um sich bei >70 Mol-% $LaO_{1,5}$ vollständig zu lösen. Der ungelöste Anteil an CeO_2 bzw. der gelöste Anteil La_2O_3 sind bei eigenem großen Überschuß proportional der Zus., weichen bei wachsendem Anteil der Gegenkomponente jedoch stark von der Proportionalität ab, ein Verh., das sich durch gegenseitige Löslichkeitsbeeinflussung infolge Mischkristallbldg. deuten läßt. Für jeden der drei Konzentrationsbereiche 100—70 Mol-% CeO_2, 70—40 Mol-% CeO_2 u. 40—0 Mol-% CeO_2 wird eine besondere Modellvorstellung für den Lösungsvorgang entwickelt. Der Einfl. der HCl-Konz. auf die Löslichkeit der Mischung 75 Mol-% CeO_2 + 25 Mol-% $LaO_{1,5}$ wird untersucht. (1 g Mischoxyd wird mit 200 ml sd. HCl 20 Min. lang digeriert u. die Gesamtlöslichkeit bestimmt.) Die Löslichkeit steigt mit der Säurekonz. stark an u. ist beim untersuchten Mischoxyd oberhalb 8nHCl vollständig. (Z. anorg. Chem. **261**. 179—86. März 1950. Freiburg i. Br., Univ., Chem. Labor., Anorg. Abt.) WEIGEL. 224

Herbert A. Pohl, *Die Bildung und Auflösung von Metallsulfiden.* Ob die Bldg. von unlösl. Metallsulfiden aus Me^{2+} mit S^{2-} (I) oder HS^- (II) oder H_2S (III) erfolgt, läßt sich nach theoret. Betrachtungen entscheiden, in welchen die beiden Dissoziationskonstanten von H_2S mit den Geschwindigkeitskonstanten für Bldg. u. Auflösung der Sulfide verknüpft werden. Hiernach wäre die Geschwindigkeit beim Auflösen der Sulfide mit Säuren im Falle I unabhängig von $[H^+]$, in den Fällen II bzw. III proportional mit $[H^+]$ bzw. mit $[H^+]^2$. Verss. mit *FeS*, *ZnS* u. *CdS* sprechen für Bldg. mit II nach $Me^{2+} + HS^- = (MeSH)^+ = MeS + H^+$. Der Fall I scheidet auch wegen der extremen Seltenheit von S^{2-}-Ionen in sauren Lsgg. aus; analog ist jedoch die Lösungsgeschwindigkeit von AgCl (als Salz einer starken Säure) in Säuren verständlich.

V e r s u c h e : Darst. der genannten Sulfide mit NaHS-Lsg., Waschen, Aufschlämmen in HCl-Lösungen. Die beobachteten Zeiten für Auflösung bis auf 1% Rest (2—200 Sek.) ergeben sich mit ± 20% Streuung umgekehrt proportional der 1. Potenz von [HCl]; z. B. 10 Sek. in ca. 0,02 bzw. 0,25 bzw. 0,8nHCl für die drei genannten Sulfide. (J. Amer. chem. Soc. **76**. 2182—84. 20/4. 1953. Wilmington, Del., Du Pont de Nemours & Co.) LOCHMANN. 225

W. N. Kondratjew, *Aufgaben der chemischen Kinetik.* Vf. geht u. a. auf folgende Probleme näher ein: Wrkg. der Temp., Beteiligung freier Radikale, Ketten-Rkk. mit Kettenabbruch u. Kettenverzweigung, Rkk. im gasförmigen u. fl. Medium, Ionen-Rkk., Rkk. zwischen Ionen u. Molekülen, Zus. der Bruttogeschwindigkeit aus den Geschwindigkeiten der Teilschritte, Katalyse, Begriff der freien Valenz. (Вестник Академии Наук СССР [Nachr. Akad. Wiss. UdSSR] **23**. Nr. 11. 49—64. Nov. 1953.) WIEDEMANN. 225

E. A. Guggenheim, *Ein Paradoxon bei bimolekularen Reaktionen.* Bei reversiblen, bimol. Prozessen, $AB + AB \rightleftharpoons AA + BB$, ergeben sich durch Gleichsetzen der Ausdrücke für die Gleichgewichtskonstante, wie sie nach der Stoßtheorie der Rkk. u. nach der statist. Mechanik gewonnen werden, Gleichungen für das Verhältnis der Wahrscheinlichkeitsfaktoren von Hin- u. Rück-Rk., α_+/α_-. Falls A u. B Isotope schwerer Atome darstellen, kann Gleichheit der Wirkungsquerschnitte u. der Atomabstände in AA, BB u. AB angenommen werden, dann ergibt sich $\alpha_+/\alpha_- = {}^1/_2$. Vf. begründet dies überraschende Ergebnis im Rahmen der beiden Reaktionstheorien u. zeigt, daß es angenähert auch für die Rk. $2HJ \rightleftharpoons J_2 + H_2$ gilt. (Trans. Faraday Soc. **50**. 574—76. Juni 1954. Reading, Yhe Univ., Dep. of Chem.) KRESZE. 225

John L. Magee, *Elementarprozesse in der Strahlungschemie.* 3. Mitt. *Mechanismus des Ladungsüberganges.* (2. vgl. C. **1951**. II. 2993.) Vf. behandelt den Mechanismus des Überganges einer positiven Ladung von einem Ion auf ein Mol. oder ein Atom. Einleitend werden die Ionisation von *CH_4* durch Elektronenbeschuß u. die Verteilung der dabei entstehenden Prodd. erörtert. Bei der Wechselwrkg. zwischen Moll. u. Ionen unterscheidet Vf. drei Möglichkeiten: 1. Dipol–Ion-Anziehung, 2. induzierte Dipol–Ion-Anziehung, 3. Austauschanziehung. Der einfachste Typ eines Ladungsüberganges ist der Resonanzprozeß $A^+ + A = A + A^+$, der einen großen Querschnitt haben kann, da sich das Moment des schweren Paares (Ion–Mol.) beim Elektronensprung nicht ändern muß u. daher eine enge Kollision nicht nötig ist. Der in der Strahlungschemie wichtigste Ladungsübergang ist der Nicht-Resonanzprozeß $A^+ + B = A + B^+$. Damit er eintreten kann, müssen sich die beiden Potentialkurven des Syst. $(A + B)^+$ schneiden. Da die Potentialkurven die Schwingungsenergie des Syst. enthalten, wird der Ladungsübergang im allg. mit einer Schwingungsanregung einhergehen. Ein Spezialfall dieser Anregung ist die Dissoziation eines der beiden Moleküle. Als dritter Fall wird der Ladungsübergang, der von chem. Veränderungen begleitet wird, kurz behandelt. (J. physic. Chem. **56**. 555—59. Mai 1952. Notre Dame, Ind., Univ., Dep. of Chem.) H. W. LEVI. 226

T. J. Hardwick, *Die Oxydation von Eisen(II)-sulfatlösungen durch γ-Strahlen. Die absolute Ausbeute.* Der absol. Wert der Ausbeute an Fe^{3+}-Ionen bei der Bestrahlung von $FeSO_4$ in $0{,}8n H_2SO_4$ mit γ-Strahlen wird bestimmt. Als Quelle dient ^{60}Co

(2 Curie), die Bestrahlung findet in Polystyrolzellen statt. Bei den Messungen werden die Fehlerquellen soweit als möglich reduziert. Die Ausbeute beträgt 20,8 ± 0,03 Fe^{3+}-Ionen pro 100 eV. Der Wert stimmt ausgezeichnet mit dem von MILLER (C. **1951**. II. 196) festgestellten Wert von 20,7 pro 100 eV überein. (Canad. J. Chem. **30**. 17—22. Jan. 1952. Chalk River, Ontario, Nat. Res. Council of Canada, Atomic Energy Project.)
GEDSCHOLD. 226

T. J. Hardwick, *Die Reduktion von Cer(IV)-sulfatlösungen durch ionisierende Strahlung.* (Vgl. vorst. Ref.) Die bei der Red. von Ce^{IV}-Ionen in schwefelsauren Lsgg. durch Röntgen- u. γ-Strahlung gebildeten Ce^{III}-Ionen sind in ihrer Ausbeute unabhängig von der Ce^{III}- u. Ce^{IV}-Ionenkonz., der Energie der Strahlung, der Energieabsorption über einen weiten Bereich, der Säurekonz. u. der Ggw. von Sauerstoff. Ein geringer negativer Temperaturkoeff. wird beobachtet. Die stöchiometr. Gesamtgleichung ist $4\,Ce^{4+} + 2H_2O \rightleftharpoons 4Ce^{3+} + 4H^+ + O_2$. Die nach WEISS (Nature [London] **153**. [1944.] 748) durch die Strahlung als Primärprodd. gebildeten Hydroxylionen bilden W. u. O_2. Die untere Grenze der Konzentrationsunabhängigkeit liegt unterhalb $2 \cdot 10^{-6}$ Mol pro Liter. (Canad. J. Chem. **30**. 23—38. Jan. 1952.) GEDSCHOLD. 226

T. J. Hardwick, *Strahlungschemische Untersuchung wässeriger Lösungen unter Verwendung von ^{32}P und ^{35}S als innere Quelle.* (Vgl. vorst. Reff.) Vf. untersucht die Oxydation von Fe^{2+}-Ionen u. die Red. von Ce^{4+}-Ionen in 0,8n H_2SO_4 durch gelösten ^{32}P u. ^{35}S. Die erhaltenen chem. Ausbeuten (chem. Änderung pro aufgenommene Energieeinheit) stimmen gut mit den bei Verwendung von Röntgen- oder γ-Strahlen erzielten Ausbeuten überein. Die Ausbeute ist oberhalb 5 keV unabhängig von der Elektronenenergie. Die Ergebnisse zeigen, daß die Methoden der chem. Dosisbest. für genaue Bestimmungen der Energieaufnahme bei Elektronenenergien bis 45 keV oder Röntgenstrahlen von 200 keV verwendet werden können. (Canad. J. Chem. **30**. 39—46. Jan. 1952.)
GEDSCHOLD. 226

Sterling E. Voltz und **Sol W. Weller,** *Zersetzung von wässerigem Wasserstoffperoxyd über Chromoxyd-Katalysatoren.* Cr_2O_3 u. Cr_2O_3-Katalysatoren enthalten z. B. nach MASSLJANSKI u. BURSSIAN (C. **1948**. II. 790) an der Oberfläche überschüssigen O, wenn man sie bei 500° mit O_2 behandelt; das Ausmaß der Oxydation steht qualitativ in Beziehung zur Aktivität der Katalysatoren bei der Zers. von wss. H_2O_2-Lösungen. Die untersuchten Katalysatoren waren stabilisiertes Cr_2O_3-Gel, 20% Cr_2O_3 auf Al_2O_3 (HOUDRY Type R catalyst) u. gefälltes Cr_2O_3–Al_2O_3 mit 35% Cr_2O_3; diese Katalysatoren wurden zum Teil oxydierend u. zum Teil reduzierend (mit H_2) behandelt. Trägt man die Menge des entwickelten O_2 gegen die Zeit auf, so entstehen meist Geraden; in einigen Fällen bei Verwendung von Cr_2O_3–Al_2O_3-Katalysatoren nimmt die Reaktionsgeschwindigkeit im Laufe der Zeit immer mehr zu. Die oxydierend behandelten Katalysatoren erwiesen sich als 6—8mal aktiver als die reduzierend behandelten. Das Ausmaß der Oberflächenoxydation, die titrierbare Säure (Phenolphthalein als Indicator) u. der p_H der wss. Suspension wird bestimmt. Bei Cr_2O_3-Gel besteht ein direkter Zusammenhang zwischen Oberflächenoxydation u. p_H der wss. Aufschlämmung. Es wurden 1,9% CrO_3 gefunden. Reduzierend behandeltes Cr_2O_3-Gel enthält prakt. keinen überschüssigen O_2 an der Oberfläche mehr, u. seine wss. Suspension ist fast neutral. Ähnliches wie für die reinen Cr_2O_3-Katalysatoren gilt auch für die Cr_2O_3–Al_2O_3-Katalysatoren, obgleich die Verhältnisse hier komplizierter liegen. Aus röntgenograph. Unterss. geht hervor, daß die Oxydation auf die Oberfläche beschränkt ist; diese ist jedoch, wie aus den angeführten Berechnungen hervorgeht, nicht ganz mit oxydierten Moll. besetzt. Aus vergleichenden Verss. mit reinem CrO_3 schließen Vff., daß der Geh. der Katalysatoren an CrO_3 hauptsächlich für deren katalyt. Aktivität gegen H_2O_2-Lsgg. verantwortlich ist. (J. Amer. chem. Soc. **76**. 1586—87. 20/3. 1954. Marcus Hook, Pa., Houdry Process Corporation.) R. MATTNER. 227

D. D. Eley, Catalysis and the chemical bond. Notre Dame, Ind.: Univ. of Notre Dame Press. 1954. (46 S m. Abb., Diagr.) $ 1,50.

B. Anorganische Chemie.

H. J. Schumacher, *Fortschritte auf dem Gebiet der Halogen–Sauerstoff-Verbindungen und der Verbindungen der Halogene untereinander.* Übersicht über den Stand der Kenntnisse (59 Literaturangaben). — Die Rk. von Cl_2 mit F_2 im Überschuß ist heterogen u. führt über ClF zu ClF_3. Die Rk. zwischen BrF_3 (Verdampfungswärme 11,7, Sublimationswärme 16,6 kcal) u. F_2 zu BrF_5 erfordert so hohe Aktivierungsenergie, daß höhere Temp. als zur Bldg. von BrF_3 angewandt werden muß. (An. Asoc. quím. argent. **38**. 209—24. Sept. 1950. La Plata, Fac. de Quim. y Farm., Inst. de Investigaciones.)
R. K. MÜLLER. 245

J. A. Skarulis, H. A. Horan, R. Maleeny, E. Felten und **R. Savino,** *Feste Lösungen im System Li_2SO_4–$(NH_4)_2SO_4$–H_2O.* Im Rahmen einer systemat. Unters. des quaternären Syst. Li_2SO_4–$Al_2(SO_4)_3$–$(NH_4)_2SO_4$–H_2O berichten Vff. zunächst über eine Nachprüfung des tern. Syst. Li_2SO_4–$(NH_4)_2SO_4$–H_2O bei 0 u. 25°. In Übereinstimmung mit den älteren Arbeiten werden die drei festen Phasen *$Li_2SO_4 \cdot H_2O$* (I), *$LiNH_4 \cdot SO_4$* (II) u. *$(NH_4)_2SO_4$* gefunden, dabei treten zwischen I u. II feste Lsgg. auf. Abschließend wird das untersuchte Syst. mit dem Verh. der übrigen Alkalisulfate zum $(NH_4)_2 \cdot SO_4$ verglichen. (J. Amer. chem. Soc. **76.** 3096—98. 5/6. 1954. Brooklyn, N. Y., St. John's Univ., Dep. of Chem.) R. STEIN. 273

N. F. Jermolenko und **A. I. Makkawejewa,** *Höhere Molekularverbindungen im System $CdCl_2$–KCl–H_2O.* Im Syst. $CdCl_2$ (I)–KCl (II)–H_2O werden die Brechungsindices n_D^{20} in Abhängigkeit von der Zus. gemessen. Dabei werden 3 Maxima gefunden, die den Zuss. I:II = 1:1, 1:1,5 u. 1:2 entsprechen, also höheren Mol.-Verbb. der Zus. *$K[CdCl_3]$*, *$2\,CdCl_2 \cdot 3\,KCl$* u. *$K_2[CdCl_4]$*. (Журнал Общей Химии [J. allg. Chem.] **22** (**84**). 1741—45. Okt. 1952. Chem. Inst. der Akad. der Wiss. der WeißrussSSR u. Weißruss. Polytechn. Stalin-Inst.) R. K. MÜLLER. 289

S. R. Sivarajan, *Abtrennung des Thoriums aus Monazit.* Es wurden die Bedingungen untersucht, bei denen aus sauren Lsgg. von Monazit durch Puffern mit NH_4OH Th als Phosphat von den Seltenen Erden abgetrennt wird. Ausgangsmaterial war Travancore-Monazit mit einem Geh. von 7,6% Th-Isotopen, der von Zirkon, Rutil u. Silicatverunreinigungen befreit u. mit dem doppelten Gewicht heißer, konz. H_2SO_4 aufgeschlossen wurde. Die p_H gleicher Voll. verd. Lsgg. wurden durch verd. NH_4OH variiert u. mittels Glaselektrode gemessen. Die leicht blaugrauen Ndd. von Th-Phosphat u. Seltenen Erdhydroxyden wurden nach einigen Std. abfiltriert u. säurefrei gewaschen. Puffern mit konz. NH_4OH gab schlechtere Resultate. Innerhalb des Bereichs von 1,0—1,25 ergab eine geringe p_H-Änderung einen sehr viel voluminöseren Niederschlag. Die β-Strahlenaktivität der Ndd. u. entsprechenden Filtrate fällt mit steigendem p_H, da die prozentuale Ausbeute an Th zwar steigt, die Reinheit aber abnimmt. Bei p_H 1,8 wird über 95% Th von 30%ig. Reinheit gefällt. Solche an Th angereicherten Fällungen gaben in gleicher Weise ein zweites Mal, bei tieferem p_H behandelt, reinere Präpp., z. B. bei p_H 1,2 Ausbeuten von ca. 85% an Th-Isotopen einer Reinheit von ca. 85%. Zugabe kleiner Mengen Na-Phosphat steigert die Ausbeute. Die Abhängigkeit der Reinheit u. der prozentualen Ausbeute der Th-Isotopen vom p_H wird graph. dargestellt. (J. Indian Inst. Sci. **34.** A 1—A 3. Jan. 1952. Bangalore, Indian Inst. of Sci., Dep. of Phys.) HELMUT HOFMANN. 324

D. C. Bradley, M. A. Saad und **W. Wardlaw,** *Alkoholate von Thoriumtetrachlorid.* (Vgl. J. chem. Soc. [London] **1953.** 2025.) Wasserfreies $ThCl_4$ ergibt mit Methyl-, Äthyl- oder Isopropylalkohol (I) Alkoholate der Formel *$ThCl_4 \cdot 4\,ROH$* (Th: scheinbare Koordie nationszahl 8), das Mol.-Gew. des Tetraisopropylats (II) wurde in sd. I bestimmt, u. die scheinbare Mol.-Komplexzahl betrug <1, was durch ein Ionisierungsgleichgewicht erklärt wird, dessen Ggw. durch eine bedeutende elektr. Leitfähigkeit der Lsg. von II in I unterstützt wird. Bei Einw. von überschüssigem Glykol auf II in sd. Bzl. erfolgt nicht nur Alkoholaustausch, sondern es trat auch Cl aus (Cl:Th = 3,38). $ThCl_4$ reagiert mit tert. -Amylalkohol (III) heftig unter Bldg. eines *Th-Oxychlorids*, Einw. von III auf II in Bzl. führte zur Entw. von Olefin u. Alkylchlorid, Rk. von II mit n-Butylalkohol (IV) in sd. Bzl. ergab dagegen Alkoholaustausch u. Bldg. von *$ThCl_4 \cdot 4$* **IV**, wobei aber auch Cl ausgetauscht wurde; entsprechend verhielt sich das Äthylalkoholat gegenüber **I.** Der früher (vgl. J. chem. Soc. [London] **1952.** 4960) aufgestellte Mechanismus wird auch auf die Rk. von $ThCl_4$ mit tert. Alkoholen ausgedehnt, ein anderer, $ThCl_4 \cdot 4\,ROH \rightarrow R^+ + [ThCl_4(OH), 3\,ROH]^-$, ist für Th-Verbb. wegen der großen elektropositiven Natur des Th unwahrscheinlich. Möglich ist noch für tert. Alkohole die Substitutions-Rk. $ROH + ThCl_4 \rightarrow [ROThCl_3 + HCl]$, wobei als Sekundär-Rk. die Vereinigung von HCl u. ROH anzunehmen wäre. Die größere Reaktionsfähigkeit tert. Alkohole wäre der vermehrten Elektronendichte am O-Atom zuzuschreiben. $ThCl_4 \cdot 4\,C_2H_5OH$ ergibt bei 100° u. 0,7 mm *$ThCl_4 \cdot 2\,C_2H_5OH$*, das bei längerem Erwärmen in *$ThCl_3 \cdot C_2H_5OH$* übergeht. Weiteres Erhitzen bei 170° führt zur Bldg. von *Th-Oxychlorid.* Offenbar ist A. im Dialkoholat fester als in der Tetraverb. gebunden, was auf elektr. u. ster. Effekte zurückzuführen ist. — Wasserfreies $ThCl_4$ kann durch Einw. von $SOCl_2$ oder durch azeotrope Dest. mit A.–Bzl. oder I–Bzl. aus dem Hydrat dargestellt werden. (J. chem. Soc. [London] **1954.** 2002—05. Juni. London, Birkbeck Coll.) GNAUCK. 324

J. Y. Ellenburg, G. W. Leddicotte und **F. L. Moore,** *Trennung von Niob und Tantal durch flüssig–flüssig-Extraktion.* Vff. führten Extraktionsverss. mit radioakt. ^{95}Nb u. ^{182}Ta sowie mit inakt. Nb u. Ta mit *Tribenzylamin* (I) in verschied. Lösungsmitteln durch.

Eine quantitative Abtrennung des Nb, wahrscheinlich als $H(NbOCl_4)$ oder $H_2(NbOCl_5)$, konnten sie durch mehrfaches, 5 Min. langes Schütteln einer Lsg. von Nb u. Ta in 11 mol. HCl mit einer 8%ig. Lsg. von **I** in Chlf. oder Methylenchlorid erreichen. Auch aus einer 4,5 mol. schwefelsauren Lsg. ist eine Extraktion mit 8%ig. **I** in Methylenchlorid möglich. Die Oxalatkomplexe beider Elemente werden mit **I** in Chlf. oder Methylenchlorid extrahiert. (Analytic. Chem. **26**. 1045—47. 21/6. 1954. Oak Ridge, Tenn., Oak Ridge Nat. Labor., Analyt. Chem. Div.) PLUSKAL. 332

I. N. Beljajew, *Austauschzersetzung im reziproken System der Sulfate und Wolframate von Natrium und Blei.* Im Syst. Na_2SO_4 (**I**)–Na_2WO_4 (**II**)–$PbSO_4$ (**III**)–$PbWO_4$ (**IV**) wird bei der Aufnahme der F.-Kurven erstmals das Syst. **II–IV** untersucht, das ein Eutektikum bei 605° mit 25% **IV** aufweist. Der Diagonalschnitt **II–III** trennt 3 Kristallisationsfelder, von den 3 Zweigen der Liquiduslinie schneidet der **II**-Zweig den **IV**-Zweig bei 617° u. 14% **III**, der **III**-Zweig den **IV**-Zweig bei 860° u. 78,5% **III**. Das Syst. **I–IV** hat ein Eutektikum bei 860° mit 15% **IV**. Im einzelnen werden die Schnitte von x (%) **I** + y **II** mit **III**, x **I** + y **III** mit **II**, von 85 **III** + 15 **IV** mit **II** u. von 15 **IV** + 85 **II** mit **III** besprochen. Ein tern. Eutektikum besteht bei 720° mit 48,5 **III**, 5,5 **IV** u. 46 **I**, ein singulärer Punkt bei 860° mit 15 **IV** u. 85 **I**. (Журнал Общей Химии [J. allg. Chem.] **22** (**84**). 1746—56. Okt. 1952. Rostow a. D., Univ.) R. K. MÜLLER. 337

D. Ss. Lessnych und **A. G. Bergman,** *Das reziproke System der Sulfate und Chloride des Lithiums und Kobalts.* (Vgl. C. **1954**. 5031 u. 7143.) Im Syst. Li_2Cl_2 (**I**) + $CoSO_4$ (**II**) $\rightleftharpoons$ $CoCl_2$ (**III**) + Li_2SO_4 (**IV**) werden F.-Kurven aufgenommen. Das bin. Syst. **I–IV** zeigt ein Eutektikum mit 53% **IV** u. F. 478°; polymorphe Umwandlung des **IV** bei 572°, homöomorphe Umwandlung des **I** bei 564°. Im Syst. **II–III** liegt ein Eutektikum mit 30% **II** u. F. 658° vor. **I** u. **III** bilden eine kontinuierliche Reihe fester Lsgg. mit Minimum bei 517° u. 50% **III**. Der stabile Querschnitt des Syst. **III–IV** stellt ein bin. Syst. mit Eutektikum (65% **IV**, F. 548°) dar; polymorphe Umwandlung des **III** bei 680°, des **IV** bei 575°. Die F.-Kurve des instabilen Querschnitts von **I–II** hat 4 Zweige: α- u. β-**I**, β-**III** u. **II**, sie schneiden sich bei 564° (14% **II**), 479° (31% **II**) u. 599° (65% **II**); Maximum der F.-Kurve bei 600° mit 63% **II**. Der stabile Querschnitt **III–IV** teilt das tern. reziproke Syst. in 2 tern. Systeme: **III–IV–I** mit tern. Eutektikum 452° u. **III–IV–II** mit tern. Eutektikum 507°. Das stabilere Paar ist **III–IV**, daher besteht eine gewisse Reversibilität. (Журнал Общей Химии [J. allg. Chem.] **23** (**85**). 894—901. Juni 1953. Rostow a. D., Molotow-Univ.) R. K. MÜLLER. 355

Ss. I. Ssobol, *Struktur der Kobalt- und Nickelhydroxydniederschläge.* Die mkr. Unters. der Ndd. von $Co(OH)_3$ (**I**) u. den eine feste Lsg. von $Ni(OH)_4$ u. $Ni(OH)_2$ darstellenden höheren Oxydhydraten des Ni u. die elektronenmkr. Unters. des **I** ergibt, daß die gröberen Teilchen keine krist. Struktur aufweisen, sondern ein Koagulationsprod. von koll. Teilchen darstellen, also Gele sind. Dieser Gegensatz zu $Fe(OH)_3$, das je nach den Fällungsbedingungen amorph oder krist. erhalten werden kann, wird auf die Instabilität der Ionen Co^{3+} u. Ni^{4+} zurückgeführt, die die Ausbldg. eines Kristallgitters aus Zeit- u. Materialmangel verhindert; die hohe Oberflächenenergie der gelförmigen Teilchen des Nd. bewirkt ihr Zusammenfließen (Koagulation) zu gröberen Aggregaten. (Журнал Общей Химии [J. allg. Chem.] **23** (**85**). 901—06. Juni 1953. Moskau, Wiss. Forsch.-Inst. für Nichteisenmetalle.) R. K. MÜLLER. 355

Ss. I. Ssobol, *Physikalisch-chemische Fällungsbedingungen, Bildungswärme und Löslichkeitsprodukt des Kobalt(III)-hydroxyds.* (Vgl. vorst. Ref.) Bei der Bldg. von $Co(OH)_3$ (**I**) ist die erste Stufe nicht $Co(OH)_2$ (die Fällung erfolgt auch in stark saurem Medium), sondern die Oxydation Co^{2+}—Co^{3+} mit nachfolgender Hydrolyse des Co^{3+}-Salzes. Dementsprechend nimmt mit fortschreitender Rk. das p_H zu; je höher das Redoxpotential E, desto niedriger ist das Gleichgewichts-p_H der Lsg. bei gegebener Co^{2+}-Konzentration. Mit zunehmender Cl^--Konz. nimmt bei $p_H < 3$ E ab, unabhängig von p_H u. Temp. (19—81°). Mit steigender Temp. verschieben sich die Gleichgewichts-p_H-Werte stark nach stärker sauren Lösungen. Für die Bildungswärme des **I** aus den Elementen errechnet sich in Chloridlsg. $Q = +236980$ cal/Mol, in Sulfatlsg. $Q = +249180$ cal/Mol. Das Löslichkeits(Aktivitäts)-prod. beträgt bei 19° $3{,}2 \cdot 10^{-45}$, bei 81° $3{,}2 \cdot 10^{-44}$. (Журнал Общей Химии [J. allg. Chem.] **23** (**85**). 906—18. Juni 1953.) R. K. MÜLLER. 355

C. Mineralogische und geologische Chemie.

Harold C. Urey, *Über die frühe chemische Geschichte der Erde und den Ursprung des Lebens.* Vf. geht zuerst auf die Frage ein, wie die Erde entstanden ist u. wie die Anfangserde sich in den augenblicklichen Zustand änderte. Wichtig ist der frühe Zustand der Atmosphäre, die ursprünglich CH_4, H_2O, NH_3 (oder N_2) u. H_2 neben Spuren von C u. O_2 aufwies. Mit dem Verlust von H_2 wurde die Atmosphäre stark methanhaltig u. ihre Temp. stieg infolge der Absorption auf 1500—2000°. Durch die Dissoziation des W. entstand Sauerstoff, der Kohlenstoff oxydierte u. sich darüber hinaus in der Atmosphäre anreicherte. Die Frage nach dem Ursprung des Lebens zerfällt in 3 Probleme. 1. Die spontane Bldg. chem. Verbb., die den physikal. Körper des lebenden Organismus darstellen; 2. die Entw. der komplexen chem. Rkk., die die dynam. Grundlage des Lebens sind, u. 3. die Quelle der freien Energie, die die chem. Rkk. u. Synthesen unterhalten kann. Für die Entstehung des Lebens ist die Übergangszeit zwischen der reduzierenden u. oxydierenden Umwelt maßgeblich, die 0,8 Milliarden Jahre zurückliegt. (Proc. nat. Acad. Sci. USA **38.** 351—63. April 1952. Chicago, Ill., Univ., Inst. for Nucl. Stud.) HILLER. 378

W. Gentner, R. Präg und **F. Smits,** *Altersbestimmungen nach der Kalium-Argon-Methode unter Berücksichtigung der Diffusion des Argons.* Bei den tert. Sylvinen von Buggingen (Oligozän des Oberrheins) besteht eine Abhängigkeit des Geh. an ^{40}Ar von der Kristallgröße der Schicht. Vff. führen dies auf eine Volumendiffusion zurück u. berechnen eine Diffusionskonstante des Ar im KCl dieser Herkunft von $1{,}5 \pm 1 \cdot 10^{-19}$ cm²/Sekunde. (Z. Naturforsch. **8a.** 216—17. Febr./März 1953. Freiburg, Univ., Physikal. Inst.) WIEDEMANN. 378

G. Boato, *Die ursprüngliche Häufigkeit von Deuterium im Kosmos.* Vf. untersucht C-haltige Meteore kleiner D. u. hohen Wassergeh., die als Ansammlung kosm. Materie in einem kleineren Schwerefeld als das der Erde u. in anderem Sonnenabstand angesehen werden, auf ihre Isotopenzus. bzgl. H u. D. Das Isotopenverhältnis ist von dem auf der Erdoberfläche gefundenen nicht wesentlich verschieden, woraus Vf. schließt, daß in der ursprünglichen Materiewolke D ziemlich gleichmäßig verteilt war. Der große Unterschied zwischen dem D:H-Verhältnis auf der Sonne u. auf der Erde wird mit einem D-Verbrauch durch Kern-Rkk. in der Sonne erklärt. (Physic. Rev. [2] **93.** 640—41. 1/2. 1954. Chicago, Ill., Univ. of Chicago, Inst. for Nucl. Stud.) MAX SCHMIDT. 378

F. A. Paneth, P. Reasbeck und **K. I. Mayne,** *Erzeugung von Helium 3 in Meteoriten durch Höhenstrahlung.* (Vgl. C. **1954.** 3421.) In dem Carbometeorit des Mineralog. Dep. of Harvard Univ. wurde der Gesamt-He-Geh. u. das Verhältnis $^3He/^4He$ in Abhängigkeit von der Tiefe, u. zwar bis zu 36 cm unter der Oberfläche, bestimmt. Der He-Geh. nimmt mit der Tiefe ab, das Isotopenverhältnis zeigt einige cm unter der Oberfläche ein Maximum u. fällt dann ab, es liegt größenordnungsmäßig bei 28% ^3He. Vff. diskutieren die Entstehung des ^3He u. auch eines großen Teils des ^4He infolge Einw. der Höhenstrahlung auf Materie. (Nature [London] **172.** 200—01. 1/8. 1953. Durham, Univ., Londonderry Labor. for Radiochem.; Oxford, Univ., Clarendon Labor.) WIEDEMANN. 378

J. Macnamara, W. Fleming, A. Szabo und **H. G. Thode,** *Die Isotopenzusammensetzung von vulkanischem Schwefel und die ursprüngliche Häufigkeit der irdischen Schwefelisotope.* (Vgl. C. **1954.** 4118.) Vff. untersuchen die ursprüngliche Häufigkeit der S-Isotope (wie sie vor Einsetzen der an der Erdoberfäche auftretenden biol. u. geolog. Fraktionierungsprozesse war) durch Best. des $^{32}S/^{34}S$-Verhältnisses von 6 vulkan. Gesteinen u. 19 Proben von sulfid. Erzen vulkan. Ursprungs verschied. Herkunft (die S-Proben werden in SO_2 übergeführt u. die relative ^{34}S-Konz. massenspektrometr. bestimmt) u. verwenden als Vergleichsbasis die Isotopenzus. meteorit. S, der diesen Vorgängen nicht unterworfen war. Obgleich sich die $^{32}S/^{34}S$-Verhältnisse der vulkan. Gesteine u. der sulfid. Erze vulkan. Ursprungs etwas überschneiden, scheint die Mehrzahl der letzteren im Vgl. zu meteorit. S um 0,5% an ^{34}S angereichert zu sein. (Canad. J. Chem. **30.** 73—76. Jan. 1952. Hamilton, Ontario, Can., McMaster Univ., Dep. of Chem.) GEDSCHOLD. 378

Siegfried G. Lexow und **Ernesto P. P. Maneschi,** *Der Germaniumgehalt der Kohle von Rio Turbio.* Die untersuchte Kohle enthält bis zu 0,27% GeO_2. In der Asche von Rohöl u. von Asphaltit konnte kein Ge gefunden werden. (An. Asoc. quím. argent. **38.** 225—29. Sept. 1950. Mendoza, Univ., Cát. de Quím. de los Combustibles.) R. K. MÜLLER. 378

Leopold Kober, *Gastein. Geologie, Tektonik, Lagerstätten und Radioaktivität.* Vf. gibt neue Theorien über Lagerstättenbldg. u. Radioaktivität von Gastein. Nach seiner eigenen Aussage sind sie mit n. physikal. Anschauungen nicht in Übereinstimmung. (Berg- u. hüttenmänn. Mh. montan. Hochschule Leoben **98.** 106—11. Juni 1953. Wien, Univ.) HILLER. 378

Heimo Mayrhofer und **Othmar Schauberger,** *Pseudomorphosen von Talk nach Steinsalz als stratigraphisches Leitmineral im Hallstätter Salzberg.* Im Hallstätter Salzberg treten an bestimmten, durch bituminöse Beimengungen schwarzgefärbten *Anhydrit-Polyhalit*-Gesteinen Pseudomorphosen von Talk nach Steinsalz auf. Der Talk ist eine sehr späte, posttekton. Neubildung. (Berg- u. hüttenmänn. Mh. montan. Hochschule Leoben **98.** 111—15. Juni 1953. Geolog. Forschungsstelle der Österreich. Salinen.) HILLER. 378

Wilhelm Petrascheck, *Die österreichischen Magnesite als Glied der alpinen Metallogenese.* Es wird gezeigt, daß die kristallinen Magnesite der Alpen u. der Karpaten in Substanz, Alter u. tekton. Einordnung so viel Übereinstimmung mit den *Sideriten* aufweisen, daß auch sie als Glied der alpinen Metallogenese gelten dürfen. Es ist daher nicht nötig, für sie besondere, u. zwar bas., *Plutone* vorauszusetzen. (Berg- u. hüttenmänn. Mh. montan. Hochschule Leoben **98.** 207—11. Okt. 1953. Leoben.) PAHL. 378

André Sandrea, *Über den Nemit und seine Stellung in der Familie der leucitischen Laven.* Der Nemit vom Nemisee gehört als Ergußgestein zu der Gruppe der bas. Leucitite von der mineralog. Zus. der Missourite. Der Nemit besteht aus 8% *Feldspat* (davon 65—70% Anorthit), 29% *Leucit* + *Analcim,* 53% *Pyroxen,* 6% *Olivin* u. 5% *Biotit* + *Ilmenit.* Chem. Analyse: SiO_2 49,10 (%); Al_2O_3 9,49; Fe_2O_3 3,17; FeO 4,56; MnO 0,14; MgO 10,31; CaO 14,48; Na_2O 0,95; K_2O 5,50; TiO_2 1,20; P_2O_5 0,38; F 0,27; Cl 0,07; SO_3 Spuren; BaO 0,06; H_2O^+ 0,51; H_2O^- 0,11; Summe 100,30. (C. R. hebd. Séances Acad. Sci. **234.** 1629—31. 16/4. 1952.) LÖFFLER. 386

L. A. Guljajewa, *Die Sedimente von Schwefelwasserstoffbecken der geologischen Vergangenheit.* Durch theoret. Überlegungen wird gezeigt, daß in den Sedimenten der H_2S-Gewässer von den syngenet. Fe-Mineralien nur die Sulfide entstehen können, nicht jedoch Siderit, freies Hydrat u. Fe-haltige Chlorite. In den Ablagerungen der Jasnaja Poljana-Unterstufe u. der Givet- u. Frasne-Stufe bei Kuibyschew u. Saratow wurde der Geh. an organ. C, Sulfat- u. Sulfid-S u. in 5%ig. HCl lösl. Fe(II) u. Fe(III) als Kennzahlen der H_2S-Sedimente bestimmt. In der Givetstufe u. in der unteren Frasnestufe wurden keine H_2S-Sedimente festgestellt. In den Tonen u. tonhaltigen Schiefern des kohleführenden Horizontes der Jasnaja-Poljana-Unterstufe wurde ein sehr hoher Geh. an organ. C u. Sulfid-S bei höchstens 0,2—0,3% lösl. Fe festgestellt. Diese Gesteine gehören demnach zum Übergangstyp, wo das reaktionsfähige Fe fast völlig von H_2S gebunden ist. Im Tulahorizont beginnt der Übergang zu n. Gasverhältnissen. Neben viel Sulfid-S liegt hier häufig viel lösl. Fe vor. (Доклады Академии Наук СССР [Ber. Akad. Wiss. UdSSR] [N. S.] **92.** 1019—22. 11/10. 1953.) LEBTAG. 393

A. Je. Kriss und **Je. A. Rukina,** *Purpurne Schwefelbakterien in den schwefelwasserstoffhaltigen Tiefen des Schwarzen Meeres.* Durch Unters. der Wasserproben von 0—2000 m Tiefe wurde festgestellt, daß in den Tiefen 300—1500 m Mikroorganismen vorkommen, die H_2S zu oxydieren vermögen. Diese S-Bakterien scheiden nicht nur Carotinoide aus, sondern auch Bakteriochlorophyll mit den Absorptionsmaxima (in Methylalkohol) bei 770—775 u. 600—610 mμ. Die Energie für die CO_2-Assimilation entnehmen diese Bakterien wahrscheinlich dem radioakt. Zerfall. Diese „Radiosynth." führt in der H_2S-Zone zu einer Biomasseanreicherung, die die Gesamtbiomasse des Zoo- u. Phytoplanktons des Schwarzen Meeres übersteigt. (Доклады Академии Наук СССР [Ber. Akad. Wiss. UdSSR] [N. S.] **93.** 1107—10. 21/12. 1953. Inst. für Mikrobiol. der Akad. der Wiss. der UdSSR.) LEBTAG. 393

D. Organische Chemie.

D_1. Allgemeine und theoretische organische Chemie.

Lionel Goodman und **Harrison Shull,** *Modifikation der einfachen MO-Methode.* Durch Vgl. der Ausdrücke, wie sie sich für die Anregungsenergie eines Elektronenübergangs nach der LCAO–MO-Näherung bzw. nach der strengen ASMO-Berechnung (vgl. ROOTHAAN, C. **1952.** 3451) ergeben, erhält man eine Gleichung für den Resonanzparameter β^*, die dessen Best. mit Hilfe von Daten einer Absorptionsbande sowie der nach der Näherungsrechnung erhaltenen Werte für die Elektronenabstoßungsintegrale gestattet. Die Meth. ist bes. erfolgreich anwendbar zur Mol.-Berechnung bei substituierten KW-stoffen. (J. chem. Physics **22.** 1138. Juni 1954. Ames, Io., State Coll., Dep. of Chem. u. Inst. for Atom Res.) KRESZE. D 10

Lionel Goodman und **Harrison Shull,** *Eine halbempirische Behandlung von n–π-Übergängen.* (Vgl. vorst. Ref.) Als Spezialfall des vorst. geschilderten Berechnungsverf. behandeln Vff. die Best. von Übergangsenergie ΔE u. Oscillatorstärke f für den n–π-Übergang. Die entwickelten Gleichungen gestatten eine Berechnung von ΔE u. f ohne Benutzung von Daten, die aus π–π-Spektren erhalten wurden. Folgende Einzelvoraussagen können gemacht werden: Mit wachsender Teilnahme der Substituenten an der Mesomerie sinkt ΔE, u. zwar stärker als die entsprechenden Werte für π–π-Übergänge. Auch die Singulett–Triplett-(S–T-)Aufspaltung zeigt in vorliegendem Fall größere Variation: Sie ist groß für Heterocyclen, deren Heteroatom im Vgl. zu C nicht sehr elektronegativ ist (N, S); sie ist für n–π- kleiner als für π–π-Zustände bei nicht zu großer Wechselwrkg. zwischen KW-stoffrest u. äußerem Substituenten, bei schwach ausgebildeter Mesomerie tritt Entartung auf; ebenfalls klein ist die Aufspaltung bei stark polaren Zweizentren-π-Elektronensystemen; zusätzliche Substitution (z. B. am Benzolkern) verursacht für n–π Blauverschiebung u. Verkleinerung der S–T-Trennung, für π–π Rotverschiebung. Induktive Effekte haben bei n–π stärkere Wrkg. als bei π–π auf die ΔE. — Die f-Werte sind bei n–b-Übergängen, also von einer nichtbindenden (n-) Bahn in eine antibindende (b-) Bahn, ziemlich klein (< 0,05) u. durch zusätzliche Substituenten wenig veränderbar. Sowohl n_x- als n_y-(x = ||, y = ⊥ zur Bindung) Übergänge sind formell erlaubt, es gilt $f_{n_y-\pi} < f_{n_x-\pi}$. (J. chem. Physics **22.** 1138—39. Juni 1954.) KRESZE. D 10

Gentaro Araki und **Sigeru Huzinaga,** *Theorie der Absorptionsspektren von asymmetrischen Cyaninen.* (Vorl. Mitt.) Wie BROOKER (J. Amer. chem. Soc. **73.** [1951.] 1087) zeigte, liegt das Absorptionsmaximum λ_{max} asymm. Cyaninfarbstoffe (mit 2 verschied. Kernen) bei kürzeren Wellenlängen als der Mittelwert der λ_{max} der symm. Verbindungen. Die Abweichung hängt dabei von der Basizität der Kerne ab. Vff. berechnen nun die λ_{max} nach der Elektronengasnäherung. Den erwähnten Effekt berücksichtigen sie durch Verwendung des PÖSCHEL-TELLER-Potentials (Z. Physik **83.** [1933.] 143) V(x), der darin auftretende Parameter b wird gleich $(m + \gamma_1 + \gamma_2)l$ gesetzt (m = Zahl der C-Atome im konjugierten Syst., l = 1,4 Å, γ_1, γ_2 = Parameter). Die in V(x) vorkommenden δ_1 u. δ_2 sowie die γ_1 u. γ_2 werden für verschied. Cyanine empir. aus den gemessenen λ_{max} bestimmt. Der Wert von $\gamma \cdot \delta^2$ bei asymm. Farbstoffen ist dann ein Maß für die Basizität der Kerne u. damit auch für die Größe der Abweichung der λ_{max} vom Mittelwert. — Der b-Wert ist nicht, wie in der einfachen Näherung, als Mol.-Länge definiert; die Region, in der die Eigenfunktion des Syst. merklich von Null verschieden ist, entspricht jedoch der im wahren Molekül. — δ- u. γ-Werte sind angegeben für folgende Farbstoffe: *Bis-[1-phenyl-2.5-dimethylpyrrol]-3.3'-cyanin; Bis-[1-phenyl-2-methylindol]-3.3'-cyanin, Bis-[3-äthyl-6-nitrobenzthiazol]-2.2'-carbocyanin, Bis-[3-äthylthiazolidin]-2.2'-carbocyanin, 3.3'-Diäthylthiocarbocyanin, Bis-[3-phenyl-4-methylthiazol]-2.2'-carbocyanin, Bis-[1-äthylpyridin]-2.2'-carbocyanin,* sowie *[1-Phenyl-2.5-dimethylpyrrol]-[1'-phenyl-2-methylindol]-3.3'-cyanin, [1-Phenyl-2.5-dimethylpyrrol]-[3'-äthyl-6'-nitrobenzthiazol]-, -[3'-äthylthiazolidin]-, -[3'-äthylbenzthiazol]-, -[3'-phenyl-4'-methylthiazol]-* u. *-[1'-äthylpyridin]-3.2'-dimethylcyanin.* (J. chem. Physics **22.** 1141—42. Juni 1954. Yosida, Kyoto, Japan, Univ., Fac. of Engng.) KRESZE. D 114

E. A. Braude, F. Sondheimer und **W. F. Forbes,** *Sterische Effekte in den Elektronenspektren organischer Verbindungen.* In der UV-Absorption organ. Moll. traten bei Eintritt von Substituenten Änderungen auf, die auf ster. Effekte zurückgeführt werden. BRAUDE u. Mitarbeiter (vgl. C. **1950.** II. 1217) unterscheiden 2 Typen von ster. Effekten, u. zwar 1. ster. Effekte, welche nur eine Änderung in der Absorptionsintensität der Bande verursachen, die für das ganze chromophore Syst. charakterist. ist, jedoch keine ungewöhnliche Änderung der Wellenlänge hervorrufen, u. 2. ster. Effekte, welche sowohl eine Änderung der Wellenlänge als auch der Absorptionsintensität verursachen. Vff. untersuchten erneut die UV-Absorption von alkylierten Acetophenonen u. verwandten Verbb. u. kommen auf Grund ihrer Versuchsergebnisse zu dem Schluß, daß ster. Effekte vom Typ 1 in Zusammenhang stehen mit Übergängen zwischen nichtebenen Grundzuständen u. ebenen angeregten Zuständen, während ster. Effekte vom Typ 2 von Übergängen zwischen nichtebenen Grundzuständen u. nichtebenen angeregten Zuständen herrühren. Es wurde die UV-Absorption der folgenden Verbb. untersucht: *Benzaldehyd, 4-* u. *2-Methylbenzaldehyd, 2.6-Dimethylbenzaldehyd, 2.4.6-Trimethylbenzaldehyd, Acetophenon, 4-* u. *2-Methylacetophenon, 2.4-, 2.5-* u. *2.6-Dimethylacetophenon, 2.4.6-Trimethylacetophenon, Diphenyl, 2-Methyl-, 2-Äthyl-, 2-n-Butyldiphenyl* u. *2.2'-Dimethyldiphenyl.* Die ausführliche Diskussion der Versuchsergebnisse brachten eine Bestätigung der obigen Schlußfolgerungen. (Nature [London] **173.** 117—19. 16/1. 1954. London, Imp. Coll. of Sci. and Technol., Dep. of Organ. Chem.) GOTTFRIED. D 118

William J. Detroit und **Harold Hart,** *Untersuchungen in den Diphenochinonreihen.* Weder Diphenochinon (**I**, $C_{12}H_8O_2$, durch Oxydation von **4.4'**-Dioxydiphenyl mit aktiviertem PbO_2 in Ae.; 53,9% Ausbeute), noch sein **3.5.3'.5'**-Tetramethylderiv. (**II**) reagieren mit Cyclopentadien. — Die UV-Absorption von **I** u. seinen folgenden Derivaten wurde untersucht. **I** [λ_{max}] 395, 261, 252 [mμ]; [ε_{max}] 62600, 2990, 3130. **II**, 414; 67600. *3.5.3'.5'-Tetra-tert.-butyl-*, 420, 269, 260, 251; 70800, 4920, 5480, 4740 u. *3.5.3'.5'-*

Tetrachlorverb. 435, 283, 273, 261; 71800, 3470, 4520, 5390. (J. Amer. chem. Soc. **74.** 5215—16. 20/10. 1952. East Lansing, Mich., Michigan State Coll., Kedzie Chem. Labor.)
BRÜCK. D 118

Paul Pesteil und **Louise Pesteil,** *Fluorescenz von kristallisiertem Fluoren.* Es wurde die Polarisation des Fluorescenzspektr. von *Fluoren* (I) an einem Parallelepiped gemessen, dessen Kanten parallel den 3 Achsen des Indexellipsoids α, β u. γ lagen. In dem Kristallgitter des I bilden die Ebenen der beiden Benzolringe mit der Verbindungslinie C—C einen Winkel von 20°. Bezeichnet man mit L die Richtung dieser Verbindung mit M die Normale zu L in der mittleren Ebene des Mol. u. mit N die Normale zu der L-M-Ebene, dann bildet L mit γ einen Winkel von 15° u. M mit β einen Winkel von 33°, die drei Achsen liegen jedenfalls roh nahe den Richtungen α, β u. γ. Aus den erhaltenen Spektren erhält man für die Intensitäten die Reihenfolge $I_\gamma > I_\beta > I_\alpha$. Das β-Spektr., welches einem Übergang parallel M entspricht, ist viel diffuser als das γ-Spektr., das hauptsächlich von einem Übergang parallel L herrührt. Das α-Spektr. ist stark von den beiden anderen Spektren verschieden; das I wäre damit der erste bekannte Fall eines aromat. Mol., welches einen Übergang parallel N hat. Die 3 Spektren werden ausführlich diskutiert. (C. R. hebd. Séances Acad. Sci. **238.** 75—77. 4/1. 1954.)
GOTTFRIED. D 118

Reuben B. Sandin, Russell Melby, Allan S. Hay, R. Norman Jones, Elizabeth C. Miller und **James A. Miller,** *Ultraviolettspektren und carcinogene Aktivität einiger Fluoren- und Biphenylderivate.* Die UV-Absorptionsspektren von *4.4'-Dinitrobiphenyl, 2.7-Dinitrofluoren, 4-Amino-4'-nitrobiphenyl* (F. 171°), *2-Amino-7-nitrofluoren, 2-* (F. 191°) u. *4-Acetylaminobiphenyl, 2-Acetylaminofluoren* u. *2-* u. *2'-Methyl-4-acetylaminobiphenyl* wurden gemessen. Die Fluorenverbb. absorbieren alle bei längeren Wellen als ihre Biphenylanaloga. Die Einführung einer Methylgruppe in 2-Stellung des Biphenylmol. hat jedoch entgegengesetzte Wrkg. u. verschiebt nach kürzeren Wellen. Es wird angenommen, daß die Methylgruppe in 2-Stellung die Einstellung der ebenen Lage des Biphenyls ster. hindert u. damit die Resonanz stört, während die Methylenbrücke im Fluoren die ebene Lage des Mol. festlegt u. die Resonanz verbessert. Verstärkung der Resonanz im Mol., Verschiebung der Absorptionsbande zu längeren Wellen u. zunehmende carcinogene Wrkg. gehen parallel. (J. Amer. chem. Soc. **74.** 5073—75. 20/10. 1952. Madison, Wis., Univ., McArdle Mem. Labor.; Ottawa, Can., Nat. Res. Council, Div. of Pure Chem., u. Edmonton, Alberta, Univ., Dep. of Chem.)
D. BRÜCK. D 118

C. G. Overberger und **Seymour L. Shapiro,** *Ultraviolettabsorptionsspektren substituierter Aminotriazine.* Zur Ermittlung der Beziehung zwischen dem UV-Spektr. u. der chem. Konst. substituierter *Aminotriazine* (vgl. OVERBERGER u. SHAPIRO, J. Amer. chem. Soc. **76.** [1954.] 1061 u. früher) wurden folgende Verbb. in Methanol untersucht [in ( ) λ_{max} in mμ, $\varepsilon \cdot 10^{-3}$]: *2-Amino-4-anilino-* (**I**; 261; 12,55 bzw. in nHCl 250; 11,4), *2-Amino-4-[p-bromanilino]-* (**II**; 278; 22,65), *2-Methyl-4-amino-6-anilino-* (**III**, 271; 20,38), *2-Chlormethyl-4-amino-6-anilino-* (257; 18,95), *2-Dichlormethyl-4-amino-6-anilino-* (255; 20,81), *2-Trichlormethyl-4-amino-6-anilino-* (**IV**, 253; 25,43), *2-Äthyl-4-amino-6-anilino-* (**V**, 271; 18,81), *2-Äthyl-4-amino-6-p-bromanilino-* (277; 25,98), *2-[1-Bromäthyl]-4-amino-6-anilino-* (256; 20,00), *2-Vinyl-4-amino-6-anilino-* (**VI**, 255; 22,50), *2-[2-Methoxyäthyl]-4-amino-6-anilino-1.3.5-triazin* (**VII**, 270; 18,91), **VII**-*Acetat* (270; 18,70), **VII**-*Trichloracetat* (272; 20,35), **VII**-*Heptafluorbutyrat* (269; 17,81), **VII**-*Hydrochlorid* (269; 15,75), **VII** in nHCl (263; 12,15), *2-[2-Äthoxyäthyl]-4-amino-6-anilino-* (269; 18,70), *2-[2-n-Propoxyäthyl]-4-amino-6-anilino-* (265; 18,78), *2-β-Oxyäthyl-4-amino-6-anilino-* (265; 17,79), *2-Carboxy-4-amino-6-anilino-* (als Diäthylaminoäthylalkohol-Salz, 258; 20,25), *2-Carboxymethyl-4-amino-6-anilino-* (257; 21,6), *2-Carboxyäthyl-4-amino-6-anilino-* (256; 21,8), *2-Carboxypropyl-4-amino-6-anilino-* (256; 22,4), *2-Carbhydrazido-4-amino-6-anilino-* (254; 21,8), *2-[2-Methoxyäthyl]-4-acetylamino-6-anilino-* (**VIII**, 227; 23,19 bzw. 270; 22,16), *2-Acetamido-4-anilino-* (265; 16,5), *2-Oxy-4-amino-6-anilino-* (Hydrochlorid·2 H_2O, 265; 22,2), *2 (?)-Acetoxy-4-amino-6-anilino-1.3.5-triazin* (243; 15,7). Wie der Vgl. mit Literaturdaten zeigt, bewirkt Ersatz von NH_2 durch NHC_6H_5 eine Steigerung der Absorptionsintensität u. eine bathochrome Verschiebung von λ_{max}. Im Gegensatz zu anderen Autoren wurde bei Aufnahme von Spektren in Säuren als Lösungsm. gefunden, wie **I**, **III** u. **VII** zeigen, daß mit der Säurestärke ε abnimmt u. eine Hypsochromie bemerkbar ist. Vff. vermuten, daß durch Bldg. der konjugierten Säure, des kation. Zustands, die Absorptionsabnahme der asymm. Verb. erklärlich ist. Die Spektren von **I, II, IV, V, VI, VII,** in nHCl u. von **VIII** sind zwischen 220 u. 340 mμ angegeben. (J. Amer. chem. Soc. **76.** 1855—58. 5/4. 1954. Brooklyn, N. Y., Inst. of Polymer Res., Polytechn. Inst., Dep. of Chem.)
GNAUCK. D 118

Karl Dimroth, *Über den Einfluß von Lösungsmitteln auf die Farbe organischer Verbindungen.* Vf. untersucht genauer die Ursachen für das Auftreten von Solvatochromie bei organ. Farbstoffen. Kennzeichnend für diesen Effekt ist die Verschiebung der fast unveränderten Absorptionskurven als Ganzes in den Bereich längerer oder kürzerer Wellen. Entweder kann das Lösungsm. eine Gleichgewichtsverschiebung hervorrufen, oder es greift das einzelne Farbstoffmol. an u. ändert den Zustand der Bindungselektronen. Auf Gleichgewichtsverschiebung beruht die Tautomerie, die an Oxyfarbstoffen sowie an Oxyphenazinfarbstoffen näher erläutert wird. Weiter kann sich eine Änderung des Assoziationsgrades opt. bemerkbar machen, wie sie bei ionisierten Farbstoffen vom Cyanintyp von SCHEIBE gezeigt wurde. Zur Unters. der Solvatochromie, die auf Umlagerung des Bindungselektronensyst. beruht, werden zuerst vorwiegend unpolare Farbstoffe herangezogen: Azo-, Azomethin-, Stilben-, Triphenylmethan- u. Indaminfarbstoffe. Im großen u. ganzen verlaufen hier die Farbänderungen mit dem Wechsel des Lösungsm. parallel zur DK. des Lösungsmittels. Tritt bei der Lsg. des Farbstoffes Solvatation ein, so ist die Abhängigkeit von der DK. aufgehoben. Dieser Effekt ist bes. zu beachten bei Lösungsmittelgemischen. Bei den vorwiegend polaren Farbstoffen untersucht Vf.: Phenolbetaine der Chinolinreihe, Oxyacridin- u. Oxyphenazinfarbstoffe, Triphenylpyridiniumphenolbetaine, Chinoliniumphenolbetaine mit substituiertem, sauerstoffhaltigem Phenolrest u. ihre Vinylogen, N-Oxyphenyltriphenylpyridiniumbetaine, Pyridinium-N^+.N^--betaine. Neben der Polarität ist die Polarisierbarkeit der Lösungspartner von entscheidender Bedeutung. — Im einzelnen werden neue Ergebnisse angegeben für *4-Nitro-4'-dimethylaminoazobenzol, 4-Nitro-4'-dimethylamino-3.5-dimethyl-, -3'.5'-dimethyl-, -3.5.3'.5'-tetramethyl-* u. *-2.6.2'.6'-tetramethylazobenzol* sowie *p-Dimethylaminozimtsäure, 4-Nitro-4'-diäthylaminostilben, Phenolblau, N.2.6-Triphenyl-4-[p-oxyphenyl]-, N.4.6-Triphenyl-2-[p-oxyphenyl]-, N.2.6-Triphenyl-4-[o-oxyphenyl]-* u. *N.2-Diphenyl-4.6-bis-[p-oxyphenyl]-pyridiniumbetain, N-Äthyl-2-[o-, -2-[m-* u. *-2-[p-oxystyryl]-chinoliniumbetain* sowie die 3 analogen 4-Styrylderivv., *N-Methyl-3-[o-, -3-[m-* u. *-3-[p-oxyphenyl]-chinoliniumbetain, N-[p-Oxyphenyl]-2.4.6-triphenylpyridiniumbetain, -2.6-diphenyl-4-[p-nitro-, -methoxy-,* u. *-methylphenyl]-pyridiniumbetain, -2.4-diphenyl-6-[p-isoamylphenyl]-pyridiniumbetain, N-[p-Dimethylaminophenyl]-4-[p-oxyphenyl]-2.6-diphenylpyridiniumbetain, α-* u. *β-Oxy-N-methylpyridiniumbetain, β-Oxy-N-methylchinoliniumbetain, 2-Methyl-4.6-diphenylpyridinium-N^+-anilido-N^--betain* (I) sowie für *2-Methyl-4-* bzw. *-6-[m-* bzw. *-p-nitrophenyl]-6-* bzw. *-4-phenylpyridinium-N^+-anilido-N^--betain* u. *2-Methyl-4.6-diphenylpyridinium-N^+-[o-, -m-* u. *-p-nitranilido]-N^--betain.* (S.-B. Ges. Beförd. ges. Naturwiss. Marburg **76.** Nr. 3. 3—49. 1953. Marburg/Lahn, Univ., Chem. Inst.) v. SCHIESZL. D 119

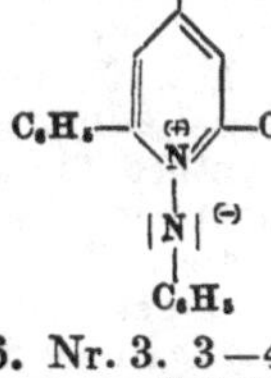

I

Børge Bak und **F. Allan Andersen,** *Das Infrarotspektrum von Keten.* Das Infrarotspektr. zwischen 500 u. 1200 cm^{-1} von ca. 85%ig. *Keten* (dargestellt durch Pyrolyse von Aceton unter N_2, 3—4% Ausbeute; Analyse durch Gas-Chromatographie an Silicagel bei 50°) wurde mit einem BECKMAN-IR-II- (NaCl) bzw. -IR-III-Spektrophotometer (KBr) aufgenommen. Eine Bandentabelle (450—1010 cm^{-1}) mit Ergebnissen anderer Autoren, sowie berechnete Frequenzen ist angegeben. Die Symmetrieeigg. der Normalschwingungen mit Zuordnungen, sowie die der Kombinations- u. Oberschwingungen sind angeführt. Die Funktion der Freien Energie $-(F^0 - E^0_0)/T$ im Temperaturbereich von 250—1000° K wurde nach der Näherungsformel für den starren, rotationssymm. Oscillator berechnet (Tabelle). (J. chem. Physics **22.** 1050—53. Juni 1954. Copenhagen, Univ., Chem. Labor.) GNAUCK. D 120

Nelson Fuson, Marie-Louise Josien und **Essie M. Shelton,** *Eine Infrarotspektroskopische Untersuchung der Carbonylvalenzschwingung in einigen Keton- und Chinongruppen.* Vff. nahmen in CCl_4 (die Diphenochinone in Chlf.) die Carbonylvalenzschwingungsbande folgender Ketone auf: *Propenyl-* 1680, *Cyclopropyl-* 1677, *Cyclobutyl-* 1686, *Cyclopentyl-* 1687 u. *Cyclohexylphenylketon* 1686, *Propyl-* 1710—1670 (nicht aufgelöst), *Isopropyl-* 1692, *Isobutyl-* (1700—1660), *Cyclopropyl-* 1685, *Cyclobutyl-* 1691 u. *Cyclohexylstyrylketon* 1690, *4-Oxy-3.4-diphenyl-2-methyl-* 1712, *4-Oxy-3.4-diphenyl-* 1720, *5-Benzyliden-3-methyl-2-propyl* 1694, *5-Benzyliden-3-phenyl-* 1699, *5-Benzyliden-4-oxy-3.4-diphenyl-* 1697, *5-Benzyliden-4-oxy-3.4-diphenyl-2-methyl-* 1699, *5-Benzyliden-4-oxy-2.3.4-triphenyl-* 1702 u. *5-Isopropyliden-4-oxy-3.4-diphenyl-Δ^2-cyclopentenon* 1688, *2.3.6.7-Tetraphenyl-$\Delta^{2.6.8}$-cycloindatrienon(?)* 1690, *6-Benzyliden-3.5-dimethyl-Δ^2-cyclohexenon* 1664, *6-Benzyliden-3.5.5-trimethyl-Δ^2-cyclohexenon* 1664, α- (I) 1641 u. *β-Tocopherylchinon* (II) 1649, *1.2-Benzanthrachinon* 1670, *3-Methyl-* 1670, *4-Methyl-* 1670, *5-Methyl-* 1668, *6-Methyl-* 1670, *7-Methyl-* 1670, *2'-Methyl-* 1670, *3'-Methyl-* 1670, *4'-Methyl-* 1671, *5.6-Dimethyl-* 1668 u. *6.7-Dimethyl-1.2-benzanthra-*

chinon 1670, *Diphenochinon* (rote u. gelbe Form) 1635, *3.5.3'.5'-Tetramethyl-* 1637, *3.5.3'.5'-Tetra-tert.-butyl-* 1634 u. *3.5.3'.5'-Tetrachlordiphenochinon* 1646, *Acetophenon* 1692, *Äthyl-* 1692, *Butyl-* 1690, *Amyl-* 1690, *Hexyl-* 1690, *Heptyl-* 1690, *Octyl-* 1691 u. *Nonylphenylketon* 1690, *Methyl-* 1690, *Äthyl-* 1691, *Propyl-* 1689, *Butyl-* 1690, *Amyl-* 1690, *Hexyl-* 1690, *Heptyl-* 1690, *Octyl-* 1689 u. *Nonyl-p-xylylketon* 1690, *Propanon-(2)* 1719, *Butanon-(2)* 1720, *3-Methylbutanon-(2)* 1718, *Pentanon-(2)* 1720, *4-Methylpentanon-(2)* 1720, *Heptanon-(2)* 1719, *Pentanon-(3)* 1717, *Hexanon-(3)* 1718, *Heptanon-(3)* 1717, *Octanon-(3)* 1717, *Heptanon-(2)* 1716, *2.4-Dimethylpentanon-(3)* 1713, *Nonanon-(4)* 1715, *Nonanon-(5)* 1716, *Decanon-(5)* 1715, *Undecanon-(6)* 1716, *1.4-Naphthochinon* 1675, *1.4-Naphthochinon-2.3-oxyd* 1710, *Progesteron* 1707, *Oxidoprogesteron* 1709, *Pregnenolonacetat* 1708, *Oxidopregnenolonacetat* 1705, *4.4'-Di-[dimethylamino]-* 1639, *4-Amino-* 1651, *4.4'-Dimethoxy-* 1655, *4.4'-Dimethyl-* 1659, *4-Methoxy-* 1658, *4-tert.-Butyl-* 1664, *4-Methyl-* 1661, *4-Chlor-4'-methyl-* 1667, *4-Chlor-* 1666, *4-Brom-* 1665, *3-Brom-* 1669, *4.4'-Dichlor-* 1670 u. *3.3'-Dibrombenzophenon* 1672, *Benzophenon* 1664, *p-Amino-* 1677, *p-Oxy-* 1686, *p-Methoxy-* 1684, *p-Chlor-* 1692, *p-Brom-* 1693, *m-Nitro-*1701, *p-Nitro-* 1702, *p-Acetoxy-* 1691 u. *p-Acetylaminoacetophenon* 1686. Im Gegensatz zu den UV-Spektren nimmt die C=O-Frequenz bei Verbb. des Typs C_6H_5CO-X ab in der Folge der Substituenten X = gesätt. Kette > Cyclane mit mehr als 3 C-Atomen > $-CH=CHCH_3$ > Cyclopropyl > C_6H_5. Die niedrigen Frequenzen von I u. II werden im Gegensatz zu ROSENKRANTZ u. MILHORAT (C. **1951.** II. 1289) induktiven Effekten, ausgehend von den anderen Substituenten, zugeschrieben. Zwischen der Verschiebung der C=O-Frequenz bei aliphat. Ketonen mit der Kettenlänge u. den entsprechenden Redoxpotentialen wurde angenähert eine lineare Beziehung gefunden (2 cm^{-1}/Centivolt). Verzweigung in den Ketten hat nur in α-Stellung zur C=O-Gruppe frequenzerniedrigende Wirkung. Die Abhängigkeit der Frequenz von Substituenten bei Benzophenonen zeigt eine lineare Beziehung zu den polarograph. Halbwellenpotentialen (0,5 cm^{-1}/Centivolt) u. geht auch in Gegensatz zu den Befunden von SOLOWAY u. FRIESS (C. **1952.** 3470) den HAMMETTschen σ-Werten in erster Näherung parallel. (J. Amer. chem. Soc. **76.** 2526—33. 5/5. 1954. Nashville, Tenn., Fisk Univ., Dep. of Phys. and Chem.) GNAUCK. D 120

H. L. Cupples, *Ultrarotspektren von Cinerolon und synthetischem trans-[Buten-(2)-yl]-4-oxy-3-methylcyclopenten-(2)-on-(1).* Die Ultrarotspektren von natürlichem *Cinerolon* u. synthet. *2-[Buten-(2)-yl]-4-oxy-3-methylcyclopenten-(2)-on-(1)* werden von 2—15 μ aufgenommen. Die Spektren zeigen bei der synthet. Verb. eine starke 10,36 μ-Bande, die der trans-Konfiguration zuzuschreiben ist. Umgekehrt zeigt das Naturprod. eine Bande bei 14,0—14,6 μ, die für die cis-Konfiguration charakterist. ist. Die Spektren bestätigen die Konfigurationszuordnung von HARPER (C. **1946.** I. 1570) bzw. SCHECHTER u. Mitarbeiter (C. **1949.** E. 1047). (J. Amer. chem. Soc. **72.** 4522—23. Okt. 1950. Beltsville, Md., US Dep. of Agric., Agric. Res. Adm., Bur. of Entomol. and Plant Quarantine.) A. REUTER. D 120

H. P. Koch, *Das Ultrarotspektrum von Tropolon.* (Vgl. auch SCOTT u. TARBELL, C. **1951.** I. 195.) Die Ultrarotspektren von 2—15 μ von reinem synthet. *Tropolon* u. seinen Kupfer- u. Carbäthoxyderivv. werden registriert. Die Diskussion der Spektren ergibt eine starke innere Wasserstoffbrücke von Hydroxyl- zum Carbonylsauerstoff (ca. 7 kcal/Mol). Der OH-Abstand ist auf ca. 1,1 Å aufgeweitet, u. das Proton kann leicht zum 1,5—2 Å entfernten Carbonylsauerstoff hinüberwechseln, wobei das ganze Tropolonmol. (Doppelbindungssyst.) in die Spiegelbildform übergeht. Die C=O-Bandenfrequenz erscheint bei 1615 cm^{-1} ziemlich niedrig, was auf Lockerung der C=O-Bindung durch Wasserstoffbrückenbindung, Ringspannungen u. Konjugation schließen läßt. (J. chem. Soc. [London] **1951.** 512—15. Febr. Welwyn Garden City, Herts., Brit. Rubber Prod. Res. Assoc.) A. REUTER. D 120

Nelson Fuson, Marie-Louise Josien und **Thomas M. Gregory jr.,** *Infrarotspektroskopische Untersuchungen der Carbonylschwingung in polycyclischen Chinonen.* 1. Mitt. *Einfluß der Substituenten.* (Sitzungsbericht.) An einer Reihe von (nicht genannten) substituierten polycycl. Chinonen wurde in CCl_4-Lsg. der Einfl. der verschied. Substituenten auf die C=O-Valenzfrequenz im Infrarotabsorptionsspektr. untersucht. Ganz allg. wurde festgestellt, daß diese Frequenz durch elektronenanziehende Substituenten erhöht, durch elektronenabstoßende Substituenten herabgesetzt wird. Die von FIESER [1935] an diesen Verbb. festgelegten Redoxpotentiale wurden mit den erhaltenen spektroskop. Ergebnissen verglichen. Es wurde festgestellt, daß innerhalb jeder Reihe die C=O-Frequenz mit dem Potential zunimmt. (Physic. Rev. [2] **87.** 170. 1/7. 1952. Fisk Univ.) GOTTFRIED. D 120

Marie-Louise Josien, Nelson Fuson und **Jeanne-Marie Lebas,** *Infrarotspektroskopische Untersuchungen der Carbonylschwingung in polycyclischen Chinonen.* 2. Mitt.

Einfluß von ankondensierten Benzolringen. (1. vgl. vorst. Ref.) (Sitzungsbericht.) Es wurden die Infrarotabsorptionsspektren von p-Chinonen u. o-Chinonen in verd. CCl_4-Lsg. untersucht. Acenanellierung von Benzolkernen an das p-Benzochinon (Reihe *1.4-Benzo-, 1.4-Naphtho-, 9.10-Anthra-, Naphthacen-* u. *2.3;6.7-Dibenzanthrachinon*) erhöht die Carbonylfrequenz. Im Gegensatz hierzu wird die Frequenz herabgesetzt, wenn die Kondensation außerhalb der Symmetrieachse des Mol. erfolgt. Zwischen dem Redoxpotential u. der Carbonylfrequenz besteht eine Beziehung. (Physic. Rev. [2] **87.** 170. 1/7. 1952.) GOTTFRIED. D 120

Marie-Louise Josien, Nelson Fuson und **Essie M. Shelton,** *Eine Infrarotuntersuchung des Einflusses der Molekularstruktur auf die Carbonylbande in polycyclischen Chinonen.* (Vgl. C. **1953.** 4994; Bull. Soc. chim. France, Mém. [5] **19.** [1952.] 389; C. **1954.** 3426; C. **1954.** 5485.) (Sitzungsbericht.) Die Unterss. führen zu Beziehungen zwischen C=O-Frequenz u. anderen Mol.-Strukturgrößen, wie Redoxpotential, Bindungsordnung, freie Valenz-Index, HAMMETT-Funktion u. geometr. Mol.-Form. Gewisse substituierte Chinone zeigen spektrale Anomalien, welche nicht in die übliche Kategorie von Verbb. mit Wasserstoffbrücke passen. (Physic. Rev. [2] **91.** 235. 1/7. 1953. Fisk Univ.) EICHHOFF. D 120

Martin G. Ettlinger, *Ultrarotspektren und Tautomerie von 2-Thiooxazolidon und verwandten Substanzen.* Vf. prüft eine Reihe von Verbb., die die Gruppen —X—C(=S)—NH— enthalten, mit Hilfe der Ultrarotspektren von 1—12 μ auf eine mögliche Tautomerie (Enolisierung). Er findet, daß folgende Verbb. nur in der Thionform vorliegen: *2-Thiooxazolidon, 5.5-Dimethyl-2-thiooxazolidon, 5.5-Dimethyl-2-thiothiazolidon, N.N.N'-Trimethylthioharnstoff, 1-Methyl-2-thioimidazolon, 2-Thiothiazolon, 4-Methyl-2-thiothiazolon, 4-Methyl-2-thiazolon* u. *3.4-Dimethyl-2-thiazolon.* Zum Vgl. wurden aufgenommen *Thiophenol* u. *N.N.N'.N'-Tetramethylthioharnstoff* ($Kp._{11}$ 62°). (J. Amer. chem. Soc. **72.** 4699—4702. Okt. 1950. Cambridge, Mass., Harvard Univ., Chem. Labor.) A. REUTER. D 120

D. S. Tarbell und **P. Hoffman,** *Infrarotspektren einiger 1.4-Thiapyronderivate.* Vff. nahmen die Infrarotspektren von *1.4-Thiapyron* (**I**), **I**-HCl, *3-Carbomethoxy-* (**II**), *3-Carboxy-* (**III**) u. *3-Carboxamido-1.4-thiapyron* sowie von *1.4-Thiapyronsulfon* (**IV**) im Bereich von 680—1720 cm^{-1} in Nujol auf. Wie erwartet, fehlt die 1660 cm^{-1}-Bande konjugierter Carbonylverbb. bei **I**, nicht aber bei **IV**, was in Übereinstimmung mit der chem. Reaktivität dieser Verbb. ist. Umwandlung von **I** in **I**-HCl verschiebt die starke Absorptionsbande weiter nach niedrigeren Frequenzen, woraus zu schließen ist, daß die C—O-Bindung nun ihren Doppelbindungscharakter völlig verloren hat u. die Resonanzformen **A**—**C** gelten. Ungewöhnlich ist, daß die C=O-Frequenz in **III** höher als die von **II** ist; im festen Zustand

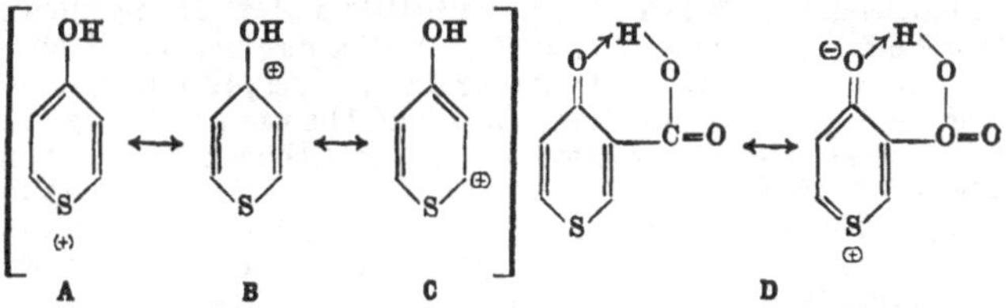

A B C D

sind also offenbar bei **III** keine intermol. H-Brückenbindungen vorhanden, vermutlich tragen aber intermol. H-Brückenverbindungen zur Stabilisierung der Form **D** bei.

Versuche: *3-Carbomethoxy-1.4-thiapyron* (**II**), $C_7H_6O_3S$, F. 82—83° (Bzl.-Hexan), durch Zugabe von 3-Carbomethoxytetrahydro-1.4-thiapyron (**V**) in Bzl. zu PCl_5 in Bzl. unter Rühren u. Kühlen, 1 Std. am Rückfluß, auf Eis gießen, Zugabe von $CaCO_3$ u. NaCl. — *3-Carboxy-1.4-thiapyron* (**III**), $C_6H_4O_3S$, F. 185,5—186° (95%ig. A.), a) wie vorst., nach Zers. mit Eis 2 Std. am Rückfluß, b) aus vorst. Verb. mit 10%ig. H_2SO_4, 2 Std. am Rückfluß. — *1.4-Thiapyron* (**I**), F. 110—111,5° (CCl_4), durch Decarboxylieren von **III** durch Einw. von Cu-Bronze in Chinolin am Rückfluß; *Hydrochlorid,* C_5H_5OClS, F. 125—135° (nach Sublimation bei 80°/1 mm). — *3-Carboxamido-1.4-thiapyron,* $C_6H_5O_2NS$, F. 198—198,5° (95%ig. A.-Äthylacetat), aus **II** durch Schütteln mit konz. NH_3. — *3-Nitroso-3-carbomethoxytetrahydro-1.4-thiapyron,* $C_7H_9O_4NS$, F. 96,5 bis 97,5° (Zers.), durch Zutropfen von wss. $NaNO_2$-Lsg. zu **V** in Essigsäure unter Außenkühlung, 1 Std. im Eisbad; ergab in kalter 10%ig. NaOH gelöst mit konz. HCl u. Ae.-Extraktion eine Verb. vom F. 128—128,5° (Zers.; Äthylacetat–Bzl.), vielleicht Mischung von Prodd. einer Ringspaltung. (J. Amer. chem. Soc. **76.** 2451—53. 5/5. 1954. Rochester, N. Y., Univ., Dep. of Chem.) GNAUCK. D 120

Isao Takahashi, Akira Okaya und **Toru Ogawa,** *Über die Absorptionsspektren von $^{12}CH_2{}^{16}O$ bei den Wellenlängen 6 und 4 mm.* Unter Benutzung des Frequenzverstärkers leiteten die Vff. die zweiten u. dritten harmon. Wellen von der Fundamentalwelle des Klystrons 2 K 33 A her, dessen Wellenlänge 1,2 cm ist. Es wurden die Absorptions-

linien von $^{12}C^{16}O^{32}S$ ($I = 3 \rightarrow 4$; $\nu = 48651,64$ MHz; $\alpha = 4,4 \cdot 10^{-4}$ cm^{-1}) u. mehrere Linien von $^{12}CH_2{}^{16}O$ beobachtet. Von CH_2O wurden im mm-Bereich bisher nicht festgestellte Linien beobachtet. Außer der Linie entsprechend I_{K-1}, $K = 11_{2,10} \rightarrow 11_{2,9}$ ($\nu = 48600$ MHz; $\alpha = 8 \cdot 10^{-5}$ cm^{-1}) wurde im 6 mm-Gebiet die Linie $12_{2,11} \rightarrow 12_{2,10}$ u. im 4 mm-Bereich die Linie $19_{3,17} \rightarrow 19_{3,16}$ entdeckt. (Bull. Inst. chem. Res., Kyoto Univ. [Kagaku Kenkyusho Hokoku] **31.** 125. März 1953. Nozu Labor. [Orig.: engl.])
Gottfried. D 121

K. Lunde und **L. Zechmeister,** *Cis-trans-isomere 1.6-Diphenylhexatriene.* Vff. untersuchen die teilweise Umwandlung von gewöhnlichem (all-trans) *Diphenylhexatrien* (**I**) in ein Gemisch von cis-Stereoisomeren durch Belichtung, Jodkatalyse im Licht, Schmelzen oder durch Bldg. u. folgende Spaltung des BF_3-Komplexes (Zus. der erhaltenen Isomerengemische tabellar. wiedergegeben); Kochen im Dunkeln in n-Propanol bewirkt keine nennenswerte Umwandlung. Die Trennung des Stereoisomerengemischs erfolgt durch Chromatographie, ihre Erkennung auf Grund des unterschiedlichen Fluorescenzverh. im UV-Licht. Von den 5 möglichen cis-Isomeren werden 4 beobachtet, ihre Bezeichnung als cis-I_1 bis cis-I_4 erfolgt in der Reihenfolge abnehmender Adsorptionsaffinität, die Zuordnung zu den Skelettmodellen wird diskutiert. Die UV-Spektren von all-trans-**I** u. cis-I_1 bis cis-I_3 sind graph. wiedergegeben, die therm. u. photochem. Beständigkeit der einzelnen Isomeren wird beschrieben; am thermostabilsten ist all-trans-**I**. — (Die angegebene UV-Absorption ist sämtlich in Hexan gemessen.) *Diphenylhexatrien* (**I**), $C_{18}H_{14}$; *all-trans*-**I**, F. 203°, aus Zimtaldehyd über Hydrocinnamoin u. dessen Dibromid nach Kuhn u. Winterstein [1928], [λ_{max} (mμ)] 51, [$\varepsilon \cdot 10^{-4}$] 7,72; *cis*-$I_1$ [*3-Mono-cis*], F. 107°, 350, 5,15; *cis*-I_2 [*1-Mono-cis*], Öl, nicht krist. 337, 4,87; *cis*-I_3 [*1.3-Di-cis*], Öl, 334—335, 4,73; *cis*-I_4 sehr labil, Spektr. konnte infolge nicht zu entfernender Verunreinigungen nicht aufgenommen werden. (J. Amer. chem. Soc. **76.** 2308—13. 5/5. 1954. Pasadena, Calif., Inst. of Technol., Gates u. Crellin Labor.)
G. Winkler. D 123

G. T. Wright, *Fluorescenzcharakteristiken gemischter organischer Kristalle.* Der Anthracengeh. von Mischkristallen aus *Naphthalin* (**I**) u. *Anthracen* (**II**) wurde bestimmt durch Lösen der Mischkristalle in Bzl. u. Messung der Fluorescenz des **II** bei Bestrahlung mit Licht der Wellenlänge 3660 Å, das von **I** nicht absorbiert wird. An den Mischkristallen selbst wurden die Fluorescenzen von **I** u. **II** getrennt untersucht, u. zwar bei Bestrahlung sowohl mit Hg-2537 Å als auch mit 5 MeV α-Teilchen. Bei beiden Bestrahlungsarten ergaben sich die gleichen relativen Ausbeuten, u. zwar beginnt die Fluorescenz des **II** schon unterhalb 10^{-4} Mol-% **II** merklich zu werden. Aus dem Verlauf bei etwas höheren Konzz. ergibt sich, daß bei ca. 0,1 Mol-% **II** der Wert des reinen **II** erreicht wird, obwohl die Anregungsenergie prim. fast ausschließlich von **I** aufgenommen wird. Auf Grund einer einfachen Theorie des Energieübergangs werden die relativen Ausbeuten berechnet, wobei für Lebensdauer u. Quantenausbeute von **I** die Werte $3,5 \cdot 10^{-8}$ sec u. 0,7, von **II** die Werte $1,3 \cdot 10^{-8}$ sec u. 0,9 u. für die Energieübergangshäufigkeit $1,5 \cdot 10^{12}$ sec^{-1} zugrunde gelegt werden. Die Übereinstimmung mit dem Experiment ist gut. Die Abnahme der Fluorescenzintensitäten bei Bestrahlung über längere Zeiten wird erklärt durch die Erzeugung von Löschzentren im Kristall, zu denen die Anregungsenergie übergehen kann, die aber nicht, wie die Moll. von **II**, Strahlung emittieren. Die Berechnung ergab, daß pro absorbiertes α-Teilchen ca. $2 \cdot 10^4$ solche Löschzentren erzeugt werden. (Proc. physic. Soc., Sect. A **66.** 777—83. 1/9. 1953. Birmingham, Univ., Dep. of Phys.)
A. Weller. D 125

Jacques Collin, *Massenspektrometrische Untersuchung der Bindungsenergien in den aliphatischen Aminen.* (Vgl. C. **1954.** 4121.) Es wurden massenspektrometr. die Erscheinungspotentiale einer Reihe von Ionen gemessen, welche bes. geeignet für die Berechnung der C—N-Bindungsenergien in aliphat. Aminen sind. Untersucht wurden *Methyl-, Äthyl-, Propyl-* (**I**) u. *n-Butylamin,* wobei jedoch die Messungen an **I** nicht genügend sicher für weitere Berechnungen waren. Als Bezugsgas wurde Ar benutzt (Ionisationspotential 15,67 V). Die für verschied. m/e-Werte erhaltenen Werte der Erscheinungspotentiale sind tabellar. zusammengestellt. Aus diesen Werten, zusammen mit den bekannten Werten der Ionisationsenergien I von CH_3^+, $C_2H_5^+$ u. $C_4H_9^+$, wurden die folgenden Bindungsenergien D berechnet: D (CH_3—CH_2NH_2) $\leq 4,0 \pm 0,4$ V; D (CH_3—NH_2) $\leq 6,0$—$6,2 \pm 0,6$ V; D (C_2H_5—NH_2) $\leq 5,45 \pm 0,4$ V; D (C_4H_9—NH_2) $\leq 5,4 \pm 0,4$ V u. D (NH_2CH_2—H) $\leq 4,5 \pm 0,4$ V. Es werden außerdem noch die beiden folgenden I-Werte (für Äthylamin) angegeben: I (CH_2NH_2) $\leq 5,85 \pm 0,5$ V u. I (NH_2) $\leq 11,35 \pm 0,4$ V. (Bull. Soc. roy. Sci. Liège **20.** 707—10. Dez. 1951. Liège, Univ., Labor. de Spectrometrie de masse.)
Gottfried. D 131

Helmer Kofod, *Die anomalen elektrischen Dipolmomente der p-Chinone.* Das Dipolmoment von *2.5-Di-tert.-butyl-1.4-benzochinon* (**I**) wird in benzol. Lsg. ohne besondere

Berücksichtigung der Atomverschiebungspolarisation bestimmt zu 0,81 ± 0,03 D. Dieser mit plansymm. Gestalt nicht verträgliche Befund wird in Vgl. mit anderen p-Chinonen dahin verstanden, daß das gemessene Moment durch große Atomverschiebungspolarisation vorgetäuscht sei. **I**, F. 150—151° (Bzl.), durch Alkylierung von Hydrochinon mit Isobutanol in Oleum u. Oxydation des gebildeten Hydrochinons mit HNO_3 (1 : 3). (Acta chem. scand. **7**. 928—32. 1953. Oxford, Phys. Chem. Labor. u. Magdalen Coll.) K. L. Wolf. D 132

C. Kikuchi und **V. W. Cohen**, *Paramagnetische Resonanzabsorption von Carbazyl und Hydrazyl.* Die paramagnet. Resonanzspektren von Carbazyl- u. Hydrazylkristallen zeigen Anisotropien, welche in Beziehung zu stehen scheinen mit der mkr. magnet. Susceptibilität innerhalb der Moll. in der Nachbarschaft des unpaarigen Elektrons. Dies führt zu einer Asymmetrie der Absorptionslinie einer polykristallinen Probe. Die Hyperfeinstrukturen der beiden Radikale in einer Benzollsg. zeigen, daß beim Carbazyl die zwei N-Atome nichtäquivalent sind. (Physic. Rev. [2] **93**. 394—99. 1/2. 1954. Upton, N. Y., Brookhaven Nat. Labor., East Lansing, Mich., Michigan State Coll.) v. Harlem. D 137

A. C. Chatterji und **A. N. Bose**, *Die Abhängigkeit der spezifischen Leitfähigkeit von der Konzentration bei schwachen Elektrolyten in nichtwässerigen Lösungsmitteln.* Bei der Best. der spezif. Leitfähigkeit μ verschied. schwacher organ. Säuren in Aceton (**I**), Methyl- (**II**), Propyl- (**III**) u. n-Butylalkohol (**IV**) im Konzentrationsgebiet bis 100 g/100 g Lösungsm. wurde bei Lsgg. von *Oxalsäure* (**IV**) oder *Phthalsäure* (**V**) in **III** eine lineare Abhängigkeit von μ von der Konz. gefunden, in anderen Fällen, z. B. Lsgg. von *Benzoesäure* (**VI**) in **I** u. **III**, oder *o-Aminobenzoesäure* (**VII**) in **IV** geht die μ–c-Kurve durch ein Maximum. Dies tritt dann auf, wenn die relative Zunahme der Viscosität mit der Konz. die von μ übersteigt. Außer den obigen Beispielen wurden untersucht in **I**: *Salicylsäure* (**VIII**), *o-* (**IX**) u. *m-* (**X**)-*Nitrobenzoesäure*, **IV**, **V** u. **VII** sowie *Bernsteinsäure* (**XI**); in **II**: **V**, **VI**, **VII**, **VIII**, **IX** u. **X** sowie *Zimtsäure* (**XII**), in **III**: **X**, **XI** u. **XII**; in **IV**: **V**, **VIII**, **IX** u. **XI**. (J. Indian chem. Soc. **27**. 140—43. März 1950. Lucknow, Univ., Chem. Labors.) Gabriele Günther. D 138

A. C. Chatterji und **A. N. Bose**, *Die Temperaturabhängigkeit der spezifischen Leitfähigkeit bei nichtwässerigen Lösungen schwacher Elektrolyte.* (Vgl. vorst. Ref.) Die Temperaturabhängigkeit der spezif. Leitfähigkeit μ einiger organ. Säuren in Aceton, Methyl-, Propyl- u. n-Butylalkohol wurde bestimmt. Nur für niedrigviscose Lsgg. in **II** (Bezifferungen vgl. vorst. Ref.) u. gutleitende Lsgg. in **III** u. **I** ist die Waldensche Gleichung erfüllt, in allen anderen Fällen gilt die Kohlrauschsche Gleichung. Die Leitfähigkeit substituierter Benzoesäuren nimmt ab in der Reihe der Substituenten: $NH_2 > NO_2 > OH$. Untersucht wurden die in vorst. Ref. genannten Systeme außer **IV** in **III**, außerdem die Lsgg. von **XII** in **IV**. (J. Indian chem. Soc. **27**. 144—48. März 1950.) Gabriele Günther. D 138

J. H. Baxendale und **H. R. Hardy**, *Die Ionisationskonstanten einiger Hydrochinone.* Die ersten u. zweiten Ionisationskonstanten von *Benzohydrochinon* (**I**), *Toluhydrochinon* (**II**), *Durohydrochinon* (**III**), *2.6-Dichlorhydrochinon* (**IV**) u. *1.4-Naphthohydrochinon* (**V**) wurden bei 3 Tempp. u. einer Ionenstärke von 0,65 bestimmt. Das Absorptionsspektr. der nichtionisierten u. die Spektren der 2 ionisierten Formen werden mitgeteilt. Einzelergebnisse: **I**: $K_1 \cdot 10^{11}$ 10,6 (13,2°), 12,2 (18,7°), 14,1 (25,0°); $K_2 \cdot 10^{13}$ 32,0 (13,2°), 36,5 (19,6°), 40,5 (25,9°); ΔH_1 [kcal/Mol] 3,8; $-\Delta S_1$ [cal/Mol·Grad] 32; ΔH_2 3,0; $-\Delta S_2$ 42. — **II**: $K_1 \cdot 10^{11}$ 6,3 (13,1°), 7,9 (20,1°), 8,9 (25,1°); $K_2 \cdot 10^{13}$ 18,9 (13,2°), 21,3 (19,6°), 23,8 (25,9°); ΔH_1 5,0; $-\Delta S_1$ 29; ΔH_2 3,3; $-\Delta S_2$ 42. — **IV**: $K_1 \cdot 10^{11}$ 4200,0 (13,6°), 4600,0 (20,2°), 5000,0 (26,1°); $K_2 \cdot 10^{13}$ 690,0 (12,7°), 870,0 (19,4°), 1030,0 (25,1°); ΔH_1 2,3; $-\Delta S_1$ 26; ΔH_2 5,1; $-\Delta S_2$ 29. — **V**: $K_1 \cdot 10^{11}$ 26,5 (13,8°), 33,5 (19,9°), 43,0 (26,4°); $K_2 \cdot 10^{13}$ 77,0 (13,9°), 96,0 (20,1°), 117,0 (26,6°); ΔH 6,2; $-\Delta S_1$ 22; ΔH_2 5,5; $-\Delta S_2$ 32. — **III**: $K_1 \cdot 10^{11}$ 0,31 (12,1°), 0,45 (18,8°), 0,56 (25,0°); $K_2 \cdot 10^{13}$ 0,67 (14,9°), 1,31 (22,5°), 1,98 (29,8°); ΔH_1 7,8; $-\Delta S_1$ 25; ΔH_2 12,6; $-\Delta S_2$ 17. — Absorptionskoeffizienten: **I**: [$QH_2 \cdot \lambda_{max}$ (mμ)] 288, [$\varepsilon \cdot 10^{-3}$ Liter·cm^{-1})] 2,30; [QH^-] 307, 2,75; [Q^{2-}] 319, 3,15. — **II**: 289, 2,70; 307, 3,20; 317, 3,70. — **III**: 283, 2,15; 302, 3,70; 317, 4,95. — **IV**: 294, 3,50; 314, 5,15; 333, 5,70. — **V**: 322, 5,25; 346, 5,70; 363, 6,05. (Trans. Faraday Soc. **49**. 1140—44. Okt. 1953. Manchester, Univ., Chem. Dep.) Minsinger. D 139

Nelson J. Leonard, **H. A. Laitinen** und **Edward H. Mottus**, *Das Verhalten von 1.2-Diketonen an der Hg-Tropfelektrode.* Für die Halbstufenpotentiale gegen die NCE ($E_{1/2}$) bei der Red. an der Hg-Tropfelektrode wurden für eine Reihe von Diketonen folgende Werte gefunden: *Diacetyl* (bei p_H 5,6) 0,81 V, *Dibutyryl* (p_H 5,6) 0,83 V; *Diisobutyryl* (p_H 5,6) 0,88 V, *Dipivaloyl* (p_H 5,6) 1,27 V; *Campherchinon* (p_H 3,5)

0,68 V, (p_H 5,6) 0,76 V, (p_H 12) 1,0 V; *3.3.6.6-Tetramethylcyclohexandion-(1.2)* (p_H 5,6) 0,71 V, *3.3.7.7-Tetramethylcycloheptandion-(1.2)* (p_H 5,6) 1,13 V, *3.3.8.8-Tetramethylcyclooctandion-(1.2)* keine Red., *3.3.18.18-Tetramethylcyclooctadecandion-(1.2)* (p_H 5,6) 1,21 V. — $E_{1/2}$ sinkt bei den acycl. Diketonen auf negativere Werte ab, wenn der Grad der Alkylsubstitution am α-C-Atom ansteigt. Die Ursache hierfür wird in einer ster. Hinderung der ebenen trans-Lage u. damit einer wachsenden Abschirmung des Dicarbonylsyst. von der Elektrode gesehen. Die $E_{1/2}$-Werte der cycl. Diketone sind abhängig davon, inwieweit Ringgröße u. α-Methylgruppe eine ebene Lsg. des Dicarbonylsyst. erlauben. — Die UV- u. Infrarotabsorptionsmaxima der acycl. Ketone wurden gemessen u., soweit dies möglich ist, mit den polarograph. Messungen in Beziehung gebracht. (J. Amer. chem. Soc. **75.** 3300—03. 20/7. 1953. Urbana, Ill., Univ., Noyes Chem. Labor.) GABRIELE GÜNTHER. D 142

George D. Oliver, J. W. Grisard und **C. W. Cunningham,** *Thermodynamische Eigenschaften und P-V-T-Beziehungen von Chlortrifluoräthylen.* Im Zusammenhang mit Arbeiten über den Kunststoff Fluorothen (FREY u. Mitarbeiter, C. **1951. I.** 2511 u. REYSEN u. GIBSON, C. **1951.** I. 3427) untersuchten Vff. einige Eigg. der reinen monomeren Ausgangssubstanz *Chlortrifluoräthylen.* Die Wärmekapazität wurde von 16—244,80° K (Kp.) bestimmt; die Schmelzwärme ergab sich im Tripelpunkt bei 115,00 ±0,05° K zu 1327,1 ±1,3 cal/Mol; die Dampfdruckmessungen im Bereich von —67 bis —11° mit Drucken bis zu 2 at können durch die Gleichung $\log p_{mm} = 6,90199 - 859,649/(t + 239,91)$ wiedergegeben werden. Die Siededruckkurve zwischen 25° u. der krit. Temp. läßt sich durch $\log p_{mm} = 7,75412 - 1392,82/(t + 319,70)$ darstellen. Die Verdampfungswärme am Kp. (—28,36 ±0,05°) wurde zu 4965 cal/Mol berechnet. Für die Entropie des fl. Zustandes bzw. idealen Gaszustandes im Kp. errechneten Vff. die Werte 52,74 ±0,10 bzw. 73,18 cal/Grad·Mol. Ein P-V-T-Diagramm mit 5 Isothermen zwischen 25° u. dem krit. Punkt wurde aufgenommen. Die krit. Konstanten ergaben sich zu t_c = 105,8°, p_c = 40,1 at u. d_c = 0,55 g/ml. (J. Amer. chem. Soc. **73.** 5719—22. Dez. 1951. Oak Ridge, Tenn., Union Carbide and Carbon Corp., Carbide and Carbon Chem. Div., K-25 Plant, Res. Labor.) KARUTZ. D 146

E. T. J. Fuge, S. T. Bowden und **W. J. Jones,** *Einige physikalische Eigenschaften von Diacetonalkohol, Mesityloxyd und Methylisobutylketon.* D., Brechungsindex, Dampfdruck u. Oberflächenspannung von *Diacetonalkohol* (**I**), *Mesityloxyd* (**II**) u. *Methylisobutylketon* (**III**) wurden bei verschied. Tempp. zwischen Raumtemp. u. 120° bzw. Kp. gemessen u. die Temperaturfunktionen für D. (D. = a — bt — ct², **I** [a =] 0,9562, [b =] 0,000875, [c =] 0,00000038; **II** 0,8772; 0,000943; 0,00000028; **III** 0,8189; 0,000900; 0,00000038) u. Dampfdruck [$\log_{10}$ p für **I** 8,5552 — 2482,93/(273,1 + t); für **II** 28,7503 — 6,9350 $\log_{10}$ (273,1 + t) — 3144,43/(273,1 + t); für **III** 31,1616 — 7,701 $\log_{10}$ (273,1 + t) — 3173,11/(273,1 + t)] aufgestellt sowie die Verdampfungswärmen errechnet; Mol.-Refr. u. Parachor zeigen gute Übereinstimmung mit den aus den Standardkonstanten errechneten Werten. Die Löslichkeiten einiger Alkali- u. Erdalkalihalogenide in den drei Verbb. bei verschied. Tempp. wurden ermittelt, Löslichkeitsfunktionen für LiCl, LiBr, $CaBr_2$, $SrBr_2$, SrJ_2 aufgestellt u. die Zus. der Bodenkörper bestimmt. Folgende Additionsverbb. werden angegeben: LiCl·**I**, LiBr·2 **I**, $CaBr_2$·4 **I**, $SrBr_2$·4 **I**, LiBr·**II**, $CaBr_2$·3 **II**, $SrBr_2$·2 **II**, SrJ_2·4 **II**, $CaBr_2$·2 **III**, SrJ_2·2 **III**. (J. physic. Chem. **56.** 1013—16. Nov. 1952. Cardiff, Univ. Coll., Dep. of Chem.) LOHAUS. D 148

N. Koslow, *Molekularstruktur und Siedetemperaturen organischer Verbindungen.* 6. Mitt. *Siedetemperatur von Aldehyden und Ketonen der Fettreihe.* (5. vgl. C. **1954. 9253.**) Der Kp. der *Aldehyde* u. *Ketone* der *aliphat. Reihe* läßt sich mittels der Formel $T = T' - (n_A \cdot A + n_B \cdot B + n_C \cdot C + \cdots)$ berechnen; T ist hierbei der gesuchte Kp., T′ der Kp. des entsprechenden Aldehyds gleicher C-Atom-Anzahl mit n. Kette bzw. des entsprechenden Ketons gleicher C-Atom-Anzahl mit 2-Stellung der CO-Gruppe u. n. Kette; A, B, C usw. sind Strukturfaktoren bzw. Faktoren, die die Wechselwirkungen der einzelnen Substituenten aufeinander berücksichtigen, n_A, n_B, n_C usw. ganze Zahlen, die angeben, wievielmal sich eine bestimmte Struktur oder eine bestimmte Stellung der Substituenten zueinander im Mol. wiederholt. Die Faktoren sind bei Vorliegen der Gruppierung Strukturfaktoren: CH_3CO: 0°, CH_3CH_2CO: 2°, CH_3CH_2CO u. mit weiterer Entfernung der CO-Gruppe vom Anfang der Kette gleichbleibend: 4°, $-COCH\cdot(CH_3)-$: 10°, $-COCH_2CH(CH_3)-$: 9°, $-COCH_2CH_2CH(CH_3)-$: 7°, $-COC(CH_3)_2-$: 20°, $-COCH_2C(CH_3)_2-$ usw. gleichbleibend: 18°. Es werden die Kpp. einer größeren Anzahl gesätt. aliphat. Aldehyde u. Ketone berechnet u. mit den Literaturangaben verglichen; die Übereinstimmung ist im allg. zufriedenstellend; wo Unterschiede vorkommen, könnten die Literaturangaben fehlerhaft sein. (Журнал Общей Химии [J. allg. Chem.] **20** (**82**). 1621—25. Sept. 1950.) H. v. PEZOLD. D 150

M. Vanpée und **G. Fally,** *Der Entzündungsbereich des Methans bei niedrigen Drucken.* Den Explosionen von *Methan/O_2*-Gemischen gehen bei niedrigen Drucken, das heißt unter 40 cm Hg, beträchtliche Induktionszeiten voraus, während derer sich CO bildet. Vff. bestimmten die Entzündungsgrenzen (Ez.) durch Verss., bei denen sie die CH_4/O_2-Gemische mit mindestens 63% O_2-Geh. sehr schnell in leergepumpte Reaktionsgefäße aus Quarz einleiteten u. mit automat. Temperaturregulierung von außen heizten. Beim Auftragen der Kurven (Druck gegen Temp.) für Ez. ergibt sich allg. ein S-förmiger Verlauf. Zugabe von N_2 hat die gleiche Wrkg. wie Konzentrationserniedrigung. Die chem. Analyse zeigte, daß während der Induktionsperiode CH_4 einer langsamen Verbrennung unterliegt, in der H_2, CO u. H_2O entstehen. Unmittelbar vor der Entzündung ergab sich für das Gemisch $CH_4 + 2\ O_2$ folgende Zus.: 2,9% H_2; 3,7% CH_4; 0,5% C_2H_6; 14,8% CO; 9,9% CO_2; 17,8% O_2 u. 50,2% H_2O, ein Beweis, daß die Ez. im wesentlichen durch den Geh. an CO bestimmt wird. Die durch den S-förmigen Kurvenverlauf zu einer gegebenen Temp. bedingten drei Drucke für die Ez. wurden bei Mischungen mit weniger als 63% O_2 nicht beobachtet, hier ergab sich für die Ez. nur ein Druck. Der Entzündungsmechanismus von $2\ H_2 + O_2$-Gemischen ist der gleiche wie bei $CH_4 + O_2$-Gemischen. Sowohl hier wie bei $2\ H_2 + O_2 + 0{,}33\ CH_4$ verhält sich CH_4 in der Induktionsperiode wie ein Inhibitor. An Hand umfangreichen Tabellen- u. Kurvenmaterials diskutieren Vff. eingehend den Reaktionsmechanismus der CH_4-Verbrennung. (Ann. Mines Belgique **51.** 173—95. 1952.)
ROEDER. D 157

G. W. Thiessen und **George Cypher,** *Molekulargewichte aus Oberflächenspannungsmessungen ohne Gleichgewichtseinstellung.* Vff. beschreiben eine einfach herzustellende App., die zur Messung von Oberflächenspannungen geeignet ist. Es wird eine Gleichung abgeleitet, die der funktionalen Abhängigkeit der Oberflächenspannung von der capillaren Steighöhe weitgehend analog ist. Durch Anwendung einer Differenzmeth. läßt sich bei den Messungen außer der Oberflächenspannung auch die D. messen. Ist außerdem noch der Kp. der betreffenden Substanz bekannt, so kann man durch Anwendung der RAMSAY- u. SHIELDschen Modifikation der EÖTVÖSschen Gleichung unmittelbar das Mol.-Gew. im fl. Zustand messen. Eine vorteilhafte Anwendungsmöglichkeit dieser Meth. bietet die organ. Chemie. Die Gleichung wurde an folgenden Substanzen geprüft: *Essigsäure, Isovaleriansäure, Caprylsäure, Heptylsäure, Undecylsäure, Methanol, Ae., Cyclohexanol, n-Octanol, Octanol-(2), Benzylalkohol, Anisol, Phenetol, Aceton, Methylpropylketon, Äthylpropylketon, Methylbutylketon, Methylhexylketon, Trimethyläthylen, Isopentan, Cyclohexan, n-Hexan, n-Octan, Diisoamyl, Bzl., Toluol, Styrol, Äthylbenzol, o-Xylol, p-Xylol, Mesitylen, p-Cymol, Tetrachlorkohlenstoff, Chlf., Bromoform, Methylenchlorid, Äthylentetrachlorid, Äthylbromid, Äthyljodid, 1.2.3-Tribrompropan, Isobutylchlorid, tert.-Butylchlorid, Isoamylchlorid, Brombenzol, Chlorbenzol, Jodbenzol, α-Bromnaphthalin, α-Chlornaphthalin, Nitrobenzol, o-Nitrotoluol, Nitromethan, Anilin, Diisobutylamin, Dipropylamin, Butyronitril, Isovaleriansäurenitril, Phthalsäurediäthylester, Nonylsäureäthylester, Dihydrozimtsäureäthylester, Schwefelkohlenstoff, Äthylmercaptan, Phenylisothiocyanat, Chloraceton* u. *1.1-Dichloraceton.* Im Durchschnitt liegt die Fehlerbreite bei ca. 10%, maximal treten jedoch Fehler bis zu 100% auf. Vor Anwendung der Meth. ist Kenntnis der Funktionsklasse der zu untersuchenden Verb. nötig; bei Säuren u. bei Alkoholen mit Kp. $<100^0$ ist die Meth. nicht anwendbar. Für die übrigen Substanzen sind Korrekturen (empir. festgelegt) anzubringen. (Trans. Illinois State Acad. Sci. **44.** 58—64. Mai 1951. Monmouth, Monmouth Coll.)
DREYER. D 166

Horace M. Tenney und **Frances E. Sturgis,** *Trennbarkeit von Kohlenwasserstoffen durch Elutionschromatographie.* Als Maß für die chromatograph. Adsorbier- u. Trennbarkeit definieren Vff. den Erscheinungsfaktor („appearance factor") als dasjenige Effluentvol., bei dem die Adsorptionsfront gerade die Säule durchwandert hat, dividiert durch das reine Eigenvol. des Adsorbens, u. den Auswaschfaktor („disappearance factor") als die zum 98%ig. Auswaschen erforderliche Entwicklermenge, dividiert durch das reine Eigenvol. des Adsorbens. Diese Faktoren wurden an Silicagel, aktiviertem Al_2O_3, Aktivkohle u. Mischungen von Silicagel mit Al_2O_3 u. MgO durch infrarotspektroskop. Unters. des Eluats für nachst. KW-stoffe bestimmt: *n-Heptan, Dimethylpentan, Hexen-(1), Hexadecen-(1), 2.4.4-Trimethylpenten-(1), 2.4.4-Trimethylpenten-(2), 2-Äthylhexen-(1), trans-Octen-(4), 2.3-Dimethylbuten-(2), 2-Methylpenten-(1), 4-Methylpenten-(2), 2.2-Dimethylpentan, Cyclohexen, 4-Äthylcyclohexen, Methylcyclohexan, 1.1-Dimethylcyclopentan, trans-1.2-Dimethylcyclopentan, 1.5-Hexadien, 2-Methylpentadien-(1.3), Cyclohexadien-(1.3)* u. *-(1.4), 1-Vinylcyclohexen-(3), Bzl., Toluol, o-, m-* u. *p-Xylol, Äthylbenzol, n-Butylbenzol, tert.-Butylbenzol, n-Decylbenzol, Styrol, Inden,*

Hydrinden, Tetralin, Naphthalin, 1- u. *2-Methylnaphthalin, Dimethylnaphthalin* (Isomerengemisch), *Hexin-(1), Chlf.*, CH_2Cl_2 u. CCl_4. Die E- u. A-Faktoren sind abhängig vom Verhältnis Adsorbens/Adsorptiv, aber relativ unabhängig von der Dimension der Säule, der Teilchengröße u. der Fließgeschwindigkeit. Die Faktoren reiner KW-stoffe liegen höher als die aus Gemischen erhaltenen. Als Entwickler wurden neben n-Heptan noch n-Pentan, Chlf. u. CCl_4 untersucht. An Silicagel trennbar sind auf Grund der Verschiedenheit ihrer E- u. A-Faktoren die Gruppen: Mono/Diolefine, Monoolefine/Aromaten, teilweise acycl./cycl. Monoolefine u. bicycl./monocycl. Aromaten. Nicht trennbar sind Aromaten/Diolefine. An Al_2O_3 ist eine Trennung Alkylbenzole/Naphthalinderivv. u. an Aktivkohle teilweise die von n-Paraffinen/anderen gesätt. KW-stoffen mit Aceton oder Methanol möglich. (Analytic. Chem. **26.** 946—53. 21/6. 1954. Baton Rouge, La., Esso Standard Oil Co.) MOISAR. D 176

Georg-Maria Schwab und **Jürgen Voitländer,** *Zur Parawasserstoffumwandlung durch Biradikale.* Im Gegensatz zu Beobachtungen von MÜLLER (Fortschr. chem. Forsch. **1.** [1949.] 325) wurden bei dem aus „*2.6.2'.6'-Tetrachlor-4.4'-bis-diphenylmethyl-dichlorid*" (F. 294—296°) gewonnenen Biradikal $(C_6H_5 \cdot C_6H_4)_2\dot{C} \cdot C_6H_2Cl_2 \cdot C_6H_2Cl_2 \cdot \dot{C}(C_6H_4 \cdot C_6H_5)_2$ festgestellt, daß dieses eine doppelt so große Umwandlungskonstante für Parawasserstoff besitzt wie ein Monoradikal. Die Parawasserstoffmeth. erlaubt demnach tatsächlich die getrennte Messung von getrennten Radikalstellen. Der nach dieser Meth. ermittelte Radikalgeh. stimmt mit dem magnet. gemessenen in diesem Fall überein, in dem das Biradikal nicht eben sein kann. (Naturwissenschaften **40.** 439. Aug. 1953. München, Univ., Phys. Chem. Inst.) LOHAUS. D 182

D. Crowfoot Hodgkin und **D. J. Pitt,** *Kristallographie. Organische Verbindungen.* An Hand der vorliegenden Literatur geben die Vff. einen zusammenhängenden Überblick über Unterss. zur Struktur organ. Verbb. aus den Jahren 1947—1950. — 208 Literaturhinweise. (Annu. Rep. Progr. Chem. **47 (1950).** 432—69. 1951.) GOTTFRIED. D 195

E. G. Cox und **J. A. S. Smith,** *Kristallstruktur von Benzol bei −3°.* In Fortsetzung einer früheren vorläufigen Unters. von COX (Proc. Roy. Soc., [London], Ser. A **135.** [1932.] 491) über die Struktur des *Bzl.* (I) bei −22° legten die Vff. durch neuere Unterss. bei −3° die Struktur des festen I fest. Die rhomb. Elementarzelle hat die Dimensionen $a = 7{,}46_0$ Å; $b = 9{,}66_6$ Å; $c = 7{,}03_4$ Å; Raumgruppe ist Pbca; Z = 4. Da die Moll. zentrosymm. sind, wurden aus der genauen Strukturanalyse drei unabhängige C—C-Abstände u. 3 Valenzwinkel erhalten. Der mittlere C—C-Abstand beträgt 1,378 Å; die 3 Valenzwinkel sind 119°28'; 120°49' u. 119°42'. Die beste Ebene durch das Mol. hat die Gleichung $0{,}7109\,x + 0{,}2229\,y + 0{,}6671\,z = 0$, wobei der Ursprung in dem Symmetriezentrum liegt u. x, y, u. z in Å angegeben sind. Die senkrechten Abstände der C-Atome von dieser Ebene sind $C_1 = -0{,}0015$ Å; $C_2 = +0{,}0015$ u. $C_3 = -0{,}0015$ Å. Das Mol. ist demnach vollkommen eben. Die Normale zu der Mol.-Ebene bildet mit der b-Achse einen Winkel von 77° u. mit der c-Achse einen Winkel von 48°. (Nature [London] **173.** 75. 9/1. 1954. Leeds, Univ., Dep. of Inorg. and Structural Chem.) GOTTFRIED. D 195

P. J. Schapiro und **J. L. Hoard,** *Röntgenstrahluntersuchungen von drei kristallinen Fluorkohlenstoffen mit Rotationsunordnung.* Die Röntgenstrahlunterss. des *1.2.3.4-Tetrachlortetrafluorcyclobutans* (I), des *Tricyclooctanderiv.* $C_8Cl_4F_8$ (II; *1.2.5.6-Tetrachloroktafluortricyclo-[4.2.0.0$^{2.5}$]-octan*) u. des *Perfluorbicyclo-[2.2.0]-hexans* C_6F_{10} (III) zeigen, daß bei allen drei Verbb. Molekülrotation in der krist. Phase bis unterhalb des F. existiert, die jedoch nicht gänzlich frei sein kann. Die Elementarzelle von I ist raumzentriert kub. mit $a = 7{,}95 \pm 0{,}10$ Å u. enthält zwei Moll.; berechnete D. 1,75; Symmetrieklasse O_h—m3m. II ist flächenzentriert kub. mit $a = 11{,}07 \pm 0{,}10$ Å u. enthält 4 Moll.; berechnete D. 1,92; Symmetrieklasse m3m. Die Elementarzelle von III ist hexagonal mit $a = 6{,}95 \pm 0{,}10$ Å, $c = 11{,}2 \pm 0{,}10$ u. enthält 2 Moll.; berechnete D. 1,86; Symmetrieklasse 6/mmm. — Das *Perfluortricyclooctan* C_8F_{12} zeigt keine Rotationsunordnung im Kristall. (J. Amer. chem. Soc. **76.** 3347—48. 20/6. 1954. Ithaca, N. Y., Cornell Univ., Baker Labor. of Chem.) FORCHE. D 195

E. J. Bourne, J. E. B. Randles, M. Stacey, J. C. Tatlow und **J. M. Tedder,** *Untersuchungen an Trifluoressigsäure.* 10. Mitt. *Die Reaktionsmechanismen der mit Lösungen von Oxysäuren in Trifluoressigsäureanhydrid durchgeführten Synthesen.* (9. vgl. RANDLES, TATLOW u. TEDDER, C. **1954.** 5261.) Vff. geben eine Deutung des Reaktionsverlaufes bei den mit Mischungen von Trifluoressigsäureanhydrid (I) u. Oxysäuren eintretenden Umsetzungen (vgl. C. **1950.** II. 520; **1951.** II. 2448; **1952.** 5876; **1953.** 5482. 8331). Auf Grund von spektroskop., kryoskop., konduktometr. u. chem. Unterss. wird angenommen, daß sich beim Lösen einer Carbonsäure in I die nachst.

Gleichgewichte einstellen: $RCOOH + (CF_3-CO)_2O \rightleftharpoons RCO-O-CO-CF_3 + CF_3-COOH$, $RCO-O-CO-CF_3 + RCOOH \rightleftharpoons (RCO)_2O + CF_3-COOH$ u. $(RCO)_2O + (CF_3-CO)_2O \rightleftharpoons 2RCO-O-CO-CF_3$. Das asymm. Anhydrid $RCO-O-CO-CF_3$ ist zu einem geringen Teil in das Acylkation RCO^+ u. das Trifluoracetatanion CF_3-COO^- ionisiert. Das Acylkation ist trotz seiner geringen Konz. als das eigentliche Acylierungsmittel anzusehen. In ähnlicher Weise lassen sich die Rkk. mit anorgan. Oxysäuren in **I** erklären. (J. Amer. chem. Soc. **76.** 3206—08. 20/6. 1954. Birmingham, England, Univ., Chem. Dep.) FORCHE. D 221

Giorgio Peyronel (unter Mitarbeit von **Corrado Venosta**), *Die polarimetrischen und densimetrischen Oberflächen der Systeme d-Na_2T–NaOH–H_2O und d-K_2T–KOH–H_2O.* (Vgl. C. **1950.** II. 2048. 2049. **1954.** 1916.) Zur Dichtebest. der alkal. Tartratlsgg. genügt die Best. des Vol. im Vgl. mit der durch die Einwaage gegebenen Zus. in Reagensgläsern mit 0,1 cm^3-Graduierung. Die tabellar. u. graph. mitgeteilten Werte des Drehvermögens $[\alpha]_D^{18}$ u. der reziproken D. ergeben im Syst. mit dem K-Salz eine über ein weites Gebiet ausgedehnte lineare Abnahme des $[\alpha]$ bis zum Minimalwert -1^0 ohne Haltepunkt, im Syst. mit dem Na-Salz zuerst ebenfalls fast lineare Kurven bis zu einem Minimum von -25^0, dann wieder Anstieg auf -21^0. Das unterschiedliche Verh. von K- u. Na-Syst. läßt sich damit erklären, daß im ersten nur eine Additionsverb., also nur ein Gleichgewicht vorliegt, im letzten zwei Gleichgewichte, entsprechend den hier möglichen zwei Additionsverbb., nämlich im K-Syst. nur $K_2T \cdot KOH \cdot 1\frac{1}{2}H_2O$, im Na-Syst. $Na_2T \cdot NaOH \cdot 3H_2O$ u. $Na_2T \cdot 1^1/_3NaOH$. (Gazz. chim. ital. **81.** 933—44. Nov./Dez. 1951. Mailand, Univ., Ist. di Chim. gen. e inorgan.) R. K. MÜLLER. D 221

L. Saroléa-Mathot, *Thermodynamische und spektroskopische Eigenschaften von assoziierten Lösungen.* 3. Mitt. (2. vgl. PRIGOGINE u. Mitarbeiter, Bull. Soc. chim. belges **58.** [1949.] 547.) Unter Berücksichtigung der beiden hauptsächlichsten Assoziationseffekte, 1. Wärmeentw. u. 2. Abnahme der Zahl der möglichen Orientierungen der assoziierten Moll., wird eine statist. Theorie der assoziierten Lsgg. entwickelt. Die Theorie wird zunächst auf die Assoziation eines gelösten Mol. mit dem Solvens u. dann auf Alkohole angewandt. Sie sagt das experimentell beobachtete Verh. von „ungehinderten“ Alkoholen voraus, für die die Assoziationskonstante der Monomeren zu Dimeren kleiner ist als jene für Komplexe höherer Ordnung. Die Überschuß-Freie-Energie u. Überschußenthalpie, die von diesem Modell u. von spektroskop. Daten abgeleitet wurden, stehen für das Syst. $CH_3OH + CCl_4$ in guter Übereinstimmung mit den von SCATCHARD u. Mitarbeitern (J. Amer. chem. Soc. **68.** [1946.] 1962) experimentell gefundenen Werten, ohne daß irgendein willkürlicher Parameter eingeführt werden mußte. (Trans. Faraday Soc. **49.** 8—20. Jan. 1953. Bruxelles, Univ. Libre, Fac. des Sci.) L. FISCHER. D 223

Mansel Davies und **D. M. L. Griffiths,** *Die Löslichkeit von Dicarbonsäuren in Benzol und in Wasser.* Es wurden die Löslichkeiten der geradzahligen Dicarbonsäuren *Bernsteinsäure, Adipinsäure, Korksäure, Sebacinsäure, Dodecandicarbonsäure* u. *Tetradecandicarbonsäure* in Bzl. zwischen 30 u. 65° u. in W. zwischen 10 u. 65° gemessen. Die mol. Löslichkeit in Bzl. wächst mit zunehmender Temp. u. steigender C-Zahl; in W. wird sie gleichfalls mit zunehmender Temp. größer, fällt jedoch mit steigender C-Zahl. Aus den Meßwerten wurden die Lösungswärmen u. -entropien berechnet. Für die benzol. Lsgg. sind ΔH u. ΔS bis C_{10} additiv. Die höheren Säuren u. sämtliche wss. Lsgg. zeigen deutliche Abweichungen; wahrscheinlich auf Grund der nicht idealen Mischungsentropie. (Trans. Faraday Soc. **49.** 1405—10. Dez. 1953. Abersystwyth, Univ. Coll., Edward Davies Chem. Labor.) GEISELER. D 224

Donald J. Cram, Fathy Ahmed Abd Elhafez und **Harold Weingartner,** *Untersuchungen über Stereochemie.* 18. Mitt. *Die Darstellung, Spaltung und Konfigurationszuordnung des 4-Phenylhexanol-(3)-Systems.* (17. vgl. C. **1954.** 6696.) Aus 4-Phenylhexanon-(3) entstanden mit $LiAlH_4$ *erythro-* (**Ia**) u. *threo-4-Phenylhexanol-(3)* (**Ib**) im Verhältnis 1:3, während aus 2-Phenylbutyraldehyd mit C_2H_5MgBr **Ia** u. **Ib** im Verhältnis 3:1 gebildet wurden. Die Konfigurationsermittlung von **Ia** u. **Ib** wurde durch Überführung ihrer Tosylate mit $NaOC_2H_5$ in *cis-* (**IIa**) bzw. *trans-3-Phenylhexen-(3)* (**IIb**) erreicht, bei diesen Rkk. entstand daneben *4-Phenylhexen-(2)*. **IIa** u. **IIb** wurden durch ihre UV-Absorptionsspektren (in Cyclohexanlsg. angegeben von 220—265 mμ; **IIa** λ_{max} 242 mμ; $\varepsilon = 4700$; **IIb** 228; 3720) identifiziert. Vff. sehen in den Ergebnissen eine Bestätigung ihrer „Regel des ster. Einflusses auf die asymm. Einführungen“ (vgl. C. **1954.** 2788). Rac. **I** wurden über die Strychninsalze der sauren Phthalester gespalten, Verss. mit Brucin, Cinchonin u. Cinchonidin schlugen fehl. Zur Ermittlung der opt. Konfiguration wurden die Tosylate von (—)-**Ia** u. (—)-**Ib** mit $LiAlH_4$ in Ae. behandelt. Das nach Entfernung von Olefinen erhaltene *3-Phenylhexan* war in beiden Fällen linksdrehend. Durch Analogieschluß bzgl. der opt. Konfiguration von 3-Phenylbutan u. 2-Phenylpentan wird (–)-**Ia** u. (–)-**Ib** D-Konfiguration zugeschrieben. Die Racemisierung (45%) von (–)-**Ib**-Tosylat bei der Red. mit $LiAlH_4$ wird wie früher (C. **1953.** 8559) damit erklärt, daß in der threo-Reihe ein symm. Phenoniumion gebildet wird, während in der erythro-Reihe das Brückenionenpaar asymm. ist u. opt. reine Verbb. ergibt.

Versuche ($[\alpha]_D$-Werte bei 28–29°, c = 5, Chlf.): *4-Phenylhexanon-(3)*, $Kp._2$ 83–84°, aus 2-Phenylbutyramid mit C_2H_5MgBr; 82% (Ausbeute). — *DL-threo-4-Phenylhexanol-(3)* (**Ia**), $C_{12}H_{18}O$, $Kp._1$ 83°, aus vorst. Verb. mit $LiAlH_4$ in Ae. 3 Std. bei n. Temp.; n_D^{25} 1,5072; 90%. — *DL-threo-4-Phenylhexyl-(3)-hydrogenphthalat*, $C_{20}H_{22}O_4$, F. 125,5–126,5° (Ae.–Pentan), aus **Ia** mit Phthalsäureanhydrid in Pyridin, 12 Std. bei 100°; 65%; daneben nach Hydrolyse (mit KOH in 50%ig. wss. Methanol 14 Std. am Rückfluß) *DL*-**Ib**, *p-Nitrobenzoat*, $C_{19}H_{21}O_4N$, F. 84–85° (Ae.–Pentan). — *DL-erythro-4-Phenylhexanol-(3)* (**Ib**), $C_{12}H_{18}O$, F. 44,5–45° (Pentan), durch Einw. von C_2H_5MgBr auf 2-Phenylbutyraldehyd, in Pentan auf –78° abkühlen; 40%. *DL-erythro-4-Phenylhexyl-(3)-hydrogenphthalat*, $C_{20}H_{22}O_4$, F. 99–101° (Ae.–Pentan), Spaltung durch 5 maliges Kristallisieren des Strychninsalzes ($[\alpha]_D^{24}$ –28,5°) aus Chlf.–Methanol ergab nach Aufarbeitung: *D* **Ib**, $C_{12}H_{18}O$, F. 41–42°, $[\alpha]_D$ –29,2°; 92%; aus den Filtraten: *L*-**Ib**, F. 41–42°, $[\alpha]_D^{25}$ +28,3° (c = 6; Chlf.); 94%. — *D*-**Ia**, $C_{12}H_{18}O$, $Kp._1$ 83°, durch Spaltung des Strychninsalzes des **Ia**-Hydrogenphthalats, Zugabe von Aceton zur Chloroformlsg.; Salz: $[\alpha]_D^{24}$ –54,9° (c = 6; Chlf.); $[\alpha]_D^{29}$ –26,31° (*l* = 1; fl.), $[\alpha]_D$ –21,2°; *3.5-Dinitrobenzoat*, $C_{19}H_{20}O_6N_2$, F. 62–63° (A.), $[\alpha]_D$ +9,2°; aus den Filtraten: *L*-**Ia**, $Kp._1$ 83°, $[\alpha]_D^{24}$ +26,30° (*l* = 1; fl.), $[\alpha]_D$ +20,9°; *3.5-Dinitrobenzoat*, $C_{19}H_{20}O_6N_2$, F. 62–63° (A.), $[\alpha]_D$ –9,3°. — *DL*-**Ia**-*3.5-Dinitrobenzoat*, $C_{19}H_{20}O_6N_2$, F. 40,5–41,5°. — *DL*-**Ib**-*3.5-Dinitrobenzoat*, F. 108–109°. — *D*-**Ib**-*3.5-Dinitrobenzoat*, F. 132,5–133,5°, $[\alpha]_D$ –35,1°. — *L*-**Ib**-*3.5-Dinitrobenzoat*, F. 132,5–133,5°, $[\alpha]_D$ +34,6°. — *DL*-**Ia**-*p-Nitrobenzaot*, $C_{19}H_{21}O_4N$, F. 45–46°. — *D*-**Ib**-*p-Nitrobenzoat*, F. 62–63°, $[\alpha]_D$ +32,4°. — *L*-**Ib**-*p-Nitrobenzoat*, F. 62–63°, $[\alpha]$ –32,3°. — *DL*-**Ia**-*p-Toluolsulfonat*, $C_{19}H_{24}O_3S$, F. 73,5–74,5°. — *DL*-**Ib**-*Tosylat*, Öl. — *D*-**Ia**-*Tosylat*, F. 94–95°, $[\alpha]_D$ –22,1°. — *L*-**Ia**-*Tosylat*, F. 93,5–94,5°, $[\alpha]_D$ +21,6°. — *D*-**Ib**-*Tosylat*, F. 42–43°, $[\alpha]_D$ –1,48°. — *L*-**Ib**-*Tosylat*, F. 42–43°, $[\alpha]_D$ +1,56°. — *D*-(–)-*3-Phenylhexan*, $C_{12}H_{18}$, $[\alpha]_D^{29}$ –7,78° (*l* = 1; fl.), n_D^{25} 1,4850. (J. Amer. chem. Soc. **75.** 2293–97. 20/5. 1953. Los Angeles, Calif., Univ., Dep. of Chem.) GNAUCK. D 225

Donald J. Cram und **Fathy Ahmed Abd Elhafez**, *Untersuchungen über Stereochemie.* 19. Mitt. *Die Frage der Struktur der Phenoniumtosylat-Ionenpaare, die als Zwischenstoffe bei den Solvolysereaktionen der stereoisomeren 4-Phenylhexyl-(3)-tosylate auftreten.* (18. vgl. vorst. Ref.) Vff. untersuchten nach der Meth. von WINSTEIN u. SCHREIBER (J. Amer. chem. Soc. **74.** [1952.] 2165) die Acetolyse bei 50 u. 75° u. die Formolyse bei 25° von *L-threo-4-Phenylhexyl-(3)-tosylat* (**Ia**). Sowohl die polarimetr. als auch die titrimetr. bestimmten Reaktionsgeschwindigkeitskonstanten k folgten einer Rk. 1. Ordnung. Für die Acetolyse von **Ia** betrugen die Aktivierungsenergie ΔH_{+} 24,9–25,2 kcal/Mol, die Aktivierungsentropie ΔS^{+} –4,5 bis –1,2 cal/Mol·Grad, der k-Wert für die Formolyse war $3{,}90 \pm 0{,}10 \cdot 10^{-4}\,sec^{-1}$. Ferner wurde die Zus. der Prodd. der Solvolyse von *L-erythro-* (**II**) u. *L*-**Ia** u. *D-threo-4-Phenylhexyl-(3)-tosylat* (**Ib**) in Essig- (75°) u. Ameisensäure (25 u. 75°) polarimetr. untersucht, bzw. die gebildeten Acetate u. Formiate wurden in 4-Phenylhexanol-(3) übergeführt, durch Chromatographie von den begleitenden Olefinen befreit u. infrarotspektrograph. analysiert. Bei der Acetolyse des **Ia** bei 75° entstanden 27% des Acetats durch einfache Substitutions-Rk. bei einem Verhältnis Beibehaltung:Inversion der Konfiguration von 5:1, wogegen bei den 18% des gebildeten Formiats aus **Ia** das gleiche Verhältnis 13:1 betrug. Vff. berechnen hieraus, daß in Essigsäure bei 75° 6 von 7 Brückenionenpaaren zu DL-threo-4-Phenylhexyl-(3)-tosylat zusammenfallen u. eines unter Anionenaustausch das DL-threo-Acetat ergibt. In Ameisensäure bei 25° bilden sämtliche Brückenionenpaare direkt Formiat. Aus **II** entstehen bei Acetolyse u. Formolyse nur je 7% an Reaktionsprod. durch einfache Substitution mit Inversion. Das geringe Ausmaß der Inversion bei einfachen Substitutions-Rkk. der threo-Reihe zeigt an, daß aus ster. Gründen die Bldg. des threo-Esters aus offenkettigen Ionen oder Ionenpaaren gegenüber der von erythro-Ester begünstigt ist, bzw. asymm. Phenoniumionen als Übergangszustände oder Zwischenstoffe in solchen Systemen auftreten, die an sich theoret. nur symm. Phenoniumionen bilden könnten. — *DL-threo-4-Phenylhexyl-(3)-acetat*, $C_{14}H_{20}O_2$, n_D^{25} 1,4851; *DL-erythro-Acetat*, n_D^{25} 1,4855; *L-threo-Acetat*, n_D^{25} 1,4852; $[\alpha]_D^{29}$ +75,6° (*l* = 1); *D-erythro-Acetat*, n_D^{25} 1,4855, $[\alpha]_D^{29}$ –54,2°; *L-erythro-Acetat*, n_D^{25} 1,4855; $[\alpha]_D^{29}$ +54,1°. (J. Amer. chem. Soc. **75.** 3189–95. 5/7. 1953.)

GNAUCK. D 225

Donald J. Cram und **Frederick D. Greene,** *Untersuchungen über Stereochemie.* 20. Mitt. *Sterische Kontrolle der asymmetrischen Einführung bei der Darstellung des 3-Cyclohexylbutanol-(2)-Systems.* (19. vgl. vorst. Ref.) Zur Prüfung der Regel über die ster. Kontrolle der asymm. Einführung untersuchten Vff. das Verhältnis von gebildeter erythro : threo-Verb. [*3-Cyclohexylbutanol-(2)*, I] bei der Rk. von rac. 2-Cyclohexylpropanal (II) mit CH_3MgJ (in Ae.), CH_3Li (in Ae. bzw. Pentan) u. bei der Red. von L-(—)-3-Cyclohexylbutanon-(2) (III) mit $LiAlH_4$ in Ae., $NaBH_4$ in Methanol–W. bei n. Temp. bzw. mit Al-Isopropylat in Isopropanol am Rückfluß. Die Zus. der Prodd. wurde infrarotspektrograph. bzw. polarimetr. ermittelt. Bei den Redd. trat keine Racemisierung auf, außer mit Al-Isopropylat (8%). Die Ergebnisse sind mit Ausnahme der Rk. mit Al-Isopropylat in Übereinstimmung mit den Voraussagen obiger Regel. So nehmen Vff. an, daß die Metallatome der verwendeten Reagentien sich mit dem O-Atom der Carbonylgruppe koordinieren. Diese Gruppe wird daher die größte im Mol. u. versucht, sich zwischen die kleinsten am benachbarten asymm. C-Atom sitzenden Gruppen zu schieben. II u. III tragen keine weiteren, die Rk. durch polare Effekte beeinflussende Gruppen, so daß nur eine ster. Erklärung obiger Regel möglich ist. Aus den Verteilungsverhältnissen ergibt sich im Vgl. mit früheren Ergebnissen, daß bei Rk. mit CH_3MgBr die Phenylgruppe genauso wie die Cyclohexylgruppe wirkt, die erste aber bei Red. mit $LiAlH_4$ stärker stereospezif. wirksam ist. Es trat kein Unterschied auf, wenn $LiAlH_4$ zu III oder III zu $LiAlH_4$ gegeben wurde; deswegen wird vermutet, daß die 2. bis 4. H-Atome des $LiAlH_4$ schneller als das 1. reagieren. $NaBH_4$ in CH_3OH–W. wirkt selektiver als $LiAlH_4$ in Ae., was vermutlich dem Lösungsmitteleinfl. zuzuschreiben ist. Die Ergebnisse mit Al-Isopropylat sind nicht in Übereinstimmung mit der Regel. Deswegen wurden L-(+)-threo- u. D-(—)-erythro-I in Isopropanol–Aceton mit dem Alkoholat 7 Tage am Rückfluß behandelt. Obgleich das Gleichgewicht noch nicht ganz erreicht war, ist auf ein solches mit 23—50% erythro-Verb. zu schließen. Hieraus ergibt sich, daß Abweichungen von der in Frage stehenden Regel kinet. bedingt sind, diese also auf den ster. Verlauf der Redd. von Ketonen mit Al-Isopropylat nicht anwendbar ist. Da die Racemisierung mit der Gleichgewichtseinstellung erythro ⇄ threo parallel geht, ist anzunehmen, daß beide Rkk. über eine gemeinsame Zwischenstufe verlaufen. Opt. reine I-Isomere wurden aus 3-Phenylbutanol-(2) durch katalyt. Hydrierung dargestellt u. ergaben bei Oxydation mit tert.-Butylchromat opt. reine III-Verbb., Racemisierung trat nicht auf. Beim Vers. zur Darst. opt. reinen II (entsprechend aus 2-Cyclohexylpropanol-(1)) traten Neben-Rkk. u. Racemisierung auf.

V e r s u c h e ($[\alpha]_D$-Werte bei 25°, $l = 1$, homogen): Folgende I-Verbb. wurden aus den entsprechenden 3-Phenylbutanol-(2)-Verbb. in Eisessig bei 40 lbs/sq.in. H_2 mit PtO_2 dargestellt: *D-threo-*I, $C_{10}H_{20}O$, n_D^{25} 1,4698, $[\alpha]_D$ —17,74°; 92% (Ausbeute); *L-threo-*I, n_D^{25} 1,4698, $[\alpha]_D$ +18,06°; 92%; *D-erythro-*I, n_D^{25} 1,4700, $[\alpha]_D$ —2,58°; 87%; *L-erythro-*I, n_D^{25} 1,4700; $[\alpha]_D$ +2,54; 87%. — Darst. der folgenden *3-Cyclohexyl-2-acetoxybutane* (IV) aus vorst. Verbb. in Pyridin mit Acetanhydrid 12 Std. bei 100°: *D-threo-*IV, $C_{12}H_{22}O_2$, n_D^{25} 1,4499; $[\alpha]_D$ —11,80°; 90%; *L-threo-*IV, n_D^{25} 1,4499; $[\alpha]_D$ +12,06°; 90%; *D-erythro-*IV; n_D^{25} 1,4497; $[\alpha]_D$ +4,38°; 90%; *L-erythro-*IV, n_D^{25} 1,4497; $[\alpha]_D$ —4,10°; 90%. — *L-3-Cyclohexylbutanon-(2)* (III), Öl, durch Zutropfen von tert.-Butylchromat in Pentan zu L-(+)-threo-I in Pentan (Eiskühlung), 48 Std. bei n. Temp. rühren, Zugabe von wss. Oxalsäure; $[\alpha]_D$ —31,14°, n_D^{27} 1,4558; 86%; *2.4-Dinitrophenylhydrazon,* F. 62—66° (A.–W.); analog: *D-3-Cyclohexylbutanon-(2),* $C_{10}H_{18}O$, $[\alpha]_D$ +31,76°; 4%. — *D-2-Cyclohexylpropanol-(1),* $C_9H_{18}O$, a) aus D-(+)-2-Cyclohexylpropionsäure mit $LiAlH_4$ in Ae.; besser b) aus Hydratropaaldehyd [Kp.$_1$ 204—204,5°] mit $LiAlH_4$ in Ae. [→ 2-Phenylpropanol-(1)], dann mit PtO_2 in Eisessig hydrieren; n_D^{25} 1,4697, $[\alpha]_D$ —1,39°; 91%. — *2-Cyclohexylpropanal* (II), Kp.$_{16}$ 80°, aus vorst. Verb. in Pentan analog III, Reinigung durch Chromatographie; n_D^{25} 1,4550; *Dinitrophenylhydrazon,* $C_{15}H_{20}O_4N_4$, F. 140—141°. — *D-(+)-2-Cyclohexylpropionsäure,* $C_9H_{16}O_2$, F. 46,0—46,5° (Pentan), aus D-(+)-Phenylpropionsäure ($[\alpha]_D^{25}$ +99,34°) mit PtO_2 bei n. Temp. u. 40 lbs/sq.in. H_2 in Eisessig; $[\alpha]_D^{25}$ +18,9° (c = 10, A.) (J. Amer. chem. Soc. **75.** 6005—10. 5/12. 1953.) GNAUCK. D 225

H. H. Jaffé, *Theoretische Betrachtungen zur Hammettschen Gleichung.* 3. Mitt. *σ-Werte für Pyridin und andere aza-substituierte Kohlenwasserstoffe.* (2. vgl. C. **1953.** 4349.) Vf. berechnet nach der LCAO–MO-Meth. von LONGUET-HIGGINS u. COULSON (C. **1950.** I. 685 u. früher) die Elektronendichten in *Pyridin, Chinolin* (I) u. *Isochinolin* unter Berücksichtigung des induktiven Effektes analog l. c. u. benutzt diese Werte, um die HAMMETTschen σ-Werte für die verschied. Stellungen in den genannten Verbb. zu berechnen. Die Übereinstimmung mit den experimentell gefundenen Werten ist befriedigend mit Ausnahme der 4-Stellung in I, wofür Vf. keine Erklärung hat. Ebenso wurden die σ-Werte für den *Pyrimidin-*, *Acridin-*, *Phenanthridin-* u. *Phenazin*-Rest berechnet. (J. chem. Physics **20.** 1554—55. Okt. 1952. Chapel Hill, N. C., Univ., u. School of Publ. Health, U. S. Public Health Serv., Ven. Disease Exp. Labor.) GNAUCK. D 225

H. H. Jaffé, *Theoretische Betrachtungen zur Hammettschen Gleichung.* 4. Mitt. *Berechnung von ϱ-Werten.* (3. vgl. vorst. Ref.) Vf. betrachtet Verbb. des Typs $X-C_6H_4-RY$, wobei sich X zu RY in m- oder p-Stellung befindet u. Rkk. gleichen Typs unter gleichen Bedingungen an Y ablaufen. Vf. nimmt weiter an, daß X auf die Reaktionsgeschwindigkeit oder die Gleichgewichtskonstante der Rk. einen Einfl. ausübt, der nur in der Änderung der Elektronendichte am reagierenden Zentrum Y besteht. Hieraus wird gefolgert, daß bei Vgl. zweier Arten von Rkk. (1; 2) an 2 Verbindungsreihen, die durch verschied. R (R_A u. R_B) gek. sind, folgende Beziehung besteht: $\varrho_{A_1}/\varrho_{B_1} = \varrho_{A_2}/\varrho_{B_2}$ (ϱ: Reaktionskonstante nach HAMMETT). Bei Anwendung auf Literaturdaten ($R = CH_2$, CH_2CH_2, CH=CH u. C_6H_4) der Dissoziation von Säuren (Y = COOH) bzw. der alkal. Hydrolyse von Estern ($Y = COOC_2H_5$) zeigt sich gute Übereinstimmung mit obiger Annahme. Vf. zeigt ferner, daß ϱ-Werte auch mittels der Gleichung $[q_s(X) - q_s'^0]/[q_r(X) - q_r'^0] = \varrho_1/\varrho_0$ berechnet werden können [ϱ_0 u. ϱ_1 beziehen sich auf Verbb. des Typs $X-C_6H_4Y$ bzw. $X-C_6H_4RY$; $q_r(X)$ u. $q_r'^0$ sind die Elektronendichten an dem Ringatom, an dem der Substituent R sitzt, bzw. an dem entsprechenden Ringatom der unsubstituierten Verb., $q_s(X)$ u. $q_s'^0$ analog die Elektronendichten an den Atomen, an dem der reagierende Rest Y sitzt, bzw. an dem Atom, an dem an Stelle von Y sich nur H befindet] u. zeigt mittels der LCAO-MO-Meth. an Verbb., wo R [$-CH{=}CH-$, p-C_6H_4, m-C_6H_4 u. $-CH{=}CH-C({=}O)-$] u. der Benzolring Teile eines einfachen konjugierten Syst. sind, daß die berechneten ϱ-Werte in der gleichen Größenordnung wie die experimentellen Daten sind. — Ausführliche Diskussion der Berechnungen. (J. chem. Physics **21.** 415—19. März 1953.) GNAUCK. D 225

David Y. Curtin und **Harry W. Johnson jr.,** *Der Mechanismus der para-Claisen-Umlagerung. Beweis für eine Dienonphenylätherumlagerung.* Vff. untersuchen die Umlagerung von *1-Allyloxy-2.6-dimethallyl-* (I) u. *1-Methallyloxy-2-allyl-6-methallylbenzol* (II) zu einem Gemisch isomerer Allyldimethallylphenole. Die Zus. der Reaktionsprodd. wird bestimmt durch Infrarotanalyse des Gemisches der katalyt. hydrierten Phenole. — Die Ergebnisse stimmen mit dem Mechanismus von HURD u. POLLACK [1939] überein u. scheinen das Vorliegen eines Ionenpaar-π-Komplex-Mechanismus nach DEWAR auszuschließen. Vff. zeigen, daß der bei der Umlagerung von I als Zwischenprod. angenommene Dienonphenyläther (VII) sich in I zurück- oder zu II umlagern kann, ein Beispiel für einen neuen Umlagerungstyp.

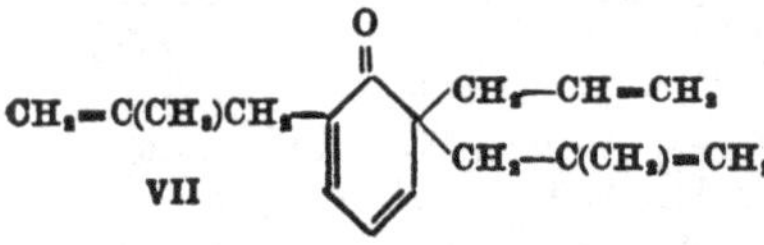

VII

Versuche: *1-Allyloxy-2.6-dimethallylbenzol* (I), $C_{17}H_{22}O$, Kp.$_{0,1}$ 75°, n_D^{20} 1,5198; gibt beim Erhitzen in Diäthylanilin auf 200° in 50%ig. Ausbeute ein Gemisch von *4-Allyl-2.6-dimethallylphenol* (III); 59% u. *2-Allyl-4.6-dimethallylphenol* (IV); 41%. — *1-Methallyloxy-2-allyl-6-methallylbenzol* (II), $C_{17}H_{22}O$, Kp.$_{0,1}$ 75°, n_D^{20} 1,5198; gibt wie vorst. 41% III u. 59% IV. — *4-n-Propyl-2.6-diisobutylphenol*(V), Kp.$_{0,03}$ 83—85°, aus 1-Allyloxy-2.6-diisobutylbenzol (Kp.$_{0,1}$ 68—69°, n_D^{20} 1,4915), ferner durch katalyt. Hydrierung aus III + IV. Daneben: *2-n-Propyl-4.6-diisobutylphenol* (VI), Kp.$_{0,03}$ 83—85°, auch aus 1-Methallyloxy-2-n-propyl-6-isobutylbenzol (Kp.$_{0,05}$ 67—68°, n_D^{20} 1,4915). (J. Amer. chem. Soc. **76.** 2276—77. 20/4. 1954. Urbana, Ill., Univ., Noyes Chem. Labor.) G. WINKLER. D 225

Matthew R. Kegelman und **Ellis V. Brown,** *Die Pinakolin-Umlagerung in den heterocyclischen Reihen.* 2. Mitt. *Thiophen- und Furananaloge des Benzopinakons.* (1. vgl. C. **1954.** 1442.) Es wurden symm. Analoge des Benzopinakons der allg. Formel $R(C_6H_5)C(OH)C(OH)(C_6H_5)R$ [R = Thienyl-(2), 2.5-Dimethylthienyl-(3) sowie Furyl-(2)] dargestellt u. der Pinakolinumlagerung unterworfen. Die Struktur der resultierenden Pinakoline wurde durch deren Abbauprodd. bestimmt, wobei es sich zeigte, daß bei der Umlagerung allein eine Wanderung der Thienyl- bzw. der Furylgruppe, nicht aber der Phenylgruppe stattfindet. Vff. erklären dies durch die größere Donorwrkg. der heterocycl. Reste im Vgl. mit der Phenylgruppe.

Versuche: *1.2-Di-[thienyl-(2)]-1.2-diphenyläthandiol-(1.2)* (I), $C_{22}H_{18}O_2S_2$, F. 137—137,5° (wss. A.), a) aus Phenylthienyl-(2)-keton in Eisessig mit Zn-Staub, 10tägigem Stehen bei Raumtemp. u. täglicher Zusatz von Zn-Staub; 95% (Ausbeute); b) aus Thienyl-(2)-MgJ in Ae.-Bzl., durch Zumischen von Benzil bei 3° unter Luftabschluß u. Rühren, nach Erreichen der Raumtemp. 2 Tage Stehenlassen; 5,4%. Umlagerung von I in Bzl.–Eisessig mit Acetylchlorid, 44 Std. unter Luft- u. Feuchtigkeitsausschluß bei 90° (Bad). Spaltung mit KOH in absol. A., 36 Std. bei 90°, ergibt 97% *Phenyldi-[thienyl-(2)]-methan*, aus A., F. 74–75°, u. 87% Benzoesäure (V). — *1.2-Di-[2.5-dimethylthienyl-(3)]-diphenyläthandiol-(1.2)* (II), $C_{26}H_{26}O_2S_2$, F. 176–177° (A.–Chlf.), aus der GRIGNARD-Verb. aus 2.5-Dimethyl-3-jodthiophen in Ae.–Bzl. analog I; 13%. Bei der Umlagerung u. nachfolgender Spaltung von II analog I entstehen 44% *Di-[2.5-dimethylthienyl-(3)]-phenylmethan* (III), $C_{19}H_{20}S_2$, F. 96–97,5° (PAe.), sowie 98% V. — III wurde zum Vgl. synthetisiert durch Umsetzung von 2 Mol 2.5-Dimethylthiophen mit 1 Mol Benzaldehyd im PAe. (Kp. 60–75°) unter Wrkg. von P_2O_5, 3 Tage Stehen; 61%. — *1.2-Di-[furyl-(2)]-1.2-diphenyläthandiol-(1.2)*(IV), $C_{22}H_{18}O_4$, F. 130–131° (A.), aus Phenyl-MgBr (aus 0,2 Mol C_6H_5Br) in Ae.–Bzl. u. 9,5 g 2.2′-Furil bei 0°, 2 Tage; 16,3 g. Umlagerung von IV u. Spaltung des gebildeten Pinakolins analog I ergibt 98% V. (J. Amer. chem. Soc. 75. 5961–63. 5/12. 1953. New York, N. Y., Univ., Chem. Labor.) A. LORENZ. D 225

R. Jaunin, M. Beretta Piccoli und T. Charalambous, *Über die Aminolyse von Amiden. 2. Mitt.* ***Katalytische Wirkung von Säuren.*** (1. vgl. C. **1953.** 3377.) Vff. untersuchten die Wrkg. saurer Katalysatoren auf die Aminolyse von *Acetanilid* (I) durch o-Anisidin in Toluol (12 Std. bei 110°). Während die Wrkg. schwacher Säuren (Benzoesäure [II]) mit der Konz. steigt, wird bei Verwendung starker Säuren (H_2SO_4, Naphthalin-β-sulfonsäure) ein Optimum durchschritten. Eine klare Abhängigkeit der katalyt. Wirksamkeit von den Dissoziationskonstanten (K_{25} in W.: II $6,3 \cdot 10^{-5}$, Phenol $1,3 \cdot 10^{-5}$, Buttersäure $1,5 \cdot 10^{-5}$) konnte nicht gefunden werden. Vff. erklären das Auftreten einer optimalen Konz. bei Verwendung starker Säuren mit einer Inhibitorwrkg., die schwachen Säuren nicht zukommt, u. schließen auf folgenden Mechanismus: 1. Anlagerung von H^+ an das O-Atom der Carbonylgruppe, 2. Anlagerung der freien Amins unter Bldg. an A, das 3. durch Angriff eines Anions A^- H^+ verliert u. schließlich unter Abgabe von RNH_2 oder $R_1'NH_2$ zerfällt. 2 erklärt das Verh. starker Säuren, die bei hohen Konzz. durch Bldg. von unwirksamen Ammoniumionen die Konz. an freiem, anlagerungsfähigem Amin herabsetzen. I u. N-Acetyl-o-anisidin wurden UV-spektrophotometr. bestimmt, ihre UV-Absorptionsspektren in W. sind zwischen 230 u. 300 mμ angegeben. (Helv. chim. Acta 37. 216–21. 1/2. 1954. Lausanne, Univ., Labor. de Chim. organ.) GNAUCK. D 225

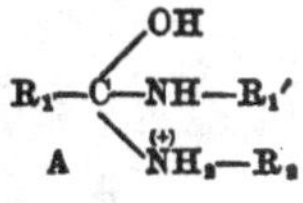

Myron L. Bender, Roger D. Ginger und Kenneth C. Kemp, *Sauerstoffaustausch während der sauren und basischen Hydrolyse von Amiden und der enzymatischen Hydrolyse von Estern.* Vff. verfolgten spektrophotometr. die saure (HCl) u. bas. (NaOH) Hydrolyse von *¹⁸O-Benzamid* (I, mit 0,58% ¹⁸O, F. 127–127,5°, aus ¹⁸O-Benzoesäure über das Säurechlorid) bei 109°; das unveränderte I wurde außerdem nach 0–85% Hydrolyse isoliert u. nach Pyrolyse als CO_2 massenspektrograph. untersucht. Zwischen 21 u. 75% Hydrolyse fiel der ¹⁸O-Geh. von 0,33 auf 0,20%. Hieraus errechnet sich das Verhältnis der Geschwindigkeitskonstanten der Hydrolyse k_h zu der des Austauschs k_a zu 0,21 (entsprechende Zahl der Esterhydrolyse: 4,8). Vff. bringen die Umkehrung des Verhältnisses $k_a > k_h$ bei der Amidhydrolyse zur Esterhydrolyse $k_a < k_h$ in Zusammenhang mit dem konkurrierenden Bindungsbruch des Zwischenstoffs $RC(OH)_2X$: Die Leichtigkeit der Abspaltung von X-Gruppen bei den Zwischenstoffen der Amidhydrolyse ist $OH^- > NH_2^-$, die von Estern aber $OR^- > OH^-$, was nur im Falle der Säureamide mit der relativen Stabilität dieser Anionen in Einklang ist. Bei der sauren Hydrolyse trat kein O-Austausch auf. Dies wird der größeren Basizität von N gegenüber O zugeschrieben, wodurch eine Verdrängungs-Rk. ohne Bldg. eines Zwischenstoffs durch Addition hervorgerufen wird. Daß die Basizität von N für diesen Verlauf der Hydrolyse verantwortlich ist, beweist die säurekatalysierte Hydrolyse von *¹⁸O-p-Benztoluidid.* (0,98% ¹⁸O), bei dem nach 25% Reaktionsablauf Austausch (nur noch 93% ¹⁸O) — $k_h : k_a \simeq 5$ — beobachtet wurde. — Die Kinetik der durch α-Chymotrypsin katalysierten Hydrolyse von $^{18}O_{(CO)}$-*β-Phenylpropionsäuremethylester* (aus β-Phenylpropionsäure) wurde titrimetr. verfolgt. Es war nach 50% Umsatz kein ¹⁸O-Austausch zu ermitteln. Dieser Befund kann einer „concerted"-Rk., einem Zwischenstoff mit asymm. O-Atomen oder einer doppelten Verdrängungs-Rk. unter Beteiligung des Enzyms zugeschrieben werden. (J. Amer. chem. Soc. 76. 3350–51. 20/6. 1954. Chicago, Ill., Inst. of Technol., Dep. of Chem.) GNAUCK. D 225

S. Winstein und Royston M. Roberts, *Die Rolle von Nachbargruppen bei Verdrängungsreaktionen. 20. Mitt. Einige Umwandlungen von Cyclopentan- und Indanderivaten.* (19. vgl. C. **1954.** 3435.) Es wurde die Stereochemie der Rk. zwischen trans-Cyclopentendibromid (I), trans-Indendibromid (II) u. trans-1-Acetoxy-2-bromindan

(III) mit Ag-Acetat in wasserfreier (**IVa**) bzw. wasserhaltiger Essigsäure (**IVb**) untersucht. **I** ergab mit **IVa** *trans-1.2-Diacetoxycyclopentan* [nach Hydrolyse: *trans-Cyclopentandiol-(1.2)*], mit **IVb** ein Gemisch aus Mono- u. Diacetat, das nach Hydrolyse vorwiegend *cis-Cyclopentandiol-(1.2)* lieferte. **II** ergab entsprechend *trans-1.2-Diacetoxyindan* (**V**), das in *trans-Indandiol-(1.2)* übergeführt wurde, bzw. bei Ggw. von W. die entsprechende cis-Verb. (84—88%), daneben auch etwas **V**. **III** verhielt sich sehr ähnlich **II**. Auch mit K-Acetat in **IVa** ergab **III** fast reines **V**, in **IVb** wenigstens 68% cis-Verb.; Vff. nehmen an, daß unter den Reaktionsbedingungen eine cis-trans-Umlagerung des Esters stattfindet, da das 93% reine cis-Diacetat ein Glykol mit ca. 21—30% trans-Isomerem ergibt. Vff. nehmen wie früher an (vgl. C. **1945**. I. 143), daß die Verdrängung des 1. Bromatoms über die Bldg. eines Cyclopentenbromoniumions verläuft u. zu einer trans-1-Brom-2-acetoxyverb. führt, die dann unter Teilnahme der Acetoxygruppe an der Rk. über einen Übergangszustand **A** in **IVa** die trans-Diacetoxyverb., in W. aber unter Anlagerung von H_2O u. Abgabe von H^+ über **B** zunächst den Monoester eines cis-Diglykols ergibt. Kinet. Messungen von H. MARSHALL (unveröffentlicht) unterstützen die Annahme, daß die Teilnahme der — im vorliegenden Falle — Acetoxygruppe an der Verdrängungs-Rk. die treibende Kraft der Rk. ist. Da **III** in **IVa** **V**, in **IVb** aber 93% *cis-1-Oxy-2-acetoxyindan* ergab, ist anzunehmen, daß hierbei die Teilnahme der Acetoxygruppe an der Rk. die bimol. S_N2-Verdrängungs-Rk. durch Acetationen selbst bei hohen Konzz. an diesen weit überflügelt. — Diskussion über ähnliche Arbeiten der Literatur.

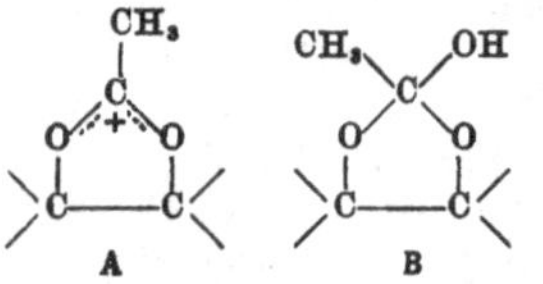

A B

V e r s u c h e: *trans-1.2-Dibromcyclopentan* (**I**), Kp.$_{26,5}$ 89,5—90°, aus Cyclopenten u. Br_2, n_D^{25} 1,5466; 74% (Ausbeute). — *trans-1.2-Dibromindan* (**II**), F. 30 bis 33° (PAe.), aus Inden u. Br_2 in Ae. unter 0°; 43%. — *trans-1-Oxy-2-bromindan*, C_9H_9OBr, F. 129,5—130° (95%ig. A.), nach SUTER u. MILNE (C. **1942**. II. 1556); 66%. — *trans-1-Acetoxy-2-bromindan* (**III**), $C_{11}H_{11}O_2Br$, Kp.$_{1,7}$ 124—126°, aus vorst. Verb. in Eisessig, Zugabe von Acetanhydrid u. wenig konz. H_2SO_4, n_D^{25} 1,5584; 83%. — *trans-1.2-Diacetoxycyclopentan* (**VI**), Kp.$_{9,7}$ 102—103°, aus **I** mit Ag-Acetat in Acetanhydrid-haltigem Eisessig, 11 Std. bei 100—110° unter Rühren, n_D^{25} 1,4400; 59%. — *trans-1.2-Cyclopentandiol-bis-[phenylurethan]*, $C_{19}H_{20}O_4N_2$, F. 218—219° (A.), aus vorst. Verb. in alkoh. NaOH, 1 Std. am Rückfluß, Diol in Bzl. mit Phenylisocyanat ½ Std. bei 100°. — *trans-1.2-Cyclopentandiol-bis-[3.5-dinitrobenzoat]*, $C_{19}H_{14}O_{12}N_4$, F. 184 bis 185,5° (Äthylacetat). — *cis-1.2-Cyclopentandiol-bis-[3.5-dinitrobenzoat]*, $C_{19}H_{14}O_{12}N_4$, F. 175—175,5° (Äthylacetat). — *trans-1.2-Diacetoxyindan* (**V**), Kp.$_{1,9}$ 134—136°, Kp.$_{10}$ 163°, analog **VI**, 13,5 Std. Erhitzen, n_D^{25} 1,5140; 70%. — *trans-Indandiol-(1.2)*, F. 156,5—157,5° (W.), aus **V** in alkoh. NaOH 2½ Std. am Rückfluß; 74%. — *cis-2-Acetoxyindanol-(1)*, $C_{11}H_{12}O_3$, F. 103—104° (Ae.), aus **III** in **IVb**. — *cis-Indandiol-(1.2)*, F. 105,5—107°. (J. Amer. chem. Soc. **75**. 2297—2300. 20/5. 1953. Los Angeles, Calif., Univ., Chem. Dep.) GNAUCK. D 225

James R. McNesby und **Thomas W. Davis**, *Die photochemische Oxydation von n-Heptaldehyd.* Es wurde die Photooxydation ($\lambda = 2537$ Å) sowohl von reinem *n-Heptaldehyd* (**I**, n_D^{25} 1,4130) als auch von **I** in Cyclohexan bei 20,5—32,0° u. unter Schütteln (320—400 Schwingungen pro Min.) untersucht. Die Oxydationsgeschwindigkeit von **I** war bei $p_{O_2} > 400$ mm proportional p_{O_2}, [I] u. (absorbierter Lichtintensität)$^{1/2}$, bei p_{O_2} zwischen 200 u. 400 mm ≈ unabhängig vom p_{O_2} u. bei $p_{O_2} < 200$ wieder proportional p_{O_2}. Die Rk. wurde durch die Reaktionsprodd., die entweder in Ggw. oder in Abwesenheit von O_2 gebildet wurden, u. wenig auch durch W. gehemmt. Als Reaktionsprodd. traten hauptsächlich n-Heptansäure u. -persäure auf, daneben etwas CO_2. Der Zehn-Grad-Temperaturkoeff. bei konstantem p_{O_2} betrug 1,25. Der Mechanismus der Rk. wurde auf der Basis einer freien Radikalkette diskutiert. (J. Amer. chem. Soc. **76**. 2148—52. 20/4. 1954. New York, N. Y., Univ., William H. Nichols Chem. Labor.) L. FISCHER. D 226

Krishna Bahadur, *Photosynthese von Aminosäuren aus Paraformaldehyd und Kaliumnitrat.* Werden Lsgg. von Paraformaldehyd u. KNO_3 in Ggw. von $FeCl_3$ 80 Std. bei 18—23,5° dem Sonnenlicht ausgesetzt, so entstehen, wie Vf. fand, je nach der Menge an KNO_3 u. nur in Ggw. von $FeCl_3$ verschied. Aminosäuren, die papierchromatograph. identifiziert wurden. Die Lsgg. hatten am Ende der Verss. den p_H-Wert von 1—0,8 angenommen. Es konnten nachgewiesen werden: *Asparagin* (**I**; *Pikrat*, F. 175° [Zers.]), *Asparaginsäure* (**II**; *Benzoylderiv.*, F. 162°), *Arginin, Serin, Prolin, Ornithin, Valin, Histidin, Lysin, Glycin.* — *Hydantoinsäure*, F. 162°, aus **II**. — *α-Naphthylhydantoinsäure*, F. 199°, aus **I**. (Nature [London] **173**. 1141. 12/6. 1954. Allahabad, Univ., Chem. Dep.) L. FISCHER. D 226

J. Sfiras und **A. Demeilliers,** *Der Einfluß des Kobalts auf die Selektivität des Raney-Nickelkatalysators.* Bei techn. hergestellten Raney-Ni-Katalysatoren wurde eine Selektivität gegenüber der Äthylendoppelbindung u. der Carbonylgruppe festgestellt. Zur Unters., ob dieser Einfl. auf das im Katalysator enthaltene Co zurückzuführen ist, führten Vff. partielle Hydrierungen von *Citral* (Kp.$_4$ 84°, D.^{15} 0,890, n_D^{20} 1,488) durch. Bei Aufnahme von 0,9 u. 2 Mol H_2 in Ggw. von drei verschied. Raney-Ni-Katalysatoren (Ni/Al = 50 : 50; Ni/Co/Al = 48 : 2 : 50; Ni/Co/Al = 45 : 5 : 50) konnten Vff. keinen Einfl. des Co auf die Selektivität eines der drei Katalysatoren gegenüber einer bestimmten Bindung feststellen, die Ergebnisse mit den drei Katalysatoren waren identisch. (Recherches **1953.** 32. Okt. Argenteuil, Labor. de l'Usine.) Fechter. D 227

Jean Besson und **Horst D. Hardt,** *Die „katalytische" Zersetzung von Acetylchlorid und Benzoylchlorid in Gegenwart von Berylliumoxyd.* Der mögliche katalyt. Einfl. von BeO auf die Zers. von CH_3COCl u. C_6H_5COCl wurde innerhalb eines Temperaturbereiches von 300—500° untersucht. Im Gegensatz zur früheren Auffassung der Vff. (C. R. hebd. Séances Acad. Sci. **218.** [1944.] 720) hat BeO, wenn es völlig wasserfrei ist, keine besondere katalyt. Wrkg. auf die Zers. der Säurechloride. Es beeinflußt die n. therm. Zers. nicht, sondern begünstigt lediglich die Dismutation des bei der therm. Zers. entstehenden CO. Das Säureanhydrid, dessen Bldg. beim Überleiten von Säurechloriddämpfen über BeO oft beobachtet wird, entsteht, wenn das BeO geringe Mengen W. enthält, durch Hydrolyse des Säurechlorids zur freien Säure u. deren Rk. mit überschüssigem Säurechlorid. (C. R. hebd. Séances Acad. Sci. **233.** 1292—94. 19/11. 1951.) K. F. Müller. D 227

D₂. Präparative organische Chemie. Naturstoffe.

Azizur Rahman und **M. O. Farooq,** *Bildung von Amiden aus Säuren und Thioharnstoff.* Durch 1—2std. Erhitzen einer Mischung von Thioharnstoff mit der jeweiligen Säure auf 200—210° wurden die folgenden A m i d e erhalten: *Propionsäure-*, *Buttersäure-* u. *Isovaleriansäure-* in 28—35%ig. Ausbeute, *Stearinsäure-*, 67% (Ausbeute); *Benzoesäure-*, 38%; *Diphenylessigsäure-*, 75%; *β.β-Diphenylpropionsäure-*, 83%. Aus *Bernsteinsäure* wurde das *Imid* in 27%ig. Ausbeute erhalten, Essigsäure reagierte kaum, Zimtsäure gar nicht. (Naturwissenschaften **40.** 460. Sept. 1953. Aligarh, India, Muslim Univ., Dep. of Chem.) Rachel. 470

J. C. Conly, *Anwendungen des Hunsdiecker-Silbersalzabbaues. Die Darstellung von Dibromiden und Tribromiden.* Vf. wendet die Meth. des Hunsdiecker-Silbersalzabbaues auf α-Bromvalerian- (**I**), β-Brompropion- (**II**), Äthylmalon- (**III**), Bernstein- (**IV**) u. *1.2.4-Butantricarbonsäure* an, die zu *1.1-Dibrombutan, Äthylenbromid* (**V**) *1.1-Di-* u. *1.1.1-Tribrompropan,* **V** u. *1.2.4-Tribrombutan* führt.

V e r s u c h e : Der Abbau erfolgt durch portionsweise Zugabe des entsprechenden, Ag-Salzes bei 0° (in den beiden letzten Fällen bei 76°) zu trockenem Br_2 in CCl_4 unter gutem Rühren; nach einer Induktionsperiode verläuft die Rk. sehr langsam. Das Reaktionsgemisch wird nach beendeter Zugabe weiter gerührt u. auf Zimmertemp. gebracht. — *1.1-Dibrombutan,* $C_4H_8Br_2$, Kp.$_{101}$ 90,5—92°, Kp.$_{43}$ 72°, durch Zugabe des Ag-Salzes von **I** [aus dem NH_4-Salz; 83% (Ausbeute)] zu Br_2 in CCl_4 während 4 Std. u. ½std. Rühren; n_D^{25} 1,4980—1,4989, D.$^{25}_4$ 1,80; 52%; gibt bei Umsetzung mit CH_3CO_2Ag u. folgende Hydrolyse des Diacetats *Butyraldehyd* [Kp. 68° (bin. Gemisch mit W.). *2.4-Dinitrophenylhydrazon,* F. 118—120°]. — *Äthylenbromid* (**V**), Kp. 128—129°, Kp.$_{67}$ 60—60,5°, F. 7,5—9°, aus dem Ag-Salz von **II** (aus dem NH_4-Salz; 85%), 8std. Zugabe, 8std. Rühren u. Stehenlassen bei Zimmertemp. über Nacht; 69%, oder aus dem Ag-Salz von **IV** bei 76°, 1std. Zugabe u. 1std. Rühren; Reaktionsgemisch zers. sich unter Umständen explosionsartig; 32%, n_D^{25} 1,5350—1,5359. — *1.1-Dibrompropan,* $C_3H_6Br_2$, Kp. 133—134°, Kp.$_{155}$ 86—88°, aus dem Ag-Salz von **III**, 4std. Zugabe, 4std. Rühren, Stehenlassen über Nacht u. langsames Erwärmen auf 55°; D.$^{25}_4$ 1,96, n_D^{25} 1,5063; 28% (gibt wie vorst. *Propionaldehyd; 2.4-Dinitrophenylhydrazon,* F. 154°), daneben *1.1.1-Tribrompropan,* $C_3H_5Br_3$, Kp.$_{25}$ 77—83°, D.$^{25}_4$ 2,35, n_D^{25} 1,5606; 24% (gibt bei Verseifung *Propionsäure*; *p-Phenylphenacylderiv.*, F. 102 bis 103°). — *1.2.4-Butantricarbonsäure,* F. 118—120°, durch Zugabe (3 Std.) von 1-Vinylcyclohexen-(3) zu konz. HNO_3 (NH_4NO_3 als Katalysator) bei 50—60° unter Rühren u. 1std. Erwärmen auf 100°; 84% (Rohprod.), Reinigung über den *Trimethylester,* Kp.$_1$ 116—117°. — *1.2.4-Tribrombutan,* Kp.$_1$ 54—56°, aus dem Ag-Salz vorst. Verb. bei 76°, 6std. Zugabe u. ½std. Rühren; n_D^{25} 1,5554; 4—6%. (J. Amer. chem. Soc. **75.** 1148—50. 5/3. 1953. Pasadena, Calif., Inst. of Technol., Gates and Crellin Labor. of Chem.) G. Winkler. 510

Lewis F. Hatch und **Glen E. Journeay**, *Allylchloride.* 19. Mitt. *Die Hydrochlorierungsprodukte von 2.3-Dimethylbutadien-(1.3).* (18. vgl. C. **1954.** 1690.) Vff. untersuchen die Hydrochlorierung von 2.3-Dimethylbutadien-(1.3) (**I**), die bei direkter Einw. von HCl im Gegensatz zu den von HOWARD u. Mitarbeitern (J. Res. nat. Bur. Standards **38.** [1947.] 374) gefundenen Ergebnissen ein von der Reaktionstemp. abhängiges Gemisch von *1-Chlor-2.3-dimethylbuten-(2)* (**II**) u. *3-Chlor-2.3-dimethylbuten-(1)* (**III**) liefert; niedrige Reaktionstemp. begünstigt die Bldg. von **II** (maximale Ausbeute bei 69° 15%). **II** u. **III** werden durch ihre physikal. Daten u. Infrarotspektren charakterisiert. Die verschied. Untersuchungsergebnisse sind nach Vff. auf die bei Zimmertemp. rasch verlaufende Allylumlagerung von **II** ⇄ **III** zurückzuführen, die durch Protonendonatoren katalysiert, durch -acceptoren gehemmt wird. Die beiden Isomeren können durch Tieftemperaturdest. getrennt u. bei Trockeneistemp. aufbewahrt werden, ohne daß Allylumlagerung eintritt. Die Hydrochlorierung von **I** in wss. Lsg. in Ggw. von CuCl gibt außer **II** u. **III** *1.3-Dichlor-2.3-dimethylbutan* (**IV**) u. geringe Mengen *2.3-Dichlor-2.3-dimethylbutan.* Die Hydrolyse eines Gemisches von **II** u. **III** liefert **I** u. *2.3-Dimethylbuten-(1)-ol-(3).* — Die Reaktionsgeschwindigkeit von **II** mit KJ in Aceton bei 20° ist ca. 150 mal größer als die von Allylchlorid, 100 mal größer als die von Methallylchlorid u. 5 mal größer als die von 1-Chlor-3-methylbuten-(2); mit $NaOC_2H_5$ in A. reagiert **II** bei —70° innerhalb 7 Sek. vollständig.

V e r s u c h e: *2.3-Dimethylbutadien-(1.3)* (**I**), $Kp._{745}$ 69,0°, aus Pinakol nach HOWARD u. Mitarbeitern, (l. c.); n_D^{20} 1,4390, n_D^{25} 1,4361, n_D^{30} 1,4332, $D.^{20}_4$ 0,7265, $D.^{25}_4$ 0,7217, $D.^{30}_4$ 0,7169. — *3-Chlor-2.3-dimethylbuten-(1)* (**III**), $Kp._{45}$ 32°, $Kp._{752}$ 113 bis 114°, durch Einleiten von HCl in **I** bei —25° bis —69°; Trennung von **II** (s. unten) durch Dest. bei 45 mm; n_D^{20} 1,4380, n_D^{25} 1,4352, n_D^{30} 1,4325, $D.^{20}_4$ 0,9053, $D.^{25}_4$ 0,9004, $D.^{30}_4$ 0,8955; ca. 83—86% (Ausbeute). — *1-Chlor-2.3-dimethylbuten-(2)* (**II**), $Kp._{45}$ 57,7°, wie vorst. neben **III**; Reinigung durch Dest. bei 1—2 mm; n_D^{20} 1,4605, n_D^{25} 1,4582, n_D^{30} 1,4559, $D.^{20}_4$ 0,9355, $D.^{25}_4$ 0,9311, $D.^{30}_4$ 0,9268; 13—16%. — *1.3-Dichlor-2.3-dimethylbutan* (**IV**), $Kp._{45}$ 80—82°, Kp. 161—163°, durch 7 std. Schütteln von **I** in konz. HCl in Ggw. von CuCl u. NH_4Cl; n_D^{20} 1,4559, n_D^{25} 1,4538, n_D^{30} 1,4517, $D.^{20}_4$ 1,070, D^{25}_4 1,064, $D.^{30}_4$ 1,059; 29%, daneben **II**, **III** u. wenig *2.3-Dichlor-2.3-dimethylbutan*, F. 158—159. — *3-Oxy-2.3-dimethylbuttersäureäthylester*, $Kp._8$ 72—74°, aus α-Brompropionsäureäthylester u. Aceton nach REFORMATSKI in Bzl.; n_D^{20} 1,4289, n_D^{25} 1,4267, n_D^{30} 1,4244, $D.^{25}_4$ 0,9671; 57%. — *2.3-Dimethylbutandiol-(1.3)*, $Kp._{12}$ 95°, durch 1 std. Kochen vorst. Verb. mit $LiAlH_4$ in Ae.; n_D^{20} 1,4462, n_D^{25} 1,4445, n_D^{30} 1,4428, $D.^{20}_4$ 0,9680, $D.^{25}_4$ 0,9645, $D.^{30}_4$ 0,9610; 60%; hygroskop.; gibt bei 1 std. Kochen mit Thionylchlorid in Ggw. von Pyridin **IV**. — *2.3-Dimethylbuten-(1)-ol-(3)*, Kp. 117—119°, durch 6 std. Kochen eines Gemisches von **II** u. **III** mit 2,5%ig. wss. Na_2CO_3-Lsg., daneben **I**. (J. Amer. chem. Soc. **75.** 3712—14. 5/8. 1953. Austin, Tex., Univ., Def. Res. Labor.)

G. WINKLER. 520

Lewis F. Hatch und **Kenneth E. Harwell**, *Allylchloride.* 20. Mitt. *Darstellung und Eigenschaften von 1-Brom-3-chlor-1-propenen.* (19. vgl. vorst. Ref.) Vff. beschreiben die Darst. von *cis-* u. *trans-1.3-Dibrompropen* (Trennung der Isomeren durch Dest. u. Kristallisation aus Ae. bei —70°); daraus wird durch Hydrolyse *cis-* (**Ia**) u. *trans-3-Brompropen-(2)-ol-(1)* (**Ib**) (Trennung durch Dest.) erhalten. **Ia** u. **Ib** liefern mit konz. HCl *cis-* (**IIa**) u. *trans-1-Brom-3-chlorpropen-(1)* (**IIb**), die sich im Licht bei 40° rasch isomerisieren, dagegen im Dunkeln bei 0° ihre Konfiguration beibehalten (Trennung durch Tieftemperaturdest.). Die Konfigurationen von **IIa** u. **IIb** werden bestimmt durch ihre physikal. Daten, Infrarotspektren u. relative Reaktivitäten gegenüber KJ in Aceton u. $NaOC_2H_5$ in A. (die durch Isomerisierung u. Rk. des Vinylbromatoms gegebenenfalls möglichen Fehler sind nach Vff. ausgeschaltet). Das Vorliegen des Chloratoms in der Allylstellung wird durch Rk. von **IIa** u. **IIb** mit $LiAlH_4$ zu *1-Brompropen-(1)* nachgewiesen.

V e r s u c h e: *1-Brompropen-(1)*, Kp. 56—61°, isomerisiert sich bei Dest. zu einem Gemisch von 70% cis- u. 30% trans-Form, durch 3 std. Kochen von Na-Phenolat u. 1.2-Dibrompropan in A.; 49% (Ausbeute), daneben *2-Brompropen* ($Kp._{745}$ 47°, n_D^{20} 1,4448; 26%); ferner aus **IIa** + **IIb** in Diäthylcellulose u. $LiAlH_4$, 1 Std. bei 40°. — *1.3-Dibrompropen*: *cis-Form*, $Kp._{25}$ 60°, $Kp._{50}$ 75°, n_D^{20} 1,5550, n_D^{25} 1,5516, $D.^{20}_4$ 2,0599, $D.^{25}_4$ 2,0494; *trans-Form*, $Kp._{25}$ 66°, $Kp._{50}$ 79°, n_D^{20} 1,5495, n_D^{25} 1,5466, $D.^{20}_4$ 1,9791, $D.^{25}_4$ 1,9701, aus vorst. Verb. durch 8 std. Kochen mit N-Bromsuccinimid u. Benzoylperoxyd in CCl_4; die cis-Form wurde erhalten durch Dest. bei 25 mm, die trans-Form durch Umkristallisation aus Ae. bei Trockeneistemp.; 60% (51% cis); reizt stark zu Tränen. — *3-Brompropen-(2)-ol-(1)*: *cis-Form* (**Ia**), $Kp._{25}$ 81°, n_D^{20} 1,5085, n_D^{25} 1,5065, $D.^{20}_4$ 1,6687, $D.^{25}_4$ 1,6623; *trans-Form* (**Ib**), $Kp._{25}$ 87°, n_D^{20} 1,5109, n_D^{25} 1,5080,

D.$^{20}_4$ 1,6630, D.$^{25}_4$ 1,6567, durch 24std. Hydrolyse vorst. Verb. mit 5%ig. Na_2CO_3 bei 75° u. Trennung der Isomeren durch Dest.; 88% (62% cis). — *1-Brom-3-chlorpropen-(1)*: *cis-Form* (**IIa**), Kp.$_{40}$ 48°, n_D^{25} 1,505, n_D^{30} 1,502, D.$^{24}_4$ 1,644, D.$^{30}_4$ 1,636, relative Reaktivität (Reinheit 95%) gegenüber KJ in Aceton bei 20° r_{KJ} 20 (Allylchlorid = 1 gesetzt), gegenüber $NaOC_2H_5$ in A. bei 50° $r_{OC_2H_5^-}$ 5,8; *trans-Form* (**IIb**), Kp.$_{40}$ 56°, n_D^{25} 1,514, n_D^{30} 1,511, D.$^{25}_4$ 1,650, D.$^{30}_4$ 1,646; r_{KJ} 1,2, $r_{OC_2H_5^-}$ 2,9 (Reinheit 75%), aus **Ia** + **Ib** u. konz. HCl, 5 Std. bei 65°; 65% (70% cis); **IIa** u. **IIb** isomerisieren sich langsam im Licht bei Zimmertemperatur. (J. Amer. chem. Soc. **75.** 6002 bis 6005. 5/12. 1953.) G. WINKLER. 520

M. R. Barusch und **J. Q. Payne**, *Darstellung von β-Oxydialkylperoxyden.* Durch Umsetzung von tert.-Butylhydroperoxyd (**I**) mit den entsprechenden Epoxyden wurden β-Oxyäthyl-tert.-butylperoxyd (**II**), β-Oxypropyl-tert.-butylperoxyd u. β-Oxyisobutyl-tert.-butylperoxyd in Ausbeuten von 33—43% dargestellt. Bei der Umsetzung von 1.2-Propylenoxyd mit **I** sind 2 Prodd. zu erwarten: $CH_3 \cdot CH(CH_2OH) \cdot OO \cdot C(CH_3)_3$ u. $CH_3 \cdot CHOH \cdot CH_2 \cdot OOC(CH_3)_3$. Kochen des Reaktionsprod. mit Phthalsäureanhydrid ergab keine Umsetzung, was für die alleinige Bldg. des sek. Alkohols spricht, da prim. Alkohole unter diesen Bedingungen schnell verestert werden.

V e r s u c h e: *β-Oxyäthyl-tert.-butylperoxyd* (**II**), $C_6H_{14}O_3$, Kp.$_{35}$ 35°, aus Äthylenoxyd u. **I** in Ae. in Ggw. von 40%ig. KOH bei 5°, dann 5 Std. bei Raumtemp. u. Vakuumdest.; n_D^{20} 1,4249; D.$^{20}_4$ 0,9561. *3.5-Dinitrobenzoat*, $C_{13}H_{16}O_8N_2$, F. 63—63,6° (A.). — *β-Oxypropyl-tert.-butylperoxyd*, $C_7H_{16}O_3$, Kp.$_{2,5}$ 36,6—37,1°, aus 1.2-Propylenoxyd u. **I** + 40%ig. KOH, 2std. Erhitzen auf 40° u. Vakuumdest.; n_D^{20} 1,4184; D.^{20} 0,9296. *3.5-Dinitrobenzoat*, $C_{14}H_{18}O_8N_2$, F. 88—89° (Ae.). — *β-Oxyisobutyl-tert.-butylperoxyd*, $C_8H_{18}O_3$, Kp.$_4$ 37—37,5°, aus 1.2-Isobutylenoxyd analog vorst. Verb., Erhitzen auf 55—60° u. Vakuumdest.; n_D^{20} 1,4165; D.$^{20}_4$ 0,9085. (J. Amer. chem. Soc. **75.** 1987—88. 20/4. 1953. Richmond, Calif., California Res. Corp., Richmond Labor.) BOLLINGER. 560

P. Fleury, J. Courtois und **A. Desjobert**, *Untersuchungen über das Diosephosphat.* 7. Mitt. *Einfluß der Blockierung der Aldehydfunktion auf die Stabilität der Esterbindung in saurem Medium.* (6. vgl. Bull. Soc. chim. France, Mém. [5] **15.** [1948.] 694.) *Diosephosphat* (**I**) wird in saurem Milieu bedeutend schneller als die Monoester der Orthophosphorsäure von acycl. Alkoholen ohne freie Carbonylfunktion hydrolysiert. Die Blockierung dieser Gruppe durch Phenylhydrazin oder sein p-Nitroderiv. führt zu Verbb. von noch größerer Säurelabilität als **I** selbst; das 2.4-Dinitrophenylhydrazon ist hingegen ziemlich stabil u. verlangsamt die Hydrolyse von **I**. — Eingehende Beschreibung der Hydrolyseverss. u. der verschied. Derivv. sowie der Herst. von **I** durch Perjodsäureoxydation von α-Glycerophosphorsäure, wobei HCHO u. H_2O abgespalten werden.

V e r s u c h e: *Diosephosphorsäure* (**I**)-*Ba-Salz*, $C_2H_3O_5PBa \cdot 4\ H_2O$, α-glycerophosphorsaures Ba wird mit Ba-Perjodat in Ggw. von n-H_2SO_4 12 Std. gerührt, die entstandene Jod- u. Perjodsäure mit der berechneten Menge $BaCO_3$ gefällt, filtriert, die freie **I** im Filtrat mit $BaCO_3$ gefällt u. eingedampft; **66**% Ausbeute. — Beschreibung der Umsetzung von **I** mit KCN, $NaHSO_3$, Semicarbazid- u. Hydroxylaminhydrochlorid, Hydrazinhydrat, Phenyl-, 4-Nitro- u. 2.4-Dinitrophenylhydrazin sowie Tabelle mit dem Hydrolysegrad der erhaltenen Derivv. nach 6 Std. bei 37°. (Bull. Soc. chim. France, Mém. [5] **19.** 458—62. Mai/Juni 1952. Paris, Fac. de Pharm., Labor. de Chim. biol. u. Centre Nat. de la Rech. Scientif.) ROTTER. 690

W. M. Rodionow, N. Je. Kologriwowa, Je. A. Ogorodnikowa und **W. N. Below**, *Zwischenprodukte der Riechstoffsynthese.* 2. Mitt. *Gewinnung von Hexadecandion-(2.15).* (1. vgl. C. **1954. 9498.**) Für das durch Ketonspaltung aus 2.13-Diacetyltetradecandisäure-(1.14) (**I**) zugängliche *Hexadecandion-2.15* (**II**), das nach A. PP. 2 526 171, 2 556 876 (vgl. C. **1951.** II. 1979; **1952.** 8056) als Zwischenprod. für die Synth. makrocycl. Ketone Bedeutung hat, wurden die Bedingungen für die bestmögliche Ausbeute untersucht. Bei der Einw. von Essigsäure verschied. Konz. erleidet **I** keinerlei Veränderung. Die beste Ausbeute an **II** liefert die Einw. von wss.-alkoh. NaOH. Auch bei 5std. Erhitzen von **I** mit W. im Autoklaven auf 200° entsteht **II** neben harzigen Produkten.

V e r s u c h e: *Hexadecandion-(2.15)* (**II**), $C_{16}H_{30}O_2$, F. 85—86°; durch 1std. Kochen von 29 g **I** (Rohprod. der Kondensation von Acetessigester mit 1.10-Dibromdecan [**III**]) mit 120 ml 10%ig. wss.-alkoh. NaOH; aus wss. A. (1 : 1) Kristalle; ca. 50% (Ausbeute, auf **III** bezogen). *Semicarbazon*, F. 198—199°. (**Журнал Общей Химии** [J. allg. Chem.] **23** (**85**). 1828—30. Nov. 1953. Allunions wiss. Forschungsinst. für synthet. und natürl. Riechstoffe.) HENSEL. 720

Harold Shechter und **Franklin Conrad,** *Orientierung bei Reaktionen von Distickstofftetroxyd und Acrylsäuremethylester.* Bei der Rk. von *Acrylsäuremethylester* (I) mit N_2O_4 entstehen *3-Nitroacrylsäuremethylester* (II), *2-Oxy-3-nitropropionsäuremethylester* (III) u. *Oxalsäuredihydrat* (IV) sowie nitrogruppenhaltige Polymere von I nebeneinander. Für den Ablauf der Rk. wird die Bldg. von NO_2-Radikalen angenommen. Eine Spaltung von N_2O_4 in NO_2^+ u. NO_2^- bzw. NO^+ u. NO_3^- würde zu anderen Endprodd. führen u. tritt nicht ein. III wird identifiziert als *2-Oxy-3-nitropropionsäure* (VI), ident. mit der aus *Nitromethan* (VII) u. *Glyoxylsäure* (VIII) in Ggw. bas. Katalysatoren erhaltenen Säure. III gibt bei Hydrolyse VI, mit Acetylchlorid (V) neben dem *O-Acetylderiv. von* III II, ident. mit II aus I u. N_2O_4 u. aus der HCl-Abspaltung von *2-Chlor-3-nitropropionsäuremethylester.*

V e r s u c h e: *3-Nitroacrylsäuremethylester* (II), $C_4H_5O_4N$, $Kp._{0,8-1,5}$ 45—50°, F. 34—35°, durch Eintropfen von I in N_2O_4 in Ae. bei 0° unter Einleiten von O_2; nach 5 Std. Durchleiten durch ein Vakuumgefäß bei 40° in W. von 0°, Neutralisieren mit Harnstoff, Extraktion mit Ae. u. Ae.-Rückstand fraktioniert dest. (Explosionsgefahr!), 13% (Ausbeute), neben *2-Oxy-3-nitropropionsäuremethylester* (III), $Kp._{0,8-1,5}$ 95—110°, F. 44—46°; 27%; ohne Harnstoffzusatz entsteht zu 80% *Oxalsäuredihydrat* (IV) (*Oxanilid*, F. 253—255°). III gibt beim Erhitzen mit V neben *2-Acetoxy-3-nitropropionsäuremethylester* 65% II. — *2-Oxy-3-nitropropionsäure* (VI), F. 77—78°, durch 5std. laufende Dest. von III u. W. + H_2SO_4 unter ständigem Ersatz der abdest. Fl. u. Extraktion des Destillats mit Ae.; 94%; bei 3std. Kochen von III u. W. + H_2SO_4 am Rückfluß entsteht nur IV; VI entsteht auch zu 72% aus VIII u. VII + NaOH bei 25—30° (19 Std.), dann 60—80° (1 Std.). (J. Amer. chem. Soc. **75**. 5610—14. 20/11. 1953. Columbus, O., Ohio State Univ., Mc Phenson Chem. Labor.) LÖFFLER. 810

W. M. Rodionow, Je. A. Ogorodnikowa, N. N. Schewjakowa, Je. K. Smoljaninowa und **W. N. Below,** *Zwischenprodukte der Riechstoffsynthese.* 1. Mitt. *Synthese von Tetradecandisäure-(1.14).* Durch Erhitzen von 1.10-Dibromdecan (I) mit Acetessigester (II) in Ggw. von C_2H_5ONa wurde der *Diäthylester* von *2.13-Diacetyltetradecandisäure-(1.14)* (III) erhalten. Bei der Einw. von 15—33%ig. KOH auf III entstand unter Ketonspaltung hauptsächlich *Hexadecandion-(2.15)*; Nebenprod. war *14-Oxopentadecansäure-(1)* (IV). Säurespaltung erfolgte erst bei einem Verhältnis KOH: W. = 5:1 unter Bldg. von hauptsächlich *Tetradecandisäure-(1.14)* (V) u. wenig IV.

V e r s u c h e: 330 g des Reaktionsgemischs aus Äthylacetat u. C_2H_5ONa werden, ohne II zu isolieren, mit 45 g I unter Rühren 40—45 Std. auf 78—80° erhitzt; aus der nach Zusatz von W. erhaltenen Ölschicht werden nach Abdest. von überschüssigem Äthylacetat u. II 58—62 g roher III-*Diäthylester* (Geh. 79—85%) erhalten. *Tetradecandisäure-1.14* (V), $C_{14}H_{26}O_4$, F. 123—124° (aus A.); man tropft vorst. erhaltenen rohen III-Diäthylester in 1 Std. bei 95—110° zu 150 g KOH + 30 g W. hinzu u. erhitzt 2 Std. auf 110°; nach Ausfällen mit HCl, Lösen in 50%ig. A. u. Abkühlen werden 23,2 g V (Rohprod., ca. 15% IV enthaltend) gewonnen; Reinigung über den *Dimethylester*, F. 42,5—43,5°; $Kp._6$ 185—188°. — *14-Oxopentadecansäure-(1)* (IV), $C_{15}H_{28}O_3$, F. 75—76°. (Журнал Общей Химии [J. allg. Chem.] **23** (**85**). 1826—28. Nov. 1953. Allunions wiss. Forschungsinst. für synthet. u. natürl. Riechstoffe.)
HENSEL. 820

Miloš Koecher, *Synthese von Estern alkylierter aliphatischer Polycarbonsäuren für die Herstellung von Stoffen mit möglicher antihidrotischer Wirkung.* Die *Agaricinsäure* [I; *2-Oxynonadecantricarbonsäure-(1.2.3)* oder *α-n-Hexadecylcitronensäure*] ist der wirksame Bestandteil der antihidrot. wirksamen Droge *Agaricin.* Vf. versucht, durch Herst. von Estern von Tricarbonsäuren mit langen Seitenketten ähnliche Konfigurationen wie bei I zu erzielen, um zu finden, auf welche Gruppe in der Struktur der I die antihidrot. Wrkg. zurückzuführen ist. Dabei werden zahlreiche Zwischenprodd. hergestellt, die zur Aufstellung der physikal. Eigg. dieser homologen Reihen Anlaß geben. In diesem Zusammenhang werden Kurven (11 Diagramme) u. Tabellen über die Abhängigkeit der Kpp., Dichten, Brechungsindices von der Länge der Seitenketten in folgenden Di- u. Tricarbonsäureestern aufgestellt, in welchen R die Seitenkette u. die Zahlen in Klammern die C-Kettenlänge derjenigen R bedeuten, die in den Diagrammen oder Tabellen berücksichtigt sind, u. Kp., Dichte, n_D die in den Diagrammen wiedergegebene Abhängigkeit dieser Konstanten: *α-R-Äthenyltricarbonsäuretriäthylester* (0, 1, 2, 3, 4, 6, 16; Kp., Dichte, n_D). *β-R-Äthenyltricarbonsäuretriäthylester* (1, 2, 3; Kp.). *Alkylhalogenmalonsäurediäthylester* (0, 1, 2, 4, 6, 16; Kp.). *α-Carboxy-α-R-glutarsäuretriäthylester* (1, 2, 3, 4, 6, 16; Kp., Dichte, n_D). *α-Carboxy-α-R-tricarballylsäuretetraäthylester* (0, 1, 2, 3, 6; Kp., Dichte). — In der Arbeit wird nur die Herst. der Ester beschrieben. Zu ihrer Gewinnung werden Malon- u. Acetessigester bzw. ihre Alkylhomologen mit den Estern halogenaliphat. Säuren in Ggw. von Na u. wasserfreiem A. kondensiert. Die Kondensation selbst verläuft zufriedenstellend, denn die Alkylmalonsäureester behalten auch mit längerer aliphat. Seitenkette ihre Reaktivität. Die Isolierung der höheren Derivv. zeigt jedoch wegen der leichteren Zers. auch bei hohem Vakuum Schwierigkeiten.

V e r s u c h e: Nach Literaturangaben wurden dargestellt: *Äthylenchlorhydrin*, Kp. 125—135°; 30% (Ausbeute). *Äthylencyanhydrin*, $Kp._{25}$ 125—132°. *β-Brompropionsäureäthylester*, $Kp._{16}$ 74—76°; 55%. *Acetbernsteinsäurediäthylester*, $Kp._{18}$ 150°; 53,5%. *Monochloressigsäureäthylester*, Kp. 141—142°; 58%. *n-Hexadecyljodid*, $Kp._{17}$ 210 bis 224°, F. 21°; daneben *n-Octadecyljodid*, $Kp._{17}$ 224—232°, weiße schuppenförmige Kristalle. *n-Butylbromid*, Kp. 102—104°; 59%. *n-Hexylbromid*, Kp. 155—157°; 65%. *n-Propylbromid*, Kp. 70—73°; 63%. *n-Butylmalonsäurediäthylester*, $Kp._{14}$ 124—126°; 70%. *n-Hexylmalonsäurediäthylester*, $Kp._{19}$ 151,5—155°. *Cetylmalonsäurediäthylester*, $Kp._{14}$ 237—245°. *Laurinsäure*, aus dem techn. Prod., $Kp._{100}$ 222—229°, 40%. *α-Bromlaurinsäureäthylester*, $Kp._{15}$ 175—185°. *α-Brompalmitinsäureäthylester*, $Kp._{18}$ 218 bis 225°. *Brombernsteinsäurediäthylester*, $Kp._{50}$ 154—161°. *Chlormalonsäurediäthylester*, Kp. 217—224°. — *α-n-Butyläthyl-α.α.β-tricarbonsäuretriäthylester* (II), $C_{15}H_{26}O_6$, aus Na-Äthylat u. n-Butylmalonsäurediäthylester durch 1 std. Erhitzen auf 100° u. Zugabe von Monochloressigsäureäthylester bei dieser Temp.; Öl; $Kp._{21}$ 174—175°; $D.^{20}{}_{20}$ 1,0390; n_D^{20} 1,4349; 42%. — *α-n-Hexyläthyl-α.α.β-tricarbonsäuretriäthylester*, $C_{17}H_{30}O_6$, aus n-Hexylmalonsäurediäthylester analog II, $Kp._{11}$ 187—190°; $D.^{20}{}_{20}$ 1,0128, n_D^{20} 1,4378; 43,5%. — *α-Cetyläthyl-α.β.β-tricarbonsäuretriäthylester*, $C_{27}H_{50}O_6$, aus Cetylmalonsäurediäthylester analog II, $Kp._3$ 233—238°; $D.^{20}{}_{20}$ 0,9365, n_D^{20} 1,4461. — *β-n-Decyläthyl-α.α.β-tricarbonsäuretriäthylester*, $C_{21}H_{38}O_6$, aus Bromlaurinsäureäthylester analog II, Öl, $Kp._{3,5}$ 205°; $D.^{20}{}_{20}$ 0,9833; n_D^{20} 1,4410. — *β-n-Tetradecyläthyl-α.α.β-tricarbonsäuretriäthylester*, aus Brompalmitinsäureäthylester analog II, Öl, $Kp._8$ 219—238°. — *α-Carboxy-α-n-butylglutarsäuretriäthylester* (III), $C_{16}H_{28}O_6$, aus n-Butylmalonsäurediäthylester u. β-Brompropionsäure analog II, Öl, $Kp._{17}$ 191—193°, $Kp._{2,5}$ 165—166° $D.^{20}{}_{20}$ 1,0330; n_D^{20} 1,4392. — *α-Carboxy-α-n-hexylglutarsäuretriäthylester*, $C_{18}H_{32}O_6$, aus n-Hexylmalonsäurediäthylester analog III; Öl, $Kp._5$ 188°; $D.^{20}{}_{20}$ 1,0100; n_D^{20} 1,4412. — *α-Carboxy-α-cetylglutarsäuretriäthylester*. $C_{28}H_{52}O_6$, aus Cetylmalonsäurediäthylester analog III; leicht gelbes Öl; $Kp._3$ 260—270°; $D.^{20}{}_{20}$ 0,9413; n_D^{20} 1,4502. — *α-Carboxy-α-n-hexyltricarballylsäuretetraäthylester* (IV), $C_{21}H_{36}O_8$, aus n-Hexylmalonsäure- u. Brombernsteinsäurediäthylester analog II, Öl, $Kp._3$ 203—204°; $D.^{20}{}_{20}$ 1,0534; n_D^{20} 1,4469. — *α-Carboxy-α-cetyltricarballylsäuretetraäthylester*, $C_{31}H_{56}O_8$, wie vorher aus Cetylmalonsäurediäthylester analog IV, Kristallmasse, $Kp._4$ 265—294°. — *n-Butylchlormalonsäurediäthylester*, $C_{11}H_{19}O_4Cl$, Öl, $Kp._{2,5}$ 118—119°; $D.^{20}{}_{20}$ 0,9891; n_D^{20} 1,4363. — *n-Butylbrommalonsäurediäthylester*, $C_{11}H_{19}O_4Br$, $Kp._3$ 126—129°; $D.^{20}{}_{20}$ 1,2423; n_D^{20} 1,4512. — *n-Hexylbrommalonsäurediäthylester*, $C_{13}H_{23}O_4Br$, $Kp._4$ 142—147°; $Kp._6$ 161,0° (Časopis českého Lékárnictva; vědecká Příloha **63**. 15—30. 31/1. 1950. Königgrätz, Karlsuniv., Med. Fak., Pharmakol. Inst.) ROTTER. 830

Harold J. Klosterman und **F. Smith,** *Die Isolierung von β-Oxy-β-methylglutarsäure aus Flachssamen* (*Linum usitatissimum*). Vff. erhalten bei der Extraktion von entfettetem Leinsamenmehl mit A./Dioxan (1:1) ein komplexes Glucosid, das bei Behandlung mit $NaOCH_3$ in Methanol/Dioxan u. a. *β-Oxy-β-methylglutarsäuredimethylester* (I) liefert. Die Struktur von I wird durch unabhängige Synth. aus *Diallylmethylcarbinol* sichergestellt.

V e r s u c h e: *β-Oxy-β-methylglutarsäuredimethylester* (I), $C_8H_{14}O_5$, $Kp._{13}$ 119 bis 120°, durch 48 std. Behandlung von entfettetem Leinsamenmehl mit A./Dioxan (1:1), 2 std. Schütteln des erhaltenen hellbraunen Pulvers mit $NaOCH_3$ in Methanol/Dioxan u. Stehenlassen über Nacht; $n_D^{2,46}$ 1,4381, daneben ein *Glucosid eines Polyoxyphenols* u. ein *Glucosid* vom *F. 167°*, $[\alpha]_D^{27}$ —73° (c = 1; Methanol). *Bis-p-toluidid*, $C_{20}H_{24}O_3N_2$, F. 144—145°. *Bis-anilid*, $C_{18}H_{20}O_3N_2$, F. 132°. — *β-Oxy-β-methylglutarsäure*, $C_6H_{10}O_5$, F. 108° (Aceton), durch 2 std. Kochen von I in 2 n HCl, ferner durch Ozonisierung von *Diallylmethylcarbinol* ($Kp._{737}$ 153°, $Kp._{14}$ 56—57°, aus Allyl—MgBr u. Äthylacetat) in Äthylacetat, Aufnehmen des entstandenen Dialdehyds in Eisessig u. Oxydation mit 30%ig. H_2O_2 u. H_2SO_4 unter 2 std. Kochen; 81% (Ausbeute). (J. Amer. chem. Soc. **76**. 1229—30. 5/3. 1954. Fargo, North Dakota, Agricultural Experiment Station, Dep. of Agric. Chem.) G. WINKLER. 850

P. Karrer und **G. Aman,** *Über einige vom L-Cystein sich ableitende Sulfide und Sulfoxyde*. Da verschied. Sulfoxyde antibiot. wirksam sind, stellen Vff. Sulfoxyde aus solchen Sulfiden dar, die aus L-Cystein (III) u. α-Halogencarbonsäuren gewonnen werden können. — III lieferte mit dl-α-Jodpropionsäure bzw. l(—)-α-Brompropionsäure *S*-[*dl*- bzw. *l-1-Carboxyäthyl-(1)-cystein* (**I a** bzw. **b**), von denen ersteres in bezug auf die

Propionsäurekomponente wahrscheinlich rac., letzterers vielleicht teilweise rac. ist, da eine WALDENsche Umkehrung nicht ausgeschlossen ist. Mit *l-α-Bromisocapronsäure* ergab **III** entsprechend *S-[l-1-Carboxy-3-methylbutyl-(1)]-L-cystein* (**II**). Oxydation mit H_2O_2 führte zu entsprechenden *Sulfoxyden* mit neuem Asymmetriezentrum; sie werden demnach Mischungen von diastereomeren Formen sein. Verss., sie zu trennen, mißlangen. *L-S-Propylcysteinol* entstand aus L-S-Propylcystein durch Veresterung u. Red. mit $LiAlH_4$. Pyrolyse von *L-S-Propylcysteinsulfoxyd* in Fluoren bei 115—120° führte zwar zur CO_2-Abspaltung, jedoch konnte das Amin H_2N-$(CH_2)_2$-S(O)-$(CH_2)_2$-CH_3 nicht isoliert werden. Auch der Abbau von L-S-Allylcystein durch Erhitzen mit Alloxan in W. zu *S-Allylthioglykolaldehyd* gelang nicht. Bei Pyococcus aureus, S. cerevisiae u. B. coli zeigten **I a** u. **b**, **II**, die entsprechenden Sulfoxyde u. *dl-* u. *l-Crotylglycin* keine entwicklungshemmende Wirkung.

Versuche: *S-[d.l-1-Carboxyäthyl-[1)]-L-cystein* (**I a**), $C_6H_{11}O_4NS$: Mit 0,2 n Ba·$(OH)_2$-Lsg. neutralisierte wss. Lsgg. von **III**·HCl u. dl-α-Jodpropionsäure wurden tropfenweise zusammengegeben unter N_2, die Mischung wurde mit Barytlauge neutral gehalten; es wurde im Vakuum eingeengt, mit absol. A. versetzt, der Nd. abzentrifugiert, in W. aufgenommen, die Ba-Ionen wurden entfernt u. das Filtrat wurde im Vakuum eingeengt; F. 169—171° (Zers.) (W.); 36% (Ausbeute). — *S-[l-1-Carboxyäthyl-(1)-L-cystein* (**I b**), aus **III**·HCl u. l-(—)-α-Brompropionsäure ($[\alpha]_D^{19}$ —25°) wie vorst., aber 3 Std. bei 50°; F. 178—179°, $[\alpha]_D^{20}$ +74,50° (W.). — *S-[d.l-1-Carboxyäthyl-(1)]-L-S-cysteinsulfoxyd*, $C_6H_{11}O_5NS$, durch 48std. Behandeln von **I a** in 0,5 n NaOH mit Perhydrol; mit 0,5 n HCl neutralisiert; F. 153—154° (Zers.) (W.); 52%. — In gleicher Weise wurde die entsprechende l-Verb. dargestellt. — *S-dl-1-Carboxyäthyl-(1)]-L-cysteinsulfon*, C_6·$H_{11}O_6NS$, aus **I a** in wss. Lsg. mit Perhydrol, 48 Std. bei Zimmertemp.; im Vakuum eingeengt; F. 160—161° (Zers.)(W.). — *S-[l-1-Carboxy-3-methylbutyl-(1)]-L-cystein*(**II**), $C_9H_{17}O_4NS$, **aus l-α-Bromisocapronsäure** ($[\alpha]_D^{18}$ —38,91°); F. 160—162° (W.); $[\alpha]_D^{18}$ —23,56° (W. + 1 Mol NaOH/Mol **II**). — *S-[l-1-Carboxy-3-methylbutyl-(1)]-L-S-cysteinsulfoxyd*, $C_9H_{17}O_5NS$, F. 130 bis 132° (Zers.) (W.); $[\alpha]_D^{18}$ +26,81 (W.). — *L-S-Propylcysteinol*, $C_6H_{15}ONS$, aus 11 g L-S-Propylcysteinäthylester in absol. Ae. mit $LiAlH_4$; nach Zers. des überschüssigen $LiAlH_4$ durch Essigester wurde mit W. zerlegt u. äther. Phase eingedampft; Öl in Chlf. aufgenommen; Kp.$_{0,03}$ 88—95°; $[\alpha]_D^{20}$ —28,84 (absol. A.); 5,2 g. (Helv. chim. Acta **33**. 302—06. 15/3. 1950. Zürich, Univ., Chem. Inst.)

HALLMANN. 950

John A. King und **Freeman H. McMillan**, *Die Reaktion von Glutaminsäure mit Acetanhydrid und Pyridin.* (Vgl. DAKIN u. WEST [1928.]) Vff. untersuchen die Einw. von Acetanhydrid/Pyridin auf Glutaminsäure (**I**). Aus dem Reaktionsgemisch werden isoliert: *3.5.8.10-Tetraketoperhydrodipyrrolo-[a:α]-pyrazin* (**II**) [entstanden durch intermol. Dehydratation aus Pyrrolidon-(5)-carbonsäure-(2) (**V**)], *1.5-Diacetylpyrrolidon-(2)* (**III**) (entstanden aus dem decarboxylierten Acetylierungsprod. von **I** durch Ringschluß) u. *1-Acetylpyrrolidon-(5)-carbonsäure-(2)* (**IV**) (Hauptmenge nach Vff. wahrscheinlich entstanden durch therm. Umlagerung von α-Acetamidoglutarsäureanhydrid; **VII**).

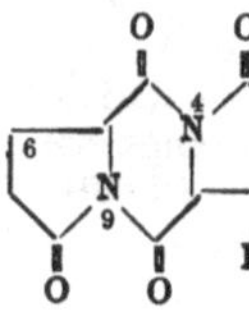

II

Versuche: *3.5.8.10-Tetraketoperhydrodipyrrolo-[a:α]-pyrazin* (**II**),$C_{10}H_{10}O_4$·N_2, F. 340° (Zers., aus wss. A.), durch $^1/_2$std. Kochen von 7,35 g **I** mit Acetanhydrid/Pyridin bis zur Beendigung der CO_2-Entw.; 1,0 g (Ausbeute), daneben 1,1 g **III** u. 1,0 g **IV**, oder durch 1std. Kochen von **V** mit Acetanhydrid/Pyridin ohne CO_2-Entw.; 60%, oder durch 1std. Kochen von nachst. **VI** mit Acetanhydrid; gibt bei Hydrolyse mit 1 n NaOH *Pyrrolidon-(5)-carbonsäure-(2)* (**V**), F. 180—181° (W.). — *3.6-Diketopiperazin-2.5-dipropionsäure* (**VI**), $C_{10}H_{14}O_6N_2$, F. 160—161°, durch Erhitzen von **I** auf 175 bis 180° bis zur Bldg. einer klaren Schmelze, Erniedrigung des Drucks auf 100 mm u. Erwärmen bei 150° bis zur vollständigen Entgasung der Schmelze; massive Prismen aus W.; 3%, daneben 18% **V**; ferner durch 24std. Erwärmen von α-Äthylglutamat auf 100°; 10%. — *1.5-Diacetylpyrrolidon-(2)* (**III**), $C_8H_{11}O_3N$, Kp.$_{0,25}$ 100°, F. 68—69° (Skellysolve C), Nebenprod. von **II** [*Semicarbazon*, $C_9H_{14}O_3N_4$, F. 220—222° (Zers.; aus W.)]; gibt bei 1std. Kochen mit HCl *2.5-Dimethylpyrazin-3.6-dipropionsäure*, $C_{12}H_{16}$·O_4N_2, F. 209—211°. — *1-Acetylpyrrolidon-(5)-carbonsäure-(2)* (**IV**), $C_7H_9O_4N$, Kp.$_{0,25}$ 160°, Nebenprod. von **II**; gibt bei 1std. Kochen mit 1 n NaOH *N-Acetylglutaminsäure*, $C_7H_{11}O_5N$, F. 183—190° (W.); liefert bei der versuchten Darst. des Thiohydantoinderiv. von Anilin nur *Acetanilid* [F. 116—118° (W.)]; gibt bei Ammonolyse *Acetylglutamin*, $C_7H_{12}O_4N_2$, F. 189—193° (W.; A.). — *1-Acetyl-2-thiohydantoin-5-β-propionanilid*, F. 197°, aus **VII** u. Anilin durch wenige Min. Erwärmen auf 50°, 3 Tage Stehenlassen bei Zimmertemp., Zugabe von NH_4SCN u. Acetanhydrid u. $1^1/_2$std. Erwärmen auf 100°. — *Acetyl-dl-prolin*, $C_7H_{11}O_3N$, Kp.$_{0,9}$ 146—153°, durch Acetylierung von l-Prolin wie vorst. ohne CO_2-Entw.; 80%. (J. Amer. chem. Soc. **74.** 2859–64. 5/6. 1952. New York, N. Y., Warner Inst. for Therapeut. Res.) G. WINKLER. 950

K. A. Andrianow, A. A. Shdanow und **A. A. Bogdanowa,** *Über die Reaktion von Alkylacetoxysilanen mit Alkoholen.* Bei der Einw. von Alkoholen auf Alkyltriacetoxysilane entstehen *Alkylalkoxyacetoxysilane* nach $RSi(OCOCH_3)_3 + R'OH \rightarrow RSi(OCO \cdot CH_3)_2(OR') + CH_3COOH$. Die Rk. ist umkehrbar.

V e r s u c h e: *Methyltriacetoxysilan* (I), $C_7H_{12}O_6Si$, F. 40,5°; Kp.$_{17}$ 110–112°; durch Erhitzen von 1,5 Mol Methyltrichlorsilan u. 4,5 Mol Essigsäureanhydrid bis zum Übergang von 4,5 Mol Acetylchlorid; D.$^{20}_4$ 1,1750; n_D^{20} 1,4038; 78% (Ausbeute); bildet unterkühlte Schmelzen. — *Methyl-n-butoxydiacetoxysilan,* $C_9H_{18}O_5Si$, Kp.$_8$ 93–96°; beim Zutropfen von Butylalkohol (2 Mol) zu 2 Mol I; nach 1 Std. Rühren wird im Vakuum fraktioniert; D.$^{20}_4$ 1,0600; n_D^{20} 1,4087; 68%. — Analog beim Molverhältnis 2:1 *Methyldi-n-butoxyacetoxysilan,* $C_{11}H_{24}O_4Si$, Kp.$_{30}$ 124–128°; D.$^{20}_4$ 0,9439; n_D^{20} 1,4097; 28%. (Доклады Академии Наук СССР [Ber. Akad. Wiss. UdSSR] [N. S.] **94.** 697–99. 1/2. 1954.) R. K. MÜLLER. 980

A. N. Pudowik und **K. A. Kowyrsina,** *Einwirkung von Halogenalkylen und Allylbromid auf dibutylthiophosphorigsaures Natrium.* Aus der Na-Verb. von Di-n-butylthiophosphorigsäure (I) u. C_2H_5J wurde *Äthylthiophosphonsäuredi-n-butylester* erhalten. Analoge Verbb. entstanden mit anderen Alkylhalogeniden. Mit Allylbromid bildeten sich *Allylthiophosphonsäuredi-n-butylester* u. hieraus unter Anlagerung von I *x-Bis-[di-n-butylthiophosphon]-propan* (II); da die Anlagerungsweise von I an die Doppelbindung nicht festgestellt wurde, kommen für II die Strukturen $(C_4H_9O)_2P(=S)CH \cdot (CH_3)CH_2P(=S)(OC_4H_9)_2$ u. $(C_4H_9O)_2P(=S)CH_2CH_2CH_2P(=S)(OC_4H_9)_2$ in Betracht. Auch die Na- oder Li-Verb. von Diäthylthiophosphorigsäure (III) wurde mit C_2H_5J umgesetzt; die Rk. verlief n., doch war die Ausbeute an *Äthylthiophosphonsäurediäthylester* unbefriedigend.

V e r s u c h e: *Äthylthiophosphonsäurediäthylester,* $C_6H_{15}O_2SP$, Kp.$_{12}$ 79–80°; aus der Na-Verb. von III (13 g III; 2 g Na) u. 20 g C_2H_5J in 200 ml Toluol bei 3 std. Erhitzen auf dem Wasserbad; D.$^{20}_4$ 1,0338; n_D^{20} 1,4555; 6,8 g (Ausbeute). — *Alkylthiophosphonsäuredi-n-butylester* $(C_4H_9O)_2P(=S)R$. $R = C_2H_5$, $C_{10}H_{23}O_2SP$, Kp.$_2$ 97–98°; aus der Na-Verb. von I (14 g I; 2 g Na) u. 14,8 g C_2H_5J in 250 ml Ae., 3 Std. auf dem Wasserbad; D.$^{20}_4$ 0,9768; n_D^{20} 1,4510; 9,6 g. $R = n\text{-}C_3H_7$, $C_{11}H_{25}O_3SP$, Kp.$_2$ 103–104°; D.$^{20}_4$ 0,9772; n_D^{20} 1,4580. $R = n\text{-}C_4H_9$, $C_{12}H_{27}O_2SP$, Kp.$_2$ 108–109°; aus der Na-Verb. von I u. Butylbromid in Ae.; D.$^{20}_4$ 0,9780; n_D^{20} 1,4654; 6,7 g aus 10 g I. $R = n\text{-}C_4H_9OCH_2$, $C_{13}H_{29}O_3SP$, Kp.$_5$ 146–148°; aus der Na-Verb. von I u. Chlormethylbutyläther in Ae.; D.$^{20}_4$ 0,9806; n_D^{20} 1,4482; 8,6 g aus 9,9 g I. $R = CH_2CHCH_2$, $C_{11}H_{23}O_2SP$, Kp.$_3$ 120°; aus der Na-Verb. von I u. Allylbromid in Ae.; D.$^{20}_4$ 0,9858; n_D^{20} 1,4710; 10,1 g aus 20 g I neben 2,6 g nachst. Verbindung. — *x-Bis-[di-n-butylthiophosphon]-propan* (II), $C_{19}H_{42} \cdot O_4S_2P_2$, Kp.$_3$ 207°; n_D^{20} 1,4643; dickes Öl. (Журнал Общей Химии [J. allg. Chem.] **24** (**86**). 307. — 11. Febr. 1954. Kasan, Univ.) R. KNOBLOCH. 980

K. Geiersberger und **H. Galster,** *Umsetzungen aluminiumorganischer Verbindungen mit Chalkogenwasserstoffen.* Ausführliche Wiedergabe der C. **1952.** 5557 referierten Arbeit. (Z. anorgan. allg. Chem. **274.** 289–92. Dez. 1953. Kiel, Univ., Inst. für anorgan. Chem.) UMLAND. 980

W. M. Rodionow, W. N. Below und **Ss. A. Kore,** *Zur Frage der Orientierung der tert.-Butylgruppe bei ihrer Einführung in den aromatischen Kern.* Nach SMITH u. PERRY (J. Amer. chem. Soc. **61.** [1939.] 1411) wird 1.3-Dimethyl-4-tert.-butylbenzol (I) durch $AlCl_3$ zu 1.3-Dimethyl-5-tert.-butylbenzol (II) isomerisiert. Vff. konnten in vorliegender Unters. zeigen, daß die umgekehrte Isomerisierung von II zu I beim Erhitzen mit $AlCl_3$ nicht erfolgt. Zur Identifizierung von II dienten das *Trinitroderiv.* u. der nach NIGHTINGALE u. Mitarbeitern (vgl. C. **1943.** II. 1792) aus II über *2.4-Dimethyl-6-tert.-butylbenzylchlorid* hergestellte *2.4-Dimethyl-6-tert.-butylbenzylalkohol.* Im Gegensatz zu älteren Angaben wurde von SSIWKOW u. Mitarbeitern (Труды Всесоюзного Научно-исследовательского института синтетических и натуральных душистых веществ [Arbeiten des Allunions wiss. Forschungsinst. für synthet. und natürl. Riechstoffe] **1952.** Heft 1, 41) behauptet, daß sich aus m-Xylol (III) u. Isobutylalkohol in Ggw. von konz. H_2SO_4 außer II auch I bilde. Die Nachprüfung ergab, daß II Hauptprod. (40%, auf umgesetztes III bezogen) ist; falls sich auch I bildet, so können es nur geringe Mengen sein. Bei der Rk. von Bzl. mit Isobutylalkohol in Ggw. von konz. H_2SO_4 oder mit Isobutylchlorid in Ggw. von $AlCl_3$ wurde *1.4-Di-tert.-butylbenzol* (IV) erhalten. Die Einw. von Isobutylen auf Bzl. in Ggw. von $AlCl_3$ soll nach neueren Literaturangaben zur Bldg. von 1.3-Di-tert.-butylbenzol (V) neben IV führen, was von anderer Seite nicht bestätigt wird. Ohne hierzu Stellung zu nehmen, wurde die im A. P.

2 429 691 [**1947.**] behauptete Isomerisation von **IV** zu **V** unter dem Einfl. von $AlCl_3$ + HCl-Gas nachgeprüft; der Vers. brachte keine Bestätigung. Vff. kommen zu dem Schluß, daß die Orientierung der tert. -Butylgruppe bei ihrem Eintritt in den Benzolkern nicht so sehr von dem Kondensationsmittel abhängt; vielmehr scheint die räumliche Ausdehnung der stark verzweigten tert.-Butylgruppe die Bldg. von „symm." (1.4- oder 1.3.5-) Verbb. zu begünstigen.

Versuche: *1.3-Dimethyl-5-tert.-butylbenzol* (**II**), $C_{12}H_{18}$, Kp. 204—204,5°; aus 136 g **III**, 95 g iso-C_4H_9OH u. 278 g konz. H_2SO_4; D.$^{20}{}_4$ 0,8656; n_D^{20} 1,4962. *Trinitroderiv.*, F. 111—112°. — *2.4-Dimethyl-6-tert.-butylbenzylchlorid*, $C_{13}H_{19}Cl$, Kp.$_4$ 118 bis 120°; zu 100 g **II**, 50 g 39,7%ig. Formalin u. 79 g konz. HCl fügt man in $1^1/_2$ Std. 200 g konz. H_2SO_4 bei 50° hinzu u. erwärmt 6 Std. auf 60°; D.$^{20}{}_4$ 1,0084; n_D^{20} 1,5300; ca. 48 g (Ausbeute) neben *Bis-[2.6-dimethyl-4-tert.-butylphenyl]-methan* (vgl. FUSON u. Mitarbeiter, C. **1942. II.** 392), $C_{25}H_{36}$, F. 134—135°; 24 g. — *2.4-Dimethyl-6-tert.-butylbenzylacetat*, $C_{15}H_{22}O_2$, Kp.$_2$ 127—129°; aus vorst. Chlorid durch 6std. Erhitzen mit Na-Acetat + wenig Pyridin auf 80—125°; D.$^{20}{}_4$ 0,9835; n_D^{20} 1,5059; 67%. — *2.4-Dimethyl-6-tert.-butylbenzylalkohol*, $C_{13}H_{20}O$, F. 98—99°; aus vorst. Acetat durch Verseifen mit 10%ig. alkoh. NaOH. — *1.4-Di-tert.-butylbenzol* (**IV**), $C_{14}H_{22}$, F. 77—78° (aus A.); a) durch 6std. Erhitzen von 550 g Bzl., 250 g iso-C_4H_9OH u. 1400 g konz. H_2SO_4 auf 70°; 24—25% neben 31—32% *tert.-Butylbenzol*, $C_{10}H_{14}$, Kp. 166—168°; D.$^{20}{}_4$ 0,8636; n_D^{20} 1,4911; b) aus 20 g Bzl. u. 16 g iso-C_4H_9Cl beim Behandeln mit 3 g $AlCl_3$. (**Журнал Общей Химии** [J. allg. Chem.] **23** (**85**). 1802—08. Nov. 1953. Allunions wiss. Forschungsinst. für synthet. und natürl. Riechstoffe.) HENSEL. 1010

R. B. Heslop und **P. L. Robinson**, *Die Nitrierung und Hydroxylierung von Phenetol, Phenyl-n-propyläther und Acetophenon mit persalpetriger Säure.* (Vgl. HALFPENNY u. ROBINSON, C. **1952.** 6982.) Vff. untersuchen die Nitrierung u. Hydroxylierung von Phenetol (**II**), Phenyl-n-propyläther (**III**) u. Acetophenon (**IV**) mittels persalpetriger Säure HOONO (**I**). Als Reaktionsmechanismus wird angenommen, daß das durch homolyt. Spaltung von **I** gebildete OH-Radikal den aromat. Kern unter Bldg. eines Arylradikals angreift (bevorzugt in o- oder p-Stellung), welches a) H_2 abspaltet oder b) mit NO_2 weiterreagiert unter Bldg. instabiler Prodd., die durch Abspaltung von W., HNO_2 oder H_2 stabilisiert werden. Die Struktur der entstandenen Prodd. hängt von der Natur der Seitenkette ab; **II** u. **III** liefern in beträchtlicher Menge Dinitroverbb., deren Struktur nach Vff. auf einen nicht-ion. Mechanismus hindeutet. Diphenyläther wird von **I** prakt. nicht angegriffen.

Versuche: *6-Äthoxy-2.4-dinitrophenol*, $C_8H_8O_6N_2$, F. 155° (A.), durch Rühren von 2000 g **II** (in 20 Ansätzen) in wss. H_2O_2/HCl-Lsg. u. Zugabe (30 Min.) von wss. $NaNO_2$ bei Zimmertemp.; 2,6 g (Ausbeute) (gibt mit HBr in Eisessig *1.6-Dioxy-2.4-dinitrobenzol*, F. 164°), daneben *6-Äthoxy-2-nitrophenol*, $C_8H_9O_4N$, Kp.$_3$ 120 bis 130° (Rohprod.), F. 79° (wss. A.); 8,25 g (gibt mit HBr *3-Nitrobrenzcatechin*, F. 82°), u. *2-Äthoxyphenol*, Kp.$_3$ 65—70° (Rohprod.); 8,55 g (gibt mit HCl *Brenzcatechin*; *Dibenzoylderiv.*, F. 85°). — *2.4-Dinitro-6-propoxyphenol*, $C_9H_{10}O_6N_2$, F. 88° (A.), aus 2000 g **III** wie vorst.; 2,0 g, daneben ein gelbes Öl, Kp.$_5$ 60—65°; 0,4 g u. viscose orangefarbene Fl., Kp.$_5$ 130°; 1,0 g (beide nicht identifiziert). — *2-Oxy-3-nitroacetophenon*, F. 90° (verd. wss. Essigsäure), aus 2000 g **IV** wie vorst. bei 20—25°; 3,65 g (*2.4-Dinitrophenylhydrazon*, F. 242°), daneben *m-Nitroacetophenon*, F. 81° (A.); 15,6 g (*Oxim*, F. 130°; *Phenylhydrazon*, F. 128°), *o-Oxyacetophenon*; 2,5 g (*Semicarbazon*, F. 210°; *Oxim*, F. 116°), u. *Benzoesäure*, F. 121° (W.); 0,08 g. (J. chem. Soc. [London] **1954.** 1271—73. April. Newcastle-on-Tyne, King's Coll., Rutherford Coll. of Technol.) G. WINKLER. 1060

Daniel Peltier, *Neue Synthesen in der Reihe der substituierten o-Toluylsäuren. 4-Acetamido-2-methylbenzoesäuremethylester*, $C_{11}H_{13}O_3N$, F. 108°. — *4-Oxy-2-methylbenzoesäure*, F. 178°, aus vorst. Verb. nach Diazotieren. *Methylester*, $C_9H_{10}O_3$, F. 109°. — Aus den entsprechenden Oxysäuren mit Dimethylsulfat: *3-Methoxy-2-methyl-* ($C_{10}H_{12}O_3$, Kp.$_{16}$ 138°); *4-Methoxy-2-methyl-* ($C_{10}H_{12}O_3$, Kp.$_{16}$ 143°); *6-Methoxy-2-methylbenzoesäuremethylester* ($C_{10}H_{12}O_3$, Kp.$_{18}$ 140°). — Folgende Äthoxy-2-methylbenzoesäuren, $C_{10}H_{12}O_3$, aus den Methylestern der entsprechenden Oxysäuren mit Diäthylsulfat u. anschließend alkal. Verseifung: *3-*, F. 125°; *Methylester*, $C_{11}H_{14}O_3$, Kp.$_{17}$ 138°. — *4-*, F. 146°. *Methylester*, Kp.$_{16}$ 150°, F. 25°. — *5-*, F. 95°. *Methylester*, Kp.$_{18}$ 148°, F. 24°. — *6-*, F. 93°. *Methylester*, Kp.$_{16}$ 139°. — *4-Aminoformyl-2-methylbenzoesäure*, $C_9H_9O_3N$, F. 240—242°, aus 4-Cyan-2-methylbenzoesäure. — Hieraus mit konz. H_2SO_4 oder nach BOUVEAULT *2-Methyl-1.4-dicarboxybenzol*, $C_9H_8O_4$, F. 323 bis 325°. *Dimethylester*, $C_{11}H_{12}O_4$, F. 71°. — *5-Aminoformyl-2-methylbenzoesäure*, F. 255 bis 258°. *Methylester*, $C_{10}H_{11}O_3N$, F. 173°, aus dem entsprechenden 5-Cyanester. —

2-Methyl-1.5-dicarboxybenzol, F. 320—322°. *Dimethylester*, F. 77°. (C. R. hebd. Séances Acad. Sci. **238.** 2430—31. 21/6. 1954.) J. ROTHE. 1250

Mauricio F. Buhler, *Über die Darstellung von 2.4-Dinitroanilin.* Vf. arbeitet das Verf. von PFISTER (C. **1930.** II. 466) nach. Je 25 g 2.4-Dinitrochlorbenzol u. Harnstoff werden auf dem Paraffinbad erhitzt, wobei bei 130° Schmelzen u. Trennung in 2 Phasen eintritt. Bei 170—180° erfolgt stark exotherme Rk. unter Gasentw. u. Temperaturanstieg auf 250°, es scheidet sich Cyanursäure ab, das Gemisch färbt sich intensiv orangegelb. Man hält 1 Std. auf ca. 180°, läßt abkühlen u. wäscht mit W. auf Cl-Freiheit. Der Rückstand wird mit 250 + 200 + 150 cm^3 sd. A. behandelt, filtriert u. dem Filtrat bei Siedetemp. 300 cm^3 W. zugegeben; beim Stehenlassen kristallisieren 17,1 g (75,6%) *2.4-Dinitroanilin*, F. 177—178°, aus, die keines Umkristallisierens bedürfen. Der in A. unlösl. Anteil ist Cyanursäure. (An. Asoc. quím. argent. **38.** 252—54. Sept. 1950. Tucumán, Univ., Inst. de Quím.)
R. K. MÜLLER. 1310

M. M. Schemjakin, E. M. Bamdass, Je. I. Winogradowa, M. G. Karapetjan, M. N. Kolossow, A. Ss. Chochlow, Ju. B. Schwetzow und **L. A. Schtschukina**, *Wege der Synthese optisch-aktiver Analoger von D-threo-1-[p-Nitrophenyl]-2-dichloracetylaminopropandiol-(1.3).* Auf 2 Wegen wurden *Analoge* von D- u. *L-threo-1-[p-Nitrophenyl]-2-dichloracetylaminopropandiol-(1.3)*, die sich von diesen durch die Substituenten in p-Stellung des Benzolkerns unterscheiden, synthetisiert. Der 1. Weg führte von D- oder *L-threo-1-[p-Nitrophenyl]-2-aminopropandiol-(1.3)* (**Ia** u. **b**) unter Erhaltung der Konfiguration über D- oder *L-threo-1-[p-Nitrophenyl]-2-benzoylaminopropandiol-(1.3)* (**IIa** u. **b**), D- oder *L-threo-1-[-p-Aminophenyl]-2-benzoylaminopropandiol-(1.3)* (**IIIa** u. **b**) u. deren *Diazoniumsalze* zu D- oder *L-threo-1-[p-X-Phenyl]-2-benzoylaminopropandiol-(1.3)* (X = *Cl, J, OH, CN*, AsO_3H_2 oder *H*); durch Säurehydrolyse wurde aus diesen Verbb. die Benzoylgruppe abgespalten u. aus den *Aminoverbb.* die *Dichloracetylaminoverbb.* hergestellt; bei X = CN wurde aber bei der Säurehydrolyse auch die CN- zur CO_2H-Gruppe verseift. Da sich die durch Mischen der D- u. L-Form hergestellten Racemate der so erhaltenen Verbb. (X = Cl u. J) als ident. mit den früher (vgl. C. **1951.** I. 3497; **1952.** 2347; **1953.** 1970) aus opt.-inakt. Material synthetisierten Verbb. erwiesen, gehören letztere also zur threo-Reihe. Die gleichen Verbb. auch in ster. Beziehung, ließen sich auf dem 2. Weg aus **I** über D- oder *L-threo-1-[p-Aminophenyl]-2-aminopropandiol-(1.3)*, D- oder *L-threo-1-[p-Aminophenyl]-2-dichloracetylaminopropandiol-(1.3)* u. deren *Diazoniumsalze* gewinnen. Daß diese Rkk. unter Erhaltung der Konfiguration verlaufen, wurde u. a. an dem Beispiel von **IIb** gezeigt; das aus diesem entstandene **IIIb** gab beim Diazotieren u. Ersatz der Diazoniumgruppe durch NO_2 mittels $Na_3Co(NO_2)_6$ in Ggw. von $CuSO_4$ u. Cu_2O **IIb** zurück. Die D-threo-Verbb. sollen auf biol. Aktivität geprüft werden.

V e r s u c h e: Das Drehungsvermögen ist, sofern nichts anderes vermerkt, in CH_3OH ermittelt worden. *1-[p-Nitrophenyl]-2-benzoylaminopropandiol-(1.3)*, *D-threo-Isomeres* (**IIa**), $C_{16}H_{16}O_5N_2$, F. 171° (aus A.); $[\alpha]_D^{16}$ —120° (c = 1,3); *L-threo-Isomeres* (**IIb**), F. 171°; $[\alpha]_D^{17}$ +121° (c = 2,1); **IIa** bzw. **IIb** werden aus **Ia** bzw. **Ib** u. Benzoylchlorid in 0,5nKOH in Ggw. von Ae. erhalten; 70% (Ausbeute); *DL-threo-Isomeres*, F. 163° (aus A.). — *1-[p-Aminophenyl]-2-benzoylaminopropandiol-(1.3)*. *D-threo-Isomeres* (**IIIa**), $C_{16}H_{18}O_3N_2$, F. 171° (aus A.); $[\alpha]_D^{16}$ —100° (c = 1,2); *L-threo-Isomeres* (**IIIb**), F. 171°; $[\alpha]_D^{17}$ +99° (c = 1,9); durch Hydrierung von **IIa** bzw. **IIb** (A.; Skelett-Ni; 70—80°; 50 at; 30—40 Min.); 95%; *DL-threo-Isomeres*, F. 152° (aus A.). — *1-[p-Chlorphenyl]-2-benzoylaminopropandiol-(1.3)*. *L-threo-Isomeres*, $C_{16}H_{16}O_3NCl$, F. 172 (aus 45%ig. A.); $[\alpha]_D^{19}$ +102° (c = 4,5); *D-threo-Isomeres*, F. 172°; $[\alpha]_D^{16}$ —103° (c = 1,5); aus den Diazoniumsalzen von **IIa** bzw. **IIb** in Ggw. von $CuCl_2$; 75%. — *1-[p-Jodphenyl]-2-benzoylaminopropandiol-(1.3)*. *L-threo-Isomeres*, $C_{16}H_{16}O_3NJ$, F. 179° (aus 30%ig. A.); $[\alpha]_D^{19}$ +86° (c = 1,1); *D-threo-Isomeres*, F. 179°; $[\alpha]_D^{22}$ —87° (c = 0,4); analog vorst. in Ggw. von KJ in stark verd. Lsg., 12 Std. bei 0° u. nach Entfernen des Harzes bei 20°; 50%; *DL-threo-Isomeres*, F. 174° (aus 50%ig. A.). — *1-[p-Oxyphenyl]-2-benzoylaminopropandiol-(1.3)*. *L-threo-Isomeres*, $C_{16}H_{17}O_4N$, Zers. 196—198° (aus 25%ig. A.); $[\alpha]_D^{19}$ +103° (c = 2,1); aus dem Diazoniumsalz von **IIIb** (70—90°; p_H 5—6; 30 Min.); 40%. — *1-[p-Cyanphenyl]-2-benzoylaminopropandiol-(1.3)*. *L-threo-Isomeres*, $C_{17}H_{16}O_3N_2$, F. 140° (aus W.); $[\alpha]_D^{20}$ +130° (c = 5,2); *D-threo-Isomeres*, F. 140°; $[\alpha]_D^{20}$ —130° (c = 5,2); aus den Diazoniumsalzen von **IIIa** bzw. **IIIb** bei —5° u. p_H ca. 7 in Ggw. von CuCN; 80%. — *1-[p-Arsonophenyl]-2-benzoylaminopropandiol-(1.3)*. *L-threo-Isomeres*, $C_{16}H_{18}O_6NAs$, Zers. 142—143° (aus 30%ig. A.); $[\alpha]_D^{22}$ +89° (c = 2,1); aus dem Diazoniumsalz von **IIIb** bei 15° mit Na_3AsO_3 in Ggw. von $CuSO_4$; 22%. — *1-Phenyl-2-benzoylaminopropandiol-(1.3)*. *L-threo-Isomere s*, $C_{16}H_{17}O_3N$, F. 186° (aus A. + Essigester); $[\alpha]_D^{20}$ +99° (c = 2);

aus dem Diazoniumsalz von **IIIb** mit A. in Ggw. von Cu-Bronze; 55%. — Zur Abspaltung der Benzoylgruppe aus vorst. Verbb. kocht man einige Std. mit 20%ig. HCl. *1-[p-Chlorphenyl]-2-aminopropandiol-(1.3)*. *L-threo-Isomeres*, $C_9H_{12}O_2NCl$, F. 147° (aus W.); $[\alpha]_D^{20}$ + 35° (c = 4; 5%ig. HCl); *D-threo-Isomeres*, F. 147°; $[\alpha]_D^{20}$ — 34° (c = 2,5; 5%ig. HCl); 56%. — *1-[p-Jodphenyl]-2-aminopropandiol-(1.3)*. *L-threo-Isomeres*, $C_9H_{12}O_2NJ$, F. 104° (aus 15%ig. A.); $[\alpha]_D^{20}$ +24° (c = 1,9; 5%ig. HCl); *D-threo-Isomeres*, F. 104°; 55%. — *1-[p-Carboxyphenyl]-2-aminopropandiol-(1.3)*. *L-threo-Isomeres*, $C_{10}H_{13}O_4N$, Zers. 348—349° (aus W.); $[\alpha]_D^{22}$ +33° (c = 4; 5%ig. HCl); *D-threo-Isomeres*, Zers. 348—349°; $[\alpha]_D^{22}$ —32° (c = 4; 5%ig. HCl); 65%. — *1-[p-Chlorphenyl]-2-dichloracetylaminopropandiol-(1.3)*. *L-threo-Isomeres*, $C_{11}H_{12}O_3NCl_3$, F. 93° (aus W.); $[\alpha]_D^{17}$ —9° (c = 3,5); *D-threo-Isomeres*, F. 93°; $[\alpha]_D^{23}$ + 8° (c = 7,1); durch kurzes Erhitzen der entsprechenden Aminoverbb. mit Dichloressigsäuremethylester auf 95°; 47%; *DL-threo-Isomeres*, F. 120°. — *1-[p-Jodphenyl]-2-dichloracetylaminopropandiol-(1.3)*. *L-threo-Isomeres*, $C_{11}H_{12}O_3NCl_2J$, F. 104° (aus W.); $[\alpha]_D^{17}$ —11° (c = 3); *D-threo-Isomeres*, F. 104°; $[\alpha]_D^{22}$ +10° (c = 3,5); 72%; *DL-threo-Isomeres*, F. 123°. — *1-[p-Carboxyphenyl]-2-dichloracetylaminopropandiol-(1.3)*. *L-threo-Isomeres*, $C_{12}H_{13}O_5NCl_2$, F. 191° (aus W.); $[\alpha]_D^{20}$ —14° (c = 5,3); *D-threo-Isomeres*, F. 191°; $[\alpha]_D^{25}$ +12° (c = 3,5); aus den entsprechenden Aminoverbb. mit äther. Dichloracetylchlorid-Lsg. in Ggw. von wss. K_2CO_3-Lsg. bei —5°; 70%. — *1-[p-Aminophenyl]-2-aminopropandiol-(1.3)*. *L-threo-Isomeres*, $C_9H_{14}O_2N_2$, F. 136° (aus A.); $[\alpha]_D^{20}$ +28° (c = 10,2); *D-threo-Isomeres*, F. 136°; $[\alpha]_D^{22}$ —29° (c = 9,4); aus **Ia** bzw. **Ib** unter den Bedingungen der Hydrierung von **IIa** bzw. **IIb**; 90%. — *1-[p-Aminophenyl]-2-dichloracetylaminopropandiol-(1.3)*, *Hydrochlorid*. *L-threo-Isomeres*, $C_{11}H_{15}O_3N_2Cl_3$, $[\alpha]_D^{20}$ —9° (c = 5,3); *D-threo-Isomeres*, $[\alpha]_D^{18}$ +8° (c = 9,6); aus den Isomeren vorst. Verb. mit Dichloressigsäuremethylester in CH_3OH, 24 Std. bei 18—23°; aus Ae. + CH_3OH Kristalle; 25%. — *1-[p-Cyanphenyl]-2-dichloracetylaminopropandiol-(1.3)*. *L-threo-Isomeres*, $C_{12}H_{12}O_3N_2Cl_2$, F. 136° (aus W.); $[\alpha]_D^{20}$ —17° (c = 8,7); *D-threo-Isomeres*, F. 136°; $[\alpha]_D^{22}$ + 15° (c = 17,9); 52%. — *1-[p-Oxyphenyl]-2-dichloracetylaminopropandiol-(1.3)*. *L-threo-Isomeres*, $C_{11}H_{13}O_4NCl_2$, F. 156° (aus Essigester); $[\alpha]_D^{19}$ + 8_0 (c = 10,9); *D-threo-Isomeres*, **F. 156°, $[\alpha]_D^{19}$ —8° (c = 7,8); 46%.** (Доклады Академии Наук СССР [Ber. Akad. Wiss. UdSSR] [N. S.] **86**. 565—68. 21/9. 1952. Inst. für Biol. u. Med. Chem. der Akad. der Med. Wiss. der UdSSR, Labor für organ. Chem.) WÖRFFEL. 1320

M. M. Schemjakin, E. M. Bamdass, Je. I. Winogradowa, M. G. Karapetjan, M. N. Kolossow, A. Ss. Chochlow, Ju. B. Schwetzow und **L. A. Schtschukina**, *Untersuchungen über die Chemie des Chloromycetins (Lävomycetins). 2. Mitt. Untersuchung der verschiedenen Synthesen und die Synthese optisch-aktiver Analoger des Chloromycetins.* (1. vgl. C. **1953**. 1159.) Inhaltlich ident. mit vorst. referierter Arbeit. Zusätzlich werden nachst. Verbb. hergestellt. *Azoverb.* $C_{26}H_{23}O_4N_3$, Zers. bei 224—226°; aus diazotiertem L-threo-1-[p-Aminophenyl]-2-benzoylaminopropandiol-(1.3) u. β-Naphthol in alkal. Medium; roter Nd.; $[\alpha]_D^{18}$ +180° (c = 0,3; Dioxan). — *Diazoniumchlorid* $[C_{11}H_{12}O_3 \cdot N_3Cl_2]^+Cl^-$, aus D- oder L-threo-1-[p-Aminophenyl]-2-dichloracetylaminopropandiol-(1.3) (**Ia** bzw. **Ib**) durch Diazotieren in HCl. *D-threo-Isomeres*, $[\alpha]_D^{19}$ +9,5° (c = 5,1; 1%ig. HCl). *L-threo-Isomeres*, $[\alpha]_D^{17}$ —9,8° (c = 5,1; 1%ig. HCl); beide zers. sich ohne zu schmelzen. —*1-[p-Arsonophenyl]-2-dichloracetylaminopropandiol-(1.3)*, $C_{11}H_{14}O_6NCl_2As$. *D-threo-Isomeres*, $[\alpha]_D^{20}$ + 8,6° (c = 7,8; CH_3OH). *L-threo-Isomeres*, $[\alpha]_D^{22}$ —7,8° (c = 7,9; CH_3OH); beide zers. sich, ohne zu schmelzen. — *Azoverb.* $C_{17}H_{16}O_6N_4Cl_2$, durch Kupplung von diazotiertem **Ia** oder **Ib** mit o-Nitrophenol. *D-threo-Isomeres*, F. 157—159°; $[\alpha]_D^{22}$ +21,2° (c = 5,3; CH_3OH). *L-threo-Isomeres*, F. 157—159°; $[\alpha]_D^{16}$ —22° (c = 7,5; CH_3OH); beide kristallisieren aus 30%ig. $CH_3 \cdot CO_2H$. *DL-threo-Isomeres*, F. 153—155°, durch Mischen der Komponenten; aus $C_2H_4Cl_2$ Kristalle. — *Azoverb.* $C_{17}H_{16}O_5N_4Cl_2$, aus **Ia** oder **Ib** u. p-Nitronitrosobenzol in CH_3OH + CH_3CO_2H; 56%. *D-threo-Isomeres*, F. 173—174°; $[\alpha]_D^{20}$ —62,2° (c = 0,6; Aceton). *L-threo-Isomeres*, F. 173—174°; $[\alpha]_D^{20}$ + 64,9° (c = 0,8; Aceton); beide kristallisieren aus Alkohol. *DL-threo-Isomeres*, F. 171—172°. — SCHIFF*sche Base* $C_{18}H_{17}O_5N_3Cl_2$, aus **Ia** oder **Ib** u. p-Nitrobenzaldehyd in CH_3OH; 62%. *D-threo-Isomeres*, F. 164—165°; (Zers.); $[\alpha]_D^{20}$ —18,8° (c = 3,6; Dioxan). *L-threo-Isomeres*, F. 165—167° (Zers.), $[\alpha]_D^{20}$ + 19,7° (c = 2,5; Dioxan); beide kristallisieren aus Alkohol. *DL-threo-Isomeres*, F. 155—157° (Zers.). (Журнал Общей Химии [J. allg. Chem.] **23** (**85**). 1854. Nov. 1953.) R. KNOBLOCH. 1320

M. M. Schemjakin, E. M. Bamdass, Je. I. Winogradowa, M. A. Gubernijew, W. N. Orechowitsch, A. Ss. Chochlow, Ju. B. Schwetzow und **L. A. Schtschukina**, *Untersuchungen über die Chemie des Chloromycetins (Lävomycetins). Racemisierung von L-threo-1-[p-Nitrophenyl]-2-dichloracetylaminopropandiol-(1.3)*. (Vgl. vorst. Reff.) Während die Aufgabe, Chloromycetin (D-threo-1-[p-Nitrophenyl]-2-dichloracetylamino-propandiol-(1.3); I) von den bei seiner Synth. gleichzeitig entstehenden ster. Isomeren, der L-threo- (II) u. der D- u. L-erythro-Verb. zu trennen, gelöst ist, gelang die Umwandlung der als Antibiotica wertlosen Isomeren in I nur insoweit, als die erythro-Verbb. in die threo-Verbb. übergeführt werden konnten. Dagegen wurde noch nicht versucht, II zum DL-threo-Isomeren (III) zu racemisieren, um durch dessen Zerlegung in die opt. Antipoden zu I zu gelangen. Die Verss., II zu racemisieren, verliefen negativ. Ebenso ließen sich das L-threo-Isomere (IV) von 1-[p-Nitrophenyl]-2-aminopropan-diol-(1.3) (V), dem Zwischenprod. der I-Synth., u. die Azomethin-, N-, N.O- u. N.O.O-Acetylderivv. von IV nicht racemisieren. Entweder trat keine Rk. oder tiefgreifende Veränderung des Mol. ein. Deswegen wurde II durch Oxydation in das opt. entsprechende *α-Dichloracetylamino-β-oxy-p-nitropropiophenon* (VI) übergeführt, in dem nur eines der Asymmetriezentren vorhanden ist u. außerdem die CO-Gruppe das H-Atom des anderen Asymmetriezentrums beweglich macht, so daß die Racemisierung erleichtert wird. Durch gleichzeitig durchgeführte Racemisierung u. Red., was durch Behandeln mit einem Gemisch von Al- u. Na-Isopropylat erreicht wird, läßt sich III erhalten, dem aber etwas II beigemengt ist, weil bei einem Teil von VI Red. erfolgt, bevor die Racemisierung am Asymmetriezentrum eingetreten ist. Die Zerlegung von III in die Komponenten kann nach Literaturangaben erfolgen; oder man hydrolysiert zu dem entsprechenden DL-threo-Isomeren von V, trennt hier die Antipoden u. wandelt das D-threo-Isomere in I um, wofür verschied. Methoden bekannt sind.

Versuche: *L-threo-1-[p-Nitrophenyl]-2-dichloracetylaminopropandiol-(1.3)* (II), F. 149—151°, man erhitzt IV mit Dichloressigsäuremethylester (maximal 20% Überschuß) in Isoamylalkohol 20—30 Min. auf 85—100° unter gleichzeitigem Abdestillieren des entstehenden CH_3OH; $[\alpha]_D^{25}$ + 18,5 ± 0,5° (c = 4,9; A.); 90—93% (Ausbeute). — *α-Dichloracetylamino-β-oxy-p-nitropropiophenon* (VI), F. 124—125° (aus Bzl.), durch Oxydation von II, in Essigsäure gelöst, mit der $1^1/_2$fachen Menge $KMnO_4$ in verd. H_2SO_4 bei 15—20°; man neutralisiert mit konz. NH_3 bis zum p_H 6—6,5, wobei VI fast rein ausfällt; $[\alpha]_D^{18}$ —10,5° (c = 4; A.); 50—53%. — *DL-threo-1-[p-Nitrophenyl]-2-dichloracetylaminopropandiol-(1.3)* (III), F. 151—152°, durch Behandeln von VI mit Al-Isopropylat (5 Mol) + Na-Isopropylat (0,14 Mol) in Isopropylalkohol, am besten 24 Std. bei 37°; 45% neben 15% II; die Trennung erfolgt mittels Essigester u. $C_2H_4Cl_2$, in welchem III schwerer lösl. ist. (Доклады Академии Наук СССР [Ber. Akad. Wiss. UdSSR] [N. S.] **94**. 257—59. 11/1. 1954.) R. KNOBLOCH. 1320

P. R. Banerjea, D. J. Drain, K. H. Overton und **D. E. Seymour,** *4-Aminosalicylsäure und ihre Derivate.* 3. Mitt. *Einige Reaktionen von 2-Acetoxy-4-nitrobenzoylchlorid und die Synthese einiger Arylester von 4-Aminosalicylsäure.* (2. vgl. BHATTACHARYYA u. SEYMOUR, C. **1951**. I. 1719.) Vff. beschreiben die Darst. von substituierten Amiden u. Arylestern von 4-Aminosalicylsäure aus 4-Nitrosalicylsäure über das Säurechlorid des Acetylderivats.

Versuche: *2-Acetoxy-4-nitrobenzoylchlorid* (I), F. 56°, aus 2-Acetoxy-4-nitrobenzoesäure u. Thionylchlorid durch $^1/_2$std. Kochen in Bzl.; hellgelbe Nadeln aus Bzl./Leichtbenzin. — *2-Acetoxy-4-nitrobenz-p-toluidid*, $C_{16}H_{14}O_5N_2$, F. 131°, durch $^1/_2$std. Kochen von I mit p-Toluidin in Äther. — *2-Oxy-4-nitrobenz-p-toluidid*, $C_{14}H_{12}O_4N_2$, F. 251°, aus vorst. Verb. durch 30 Min. Kochen mit Methanol/wss. KOH; hellgelbe Nadeln aus Dioxan; gibt bei katalyt. Hydrierung über PtO_2 in 50%ig. wss. Methanol in Ggw. von NaOH bei Zimmertemp. u. 1 at *4-Amino-2-oxybenz-p-toluidid*, $C_{14}H_{14}O_2N_2$, F. 172°, cremefarbene Nadeln aus wss. Methanol. — *2-Oxy-4-nitrobenzanilid*, $C_{13}H_{10}O_4N_2$, F. 238°, aus I u. Anilin ohne Isolierung des Acetylderiv.; hellgelbe Nadeln aus wss. Dioxan; gibt bei Hydrierung *4-Amino-2-oxybenzanilid*, $C_{13}H_{12}O_2N_2$, F. 151°, Nadeln aus wss. Methanol. — *2-Oxy-4-nitrohippursäure*, $C_9H_8O_6N_2$, F. 203—205° (verd. A.), durch tropfenweise Zugabe (30 Min.) von I (aus 4,5 g Säure) in Bzl. zu einer heftig gerührten Lsg. von 1,5 g Glycin in wss. $NaOH/NaHCO_3$ u. 2std. Rühren; 1,28 g (Ausbeute); liefert bei katalyt. Hydrierung in Ggw. von $NaHCO_3$ *4-Amino-2-oxyhippursäure*, $C_9H_{10}O_4N_2$, F. 170—175° (Zers.; aus W.). — *2-Oxy-4-nitrobenzoyl-DL-alanin*, $C_{10}H_{10}O_6N_2$, F. 226—227°, aus I u. DL-Alanin wie vorst.; aus wss. A. hellgelbe Kristalle. *4-Amino-2-oxybenzoyl-DL-alanin*, $C_{10}H_{12}O_4N_2$, F. 168 bis 170° (Zers.; aus W.), braun. — *2-Oxy-4-nitrobenzoyl-DL-asparaginsäure*, $C_{11}H_{10}O_8N_2$, F. 203—205° (wss. A.), aus I u. DL-Asparaginsäure. *4-Amino-2-oxybenzoyl-DL-asparaginsäure*, $C_{11}H_{12}O_6N_2$, F. 204° (Zers.; aus W.). — *2-Acetoxy-4-nitrophenyldiazomethylketon*, $C_{10}H_7O_5N_3$, F. 110° (Zers.), durch langsame Zugabe von I (aus 9 g Säure) in Ae. zu einer äther. Diazomethanlsg. bei 0° unter Schütteln, 2 Std. bei 0° u. Stehenlassen über Nacht bei Zimmertemp.; hellgelbe Prismen aus Bzl./Leichtbenzin; 7,9 g. — *2-Acetoxy-4-nitrophenylessigsäuremethylester*, $C_{11}H_{11}O_6N$, F. 85,5°, aus 6,4 g vorst.

Verb. in Methanol durch portionsweise Zugabe einer methanol. Suspension von Ag_2O während 30 Min. bei 60° u. 30 Min. Kochen; federartige Nadeln aus Methanol; 3,55 g; 3,55 g geben beim Kochen (45 Min.) mit Eisessig/HCl *2-Oxy-4-nitrophenylessigsäure-Monohydrat*, $C_8H_7O_5N \cdot H_2O$, F. 147–148°, hellgelbe Nadeln aus W.; 2,7 g. — *4-Amino-2-oxyphenylessigsäure*, $C_8H_9O_3N$, F. 188–189°, aus 2,1 g vorst. Verb. durch Hydrierung wie vorst.; hellgelbe Prismen aus W.; 1,4 g. — *4-[2'-Acetoxy-4'-nitrobenzamido]-salicylsäure*, $C_{16}H_{12}O_8N_2$, F. 240–242° (Zers.), durch tropfenweise Zugabe von I (aus 5,62 g Säure) in absol. Bzl. zu einer Suspension von 4-Aminosalicylsäure in absol. Ae. unter Rühren u. 2std. Stehenlassen; Büschel von hellgelben Nadeln aus Äthylacetat/Leichtbenzin; 6,7 g; 2,0 g geben in A. bei 5 Min. Stehenlassen mit alkoh. KOH *4-[2'-Oxy-4'-nitrobenzamido]-salicylsäure*, $C_{14}H_{10}O_7N_2$, F. 279–280° (Zers.), kleine gelbe Nadeln aus A.; 1,8 g. — *4-[4'-Amino-2'-oxybenzamido]-salicylsäure*, $C_{14}H_{12}O_5N_2$, F. 251° (Zers.), durch Hydrierung von 1,4 g vorst. Verb.; gelbe Nadeln aus wss. Aceton; 1,2 g. — *4-Nitrosalicylsäurephenylester*, $C_{13}H_9O_5N$, F. 148–150°, durch 3std. Erhitzen von 18,3 g 4-Nitrosalicylsäure (**II**), Phenol u. $POCl_3$ auf 120°; hellgelbe Prismen aus Aceton; 13,1 g; gibt bei katalyt. Hydrierung oder bei 4std. Kochen von 20 g mit NH_4Cl u. Zn-Staub in 50%ig. A. *4-Aminosalicylsäurephenylester*, $C_{13}H_{11} \cdot O_3N$, F. 145–146°, cremefarbene Nadeln aus A.; 16 g. — *4-Nitrosalicylsäure-o-tolylester*, $C_{14}H_{11}O_5N$, F. 94°, aus 50%ig. A. hellgelbe Prismen, aus **II** u. o-Kresol wie vorst.; *4-Aminosalicylsäure-o-tolylester*, $C_{14}H_{13}O_3N$, F. 86–88°, Platten aus Alkohol. — *4-Nitrosalicylsäure-m-tolylester*, $C_{14}H_{11}O_5N$, F. 94–95°, aus **II** u. m-Kresol; hellgelbe Nadeln aus Aceton. *4-Aminosalicylsäure-m-tolylester*, $C_{14}H_{13}O_3N$, F. 129–130°, Nadeln aus 60%ig. Aceton. — *4-Nitrosalicylsäure-p-tolylester*, $C_{14}H_{11}O_5N$, F. 122°, aus **II** u. p-Kresol; aus 50%ig. A. hellgelbe Nadeln. *4-Aminosalicylsäure-p-tolylester*, $C_{14}H_{13}O_3N$, F. 112°, Nadeln aus 50%ig. Äthanol. — *4-Nitrosalicylsäure-β-naphthylester*, $C_{17}H_{11}O_5N$, F. 189–190°, aus **II** u. β-Naphthol; hellgelbe Kristalle aus Äthylacetat. *4-Aminosalicylsäure-β-naphthylester*, $C_{17}H_{13}O_3N$, F. 160–161°, Nadeln aus 80%ig. Äthanol. — *4-Nitrosalicylsäure-m-nitrophenylester*, $C_{13}H_8O_7N_2$, F. 166,5–167°, aus **II** u. m-Nitrophenol; hellgelbe Kristalle aus wss. Aceton. *4-Aminosalicylsäure-m-aminophenylester*, $C_{13}H_{12}O_3N_2$, F. 157°, Nadeln aus 40%ig. Aceton. — *4-Nitrosalicylsäure-p-nitrophenylester*, $C_{13}H_8O_7N_2$, F. 154–154,5°, aus **II** u. p-Nitrophenol; gelbe prismat. Nadeln aus Aceton. *4-Aminosalicylsäure-p-aminophenylester*, $C_{13}H_{12}O_3N_2$, F. 181°, Nadeln aus wss. Äthanol. — *4-[ω-Toluolsulfonamido]-salicylsäuremethylester*, $C_{15}H_{15}O_5NS$, F. 172–173°, durch Erwärmen von 27,3 g 4-Aminosalicylsäuremethylester (**III**) in absol. Pyridin mit Toluol-ω-sulfochlorid, 30 Min. auf 100°; dicke Stäbe aus Methanol; 27,3 g; gibt bei ½std. Kochen mit 4%ig. NaOH *4-[ω-Toluolsulfonamido]-salicylsäure*, $C_{14}H_{13}O_5NS$, F. 224° (Zers.), Nadeln aus 50%ig. Äthanol. — *4-Amino-3.5-dijodsalicylsäuremethylester*, $C_8H_7O_3NJ_2$, F. 159°, durch Behandeln von 1 g **III** mit 2 g Jodchlorid in heißem CCl_4; federartige Nadeln aus Methanol; 1,1 g (Rohprod.); liefert bei 10 Min. Kochen mit 10%ig. NaOH *4-Amino-3.5-dijodsalicylsäure*, $C_7H_5O_3NJ_2$, F. 180° (Zers.), ferner aus 36 g 4-Aminosalicylsäure u. H_2SO_4 in 95%ig. A. u. Zugabe von J_2 u. H_2O_2 unter Rühren während 30 Min. (Temp. $<50°$); Nadeln aus wss. A.; 89 g. (J. chem. Soc. [London] **1952**. 3861–64. Okt. Welwyn Garden City, Herts Pharmac. Ltd., Res. Labor.) G. WINKLER. 1350

C. F. Bjork, W. A. Gey, J. H. Robson und **R. W. Van Dolah,** *Synthese von 2.4.6-Trinitrostyrol und einigen Zwischenprodukten.* Die Darst. von *2.4.6-Trinitrostyrol* (**I**) durch Wasserabspaltung aus 2-[2.4.6-Trinitrophenyl]-äthanol (**II**) mittels konz. Schwefelsäure, oder syrupöser Phosphorsäure + Phosphorsäureanhydrid, oder $AlCl_3$ gelang nicht. Ebenso hatten Verss., **I** aus dem **II** entsprechenden Chlorid durch direkte HCl-Abspaltung zu gewinnen, keinen Erfolg. Dagegen wurde **I** durch Überführen des **II** entsprechenden Chlorids mit Pyridin in das 2-[2.4.6-Trinitrophenyl]-äthylpyridiniumchlorid u. Spaltung mit Na_2CO_3, sowie aus *2-[2.4.6-Trinitrophenyl]-äthyl-dimethylamin* (dargestellt durch MANNICH-Kondensation von 2.4.6-Trinitrotoluol), Überführen in das quaternäre Jodid u. daraus durch Erhitzen mit wss. Na_2CO_3 erhalten. Verss. zur Polymerisation von **I** hatten keinen Erfolg.

Versuche: *2-[2.4.6-Trinitrophenyl]-äthylpyridiniumchlorid*, $C_{13}H_{11}O_6N_4Cl$, F. 132–134,2° (Methanol–Methyläthylketon), aus 2-[2.4.6-Trinitrophenyl]-äthylchlorid u. Pyridin; 50% (Ausbeute). — *2.4.6-Trinitrostyrol* (**I**), $C_8H_5N_3O_6$, F. 63–64°, aus vorst. Verb. u. Na_2CO_3 in W. (20 Min.); 29%. — *2-[2.4.6-Trinitrophenyl]-äthyltrimethylammoniumjodid*, F. 139–141° (Methanol), aus 2-[2.4.6-Trinitrophenyl]-äthyldimethylaminhydrochlorid, Methanol, Methyljodid u. KOH. — *Bis-[2.4.6-trinitrophenyläthyl]-amin*, $C_{16}H_{13}O_{12}N_7$, F. 129,5–130,5°, aus **I** u. fl. NH_3 in Ae.; 70%. (J. Amer. chem. Soc. **75**. 1988. 20/4. 1953. China Lake, Calif., U. S. Naval Ordnance Test Station Inyokern, Org. Chemistry Branch.) BOLLINGER. 1410

William E. Truce und **Fred D. Hoerger**, *Diels-Alder-Reaktionen mit Aryläthensulfofluoriden.* Durch Fluorierung der entsprechenden Sulfochloride mit KF in W. wurden *2-Phenyläthensulfofluorid* (**I**) u. *2-p-Nitrophenyläthensulfofluorid* (**II**) dargestellt. Die Sulfofluoride sind hydrolysebeständiger als die Sulfochloride; **I** läßt sich ohne Zers. mit Wasserdampf destillieren. Äthensulfofluorid ist durch Kochen des Sulfochlorids mit wss. KF-Lsg. nicht darstellbar. — Die Umsetzung von **II** mit Cyclopentadien ergibt *6-p-Nitrophenyl-2.5-endomethano-1.2.5.6-tetrahydrobenzolsulfofluorid*, offenbar als Gemisch von Stereoisomeren. Dagegen reagiert **I** im Gegensatz zu dem entsprechenden Sulfochlorid nicht mit Cyclopentadien.

Versuche: *2-Phenyläthensulfofluorid* (**I**), $C_8H_7O_2FS$, F. 96—97°, durch $2^1/_2$std. Kochen einer Lsg. von 24,9 g 2-Phenyläthensulfochlorid in 30 cm³ Xylol mit einer Lsg. von 16 g KF in 15 cm³ W., Wasserdampfdest., Ausäthern des Destillats, Eindampfen u. Umkristallisation aus PAe. (90—100°); 51,4% (Ausbeute). — *2-p-Nitrophenyläthensulfofluorid* (**II**), $C_8H_6O_4NFS$, F. 155—158° (Bzl.-PAe.), auf ähnliche Weise aus 2-p-Nitrophenyläthensulfochlorid; 57%. — *6-p-Nitrophenyl-2.5-endomethano-1.2.5.6-tetrahydrobenzolsulfofluorid*, $C_{13}H_{12}O_4NFS$, F. 102—104° (PAe.), aus 2,03 g **II** in 200 cm³ Toluol u. 1,2 g frisch dest. Cyclopentadien bei 45° in $3^1/_3$ Tagen; 77%. (J. Amer. chem. Soc. **76**. 3230—32. 20/6. 1954. Lafayette, Ind., Purdue Univ., Dep. of Chem.) FORCHE. 1490

José Pascual und **Rufo Crespo**, *1-Arylcyclopentanole, 1-Arylcyclopentene und Oxydation der letzteren.* Entsprechend einer Mitt. (An. Física Quím. Ser. B **45**. [1949.] 583) über die Darst. des *1-Phenylcyclopentens* (**IIa**) über das *1-Phenylcyclopentanol* (**Ia**) wurde aus *Cyclopentanon* (**VIII**) mit p-Tolyl- bzw. p-Anisyl-MgBr das *1-p-Tolyl-* (**Ib**) bzw. das *1-p-Anisylcyclopentanol* (**Ic**) erhalten, die leicht zu *1-p-Tolyl-* (**IIb**) bzw. *1-p-Anisylcyclopenten* (**IIc**) dehydratisiert werden konnten. **Ia** u. **IIa** geben mit konz. H_2SO_4 zinnoberrote, **Ib**, **Ic**, **IIb** u. **IIc** stark karminrote Halochromie. Die Einw. verschied. Oxydationsmittel, O_2, $KMnO_4$, *Benzopersäure* (**V**), *Perphthalsäure* (**VI**) u. *Perameisensäure* (**VII**) auf die 3 Cyclopentene wird untersucht, die wahrscheinlich über die Epoxyverb. zum *2-Phenyl-* (**IIIa**) u. *2-p-Tolylcyclopentanon* (**IIIb**) u. weiter zur *γ-Benzoyl-* (**IVa**), *γ-p-Toluyl-* (**IVb**) u. *γ-p-Anisoylbuttersäure* (**IVc**) führt, wobei der Verbrauch an Oxydationsmittel u. die Bedingungen für die präparative Darst. der *γ*-Aroylbuttersäuren festgelegt werden.

Versuche: *1-p-Tolylcyclopentanol* (**Ib**), $C_{12}H_{16}O$, Kp.$_{0,2}$ 79—84°, aus p-Tolyl-MgBr u. **VIII** in Ae.; n_D^{18} 1,5443. Vakuumdest. von **Ib** ergibt etwas *p.p'-Dimethylbiphenyl*, F. 118—120°. — *1-p-Anisylcyclopentanol* (**Ic**), $C_{12}H_{16}O_2$, Kp.$_{0,08}$ 98—99°, analog **Ib**; n_D^{16} 1,5518, wird leicht dehydratisiert. — *1-p-Tolylcyclopenten* (**IIb**), $C_{12}H_{14}$, F. 52°, Kp.$_{21}$ 130—133°, aus **Ib** durch Erwärmen im Vakuum u. nachfolgende Dest. (aus dem Destillationsrückstand Kristalle von p.p'-Dimethylbiphenyl) (Ausbeute auf **VIII** bezogen 67,3%); wird an der Luft teigig u. gelb, gibt bei der Verbrennung zu niedrige C-Werte. — *1-p-Anisylcyclopenten* (**IIc**), $C_{12}H_{14}O$, F. 87—90° analog **IIb** (73%)., — Die Best. der Doppelbindung in den Cyclopentenen gibt mit **V** den richtigen Wert bei **IIa**, etwas zu hohe Werte mit **V** u. **VI** bei **IIb** u. mit **VI** bei **IIc**, die bei großem Überschuß an **VI** mit der Zeit bis zum Verbrauch von 2 O je Mol. Äthylen ansteigen. — *2-Phenylcyclopentanon* (**IIIa**), $C_{11}H_{12}O$, F. 39—40°, durch Oxydation von **IIa** mit etwas mehr als der äquimol. Menge **V** in Chlf. oder **VI** in Ae. bei 0° in 2 Tagen oder mit **VII** in 1 Tag; identifiziert durch Darst. aus 2-Chlorcyclopentanon mit C_6H_5MgBr nach MITCHOVITCH; *Semicarbazon*, $C_{12}H_{15}ON_3$, F. 206° (Zers.); **IIa** geht an der Luft leicht in **IVa** über. — *1.2-Epoxy-1-phenylcyclopentan*, F. 20—21°, durch Dest. der aus **IIa** u. **VI** zur Darst. von **IIIa** gewonnenen Reaktionslsg. unter stark vermindertem Druck (Kp.$_{0,1}$ 64—67°); macht J_2 aus NaJ frei, gibt dasselbe Semicarbazon wie **IIIa**, geht mit H_2SO_4 in **IIIa** über u. liefert mit Acetanhydrid ein Glykoldiacetat (?), Kp.$_{0,03}$ 140°, F. 33—34°, feine Nadeln. — *γ-Benzoylbuttersäure* (**IVa**), $C_{11}H_{12}O_3$, F. 124—126°, Bldg. aus **IIIa** durch Autoxydation oder mit $KMnO_4$, Darst. aus **IIa** mit 3,4 Mol **VII** in 4 Tagen (Ausbeute 57%) oder mit 1,5 Mol **VII**, dann 4/3 Mol $KMnO_4$ (64%). — *2-p-Tolylcyclopentanon* (**IIIb**), $C_{12}H_{14}O$, F. 23,4—24,3°, Kp.$_{0,6}$ 99 bis 101°, aus **IIb** durch Oxydation mit **VI** oder **VII** nach Abtrennung von gleichzeitig gebildeter **IVb** über das *Semicarbazon*, $C_{13}H_{17}ON_3$, F. 211—212° (Zers.), durch dessen Hydrolyse. — *γ-p-Toluylbuttersäure* (**IVb**), $C_{12}H_{14}O_3$, F. 150,5—152°, aus der vorigen Reaktionslsg. durch Extraktion mit gesätt. $NaHCO_3$-Lsg., durch Autoxydation von, **IIIb**, durch Oxydation von **IIb** mit Luft-O_2 (6 Monate) oder durch O_2 bei 100° (40 Std. 6% Ausbeute); *Semicarbazon*, $C_{13}H_{17}O_3N_3$, F. 212—213° (Zers.), feine, doppelbrechende Nadeln aus A.; *Äthylester*, F. 40—41°, aus dem Ag-Salz von **IVb** mit C_2H_5J; *Semicarbazon des Äthylesters*, F. 136—138°. — *γ-p-Anisoylbuttersäure* (**IVc**), $C_{12}H_{14}O_4$, F. 136,5—137,5°, aus **IIc** mit 5%ig. $KMnO_4$-Lsg. (2/1 **IIc**) (22% Ausbeute) oder mit VII, dann $KMnO_4$ (48%); *Semicarbazon*, $C_{13}H_{17}O_4N_3$, F. 198,5—190°. (An. Real Soc. españ. Física Quím., Ser. B **48.** 273—80. März 1952. Instituto „Alonso Barba", Seccibu de Quím. Organ. de Barcelona, Labor. de Quím. organ. de la Fac. de Cimenc. de la Univ.) v. DECHEND. 1850

Th. Morel und **P. E. Verkade,** *2-Methyl-4-phenylfuran und 1-Phenylcyclopenten-(1)-on-(3).* Das von Vff. (vgl. C. **1953.** 5022) dargestellte *2-Methyl-4-phenylfuran* (**II**; F. 60—63° [60%ig. A.]) ist nicht ident. mit der als **II** bezeichneten, aus 3-Brom-4-phenyl-6-methyl-α-pyroncarbonsäure-(5)-äthylester (**I**) u. KOH von BUCHNER u. SCHRÖDER [1902] erhaltenen Verb.; diese ist ebenso wie die von PAAL [1884] als Nebenprod. bei der Rk. von Phenacylaceton mit Acetanhydrid erhaltene u. als „Dehydroacetophenonaceton" bezeichnete Verb. *1-Phenylcyclopenten-(1)-on-(3)*, das bereits von BORSCHE u. FELS [1906] erhalten u. von BORSCHE u. MENZ [1908] identifiziert wurde.

V e r s u c h e: *3-Brom-4-phenyl-6-methyl-α-pyroncarbonsäure-(5)-äthylester* (**I**), F. 72—73° (Leichtbenzin), nach BUCHNER u. SCHRÖDER aus 4-Phenyl-6-methyl-α-pyroncarbonsäure-(5)-äthylester (F. 101,5—102,5°) in Chlf. mit Br_2, jedoch mit 50% Überschuß Br_2 u. 48std. Reaktionsdauer; 80% (Ausbeute). — *1-Phenylcyclopenten-(1)-on-(3)*, $C_{11}H_{10}O$, F. 82,5—83,5° (CS_2), a) durch 30 Min. Kochen von I mit 40%ig. KOH; 18%; b) aus α-Phenacylacetessigsäureäthylester mit 2%ig. KOH nach BORSCHE u. MENZ [1908]. *Phenylhydrazon*, $C_{17}H_{16}N_2$, F. 152—153° (Zers.); glänzende gelbe Blättchen. (Recueil Trav. chim. Pays-Bas **72.** 269—71. März 1953. Delft, Techn. Univ., Labor. of Organ. Chem.) GOMPPER. 1960

N. L. Wendler, H. L. Slates, R. W. Walker und **M. Tishler,** *Zur Synthese und Zusammensetzung des β-Jonylidenessigesters. Charakterisierung der isomeren Komponenten.*

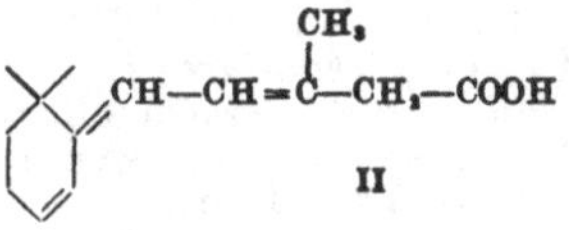

II

β-Jonylidenessigester (**I**; aus *β*-Jonolessigester durch Dehydratation mittels $KHSO_4$; Kp.$_{0,2}$ 120—130°) wurde durch „differentielle Verseifung" (vgl. A. P. 2 591 110) in $\Delta^{\alpha,\beta}$- (F. 125—127°) u. *$\Delta^{\beta,\gamma}$-Jonylidenessigsäure* (**II**; Kp.$_{0,5}$ 142°) getrennt, die über ihre *S-Benzylisothiuroniumsalze* (F. 155—156° bzw. 139—141°) gereinigt u. mittels CH_2N_2 in die *Methylester* (Kp.$_{0,03}$ 80° bzw. Kp.$_{0,03}$ 70°) übergeführt wurden. UV- u. Infrarot-Spektren der Säuren, der Methylester u. des Esters I sind angegeben. UV-Analyse zeigt, daß **I** zu ca. 7% aus der $\Delta^{\alpha,\beta}$-Form besteht. (Chem. and Ind. **1953.** 617. 20/6. Rahway, N. J., Merck & Co., Inc.) J. ROTHE. 2010

Calvin A. VanderWerf, Robert Y. Heisler und **William E. McEwen,** *Die Reaktion zwischen Natriumazid und einigen typischen Epoxyden.* (Vgl. MCEWEN u. Mitarbeiter, C. **1952.** 7160.) Vff. untersuchen die Einw. von Na-Azid auf 2.3-Epoxybutan (**VIII**), Propylen- (**IX**), Isobutylenoxyd (**X**), Epichlorhydrin (**III**), Butadienmonoxyd (**II**), Cyclohexen- (**IV**) u. Cyclopentenoxyd (**VI**), um die Struktur des früher (l. c.) aus Styroloxyd (**I**) u. Na-Azid erhaltenen Prod. aufzuklären, die Richtung der Ringöffnung für unsymm. Epoxyde u. den Reaktionsmechanismus zu bestimmen. — Na-Azid reagiert leicht mit dem Epoxydring in einer bimol. nucleophilen Verdrängungs-Rk. unter Inversion u. Bldg. von Azidoalkoholen. Bei gesätt. asymm. Epoxyden erfolgt der Angriff hauptsächlich am prim. C-Atom. Die Struktur der Reaktionsprodd. als Azidoalkohole (nicht wie erwartet cycl. Oxatriazine) ist nach Vff. eindeutig sichergestellt. Zur Entstehung von Benzamidoalkoholen bei der katalyt. Hydrierung der Monobenzoylderivv. der Reaktionsprodd. wird von Vff. auf die Leichtigkeit der O → N-Benzoylwanderung unter Hydrierungsbedingungen hingewiesen. Der Epoxydring in **I** u. **II** wird vom Na-Azid ausschließlich am sek. C-Atom angegriffen [daneben bei **II** noch Vorliegen eines $S_{N2'}$-Mechanismus u. Bldg. von *4-Azidobuten-(2)-ol-(1)*]; Vff. diskutieren den Mechanismus für die Begünstigung des „sek. Angriffs" von nucleophilen Reagentien durch Phenyl- u. Vinylgruppen, die bei Na-Azid besonders ausgeprägt ist. Die meisten der untersuchten Azidoalkohole sind nur mäßig stabil; das einzige Reaktionsprod. aus **III**, *1.3-Diazidopropanol* (*2*), zers. sich heftig beim Erhitzen über 150°; explosibel ist ferner das Gemisch der Reaktionsprodd. von **II**.

V e r s u c h e (FF. korr., Kpp. unkorr.): *2-Benzamido-2-phenyläthanol*, F. 152,5 bis 154,0°, durch Umlagerung von 2-Amino-2-phenyläthylbenzoathydrochlorid mit $NaOCH_3$ in A. unter Hydrierungsbedingungen (3 at, PtO_2); 90% (Ausbeute). — *trans-2-Azidocyclohexanol*, $C_6H_{11}ON_3$, Kp.$_{1,5}$ 70—71°, durch Zugabe von NaN_3 in W. zu einer sd. Lsg. von **IV** in Dioxan u. 20std. Kochen; n_D^{21} 1,4950, λ_{max} 4,7 u. 7,9 mμ; 61,4%; liefert bei 3tägigem Kochen mit Benzoylchlorid in Bzl. u. Hydrierung des Reaktionsprod. *trans-2-Benzamidocyclohexanol* (**V**), $C_{13}H_{17}O_2N$, F. 172,0 bis 172,8° (Ligroin); gibt bei katalyt. Hydrierung *trans-2-Aminocyclohexanol* [Kp.$_2$ 70°;

81%; sehr hygroskopisch. *Hydrochlorid*, $C_6H_{14}ONCl$, F. 175,6—176,4° (A./Ae.). *Bis-[α-naphthylcarbamyl]-deriv.*, $C_{28}H_{21}O_3N_3$, F. 258,7—259,0°. *Dibenzoat*, F. 207,4 bis 207,8° (Ligroin)]. — *trans-2-Aminocyclohexylbenzoathydrochlorid*, F. 265,0—267,0°, durch 4std. Erhitzen von **V** mit äthanol. HCl im geschlossenen Rohr auf 100°. — *trans-2-Azidocyclopentanol*, $C_5H_9ON_3$, Kp.₃ 72,5—74,0°, durch 40std. Kochen von **VI** u. NaN_3; n_D^{24} 1,4878, λ_{max} 4,7 u. 8,0 mμ; 64%; gibt bei Benzoylierung in Bzl./Pyridin durch 30 Min. Kochen *trans-2-Azidocyclopentylbenzoat* (**VII**), $C_{12}H_{13}O_2N_3$, Kp.$_{0,1}$ 128 bis 130°; 63%; liefert bei katalyt. Hydrierung *trans-2-Aminocyclopentanol*, $C_5H_{11}ON$, Kp.$_{17}$ 107—108°, n_D^{24} 1,5010; 48,5%; *Hydrochlorid*, F. 191,6—192,8°. *O-Benzoat*, Kp.$_{0,06}$ 106°, durch katalyt. Hydrierung von **VII**; 47,7% (*Hydrochlorid*, $C_{12}H_{16}O_2NCl$, F. 193,0—194,0°). — *3-Azidobutanol-(2)*, $C_4H_9ON_3$, Kp.$_{31}$ 83—84°, aus **VIII** u. NaN_3; $n_D^{17.5}$ 1,4562; 52,5%, daneben höhersd. Prod.; 8 g geben bei katalyt. Hydrierung mit PtO_2 *3-Aminobutanol-(2)*, $C_4H_{11}ON$, Kp.$_{33}$ 78—79°, $n_D^{17.5}$ 1,4466; 5 g. — *1-Azido-propanol-(2)*, Kp.$_{32}$ 80—82°, aus 48,2 g **IX** u. NaN_3; $n_D^{17.5}$ 1,4552; 47,8 g, daneben ein *Prod.* vom *Kp.*$_{32}$ *83—109°*; 13,4 g (nicht identifiziert); gibt bei katalyt. Hydrierung *1-Aminopropanol-(2)*, Kp. 157,0—159,0°, n_D^{16} 1,4515; ca. 60% (*Phenylthioharnstoffderiv.*, F. 106,5—107,5°. *Pikrat*, F. 142,1—143,2°. *Chloroplatinat*, F. 194,5 bis 197°); Hydrierung des Monobenzoylderiv. liefert *1-Benzamidopropanol-(2)*, $C_{10}H_{13}O_2N$, F. 92,2—92,8°. — *1-Azido-2-methylpropanol-(2)*, $C_4H_9ON_3$, Kp.$_{32}$ 75,8—77,9°, aus **X** u. NaN_3; 40,6%; gibt bei katalyt. Hydrierung *1-Amino-2-methylpropanol-(2)*, $C_4H_{11}ON$, Kp. 148,5—151,3°; 57% (*Hydrochlorid*, F. 74,1—75,3°, hygroskopisch. *Pikrat*, $C_{10}H_{14}O_8N_4$, F. 165—175°. *Thioharnstoffderiv.*, F. 135,0—136,1°). — *1.3-Diazido-propanol-(2)*, $C_3H_6ON_6$, Kp.₃ 85—87°, aus **III** u. NaN_3; $n_D^{17.5}$ 7,5060; 55%; liefert bei katalyt. Hydrierung *1.3-Diaminopropanol-(2)*, $C_3H_{10}ON_2$, Kp.₃ 93—95°; 76% [*Dihydrochlorid*, F. 183,2—184,6° (Zers.). *Pikrat*, F. 236,0—237,2° (Zers.)]. — *2-Aminobuten-(3)-ol-(1)*, Kp.$_{14}$ 81—82°, aus **II** u. NaN_3 durch Entfernung des azeotrop. Gemischs W./Dioxan bei 98°, Zugabe des Rückstandes zu einer sd. äther. Lsg. von $LiAlH_4$ u. 1 std. Kochen unter Rühren (Verss. zur Isolierung der ursprünglichen Reaktionsprodd. durch Vakuumdest. führen zu heftigen Explosionen); $n_D^{12.5}$ 1,4470; 22,8%, daneben **XI** (s. unten); *neutrales Oxalat*, F. 155,8—157,8°; gibt bei katalyt. Hydrierung *2-Amino-butanol-(1)*, Kp.₃ 51—53° (*Pikrat*, F. 128,4—129,2°). — *4-Aminobuten-(2)-ol-(1)* (**XI**), Kp.$_{14}$ 110—112°, wie vorst.; 15,7%; *Oxalat*, F. 174,6—175,6°; liefert bei katalyt. Hydrierung *4-Aminobutanol-(1)*, Kp.$_{15}$ 104°, Kp.$_{10}$ 95°, n_D^{20} 1,4578 (*Pikrat*, F. 86,6 bis 88,6°), ferner aus Tetrahydrofuran über 4-Chlorbutylacetat, 4-Phthalimidobutylacetat u. Hydrolyse mit 50%ig. H_2SO_4. — *1-Aminobutanol-(2)*, Kp.$_{12}$ 70°, aus 1.2-Epoxybutan u. NH_3. *Pikrat*, F. 124,5—125,6°. — *2-Amino-2-methylpropanol-(1)*, *Thioharnstoffderiv.*, F. 127,0—128,5°. (J. Amer. chem. Soc. **76**. 1231—35. 5/3. 1954. Lawrence, Kans., Univ., Dep. of Chem.) G. WINKLER. 2120

I. R. Kaplan, H. N. Parton und **J. Vaughan**, *4-Alkyldiphenylketiminhydrochloride und verwandte Ketone.* Einige *Ketimine* wurden nach PICKARD u. VAUGHAN (C. **1950**. II. 1928) dargestellt u. die Hydrochloride durch Fällen mit trockenem HCl aus der äther. Lsg. gewonnen. *4-Methylbenzophenon* wurde durch FRIEDEL-CRAFTS-Synth., die übrigen Ketone wurden aus den Ketiminhydrochloriden durch Hydrolyse erhalten. Die Spektren der Verbb. im Bereich 2100—3200 Å wurden in 10^{-1} mol. Lsgg. in Methanol aufgenommen. Die Absorption der Alkylderivv. entspricht der der Grundkörper. *4-R-Diphenylketone*: (R =) *H*, F. 48°. — CH_3, F. 58°. — C_2H_5, Kp. 318—320°. — $CH(CH_3)_2$, Kp.$_{774}$ 338—340°. — $C(CH_3)_3$, $C_{17}H_{18}O$, Kp.$_{13}$ 198°, n^{19} 1,5762. — *4-R-Diphenylketiminhydrochloride*: (R =) *H*, F. 310°. — CH_3, F. 244°. — C_2H_5, $C_{15}H_{16}NCl$, F. 264°. — $CH(CH_3)_2$, $C_{16}H_{18}NCl$, F. 260°. — $C(CH_3)_3$, $C_{17}H_{20}NCl$, F. 280—282°. (J. Amer. chem. Soc. **75**. 4341. 5/9. 1953. Christchurch, New Zealand, Canterbury Univ. Coll.) MANTHEY. 2360

Herbert O. House, *Die Umlagerung von α.β-Epoxyketonen.* 1. Mitt. *Chalkonoxyde.* Vf. untersucht die Umlagerung von α.β-Epoxyketonen $C_6H_5COCH\!-\!\!\overset{O}{\frown}\!\!-CRC_6H_5$ (R = H, CH_3, C_6H_5) mittels BF_3 in Ae. zu Dicarbonylverbb. der Zus. $C_6H_5COC(R)\cdot(C_6H_5)CHO$. *2-Methyl-1.2-diphenylpropandion-(1.3)* u. *1.2.2-Triphenylpropandion-(1.3)* werden leicht mit Na-Acetat zu *α-Methyl-* bzw. *α-Phenyldesoxybenzoin* deformyliert. *α.β-Diphenylacrylophenonepoxyd* wird mit BF_3 zu *Phenylbenzhydryldiketon* umgelagert. In jedem Falle stimmt die Struktur der erhaltenen Dicarbonylverb. mit der Hypothese überein, daß die in α-Stellung zur Carbonylgruppe des Epoxyketons stehende Gruppe wandert. — Die Einw. von $SnCl_4$ in Bzl. oder von HCl in Ae. auf Chalkonepoxyd (**I**) liefert *3-Chlor-2-oxy-1.3-diphenylpropanon.*

Versuche (FF. korr.): *1.2-Diphenylpropandion-(1.3)*, *Cu-Salz*, F. 222—223° (Zers.), aus trans-**I** u. BF_3 in Ae. durch 30 Min. Kochen u. Umsetzen mit $Cu(CH_3CO_2)_2$;

100% (Ausbeute); daraus *1.4.5-Triphenylpyrazol*, F. 210,5—211°. — *1.2-Diphenyl-2-methylpropandion-(1.3)*, *Mono-2.4-dinitrophenylhydrazon*, $C_{22}H_{18}O_5N_4$, F. 182,5—183° (A.), aus *trans-Dypnonoxyd* (F. 91,5—93°) mit BF_3 wie vorst.; 93%, oder aus *cis-Dypnonoxyd* (F. 160—162°) mit BF_3; 100%; Absorption bei 1670, 1730 u. 2720 cm^{-1}; gibt bei 3½std. Kochen mit Na-Acetat in A. *α-Methyldesoxybenzoin* [*2.4-Dinitrophenylhydrazon*, $C_{21}H_{18}O_4N_4$, F. 150—151° (A.); 93%]. — *α-Phenyldesoxybenzoin*, $C_{20}H_{16}O$, F. 135—136° (A./W.), aus *β.β*-Diphenylacrylophenonepoxyd (Absorption bei 1695 cm^{-1} u. 252 mμ, ε_{max} = 14600) u. BF_3 u. Deformylierung mit Na-Acetat; Absorption bei 1680 cm^{-1}; 80%; gibt kein Oxim. — *α.β-Diphenylacrylophenonepoxyd*, $C_{21}H_{16}O_2$, F. 82,5—83,5° (Methanol), aus *α.β*-Diphenylacrylophenon in Methanol mit alkal. H_2O_2 (30%ig.) durch 3std. Rühren; Absorption bei 1680 cm^{-1} u. 252 mμ, ε_{max} = 16000; 61,7%; gibt mit BF_3 *Phenylbenzhydryldiketon*, isoliert als *2-Phenyl-3-benzhydrylchinoxalin*, F. 198—199° (A.); Absorption bei 240 mμ (ε_{max} = 40300) u. 326 mμ (ε_{max} = 9900). — *3-Chlor-2-oxy-1.3-diphenylpropanon*, $C_{15}H_{13}O_2Cl$, F. 71—72° (Hexan), aus I in Bzl. mit $SnCl_4$ durch 15 Min. Rühren; 72%, ferner aus I durch Sättigen der äther. Lsg. mit HCl, Absorption bei 1700 u. 3450 cm^{-1}; gibt mit Na-Acetat *Benzylphenyldiketon*, isoliert als *2-Phenyl-3-benzylchinoxalin*, F. 96—97°; Absorption bei 240 mμ (ε_{max} = 35000) u. 324 mμ (ε_{max} = 10000). (J. Amer. chem. Soc. **76.** 1235—37. 5/3. 1954. Cambridge, Mass., Inst. of Technol., Dep. of Chem.) G. WINKLER. 2370

Richard Neu, *Tetraphenyldiboroxyd aus Natriumtetraphenyloborat.* 1. Mitt. *Über Tetraphenyldiboroxyd.* Vf. erhielt bei kurzem Erhitzen von *Natriumtetraphenyloborat* (I) mit HCl auf dem Wasserbad auf 80° neben Diphenyl *Tetraphenyldiboroxyd* (II). II entstand auch bei Zimmertemp. aus I u. HCl. Vf. nimmt an, daß die Bldg. von II über Diphenylborsäure durch Wasserabspaltung eintritt. Die Konst. von II wurde nach WITTIG u. RAFF (C. **1953.** 2576) durch Rk. mit $HgCl_2$ in Methanol–W. u. Titration der gebildeten HCl u. H_3BO_3 bewiesen. II eignet sich zur quantitativen Best. von Flavonolen (starke Bathochromie u. Fluorescenz; vgl. NEU u. HAGEDORN, Z. analyt. Chem. **139.** [1953.] 96).

Versuche: II, $C_{24}H_{20}OB_2$, F. 116—118°, I u. 2 n HCl werden 7 Std. geschüttelt; 76% Ausbeute, daneben 0,0691 g Diphenyl, F. 69—70°. (Chem. Ber. **87.** 802—05. 30/6. 1954. Karlsruhe, Fa. Dr. W. Schwabe G. m. b. H., Chem. Forschungslabor.) G. PAULIG. 2580

R. S. Urban und **E. M. Beavers,** *Cyclisierung von α-substituierten Benzylsuccinanhydriden.* Cyclisierung von α-Methylbenzylsuccinanhydrid (I) mit H_2SO_4 führte zu den *cis–trans-Isomeren* von *4-Methyl-3-carboxytetralon-(1)* (III), die durch CLEMMENSEN-Red. u. anschließende Dehydrierung in *1-Methyl-2-carboxynaphthalin* übergeführt wurden. Aus α.α-Dimethylbenzylsuccinanhydrid (II) entstand *4.4-Dimethyl-3-carboxytetralon-(1)* (IV), das durch CLEMMENSEN-Red., Anilidbldg. u. erschöpfende Chlorierung zu einem Monochloranilid charakterisiert wurde. IV ist leicht zu *α.α-Dimethylhomophthalsäure* oxydierbar, wodurch auch die Struktur von II bewiesen wurde (vgl. BICKFORD u. Mitarbeiter, J. Amer. Oil Chemists' Soc. **25.** [1948.] 251).

Versuche: *cis-* u. *trans-4-Methyl-3-carboxytetralon-(1)* (III), $C_{12}H_{12}O_3$, aus I u. konz. H_2SO_4 (2 Std. bei 100°); Kristallisation aus A. u. W. gab 3 Fraktionen: **IIIa** [F. 169,5—171,5° (A.); 21% (Ausbeute). *2.4-Dinitrophenylhydrazon*, F. 286° (Zers.). *Semicarbazon*, F. 255—256° (Zers.)], **IIIb** [F. 84—86° (W.); 10%. *2.4-Dinitrophenylhydrazon*, F. 273° (Zers.; amorph). *Semicarbazon*, F. 238—242° (Zers.)] u. Gemisch von **IIIa** u. **IIIb** (23%). — *cis-* u. *trans-1-Methyl-2-carboxytetralin* (V), $C_{12}H_{14}O_2$: F. 86—88° (**Va**, PAe.; 4,16 g aus 4,33 g **IIIa**) bzw. F. 71—73° (**Vb**; PAe.; 0,88 g aus 1,21 g **IIIb**). — *1-Methyl-2-carboxynaphthalin*, F. 175—177° (Bzl.); aus den *Methylestern* vorst. Verbb. durch 5- bzw. 22std. Erhitzen (300°) mit Pd-Kohle u. anschließende Verseifung (1,00 g **Va** → 0,89 g Ester → 0,40 g; 0,81 g **Vb** → 0,46 g Ester → 0,39 g). — *4.4-Dimethyl-3-carboxytetralon-(1)* (IV), $C_{13}H_{14}O_3$, F. 157—159° (A.), aus 37,2 g II wie oben; 26,5 g. — CLEMMENSEN-Red. von 10 g IV → 10 g *1.1-Dimethyl-2-carboxytetralin*, $C_{13}H_{16}O_2$, F. 145—146° (A.). — *1.1-Dimethyl-2-carbanilidotetralin*, $C_{19}H_{21}ON$, F. 162—164°, aus 3,6 g vorst. Verb. mit $SOCl_2$, dann mit Anilin in Bzl.; 3,2 g. — *1.1-Dimethyl-2-chlor-2-carbanilidotetralin*, $C_{19}H_{20}ONCl$, F. 104—105° (A.), aus 0,58 g vorst. Verb. u. PCl_5 in Bzl. (Erhitzen); 0,50 g. (J. Amer. chem. Soc. **76.** 3042—43. 5/6. 1954. Philadelphia, Pa., Rohm and Haas Co.) J. ROTHE. 2700

V. Bruckner, J. Kovács und **P. Huhn,** *Addition von Maleinsäureanhydrid an Anethol.* 3. Mitt. (2. vgl. C. **1949.** E. 398.) Vff. zeigen, daß ihre für das *Addukt* aus *Anethol* u. *Maleinsäureanhydrid* (V) früher angegebene Konstitutionsformel I die richtige ist u. nicht die von LORA-TAMAYO (C. **1949.** II. 1292). Rk. von I mit HJ u. anschließende Methylierung liefert den *Tetracarbonsäuretetramethylester* II als in Ae. unlösl. Prod., ferner *Fumarsäuredimethylester* (III) u. *3-Methyl-7-methoxytetralin-cis-1.2-dicarbonsäuredimethylester* als in Ae. lösl. Verbb.; die cis-Konfiguration der letzten Verb. wurde durch die leichte Bldg. des Anhydrids (IV) bewiesen. Die Bldg. von II kann nur mit der Konst. I erklärt werden; die von LORA TAMAYO (l. c.) vorgeschlagene Konst. kann nicht die Bldg. einer Ketogruppe erklären, auch nicht die Bldg. von III. IV reagiert erst bei 150° mit V, jedoch nicht bei 80°, also nicht unter den Bedingungen der Bldg. des Bis-Addukts; es entsteht eine zu I isomere Verbindung.

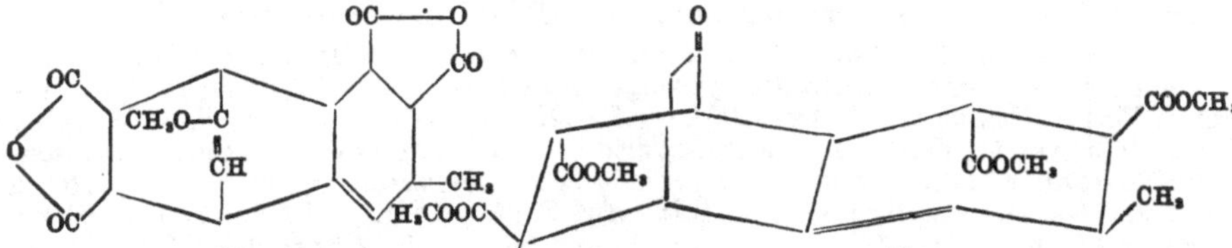

I II

Versuche: Nach ½std. Kochen von 120 ml HJ (D. 1,7) mit 170 g Acetanhydrid, 4std. Kochen mit 6,3 g rotem P u. 10 g I, Einengen im Vakuum, mehrfachem Aufnehmen in W. u. anschließendem Einengen zur Entfernung von HJ, Ausziehen mit W., Eindampfen des Filtrats, Lösen in CH_3OH u. Verestern mit CH_2N_2 entsteht der *Keto-trans-trans-tetracarbonsäuretetramethylester* II, $C_{21}H_{26}O_9$, F. 154—155° (CH_3OH); 0,5 g (Ausbeute); aus der äther. Mutterlauge werden durch Eindampfen u. fraktionierte Dest. eine nicht näher untersuchte Fraktion ($Kp._2$ 70—80°; 1,5 g), *Fumarsäuredimethylester* (III), $C_6H_8O_4$, F. 101—102°, Prismen aus Aceton, u. *3-Methyl-7-methoxytetralin-1.2-cis-dicarbonsäuredimethylester*, $Kp._{0,07}$ 240—245°, 7,5 g, erhalten; dieser liefert bei 2std. Kochen mit 15%ig. NaOH u. Ansäuern die *Säure*, $C_{14}H_{16}O_5$, F. 211°, aus W. lange Nadeln; 0,5 g. Daraus das *Anhydrid* (IV), $C_{14}H_{14}O_4$, F. 122°, durch kurzes Erwärmen mit Acetanhydrid auf 90°, Eindampfen, Lösen in Essigester, Einengen u. Zugabe von Ae.-PAe. (1:1). — *3-Methyl-7-methoxynaphthalin-1.2-dicarbonsäureanhydrid*, F. 214—217° (Essigester), durch Erhitzen von IV u. 10%ig. Pd-Kohle im CO_2-Strom auf 300°. — IV-*Maleinsäureanhydrid* (V)-*Addukt*, $C_{18}H_{16}O_7$, F. 260° unter Zers. (Essigester, dann Aceton), durch 4std. Erhitzen von IV mit V auf 150°. (J. org. Chemistry 16. 1481—84. Okt. 1951. Budapest, Univ., Inst. of Organ. Chem.)

NITZSCHKE. 2700

André Etienne und **Claude Beauvois**, *Die Photooxydation von 6.13-Diphenylpentacen und von 5.7.12.14-Tetraphenylpentacen. 6.13-Diphenylpentacen*, F. 328°, erhalten durch Red. der beiden stereoisomeren *6.13-Diole* ($C_{34}H_{24}O_2$, F. 305—306 bzw. 349°; diese aus Pentacenchinon-(6.13) u. C_6H_5Li), liefert bei der Photooxydation in CS_2 ein *Oxyd* $C_{34}H_{22}O_2$, das nach seinem UV-Spektr. die von ALLEN u. BELL (J. Amer. chem. Soc. 64. [1942.] 1253) vorgeschlagene Struktur besitzt. Beim Erhitzen dieses

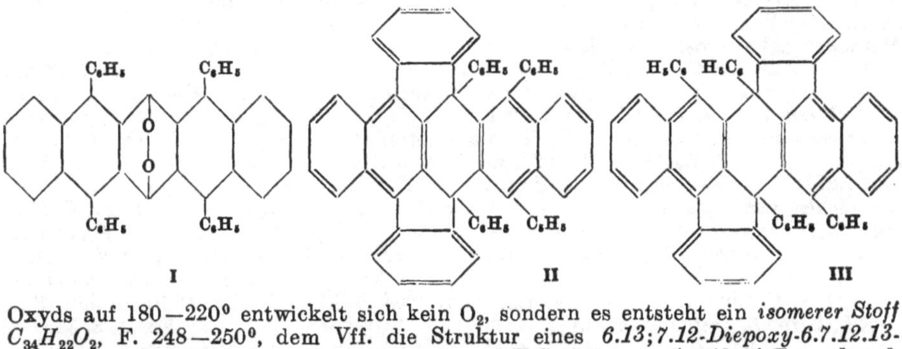

I II III

Oxyds auf 180—220° entwickelt sich kein O_2, sondern es entsteht ein *isomerer Stoff* $C_{34}H_{22}O_2$, F. 248—250°, dem Vff. die Struktur eines *6.13;7.12-Diepoxy-6.7.12.13-tetrahydro-6.13-diphenylpentacens* zuschreiben (UV-Spektr.). — *5.7.12.14-Tetraphenylpentacen*, $C_{46}H_{30}$, F. 410°, aus 5.7.12.14-Tetraphenylpentacenchinon-(6.13) u. Zn-Cu in 2n Na_2CO_3-Lsg. (Cellosolve-Xylol) über das *cis-Diol* ($C_{46}H_{32}O_2$, F. 420°), gibt bei der sehr schnell verlaufenden Photooxydation ein *Prod.* $C_{46}H_{30}O_2$, F. 310°, das mit Zn-Na_2CO_3 zum cis-Diol red. werden kann u. dem Vff. deshalb die Struktur I zuschreiben (UV-Spektr.; vgl. dagegen l. c.). Erhitzen von I (220—340°) liefert *6.13;7.12-Diepoxy-6.7.12.13-tetrahydro-5.7.12.14-tetraphenylpentacen*, $C_{46}H_{30}O_2$, F. 316—317°. — 5.7.12.14-Tetraphenylpentacenchinon-(6.13) gibt mit C_6H_5Li leicht die *cis-* bzw. *trans-*

6.13-Diole ($C_{58}H_{40}O_2$; F. 385 bzw. 392°); diese sind weder mit alkoh. Na-Amalgam noch durch Hydrierung mit RANEY-Ni oder Pd reduzierbar. Mit stark sauren Reduktionsmitteln entsteht ein gelber *KW-stoff*, $C_{58}H_{36}$, F. 453°, dem Vff. eine der Strukturen **II** oder wahrscheinlicher **III** zuschreiben u. dessen Lsgg. fluorescieren. (C. R. hebd. Séances Acad. Sci. **239.** 64—66. 5/7. 1954.) J. ROTHE. 2950

J. N. Chatterjea, *Synthese des 3.8.9-Trimethoxy- und des 3.4.8.9-Tetramethoxy-β-brazanchinons.* Vf. synthetisierte *3.8.9-Trimethoxy-* u. *3.4.8.9-Tetramethoxy-β-brazanchinon* (**I**) aus *6-Methoxycumarandion* bzw. *6.7-Dimethoxycumarandion.*

Versuche: *6.7-Dimethoxy-2-oximinocumaranon,* F. 194°, aus 6.7-Dimethoxycumaranon. — *2-Oxy-3.4-dimethoxyphenylglyoxalsäure,* F. 178°, durch Hydrolyse vorst. Verb.; *Methylester,* F. 99—100°. — *6.7-Dimethoxycumarandion,* F. 153°, durch Behandeln vorst. Verb. mit Acetanhydrid. — *6.7-Dimethoxy-2-veratroylcumaron-3-carbonsäure,* F. 205°, durch Einw. von ω-Bromacetoveratron auf vorst. Verb. in Ggw. von Natriumäthylat über den *Äthylester* (F. 99—101°). — *3.4.8.9-Tetramethoxy-β-brazanchinon* (**I**), F. 265°, durch Cyclisierung vorst. Säure über das Säurechlorid; Sublimation im Vakuum. — *3.4.8.9-Tetramethoxy-6.11-diacetoxy-β-brazan,* F. 235°, durch reduktive Acetylierung von **I.** — *3.8.9-Trimethoxy-β-brazanchinon,* F. 262°, Darst. wie **I** aus 6-Methoxycumarandion über die *6-Methoxy-2-veratroylcumaron-3-carbonsäure,* F. 208° (*Äthylester,* F. 127—128°). (Experientia [Basel] **9.** 256. 15/7. 1953. Patna, India, Sci. Coll., Chem. Labor.) JOHN. 3061

W. B. Whalley, *Organische Fluorverbindungen.* 8. Mitt. *Einige Indolderivate.* (7. vgl. C. **1954.** 3225.) Mit Hilfe der l. c. modifizierten HOESCH-Rk. wurden aus Indol u. einigen Abkömmlingen die entsprechenden 3-Trihalogenacetylindole mit guten Ausbeuten dargestellt. Diese Verbb. lassen sich leicht in die Säuren überführen. Die leichte Alkylierbarkeit des an das N-Atom gebundenen H in den 3-Trifluoracetylindolen bietet einen bequemen Weg zu N-Alkylindol-3-carbonsäuren. — Aus Skatolen erhält man unter denselben Bedingungen die 2-Trifluoracetylskatole.

Versuche: *3-Trifluoracetylindol,* $C_{10}H_6ONF_3$, aus Methanol Prismen, F. 214°. — *Indol-3-carbonsäure,* F. 218° (Zers.). — *1-Methyl-3-trifluoracetylindol,* $C_{11}H_8ONF_3$, F. 105°; durch Methylierung von 3-Trifluoracetylindol mit CH_3J, Aceton u. K_2CO_3 in 2 Std.; aus Methanol Prismen; 100% (Ausbeute). — *1-Methylindol-3-carbonsäure,* $C_{10}H_9O_2N$, F. 212° (Zers.); durch 2 std. Hydrolyse von 2 g der vorst. Verb. mit 40%ig. NaOH; aus wss. Aceton Tafeln; 1,5 g. — *3-Trichloracetylindol,* $C_{10}H_6ONCl_3$, F. 235 bis 237° (Zers.); aus Methanol Tafeln; 50%. — *5.6-Methylendioxy-3-trifluoracetylindol,* $C_{11}H_6O_3NF_3$, F. 268°; aus 1 g 5.6-Methylendioxyindol; aus wss. Methanol gelbe Tafeln; 0,6 g. — *5.6-Methylendioxyindol-3-carbonsäure,* $C_{10}H_7O_4N$, F. 239—240° (Zers.); durch 1 std. Kochen der vorst. Verb. mit 10%ig. KOH; aus Bzl.-Aceton Prismen; 75%. — *3.4-Dimethoxy-ω-nitrostyrol,* $C_{10}H_{11}O_4N$, F. 142°; durch Kondensation von 14 g Veratrumaldehyd mit Nitromethan; aus Essigsäure gelbe Tafeln; 10 g. — *4.5-Dimethoxy-ω.2-dinitrostyrol,* $C_{10}H_{10}O_6N_2$, F. 173°; durch Nitrierung der vorst. Verb.; aus Essigsäure gelbe Prismen. — *5.6-Dimethoxy-3-trifluoracetylindol,* $C_{12}H_{10}O_3NF_3$, F. 207°; aus Methanol gelbe Nadeln. — *7-Methyl-3-trifluoracetylindol,* $C_{11}H_8ONF_3$, F. 214° (Methanol). — *1-Benzyl-7-methyl-3-trifluoracetylindol,* $C_{18}H_{14}ONF_3$, F. 140°; durch 3 std. Kochen der vorst. Verb. mit Benzylbromid, Aceton u. K_2CO_3; aus Methanol Prismen. — *1-Benzyl-7-methylindol-3-carbonsäure,* $C_{17}H_{15}O_2N$, F. 241° (Zers.); aus vorst. Verb. u. warmer 20%ig. wss.-alkoh. KOH; aus Aceton Prismen; 100%. — *7-Methyl-3-trichloracetylindol,* $C_{11}H_8ONCl_3$, F. 202°; aus 7-Methylindol in Ae., einer HCl-gesätt. Lsg. von $ZnCl_2$ u. Trichlormethylcyanid in Ae. u. Hydrolyse des ausgefallenen Ketiminkomplexes; aus Methanol Tafeln. — *2-Methyl-3-trifluoracetylindol,* $C_{11}H_8ONF_3$, F. 152° (wss. Methanol). — *1.2-Dimethyl-3-trifluoracetylindol,* $C_{12}H_{10}ONF_3$, F. 115° (Methanol). — *1.2-Dimethylindol-3-carbonsäure,* F. 220° (Zers.). — *2-Trifluoracetylskatol,* $C_{11}H_8 \cdot ONF_3$, aus wss. Methanol gelbe Prismen, F. 116°. — *3-Methylindol-2-carbonsäure,* $C_{10}H_9O_2N$, F. 166°. (J. chem. Soc. [London] **1954.** 1651—53. Mai. Philadelphia, Pa., Smith, Kline & French Labors.) FORCHE. 3081

R. O. Atkinson, *Einige Reaktionen von Phthalimid.* Vf. beschreibt die Darst. von *N-Dimethylaminomethylphthalimid* (**I**) aus Phthalimid (**II**), Formaldehyd (**III**) u. Dimethylamin (**IV**); **I** kann in ähnlicher Weise wie MANNICH-Basen zur C-Alkylierung u. damit zur Darst. schwer zugänglicher prim. Amine verwendet werden. **I** u. sein *quaternäres Jodid* (**V**) reagieren mit W. unter Bldg. von *N-Oxymethylphthalimid,* das *Hydrochlorid* von **I** gibt in sd. A. **II;** W. oder A. dürfen deshalb nicht als Lösungsm. für Alkylierungs-Rkk. verwendet werden. Ferner wird die Darst. von *Phthalimidoacetonitril* u. *Diphthalimidomethan* aus **V** u. von *3-Phthalimidomethylindol* u. *1-Phthal-*

imidomethylnaphthol-(2) aus **II** u. den entsprechenden MANNICH-Basen (weitere Möglichkeiten zur Synth. prim. Amine; vgl. HELLMANN, Angew. Chem. **65.** [1953.] 473) beschrieben.

Versuche: *N-Dimethylaminomethylphthalimid* (**I**), $C_{11}H_{12}O_2N_2$, F. 74—75° (A.), aus **II**, 40%ig. **III** u. 30%ig. **IV** in Essigsäure durch 15 Min. Rühren bei Zimmertemp.; 77% (Ausbeute). *Methojodid* (**V**), $C_{12}H_{15}O_2N_2J$, F. 239—240° (Zers.), aus **I** durch Kochen mit überschüssigem CH_3J in Ae.; 70%. *Hydrochlorid*, $C_{11}H_{13}O_2N_2Cl$, F. 154 bis 155°; gibt in A. *Phthalimid* (II), F. 242°. — *N-Oxymethylphthalimid*, $C_9H_7O_3N$, F. 141 bis 142°, aus **I** durch 12std. Erwärmen auf 30° mit je 1 Mol Essigsäure u. W.; 100%. — *Phthalimidoacetonitril*, $C_{10}H_6O_2N_2$, F. 123—124°, durch 1std. Kochen von **V** mit NaCN in Dimethylformamid (**VI**); Nadeln aus W.; 81%; gibt bei der Hydrolyse mit Essigsäure/HCl (3:1) *Phthaloglycin*, $C_{10}H_7O_4N$, F. 190—191°. — *3-Phthalimidomethylindol*, $C_{17}H_{12}O_2N_2$, F. 182—183° (A.), durch 3std. Erhitzen von **I** mit Indol u. katalyt. Menge NaOH im Vakuum auf 180°; 65%, oder aus Gramin u. **II** wie vorst.; 82%. — *1-Phthalimidomethylnaphthol-(2)*, $C_{19}H_{13}O_3N$, F. 202—203°, aus 1-Dimethylaminomethylnaphthol-(2) u. **II** durch 1std. Erhitzen wie vorst.; hellgelbe Prismen aus A.; 69%. — *Diphthalimidomethan*, $C_{17}H_{10}O_4N_2$, F. 226° ($CHCl_3$/A.), durch 6std. Kochen von **V** u. K-**II** in **VI**; 65%. (J. chem. Soc. [London] **1954.** 1329—30. April. London, Brit. Drug Houses Ltd., Prod. and Developm. Div.) G. WINKLER. 3081

E. C. Taylor jr., Joseph Wolinsky und **Hiok-Huang Lee,** *Reaktion von α-Cyanbenzylbenzolsulfonat mit Thioharnstoffen.* α-Cyanbenzylbenzolsulfonat (**I**) reagiert mit Phenylthioharnstoff (**II**) zu dem *benzolsulfonsauren Salz* von *2-Imino-3.5-diphenyl-4-amino-Δ⁴-thiazolin* (**III**), dessen Struktur durch sein Infrarotspektr. bewiesen wurde. Bei kurzem Erhitzen von **III** mit verd. Säure entstand *2-Anilino-5-phenyl-Δ²-thiazolon-(4)* (**V**), bei längerem *3.5-Diphenylthiazolidindion-(2.4)* (**VI**). Hydrolyse von **III**-Hydrochlorid führte zu *2-Imino-3.5-diphenylthiazolidon-(4)* (**IV**), das sich beim Erhitzen mit Säuren, CS_2 oder Anilin in **V** umlagerte; die Struktur von **IV** folgt aus der alkal. Hydrolyse zu *α-Mercapto-α-phenylacetanilid* sowie aus der Synth. aus KSCN u. *α-Chlor-α-phenylacetanilid* (**VII**). Da sich **V** unter Hydrolysebedingungen zu **VI** umlagert (EBERLY u. DAINS, C. **1937.** I. **4099**), folgt, daß während der Hydrolyse von **III** zu **VI** eine zweimalige Umlagerung stattfindet. Ähnliche Beobachtungen wurden bei der Rk. von **I** mit Alkylthioharnstoffen gemacht. Die Kondensation von α-Chlor-α-phenyl-N-benzylacetamid mit KSCN führte zu *α-Thiocyan-α-phenyl-N-benzylacetamid*, das durch Kochen mit HCl oder $NaOC_2H_5$ cyclisiert werden konnte; Vff. vermuten, daß die Cyclisierung hier wie oben über das Anion des α-Thiocyanamids verläuft. Parallelen zur Umlagerung **IV**→**V** in anderen Rkk. der Thiazolreihe werden besprochen.

Versuche (FF. korr.): *2-Imino-3.5-diphenyl-4-amino-Δ⁴-thiazolin* (**III**), Zers. bei 90°, aus **I** u. **II** in Aceton (n. Temp., über Nacht stehenlassen) über das *Benzolsulfonat* [$C_{21}H_{19}O_3N_3S_2$, F. 183—185° (Zers.; absol. A.–Ae.); 85,5% (Ausbeute)], das mit NH_3 zerlegt wurde. — *2-Anilino-5-phenyl-Δ²-thiazolon-(4)* (**V**), F. 191—191,5° (A.), aus **III** u. alkoh. HCl (4 Min. kochen), dann Zugabe von NaOH bis p_H 8; 50% (roh). — *3.5-Diphenylthiazolidindion-(2.4)* (**VI**), F. 176°, Nadeln (verd. A.), aus **III** u. alkoh. HCl (30 Min. kochen); 21%. — *2-Imino-3.5-diphenylthiazolidon-(4)* (**IV**), $C_{15}H_{12}ON_2S$, F. 158—159,5° (Zers.; Chlf.–Cyclohexan), sublimiert bei 150° (0,1 mm), a) aus **III** u. HCl-Gas in Bzl. (4,5%), b) aus **VII** u. KSCN in 95%ig. A. (40 Min. Kochen; 66,5%); verändert sich bei 1std. Erhitzen (170°/1 mm) nicht; lagert sich in **V** um beim Erhitzen mit wss.-alkoh. HCl (0,35 g **IV** → 0,075 g), CS_2 (6 Std. bei 180° im Rohr; 4,5 g **IV** → 1,65 g) oder Anilin (10 Std. bei 100°; 1 g **IV** → 0,63 g). — *α-Mercapto-α-phenylacetanilid*, $C_{14}H_{13}ONS$, F. 245—245,5° (Zers.; Bzl.–PAe.), aus 0,9 g **IV** u. wss.-alkoh. NaOH (5 Min. Kochen); 0,22 g. — *2-Isopropylamino-5-phenyl-Δ²-thiazolon-(4)*, $C_{12}H_{14}ON_2S$, F. 207,5—208° (95%ig. A.), aus **I** u. Isopropylthioharnstoff in Aceton (exotherm, über Nacht stehenlassen) u. 30 Min. Kochen des erhaltenen roten Öles mit wss.-alkoh. HCl; 67%; daneben das *NH_4-Salz der Benzolsulfonsäure*, F. 284—287°. — *3-Isopropyl-5-phenylthiazolidindion-(2.4)*, $C_{12}H_{13}O_2NS$, F. 98° (verd. A.), durch 6std. Kochen des roten Öles mit wss.-alkoh. HCl; 18%. — *2-Imino-3-benzyl-4-amino-5-phenyl-Δ⁴-thiazolin, Benzolsulfonat*, $C_{22}H_{21}O_3N_3S_2$, F. 208—209° (Zers.; A.–Ae.), aus **I** u. Benzylthioharnstoff in Aceton (über Nacht bei n. Temp.); 80%. — *2-Benzylamino-5-phenyl-Δ²-thiazolon-(4)* (**VIII**), F. 185—185,5° (A.), aus vorst. Verb. u. NH_3 (15 Min. bei n. Temp.), dann 15 Min. Kochen mit wss.-alkoh. HCl; 99%. — *α-Chlor-α-phenyl-N-benzylacetamid*, $C_{15}H_{14}ONCl$, F. 109—111° (Bzl.–PAe.), aus α-Chlor-α-phenylacetylchlorid u. Benzylamin in Bzl. (10 Min. Erwärmen); 89%. — *α-Thiocyan-α-phenyl-N-benzylacetamid*, $C_{16}H_{14}ON_2S$, F. 109°, Nadeln (Bzl.–Cyclohexan), aus vorst. Verb. u. KSCN in 95%ig. A. (4 Std. Kochen); 50%; die offene Struktur folgt aus dem

Infrarotspektr.; 5std. Kochen in Xylol, 1std. Erhitzen auf 130° oder 10 Min. Kochen in verd. alkoh. HCl verändert die Substanz nicht. — 5std. Kochen vorst. Verb. mit alkoh.-wss. HCl oder 15 Min. Kochen mit alkoh. C_2H_5ONa führt zu **VIII** (43 bzw. 45%). (J. Amer. chem. Soc. **76.** 1866—70. 5/4. 1954. Urbana, Ill., Univ., Noyes Chem. Labor.)
J. ROTHE. 3142

E. C. Taylor jr., Joseph Wolinsky und **Hiok-Huang Lee,** *Reaktion von α-Cyanbenzylbenzolsulfonat mit Dithiocarbamaten.* (Vgl. vorst. Ref.) Kondensation von α-Cyanbenzylbenzolsulfonat (**I**) mit Ammoniumdithiocarbamaten führt zu Derivv. des *4-Amino-5-phenyl-Δ⁴-thiazolinthions-(2)* (**II**). Saure Hydrolyse von **II** führt quantitativ zu *5-Phenyl-4-ketothiazolidinthion-(2)* (**III**), das mit NH_3 zu *α-Phenyl-α-mercaptoacetamid,* mit Anilin bzw. Benzylamin zu *2-Anilino-* (**IV**) bzw. *2-Benzylamino-5-phenyl-Δ²-thiazolon-(4)* (**V**) reagiert. **IV** u. **V** können auch durch Erhitzen der Amine mit 2-Amino-5-phenyl-Δ²-thiazolon-(4) (**VI**) in Eisessig erhalten werden. Rk. von **I** mit Ammoniumphenyldithiocarbamat (**VII**) führte zu dem sehr stabilen *4-Amino-3.5-diphenyl-Δ⁴-thiazolinthion-(2)* (**VIII**), dessen Struktur durch sein Infrarotspektr. u. durch saure Hydrolyse zu *3.5-Diphenyl-4-ketothiazolidinthion-(2)* (**IX**) bestätigt wurde. Bei der Rk. von **IX** mit NH_3 oder Anilin erfolgte Spaltung des Thiazolringes.

V e r s u c h e (FF. korr.): *4-Amino-5-phenyl-Δ⁴-thiazolinthion-(2)* (**II**), *Hydrochlorid,* $C_9H_8N_2S_2 \cdot HCl$, F. 160°, gelb (A.–Ae.), zers. sich bei n. Temp., aus Ammoniumdithiocarbamat u. **I** in A. (>1 Std. bei n. Temp.), dann Einleiten von HCl; 55% (Ausbeute). — *5-Phenyl-4-ketothiazolidinthion-(2)* (**III**), $C_9H_7ONS_2$, F. 182—183°, gelbe Kristalle (A.), aus **II**-Hydrochlorid u. wss.-alkoh. HCl (15 Min. Kochen); 100%. — *4-Amino-3.5-diphenyl-Δ⁴-thiazolinthion-(2)* (**VIII**), $C_{15}H_{12}N_2S_2$, F. 203,5—204° (Zers.; gelbe Kristalle aus 95%ig. A.), aus **I** u. **VII** in A. (5 Std. bei n. Temp.); 78%. — *3.5-Diphenyl-4-ketothiazolidinthion-(2)* (**IX**), $C_{15}H_{11}ONS_2$, F. 229,5—230°, gelbe Nadeln (wss. Dimethylformamid), aus vorst. Verb. u. wss.-alkoh. HCl (15 Min. Kochen); 73%. — *3-Isopropyl-4-keto-5-phenylthiazolidinthion-(2),* $C_{12}H_{13}ONS_2$, F. 122,5—124°, sublimiert bei 100° (0,5 mm), aus **I** u. Ammoniumisopropyldithiocarbamat in absol. A. (>2 Std. bei n. Temp.), dann Einleiten von HCl; das Primärprod. *3-Isopropyl-4-amino-5-phenyl-Δ⁴-thiazolinthion-(2)-hydrochlorid* (28%) zers. sich beim Umkristallisieren; 78%. — *α-Mercapto-α-phenylacetamid,* C_8H_9ONS, F. 246,5—247° (Zers.; wss. Dimethylformamid), aus **III** u. NH_3 (in absol. A.; 12 Std. bei 100° im Rohr). — *2-Anilino-5-phenyl-Δ²-thiazolon-(4)* (**IV**), $C_{15}H_{12}ON_2S$, F. 191—191,5° (A.), a) aus **III** u. Anilin in Eisessig (12 Std. Kochen; 48%), b) aus **VI** wie vorst. (2 Std.; 72%). — *2-Benzylamino-5-phenyl-Δ²-thiazolon-(4)* (**V**), $C_{16}H_{14}ON_2S$, F. 185—185,5° (A.), a) aus **III** u. Benzylamin in Eisessig (16 Std. Kochen; 77%), b) aus **VI** (2 Std.; 36%). — Rk. von 5,0 g **IX** mit NH_3 wie oben gab 0,12 g monoklinen S, 0,9 g *Phenylacetamid* (C_8H_9ON, F. 160—161°), 0,6 g NH_4SCN u. 1,4 g **IX** zurück. — 20std. Kochen von 3,0 g **IX** mit Anilin lieferte unter H_2S-Entw. 1,3 g *symm.-Diphenylthioharnstoff* (F. 150—151°), der auch durch 15 Min. Erhitzen von **VIII** mit Anilin entstand. (J. Amer. chem. Soc. **76.** 1870—72. 5/4. 1954.)
J. ROTHE. 3142

L. W. Hartzel und **F. R. Benson,** *Synthese von 4-Alkyl-vic.-triazolen aus Acetylenverbindungen und Stickstoffwasserstoffsäure. vic.-Triazole* werden von DIMROTH u. FESTER [1910] aus HN_3 u. Acetylenderivv. erhalten. Vff. wenden diese Rk. auf Monoalkylacetylene an, die mit HN_3 in benzol. Lsg. bei 90—135° im Rohr gut reagieren. Außer den Alkylderivv. wurde auch *4-Phenyl-1.2.3-triazol* u. durch Decarboxylierung von 4-Carboxy-1.2.3-triazol (**I**) *vic.-Triazol* dargestellt. Die 4-Stellung der Substituenten wurde durch Oxydation des 4-n-Amylderiv. zu **I** bewiesen. Vff. untersuchen die Mol.-Refr. der erhaltenen Verbb. u. bestimmen die für das 1.2.3-Triazolsyst. charakterist. Refraktion zu 13,11 ±0,16. Aus den UV-Spektren folgt ein charakterist. Maximum bei 210 mμ, das dem des Pyrrols entspricht u. die Anwesenheit von Tetrazol (Maximum oberhalb 210 mμ) ausschließt. Alkylgruppen in 4-Stellung bewirken einen geringen bathochromen Effekt (Maximum 210 mμ → 215—216 mμ). Die charakterist. Ultrarotabsorptionsbanden des 1.2.3-Triazolringes liegen zwischen 8,8 u. 9,2 sowie 9,8 u. 10,3 μ, analog denen des Tetrazols bei 9,3—9,6 u. 9,9—10,1 μ. Verschied. Derivv. zeigen geringe Wachstumshemmung bei verschied. Mikroorganismen u. keine Wachstumsverhinderung von Sarcom 180 bei Mäusen. Die Toxizität der Derivv. nimmt mit steigendem Mol.-Gew. der Seitenkette bis zum 4-n-Heptylderiv. zu, um dann rasch wieder abzufallen.

V e r s u c h e (FF. korr.): *4-n-Propyl-vic.-triazol,* $C_5H_9N_3$, Kp.$_{13}$ 122—124°, $D.^{22}_4$ 1,0270, n_D^{22} 1,4760, aus Pentin-(1) u. HN_3 in Bzl. im geschlossenen Gefäß bei 95—100° während 48 Std., Filtrieren, Eindampfen u. Fraktionieren; 31% (Ausbeute). — *4-n-Butyl-vic.-triazol,* $C_6H_{11}N_3$, Kp.$_{12}$ 96—97°, $D.^{21}_{21}$ 1,0046, n_D^{22} 1,4805, aus Hexin-(1)

u. HN_3 in Bzl. während 29 Std. bei 132—135°; 56%. Hier trat wie bei allen Rkk. im geschlossenen Gefäß mit HN_3 über 90° am oberen Ende des Gefäßes ein Sublimat von NH_4N_3 auf. — *4-n-Decyl-vic.-triazol*, $C_{12}H_{23}N_3$, Kp.$_{0,6}$ 148—149°, F. 58,5—59° (Heptan), analog aus Dodecin-(1) u. HN_3 in Bzl., 40 Std. bei 107—115°; 29%. — Analog werden folgende *vic.-Triazole* der nebenst. Konst. dargestellt: *R = H*, $C_2H_3N_3$, Kp.$_{752}$ 203°, F. 23,5°, D.$^{23}_4$ 1,1925, n_D^{23} 1,4937. — *R = CH$_3$*, $C_3H_5N_3$, Kp.$_{25}$ 108—109°, F. 35—36°, 40 Std. bei 100°; 14%. — *R = C$_2$H$_5$*, $C_4H_7N_3$, Kp.$_{14}$ 114°, D.$^{22}_4$ 1,0600, n_D^{22} 1,4826, 40 Std. bei 95—100°; 24%. — *R = n-C$_5$H$_{11}$*, $C_7H_{13}N_3$, Kp.$_1$ 103—105°, D.$^{23}_4$ 0,9784, n_D^{23} 1,4763, 40 Std. bei 95—100°; 41%. — *R = iso-C$_5$H$_{11}$*, $C_7H_{13}N_3$, Kp.$_{0,8}$ 102—103°, D.$^{23}_4$ 0,9752, n_D^{23} 1,4735, 40 Std. bei 100—120°; 56%. — *R = n-C$_6$H$_{13}$*, $C_8H_{15}N_3$, Kp.$_2$ 120—122°, F. 27,0—27,2°, 40 Std. bei 95—100°; 63%. — *R = n-C$_7$H$_{15}$*, $C_9H_{17}N_3$, Kp.$_{1,5}$ 126—128°, F. 10,7—11,1°, D.$^{29}_4$ 0,9532, n_D^{29} 1,4727, 40 Std. bei 120°; 66%. — *R = n-C$_8$H$_{17}$*, $C_{10}H_{19}N_3$, Kp.$_{0,6}$ 126—127°, F. 49,0°, 40 Std. bei 95—100°; 36%. — *R = n-C$_9$H$_{19}$*, $C_{11}H_{21}N_3$, Kp.$_{0,8}$ 139—140°, F. 47,0°, 40 Std. bei 120°; 72%. — *R = C$_6$H$_5$*, F. 148,4° (Bzl.), aus Phenylacetylen u. HN_3, 40 Std. bei 110—115°; 48%. — *R = COOH* (I), $C_3H_3O_2N_3$, F. 213° (W.), aus 4-n-Amyl-vic.-triazol in wss. H_2SO_4 durch Oxydation mit $KMnO_4$ bei 60—70°. (J. Amer. chem. Soc. **76**. 667—70. 5/2. 1954. South Norwalk, Conn., Remington Rand, Inc., Chem. Res. Div., Labor. of Advanced Res.)

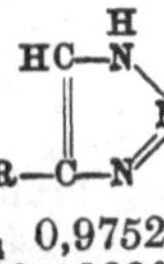

RUSKE. 3153

A. M. Chaletzki und **W. G. Pessin**, *Synthese von Piazthiol (3.4-Benz-1.2.5-thiodiazol) und seinen Derivaten.* 2. Mitt. (1. vgl. C. **1951**. II. 220.) In Erwiderung auf die Arbeit von EFROSS u. LEWIT (C. **1954**. **9280**) wird erneut festgestellt, daß sich bei der Einw. von $SOCl_2$ auf 4-Nitro-1.2-diaminobenzol (I) *β-Nitropiazthiol* (II) bildet. Daß durch Nitrieren von Piazthiol *α-Nitropiazthiol* erhalten wird, konnte bestätigt werden. Das Versuchsmaterial wird durch die Herst. der *p-Aminobenzolsulfonylderivv.* von *α-* u. *β-Aminopiazthiol* ergänzt.

V e r s u c h e: *β-Nitropiazthiol* (II), $C_6H_3O_2N_3S$, F. 127—128°; aus 15,3 g I u. 34 g $SOCl_2$ in 75 ml Toluol bei 8std. Erhitzen u. Wasserdampfdest.; aus CCl_4 Büschel; 3,3 g (Ausbeute). — *β-Aminopiazthiol*, $C_6H_5N_3S$, F. 114°; durch ½std. Erhitzen von 6 g II mit 18 g Gußeisenspänen in 100 ml W. + 4 g Essigsäure auf 100°; aus heißem W. Kristalle; 2,4 g. Hieraus mit p-Nitrobenzolsulfochlorid in Aceton + Pyridin das *p-Nitrobenzolsulfonylderiv.*, $C_{12}H_8O_4N_4S_2$, F. 198—200°; 77%. Hieraus durch Red. mit Na_2S_2 in Alkalilauge das *p-Aminobenzolsulfonylderiv.*, $C_{12}H_{10}O_2N_4S_2$, F. 245—250°; 63%. — *α-Aminopiazthiol, p-Nitrobenzolsulfonylderiv.*, $C_{12}H_8O_4N_4S_2$, F. 163—164°; 75%. *p-Aminobenzolsulfonylderiv.*, $C_{12}H_{10}O_2N_4S_2$, F. 193—194°; 67%. (Журнал Общей Химии [J. allg. Chem.] **24** (**86**). 133—36. Jan. 1954. Leningrad, Chem.-Pharmazeut. Inst.) R. KNOBLOCH. 3173

Ronald A. Henry und **William G. Finnegan**, *Monoalkylierung von Natrium-5-Aminotetrazol in wässerigem Medium.* Die von STOLLÉ u. Mitarbeitern (C. **1932**. II. 2459) berichtete Bldg. von *1-Methyl-5-aminotetrazol* (I) aus dem K-Salz des 5-Aminotetrazols (**II**) führt, wie Vff. fanden, außer zu **I** auch zu **III**. Neben der Substitution in 1-Stellung tritt auch eine solche in 2-Stellung bei der Alkylierung von **II** in bas.-wss. Medium mit CH_3J, C_2H_5J, Allylbromid, Benzylchlorid, Äthylenchlorhydrin u. $(C_2H_5)_2SO_4$ ein, wobei überwiegend das 1-Isomere entsteht. Das 2-Isomere überwog bei der Methylierung des Na-Salzes von 5-Phenyl- u. 5-Nitrotetrazol in wss. Aceton. Allg. tritt eine Alkylierung der Aminogruppe bei den angewandten Bedingungen nur in untergeordnetem Maße auf, so wurden aus dem Na-Salz von **II** u. $(CH_3)_2SO_4$ *1-* u. *2-Methyl-5-methylaminotetrazol* nur in weniger als 1% Ausbeute gebildet, ohne daß die Bldg. von 5-Methylamino- oder 5-Dimethylaminotetrazol nachgewiesen werden konnte. Daneben wurden noch wenig *1.2-* u. *1.4-Dimethyl-5-iminotetrazol* erhalten. Bei der Umsetzung zwischen Na-**II** u. $(C_2H_5)_2SO_4$ reagiert nur eine Äthylgruppe in W. bei 95—100°, während bei Verwendung von $(CH_3)_2SO_4$ beide Methylgruppen reagieren. **III** wurde quantitativ auch durch katalyt. Hydrierung von 2-Methyl-5-nitrotetrazol erhalten.

V e r s u c h e (FF. korr.): Methylierung des Na-Salzes von **II** mit $(CH_3)_2SO_4$: Durch Eintropfen von 65,3 g $(CH_3)_2SO_4$ in die Lsg. von 103 g **II**-Monohydrat in wss. NaOH bei 92—95° u. Abkühlen nach 1½ Std. auf 5° *1-Methyl-5-aminotetrazol* (I), $C_2H_5N_5$, F. 220—223°; 22,3 g (Ausbeute). Eindampfen des wss. Filtrats, Extraktion mit sd. A., Abtrennen des Na_2SO_4, Eindampfen u. erneutes Extrahieren mit Bzl.–A. (85:15) gibt aus dem Extrakt nach Kühlung auf 5° *2-Methyl-5-aminotetrazol* (**III**) $C_2H_5N_5$, F. 95—100° (Bzl. oder Chlf.); 23,8 g. Aus dem Unlöslichen wird nach Lösen in W. u. Kühlen auf 0° **I**, 27,8 g, u. nach Ansäuern dieses Filtrats **II**, 5,75 g, gewonnen.

Aus der Mutterlauge von **III** werden nach Eindampfen 6,9 g Rückstand erhalten, die aus Chlf. fraktioniert krist. werden: 1. Der schwerstlösl. Anteil gibt beim Fraktionieren aus A. 0,1% **I**, F. 222—227°, u. 0,35% *1-Methyl-5-methylaminotetrazol*, F. 173—174° (Dioxan, dann A.), u. aus der Mutterlauge *1.4-Dimethyl-5-iminotetrazol*, [*Pikrat*, $C_9H_{10}O_7N_8$, F. 211,0—211,5° (W.)]; bei verschied. Ansätzen wurde auch ein Gemisch von *1.4-* u. *1.2-Dimethyl-5-iminotetrazol* [Gemisch der *Pikrate*, F. 168—169° (A.)] erhalten. 2. Aus der nächstlösl. Fraktion resultieren 21% **III**, F. 103—105° (Chlf.). 3. Nach Abdampfen der Mutterlauge hinterbleibt ein Rückstand, der mit Ae. in eine lösl. Fraktion [gefällt mit PAe. neben wenig **III** 0,63% *2-Methyl-5-methylaminotetrazol*, F. 46—47°, u. mit Phenylisothiocyanat der *Phenylthioharnstoff des 1.4-Dimethyl-5-iminotetrazols*, $C_{10}H_{12}N_6S$, F. 210,5—211,5° (A.)] u. eine unlösl. Fraktion getrennt wird. Letzte gibt beim Fraktionieren mit Bzl. wenig **III** neben 0,38% *1-Methyl-5-methylaminotetrazol*. — Methylierung des Na-Salzes von **II** mit CH_3J: 0,1 Mol CH_3J in Aceton werden zu einer Lsg. von 0,1 Mol **II** in W. mit 0,1 Mol NaOH gegeben u. 3 Std. gekocht. Eindampfen u. Extrahieren des Rückstands mit Bzl. liefert aus dem Extrakt **III**, F. 104—105° (Bzl.), 16,8%, als Rückstand **I**; 40,4%. — *2-Methyl-5-nitrotetrazol*, $C_2H_3O_2N_5$, F. 85—86° (Bzl.–PAe.), aus 18 g Na-Salz des 5-Nitrotetrazoltetrahydrats (nach HERZ, A. P. 2 066 954; C. **1937**. I. 5108) in Aceton–W. (4:1) mit 20 g CH_3J durch 3½std. Kochen, wobei nach 2 Std. weitere 6 g CH_3J zugefügt werden, Abdampfen des Acetons u. Extrahieren mit Bzl. werden 78,6% 1- u. 2-Methylderiv. erhalten. Lösen in Bzl. u. Fällen mit PAe. bei 0° liefert das 2-Isomere; 6,35 g. — *1-Methyl-5-nitrotetrazol*, $C_2H_3O_2N_5$, F. 57,5—58° (Ae.), durch Eindampfen der Mutterlauge vorst. Verbindung. — Hydrierung des 2-Isomeren mit Pt nach ADAMS in CH_3OH liefert **III**, F. 105,5—106,5° (Bzl.–Ligroin, 4:1), 98,5%, analog wird aus dem 1-Isomeren **I**, F. 226° (Bzl.–A., 5:1), 93%, erhalten. — *1-Methyl-5-benzalaminotetrazol*, $C_9H_9N_5$, F. 159,5—160,5° (Toluol), aus **I** u. Benzaldehyd in Toluol unter Piperidinzusatz durch 6std. Kochen unter azeotroper Dest. des gebildeten W. u. Kühlen; 96,2%. — *1-Methyl-5-benzylaminotetrazol*, $C_9H_{11}N_5$, F. 131,5—132,5° (15%ig. A.), aus vorst. Verb. durch Hydrierung. — *2-Methyl-5-acetamidotetrazol*, $C_4H_7ON_5$, F. 153 bis 154° (Acetonitril), aus **III** u. Acetylchlorid in Chlf. durch 4std. Kochen; 50,2%. — *Phenylthioharnstoff des 2-Methyl-5-aminotetrazols*, $C_9H_{10}N_6S$, F. 186,5—187,5° (A.), aus 0,55 g **III** u. Phenylisothiocyanat durch Erhitzen auf 140—150° u. Verrühren mit Ligroin; 0,8 g. In Bzl. keine Bldg. des Thioharnstoffderivats. — *2-Methyl-5-benzalaminotetrazol*, $C_9H_9N_5$, F. 99,5—100,5° (Bzl.), analog dem 1-Methylisomeren; 77,5%. — *2-Methyl-5-benzylaminotetrazol*, $C_9H_{11}N_5$, F. 86—87° (Skellysolve C). — *1-Methyl-5-methylaminotetrazol*, $C_3H_7N_5$, F. 173—175° (Bzl.), aus 5-Benzylmethylaminotetrazol u. äther. CH_2N_2, Eindampfen, Aufnehmen in Eisessig u. Hydrieren mit PdO_2 unter schwach erhöhtem Druck, Absaugen u. Eindampfen. Extrahieren des Rückstands mit Bzl. läßt das 1-Isomere ungelöst; 37,6%. — *2-Methyl-5-methylaminotetrazol*, $C_3H_7N_5$, F. 48—49° (Ae.–PAe., 1:2), aus dem benzol. Extrakt; 62,2%. *Pikrat*, $C_9H_{10}O_7N_8$, F. 84—85° (A.). — Äthylierung des Na-Salzes von **II** mit $(C_2H_5)_2SO_4$: Durch Eintropfen von 0,5 Mol $(C_2H_5)_2SO_4$ in eine Lsg. von 0,5 Mol **II**-Monohydrat in wss. NaOH bei 90—95° u. 4std. Kochen. Nach Einstellen auf p_H 7,5 im Vakuum eindampfen u. mit Bzl. extrahieren. Eindampfen der Extrakte auf 300 cm³ u. Kühlen auf 5° liefert *1-Äthyl-5-aminotetrazol*, $C_3H_7N_5$, F. 134—140°, 2,9 g, Eindampfen der Mutterlauge gibt *2-Äthyl-5-aminotetrazol*, Kp.$_1$ 94°, F. ~20°, 29,6 g. Lösen des in Bzl. unlösl. Anteils in W. u. Kühlen auf 0° gibt 17,3 g 1-Äthylisomeres, F. 148° (W.), Gesamtausbeute 17,7%; aus der wss. Mutterlauge werden 39,7—41,6% **II** zurückgewonnen. — Äthylierung des Na-Salzes von **II** mit C_2H_5J: Analog der Methylierung mit CH_3J durchgeführt, liefert 38,2% 2-Äthyl- u. ~den dritten Teil dieser Menge an 1-Isomerem. — *1-Allyl-5-aminotetrazol*, $C_4H_7N_5$, F. 127—129° (W. oder Äthylacetat), aus **II**-Monohydrat in NaOH–W. u. einer Lsg. von Allylbromid in Aceton durch 22std. Kochen, p_H auf Phenolphthaleinendpunkt einstellen, Aceton im Vakuum Abdampfen u. auf 5° Kühlen, Absaugen u. den Nd. mit Bzl.–Ligroin (2:1) extrahieren, wobei 62,9 g 1-Isomeres ungelöst zurückbleiben. Aus dem wss. Filtrat durch Eindampfen u. Extrahieren mit Bzl.–A. (2:1) weitere 3 g 1-Isomeres. — *2-Allyl-5-aminotetrazol*, $C_4H_7N_5$, Kp.$_1$ 110—112°, F. 67° (Ae.–PAe., 9:1), aus dem Bzl.–Ligroin Extrakt; 20,6%. — *1-[2.3-Dibrompropyl]-5-aminotetrazol*, $C_4H_7N_5Br_2$, F. 161—162° (50%ig. A.), aus 1-Allyl-**II** in CH_3OH mit Br_2; 75%. — *1-Benzyl-5-aminotetrazol*, $C_8H_9N_5$, F. 187—189° (Isopropanol), durch 8std. Kochen von **II**-Monohydrat, Benzylchlorid u. NaOH in A.–W. (2:1), Eindampfen u. Kühlen. Das abgetrennte Isomerengemisch wird durch Benzolextraktion in schwerlösl. (daraus das 1-Isomere) u. leichtlösl. Anteil getrennt; 51%. — *2-Benzyl-5-aminotetrazol*, $C_8H_9N_5$, F. 84,5—85° (Isopropanol), aus der leichtlösl. Fraktion; 48%. — *1-Benzyl-5-benzalaminotetrazol*, $C_{15}H_{13}N_5$, F. 133,5—134,5°

(Bzl., dann A.); 81%. — *1-Benzyl-5-benzylaminotetrazol*, $C_{15}H_{15}N_5$, F. 170—171° (A.), aus vorst. Verb. mit PtO_2-Kontakt nach Adams. — *2-Benzyl-5-benzalaminotetrazol*, $C_{15}H_{13}N_5$, F. 106,5—107,5° (Toluol, dann A.); 72%. — *2-Benzyl-5-benzylaminotetrazol* $C_{15}H_{15}N_5$, F. 64—65° (Toluol–PAe.). — *1-[2-Oxyäthyl]-5-aminotetrazol*, $C_3H_7ON_5$, F. 160—161° (A.), durch 6std. Kochen von **II**-Na-Salz u. 2-Chloräthanol in W., Eindampfen im Vakuum u. Extraktion mit Aceton u. A., aus dem Extrakt wird das Isomerengemisch erhalten, daraus das 1-Isomere durch Lösen in sd. A. u. Kühlen; 28,7%. — *2-[2-Oxyäthyl]-5-aminotetrazol*, $C_3H_7ON_5$, F. 87,5—89,5° (Äthylacetat), durch Eindampfen des alkoh. Filtrats; 71%. (J. Amer. chem. Soc. **76.** 923—26. 5/2. 1954. China Lake, Calif., U. S. Naval Ordnance Test Stat., Chem. Div., Org. Chem. Branch.) Ruske. 3184

Ronald A. Henry und **William G. Finnegan,** *Darstellung und Hydrierung von Azomethinen aus 5-Aminotetrazol.* 5-Aminotetrazol (**I**) u. Aldehyde liefern unter den üblichen Bedingungen nur wenig der entsprechenden Azomethinderivv., da **I** als schwache Säure die Hydrolyse des gebildeten Azomethins fördert. Auch die schwach bas. 1-Methyl- u. 1-Phenyl-**I** reagieren mit Benzaldehyd nur nach längerem Erhitzen, wobei bas. Katalyse günstig wirkt. Gute Azomethinausbeuten wurden jedoch bei der Rk. zwischen dem Triäthylammonium- bzw. Guanidiniumsalz von **I** u. Aldehyden erzielt, die zu den entsprechenden Azomethinsalzen führt. Aldehyde mit bas. Gruppe, z. B. 4-Dimethylaminobenzaldehyd, kondensieren sich jedoch glatt mit **I** unter Bldg. eines inneren Salzes des Azomethins. Diese Salze werden glatt in alkoh. Lsg. mit Pt-Katalysator nach Adams zu Salzen der *5-Alkylaminotetrazole* (**II**) hydriert, aus denen durch Ansäuern die freien **II** erhältlich sind. Diese sind so wesentlich günstiger als auf dem früher von Vff. angegebenen Wege (C. **1954.** 5522) erhältlich. Die **II** sind auf Grund ihrer leichten Isomerisierung zu *1-Alkyl-5-aminotetrazolen* interessant.

V e r s u c h e (FF. korr.): *Guanidinium-5-[aryliden-* bzw. *-alkylidenamino]-tetrazole* der nebenst. Konst. wurden allg. aus Guanidinium-5-aminotetrazol (vgl. C. **1954.** 85) in heißem A. durch Zusatz der entsprechenden Aldehyde dargestellt. Die Salze wurden abgesaugt u. aus A. umkrist. oder aus der Lsg. durch Ae.-Zusatz gefällt

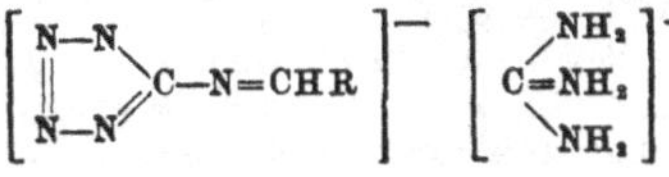

u. aus A.–Ae. umkristallisiert. Folgende Salze wurden dargestellt: $R = C_6H_5$, F. 186 bis 188°; 48% (Ausbeute). — *R = 2.4-Dichlorphenyl*, F. 243—244° (Zers.); 79%. — *R = p-Nitrophenyl*, F. 249—250° (Zers.); 75%. — *R = p-Oxyphenyl*, F. 174,5 bis 175,5°; 74%. — *5-[4-Dimethylaminobenzal]-aminotetrazol*, $C_{10}H_{12}N_6$, F. 210,5—211° (A.), aus **I** u. 4-Dimethylaminobenzaldehyd in A. auf dem Wasserbad; 58,8%. — *5-Alkylaminotetrazole* (**II**) wurden A) aus den Guanidiniumsalzen durch Lösen in absol. A. oder CH_3OH u. Hydrieren mit Pt-Katalysator bei erhöhtem Druck dargestellt, oder B) aus **I**, Triäthylamin in CH_3OH u. den entsprechenden Aldehyden u. anschließende Hydrierung wie vorstehend. Folgende **II** wurden dargestellt: $R = C_2H_5$, F. 180 bis 181° (Acetonitril), nach B) 58—71%. — $R = C_7H_{15}$, F. 164—165° (50%ig. Methanol), nach B) 74%. — $R = C_8H_{17}$, F. 164—165° (absol. A.), nach B) 42%. — $R = C_9H_{19}$, F. 164—165° (absol. A.), nach B) 70%. — $R = C_{10}H_{21}$, F. 163—164° (50%ig. Isopropanol), nach B) 69%. — $R = C_6H_5CH_2$, F. 183° (W.), nach A) 83%. — *R = o-Oxybenzyl*, F. 177—178° (50%ig. A.), nach A) 87%. — *R = p-Oxybenzyl*, F. 184—185° (W.), nach B) 44%. — *R = o-Chlorbenzyl*, F. 189—191° (50%ig. A.), nach B) 55%. — *R = 2.4-Dichlorbenzyl*, F. 198,5—199,5° (A.), nach A) 65%. — *Benzal-bis-[5-aminotetrazol]*, $C_9H_{10}N_{10}$, F. 190—192° (Benzaldehyd), aus 4,3 g **I** u. Benzaldehyd durch Erhitzen auf 140—150° bis zur Lsg. u. Aufhören der Wasserabscheidung; 5,5 g. (J. Amer. chem. Soc. **76.** 926—28. 5/2. 1954. China Lake, Calif., U. S. Naval Ordnance Test Stat., Chem. Div., Org. Chem. Branch.) Ruske. 3184

Edward S. Rothman und **Allan R. Day,** *Hydantoine aus alicyclischen Ketonen und Aldehyden.* Vff. beschreiben die Darst. einer Reihe neuer *1-*, *5-* u. *Spiro-5.5-substituierter Hydantoine* aus alicycl. Ketonen bzw. Aldehyden, um an ihnen die Zusammenhänge zwischen Konst. u. anticonvuls. Wrkg. zu untersuchen. Die Umsetzung von *l*-Menthon nach Bucherer u. Steiner (C. **1935.** I. 232) ergab ein einheitliches Prod., es findet also keine Isomerisierung statt. Analog entstand aus einem Gemisch von *l*-Menthon u. d-Isomenthon ein Gemisch der entsprechenden Hydantoine, aus dem sich durch fraktionierte Kristallisation aus A. das *Spirohydantoin aus d-Isomenthon*, F. 235,5—238,5°, $[\alpha]_D^{24}$ +5,85° (2% in A.) isolieren ließ. Ein opt.-inakt. Menthon ergab ein *Spirohydantoin* vom F. 256,7—258,5°, das nicht gespalten wurde.

V e r s u c h e: *l-p-Menthyl-(3)-amin* (**I**), aus *l*-Menthonoxim durch Red. mit Na + A.; $[\alpha]_D^{25}$ —36,6° (5% in W.); 70—76% (Ausbeute) als *Hydrochlorid*, bezogen auf Menthol. — *l-Menthylharnstoff* (II), F. 136,5—137,5° (A. u. W.), aus **I**·HCl u. KOCN in W.; 20 Min. bei n. Temp., 30 Min. bei 70°; das gummiartige Gemisch von **II** u. *l-Menthylammoniumisocyanat* 5—10 Min. zum Schmelzen erhitzen; $[\alpha]_D^{25}$ —80,5° (2% in A.); 71,5%. — *1-[l-p-Menthyl-(3)]-hydantoin*, $C_{13}H_{22}O_2N_2$, F. 196—197°, aus rohem *N-[l-p-Menthyl-(3)]-glycinonitrilhydrochlorid* [dargestellt aus wasserfreiem Glykolonitril (**III**) u. **I**] durch Rk. mit KOCN in W. (20 Min. bei Zimmertemp., 30 Min. bei 70°); $[\alpha]_D^{25}$ —38,84° (1,2% in A.); 12,5%. — *1-d-Bornylhydantoin*, $C_{13}H_{20}O_2N_2$, F. 194,6—196°, aus d-Bornylamin wie vorst. über *N-d-Bornylglycinonitrilhydrochlorid*; $[\alpha]_D^{25}$ +3,3° (0,7% in A.); 50%. — *1-Cyclohexylhydantoin*, $C_9H_{14}O_2N_2$, F. 182,7—184,2°, aus *N-Cyclohexylglycinonitril* [dargestellt aus Cyclohexylamin u. **III**] durch Rk. mit KOCN zu *N-Cyclohexyl-N-carbamidoglycinonitril* (44%) u. Stehenlassen mit A./HCl; 90%. — *1-l-Menthyl-5.5-diäthylbarbitursäure*, $C_{18}H_{30}O_3N_2$, F. 117—118° (A.), durch Kondensation von 25 g **II** mit Diäthylmalonsäurediäthylester in A. mit Na-Äthylat, zuletzt 8 std. Erhitzen auf 110—115°; $[\alpha]_D^{25}$ —11,6° (2,5% in A.); 12 g. — *1-Bornyl-5.5-diäthylbarbitursäure*, F. 136—136,5°, wie vorst. aus d-Bornylharnstoff; $[\alpha]_D^{28}$ +8,60° (2,44% in A.). — *Camphan-spiro-[2'.5]-hydantoin*, $C_{12}H_{18}O_2N_2$, F. 265,6 bis 266,6° (wss. A.): Durch Schütteln von 72 g dl-Campheroxim in Ae. mit H_2SO_4 u. $NaNO_2$ entsteht *Campheriminnitrat*, F. 144,5—145° (14,2 g), das mit KCN u. $(NH_4)_2$·CO_3 in 50%ig. A. 5 Std. auf 52° erhitzt wurde; 86%. — Die folgenden *Hydantoine* wurden aus den entsprechenden Ketonen u. Aldehyden nach BUCHERER u. STEINER (l. c.) dargestellt: *p-Menthan-spiro-[3'.5]-hydantoin*, F. 227,9—229°, aus *l*-Menthon; $[\alpha]_D^{24}$ +11,7° (1,5% in A.). — *p-Menthanspiro-[2'.5]-hydantoin*, $C_{12}H_{20}O_2N_2$, F. 233 bis 234° (A.), aus durch Red. von Carvon [Kp. 231°, n_D^{23} 1,4974, $[\alpha]_D^{23}$ —3,16° (2% in A.)] in A. mit Pd/Al_2O_3 gebildetem *Carvomenthon* [n_D^{23} 1,4650, $[\alpha]_D^{23}$ —17,08° (3% in A.)] in 10 Std. bei 52°; $[\alpha]_D^{24}$ —0,10° (1% in A.); 80%. — *3'.3'.5.'5'-Tetramethylcyclohexan-spiro-[1'.5]-hydantoin*, $C_{12}H_{20}O_2N_2$, F. 276,7—277,7°, aus *3'.3'.5'.5'-Tetramethylcyclohexanon*, erhalten durch 1.4-Addition von Methyl-MgJ an Isophoron; 85%. — *3'-Isopropyl-5'-methylcyclohexan-spiro-[1'.5]-hydantoin*, $C_{12}H_{20}O_2N_2$, F. 212 bis 216°, aus durch Red. von 3-Isopropyl-5-methylcyclohexen-(2)-on-(1) mit Pd/Al_2O_3 bei 50 lb. gebildetem *3-Isopropyl-5-methylcyclohexanon*; 70%. — *3'-Hexyl-5'-methylcyclohexan-spiro-[1'.5]-hydantoin*, $C_{15}H_{26}O_2N_2$, F. 193—195°, aus *3-Hexyl-5-methylcyclohexanon* [dargestellt aus 3-Hexyl-5-methylcyclohexen-(2)-on-(1) wie vorst.]; 80%. — *Tetralin-spiro-[1'.5]-hydantoin*, $C_{12}H_{12}O_2N_2$, F. 237,2—238,2° (A.), aus α-Tetralon; 30%. — *Pinan-spiro-[3'.5]-hydantoin*, $C_{12}H_{18}O_2N_2$, Zers. >300°: Durch Oxydation von β-Pinen [$Kp._{15}$ 55°, $[\alpha]_D^{24}$ —14,3° (3% in A.)] mit SeO_2 entstanden *Myrtenal* (**V**) [$Kp._{2,2}$ 62,8—63°, $[\alpha]_D^{24}$ +0,90° (2% in A.)] u. *Pinocarvon* [$Kp._5$ 74—74,5°, $[\alpha]_D^{24}$ +61,6° (3% in A.)], wovon das letztere mit Pd/Al_2O_3 zu *Pinocamphon* red. u. dies ohne Reinigung verarbeitet wurde (8 Std. bei 52°); 20%. — *6'.6'-Dimethylnopinan-spiro-[2'.5]-hydantoin*, $C_{11}H_{16}O_2N_2$, F. 275,7—276,5° (A. u. W.), aus Nopinon; $[\alpha]_D^{31}$ —15,00° (1% in A.); 75%. — *2'-Cyclohexenylcyclohexan-spiro-[1'.5]-hydantoin*, $C_{14}H_{20}O_2N_2$, F. 243—244°, aus 20 g 2-Cyclohexenylcyclohexanon (**IV**) ($Kp._6$ 122°); 6 g. — *2'-Cyclohexylcyclohexan-spiro-[1'.5]-hydantoin*, $C_{14}H_{22}O_2N_2$, F. 258—258,2° (A. u. W.), aus durch Red. von **IV** mit Pd/Al_2O_3 erhaltenem *2-Cyclohexylcyclohexanon*; 45%. — *5-[6.6-Dimethylbicyclo-[3.1.1]-hepten-(2)-yl-(2)]-hydantoin*, $C_{12}H_{16}O_2N_2$, F. 266,5 bis 267° (70%ig. A.), aus **V**; 80%. — *5-[6.6-Dimethylbicyclo-[3.1.1]-heptyl-(2)]-hydantoin*, $C_{12}H_{18}O_2N_2$, F. 229,5—231,5° (CH_3OH), aus durch Red. von **V** mit Pd/Al_2O_3 erhaltenem *Myrtanal*; 75%. — *5-[3'.3'.5'-Trimethylcyclohexyl]-hydantoin*) im Original: *3'.3'.5'-Trimethylcyclohexan-spiro-[1'.5]-hydantoin*), $C_{12}H_{20}O_2N_2$, F. 231,5° (A. u. W.), aus 3.3.5-Trimethylcyclohexanaldehyd; 25%. (J. Amer. chem. Soc. **76**. 111—13. 5/1. 1954. Philadelphia, Pa., Univ., Dep. of Chem.) GOMPPER. 3122

T. Swain, *Papierchromatographische Erkennung von Cumarin und verwandten Verbindungen.* Die R_F-Werte von ***Cumarin***, *Umbelliferon*, *Skimmin*, *Herniarin*, *Aesculetin*, *Aesculin*, *Scopoletin*, *Daphnetin*, *Limettin*, *Ostruthin*, *Osthol*, *Bergapten*, *Xanthotoxin*, *Imperatorin*, *o-Cumarsäure*, *p-Cumarsäure*, *Kaffeesäure*, *Ferulasäure* u. *Chlorogensäure* werden mit mehreren Lösungsmittelsystemen u. auf verschied. Papieren bestimmt. Zur Farbentw. wird teils im UV u. teils bei n. Belichtung mit NH_3, NaOH, HCl, $AlCl_3$ in A. + NH_3, $FeCl_3$ in A., $AgNO_3$ + NaOH, diazotiertem p-Nitranilin (**I**) + Na-Acetat, **I** + Na_2CO_3, diazotiertem Benzidin (**II**), **II** + Na_2CO_3, wss. $KMnO_4$, NaOH + **I** + Na-Acetat als Sprühreagens behandelt. (Biochem. J. **53**. 200—08. Jan. 1953. Cambridge, Univ., Low Temp. Stat. for Res. in Biochem. and Biophys., u. Dep. of Sci. and Ind. Res.) FRESENIUS. 3211

G. I. Michailow, *Über 2-Brompyridin.* Bei der Herst. von *2-Brompyridin* (**I**) aus 2-Aminopyridin (**II**) nach der Diazotierungsmeth. (vgl. Org. Syntheses [1946.]) bildet sich *2.5-Dibrompyridin* (**III**) als Nebenprodukt. Durch Verringerung der angewendeten

HBr- u. Br_2-Menge wird die Bldg. von **III** zurückgedrängt, ohne daß die Ausbeute an **I** schlechter wird. Zur Freimachung von HNO_2 aus $NaNO_2$ kann HCl angewendet werden, falls Br_2 (das mit **II**-Hydrobromid ein Perbromid bildet) zugegen ist; fehlt Br_2, so entsteht außer **I** auch 2-Chlorpyridin.

Versuche: *2-Brompyridin* (**I**), C_5H_4NBr, $Kp._{760}$ 193,4—193,7°; man löst bei 5—25° (Kühlung mit Eis + NaCl) 480 g **II** in 1,4 Litern 43%ig. HBr, fügt bei —5 bis —2° 530 ml Br_2, dann 700 ml konz. HCl u. schließlich 770 g $NaNO_2$ in 1,2 Litern W. hinzu u. läßt noch ½ Std. einwirken; alle Operationen unter Rühren; das Reaktionsprod. — *I-Hydrobromidperbromid* in Br_2 gelöst — scheidet sich ölig aus; man macht mit NaOH alkal. u. dest. **I** mit Wasserdampf, dann im Vakuum; $D.^{20}_4$ 1,6337; n_D^{20} 1,5712; 85—87% (Ausbeute). (Журнал Прикладной Химии [J. angew. Chem.] **27.** 349—51. März 1954. Inst. für chem. Reagentien.) R. KNOBLOCH. 3231

D. D. Libman, D. L. Pain und **R. Slack,** *Einige Derivate von Pyridincarbonsäurehydraziden.* Vff. stellen nachst. Derivv. von *Pyridin-3-* (**I**) u. *-4-carbonsäurehydrazid* (**II**) dar durch a) Rk. der quaternären Salze von Nicotin- u. Isonicotinsäureäthylester mit Hydrazinhydrat in A. (nach YALE u. Mitarbeitern [1933]), b) Kondensation von **I** u. **II** mit Carbonylverbb. oder Acetanhydrid, c) Quaternierung der Reaktionsprodd. von b) mit Alkylhalogeniden u. d) durch Kondensation der quaternären Salze von **II** mit Carbonylverbindungen. — *Pyridin-4-carbonsäurehydrazid* (**II**); *Joddodecylat,* $C_{18}H_{32}\cdot ON_3J$, F. 109—111° (Meth. a), aus A. orangerote Nadeln. *N''-Acetyl-, Jodmethylat,* $C_9H_{12}O_2N_3J$, F. 208—209° (c), orangerote Prismen aus Methanol. *N''.N''-Diacetyl-, Jodmethylat,* $C_{11}H_{14}O_3N_3J\cdot{}^1/_2H_2O$, F. 172° (c), aus A. gelbe Platten. *N''-Acetyl-, Joddodecylat,* $C_{20}H_{34}O_2N_3J$, F. 175° (c), aus A. hellgelbe Platten. *N''.N''-Diacetyl-, Joddodecylat,* $C_{22}H_{36}O_3N_3J$, F. 287° (Zers.; c) mit Zugabe von K_2CO_3); aus A. gelbe Platten. *N''-Acetyl-, Chlorbenzylat,* $C_{15}H_{16}O_2N_3Cl$, F. 245° (Zers.; c), Nadeln aus Methanol. *N''-Isopropyliden-, Jodmethylat,* $C_{10}H_{14}ON_3J$, F. 198—200° (d), aus 90%ig. A. gelbe Prismen. *N''-Isopropyliden-, Joddodecylat,* $C_{21}H_{36}ON_3J$, F. 107—110° (d), gelbe Nadeln aus Äthylacetat (**III**). *N''-Furfuryliden-, Jodmethylat,* $C_{12}H_{12}O_2N_3J$, F. 250° (d), gelbe Nadeln aus Methanol. *N''-p-Methylbenzyliden-,* $C_{14}H_{13}ON_3$, F. 190° (b), aus A. Platten. *N''-[5-Oxypentyliden]-,* $C_{11}H_{15}O_2N_3$, F. 131° (b), aus A. Platten. *N''-[2-Äthylbutyliden]-* $C_{12}H_{17}ON_3$, F. 119—120° (b), Nadeln aus **III**. *N''-Cyclopentyliden-,* $C_{11}H_{13}ON_3$, F. 170° (b), Nadeln aus Äthanol. — *Hexamethylen-bis-[pyridinium-4-carbonsäurehydrazidbromid],* $C_{18}H_{26}O_2N_6Br_2\cdot 2\,H_2O$, F. 213—215° (a), orangerote Nadeln aus Methanol. — *Pyridin-3-carbonsäurehydrazid* (**I**); *Joddodecylat,* $C_{18}H_{32}ON_3J$, F. 117—118° (a), aus A. hellgelbe Platten. *Jodmethylat,* $C_7H_{10}ON_3J$, F. 186° (a), dunkelrote Nadeln aus wss. Methanol. *N''-Isopropyliden-, Joddodecylat,* $C_{21}H_{36}ON_3J$, F. 76—77° (d), gelbe Platten aus **III**. *N''-Isopropyliden-, Jodmethylat,* $C_{10}H_{14}ON_3J$, F. 195° (d), hellgelbe Platten aus Äthanol. (J. chem. Soc. [London] **1954.** 1328—29. April. Dagenham, Essex, May & Baker Ltd., Res. Labor.) G. WINKLER. 3231

E. P. Hart, *2.4'-Dipiperidyl: Seine Struktur und Derivate.* Bei der elektrolyt. Red. von Pyridin zu Piperidin entsteht als Nebenprod. ein Gemisch von Dipiperidylen, aus dem Vf. als Hauptbestandteile das bekannte *4.4'-Dipiperidyl* (**II**) u. das bisher nicht bekannte *2.4'-Dipiperidyl* (**I**) isolieren konnte. Der Strukturbeweis für **I** wurde durch Dehydrierung zu *2.4'-Dipyridyl* (**IV**) u. dessen Oxydation zu *Picolin-* u. *Isonicotinsäure* (**V**) erbracht.

Versuche: Der Rückstand der elektrolyt. Red. von techn. reinem Pyridin wurde durch Dest. bis 170° entwässert; Dest. mit Bzn. bis 240° ergab aus dem Destillat *4.4'-Dipiperidyl* (**II**), $C_{10}H_{20}N_2$, F. 171—172° (Bzl.). An der Luft bildet **II** ein festes *Carbonat. Bis-toluol-p-sulfonat,* $C_{24}H_{32}O_4N_2S_2$, F. 309—310°. *Bis-α-naphthylharnstoffderiv.,* $C_{32}H_{34}O_2N_4$, F. 239—240°. *Bis-2.4-dinitrophenylderiv.,* $C_{22}H_{24}O_8N_6$, F. 255 bis 256° (Zers.). — *2.4'-Dipiperidylcarbonat* (**III**), F. 144—145° (Zers.), aus dem Filtrat von **II** durch Eindampfen, Verdünnen mit W. u. Einleiten von CO_2. — *2.4'-Dipiperidyl* (**I**), $C_{10}H_{20}N_2$, F. 54°, Kp. 285—286°, durch Kochen einer wss. Lsg. von **III** im Vakuum; sehr hygroskop., nimmt CO_2 aus der Luft auf. *Bis-toluol-p-sulfonat,* $C_{24}H_{32}O_4N_2S_2$, F. 189—190°. *Bis-α-naphthylharnstoffderiv.,* $C_{32}H_{34}O_2N_4$, F. 285—286°. *Bis-2.4-dinitrophenylderiv.,* $C_{22}H_{24}O_8N_6$, F. 247—248°. *Bis-phenylthioharnstoffderiv.,* $C_{24}H_{30}N_4S_2$, F. 172°. — *2.4'-Dipyridyl* (**IV**), Kp. 279°, aus **I** durch Dehydrierung mit Pd-Kohle bei 300°. *Pikrat,* F. 205°. Durch Dehydrierung von **I** mit Se wurde **IV** nur schwer in reiner Form erhalten. — **IV** gab bei der Oxydation mit $KMnO_4$ *Isonicotinsäure* (**V**), F. 303°, u. *Picolinsäure,* F. 130°. — *4.4'-Dipyridyl,* F. 112°, aus **II** wie **IV**. *Pikrat,* F. 255°. Oxydation lieferte nur **V**. (J. chem. Soc. [London] **1953.** 3872—73. Dez. Nottingham, Techn. Coll.) M. THIEL. 3231

R. J. Bates und **J. Cymerman-Craig,** *Eine neue Methode der Cyanäthylierung.* 2. Mitt. *10-[2'-Cyanäthyl]-9.10-dihydrophenanthridin.* (1. vgl. BAUER u. Mitarbeiter,

C. **1953.** 4676.) *9.10-Dihydrophenanthridin* (**I**)-*benzolsulfonat* (**II**) u. -*pikrat* gehen beim Umkristallisieren in die entsprechenden Derivv. des Phenanthridins (**III**) über. Bei der von RITCHIE (J. Proc. Roy. Soc. New South Wales **78.** [1945.] 177) als 9.10-Dihydrophenanthridinpikrat angesprochenen Verb. sollte es sich somit um Phenanthridinpikrat handeln. **II** liefert mit 2-Diäthylaminoäthylcyanid (**V**) in N_2 + 1% O_2 *10-[2'-Cyanäthyl]-phenanthridon*, das auch durch Cyanäthylierung von Phenanthridon dargestellt werden konnte. Rk. in reinem N_2 führte zu *10-[2'-Cyanäthyl]-9.10-dihydrophenanthridin*, das beim Kochen mit Essigsäureanhydrid zu 50% in **III** übergeht. *9-Methylphenanthridin* gibt wie **III** stabile Salze; durch Red. mit $LiAlH_4$ wurde die *9.10-Dihydroverb.* (**IV**) erhalten, deren Salze beim Umkristallisieren oxydiert werden. Cyanäthylierung trat bei **IV**-Benzolsulfonat nicht ein. Dies beruht wahrscheinlich auf ster. Hinderung durch die o-ständige CH_3-Gruppe.

Versuche: *Phenanthridin* (**III**), *Benzolsulfonat*, $C_{13}H_9N \cdot C_6H_6O_3S$, F. 218,5 bis 219,5°, gelbe Nadeln aus Isopropanol. *Pikrat*, $C_{13}H_9N \cdot C_6H_3O_7N_3$, F. 238—240°, gelbe Nadeln aus 2-Äthoxyäthanol. — *9.10-Dihydrophenanthridin* (**I**), *Benzolsulfonat* (**II**), F. 215—216°, gelbe Nadeln aus Isopropanol; *Methanol-Addukt*, $C_{13}H_{11}N \cdot C_6H_6O_3S \cdot CH_3OH$, F. 178—182°. *Pikrat*, $C_{13}H_{11}N \cdot C_6H_3O_7N_3$, F. 224—225°, aus **I** oder **II**, orangerote Nadeln, gibt beim Umkristallisieren **III**-Pikrat. *10-Acetylderiv.*, F. 107—108° (wss. A.), durch Ätherextraktion der Lsg. von **II** in KOH, Behandlung des Ätherrückstands mit Essigsäureanhydrid u. Gießen in Eiswasser. — *10-[2'-Cyanäthyl]-phenanthridon*, $C_{16}H_{12}ON_2$, F. 169—170,5°, a) durch 1 std. Erhitzen von **II**, **V** u. wenig Hydrochinon in techn. N_2 auf 180°, Behandlung der Schmelze mit Aceton bei 0° u. fraktionierte Kristallisation des Rückstands aus Aceton, Nadeln; 26% (Ausbeute). Daneben *Diäthylammoniumbenzolsulfonat*, F. 137°; 69%. Durch Dest. des Acetonauszugs wurde unverändertes **V**, durch Extraktion des Rückstands mit PAe. ein Gemisch von **III** u. **I** erhalten; 62%; b) durch 4 std. Erwärmen von Phenanthridon in Pyridin mit Vinylcyanid u. einer Spur Benzyltrimethylammoniumhydroxyd auf dem Dampfbad, Abdampfen des Pyridins u. Verdünnen mit W.; 98% *Pikrat*, $C_{16}H_{12}ON_2 \cdot C_6H_3O_7N_3$, F. 230—232° (Zers.), gelbe Nadeln aus 2-Äthoxyäthanol. c) Durch kurzes Erwärmen von Phenanthridon in Dimethylformamid mit Vinylcyanid in Ggw. einer Spur KOH; 97%. — *10-[2'-Cyanäthyl]-9.10-dihydrophenanthridin*, $C_{16}H_{14}N_2$, F. 150—152°, durch 1 std. Erhitzen von **II**, **V** u. einer Spur Hydrochinon in O_2-freiem N_2 auf 180°, Extraktion mit Aceton, aus dem Rückstand Nadeln aus Chlf.–PAe.; 20%. *Benzolsulfonat*, $C_{16}H_{14}N_2 \cdot C_6H_6O_3S$, F. 213—214° (Zers.), blaßgelbe Nadeln aus CH_3OH. Aus der Acetonlsg. wurde ein Gemisch von **III** u. **I** erhalten. — *9-Methylphenanthridin*, *Benzolsulfonat*, $C_{14}H_{11}N \cdot C_6H_6 \cdot O_3S$, F. 251,5—252,5°, aus W. Nadeln. *Pikrat*, $C_{14}H_{11}N \cdot C_6H_3O_7N_3$, F. 239,5° (Zers.), gelbe Nadeln aus 2-Äthoxyäthanol. — *9.10-Dihydro-9-methylphenanthridin* (**IV**), F. 86—87°, durch Zuführung vorst. Verb. zu $LiAlH_4$ in Ae. aus einem SOXHLET-Extraktor, Zugabe von Ae. u. 2n HCl, Zugabe von Alkali u. Ausäthern, Prismen aus PAe.; 61%. *Benzolsulfonat*, $C_{14}H_{13}N \cdot C_6H_6O_3S$, F. 205—207°. *10-Acetylderiv.*, F. 100 bis 101°. *Pikrat*, $C_{14}H_{13}N \cdot C_6H_3O_7N_3$, F. 232° (Zers.), rote Nadeln. Wurde durch Kristallisation in *9-Methylphenanthridinpikrat*, F. 239,5° (Zers.), übergeführt. (J. chem. Soc. [London] **1954.** 1153—55. März. Sydney, Australia, Univ.) HORST BAGANZ. 3231

Jacques Levisalles und **Pierre Baranger**, *Darstellung von 3-Methyl-6-phenylpyridazin und 3.6-Diphenylpyridazin durch Diensynthese. 3-Methyl-6-phenyl-* u. *3.6-Diphenylpyridazin* werden durch Dehydrierung der aus 1-Methyl-4-phenyl- bzw. 1.4-Diphenylbutadien u. Azodicarbonsäurediäthylester (**I**) erhaltenen, verseiften u. decarboxylierten *3-Methyl-6-phenyl-* (**II**) bzw. *3.6-Diphenyl-1.2-dicarbäthoxy-1.2.3.6-tetrahydropyridazine* mit Brom in zufriedenstellender Ausbeute dargestellt. RANEY-Ni u. Se sind als Dehydrierungsmittel nicht geeignet.

Versuche: *1.2-Dicarbäthoxy-3-methyl-6-phenyl-1.2.3.6-tetrahydropyridazin* (**II**), $C_{17}H_{22}O_4N_2$, F. 75—76° (Ae.–Pentan), durch 16 std. Kochen von 1-Methyl-4-phenylbutadien u. Bzl. mit **I**, Entfernen des Lösungsm. im Vakuum u. Zugabe von Cyclohexan; 93% (Ausbeute). — *3-Methyl-6-phenyl-1.2.3.6-tetrahydropyridazin* (**III**), F. 90°, durch 1½ std. Kochen vorst. Verb. mit KOH in A., Zugabe von HCl, Fällen mit konz. NH_4OH, Extrahieren mit Chlf., Eindampfen u. Zugabe von Pentan; aus Cyclohexan Nadeln; 40%. *3.5-Dinitrobenzoat*, $C_{18}H_{18}O_6N_4$, F. 116—117°, aus A. gelbe Nadeln. — *3-Methyl-6-phenylpyridazin*, $C_{11}H_{10}N_2$, F. 103°, durch Zugabe von **III** u. Pyridin in CCl_4 unter Kühlen u. Schütteln zu Br_2 in CCl_4, 10 Min. Kochen, Entfernen des Lösungsm., Zugabe von sd. Cyclohexan, Filtrieren u. Einengen; 33%. — *1.2-Dicarbäthoxy-3.6-diphenyl-1.2.3.6-tetrahydropyridazin*, $C_{22}H_{24}O_4N_2$, F. 132° (CH_3CN), analog **II** aus 1.4-Diphenylbutadien u. **I** u. Zugabe von Pentan; 96%. — *3.6-Diphenyl-1.2.3.6-tetrahydropyridazin*, $C_{16}H_{16}N_2$, F. 155—156° (Essigester), aus vorst. Verb. analog **III**; 50%. —

3.6-Diphenylpyridazin, $C_{16}H_{12}N_2$, F. 225° (Xylol) (MAQUENNE-Block), durch vorsichtiges Zugeben von Br_2 in CH_3COOH zu vorst. Verb. in sd. CH_3COOH, 10 Min. Kochen u. Gießen in KOH; 54%. (C. R. hebd. Séances Acad. Sci. **238**. 592–94. 1/2. 1954.) BUCHTA. 3272

W. P. Tschernetzki und **Ss. B. Sserebrjanyi**, *Synthese von Halogenderivaten des Phenazins.* 1. Mitt. *Mono- und Dichlorphenazine.* Durch Kondensation von Chlornitrobenzolen mit Anilin (I) u. Chloranilinen in Ggw. von KOH wurden einige neue *Mono-* u. *Dichlorphenazine* hergestellt. In einigen Fällen bildeten sich außerdem *Diphenylaminderivate.*

Versuche: Zur Durchführung der Rk. wurde das äquimol. Gemisch von Nitro- u. Aminoverb. in Ggw. von gepulvertem KOH 8–10 Std. in Toluol gekocht; dann wurde mit Wasserdampf zur Entfernung von Toluol u. nicht umgesetztem Ausgangsmaterial dest., das Reaktionsprod. mit W. gewaschen, getrocknet u. durch Chromatographieren an Al_2O_3 in Chlf. von Verunreinigungen befreit. *1-Chlorphenazin*, $C_{12}H_7N_2Cl$, F. 121–123°; aus 15,75 g o-Nitrochlorbenzol (**II**) u. 9,3 g **I** in Ggw. von 25 g KOH in 150 ml Toluol, aus A. hellgelbe Nadeln; 2,66 g (Ausbeute). – *2-Chlorphenazin-N^{10}-oxyd* (**III**), $C_{12}H_7ON_2Cl$, F. 178–179°, Zers. 217–219°; aus p-Nitrochlorbenzol u. **I** analog Vorst.; aus A. gelbe Nadeln; 12%. – *2-Chlorphenazin*, $C_{12}H_7N_2Cl$, F. 140 bis 141°; durch Red. von **III** mit $SnCl_2$ in konz. HCl bei 70–80°; zur Reinigung wird das Rohprod. mit $K_3[Fe(CN)_6]$ in Alkalilauge behandelt; aus 50%ig. A. hellgelbe Nadeln; 92,5%. – *1.5-Dichlorphenazin*, $C_{12}H_6N_2Cl_2$, F. 271–272°; aus **II** u. o-Chloranilin; aus Dichloräthan hellgelbe Nadeln; 8,1%, neben 31% *2-Chlor-2'-nitrodiphenylamin*, $C_{12}H_9O_2N_2Cl$, F. 115–116°; aus A. rote Nadeln. – *1.6-Dichlorphenazin*, $C_{12}H_6N_2Cl_2$, F. 171–173°; aus **II** u. m-Chloranilin; aus Toluol hellgelbe Nadeln; 10,4%, neben 16,4% nachst. Verbindung. – *1.8-Dichlorphenazin*, $C_{12}H_6N_2Cl_2$, F. 211–212°; Trennung von vorst. Verb. durch Chromatographie an Al_2O_3; aus Toluol hellgelbe Nadeln. Die Stellung der Cl-Atome wurde durch Überführung in *1.8-Dioxyphenazin* (*Diacetat*, F. 255–256°) bewiesen. – *1.7-Dichlorphenazin*, $C_{12}H_6N_2Cl_2$, F. 222–223°; aus **II** u. p-Chloranilin; aus Dichloräthan gelbe Nadeln; 10,5%, neben 8,1% *4-Chlor-2'-nitrodiphenylamin*, $C_{12}H_9O_2N_2Cl$, F. 145–146°; aus A. rote Nadeln. (Сборник Статей по Общей Химии [Samml. Aufsätze allg. Chem.] **1.** 646–49. 1953. Inst. für organ. Chem. der Akad. der Wiss. der UkrSSR.) R. KNOBLOCH. 3272

W. P. Tschernetzki und **A. I. Kiprianow**, *Synthese von Halogenderivaten des Phenazins.* 2. Mitt. *Dichlorphenazine.* (1. vgl. vorst. Ref.) Durch Kondensation von Anilin (**I**) u. Chlor -oder Dichloranilinen mit Di- u. Monochlornitrobenzolen oder Nitrobenzol (**II**) in Ggw. von KOH wurden *Dichlorphenazine* (**III**) erhalten. Daneben entstanden *Dichlorphenazin-N-oxyde*, die mit $SnCl_2$ zu **III** red. werden konnten, u. *Dichlornitrodiphenylamine.* Die Ausbeute an letzteren konnte durch Anwendung eines Überschusses an der Nitroverb. gesteigert werden. Die Umsetzung von 2.3-Dichlornitrobenzol (**IV**) mit **I** lieferte nur *1-Chlorphenazin.*

Versuche: Die Reaktionsdauer ließ sich auf 3 Std. verkürzen; die Aufarbeitung erfolgte durch Filtration, Auskochen des Nd. mit Toluol, Eindampfen der Toluollsg. u. Chromatographieren an Al_2O_3 in Bzl., Chlf. oder $C_2H_4Cl_2$. – *1-Chlorphenazin*, F. 121–122°; aus 1,8 g **IV** u. 0,88 g **I** in Ggw. von 3,7 g gepulvertem KOH in 15 ml Toluol; aus A. hellgelbe Nadeln; 6% (Ausbeute). – *1.2-Dichlorphenazin*, $C_{12}H_6N_2Cl_2$, F. 175–177°; aus 3.4-Dichlornitrobenzol u. **I**; hellgelbe Nadeln aus $C_2H_4Cl_2$; 6,8% neben 10,2% des entsprechenden *10-Oxyds*, $C_{12}H_6ON_2Cl_2$, F. 217–219° (Zers.); aus $C_2H_4Cl_2$ hellgelbe Nadeln. – *2.3-Dichlorphenazin*, $C_{12}H_6N_2Cl_2$, F. 250–251°; aus 3.4-Dichloranilin (**V**) u. **II**; aus $C_2H_4Cl_2$ hellgelbe Nadeln; 2% neben 6,4% *3.4-Dichlor-4'-nitrodiphenylamin*, $C_{12}H_8O_2N_2Cl_2$, F. 214–215°; aus Bzl. gelborange Tafeln, u. 7,5% *3.4-Dichlor-2'-nitrodiphenylamin*, $C_{12}H_8O_2N_2Cl_2$, F. 161–162°; orangerote Nadeln aus Ligroin; 7,5%. Letztgenannte Verb. wird auch durch 20std. Kochen von 8,1 g **V**, 7,9 g o-Nitrochlorbenzol u. 37 g **II** in Ggw. von 8,2 g CH_3COOH u. Wasserdampfdest. erhalten; 5%. – *1.3-Dichlorphenazin*, $C_{12}H_6N_2Cl_2$, F. 191–192°; aus 3.5-Dichlornitrobenzol u. **I**; aus A. hellgelbe Nadeln; 10% neben 11% des entsprechenden *10-Oxyds*, $C_{12}H_6ON_2Cl_2$, F. 236–237° (Zers.); hellgelbe Nadeln. – *1.4-Dichlorphenazin*, $C_{12}H_6N_2Cl_2$, F. 198–199°; aus 2.5-Dichlornitrobenzol u. **I**; gelbe Nadeln aus $C_2H_4Cl_2$; 24%. – *2.7-Dichlorphenazin*, $C_{12}H_6N_2Cl_2$, F. 229–230°; aus p-Nitrochlorbenzol u. m-Chloranilin; aus Bzl. hellgelbe Nadeln; 11,4% neben 2,5% des entsprechenden *10-Oxyds*, $C_{12}H_6ON_2Cl_2$, F. 232–233° (Zers.); aus Bzl. gelbe Nadeln. – *2.3-Dichlor-2'-nitrodiphenylamin*, $C_{12}H_8O_2N_2Cl_2$, F. 147–148°; aus 2,6 g 2.3-Dichloranilin u. 6,85 g **II** in Ggw. von 95 g KOH in 30 ml Toluol; aus A. orangerote Nadeln; 4,9% neben 10,2% *2.3-Dichlor-4'-nitrodiphenylamin*, $C_{12}H_8O_2N_2Cl_2$, F. 156–157°; Trennung erfolgt durch

Chromatographieren in $C_2H_4Cl_2$; aus A. gelbe Nadeln. (Журнал Общей Химии [J. allg. Chem.] **23** (**85**). 1743—49. Okt. 1953.) QUECK. 3272

Ss. B. Sserebrjanyi, *Synthese von 1-Oxyphenazinderivaten.* 3. Mitt. *1.5-, 1.6- und 1.8-Dioxyphenazin.* (2. vgl. C. **1953.** 4375.) Die *Dioxyphenazine* wurden durch Entalkylierung der Diäthoxyphenazine erhalten. Sie sind gut kristallisierende Verbb., sehr schwer lösl. in W., leichter in A. u. Bzl., u. bilden gut kristallisierende *Diacetate*. Die Lsgg. in verd. Alkali u. Säuren sind orange u. rot.

V e r s u c h e: Die Entalkylierung erfolgt bei 5std. Erhitzen des entsprechenden Diäthoxyphenazins mit 45%ig. HBr im Bombenrohr auf 130—140° oder ½std. Erhitzen mit 70%ig. H_2SO_4 auf 180°; Isolierung durch Lösen in heißer NaOH, Filtrieren u. Fällen mit 30%ig. CH_3COOH; die Ausbeuten betragen 60—90%. Zur Reinigung werden die rohen Dioxyphenazine durch Erhitzen mit Acetanhydrid in die Diacetate übergeführt u. letztere durch Erhitzen mit alkoh. NaOH verseift. Alle FF. korrigiert. *1.5-Dioxyphenazin,* $C_{12}H_8O_2N_2$, F. 280—281° (in zugeschmolzener Capillare); aus Bzl. goldgelbe Nadeln, die alkoh. Lsg. gibt mit $FeCl_3$ Grünfärbung. *Diacetat,* $C_{16}H_{12}O_4N_2$, F. 240—241°; aus A. hellgelbe Nadeln. — *1.6-Dioxyphenazin,* $C_{12}H_8O_2N_2$, F. 305—306° (Zers.; in zugeschmolzener Capillare); aus Bzl. + absol. A. braungelbe Nadeln. *Diacetat,* $C_{16}H_{12}O_4N_2$, F. 148—149°; aus 50%ig. A. hellgelbe Nadeln. — *1.8-Dioxyphenazin,* $C_{12}H_8O_2N_2$, F. 296—297° (Zers.; in zugeschmolzener Capillare); aus Bzl. orange Nadeln. *Diacetat,* $C_{16}H_{12}O_4N_2$, F. 257—258°; gelbe Blättchen. (Журнал Общей Химии [J. allg. Chem.] **22** (**84**). 702—05. April 1952. Inst. für organ. Chem. der Akad. der Wiss. der UkrSSR.) QUECK. 3272

Je. Ss. Golowtschinskaja, *Über die Umwandlung der Harnsäure in 8-Methylxanthin.* 1. Mitt. *Struktur der Zwischenverbindung.* Das beim Kochen von Harnsäure mit Acetanhydrid entstehende Zwischenprod. bei der Synth. von 8-Methylxanthin ist nach vorliegender Arbeit *4.5-Bis-*[*acetylamino*]*-uracil* (**I**) u. die durch Behandeln mit Alkalilauge in der Kälte durch partielle Verseifung hieraus entstehende Verb. *4-Amino-5-acetylaminouracil* (**II**). Damit wird die von BILTZ u. SCHMIDT (Liebigs Ann. Chem. **431.** [1923.] 71) angenommene Konst. von 8-Oxy-8-methyl-8.9-dihydroxanthin (**III**) für das Verseifungsprod., bzw. von dessen 9-Acetylderiv. für das Zwischenprod., nicht bestätigt. Beweisend hierfür sind die bei der Methylierung erhaltenen Ergebnisse. Das Zwischenprod. liefert ein *Di-* (**IV**), *Tri-* (**V**) u. ein *Tetramethylderiv.* (**VI**). **IV** ist *1.3-Dimethyl-4.5-bis-*[*acetylamino*]*-uracil,* denn es läßt sich in *8-Methyltheophyllin* überführen, was die Stellung der CH_3-Gruppen bestätigt. **V** ist *1.3-Dimethyl-4-acetylmethylamino-5-acetylaminouracil* (vgl. nachst. Synthesen). Für **VI** kommt nur die Formulierung als *1.3-Dimethyl-4.5-bis-*[*acetylmethylamino*]*-uracil* in Frage. Wäre die Konst. nach BILTZ u. SCHMIDT richtig, so müßte das Reaktionsprod. die durch Verätherung der 8-Oxygruppe entstehende Verb. (außer den N-Methylgruppen) sein; die CH_3O-Best. fiel aber negativ aus. Die Synth. bestätigte diese Strukturformeln. 3-Methyl- (**VII**) u. 1.3-Dimethyl-4.5-diaminouracil (**VIII**), die nach Literaturangaben erhalten wurden, gaben beim Acetylieren *3-Methyl-* (**IX**) bzw. *1.3-Dimethyl-4-amino-5-acetylaminouracil* (**X**). Daß hierbei die 5-Aminogruppe acetyliert wird, ist sicher, denn diese Meth. zur Herst. von 4-Amino-5-acylaminouracilen ist allg. gültig u. vielfach bestätigt. **IX** u. **X** waren mit dem Mono- u. Dimethylierungsprod. des partiell verseiften Zwischenprod. (die beiden letzten nach l. c. hergestellt) identisch. Bei dem Vers., durch längeres Kochen von **X** mit Acetanhydrid das Diacetylderiv. zu gewinnen, um dieses mit **IV** zu identifizieren, wurde eine Verb. mit gleicher Bruttoformel, gleichem F. u. Misch-F., aber abweichendem Aussehen u. verschied. Löslichkeit erhalten, die sich bei längerem Kochen in Butylalkohol löste u. in **IV** überging, was für das Vorliegen verschied. Modifikationen spricht. Vf. bespricht die Ergebnisse der Arbeit von BREDERECK u. Mitarbeitern (vgl. C. **1953.** 6888. 6889) u. bemängelt die nach seiner Ansicht falsche Formulierung des Zwischenprod. als 7-Acetylderiv. von **III**.

V e r s u c h e: *1.3-Dimethyl-4-acetylmethylamino-5-acetylaminouracil* (**V**), $C_{11}H_{16}O_4N_4$, F. 192—193°; a) zu 5 g **I** in 30 ml W. werden in 4 Std. gleichzeitig 8 ml 32,5%ig. NaOH u. 8 ml $(CH_3)_2SO_4$ bei 30—35° u. neutral (Phenolphthalein) gehaltenem Medium hinzugefügt; man macht alkal. (p_H 9) u. extrahiert mit Chlf.; ca. 3,6 g (Ausbeute) neben ca. 1,1 g **IV**; b) aus **IV** (0,5 g) u. $(CH_3)_2SO_4$ (0,2 ml) in verd. NaOH; krist. aus Dioxan + Ae. in großen Prismen oder langen Tafeln, aus feuchtem Methyläthylketon in Prismen mit 1 H_2O vom F. 105—107°. — *1.3-Dimethyl-4.5-bis-*[*acetylamino*]*-uracil* (**IV**), $C_{10}H_{14}O_4N_4$, F. 208—209° u. 315—320°; a) als Nebenprod. bei vorst. Bldg. von **V** aus **I**; die mit Chlf. von **V** befreite Lsg. wird angesäuert (Kongo) u. mit Chlf. extrahiert; b) durch 2std. Erhitzen von **X** mit Acetanhydrid auf 130° (Badtemp.) neben *8-Methyltheophyllin*; die zunächst entstehende 2. Modifikation von **IV** (große, schwer lösl.

Kristalle) wird mit Butylalkohol bis zur Lsg. gekocht; krist. aus allen Lösungsmitteln in fädchenartigen Nadeln. — *1.3-Dimethyl-4.5-bis-[acetylmethylamino]-uracil* (**VI**), $C_{12}H_{18}O_4N_4$, F. 223—224°; a) aus 5 g **I** u. 9 ml $(CH_3)_2SO_4$ in verd. NaOH bei p_H 9—10 u. Extraktion mit Chlf.; 1,85 g neben 2,3 g **V**-*Monohydrat*; b) aus **V** u. $(CH_3)_2SO_4$ in NaOH bei p_H 9—10; c) aus **IV** u. $(CH_3)_2SO_4$ bei p_H 9; aus A. quadrat. Tafeln. — *4-Amino-5-acetylaminouracil* (**II**), $C_6H_8O_3N_4$; 30 g **I** werden in 300 ml 10%ig. NaOH gelöst; man läßt 10 Tage bei Zimmertemp. einwirken, fällt durch Ansäuern (Kongo) u. krist. aus W. um; lange, gelbe Tafeln; 12 g. — *3-Methyl-4-amino-5-acetylaminouracil* (**IX**), $C_7H_{10}O_3N_4$, F. 292—293°; a) aus 3,7 g **II** u. 8 ml $(CH_3)_2SO_4$ in verd. KOH; 65%; b) 2 g **VII** werden mit 20 ml Eisessig 4 Std. gekocht; 2,42 g; krist. aus wss. A. in Nadeln mit 2 H_2O vom F. 285°. — *1.3-Dimethyl-4-amino-5-acetylaminouracil* (**X**), $C_8H_{12}O_3N_4$, F. 280°; a) aus 3 g **II** u. 4,1 ml $(CH_3)_2SO_4$ in verd. NaOH; 1,6 g; b) aus 1 g **IX** u. 0,55 ml $(CH_3)_2SO_4$ in verd. NaOH; 0,8 g; c) man kocht 5 g **VIII** 5 Std. mit 50 ml Eisessig; 5,75 g, oder läßt auf 1 g **VIII** 10 ml Acetanhydrid 2 Wochen bei Zimmertemp. einwirken; 1,02 g, oder behandelt 1 g **VIII** in 10 ml Pyridin mit 5 ml Acetanhydrid 2 Wochen bei Zimmertemp.; 1,1 g; aus A., Butylalkohol oder viel Methyläthylketon Nadeln. (Журнал Общей Химии [J. allg. Chem.] **24** (**86**). 136—46. Jan. 1954. Allunions Wiss. Chem.-Pharmazeut. Ordshonikidse-Forschungsinst.) R. KNOBLOCH. 3272

Germaine Cauquil und **André Casadevall,** *Synthese von Ketonen aus 10-Acylphenothiazinen durch Friedel-Crafts-Reaktion.* 1. Mitt. *Stellung des Substituenten.* Bei der Oxydation des durch Methylierung von 2-Acetylphenothiazin dargestellten *2-Acetyl-10-methylphenothiazins* (**I**) mit NaOCl in der Kälte wird *2-Acetyl-10-methylphenothiazin-5-dioxyd* gebildet, während bei erhöhter Temp. ein über die Ester trennbares Gemisch aus *10-Methylphenothiazin-2-carbonsäure-5-dioxyd* (**VI**) u. *10-Methylphenothiazin-2-carbonsäure* (**VII**) entsteht; das gleiche gilt für die *10-Äthylverbindung.* Weder der **VI**-Methylester (**II**) noch die entsprechende Äthylverb. lassen sich durch Zn u. CH_3COOH oder HCl zu dem **VII**-*Methylester* (**III**) bzw. der *Äthylverb.* reduzieren. Aus **I** oder der entsprechenden Äthylverb. entstehen mit KOH bei 250° **VII** bzw. *10-Äthylphenothiazin-2-carbonsäure. 2.10-Dimethyl-* (**IV**) u. *4.10-Dimethylphenothiazin* werden durch Methylierung von 2- bzw. 4-Methylphenothiazin erhalten. **IV** kann ebenfalls aus **III** über das *Hydrazid*, dessen *Benzolsulfonylderiv.* u. WOLFF-KISHNER-Red. des daraus hergestellten *2-Formyl-10-methylphenothiazins* (**V**) dargestellt werden.

Versuche: *2-Acetyl-10-methylphenothiazin* (**I**), $C_{15}H_{13}ONS$, F. 70°, Kp.$_{,1}$ 215°, durch 12std. Erhitzen von 2-Acetylphenothiazin mit CH_3J in Methanol im Rohr auf 110°; aus A.–Aceton citronengelbe Schuppen; 91% (Ausbeute). *Oxim*, $C_{15}H_{14}ON_2S$, F. 181° (A.). *Semicarbazon*, F. 240° (A.). — *2-Acetyl-10-äthylphenothiazin*, $C_{16}H_{15}ONS$, F. 94°, Kp.$_{,6}$ 242°, analog **I** mit C_2H_5Br in A.; aus A. + Aceton gelbe Nadeln; 46%. *Oxim*, F. 118°, aus A. gelbe Nadeln. *Semicarbazon*, $C_{17}H_{18}ON_4S$, F. 208° (A.). — *2-Acetyl-10-methylphenothiazin-5-dioxyd*, $C_{15}H_{13}O_3NS$, F. 154°, Kp.$_{,4}$ 287°, durch Oxydation von **I** mit NaOCl in Dioxan in der Kälte; aus Bzl.–PAe. Nadeln. *Oxim*, $C_{15}H_{14}O_3N_2S$, F. 215°, aus A. Nadeln. — *10-Methylphenothiazin-2-carbonsäuremethylester-5-dioxyd* (**II**), $C_{15}H_{13}O_4NS$, F. 158°, durch Veresterung des durch Oxydation von **I** mit NaOCl bei 60° in 75%ig. Ausbeute erhaltenen Säuregemisches (F. 260°) als Hauptanteil; aus Bzl.–PAe. Nadeln. *Hydrazid*, $C_{14}H_{13}O_3N_3S$, F. 248° (Aceton). Daneben *10-Methylphenothiazin-2-carbonsäure* (**VII**)-*Methylester* (**III**), $C_{15}H_{13}O_2NS$, F. 94°, aus A.–Aceton gelbe Plättchen. *Hydrazid*, $C_{14}H_{13}ON_3S$, F. 229°, aus A.–Essigester flache gelbe Prismen. — *10-Äthylphenothiazin-2-carbonsäuremethylester-5-dioxyd*, $C_{16}H_{15}O_4NS$, F. 172° (A.–Aceton), analog **II** aus dem Säuregemisch (F. 230°). *Hydrazid*, $C_{15}H_{15}O_3N_3S$, F. 230° (A.–Aceton). Daneben *10-Äthylphenothiazin-2-carbonsäuremethylester*, $C_{16}H_{15}$·O_2NS, F. 85°, aus A.–Aceton gelbe Nadeln; *10-Äthylphenothiazin-2-carbonsäure*, C_{15}·$H_{13}O_2NS$, F. 185°, aus Bzl.–PAe. gelbe Nadeln. Letztere Verb. bzw. **VII** werden auch durch Behandeln von **I** bzw. der entsprechenden Äthylverb. mit KOH bei 250° erhalten; 30%. — *2.10-Dimethylphenothiazin* (**IV**), $C_{14}H_{13}NS$, F. 108°, Kp.$_{,3}$ 190°, durch 12std. Rk. von 2-Methylphenothiazin mit CH_3J in Methanol im Rohr bei 110°; aus A.–Essigester Nadeln. — *4.10-Dimethylphenothiazin*, $C_{14}H_{13}NS$, F. 99°, Kp.$_{,3}$ 187°, analog aus 4-Methylphenothiazin; aus PAe. Prismen. — Rk. des **VII**-Hydrazids mit einem geringen Überschuß Benzolsulfonylchlorid in Pyridin bei 0° liefert das *Benzolsulfonylderiv.*, $C_{20}H_{17}O_3N_3S_2$, F. 205° (A.). — *2-Formyl-10-methylphenothiazin* (**V**), $C_{14}H_{11}ONS$, Kp.$_{,3}$ 220°, durch Rk. vorst. Verb. mit Na_2CO_3 in Glykol bei 160—180°. *Semicarbazon*, $C_{15}H_{14}ON_4S$, F. 240°, aus A. kleine, gelbe Schuppen. **IV** entsteht aus **V** durch WOLFF-KISHNER-Reduktion. (C. R. hebd. Séances Acad. Sci. **238**. 908—11. 22/2. 1954.) BUCHTA. 3292

Harold Tarkow und **Alfred J. Stamm,** *Die Reaktion von Ameisensäure mit Kohlenhydraten.* 1. Mitt. *Die Reaktion von Ameisensäure mit Zuckern.* (Vgl. C. **1954**. 9535.) Es wird eine einfache Meth. beschrieben, die erlaubt, die Rk. von Ameisensäure mit Alkoholen zu verfolgen. Sie beruht auf der quantitativen Überführung von unverbrauchter Säure in CO mittels Essigsäureanhydrids ($HCOOH + CH_3COOOCCH_3 \rightarrow 2\ CH_3COOH + CO$). Auf diese Weise läßt sich zeigen, daß in Zuckern die OH-Gruppen mit deutlich unterschiedlicher Reaktionsfähigkeit reagieren. So werden von den 5 Hydroxylgruppen in *d-Glucose* (**I**) nur die beiden in 4- u. 6-Stellung verestert. Weiterhin wird gezeigt, daß allg. Hydroxylgruppen in 1-, 2- u. 3-Stellung nur dann bevorzugt reagieren, wenn sie auf Grund ihres leicht sauren Charakters alkal. aktiviert werden. — Außer bei **I** wird die Rk. mit HCOOH untersucht bei *A.* (Gleichgewichts-Rk.), *Rhamnose* (Bldg. eines Monoformiats), *2.3.4-Trimethyl-β-methylglucosid* (Monoformiat), *α-Methyl-d-glucosid* (Diformiat), *Menthol-d-glucuronid* (Monoformiat), *Cellobiose* (Triformiat) u. *Saccharose* (Triformiat). (J. physic. Chem. **56.** 262—66. Febr. 1952. Madison, Wis., US. Dep. of Agricult., Forest Serv., Forest Prod. Labor.) GEISELER. 3400

Robert K. Ness und **Hewitt G. Fletcher jr.**, *Darstellung und Eigenschaften der 3.5-Di-O-benzoyl-1.2-O-[1-oxybenzyliden]-α-D-ribose, **eines Orthobenzoesäurederivats der D-Ribofuranose.*** Aus D-Ribose hergestelltes *Tri-[O-benzoyl]-β-D-ribofuranosylbromid* (**I**) (vgl. J. Amer. chem. Soc. **76.** [1954.] 763) gibt bei der Hydrolyse in wss. Aceton u. nach Kristallisation des Prod. aus wss. Pyridin *2.3.5-Tri-[O-benzoyl]-β-D-ribose* (**II**). In Abwesenheit von Pyridin erhält man jedoch neben **II** noch eine Verb., die höchstwahrscheinlich die *3.5-Di-[O-benzoyl]-1.2-O-[1-oxybenzyliden]-α-D-ribose* (**III**) ist. **III** mutarotiert in neutralem u. schwach saurem wss. Dioxan nicht, wohl aber in Ggw. von NH_3 oder Pyridin, wobei offenbar **II** entsteht. **III** ist deshalb nicht das Anomere von **II**. Die Konst. von **III** wurde nahegelegt durch die Synth. von *3.5-Di-[O-benzoyl]-1.2-O-[1-benzyloxybenzyliden]-α-D-ribose* (**IV**) aus **I** u. Benzylalkohol in Ggw. von Chinolin u. Hydrierung von **IV** zu **III** u. **II**. **IV** mutarotiert in schwach saurem Benzylalkohol nach links u. dürfte mit den 2 anomeren Benzyl-D-ribofuranosidtribenzoaten verunreinigt gewesen sein. **III** bildet mit HBr in Methylenchlorid offenbar *3.5-Di-[O-benzoyl]-D-ribofuranosylbromid* (**V**). **V** wurde durch Hydrolyse in *3.5-Di-[O-benzoyl]-D-ribose* (**VIII**) u. weiter durch Oxydation mit Pb-Tetraacetat (keine Ameisensäurebldg.), katalyt. Red., Entacetylierung u. Benzoylierung in *Erythrittetrabenzoat* übergeführt. Demnach muß in **V** das $C_{(2)}$ unsubstituiert sein. Bei der Umsetzung von **III** mit HBr dürfte 1.2.3-Tri-[O-benzoyl]-D-ribose als Zwischenprod. entstehen. **III** gibt bei der Acetylierung u. Benzoylierung in Ggw. von Pyridin keine krist. Prodd., in Ggw. von $ZnCl_2$ mit Acetanhydrid jedoch — wahrscheinlich über die *2-[O-Acetyl]-1.3.5-tri-[O-benzoyl]-D-ribose* — die *1.2-Di-[O-acetyl]-3.5-di-O-benzoyl-D-ribose* (**VI**), die sich auch durch Acetylierung von **V** erhalten ließ. **VI** gab durch Behandlung mit HBr u. Hydrolyse eine krist. Monoacetyldibenzoyl-D-ribose, die auch aus **III** durch Hydrolyse nach Behandlung mit HBr in Eisessig/Acetanhydrid gewonnen wurde u. vermutlich die *3.5-Di-[O-benzoyl]-1.2-O-[1-oxyäthyliden]-α-D-ribose* (**VII**) ist. **II** u. **III** besitzen Extinktionskoeffizienten von 42000 bzw. 38600 bei 230 mμ. — Die Eigg. von **III** werden mit denen anderer Orthosäurederivv. verglichen.

V e r s u c h e: *3.5-Di-[O-benzoyl]-1.2-O-[1-oxybenzyliden]-α-D-ribose* (**III**), $C_{26}H_{22}O_8$, F. 142—143° (Aceton/W.), durch 6minütige Behandlung von **II** in Methylenchlorid/Acetanhydrid mit HBr in Eisessig bei 20°, Eingießen in Eiswasser/CH_2Cl_2 u. Hydrolyse des aus der CH_2Cl_2-Lsg. erhaltenen **I** in Aceton/W. (20:1; 75 Min. bei Zimmertemp.); feine Nadeln; $[\alpha]_D$ +85,3° (c = 0,97; Chlf.); 50% (Ausbeute); aus der Mutterlauge **II**; 32%. — Überführung von 5 g D-Ribose in das *Methyl-D-ribofuranosidtribenzoat* u. **I** u. Hydrolyse von **I** gab 43% **III**; aus der eingedampften Mutterlauge mit Pyridin/W. 5,4 g **II**. *3.5-Di-[O-benzoyl]-1.2-O-[1-benzyloxybenzyliden]-α-D-ribose* (**IV**), Sirup, durch 65minütige Behandlung von 5 g **II** in Äthylenchlorid mit trockenem HBr bei 0°, Einengen des Filtrats zum Sirup, Zugabe von Äthylenchlorid, Chinolin u. Benzylalkohol, Gießen auf Eis nach 19 Std. bei 0—5°, Verdünnen mit CH_2Cl_2 u. Eindampfen der gewaschenen organ. Phase; [α] +81° (c = 4,49; Benzylalkohol) → +22° (nach Zugabe einer Spur HBr in Benzylalkohol u. 2 Std.); 6,5 g. Gibt bei der Hydrierung an Pd/Holzkohle in Essigester (3 Std., Zimmertemp., n. Druck), Eindampfen des Filtrats u. Aufnehmen mit absol. Ae. 21% **III** u. aus der Mutterlauge mit CCl_4 52% **II**. [α] von **III** in Dioxan/W. (18:7; c = 2,0052) änderte sich in 2 Std. durch Zusatz von NH_3 von +73° auf +66,7°; **II** hatte [α] +67,3 (c = 1,01 in Dioxan/W.) → +67,6° (1,3 Std. nach Zusatz von NH_3). — *2.3.5-Tri-[O-benzoyl]-β-D-ribose* (**II**), F. u. Misch-F. 106 bis 108° (CCl_4), aus einer nach 31¹/₂std. Stehen bei Zimmertemp. mit W. verd. Lsg. von **III** in Pyridin/W. (10:2); feine Nadeln; [α] +68,7° (c = 2,05; Chlf.); 65%. — *3.5-Di-[O-benzoyl]-D-ribofuranosylbromid* (**V**), $C_{19}H_{17}O_6Br$, F. 104—105° (CH_2Cl_2/Ae./Pentan; Zers.), aus **III** in CH_2Cl_2 u. HBr-Gas; [α] +96° (3 Min.) → +27° (60 Min., konstant;

c = 0,47; Chlf.); 99%; enthielt noch **VIII**. — *3.5-Di-[O-benzoyl]-D-ribose* (**VIII**), durch 40 minütige Hydrolyse von **V** in wss. Aceton in Ggw. von Ag_2CO_3 in der Kälte u. Eindampfen; Sirup; wurde in Eisessig mit Pb-Tetraacetat 22 Std. oxydiert (Verbrauch 0,78 Mol/Mol **VIII**); das Reaktionsgemisch wurde mit einem Gemisch von CH_2Cl_2, W., Na-Acetat, KJ u. $Na_2S_2O_3$ geschüttelt, die mit $NaHCO_3$ gewaschene organ. Phase zur Trockne gedampft u. der Rückstand in alkoh. Lsg. 19 Std. mit RANEY-Ni bei Zimmertemp. u. 2250 lbs./sq.in. hydriert; katalyt. Entacetylierung des nicht red. Sirups mit Ba-Methylat u. Benzoylierung mit Benzoylchlorid/Pyridin lieferte *Erythrittetrabenzoat*, F. u. Misch-F. 189—190° (CH_2Cl_2/A.); opt.-inakt.; 41%. — *1.2-Di-[O-acetyl]-3.5-di-[O-benzoyl]-D-ribose* (**VI**), $C_{23}H_{22}O_9$, F. 127—128° (absol. A.), aus **III** u. Acetanhydrid/$ZnCl_2$ in 20 Std. bei 5°; Bündel von schweren Nadeln; [α] —3° (c = 0,82; Chlf.); 54%; oder durch 15 minütige Behandlung von **V** mit Acetanhydrid, Zugabe von geschmolzenem $ZnCl_2$ u. Gießen auf Eis nach 9 Min.; 60%. — *3.5-Di-[O-benzoyl]-1.2-O-[1-oxyäthyliden]-α-D-ribose* (**VII**), $C_{21}H_{20}O_8$, F. 129—130° (Ae.), durch 16 minütige Behandlung von **III** in CH_2Cl_2/Acetanhydrid mit einer 32%ig. Lsg. von HBr in Eisessig bei Zimmertemp., Gießen auf Eis/CH_2Cl_2, Waschen der organ. Phase mit W. u. $NaHCO_3$-Lsg. u. Eindampfen; [α] +66,4° (c = 1,26; Chlf.); 15%; oder durch 18 minütige Behandlung von **VI** in Äthylenchlorid/Acetanhydrid; Nadeln; [α] +62,8° (c = 0,33, Chlf.); 28%. 0,1217 g **VII** in 7,2 ml Dioxan, mit W. auf 10 ml aufgefüllt, drehten bei 20° (1,5 dm) +1,13°, 16 Std. nach Zugabe von 0,15 ml Pyridin +0,32° (konstant). — *1-[O-Acetyl]-2.3.5-tri-[O-benzoyl]-D-ribose*, F. u. Misch-F. 129—130° (absol. A.), aus β-D-Ribofuranosetetrabenzoat u. Acetanhydrid/$ZnCl_2$ in 4 Std. bei 20°; hexagonale glimmerähnliche Tafeln; 56%. (J. Amer. chem. Soc. **76.** 1663—67. 20/3. 1954. Bethesda, Md., National Inst. of Arthritis and Metabolic Diseases, Nat. Inst. of Health.) WILLENBERG. 3400

Roy L. Whistler und **H. E. Conrad**, *Eine durch Säurehydrolyse von Okraschleim hergestellte kristalline Galaktobiose.* Zerkleinerte Schoten von Okra (*Hibiscus esculentus*) wurden mit 95%ig. A. u. mit Aceton behandelt, die Schleimstoffe mit W. extrahiert u. das *Polysaccharid* (I) durch Fällung mit A. ausgeschieden (1,5% Ausbeute). 50 g **I** wurden mit 5%ig. H_2SO_4 bei 80° (Optimum 1 Std.) hydrolysiert, die neutralisierte Lsg. an Darco/Celite (1:1) chromatographiert u. die Disaccharide nach Auswaschen der Monosaccharide mit W. mit 5%ig. A. eluiert. Durch Chromatographie der Disaccharidfraktion an Cellulosepulver (Elution mit n-Butanol/Pyridin/W. 6:4:3) wurden 3 Komponenten mit $R_{Galaktose}$ 0,66, 0,41 u. 0,25 (n-Butanol/A./W. 5:1:4) erhalten, die bei der Hydrolyse mit H_2SO_4 nur Galaktose lieferten. In der größten Menge lag die Komponente mit R_G 0,41 vor. Sie erwies sich als *4-O-D-Galaktopyranosyl-D-galaktopyranose* (**II**), $C_{12}H_{22}O_{11}$, F. 210—211° (W./Methanol/Butanol), $[\alpha]_D^{25}$ +177°; gibt krist. Röntgendiagramm. 0,35 g **II** wurden mit Dimethylsulfat/NaOH u. nach Extraktion des Prod. mit Chlf. 2 mal mit CH_3J/Ag_2O zu 0,42 g einer Substanz mit $[\alpha]_D^{25}$ +116° methyliert; 0,39 g davon lieferten durch 6 std., Methanolyse mit sd. 4%ig. methanol. HCl, 3 std. Hydrolyse bei 100° (nach Ersatz des Methanols durch W.) u. Entsalzung ein Gemisch; hieraus durch papierchromatograph. Trennung (n-Butanol/A./W., 4:1:5) 0,144 g *2.3.4.6-Tetra-O-methyl-D-galaktose* [*Anilid*, $C_{16}H_{25}O_5N$, F. u. Misch-F. 192°, $[\alpha]_D^{25}$ —76° (c = 0,98°; Aceton)] u. *2.3.6-Tri-O-methyl-D-galaktose* [*2.3.6-Tri-O-methyl-D-galaktonolacton*, $C_9H_{16}O_6$, F. 100,5° (Ae./Heptan); mit Bromwasser; $[\alpha]_D^{25}$ —40° (c = 1,03; W.)]. Bei der Perjodatoxydation von **II** entstand kein Formaldehyd, was eine glykosid. Bindung am $C_{(5)}$ der reduzierenden Einheit ausschließt. Somit ist obige Konst. von **II** bewiesen. Die opt. Drehung von **II** läßt auf eine α-glykosid. Bindung schließen. **II** ist ein wahres Spaltprod. von **I** u. nicht durch Reversion von D-Galaktose entstanden, da den Hydrolysebedingungen von **I** unterworfene D-Galaktose keine chromatograph. feststellbaren Oligosaccharide bildete. Im **I** dürften demnach einige Galaktoseeinheiten durch 1 → 4'-Bindungen verknüpft sein. Die beiden anderen aus **I** isolierten Disaccharide unterscheiden sich von **II** nur durch die Art der Verknüpfung der Galaktosereste. (J. Amer. chem. Soc. **76.** 1673—74. 20/3. 1954. Lafayette, Ind., Purdue Univ., Dep. of Biochem.) WILLENBERG. 3400

Hans Brockmann und **Friedhelm Kluge**, *Zur Synthese des Hypericins.* (Vgl. C. **1953.** 708.) Aus 1-Bromemodintrimethyläther wurde nach ULLMANN *2.2'-Dimethyl-4.4'.5.5'.7.7'-hexamethoxy-1.1'-dianthrachinolyl* (gelbe, mit 1 Mol Chlf. kristallisierende Nadeln vom F. 355°; 40% Ausbeute) dargestellt, das mit Pyridiniumchlorid zu *2.2'-Dimethyl-4.4'.5.5'.7.7'-hexaoxy-1.1'-dianthrachinonyl* entmethyliert wurde. Dessen reduktive Verknüpfung an $C_{(10)}$ u. $C_{(10')}$ gelang nur unter besonderen Bedingungen bei gleichzeitiger Belichtung; unter gleichzeitigem Ringschluß zwischen $C_{(8)}$ u. $C_{(8')}$ entstand dabei *Hypericin* in geringer Ausbeute, das als amorphes, tiefdunkelrotes Pulver erhalten wurde, aber durch seine charakterist. Absorptionsbanden u. Farb-Rkk. identifiziert werden konnte. (Naturwissenschaften **38.** 141. März 1951. Göttingen, Univ., Organ.-chem. Inst.) BRATFISCH. 3550

W. Werner Zorbach, *Reduktion von 3-Oxo-Δ^4-ätiocholensäuremethylester mit Natriumborhydrid.* Zur Überführung von 3β-Oxy-Δ^5-ätiocholensäuremethylester (I) in 3β-Oxy-Δ^4-ätiocholensäuremethylester (**II**) wurde der aus **I** erhaltene *3-Oxo-Δ^4-ätiocholensäuremethylester* (**III**) mit $NaBH_4$ red., wobei **II** in 91%ig. Ausbeute neben 6% *$\Delta^{3.5}$-Ätiocholadiensäuremethylester* gewonnen wurde. Das 3α-Epimere von **II** wurde bei dieser Red. nicht gebildet.

Versuche: *3β-Oxy-Δ^4-ätiocholensäuremethylester* (**II**), $C_{21}H_{32}O_3$, F. 209—211°. Der aus **I** nach MIESCHER u. WETTSTEIN (Helv. chim. Acta **22.** [1939.] 1262) durch OPPENAUER-Oxydation erhaltene **III** wurde in Methanol–Essigester (4:1) mit $NaBH_4$ in dem gleichen Lösungsm. 16 Std. bei Raumtemp. stehengelassen u. die mit W. zers. u. mit Essigsäure auf p_H 7 gebrachte Lsg. im Vakuum bei 40—45° eingedampft. Der Rückstand wurde in Methanol aufgenommen, in W. gegossen u. der Nd. in absol. A. mit einer Lsg. von Digitonin in A. 20 Std. stehengelassen. Das ausgefallene *Digitonid* wurde mit Pyridin zers., die Lsg. mit Ae. verd. u. das Digitonin abzentrifugiert. Die Ätherlsg. wurde im Vakuum eingeengt; aus Methanol Nadeln, $[\alpha]_D^{25}$ +92° (c = 1,98 in Chlf.); 91% (Ausbeute). — *$\Delta^{3.5}$-Ätiocholadiensäuremethylester,* $C_{21}H_{30}O_2$, F. 141—142°. Das vorst. erhaltene Alkoholfiltrat wurde im Vakuum eingedampft, der Rückstand an Silicagel chromatographiert u. mit Bzl. u. Benzoläther (99,5:0,5) eluiert; aus Methanol Nadeln; 6%. (J. Amer. chem. Soc. **75.** 6344—45. 20/12. 1953. Washington, D. C., Georgetown Univ., Dep. of Chem.) SCHORRE. 3700

Louis F. Fieser und Wei-Yuan Huang, *Synthese von $\Delta^{9.11}$- und $\Delta^{20.22}$-Cholestenol.* Das durch CrO_3-Oxydation von Δ^7-Cholestenylacetat erhältliche *3β-Acetoxy-8α.9α-oxidocholestan-7-on* wurde mit Zn-Staub in Essigsäure zu *Δ^8-Cholesten-3β-ol-7-on-3-acetat* (**Ia**) red. u. über das mit Isopropenylacetat (**Ib**) erhaltene Enolacetat mit Monoperphthalsäure zu *Δ^8-Cholesten-3β.11α-diol-7-on-3-acetat* (**II**) oxydiert. **II** wurde mit Pd/H_2 zu *8α-Cholestan-3β.11α-diol-7-on-3-acetat* red.; das entsprechende *Diacetat* (**III**) gibt bei der Verseifung u. Reacetylierung das isomere *Cholestan-3β.11α-diol-7-on-3.11-diacetat* mit trans-Verknüpfung von B/C. Das aus **II** mit Dichromat gewonnene *Δ^8-Cholesten-3β-ol-7.11-dion-3-acetat* (**V**) wurde zum *gesätt. Diketon* (**VIa**) red. u. dieses über das *7-Monoäthylenthioketal* (**VI**) in *Cholestan-3β-ol-11-onacetat* (**VII**) übergeführt, das nach Red. mit $LiAlH_4$ zu *$\Delta^{9.11}$-Cholestenylacetat* (**VIII**) dehydratisiert wurde. — Das sowohl aus 3β-Oxy-Δ^5-bis-norcholensäure (**IX**) als auch aus 22-Ketocholesterylacetat (**IV**) erhaltene 22-Ketocholestanylacetat (**XI**) wurde mit $LiBH_4$ zu *Cholestan-3β.22ξ-diol-3-acetat* (**XII**) red., das weiter mit $POCl_3$ zu *$\Delta^{20.22}$-Cholestenylacetat* (**XIII**) dehydratisiert wurde, dessen Konst. durch das nach Ozonisieren erhaltene *Allopregnan-3β-ol-20-on-3-acetat* bewiesen wurde.

Versuche: *Δ^8-Cholesten-3β.11α-diol-7-on-3-acetat* (**II**), $C_{29}H_{46}O_4$, F. 157—158°. Ein aus 758 mg **Ia**, 77 mg p-Toluolsulfonsäure u. 3 cm³ **Ib** bestehendes Gemisch wurde im Laufe von 6 Std., unter Zugabe von 0,5 cm³ **Ib** je Std., langsam dest., der Rückstand nach Einengen im Vakuum in Ae. aufgenommen u. der Ätherrückstand mit 8,5 cm³ 0,31 mol. Monoperphthalsäurelsg. in Ae. durch 48std. Stehen bei 25° zu **II** oxydiert; aus Methanol Platten, $[\alpha]_D$ —2,0° (c = 2,45 in Dioxan); 68% (Ausbeute). Aus der Mutterlauge wurde durch Chromatographie das *8.9-Oxidoderiv. von* **II** [$C_{29}H_{46}O_5$, F. 175—176° (Methanol), $[\alpha]_D$ —32,6° (c = 2,39 in Chlf.); 55 mg] gewonnen. — *$\Delta^{8.14}$-Cholesten-3β.6ξ-diol-7-on-3-acetat,* $C_{29}H_{46}O_4$, F. 160—162° (Methanol), aus dem mit **Ia** isomeren $\Delta^{8.14}$-Deriv. wie vorst.; $[\alpha]_D$ —30° (c = 1,56 in Chlf.). — *8α-Cholestan-3β.11α-diol-7-on-3-acetat,* $C_{29}H_{48}O_4$, F. 177—179° (Methanol), aus **II** in Essigsäure durch Schütteln mit H_2 in Ggw. von 10%ig. Pd-Kohle; $[\alpha]_D$ —86,5° (c = 0,62 in Dioxan). *3.11-Diacetat* (**III**), $C_{31}H_{50}O_5$, F. 142—143° (Methanol–W.), $[\alpha]_D$ —97,5° (c = 0,82 in Dioxan). — *Cholestan-3β.11α-diol-7-on-3.11-diacetat,* $C_{31}H_{50}O_5$, F. 163—165°, aus **III** durch Verseifung u. Reacetylierung in Pyridin bei 25°; $[\alpha]_D$ —46° (c = 1,00 in Chlf.). — *Δ^8-Cholesten-3β-ol-7.11-dion-3-acetat* (**V**), $C_{29}H_{44}O_4$, F. 135—137° (Methanol–W.), aus **II** in Essigsäure durch 2std. Stehen mit Na-Dichromat bei 25°; $[\alpha]_D$ +39° (c = 1,03 in Dioxan); 76%. — *7-Monoäthylenthioketal von Cholestan-3β-ol-7.11-dion-3-acetat* (**VI**), $C_{31}H_{50}O_3S_2$, F. 198—199° (Ae.). Das aus **V** in Essigsäure durch Kochen mit Zn-Staub (15 Min.) erhaltene *Cholestan-3β-ol-7.11-dion-3-acetat* (**VIa**), F. 169—170°, wurde in Äthandithiol mit trockener HCl bei —15° gesätt. u. das nach 3std. Stehen bei 0° gewonnene Gemisch im Vakuum eingedampft; $[\alpha]_D$ +1,4° (c = 2,23 in Chlf.); 70%. — *Cholestan-3β-ol-11-onacetat* (**VII**), $C_{29}H_{48}O_3$, F. 118—119°, aus **VI** in Methanol durch 22std. Kochen mit RANEY-Ni; aus Methanol Nadeln, $[\alpha]_D$ +41,5° (c = 1,06 in Chlf.). — WOLFF-KISHNER-Red. von **VIa** führte in geringer Ausbeute (neben *Cholestanol*) zu

Cholestan-3β-ol-11-on, F. 148—151°. — *$\Delta^{9,11}$-Cholestenylacetat* (**VIII**), $C_{29}H_{48}O_2$, F. 105°. **VII** in Tetrahydrofuran wurde mit $LiAlH_4$ gekocht u. das nach Zers. mit verd. Säure erhaltene rohe Oxyderiv. 30 Min. in Essigsäure–36%ig. HCl (4:1) gekocht, das nach Einengen erhaltene Prod. aus PAe. an Al_2O_3 chromatographiert u. mit PAe.–Bzl. (1:1) eluiert; aus Methanol Nadeln, $[\alpha]_D$ +22,5° (c = 1,20 in Chlf.). — *$\Delta^{9,11}$-Cholestenol*, $C_{27}H_{46}O$, F. 122—123° (Methanol–W.), aus **VIII** durch 2std. Kochen mit wss. methanol. KOH; $[\alpha]_D$ 27° (c = 0,30 in Chlf.). — *22-Ketocholesterylacetat* (**IV**), F. 154—155,5° aus **IX** (F. 285°), durch Acetylierung [*Acetat*, F. 234—235° (Zers.), $[\alpha]_D$ —74,5° (c = 2,50 in Chlf.)], Überführung in das *Säurechlorid* u. dessen Umsetzung mit Isoamyl–CdCl (**X**); $[\alpha]_D$ —63,7° (c = 2,26 in Chlf.). — *22-Ketocholestanylacetat* (**XI**), $C_{29}H_{48}O_3$, F. 114—115° (wss. Aceton). a) **IX** in Essigsäure wurd ein Ggw. von ADAMS-Katalysator zu *3β-Oxy-bis-nor-allocholansäure* [F. 269—270° (CH_3COOH)] hydriert, diese zu *3β-Acetoxy-bis-nor-allocholansäure* [F. 194—195°, $[\alpha]_D$ —15° (c = 2,72 in Chlf.)] acetyliert u. das daraus gewonnene *Säurechlorid* mit **X** kondensiert; das Rohprod. wurde aus PAe.–Bzl. (1:1) an Al_2O_3 chromatographiert u. mit PAe.–Bzl. (1:1, 1:3) eluiert; $[\alpha]_D$ —9,6° (c = 2,81 in Chlf.); b) aus **IV** in Essigsäure durch Hydrierung in Ggw. von PtO_2; das Prod. wurde chromatographiert, wobei die mit PAe.–Bzl. eluierten Fraktionen **XI**, die mit Bzl.–Ae. (9:1) eluierten Anteile **XII** (s. unten) lieferten. — *22-Ketocholestanol*, $C_{27}H_{46}O_2$, F. 125 bis 127° (wss. Methanol), aus **XI** durch 8std. Kochen mit wss.-methanol. $KHCO_3$-Lsg.; $[\alpha]_D$ —1,6° (c = 3,07 in Chlf.). — *Cholestan-3β.22ξ-diol-3-acetat* (**XII**), F. 192—192,5 (Methanol), aus **XI** in Tetrahydrofuran durch 24std. Stehen mit $LiBH_4$ bei 0°, Chromatographieren u. Eluieren mit Bzl.–Ae. (9:1), $[\alpha]_D$ —1,8° (c = 2,82 in Chlf.). — *Cholestan-3β.22ξ-diol*, $C_{27}H_{48}O_2$, F. 180—182° (Aceton), aus **XII** durch 16std. Kochen in Methanol–W. (9:1) mit Soda; $[\alpha]_D$ +8,0° (c = 0,75 in Chlf.). *Diacetat*, $C_{31}H_{52}O_4$, F. 125—127° (wss. Methanol), $[\alpha]_D$ —9,5° (c = 1,59 in Chlf.). — *$\Delta^{20,22}$-Cholestenylacetat* (**XIII**), $C_{29}H_{48}O_2$, F. 95—96,5° (Aceton–Methanol). Zu einer eiskalten Lsg. von **XII** in Pyridin wurde $POCl_3$ zugetropft u. das nach 48std. Stehen bei 25° erhaltene Gemisch auf Eis gegossen; $[\alpha]_D$ +1,3° (c = 3,08 in Chlf.). Durch **XIII** in Chlf. wurde 1 Std. ein 5%ig. Ozonstrom durchgeleitet, nach Zugabe von W. 1/2 Std. auf dem Dampfbad erwärmt u. mit Ae. extrahiert; der Ätherrückstand gab nach Chromatographieren u. Eluieren mit PAe.–Bzl. (1:1) *Allopregnan-3β-ol-20-on-3-acetat*, F. 142—144°; *Semicarbazon*, F. 265° (Zers.). — *$\Delta^{20,22}$-Cholestenol*, $C_{27}H_{46}O$, F. 115—117° (Aceton–Methanol), aus **XIII** durch 2std. Kochen mit wss.-methanol. KOH; $[\alpha]_D$ +6,5° (c = 1,07 in Chlf.). (J. Amer. chem. Soc. **75**. 5356—60. 5/11. 1953. Cambridge, Mass., Harvard Univ., Chem. Labor.) SCHORRE. 3700

Louis F. Fieser und **Miguel A. Romero**, *Umlagerung von 6β-Brom-Δ^4-cholesten-3-on in 2α-Acetoxy-Δ^4-cholesten-3-on.* Die von RIVETT u. WALLIS (C. **1950**. II. 2072) aus 6β-Brom-Δ^4-cholesten-3-on (**I**) durch Kochen mit K-Acetat in Essigsäure erhaltene Substanz, die als 6α-Acetoxy-Δ^4-cholesten-3-on angesehen wurde, ist ident. mit dem von SEEBECK u. REICHSTEIN (C. **1944**. II. 954) aus Cholestenon mit Pb-Tetraacetat gewonnenen *2-Acetoxy-Δ^4-cholestenon* (**II**). Das aus **II** erhaltene *Äthylenthioketal* (**III**) wurde durch Hydrolyse u. Desulfurierung in das *Cholestenol* (**IV**) übergeführt, das zu *Cholestan-2α-ol* (**V**) red. wurde. In **II** steht daher die Acetoxygruppe in α-Stellung. Die Umwandlung von **I** in **II** stellt die Umkehrung der von BUTENANDT u. Mitarbeitern (C. **1945**. I. 1138 u. früher) festgestellten Umlagerung von 2α-Bromcholestanon (**VI**) bei der Acetolyse bei 200° dar, bei der sich *Δ^5-Cholesten-4-on* bildet. Beim Kochen von **VI** in Essigsäure mit K-Acetat entstand ein aus *2α-* u. *4α-Acetoxycholestan-3-on* bestehender Komplex (**VIII**); aus dem öligen Rückstand der Mutterlaugen von **VIII** wurde nach Verseifung *2.3-Secocholestan-2.3-disäure* isoliert. **VIII** konnte weder durch Kristallisation noch durch Chromatographie getrennt werden. Daher wurde **VIII** mit Äthandithiol umgesetzt u. das nach Desulfurieren u. Verseifen erhaltene Gemisch chromatograph. in **V** u. *Cholestan-4α-ol* (**X**) aufgespalten. Der Mechanismus der Umlagerung wird diskutiert.

V e r s u c h e : *Δ^4-Cholesten-2α-ol-3-onacetat* (**II**), F. 139—140°, aus **I** in Essigsäure mit K-Acetat nach RIVETT u. WALLIS (l. c.); $[\alpha]_D$ +62° (Chlf.); 16,6% (Ausbeute). *Äthylenthioketal von* **II** (**III**), $C_{31}H_{50}O_2S_2$, F. 147—148°, aus **II** in Essigsäure mit Äthandithiol in Ggw. von BF_3-Ätherat; aus Methanol–Chlf. Nadeln; $[\alpha]_D$ +42,3° (Chlf.); 85,5%. — *Äthylenthioketal von Δ^4-Cholesten-2α-ol-3-on* (**IIIa**), $C_{29}H_{48}OS_2$, F. 163—164°, aus **III** durch 1std. Erhitzen mit methanol. KOH; aus Methanol–Aceton Nadeln; $[\alpha]_D$ +30° (Chlf.); 73%. — *Δ^4-Cholesten-2α-ol* (**IV**), $C_{27}H_{46}O$, F. 134 bis 135°, aus **IIIa** in Aceton durch 1 1/2std. Kochen mit RANEY-Ni; aus PAe.–Bzl. Nadeln; $[\alpha]_D$ +60° (Chlf.); 25%. — *Cholestan-2α-ol* (**V**), $C_{27}H_{48}O$, F. 177—178°, aus **IV** in Essigsäure durch 4std. Schütteln mit H_2 in Ggw. von Pt; aus Aceton Nadeln; $[\alpha]_D$ +40,5° (Chlf.); 40%. — *Komplex* **VIII**, $C_{29}H_{48}O_3$, F. 147—149°. **VI** in Essigsäure wurde mit K-Acetat 6 Std. unter N_2 gekocht, die Lsg. in W. gegossen u. mit Ae. extrahiert; aus Methanol–Aceton Nadeln; $[\alpha]_D$ +25,7° (Chlf.); 40%. — *2.3-Seco-cholestan-2.3-disäure*, F. u. Misch-F. 197,5—199° (Bzl.). Die Mutterlauge von **VIII** wurde eingeengt, der ölige Rückstand in methanol. KOH 2 Std. gekocht, mit W verd., angesäuert u. mit Ae. extrahiert; 18%. — Das aus **VIII** in Essigsäure mit Äthandithiol u. BF_3-Ätherat erhaltene Ketalgemisch gab aus A. ein gelatineartiges Prod., das durch Trocknen in ein amorphes Pulver übergeführt wurde; 82%. Desulfurierung durch 5std. Kochen dieser Substanz in A. mit RANEY-Ni führte zu einem nicht krist. Prod., das verseift u. aus PAe. an Al_2O_3 chromatographiert wurde. Die mit PAe. eluierten Fraktionen lieferten *Cholestan* (F. 78—80°; 45%) u. die mit PAe.–Bzl. (3 : 2) eluierten Anteile **X**; 18%. — *Äthylenthioketale von Cholestan-2α-ol-3-on* (**IX**) u. *Cholestan-4α-ol-3-on* (**VII**). Vorst. Ketalgemisch wurde durch 8std. Kochen in wss. Methanol mit KOH verseift, mit W. verd. u. das ausgefallene Prod. (F. 174 bis 176°) chromatographiert; die mit PAe.–Bzl. (3 : 10) eluierten Fraktionen gaben aus Methanol–Aceton **VII**, F. 165—166°; $[\alpha]_D$ +28° (Chlf.); 41%. Die mit PAe.–Bzl. (4 : 10) eluierten Fraktionen lieferten ein Gemisch von **IX** u. **VII**; Elution mitPAe.–Bzl. (1 : 1) gab aus Methanol–Aceton **IX**, F. 192—193°; $[\alpha]_D$ +59° (Chlf.); 19%. — **V**, aus **IX** durch 1½std. Kochen mit RANEY-Ni in Aceton; 77%. — *Cholestan-4α-ol* (**X**), $C_{27}H_{48}O$, F. 186—187°, ebenso aus **VII**; aus Methanol–Aceton Nadeln; $[\alpha]_D$ +3° (Chlf.); 61,5%. (J. Amer. chem. Soc. **75**. 4716—19. 5/10. 1953. Cambridge, Mass., Harvard Univ., Chem. Labor.) SCHOBRE. 3700

Louis F. Fieser, Koji Nakanishi und Wei-Yuan Huang, *$\Delta^{8.14}$-Cholestadien-3β-yl-7-onacetat.* Vff. zeigen, daß dem aus Δ^7-Cholestenylacetat (**I**) erhältlichen Dien-7-onderiv. des Cholestanylacetats die Struktur *$\Delta^{8.14}$-Cholestadien-3β-ol-7-on-3-acetat* (**VI**) mit gekreuzten Doppelbindungen zukommt (vgl. WINTERSTEINER u. MOORE, C. **1945**. I. 1377). **I** lieferte mit Perbenzoesäure *8α.14α-* u. *8α.9α-Oxidocholestan-3β.7α-diol-3-acetat* (**II** u. **III**), die mit CrO_3 zu *8α. 14α-* u. *8α.9α-Oxidocholestan-3β-ol-7-on-3-acetat* (**IV** u. **V**) oxydiert wurden. Behandlung von **II** mit $LiAlH_4$ führte unter Deacetylierung zu dem freien Diol **IIa**. **IV** u. **V** wurden weiter zu *8α.14α-* u. *8α.9α-Oxidocholestan-3.7-dion* oxydiert. **IV** u. **V** lieferten durch Kochen in A. mit 36%ig. HCl **VI**. Ohne Isolierung der Zwischenstufen betrug die Ausbeute an **VI** aus **I** 27%. WOLFF-KISHNER-Red. von **VI** u. Acetylierung führte zu *$\Delta^{8.14}$-Cholestadien-3β-ylacetat.* **II** wurde mit konz. HCl in A. zu *$\Delta^{8.14}$-Cholesten-3β-ol-7-on* isomerisiert. — Das UV-Spektr. von **VI** zeigt Maxima bei 224 u. 298 mμ (ε = 15600 u. 5060 in A.), dieses Zweibandenspektr. scheint für das Syst. gekreuzter Doppelbindungen charakterist. zu sein.

Versuche: *8α.14α-Oxidocholestan-3β.7α-diol-3-acetat* (**II**) u. *8α.9α-Oxidocholestan-3β.7α-diol-3-acetat* (**III**), $C_{29}H_{48}O_4$, aus **I** mit Perbenzoesäure in Chlf.; das Gemisch wurde nach 8tägigem Stehen bei 3° im Dunkeln eingedampft; der in Methanol aufgenommene Sirup lieferte **II**, F. 122—123°, $[\alpha]_D$ +5,5° (Chlf.). Die Mutterlauge wurde an Al_2O_3 chromatographiert, wobei die mit PAe.–Ae. (20 : 1 u. 9 : 1) eluierten Anteile nicht weiter untersucht wurden; Elution mit PAe.–Ae. (1 : 1) u. fraktionierte Kristallisation aus Ae. u. aus Methanol gab weiteres **II** u. **III**, F. 146,5—147,5°, $[\alpha]_D$ +26° (Chlf.). — *8α.9α-Oxidocholestan-3β-ol-7-on-3-acetat* (**V**), F. 176—177° (Methanol), aus **III** in 80%ig. Essigsäure mit CrO_3 durch 24std. Stehen bei 25°; $[\alpha]_D$ —33,4° (Chlf.). — *8α.14α-Oxidocholestan-3β-ol-7-on-3-acetat* (**IV**), F. 139—140° (Methanol), aus rohem **II** analog **V**; nach Chromatographieren u. Eluieren mit PAe.–Ae. (4 : 1) aus Methanol etwas **V**, mit PAe.–Ae. (3 : 2) **IV**, $[\alpha]_D$ —73,5° (Chlf.). — 5std. Kochen von **II** in Tetrahydrofuran mit $LiAlH_4$ führte zu *8α.14α-Oxidocholestan-3β.7α-diol* (**IIa**), F. 188—189°, $[\alpha]_D$ +8,6° (c = 2,10; Chlf.). *Diacetat*, F. 164—165°, $[\alpha]_D$ —12,7° (c = 3,31; Chlf.). — *8α.14α-Oxidocholestan-3β-ol-7-on*, $C_{27}H_{44}O_3$, F. 177 bis 178°, aus **IV** in Methanol mit K_2CO_3 durch 24std. Stehen bei Raumtemp.; aus wss. Methanol prismat. Platten; $[\alpha]_D$ —81,2° (c = 2,02; Chlf.). — *8α.14α-Oxidocholestan-3.7-dion*, $C_{27}H_{42}O_3$, F. 140—141°, aus **IIa** in Essigsäure mit Na-Dichromat, 46 Std. bei 25°, das Rohprod. wurde an Al_2O_3 chromatographiert, mit PAe.–Bzl., Bzl. u. Bzl.–Ae. (14 : 1 bis 4 : 1) eluiert; $[\alpha]_D$ —70,0° (c = 1,21; Chlf.). *8α.9α-Oxidocholestan-3.7-dion*, F. 179—181° (CH_3OH), durch Verseifung von **V** zum *freien Alkohol* (F. 159—160°) u. Oxydation in Bzl.–CH_3COOH mit CrO_3; $[\alpha]_D$ —13° (c = 1,15; Chlf.). — *$\Delta^{8.14}$-Cholestadien-3β-ol-7-on-3-acetat* (**VI**), $C_{29}H_{44}O_3$, F. 172—174,5°. a) 465 mg **IV** wurden in 95%ig. A., der 2,5 cm³ 36%ig. HCl enthielt, 3 Std. gekocht u. das nach Verdünnen ausgeschiedene Prod. reacetyliert; aus Methanol 230 mg gelbliche Nadeln, $[\alpha]_D$ —14,5° (c = 1,51; Chlf.); b) aus 41,8 g **I** durch Oxydation mit Perbenzoesäure u. dann CrO_3 u. Acetolyse des **IV**–**V**-Gemisches; 11,3 g. Red. von **VI** mit $LiAlH_4$ führte zu einem sirupartigen, nicht identifizierten Prod.; Verss., **VI** in ein Enolacetat überzuführen, scheiterten. Mit Perbenzoesäure in Chlf. lieferte **VI** nach 42std. Stehen bei 3° ein nicht identifiziertes *Prod.* $C_{29}H_{46}O_5$, F. 160—161° (aus Chlf.–Methanol Prismen), $[\alpha]_D$ +4,3° (c = 2,50; Chlf.). — *Δ^{8.14}-Cholesten-3β-ol-7-on*, $C_{27}H_{44}O_2$, F. 129 bis 130°, aus 400 mg **II** in A. mit 1 cm³ 36%ig. HCl durch 3std. Kochen; aus Methanol 240 mg Nadeln. *Acetat*, F. 141—142°, $[\alpha]_D$ —53,3° (c = 1,25; Chlf.). — *Δ^{8.14}-Cholestadien-3β-ylacetat*, F. 100—101° (Ae.–Methanol), aus 1 g **VI** durch Red. nach HUANG-MINLON bei 200°; nach Acetylieren u. Chromatographieren wurde mit PAe.–Bzl. (7 : 3 u. 1 : 1) eluiert; $[\alpha]_D$ —19,3° (c = 2,22; Chlf.); 300 mg. (J. Amer. chem. Soc. **75**. 4719—22. 5/10. 1953. Cambridge, Mass., Harvard Univ., Chem. Labor.)

SCHORRE. 3700

Louis F. Fieser und **Wei-Yuan Huang**, *Cholylaminester*. Cholsäureazid wurde mit Piperidin, Dimethylamin, Morpholin u. Diäthylamin zu den entsprechenden Säureamiden kondensiert. Deren Red. mit $LiAlH_4$ lieferte die *tert. Amine*, die durch partielle Acylierung in die *3-Cathyl-*, *3-Acetyl-* u. *3-Veratroylverbb.* übergeführt wurden. *Cholylpiperidin* (**III**) u. das *3-Veratrat* (Base u. Hydrochlorid) sowie die Hydrochloride des *3-Acetats* u. des *N.N-Dimethylcholylamins* zeigten keine blutdrucksenkende Wirkung.

Versuche: *Cholsäurehydrazid* (**I**), F. 186—187°, aus Cholsäuremethylester a) in A. durch 60std. Kochen mit 85%ig. Hydrazinhydrat; $[\alpha]_D$ +34,3° (c = 3,41; Methanol); 73% (Ausbeute); b) mit wasserfreiem Hydrazin; 89%. — *Cholsäurepiperidid* (**II**), F. 243—246° (wss. Methanol). **I** in wss. HCl wurde unter Eiskühlung mit n-$NaNO_2$-Lsg. versetzt u. nach 15 Min. Stehen mit Piperidin 24 Std. geschüttelt; $[\alpha]_D$ +31° (c = 1,61; Methanol), +33,4° (c = 3,17; Pyridin); 62%. — *N-Cholylpiperidin* (**III**), *Hydrochlorid*, $C_{29}H_{52}O_3NCl$, F. 298—299° (Zers.). **II** in Tetrahydrofuran wurde 3 Std. mit $LiAlH_4$ gekocht u. die Base mit 36%ig. HCl behandelt; $[\alpha]_D$ +32° (c = 3,96; Methanol); 72%. *3-Cathylat-Hydrochlorid*, $C_{32}H_{56}O_5NCl$, F. 269 bis 270° (Zers.; Methanol–Ae.). Zu einer Lsg. von Chlorameisensäureäthylester in Dioxan wurde unter Eiskühlung eine Lsg. von **III** in Pyridin zugetropft u. nach 16std. Stehen mit W. verd., mit $NaHCO_3$-Lsg. neutralisiert, mit Ae. extrahiert u. das Salz hergestellt; $[\alpha]_D$ +46° (c = 2,55); 35%. *3-Acetat-Hydrochlorid*, $C_{31}H_{54}O_4NCl$, F. 249—252° (Methanol–Ae.), $[\alpha]_D$ +29° (c = 2,56; Methanol). *3-Veratrat-Hydrochlorid*, $C_{38}H_{60}O_6NCl$, F. 261° (Zers.; Methanol–Ae.), aus **III** u. Veratroylchlorid; $[\alpha]_D$ +43° (c = 2,82; Methanol). — *Cholsäuremorpholid*, $C_{28}H_{47}O_5N$, F. 273 bis 275° (Zers.; Chlf.–Methanol), aus **I** analog **II**; $[\alpha]_D$ +34° (c = 1,92; Pyridin); 82%. — *N-Cholylmorpholinhydrochlorid*, $C_{28}H_{50}O_4NCl \cdot H_2O$, F. 289—290°, $[\alpha]_D$ —32° (c = 2,20; Methanol). — *N-[3-Cathylcholyl]-morpholinhydrochlorid*, $C_{31}H_{54}O_6NCl$, F. 235—238° (Zers.), $[\alpha]_D$ +51° (c = 0,36; Methanol). — *N.N-Dimethylcholylaminhydrochlorid*, $C_{26}H_{48}O_3NCl$, F. 280—281°, aus dem Säureamid durch Red. mit $LiAlH_4$; $[\alpha]_D$ +33° (c = 2,24; Methanol); 81%. — *3-Cathyl-N.N-dimethylcholylaminhydrochlorid*, $C_{29}H_{52}O_5NCl$, F. 242—243°, $[\alpha]_D$ +52° (c = 1,76; Methanol). — *N.N-Diäthylcholsäureamid*, $C_{28}H_{49}O_4N \cdot H_2O$, F. 118—121° (aus wss. Aceton hygroskop. Kristalle), $[\alpha]_D$ +35° (c = 3,32; Methanol). — *N.N-Diäthylcholylaminhydrochlorid*, $C_{28}H_{52}O_3NCl$, F. 247 bis 248°, $[\alpha]_D$ +33° (c = 2,92; Methanol). — *3-Cathyl-N.N-diäthylcholylaminhydrochlorid*, $C_{31}H_{56}O_5NCl$, F. 214—216°, $[\alpha]_D$ +47,5° (c = 2,44; Methanol). (J. Amer. chem. Soc. **75**. 6306—07. 20/12. 1953. Cambridge, Mass., Harvard Univ., Dep. of Chem.)

SCHORRE. 3700

A. H. Soloway, W. J. Considine, David K. Fukushima und **T. F. Gallagher**, *Einige Reaktionen der Epoxyde von Steroidenolacetaten*. Das Prod. aus Δ^{20}-Allopregnen-3β.20-dioldiacetat (**I**; F. 94,5—95,5°) u. Perbenzoesäure (**II**) lagerte sich beim Vers. einer Chromatographie an Silicagel unter Acetoxylwanderung um in *3β.21-Diacetoxyallopregnan-20-on*. Entsprechend bildete sich aus *17α.20-Epoxyallopregnan-3β.20-dioldiacetat* (**III**) das *3β.17β-Diacetoxyallopregnan-20-on*. Die angenommene Lage des Epoxydringes in **III** wurde bewiesen durch Acetolyse bzw. Red. mit $LiAlH_4$. Die Darst. u. Acetolyse von *3α.21-Diacetoxy-17α.20β-epoxypregnan-11-on* wird beschrieben.

Versuche (FF. korr.): *3β.21-Diacetoxyallopregnan-20-on*, F. 151—151,5°, Nadeln (Methanol), aus 193 mg **I** u. **II** in Bzl. (5½ Std. bei n. Temp., dann Chromatographie des Ae.-Extrakts an Silicagel); 78 mg (Ausbeute). — *3β-Acetoxy-17α-oxyallopregnan-20-on* (REICHSTEINS „*L*“-*Acetat*), F. 188—190° (Aceton–PAe.), aus **III** u. Eisessig (16 Std. Kochen). — *3β.17β-Diacetoxyallopregnan-20-on*, F. 226—229° (Aceton–PAe.), aus **III** a) durch 2tägige Adsorption der PAe.-Lsg. an Silicagel (214 mg **III** → 102 mg), b) durch 10 Min. Erhitzen auf 235° (27 mg **III** → 22 mg). — *Allopregnan-3β.17α.20α-triol-3.20-diacetat* (*Diacetat von* REICHSTEINS „*Substanz O*“), F. 247—250° (PAe.–Aceton), aus 58 mg **III** u. $LiAlH_4$ in Bzl.–PAe., anschließend Acetylierung; 34 mg. — *3α.21-Diacetoxy-17α.20β-epoxypregnan-11-on*, $C_{25}H_{36}O_6$, F. 168—170°, Nadeln (PAe.), aus 65 mg 3α.21-Diacetoxy-Δ^{17}-pregnen-11-on u. **II** in Bzl. (4 Tage bei n. Temp.); 53 mg (roh). — Acetolyse (32 mg; 24 Std. Kochen) u. anschließende Verteilungschromatographie an Silicagel (CH_2Cl_2–PAe.–A.) → *17α-Oxy-3α.20α.21α-triacetoxypregnan-11-on,* F. 211—214°; 11 mg (roh). (J. Amer. chem. Soc. **76.** 2941—43. 5/6. 1954. New York, N. Y., Sloan-Kettering Inst. for Cancer Res.) J. ROTHE. 3750

Barney J. Magerlein und **David I. Weisblat,** *N-[p-({2.4-Diaminopteridyl-(6)-methyl}-tosylamino)-benzoyl]-L-glutaminsäure, ein Analoges der Pteroylglutaminsäure. N-[p-({2.4-Diaminopteridyl-(6)-methyl}-tosylamino)-benzoyl]-L-glutaminsäure* (I), C_{26}·$H_{26}O_7N_8S$, wurde erhalten durch 2std. Kochen von N-[N'-Tosyl-N'-(3.3-diäthoxy-2-ketopropyl)-p-aminobenzoyl]-L-glutaminsäurediäthylester (vgl. WEISBLAT u. Mitarbeiter, J. Amer. chem. Soc. **75.** [1953.] **5893**) mit 2.4.5.6- Tetraminopyrimidinhydrochlorid in wss.-alkoh. HCl u. Verseifung des erhaltenen *Pteridins* (45,7% Ausbeute) mit $Ca(OH)_2$/NaOH (0,5 g → 0,23 g); UV-Spektr. vgl. Original. I besitzt beim Test an S. faecalis R. weder Folsäure- noch Antifolsäureaktivität. (J. Amer. chem. Soc. **76.** 3033. 5/6. 1954. Kalamazoo, Mich., Upjohn Co.) J. ROTHE. 3800

J. H. Boothe, J. Morton II, J. P. Petisi, R. G. Wilkinson und **J. H. Williams,** *Tetracyclin.* Chlortetracyclin (Aureomycin) (I) wird bei Zimmertemp. in Ggw. von 10%ig. Pd-Kohle u. von 1 Mol Triäthylamin in Methylcellosolve reduktiv enthalogeniert, wobei 1 Mol H_2 unter Selbsterwärmung aufgenommen wird; beim Eingießen des Filtrats in die 5fache Menge W. krist. *Tetracyclin* (II), $C_{22}H_{24}O_8N_2 \cdot 3\ H_2O$, kristallisierbar aus CH_3OH u. W.; nach 8std. Trocknen im Vakuum bei 60° wird die wasserfreie Form erhalten, F. 170—173° (Zers.). *Hydrochlorid,* $C_{22}H_{24}O_8N_2 \cdot HCl$, F. 214°, $[\alpha]_D^{25}$ —257,9° (0,5% in 0,1 n HCl), aus II in Butanol mit HCl. UV-Maxima in 0,1 n HCl bei 220 mμ (ε = 13000), 268 mμ (ε = 18040) u. 355 mμ (ε = 13320). II gibt mit HCl *Anhydrotetracyclin,* ident. mit dem aus I u. HJ bereiteten Prod., die reduktive Enthalogenierung verläuft also ohne Umlagerung. II hat eine ähnliche antibiot. Wirkungsbreite wie I. Die Stabilität der Verb. ist in neutraler oder alkal. Lsg. besser als die von I. (J. Amer. chem. Soc. **75.** 4621. 20/9. 1953. Pearl River, N. Y., American Cyanamid Co., Lederle Labors. Div.) JUTZ. 3900

S. Chapon und **S. David,** *Über einen Nebenbestandteil im Latex von Euphorbia balsamifera.* Ein als Nebenbestandteil aus dem Latex von *Euphorbia balsamifera* isolierter *Alkohol* $C_{30}H_{50}O$ (I) ist nach seinen physikal. Konstanten u. jenen seiner Derivv. wahrscheinlich mit dem *Cycloartenol* (II), einem von BARTON (C. **1952.** 3825) aus *Artocarpus integrifolia* erhaltenen Alkohol, identisch. — Mit Perbenzoesäure werden 0,93 O-Atome angelagert, die einer Doppelbindung entsprechen; katalyt. Hydrierung des Acetats liefert ein Dihydroacetat; durch Isomerisation nach BARTON wird ein Acetat vom F. 148—158° erhalten, der Alkohol verhält sich jedoch wie eine reine Substanz. — II kann mit dem von GONZÁLEZ u. Mitarbeitern (An. Real Soc. españ. Física y Quím. Ser. B **45.** [1949.] 1441) aus dem Latex der *Euphorbia Hendiensis* erhaltenen *Hendianol* (III) ident. sein.

Versuche (Neben den physikal. Konstanten für I werden in Klammer an 1. Stelle jene für II, an 2. Stelle jene für III angegeben): *Alkohol* $C_{30}H_{50}O$ (I), F. 80 bis 105° (nach mehrfacher Kristallisation aus Methanol) (II: F. 80—92°; III: 97 bis 111°), $[\alpha]_J^{20}$ 48,5° ($[\alpha]_D$ 48°; 47°); aus 51 g getrocknetem Latex werden mit Aceton 41 g eines Harzes extrahiert, welches 14,5 g Unverseifbares mit PAe. (40—60°) gibt. Dieser Extrakt wird in 5 cm³ A., hierauf in 50 cm³ Essigsäure gelöst. Nach Abtrennung von 6 g krist. *Germanicol* fällt nach 6 Wochen aus den Mutterlaugen 1 g I aus. *Acetat,* $C_{32}H_{52}O_2$, F. 119—120° (Plättchen aus A. oder Methanol–Chlf.) (F. 122,5 bis 123,5°; 118—118,5°), $[\alpha]_J^{20}$ 58° ($[\alpha]_D$ 58°; 53,5°), durch 1std. Erhitzen von I mit Essigsäureanhydrid u. Pyridin auf dem Wasserbad; das Acetat verhält sich beim Chromatographieren wie ein reiner Körper u. liefert nach Verseifung wieder I, F. 80 bis 105°. *Benzoat,* $C_{37}H_{54}O_2$, F. 130° (aus A. Nadeln), (F. 130°; 129°), $[\alpha]_J^{15}$ 67° ($[\alpha]_D$65°; 54°), durch 24std. Behandlung von 400 mg I mit Benzoylchlorid in der Kälte; 420 mg (Ausbeute). — Die Behandlung des Acetats in Chlf. mit 1,11 n-Perbenzoesäure in Chlf. bei —10° gibt auch nach 40 Std. eine Aufnahme von nur 0,93 O-Atomen. — Hydrierung des Acetats in Ggw. von PtO_2 führt zum *Dihydroacetat,* $C_{32}H_{54}O_2$, F. 132,5 bis 133° (Nadeln aus Methanol–Chlf.), (F. 132°; 120—121°). — Isomerisierung des Acetats mit gasförmigem HCl in Chlf. gibt das *Acetat eines Isoalkohols,* F. 148—158°; *Isoalkohol,* durch Hydrolyse, F. 151—152° (aus Methanol–Chlf.), (F. 152—154°; —). Bull. Soc. chim. France, Mém. [5] **19.** 456—57. Mai/Juni 1952. Nancy, Fac. des Sci., Labor. de Chim. biol.) ROTTER. 3950

A. S. Bailey, N. Polgar und **Robert Robinson,** *Versuche zur Synthese der Mycolipensäure.* 1. Mitt. Die aus dem Fett der Tuberkelbazillen isolierte, rechtsdrehende

Mycolipensäure (I) hat folgende Struktur: $CH_3-(CH_2)_n-CH(CH_3)-CH_2CH(CH_3)-CH=C(CH_3)-COOH$ (n wahrscheinlich = 17) (vgl. C. **1953.** 4379). Durch Röntgenpulverdiagramm (Tabelle u. Diskussion vgl. Original) wurde jetzt entschieden, daß das beim Abbau entstehende Methylketon *n-Eikosanon-(2)* ist. Daraus folgt, daß I tatsächlich *2.4.6-Trimethyltetrakosen-(2)-säure* ist; sie wurde in ihrer inakt. Form von Vff. aus 2-Methyleikosansäure (II) synthetisiert. Die als Zwischenprod. benötigte *2.4-Dimethyldokosansäure* (III) wurde aus II durch Red. zum Alkohol, Bldg. des Jodids u. dessen Kondensation mit Methylmalonsäureester dargestellt; sie konnte nicht aus 3.5-Dimethyl-1-n-octadecylcyclohexanol-(1) gewonnen werden, da dessen CrO_3-Oxydation nicht zur erwarteten 2.4-Dimethyl-6-oxotetrakosan(im Orig. dokosan) säure führte, sondern nur zu geringen Mengen saurem Material. — Die physiol. Wirkungen von I u. III bestehen in Gewebsveränderungen an den Organen der Bauchhöhle. — Die C_{27}-Phthiensäure, welche von CASON u. Mitarbeitern (C. **1953.** 364) aus der von SPIELMAN u. ANDERSON (C. **1938.** I. 2199) aus dem Fett menschlicher Tuberkelbazillen erhaltenen „Phthionsäure" isoliert wurde, ist sicher mit *I* identisch.

Versuche: *Nonadecanon-(2)*, F. 53,5° (A.), durch 4std. Kochen von 3 g Hexadecyljodid u. Na-Acetessigester, 1std. Schütteln mit KOH am nächsten Tag, 2std. Kochen mit 5nHCl u. Ausäthern; 2,4 g (Ausbeute). — *Semicarbazon*, $C_{20}H_{41}ON_3$, F. 125,5 bis 126° (A.). — *n-Eikosanon-(2)-semicarbazon*, $C_{21}H_{41}ON_3$, F. 126—126,5° (A.). — *2-Methyleikosansäure* (II), F. 61,8—62° (PAe.), durch Zufügen von 32 g Jod innerhalb 1 Std. zu 61 g Octadecanol-(1) u. rotem P bei 130—140°, 3std. Erhitzen auf 170—180°, Ausäthern, 7std. Kochen von 134 g des so erhaltenen *Octadecyljodids* (Kp.$_{0,1}$ 156—160°) mit dem Na-Deriv. von Methylmalonsäurediäthylester in Butanol, dann 10 Std. am nächsten Tag mit KOH, Verdampfen des Butanols unter Ergänzung durch W., Zusetzen von HCl, Decarboxylieren der substituierten Malonsäure durch 3std. Erhitzen unter vermindertem Druck auf 160—170° u. Aufnehmen in Bzl.; 95 g. *p-Bromphenacylester*, $C_{29}H_{47}O_3Br$, F. 83—84°, aus A. Nadelbüschel. — *2-Methyleikosanol-(1)*, $C_{21}H_{44}O$, F. 48,5—49°, durch 6std. Kochen von 45 g vorst. Verb. mit A. u. konz. H_2SO_4, Entfernen des A., Ausäthern, 3std. Kochen des rohen Esters mit $LiAlH_4$ u. Zers. mit Essigester, W. u. verd. H_2SO_4; aus PAe. Blätterbüschel; 41,5 g. *Phenylurethan*, $C_{28}H_{49}O_2N$, F. 61—62°, aus PAe. Nadeln. — *1-Jod-2-methyleikosan*, $C_{21}H_{43}J$, F. 21—22° (Thermometer in der Schmelze), aus 20 g vorst. Verb., rotem P u. Jod; Kp.$_{0,03}$ 166—170°; 22 g. — *2.4-Dimethyldokosansäure* (III), $C_{24}H_{48}O_2$, F. 50—51°, aus 40 g vorst. Verb. entstehen durch Malonestersynth. wie bei II 35,4 g *2-Carboxy-2.4-dimethyldokosansäure*, $C_{25}H_{48}O_4$, F. 66—68°, aus PAe. Nadeln, die decarboxyliert wurden; Kp.$_{0,04}$ 190—195°, aus PAe. Nadeln. *p-Bromphenacylester*, F. 5758°, aus A. Nadeln. — *2.4-Dimethyldokosanol-(1)*, $C_{24}H_{50}O$, F. 36—39°, durch Red. von 10 g **III** mit $LiAlH_4$ in Ae., Kp.$_{0,1}$ 172—176°; 9,6 g. — *2.4.6-Trimethyltetrakosansäure*, $C_{27}H_{54}O_2$: Aus 9,5 g vorst. Verb., Jod u. rotem P Herst. des *Jodids*, Kp.$_{0,03}$ 190—200°; 10 g; Malonestersynth. führt zu *2-Carboxyverb.*, $C_{28}H_{54}O_4$, F. 62—65°, aus PAe. Nadeln, welche decarboxyliert wurde; Kp.$_{0,08}$ 210—215°; 5,5 g. — *2.4.6-Trimethyltetrakosen-(2)-säure* (I), $C_{27}H_{52}O_2$, durch 8std. Erhitzen von 2,1 g vorst. Verb. mit Brom u. rotem P auf dem Wasserbad, 2std. Kochen mit Methanol, Verdünnen mit W., Ausäthern, 18std. Kochen des rohen Bromesters mit Pyridin, Versetzen mit verd. HCl, Ausäthern u. Hydrolyse des rohen Esters durch 1½std. Kochen mit wss.-alkoh. KOH; Kp.$_{0,25}$ 216—218°; 1,2 g; λ_{max} 2140 Å ($\log \varepsilon = 4{,}12$). *Amid*, $C_{27}H_{53}ON$, F. 40° (Methanol). — *3.5-Dimethylcyclohexanon*: Durch Hydrierung von 1.3.5-Xylenol (180°/80 at) mit RANEY-Ni hergestelltes 3.5-Dimethylcyclohexanol wurde mit $K_2Cr_2O_7$ in H_2SO_4 oxydiert; Kp. 178—180°. *Semicarbazon*, F. 206—207°. *2.4-Dinitrophenylhydrazon*, F. 166—167°, aus A. Büschel von orangegelben Stäbchen. — *3.5-Dimethyl-1-n-octadecylcyclohexanol-(1)*, $C_{26}H_{52}O$, F. 50—51°, durch 1½std. Kochen von 15,1 g vorst. Verb., 33,3 g Octadecylbromid u. Mg in Ae. u. Zers. mit Eis u. NH_4Cl; Kp.$_{0,1}$ 180 bis 210°; aus Essigester/Methanol (4 : 1) Nadeln; 20,4 g. Durch Erhitzen mit Jod entsteht das entsprechende *Olefin*, $C_{26}H_{50}$, F. 36—37°. (J. chem. Soc. [London] **1953.** 3031—35. Okt. Oxford, Univ., Dyson Perrins Labor.) E. FRANCK. 3950

D_3. Makromolekulare Chemie.

Yasuhiko Nukushina und **Ichiro Sakurada**, *Statistische Mechanik des anisotropen Quellens von kristallinen Polymeren.* Theoret. Betrachtungen. (Bull. Inst. chem. Res., Kyoto Univ. [Kagaku Kenkyusho Hokoku] **31.** 141—42. März 1953. Sakurada Labor. [Orig.: engl.]) GOTTFRIED. 4000

P. Wright, *Wärmeausdehnung von Alkathen.* Vf. beschreibt einen App. zur Messung der Wärmeausdehnung, der bes. für Praktikumszwecke gedacht ist. Mit diesem App. wurde die Ausdehnung eines Alkathenstabes zwischen 20 u. 90° gemessen. Die Ausdehnung verläuft nach der Gleichung $l = l_0(1 + at + bt^2)$, wo a u. b Konstanten sind, die bestimmt wurden. (School Sci. Rev. **34.** 237—40. März 1953. Bangor, Univ. Coll., Dep. of Phys.) GOTTFRIED. 4010

S. G. Bankoff und **R. Norris Shreve,** *Verfahren zur Polymerisation von Vinylchlorid.* Der Einfl. verschied. Faktoren auf die therm. Stabilität der durch Emulsions- u. Suspensionspolymerisation erhaltenen Polyvinylchloride wurde untersucht. Die Temperaturbeständigkeit der Prodd. (Geon 101 als Vergleichssubstanz) ist abhängig von der Teilchengröße; die Perlpolymerisation ergibt stabilere Prodd. als die Emulsionspolymerisation. Eine wesentliche Rolle spielt der verwendete Katalysator. Organ. Peroxyde, bes. Lauroylperoxyd, liefern beständigere Endprodd. als Persulfate. Alle untersuchten organ. u. anorgan. Reduktionsmittel (Amine, $NaHSO_3$, Ferrophosphat u. a.) verschlechtern die Qualität der erhaltenen Polyvinylchloride, so daß auf ihre Anwendung zur Beschleunigung der Rk. verzichtet werden mußte. Bei Polyvinylalkohol (Elvanol 50–42) werden stabilere Prodd. erhalten als bei Na-Laurylsulfat (Duponol ME). Bei Umsätzen über 70%, bei steigender Polymerisationstemp. (50 u. 60°) bzw. bei zunehmender Katalysatorkonz. sinkt die Thermostabilität der Polyvinylchloride. Die Teilchengröße hängt von der Polyvinylalkoholkonz. u. vom Grad des Rührens während der Rk. ab. Die Polymerisationsgeschwindigkeit ist bei 60° etwa doppelt so groß wie bei 50°; sie steigt linear mit der Katalysatorkonzentration. Die spezif. Viscosität wird von der Katalysatorkonz. nicht wesentlich beeinflußt. — Die Ergebnisse stützen die Theorie, daß die Perlpolymerisation eine Blockpolymerisation in kleinsten Tröpfchen darstellt. Ein wasserlösl. Reduktionsmittel beschleunigt aber diese Polymerisation weitaus stärker als die Blockpolymerisation. Ferner ist es noch fraglich, ob der Abbruch bei der Perlpolymerisation eine Rk. 1. oder 2. Ordnung ist. (Ind. Engng. Chem. **45.** 270—76. Febr. 1953. Terre Haute, Ind., Rose Polytechn. Inst., u. Lafayette, Ind., Purdue Univ.) SCHÄFF. 4010

P. W. Morgan, *Struktur und Wasserdampfdurchlässigkeit von filmbildenden Polymerisaten.* Vf. untersuchte die Wasserdampfdurchlässigkeit der Folien von mehr als 100 Polymerisaten u. Mischpolymerisaten bei 39,5° u. einem Differenzdampfdruck entsprechend 53 mm Hg. Davon zeigten 20 Prodd. Anfangswerte der Durchlässigkeit unter 50 g Wasserdampf/100 m^2 pro Std. bei 0,002 Zoll Dicke, u. zwar: *Polyäthylen* (35), *Kautschukhydrochlorid* (25), *Vinylidenchloridmischpolymerisate* (5–41), *Polytetrafluoräthylen* (4), *Polytrifluorchloräthylen* (5) u. *Isobutylen–Isopren-Mischpolymerisate* (30—50). Diese Befunde werden zur Struktur der Polymerisate u. der Grundeinheiten in Beziehung gebracht u. es wird gefolgert, daß folgende Faktoren für sehr geringe Wasserdampfdurchlässigkeit Voraussetzung sind: 1. gesätt. oder nahezu gesätt. C-Kette, sofern nicht Symmetrie vorliegt, die einen hohen Kristallisationsgrad ermöglicht, 2. möglichst geringe Kettenverzweigung, 3. hoher Grad lateraler Symmetrie, 4. hoher %-Satz relativ kleiner nichthydrophiler Substituenten u. 5. hoher longitudinaler Ordnungs- oder Symmetriegrad. (Ind. Engng. Chem. **45.** 2296—2306. Okt. 1953. Wilmington, Del., E. I. du Pont de Nemours & Co., Pioneering Res. Div., Textile Fibers Dep.) SCHÄFF. 4010

Walter S. Kaghan und **R. Norris Shreve,** *Suspensionspolymerisation von Styrol.* Bei einer eingehenden Unters. der mit Benzoylperoxyd aktivierten Perlpolymerisation von Styrol (**I**; Polyvinylalkohol „Elvanol 52–40“ als Schutzkoll.) wurde gefunden, daß der p_H-Wert des Syst. mit steigendem Umsatz laufend fällt, u. zwar hängt die Geschwindigkeit der p_H-Wertänderung mit der Polymerisationsgeschwindigkeit des **I** zusammen (durch O_2-Ausschluß wurde eine Induktionsperiode vermieden). Die Anfangsgeschwindigkeit ist proportional der Quadratwurzel aus der Anfangskonz. des Katalysators (Aktivierungsenergie = 20,6 kcal/Mol). Für die Beziehung zwischen dem Durchschnittsmol.-Gew. M u. der Katalysatorkonz. C gilt: $M = kC^{-n}$, wobei $n = 0,655$ bei einer Polymerisationstemp. von 60° bzw. $n = 0,825$ bei 80°. Zwischen 50 u. 70% Umsatz nimmt die Reaktionsgeschwindigkeit zu; dieser Befund geht möglicherweise auf autokatalyt. Effekte bei höheren Umsätzen zurück. (Ind. Engng. Chem. **45.** 292—97. Febr. 1953. Terre Haute, Ind., Rose Polytechn. Inst., u. Lafayette, Ind., Purdue Univ.) SCHÄFF. 4010

Frank P. Greenspan, *Epoxydierungs- und Hydroxylierungsreaktionen.* Epoxydierungs- u. Hydroxylierungs-Rkk. (Rk. einer ungesätt. Verb. mit einem Oxydationsmittel, wie Peressigsäure oder H_2O_2, zu einer Epoxydverb. bzw. zu einer Polyoxyverb. oder einem Glykolderiv.) sind von besonderem Interesse auf dem Gebiet der Kunststoffe. Methoden für diese Rkk. werden aufgezeigt u. erörtert. (Mod. Plastics **31.** Nr. 7. 123. 202. 204. März 1954. Buffalo, Electro-Chem. Co., Div. of Food Machin. & Chem. Co.) SCHÄFF. 4010

O. Kratky, A. Sekora und **E. Treiber,** *Neue Äquator-Kleinwinkelinterferenz an Polyvinylchlorid und Polyacrylonitril.* Vff. finden an Polyvinylchlorid eine scharfe, intensive Äquatorinterferenz bei 33 Å, bei Polyacrylonitril eine weniger scharfe bei 44 Å. Die Deutung der Interferenzen wird offengelassen. (Z. Naturforsch. **8b.** 615. Okt. 1953. Graz, Univ., Inst. für theoret. u. physikal. Chem.) CANTOW. 4010

Annette Prévot-Bernas, *Polymerisation in homogener oder heterogener Phase: Acrylonitril in Lösung von Dimethylformamid.* (Sitzungsbericht.) Vf. polymerisiert Acrylonitril in Lsg. von Dimethylformamid durch γ-Bestrahlung. Der Umsatz wird dilatometr. verfolgt. Trägt man den prozentualen Umsatz in 24 Std. gegen die Mol-% Lösungsm. auf, so steigt der Umsatz zunächst, mit 1% bei reinem Acrylonitril beginnend, bis zu 30 Mol-% Lösungsm. auf über 6% an, um dann wieder abzufallen. Bis 70% Dimethylformamid läuft die Rk. in heterogener, darüber in homogener Phase ab. Vf. deutet die Abnahme der Bruttogeschwindigkeit bei mehr als 30% Lösungsm. durch die Annahme einer bevorzugten Adsorption des Lösungsm. an dem Polymeren, wodurch das Kettenwachstum behindert wird. (C. R. hebd. Séances Acad. Sci. **237.** 1686–88. 21/12. 1953.) CANTOW. 4010

M. Mullier und **G. Smets,** *Die Reaktivität des Vinylacetonitrils bei Polymerisationsreaktionen.* Vinylacetonitril (I; Kp. 110–117°) polymerisiert unter dem Einfl. von Benzoylperoxyd bei 75 bzw. 115° nicht u. lagert sich auch nicht in Crotononitril (II) um. Dieses Verh. erklärt sich aus der Stabilisierung der zur Nitrilgruppe konjugierten Allylradikale u. der schwachen Reaktivität des Monomeren. Die Copolymerisation von I bzw. cis- (Kp. 117–118,5°) oder trans-II (Kp. 118,5°) mit Methylmethacrylat zeigt weiter, daß diese Nitrile hauptsächlich über eine Kettentransfer-Rk. wirken u. daß das Wasserstoffatom der Methylengruppe in I leichter beweglich ist als in II. Die Polymerisationsgeschwindigkeit ist proportional der Quadratwurzel der Initiatorkonzentration. (Bull. Soc. chim. belges **62.** 491–97. Okt./Dez. 1953. Louvain, Labor. de Chim. macromol.) RUSKE. 4010

Max S. Matheson, E. E. Auer, Ellen B. Bevilacqua und **E. J. Hart,** *Reaktionsgeschwindigkeitskonstanten bei Freien Radikalpolymerisationen.* 4. Mitt. *Acrylsäuremethylester.* (3. vgl. C. **1952.** 1661.) Bei der radikal. Polymerisation von *Acrylsäuremethylester* (I) wurden die Geschwindigkeitskonstanten der Wachstums- u. Kettenabbruch-Rk. (k_p bzw. 2 k_t) mittels der Meth. des rotierenden Sektors bestimmt u. mit früheren Befunden an Styrol, Acrylsäurebutylester, Methacrylsäuremethylester u. Vinylacetat verglichen. Bei den Versuchsbedingungen der I-Polymerisation bewirkt die zunehmende Viscosität des Syst., daß die Kettenabbruch-Rk. durch die Diffusion geregelt wird u. zwar bereits im Anfangsstadium der Polymerisation. Dabei nimmt die Polymerisationsgeschwindigkeit am Anfang der Rk. stark zu. Beim Vgl. der Geschwindigkeitskonstanten der verschied. Monomeren zeigt sich, daß bei der Vinylpolymerisation die Häufigkeitsfaktoren beim Kettenwachstum klein, beim Kettenabbruch aber nahezu n. sind, u. daß die Aktivierungsenergien für die Wachstums-Rk. 6–8 kcal betragen, wogegen die Werte für die Abbruch-Rk. etwas niedriger sind, aber nicht null [k_p (für 30° 720; (60°) 2090; 2 k_t (30°) $0{,}43 \cdot 10^7$; (60°) $0{,}95 \cdot 10^7$]. (J. Amer. chem. Soc. **73.** 5395 bis 5400. Nov. 1951. Passaic, N. J., U. S. Rubber Co., Gen. Labor.) SCHÄFF. 4010

C. E. Rehberg und **James Siciliano,** *Flüssige Polymerisate von Acrylestern.* Durch therm. u. mit Benzoylperoxyd oder Di-tert.-butylperoxyd gestartete Polymerisation von *Acrylsäureäthyl-* (I), *-butyl-* (II) oder *-n-octylester* bzw. einer Mischung aus 90% I u. 10% Acrylonitril in Lösungsmitteln, wie Cumol, p-Cymol u. Triisopropylbenzol (je 2 Volumenteile pro Volumenteil Monomeres) mit u. ohne Ggw. von Dodecylmercaptan wurden fl. Prodd. im Mol.-Bereich von durchschnittlich 1000–2000 hergestellt u. als Weichmacher für Vinylchlorid–Vinylacetat (95 : 5)-Mischpolymerisat (Vinylite VYDR) ausgeprüft (die analogen Polymerisationen von Acrylsäuremethylester oder Methacrylsäuremethyl-, -propyl- oder -butylester ergaben nur feste Polymerisate). Von den untersuchten Verbb. waren nur die hochsd. Fraktionen der I- u. II-Polymerisate in gewissem Umfang geeignet (Fraktionen vom Kp. > als Di-[2-äthylhexyl]-phthalat scheinen manche Vorteile von monomeren u. polymeren Weichmachertypen in sich zu vereinigen). Es wird gefolgert, daß Polyacrylate ohne schädliche Endgruppen bessere Weichmacher sein müßten als die hier untersuchten Verbindungen. (Ind. Engng. Chem. **44.** 2864–66. Dez. 1952. Philadelphia, Pa., East. Reg. Res. Labor.) SCHÄFF. 4010

G. A. Kidder, *Bestimmung der gelben Farbe in Filmen und Kreppproben aus Kautschuklatex.* Vf. beschreibt ein quantitatives spektralphotometr. Verf. zur Best. der gelben Färbung von Latexfilmen u. Kreppproben. Mit Hilfe einer empir. Gleichung wird aus den Absorptionskoeffizienten des Acetonextraktes bei 3600, 4400 u. 5500 Å ein Farbindex berechnet, der nach seinen Angaben dem visuellen Farbeindruck ent-

spricht. Während bei Absorptionsmessungen an den Filmen selbst deren Oberflächenbeschaffenheit u. das Nachdunkeln durch oxydative Prozesse die Absorption durch die Gelbfärbung weitgehend überdecken, wird der Farbindex des Acetonextraktes durch Oxydation kaum beeinflußt. Aus dem Absorptionsspektr. schließt Vf., daß die gelbe Farbe von Naturkautschuk wahrscheinlich von α-Carotin herrührt. (Analytic. Chem. **26.** 311—15. Febr. 1954. Liberia, Westafrika, Firestone Plantations Co.)
CANTOW. 4030

S. M. Gumbrell, L. Mullins und **R. S. Rivlin,** *Abweichungen von der kinetischen Theorie im elastischen Verhalten von Kautschuken bei einfacher Dehnung.* Bei stark gequollenem Kautschuk entspricht sein Spannungs–Dehnungs-Verh. den Voraussagen der kinet. Theorie. Bei trockenem oder in Bzl., CCl_4, PAe., Nitrobenzol, Decan u. o-Dichlorbenzol leicht angequollenem Kautschuk treten Abweichungen von diesen Voraussagen auf. Vff. zeigen, daß diese Abweichungen mittels des Parameters C_2 beschrieben werden können. C_2 ist unabhängig von der Art des Kautschuks, dem Vulkanisationsgrad u. der Quellungsflüssigkeit. Es wird versucht, den Parameter an Hand der experimentellen Ergebnisse zu deuten. (Trans. Faraday Soc. **49.** 1495—1505. Dez. 1953. Welwyn Garden City, Herts, Brit. Rubber Prod. Res. Assoc.) CANTOW. 4030

L. L. Currie, *Klassifikation von Butylkautschuk bezüglich des Moduls. Eine chemische Methode.* Vf. schlägt vor, die zeitraubende Meth., den Modul von Butylkautschuk durch Spannungs–Dehnungs-Messungen zu bestimmen, durch eine chem. Meth. zu ersetzen. Diese basiert auf der Best. der Ungesättigtheit des Polymeren, die in einer linearen Beziehung zum Modul steht. Die Bestimmungsmeth., Umsetzung des Polymeren mit Jod in Ggw. von Mercuriacetat u. Trichloressigsäure u. Titration mit Thiosulfat, wurde von GALLO, WIESE u. NELSON (C. **1948.** E. 674) eingeführt u. von Vf. für die Best. der Ungesättigtheit von Butylkautschuk modifiziert. Vf. gibt an, daß die chem. Meth. reproduzierbarer ist als die mechan. Messungen. (Analytic. Chem. **24.** 1327—30. Aug. 1952. Sarnia, Can., Butyl Control Labor., Polymer Corp., Ltd.)
CANTOW. 4030

C. S. Marvel, G. H. McCain, Moses Passer, W. K. Taft und **B. G. Labbe,** *Mischpolymerisationsreaktionen von Zimtsäure, ihren Derivaten und einigen verwandten Verbindungen.* Die bei der Mischpolymerisation von *Butadien* (**I**) mit *Zimtaldehyd* (**II**), *Zimtsäure* (**III**), *Zimtsäuremethyl-* (**IV**) bzw. *-äthylester* u. *trans-Zimtsäurenitril* (**V**) ($Kp._{0,4}$ 94—97°, n_D^{20} 1,6031) in allen Fällen erhaltenen kautschukelast. Mischpolymerisate wurden mit GR–S-Kautschuktypen verglichen. Im allg. sind Mischpolymerisate mit 10—90% dieser Monomeren u. **I** annähernd einem Standard-GR–S-Typ mit ca. 25% Styrol (**VI**) gleichwertig. Das vulkanisierte **III–I** (15 : 85)-Mischpolymerisat zeigt ausgezeichnete Zugfestigkeiten bis 77 kg/cm². Beim **V**-Mischpolymerisat tritt keine Verbesserung der Ölbeständigkeit gegenüber GR–S auf. Der %-Satz eingebauter **III**-Derivv. in den Mischpolymerisaten ist allg. etwas geringer als der in der Ausgangsmonomerenmischung. Weitere Verss.: **II** ergibt keine Reinpolymerisate, dagegen Mischpolymerisate mit *Acrylonitril* (**VII**), *Isopren* (**VIII**) oder *Methylvinylketon* (**IX**), jedoch nicht mit *Methacrylsäuremethylester* (**X**) oder *Vinylacetat.* Auch **III** polymerisiert nicht für sich allein; Mischpolymerisate wurden mit **VI** erhalten. Bei **IV** wurde Mischpolymerisationsfähigkeit mit **VI** u. **VIII**, aber nicht mit **VII** festgestellt. **V** polymerisiert nicht für sich allein, liefert aber Mischpolymerisate mit **IX**, **X** oder **VIII**. Orientierende Mischpolymerisationsverss. wurden ferner mit **I** u. *α-Cyan-β-phenylacrylsäure* (F. 180°) bzw. dem *Äthyl-* (F. 49,9°) oder *Methylester* (F. 87—89°), *α-Cyan-β-[α'-furyl]-acrylsäure* (F. 218°) u. dem *Äthylester* (F. 92°), *β-[α'-Furyl]-acrylsäure* u. dem *Äthylester* (F. 24°) bzw. *Nitril* durchgeführt. Die Mischpolymerisate zeigten keine besonderen kautschukelast. Eigenschaften. — *α-Cyanhydrozimtsäureäthylester*, $C_{12}H_{13}\cdot O_2N$, $Kp._{1,2}$ 132°, n_D^{20} 1,5108. (Ind. Engng. Chem. **45.** 2311—17. Okt. 1953. Urbana, Ill., Univ., Noyes Chem. Labor., u. Akron, O., Univ., Governm. Labor.)
SCHÄFF. 4030

M. A. Chenoch, *Spaltung von Makromolekülen natürlicher hochmolekularer Verbindungen unter dem Einfluß von γ-Strahlen.* Vf. untersuchte den Einfl. von γ-Strahlen des *Ra* auf Sole *hochmol. Kohlenhydrate* sowie Lsgg. von *Maltose* (**I**), *Glucose* (**II**) u. *Fructose* (**III**). Es zeigte sich, daß die reduzierenden Eigg. von **II** kaum beeinträchtigt werden. Durch die Strahlen werden jedoch die O-Brücken von **I** aufgespalten; ferner bilden sich infolge oxydativer Prozesse Säuren in den **I**- u. **II**-Lösungen. Bei *Stärke* (**IV**)-Solen ruft die Bestrahlung Abnahme der Viscosität, Auftreten reduzierender Eigg. sowie Verringerung des p_H hervor. Die **IV**-Makromoll. erleiden hierbei chem. Umwandlungen, die durch Spaltung der Glycosidbindungen, Auftreten dextrinähnlicher Prodd. u. Bldg. von Säuren gek. sind. Die Bestrahlung von *Inulin* bewirkt Aufspaltung der O-1.2-Bindungen, starke Veränderungen an **III**, dem Hauptkettenglied, u. Bldg. von Säuren u. Verbb., die Aldehydgruppen enthalten. In den Solen von *Agar* u. *Gummi arabicum* werden durch γ-Strahlen irreversible kolloidchem. Veränderungen, Viscositätsabnahme, p_H-Verringerung u. Zunahme der reduzierenden Eigg. hervorgerufen. (Журнал Общей Химии [J. allg. Chem.] **20** (**82**). 1560—67. Sept. 1950. Leningrad, Naturwitsenschaftl. Lessgaft-Inst., Labor. für physik. Chem.) H. v. PEZOLD. 4050

Harold Tarkow und **Alfred J. Stamm**, *Die Reaktion von Ameisensäure mit Kohlenhydraten. 2. Mitt. Polysaccharide: Eine neue Methode zur Bestimmung der Accessibilität.* (1. vgl. C. **1954**. 9523.) In Fortsetzung der früheren Arbeit (l. c.) werden verschied. Polysaccharide (*Stärke*, *Baumwolle*, *Flachs* u. dgl.) untersucht; es wird gezeigt, daß die maximale Wechselwrkg. zwischen Polysaccharid u. Ameisensäure als Maß für die Accessibilität (Anteil der zugänglichen Bereiche) des Materials gelten kann. Für verschied. Polysaccharide ist die Adsorption atmosphär. Wasserdampfes bei vorgegebener relativer Feuchtigkeit proportional der Accessibilität. Durch Extrapolation der Geraden läßt sich die zugehörige Wasserdampfadsorption 100%ig. accessibler Cellulose berechnen. Selbst für solche theoret. Cellulosen wird bei 90%ig. Feuchtigkeit die Adsorption von 3 Moll. W. pro Glucoserest noch nicht erreicht. (J. physic. Chem. **56**. 266—71. Febr. 1952. Madison, Wis., US. Dep. of Agricult. Forest Sero.) GEISELER. 4050

Je. M. Lapinskaja, A. N. Mironowa und **M. A. Chenoch**, *Wirkung von Ultraschall auf Proteine und Aminosäuren.* Nach der Einw. von Ultraschall auf 0,02 mol. Lsgg. von Albumin (**I**), Casein (**II**) u. Gelatine erhöht sich die Lichtabsorption (250—300 mμ), ohne das sich neue Maxima bilden. Bei **I** u. **II** tritt im langwelligen Gebiet des Spektr. vollständige Absorption ein. Phenylalanin (**III**) u. Tyrosin (**IV**) zeigen ebenfalls eine Erhöhung der Absorption, die nach 10 std. Beschallung in vollständige Absorption unter Verwischung der neu gebildeten Maxima übergeht. Da die Beschallung aliphat. Aminosäuren (Glycin, Alanin u. Leucin) ohne wesentliche Änderung der Absorption verläuft, nehmen Vff. an, daß diese den 6-Ring angreift, was durch Verss. mit Bzl. unterstützt wird. Bei **III** u. **IV** wurde Desaminierung u. Bldg. von Säuren festgestellt. (Доклады Академии Наук СССР [Ber. Akad. Wiss. UdSSR] [N. S.] **94**. 109—12. 1/1. 1954. P. F. Lessgaft-Naturwiss. Inst. der Pädagog. Wiss. der Akad. der RSFSR.) v. SCHROEDER. 4070

M. Rovery und **C. Fabre**, *Papierchromatographie in wässeriger Phase für die Untersuchung von Dinitrophenyl (DNP)-aminosäuren und -peptiden.* Vff. benutzten für die Papierchromatographie von Dinitrophenyl (DNP)-aminosäuren u. -peptiden als mobile Phase einen Citrat–HCl-Puffer vom p_H 6,2, worin die Aufeinanderfolge der einzelnen DNP-Komponenten eine ganz andere als in organ. Gemischen ist. Obgleich das Trennvermögen groß ist, gelingt die Trennung aller DNP-Aminosäuren in einem einzigen Papierchromatogramm nicht; die verschied. ungetrennten Gruppen lassen sich jedoch mit anderen Gemischen auftrennen. Mit dieser Meth. überprüften Vff. die Säulenchromatographie von DNP-Aminosäuren an Silicagel u. fanden gute Übereinstimmung mit Ausnahme der beim α-Chymotrypsin bisher als DNP-Phenylalanin identifizierten Bande, die nach Ansicht der Vff. *DNP-Isoleucylvalin* ist, welches eine ausnahmsweise große Stabilität aufweist. (Bull. Soc. Chim. biol. **35**. 541—46. 1953.) NEHRING. 4070

J. H. Schulman und **M. Z. Dogan**, *Das „Gerben" von Fettsäure- und Proteinmonoschichten durch Metallionen (Cr, Al, Fe und Cu).* Die bekannte Rk. von Metallionen wie Fe, Al, Co u. Cu mit Fettsäuremonoschichten in dem p_H-Bereich, in dem die bas. Metalle beständig sind, wird auf das bas. Cr^{3+}-Syst. mit Fettsäure- u. Proteinmonoschichten ausgedehnt. Die Carbonylgruppe der Fettsäure reagiert mit dem dibas. Cr-Ion in dem p_H-Bereich, in dem dieses existiert, mit folgender abnehmender Stärke im Vgl. zu andern Metallionen: $Cu^{2+} > Cr^{3+} > Al^{3+} > Fe^{3+} > Co^{2+}$ (für Myristinsäuremonoschichten). Analog verhalten sich mit Ausnahme gegenüber Cu Proteinschichten; nur scheint hierbei eine Potentialschranke zu bestehen, verursacht durch die positiv geladene Aminogruppe, die durch das zu adsorbierende Metallion überwunden werden muß. (Nature [London] **170**. 31—32. 5/7. 1952. Cambridge, Univ., Dep. of Coll. Sci., Rhokana Unit.) JÄGER. 4070

Herman N. Eisen, Sidney Belman und **Mary E. Carsten**, *Die Reaktion von 2.4-Dinitrobenzolsulfonsäure mit freien Aminogruppen von Proteinen.* (Vgl. C. **1952**. 7202.) Dinitrobenzolsulfonat (K-, Na-Salz; I) reagiert bei p_H 10—11, nicht bei p_H 7, u. Raumtemp., zweckmäßig unter Schütteln, mit *Rinder-γ-Globulin* (**II**) unter Bldg. eines bei $p_H \geqq 7{,}0$ lösl. Proteinderiv. (**III**), wobei Abspaltung der Sulfonatgruppe erfolgt, u. das gleiche **III** wie mit 2.4-Dinitrofluorbenzol entsteht. Hydrolyse (6 n HCl) von **III** u. Chromatographie an gepuffertem Silicagel ergab eine einzige gelbe Bande von *ε-Dinitrophenyllysin* (**IV**). Das UV-Spektr. des **III**-Säurehydrolysats (10 n HCl) entsprach weitgehend dem von **IV**. Bei Umsetzung von ^{35}S-**I** mit **II** reagierten ca. 22% von **I** mit **II**, während nur 1,6% ^{35}S, die auf der Rk. einer in **I** enthaltenen, ebenfalls ^{35}S-haltigen Verunreinigung beruhten, an **II** gebunden wurden. Bei 1000fachem Mol-Überschuß von **I** werden 50—55 Dinitrophenylgruppen/**II**-Mol. eingeführt. Auch Eialbumin, Rinderserum, Schafserum, Gelatine u. Tuberkulin reagieren in analoger Weise mit **I**. Die lösl. Dinitrophenylproteine sind für immunochem. Unterss. von Interesse. (J. Amer. chem. Soc. **75**. 4583—85. 20/9. 1953. New York, N. Y., Univ., Postgraduate Med. School, Inst. of Ind. Med.) K. Maier. 4070

K. G. Ioffe, *Reagentien zur selektiven Abtrennung von Tyrosin enthaltenden Peptiden aus Eiweißstoffen.* In deutlich alkal. Lsg. erfolgt nach den ausgeführten Modellverss. eine vollständige Kupplung zwischen *m-Aminophenyltrimethylammoniumchloridhydrochlorid* (**I**) u. *Tyrosin* (**II**) u. eine vollständige Fällung des entstandenen Azofarbstoffes durch Alkaloidreagens. Mit Hilfe von **I** konnte aus dem unvollständigen Seidenfibroinhydrolysat das **II**-haltige Peptidgemisch abgetrennt werden. Durch Papierchromatographie wurden hieraus ***Alanylglycylalanylglycyltyrosin*** u. weitere, nicht genannte Peptide isoliert. (Биохимия [Biochemie] **17**. 725—28. Nov./Dez. 1952. Taschkent, Med. Molotow-Inst.) Lebtag. 4070

F. Radt, Ed. Elsevier's encyclopaedia of organic chemistry. Vol 12B (7). London: Cleaver-Hume. 1954. (595 S.) 320 s.

George Ross Robertson, Laboratory practice of organic chemistry; 3rd ed. New York: Macmillan. 1954. (387 S. m. Abb., Diagr.) $ 4,—.

E. Biologische Chemie. Physiologie. Medizin.

E_1. Allgemeine Biologie und Biochemie.

P. Van Rysselberghe, *Die Beziehungen von Thermodynamik und Elektrochemie zur Biologie.* Vf. weist auf die großen Möglichkeiten hin, die eine Zusammenarbeit auf den Gebieten der physikal. Chemie, der Biologie u. der Biochemie eröffnet. Er überträgt die Begriffe der Polarisation, der Überspannung u. der Aktivierung auf die biol. Vorgänge u. zieht Vgll. zwischen der Oxydation der Glucose u. dem Vorgang in einer galvan. Zelle, sowie zwischen der Photosynth. u. dem Vorgang bei der Elektrolyse. — 9 Literaturhinweise. (Scientia [Asso] [6] **88** (**47**). 73—77. 1953. Eugene, Ore., Univ. of Oregon.) Petsch. 4102

Charlotte Auerbach, *Probleme der chemischen Mutagenese.* Es existiert keine allg. chem. Theorie für die Wrkg. aller *Mutagene* (**I**) u. möglicherweise ist eine solche wegen der Verschiedenheit von **I** nicht aufstellbar. Bei der *Lost*-Gruppe wird die Annahme, daß die prim. Wrkg. auf *SH*-Gruppen gerichtet ist u. in einer Vernetzung von Proteinfasern besteht, nicht durch die experimentellen Befunde gestützt. CH_2O-Dämpfe rufen bei *Drosophila* keine Mutationen hervor, da genet. wirksame Konzz. wahrscheinlich letal wirken würden. Fütterungsverss. mit CH_2O-behandeltem Casein deuten darauf hin, daß labile Verbb. zwischen Aminosäure u. CH_2O als Quelle einer protrahierten Versorgung der Keimzellen mit kleinen CH_2O-Mengen bestehen. Die Wirkungen verschied. chem. **I** können sich bei verschied. Organismen u. bei Zellen des gleichen Organismus unterscheiden. Die Ähnlichkeit zwischen den genet. Effekten von chem. **I** u. von Strahlung ist auffallend. Jedoch bestehen auch Unterschiede. Strahlung ruft ihre Wirkungen meist während der Einw. hervor, während die von Lostverbb. im allg. erst nach einem labilen Prämutationsstadium einsetzen. Bei *Vicia* zeigen durch ***Stickstofflost*** (**II**) induzierte Chromosomenbrüche eine andere Verteilung als die durch Röntgenstrahlung hervorgerufenen. Bei *Drosophila* sind nach Lost (**III**) oder **II**-Behandlung große Umlagerungen, bes. Translokationen, relativ selten. Die maximale mutagene Wrkg. von Röntgenstrahlen richtet sich bei Drosophila gegen reife Spermatozoen. **II** u. **III** zeigen gegenüber einem zwischen frühen Spermatogonien u. reifen Spermatozoen liegenden Stadium maximale Wirkung. Die CH_2O-Wrkg. ähnelt hinsichtlich der Auslsg. verzögerter Mutationen u. des spärlichen Auftretens von Translokationen der von **III**. Für die mutagene Wrkg. von CH_2O empfindliche Zellen fanden sich bislang nur in einem bestimmten Stadium der Zellentw. männlicher Larven, jedoch überhaupt nicht bei weiblichen. Möglicherweise tritt das empfindliche Stadium frühzeitig in der Meiose auf. — Diskussion: Blount, Hadorn, Koller. (Cold Spring Harbor Sympos. quantitat. Biol. **16**. 199—213. 1951. Edinburgh, Univ., Inst. of Animal Genetics.) K. Maier. 4130

K. A. Jensen, Inger Kirk, G. Kølmark und **M. Westergaard,** *Chemisch induzierte Neurosporamutationen.* Mittels des *Neurospora*-Rückmutationstestes wurde die mutagene Wirksamkeit von Röntgen- u. UV-Bestrahlung (+), *Lost*-Verbb. (+), *Bis-[β-chloräthyl]-aminhydrochlorid* jedoch (—), *Äthylenimin* (?), *Diazomethan* (+), H_2O_2 (+) u.

organ. Peroxyd, z. B. *Di-tert.-butylperoxyd* anscheinend (—), *Formaldehyd* (+), *Äthylurethan* (—), *Phenole*, z. B. *Phenol*, *Pyrogallol*, *Hydrochinon* usw. (alle —), *Penicillin* (?), *Äthylenoxyd* (?) untersucht. Die Unters. der Wrkg. von Antioxydantien auf verschied. Mutagene ergab Hemmung der mutagenen Wrkg. von H_2O_2 durch 0,0003 mol. *Nordihydroguajaretsäure*. *Hydrochinon* oder *o-Phenylendiamin* waren hierbei unwirksam. Der verwendete Test beruht darauf, daß einige biochem. *Neurospora*-Stämme spontan zu Wildtypwachstum zurückmutieren. (Cold Spring Harbor Sympos. quantitat. Biol. **16**. 245—61. 1951. Copenhagen, Univ., Inst. of Genetics.) K. MAIER. 4130

G. Adjutantis, *Elektrophoretische Trennung der löslichen Leberzellenproteine der Ratte auf Filtrierpapier unter Verwendung von Boratpuffer*. Zur Trennung der lösl. Proteine (I) aus Rattenleberzellen werden die Lebern der entbluteten Tiere innerhalb 15 Min. eingefroren, im Vakuum getrocknet, gepulvert, in isoton. Saccharoselsg. (+0,2% Versen) suspendiert, homogenisiert u. die Zellfraktionen durch Zentrifugieren getrennt. Die verbleibende klare Fl. (p_H 6,8) enthält ca. 4% Cytoplasma-I. 0,02 cm^3 dieser Lsg. werden auf Papierstreifen (WHATMAN Nr. 1) in einem Elektrophoreseapp. (Potentialgradient 15 V/cm) unter Verwendung von Boratpuffer (p_H 8,6, μ 0,18), der eine Differenzierung der Wanderungsgeschwindigkeit der verschied. I-Fraktionen ermöglicht, untersucht. Es gelang die Trennung von 5 I-Hauptkomponenten. Die Sichtbarmachung erfolgt mit Naphthalinschwarz. Beim Altern der I-Lsgg. (24—48 Std.) traten erhebliche Veränderungen ein. (Nature [London] **173**. 539—40. 20/3. 1954. London, Postgraduate Med. School, Dep. of Chem. Pathol.) K. MAIER. 4150

Werner Straus, *Isolierung und biochemische Eigenschaften von Tröpfchen aus Zellen der Rattenniere*. Nach intraperitonealer Injektion eines Gemisches von 7 ml Eiklar u. 7 ml Salzlsg. werden die Nieren der Ratten entfernt u. aus den Homogenaten derselben durch Differentialzentrifugierung u. anschließende Filtration durch Baumwolle „große Tröpfchen" (1—5 μ Durchmesser) gewonnen, während bei n., unbehandelten Ratten auf ähnliche Weise „kleine Tröpfchen" (0,5—1,5 μ Durchmesser) erhalten werden können. Beide Tröpfchenarten enthalten Phospholipoide u. Ribonucleinsäure u. werden durch Neutralrot, Janusgrün, Methylenblau u. nach OsO_4-Fixierung durch Pyronin angefärbt. Charakterist. ist ihr hoher Geh. an saurer Phosphatase. Ebenso enthalten sie alkal. Phosphatase, ATP-ase u. proteolyt. Enzyme. Geringe Mengen Katalase, Bernsteinsäuredehydrogenase u. Cytochromoxydase wurden gefunden. (J. biol. Chemistry **207**. 745—55. April 1954. New York, N. Y., State Univ., Coll. of Med., Dep. of Pathol.) GENEST. 4150

R. Meier, B. Schär und **L. Neipp**, *Die Wirkung von Demecolceinamiden an Zellen in vitro*. Das von ŠANTAVY u. Mitarbeiter (Arch. int. Pharmacodyn. **84**. [1950.] 257) aus verschied. Organen der Herbstzeitlose isolierte *Demecolcein* (I; R = OCH_3; *Substanz F* = *Desacetyl-N-methylcolchicin*) (vgl. ŠANTAVY, Helv. chim. Acta **36**. [1953.] 1319; UFFER u. Mitarbeiter, **37**. [1954.] 18) wurde mit verschied. Amiden zu den den *Colchiceinamiden* entsprechenden *Demecolceinamiden* (I, R = NH_2, $NHCH_3$, NHC_2H_5, $NHCH[CH_3]_2$, $NH[CH_2]_2OH$, $NH \cdot CH_2CH{=}CH_2$, $NH[CH_2]_3CH_3$, $NH(CH_2)_7CH_3$, NHC_6H_{11}, $N[CH_3]_2$, $N[C_2H_5]_2$, $N[CH_2]_2$, $N[CH_2]_4$, $N[CH_2]_5$) umgesetzt u. deren in vitro-Wrkg. auf Hühnergefäßfibroblasten, Leukocyten, *Staphylococcus aureus* u. *Escherichia coli* untersucht.

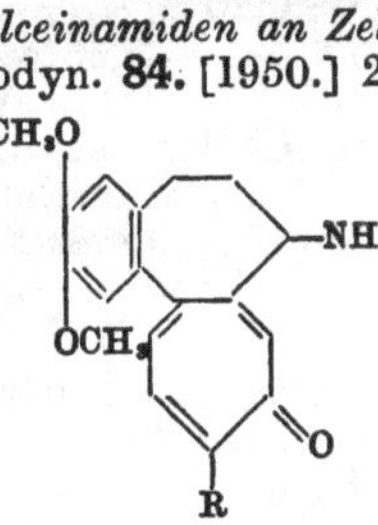

I

Die antimitot. Wirksamkeit nahm mit zunehmender Länge der Seitenkette am Ring C ab, die antibakterielle Aktivität zu. Keine der Verbb. war hinsichtlich der Wrkg. auf Fibroblasten dem *Colchicin* überlegen. (Experientia [Basel] **10**. 74—76. 15/2. 1954. Basel, CIBA-A. G., Biol. Labor.) K. MAIER. 4150

Douw G. Steyn, *Störungen mitotischer Prozesse und Mißbildung*. Zusammenfassung von Störungen mitot. Prozesse u. Auftreten von Mißbildungen durch Vitaminmangelerscheinungen u. Einw. chem. Substanzen. — 53 Literaturangaben. (South African med. J. **28**. 1—4. 2/1. 1954. Pretoria, Univ., Med. Fac.) SCHÜTTE. 4150

Jacques R. Fresco und **Alfred Marshak**, *Über die Biosynthese von Nucleinsäuren in der Leber ausgewachsener Mäuse*. Unterss. über den Umfang der Erneuerung der Nucleinsäuren u. ihren stufenweisen biosynthet. Aufbau aus radioakt. markierten Bausteinen im Säugerorganismus. Die spezif. Aktivitäten einzelner Nucleotid- u. Polynucleotidfraktionen aus der Leber erwachsener Mäuse wurden während 24 Std. nach Verabreichung von ^{14}C-*Adenin* (I) verfolgt. I wird rasch eingebaut in säurelösl. Adenin- u. Kern–Ribonucleinsäure–Adenin-Verbb. u. beträchtlich langsamer in Cytoplasma–Ribonucleinsäure–Adenin-Verbb.; I wird auch in Polynucleotid–Guanin übergeführt. Für Kern- bzw. Cytoplasmanucleinsäuren dauert die Erneuerung 12 u. 24 Stunden. Der Einbau von I in die Desoxyribonucleinsäurepurine ist deutlich nachweisbar, aber von geringerer Größenordnung im Vgl. zum Einbau in die Ribonucleinsäurepurine. Diskussion über Mechanismus der Biosynth. u. Umsatz der Polynucleotide. (J. biol. Chemistry **205.** 585—95. Dez. 1953. New York, N. Y., Univ., Coll. of Med., Dep. of Chem. u. Div. of Chronic Disease and Tuberculosis, U. S. Public Health Serv.) GOEBEL. 4150

D. H. Northcote, *Die Sorption von Wasserdampf durch die Wände von Hefezellen und anderen Polysacchariden.* Für Kaninchenleber (I)-, Hefe-, Schnecken- u. Miesmuscheln (II)-Glykogen, Hefeglucan (III), Hefemannan (IV) u. Bakteriendextran (V) wurden bei 26° die Sorptions- u. Desorptionsisothermen bestimmt, für **III, I** u. **V** auch bei 45°. Es wird stets Hysterese beobachtet. Zur Interpretation der Ergebnisse durch die Isotherme von HALLWOOD u. HORROBIN $Mr/1800 = \alpha h/(1 - \alpha h) + \alpha\beta h/(1 + \alpha\beta h)$ mit h = relative Feuchtigkeit, r = adsorbierte Menge W. in g/100 g trockne Substanz. α u. β sind Konstanten. Es wird dabei angenommen, a) die Bldg. einer festen Lsg. von W. im Polymer u. b) die Bldg. eines Monohydrats definierter Untereinheiten des Polymermoleküls. Die beiden Anteile des W. können unterschieden werden. Für beide Vorgänge werden die thermodynam. Funktionen ermittelt. An der Hydratbldg. sind die sek. OH-Gruppen der Hexoseeinheiten beteiligt. M stellt das Molgewicht der Untereinheit dar, die ein Mol W. bindet, (M-162)/162 das Verhältnis kristalliner zu amorphem Anteil der Polysaccharide. Seine Werte werden angegeben u. daraus Schlüsse auf die innere Assoziation der Polysaccharide gezogen; der Wert ist 0 bei **II** u. 0,78 bei **IV**. (Biochim. biophysica Acta [Amsterdam] **11.** 471—79. Aug. 1953. Cambridge, Univ., Biochem. Labor.) WIEDEMANN. 4150

E₂. Enzymologie. Gärung.

Werner Straus, *Colorimetrische Mikrobestimmung von Cytochrom c-Oxydase.* Vf. arbeitet die NADI-Rk., die auf der Bldg. von Indophenolblau aus Dimethyl-p-phenylendiamin u. α-Naphthol beruht, zur Mikrobest. von Cytochrom c aus. Die optimalen Konzz. der Reagentien, die Höhe des p_H sowie der Einfl. von oxydierenden u. reduzierenden Agentien werden an mitochondr. Suspensionen von Rattennieren als Quelle für das Enzym festgelegt. Die Bldg. von Indophenol war proportional der Enzymmenge u. der Bebrütungsdauer während der ersten Minuten. Cytochrom c-Gehh. in Nieren- u. Lebersuspensionen u. -homogenaten der Ratte werden bestimmt. Arbeitsvorschrift: 0,20 ml $^1/_{40}$ mol. Phosphatpufferlsg. p_H 7,8 + 0,25 ml 0,1%ig. α-Naphthollsg. in 22%ig. A. + 0,35 ml 0,1%ig. Dimethyl-p-phenylendiamin. HCl-Lsg. + 0,15 ml 0,02%ig. Cytochrom c-Lsg. mit dest. W. auf 1,5 ml auffüllen, 2 Min. auf 37° im Wasserbad u. Testlsg., die 10—60 γ mitochondr. N enthält, zufügen. 1—5 Min. bei 37° bebrüten. Sowie Testlsg. dunkelblau wird, Indophenolbldg. durch Zugabe von 0,5 ml Chlf./A. (9:1) unter Schütteln unterbinden. Kühlen, mit 5—10 ml Chlf./A. ausziehen, colorimetrieren. (J. biol. Chemistry **207.** 733—43. April 1954. New York, N. Y., State Univ., Coll. of Med., Dep. of Pathol.) GENEST. 4210

Herbert D. Landahl, *Calorimetrische Bestimmung der Katalaseaktivität.* Es wird ein Verf. zur Best. der *Katalaseaktivität* durch calorimetr. Messung der bei der Zers. von H_2O_2 entwickelten Wärme beschrieben. Gemessen wird lediglich der Temperaturanstieg, der beim Einbringen der katalasehaltigen Fl. in eine Lsg. von Caprylalkohol, W., H_2O_2 u. Phosphatpuffer (p_H 7) entsteht. Die nach der Meth. ermittelten Werte stimmen mit solchen überein, die durch Messung der entwickelten O_2-Menge oder durch Titration des Rest-H_2O_2 gewonnen wurden. (Proc. Soc. exp. Biol. Med. **84.** 74—79. Okt. 1953. Chicago, Ill., Univ., U. S. Air Force Radiat. Labor.) GOEBEL. 4200

H. Laser, *Peroxydaseaktivität von Katalase.* Die peroxydative Aktivität der *Katalase* (I) wurde mit Hilfe der „*intramanometr.*" Dialyse (C. **1954.** **9538**) untersucht, wobei H_2O_2 bekannter Konz. mit bestimmter Geschwindigkeit durch Dialyse in eine A. u. I enthaltende Pufferlsg. eingeführt wird. Erfolgt peroxydative Oxydation von A. zu Aldehyd, dann wird weniger O_2 aus H_2O_2 frei als in der A.-freien Kontrolle. Der in Ggw. von A. abgespaltene O_2 in % des O_2 aus der Kontrolle ist ein direktes Maß der Wirksamkeit der peroxydativen Oxydation. Variation der Konzz. von I ($2 \cdot 10^{-5}$ bis $2 \cdot 10^{-10}$ mol.), A. (0,2—8,0%) u. des Anfangs-H_2O_2 ($0,25-2,0 \cdot 10^{-3}$ mol.) ergab: Zunahme der Wirksamkeit der peroxydativen Oxydation a) mit steigender I-Konz. bei konstanter A.-Konz. (70—80% bei $2 \cdot 10^{-5}$ mol. I), b) mit steigender A.-Konz. bei konstanter I-Konz.; Abnahme mit steigender H_2O_2-Konz. bei konstanten I- u. A.-Konzentrationen. Vf. nimmt an, daß H_2O_2 u. A. bzgl. des H_2O_2–I-

Komplexes mit I konkurrieren. Die peroxydative wird gegenüber der Katalaseaktivität von I durch eine im Verhältnis zur A.-Konz. niedrige Konz. an freiem H_2O_2 begünstigt. (Biochem. J. **56**. XX. März 1954. Cambridge, Univ., Molteno Inst.) K. MAIER. 4210

A. W. Trufanow, *Biokatalytische Eigenschaften der Pantothensäure (Funktion des Coenzyms A).* Übersichtsarbeit — 53 Literaturhinweise. (Успехи Современной Биологии [Fortschr. gegenwärt. Biol.] **37.** 33—43. 1954. Moskau.) LEBTAG. 4210

Eileen L. Ginter und **Frederick G. Smith,** *Identifizierung und colorimetrische Bestimmung der Oxydasen in der Maiswurzelspitze.* Zur Best. von *Oxydase* (**I**) in pflanzlichem Material empfehlen Vff. das von ihnen modifizierte Verf. der colorimetr. Best. nach SMITH u. STOTZ (C. **1949.** E. 728. 729) für geeigneter als manometr. Verfahren. Mit dieser Meth. wurden in Maiswurzelspitzen 2 **I** gefunden, eine mit Eigg. der Cytochrom-**I** u. eine weitere, die weder Eigg. einer Cytochrom-**I** noch die einer Phenol-**I** aufweist. Die Konzz. dieser **I** u. von Peroxydase wurden in den Teilungs-, Wachstums- u. Differenzierungszonen der Wurzelspitzen bestimmt. (Iowa State Coll. J. Sci. **28.** 177—88. 15/11. 1953. Ames, Iowa State Coll., Dep. of Botany and Plant Pathol.) KRUSEN. 4210

K. W. Cleland und **E. C. Slater,** *Atmungsgranula des Herzmuskels.* Es wird eine auf dem Sedimentationsprinzip beruhende Meth. zur Isolierung von *Sarkosomen* (**I**) u. *Sarkoplasma* (**II**) in einer Ausbeute von ca. 50—65% beschrieben. Unterss. der Fraktionen auf ihre spezif. Aktivität der Atmungsenzyme (*α-Ketoglutarsäureoxydase, Cytochromoxydase* u. *Bernsteinsäuredehydrase*) ergab die größte Aktivität in der Fraktion von **I**. Vermutlich ist in **I** daher nahezu alle Atmungsaktivität enthalten. Der Gesamtproteingeh. verteilt sich bei der Fraktionierung wir folgt: **I**-Fraktion 15—23%, **II** + Mikrosomfraktion 20—28% u. Rückstand 49—60%. Die **I**-Fraktion enthält ferner fast alle Myokinase u. erhebliche Mengen Mg-aktivierten Adenosintriphosphats. Verschied. Suspensionsmedien beeinflussen die Ergebnisse nur unwesentlich. — Aus der morpholog. u. enzymat. Unters. der nach KEILIN u. HARTREE (Proc. Roy. Soc. [London], Ser. B **125.** [1938.] 171) dargestellten Herzmuskelpräpp. wurde geschlossen, daß diese aus kleinen Teilen der Fragmente der Sarkosomalmembrane bestehen, die nahezu alle H-übertragenden Systeme von **I** enthalten, jedoch viel der n. in **I** vorhandenen, leichter lösl. Proteine verloren haben. Wahrscheinlich sind diese Proteine in den Zellen von **I** enthalten u. werden bei der Zerstörung der Membrane im Medium gelöst. (Biochem. J. **53.** 547—56. März 1953. Cambridge, Univ., Molteno Inst.) FINDEISEN. 4210

K. W. Cleland und **E. C. Slater,** *Einfluß der Veränderung des Mediums auf die respiratorische und phosphorylierende Aktivität von Herzmuskelsarkosomen.* (Vgl. vorst. Ref.) Bei der Unters. der nach KEILIN u. HARTREE dargestellten Herzmuskelsarkosomen (**II**) in hyper- u. hypoton. Medien wird festgestellt, daß die maximale Wrkg. der *α-Ketoglutarsäureoxydase* (**I**) bei p_H 7,4 liegt, während die oxydative Phosphorylierung (o. Ph.) zwischen p_H 6,2—7,7 unverändert ist. Zufügen von 0,88 mol. Saccharose zum isoton. Medium führt zu starker Hemmwrkg.: 94% bei **I**, 59% bei *Cytochromoxydase*, 42% bei *Myokinase*, 14% bei *Adenosintriphosphatase*. Bei Verwendung eines Mediums von ca. $^1/_3$ der Stärke des isoton. Mediums wird die maximale Aktivität von **I** erreicht. Die in diesem Fall einsetzende Schwellung von **II** ist reversibel u. verschwindet in isoton. Medium. Während **I** bei Verstärkung des Mediums mit Saccharose, Salz oder Phosphat in seiner Aktivität gehemmt wird, bleibt die o. Ph. weitgehend unverändert, was beweist, daß phosphorylierende Enzyme in größerer Menge als oxydative vorhanden sind u. ihr Zugang zu den H-übertragenden Systemen keine Einschränkung der gesamten o. Ph. bedeutet. Bei hohen Phosphatkonzz. nimmt die Wrkg. von o. Ph. ab; optimale Konz. ist eine 0,03 mol. Phosphatlösung. (Biochem. J. **53.** 557—67. März 1953.) FINDEISEN. 4210

Arthur Ruskin und **Belle Ruskin,** *Wirkung von Quecksilberdiureticis auf die Atmung des Herzens und der Niere der Ratte.* 4. Mitt. *Die Hemmung der Bernsteinsäuredehydrogenaseaktivität des Rattenherzens durch Mercuhydrin und die Schutzwirkung einiger Sulfhydrylverbindungen.* (3. vgl. Texas Rep. Biol. Med. **10.** [1952.] 429). Die Verss. wurden an Rattenherzhomogenaten durchgeführt. Die durch *Mercuhydrin* (**I**) hervorgerufene Red. der Bernsteinsäuredehydrogenaseaktivität (Best. nach KUN u. ABOOD, Science [New York] **109.** [1949.] 144) konnte bestätigt werden. *BAL, Glutathion* u. *Cystein*, ungefähr in gleichen mol. Konzz., unterdrücken die durch **I** hervorgerufene Hemmung der Dehydrogenaseaktivität. *Ascorbinsäure* führt zu negativen Resultaten, wahrscheinlich deshalb, weil sie keine unlösl. S–Hg-Verbb. bilden kann. (J. Pharmacol. exp. Therapeut. **107.** 325—31. März 1953. Galveston, Tex., Univ., Med. Branch, Dep. of Intern. Med., u. Tissue Metabolism Res. Labor.) RODERICH KÖNIG. 4210

R. J. Pennington und **T. M. Sutherland,** *Der Stoffwechsel von Pyruvat, Lactat und Glucose durch Schafpansenepithel. Pyruvat* (**I**) u. in geringerem Maße auch Lactat werden durch Schafspansenepithelgewebe zu Ketonkörpern (**II**) abgebaut. Glucose (**III**) dagegen bildet keine **II**, verhindert vielmehr in Ggw. von CO_2 die endogene u. die durch **I** hervorgerufene **II**-Bildung. Der Abbau von **III** dürfte demnach nicht über **I** vor sich gehen, sondern über eine durch CO_2-Bindung entstandene Dicarbonsäure. (Biochem. J. **54.** XXVII. Juli 1953. Bucksburn, Aberdeenshire, Rowett Res. Inst.) K. FABER. 4210

Carl A. Price, *Die Hemmung von α-Ketoglutarsäureoxydase durch Malonat.* In Partikeln (Mitochondrien) etiolierter Erbsenkeimlinge wurde eine wirksame *α-Ketoglutarsäureoxydase* (**I**) nachgewiesen. *Succinat*-freie *α-Ketoglutarsäure* (**II**), F. 115 bis 116° (korr.) u. Oxalessigsäure wurde durch Umkristallisieren aus Äthylpropionat rein erhalten. Die O_2-Aufnahme bei der **II**-Oxydation durch **I** wurde durch Malonat (**III**) in 2facher Weise gehemmt: Niedrige **III**-Konzz. verhinderten eine Oxydation über die Succinatstufe hinaus, höhere (bis 0,03 mol.) hemmten die **II**-Oxydation. Der Mechanismus der **III**-Hemmung ist noch unklar. Die Möglichkeit einer nichtspezif. Hemmung oder einer konkurrierenden Hemmung konnte ausgeschaltet werden. Vielleicht spielt eine Wechselwrkg. zwischen **III** u. enzymgebundenem *Mg* eine Rolle. (Arch. Biochem. Biophysics **47.** 314–24. Dez. 1953. Cambridge, Mass., Harvard Univ., Biol. Labor.) K. MAIER. 4210

A. L. Lehninger und **G. D. Greville,** *Die enzymatische Oxydation von d- und l-β-Oxybutyrat.* Die enzymat. Oxydation der beiden reinen Isomeren von *β-Oxybuttersäure* in dialysierten Extrakten von Rattenlebermitochondrien verläuft verschieden. Solche Extrakte enthalten die mit Diphosphopyridinnucleotid (DPN) verbundene, für *l-β*-Oxybutyrat spezif. Dehydrogenase, die folgende Rk. katalysiert: *l-β*-Oxybutyrat + DPN ⇄ Acetoacetat + DPNH. Das d-Isomere wird nur oxydiert, wenn man den Extrakten Adenosintriphosphat (ATP), Coenzym A(CoA) u. Mg^{2+} zugibt, die hierbei keinen beschleunigenden Einfl. haben. Die *l*-spezif. Dehydrogenase oxydiert das d-Isomere in Ggw. dieser additionellen Cofaktoren nicht. Die Fraktionierung der Extrakte ergab Präpp. mit hoher Aktivität gegenüber dem d-Isomeren u. geringer oder keiner gegenüber dem *l*-Isomeren. Red. von DPN beim d-Isomeren: d-*β*-Oxybutyrat + CoA $\xrightarrow{ATP}$ d-*β*-Oxybutyryl-CoA; d-*β*-Oxybutyryl-CoA + DPN ⇄ Acetoacetyl-CoA + DPNH. Die 2. Rk. scheint für die opt. Spezifität des Schemas verantwortlich zu sein. Die Bldg. von Acetoacetyl-CoA als Endprod. konnte nachgewiesen werden. d-Oxybutyrat (in Form des CoA-Deriv.) kann möglicherweise Zwischenprod. bei der enzymat. Oxydation u. bei der Buttersäuresynth. sein. (J. Amer. chem. Soc. **75.** 1515–16. 20/3.; Biochim. biophysica Acta [Amsterdam] **12.** 188–202. Sept./Okt. 1953. Baltimore, Md., Johns Hopkins School of Med., Dep. of Physiol. Chem., u. Cambridge, England, Univ., Dep. of Biochem.) FECHTER. 4210

J. A. Blain, J. Hawthorn und **J. P. Todd,** *Die Bleichung von Carotin durch ein Lipoxydase–Linolat-System.* Die mit der Fettsäureoxydation durch *Lipoxydase* (**I**) gekuppelte, photometr. meßbare Bleichung von Carotin kann zur Unters. von **I** verwendet werden. Vff. beschreiben eine Meth., bei der der Zusatz oberflächenakt. Stoffe, weil diese die **I**-Aktivität im einen oder anderen Sinne beeinflussen können, vermieden wird. Als Substrat dient Na-Linolat. **I** wird aus den entfetteten Sojabohnen mit einem wss. Essigsäure–Acetat-Puffer vom p_H 4,5 extrahiert. Es wurde die Aktivitätsabhängigkeit von p_H, Temp. u. Konzentrationsbedingungen untersucht u. eine Standardmeth. wird angegeben. (J. Sci. Food Agric. **4.** 580–87. 4/12. 1953. Glasgow, Royal Techn. Coll., Food Sci. Sect.) FRESENIUS. 4210

Isaac Harary, Saul R. Korey und **Severo Ochoa,** *Biosynthesen von Dicarbonsäuren durch Kohlendioxydfixierung.* 7. Mitt. *Gleichgewicht der „Äpfelsäure"-Enzymreaktion.* (6. vgl. OCHOA u. KAUFMAN C. **1952.** 3503.) Teilweise Reinigung des Triphosphopyridinnucleoidit-spezif. „Äpfelsäure-Enzyms" (**I**) der Weizenkeimlinge gelingt aus dem durch Behandeln mit Aceton erhaltenen Pulver durch Extraktion mit entmineralisiertemW.; Adsorption an Calciumphosphatgel; Elution mit Phosphatpuffer p_H 7,4; Fraktionieren mit $(NH_4)_2SO_4$; Fraktionieren mit A.; Entfernen von inakt. Protein mit Calciumphosphat; nochmaliges Fraktionieren mit $(NH_4)_2SO_4$. — Die Extrakte zeigen eine Wrkg. der Oxalessigsäuredecarboxylase, die größer ist als die Wrkg. des gereinigten **I**. Die Extrakte, nicht aber die gereinigte **I**, bewirken die Aufnahme von $^{14}CO_2$ in der *β*-Carboxylgruppe der Oxalessigsäure, wenn gleichzeitig Adenosintriphosphat zugegen ist. — Vff. ermitteln die Gleichgewichtskonstanten dieser Reaktionen. (J. biol. Chemistry **203.** 595–604. Aug. 1953. New York, N. Y., New York Univ., Coll. of Med., Dep. of Pharmacol.) HESSE. 4210

F. J. Bealing, *Schimmelpilz-„Glucosaccharase": Eine Fructosidase. Penicillium spinulosum*-Extrakt enthält als einziges Rohrzucker (**II**) angreifendes Enzym eine *Fructosidase* (**I**). Vf. berichtet über papierchromatograph. Unterss. der **II**-Spaltung durch **I** u. deren Hemmung in Ggw. von freien Zuckern u. Alkoholen. In Ggw. von Glucose oder Fructose ist die Oligosaccharidbldg. aus **II** vermindert; in Ggw. von Fructose wird ein red. Fructosedisaccharid gebildet; in Ggw. von Alkoholen (Methanol, A., n-Propanol, n-Butanol, Äthylen- u. Propylenglykol, sek.- oder tert.-Butanol, Isopropanol, n-Amyl- u. Benzylalkohol) wurden weniger red. Zucker aus **II**, dafür aber die entsprechenden Alkyl-β-fructofuranoside gebildet. Beteiligung von anorgan. Phosphat bei der **I**-Wrkg. wurde nicht beobachtet. Die Wrkg. von Extrakten aus Paspinulosum, Aspergillus niger, A. oryzae, A. flavus u. von Takadiastase auf Raffinose u. Stachyose kann auf Ggw. von Melibiase u. einer Fructosidase mit Transfructosidaseaktivität zurückgeführt werden. Die untersuchten Extrakte hydrolysierten Melezitose vollständig; Fraktionierung der Extrakte [Adsorption an $Al(OH)_3$ u. Elektrophorese] ergab gegen Melezitose inakt. Präpp., die jedoch charakterist. Transfructosidasewrkg. gegenüber **II** besaßen; alle Präpp., die auf Melezitose wirken, sind auch gegen Turanose aktiv. Keine der gemachten Beobachtungen rechtfertigt die Benennung des Enzyms als α-Glucosidase; Vf. schlägt daher vor, den Begriff „Glucosaccharase" aufzugeben, bis positive Beweise für die Existenz des Enzyms vorliegen. (Biochem. J. **55**. 93—101. Aug. 1953. Sheffield, Univ., Dep. of Biochem.)

GOEBEL. 4210

S. D. Wainwright, *Die Rolle von α-Methylglucosid als Inhibitor der induzierten Enzymbiosynthese (enzymatische Adaptation). α-Methylglucosid* (**I**) stellt einen wirksamen Inhibitor der Adaptation von *E. coli* an die Verwertung bestimmter *Kohlenhydrate* (**II**; *Lactose, Maltose*) unter Bedingungen, bei denen **II** als alleinige *C*- u. Energiequelle des Adaptationsvorgangs dienen, dar. Das Wachstum der an die gleichen Substrate voradaptierten Zellen ist gegen die **I**-Wrkg. verhältnismäßig unempfindlich. Dies zeigt, daß die **I**-Wrkg. sich gegen die Entw. erhöhter Aktivität der adaptiven Enzyme richtet. Der aerobe Stoffwechsel derjenigen **II**, bei denen Hemmung der Adaptation stattfindet, wird ebenfalls durch niedrige **I**-Konzz. deutlich gehemmt. **I** wird durch *E. coli*-Kulturen nicht angegriffen. Die Wrkg. von **I** richtet sich möglicherweise gegen die *Phosphofructokinase*-Reaktion. (Arch. Biochem. Biophysics **47**. 445—54. Dez. 1953. Chalk River, Ontario, Can., Atomic Energy of Canada, Biol. Div.)

K. MAIER. 4210

Robert L. McGeachin, *Stabilität von Serumamylase.* Die *Amylase*-Aktivität von Serum ändert sich kaum, wenn die Seren 5 Tage bei 9—10° aufbewahrt werden (statist. gesichert). In einigen wenigen Fällen wurde jedoch eine Aktivitätssteigerung beobachtet. (Proc. Soc. exp. Biol. Med. **84**. 228—29. Okt. 1953. Louisville, Ky., Univ. of Louisville, School of Med., Dep. of Biochem.) GOEBEL. 4210

L. Hahn und **J. Fekete,** *Synthetische Hyaluronidaseinhibitoren.* 1. Mitt. *Nachweis der hohen Hemmwirksamkeit einiger Di- und Triphenylmethanderivate.* (Vgl. auch C. **1953**. 5359.) Es wurden rund 90 organ. Verbb. verschied. Klassen viscosimetr. auf Hemmwrkg. gegen *Hyaluronidase* geprüft. Wesentliche Aktivität zeigten nur gewisse *Di-* (**I**) u. *Triphenylmethanderivv.* (**II**); **I** wurde durch 5std. Kondensation von OH-substituierten Benzoesäuren (**III**; 0,2 mol.) in 90 g 50%ig. H_2SO_4 mit 0,1 mol. Formalin in der Hitze gewonnen; **II** wurde aus 10 g **I** durch Vermischen mit 5 g $NaNO_2$ u. 5 g **III** u. Zugabe von 105 g konz. H_2SO_4 unter 10° erhalten. Als **III** wurden p-Oxybenzoesäure, Gentisinsäure, α-, β- u. γ-Resorcinsäure, 2.5-Dioxyterephthalsäure, 2.4.6-Trioxybenzoesäure, Gallussäure, 4-Methylaminosalicylsäure, Acetylsalicylsäure, o-Thymotinsäure, Anthranilsäure u. Phloroglucin verwendet. Die Hemmwrkg. der aktivsten so erhaltenen Verbb. wurde durch 24std. Inkubation mit Hyaluronidase bei p_H 7 auf ca. 2—3000 (Resorcin = 1) verstärkt. Die Mehrzahl dieser Verbb. war an der Ratte peroral auch chron. nicht toxisch. (Acta chem. scand. **7**. 798—805. 1953. Malmö, Schweden, Ferrosan Ltd., Res. Labor.) GIBIAN. 4210

L. Hahn und **E. Frank,** *Neue polykondensierte Di- und Triphenylmethanderivate.* 2. Mitt. (1. vgl. vorst. Ref.) Noch wirksamere Verbb. wurden erhalten durch Kondensation von 0,1 Mol der im vorst. Ref. genannten Verbb. **III** mit 0,1 Mol Formalin zu *polymeren Diphenylmethan*-Derivv. (**IV**) sowie ausgehend von letzten durch gemeinsame Oxydation mit einem Phenol oder Deriv. hiervon zu *Polytriphenylmethan*-Verbb. (**V**), die nicht mehr dialysabel sind. Verbb. dieser Gruppe waren schon ohne Incubation 2—300 mal wirksamer als Resorcin (vgl. C. **1953**. 5359). Formeln können für **IV** u. **V** nicht angegeben werden. Die akute Toxizität an der Maus ist meist gering (DL_{50} = 5—20 mg/g). Die Wirksamkeit einiger **IV** gegen eine Staphylokokken-

Hyaluronidase lag in der gleichen Größenordnung wie gegen solche aus Stiertestes. (Acta chem. scand. **7.** 806—12. 1953.) . GIBIAN. 4210

C. H. Bourne, *Histochemische Untersuchung der Spezifität von Phosphatasen.* Die Fähigkeit fixierter Gewebe zur Hydrolyse verschied. *Phosphatester* (**I**) schwankt nach der histochem. Unters. in Abhängigkeit vom verwendeten Ester. Die Verteilung der mit Zuckerphosphaten (**III**) u. Vitamin-K-Phosphat feststellbaren dephosphorylierenden Aktivität ist der mit Glycerophosphat (**II**) erhaltenen gleich u. zeigt, daß diese Verbb. durch *unspezif. Phosphatasen* hydrolysiert werden. Die mit Riboflavin-5-phosphat, Pyridoxalphosphat, Aneurinpyrophosphat, Tetra-Na-3.4'-dioxy-4-methoxychalkondiphosphat, Tetra-Na-2'.3-dioxy-4.4'-dimethoxychalkonphosphat, Östron-3-phosphat, Tetra-Na-stilböstroldiphosphat u. Tetra-Na-hexöstroldiphosphat gefundene Phosphatase (**IV**)-verteilung unterschied sich wesentlich von der oben ermittelten. Mit den letztgenannten **I** wird eine wesentlich größere **IV**-Aktivität in den Kernen, speziell in den Nucleoli, gefunden, als dies bei der ersten Gruppe der Fall ist. Die **I**-Hydrolyse wurde stets bei p_H 9 geprüft. Die Verteilung der **IV**-Wrkg. ergibt sich bei jedem Ester der 2. Gruppe anders. Lediglich die Chalkonverb. u. die Stilböstrol- u. Hexöstrolverbb. geben jeweils untereinander übereinstimmende Resultate. Anscheinend enthalten Gewebe verschied. stabile, spezif. entphosphorylierende Enzyme, die sich von den nichtspezif., die **II**, **III** u. andere Phosphate spalten, unterscheiden. (Biochem. J. **56.** XXI. März 1954. London Hosp. Med. Coll., Dep. of Histol.) K. MAIER. 4210

T. A. Sundararajan und **P. S. Sarma,** *Phosphoproteinphosphatase aus Rattenmilz.* Nach der von Vff. beschriebenen Meth. (vgl. Biochem. J. **56.** [1954.] 125) wurde aus Rattenmilz *Phosphoproteinphosphatase* (**I**) von hohem Reinheitsgrad dargestellt. Hieran wurden Aktivität u. Spezifität in Substratlsgg., die in 4 ml einen Zusatz von 0,4 ml 0,01 mol. Thioglykolsäure als Aktivator u. 1 ml Acetatpuffer (p_H 5,8) enthielten, untersucht. Alle geprüften Phosphoproteine wurden dephosphoryliert, während Glycerophosphat nicht angegriffen wurde. Die MICHAELIS-Konstante betrug 0,55 (pro Mol Protein-P), das p_H-Optimum lag bei 5,8. Aus den Verss. geht hervor, daß **I** ein von der Phosphomonoesterase verschiedenes Enzym ist. (Biochem. biophysica Acta [Amsterdam] **13.** 588—89. April 1954. Madras, India, Univ., Biochem. Labor.) BENISCHKE. 4210

Abel Lajtha, Paula Mela und **Heinrich Waelsch,** *Manganabhängige Glutamotransferase.* Es wird über die Reinigung der Mn-abhängigen *Glutamotransferase* (**I**) aus Hirnrinde, Taubenleber u. Proteus vulgaris berichtet. Für enzymat. Aktivität ist Mn^{2+} unbedingt notwendig, sie wird erhöht durch Zugabe von Phosphat oder Resonat u. erfährt eine beträchtliche Steigerung durch ADP oder ATP. **I** ist nicht wie Transferase pflanzlichen Ursprungs, völlig unabhängig von der Ggw. von Nucleotiden. Das p_H-Optimum liegt bei p_H 5,5; außer Mn^{2+} wirken auch Co^{2+} u. Mg^{2+} aktivierend, aber weniger stark; die optimale ADP- oder ATP-Konz. liegt bei 10^{-5} mol., Adenylsäure ist inaktiv. Im Verlauf der Reinigung von **I** aus Gehirn u. Leber wurde gleichzeitig *Glutaminsynthetase* (**II**), u. zwar im gleichen Verhältnis wie **I** angereichert; das Verhältnis **I**:**II** blieb bis zu 200facher Anreicherung konstant. Bei Präpp. aus P. vulgaris stieg das Verhältnis **I**:**II** bei 30facher Reinigung, die Trennung von **I** u. **II** gelang nicht durch Hitzeinaktivierung, Fällung bei verschied. p_H, A.-Fraktionierung oder durch Elektrophorese. Diskussion der Ergebnisse, Kurven, Tabellen, Fraktionierungsschema. (J. biol. Chemistry **205.** 553—63. Dez. 1953. New York, N. Y., Columbia Univ., Coll. of Phys. and Surg., New York State Psych. Inst. u. Dep. of Biochem.)

GOEBEL. 4210

C. M. Francis, *Aminoxydase im Nebennierenmark des Meerschweinchens.* Histochem. Unterss. zur Best. der *Aminoxydase*-Aktivität der Nebenniere unter Verwendung von Tyramin als Substrat u. einem substituierten Tetrazoliumchlorid als H-Acceptor. Bemerkenswerte Fermentaktivität zeigen nur einzelne in Haufen verstreute Ganglionzellen des Nebennierenmarkes. (J. Physiology **124.** 188—91. 28/4. 1954. Cambridge, Univ., Physiol. Labor.) M. W. ROTHE. 4210

Hutton D. Slade, Clyde C. Doughty und **William C. Slamp,** *Die Synthese energiereicher Phosphate bei der Citrullinureidasereaktion durch lösliche Pseudomonasenzyme.* Aus Boden wurde ein *Pseudomonas*-Stamm (*P 5*) isoliert, der *L-Citrullin* (**I**) als alleinige *C*- u. *N*-Quelle für das Wachstum verwertet. Zellfreie Extrakte führten **I** in *Ornithin* (**II**), CO_2 u. NH_3 über. **II** oder Harnstoff wurden nicht abgebaut. Für die Rk. waren anorgan. Phosphat (**III**), *Adenosindiphosphat* (**IV**) oder *Adenosin-5-monophosphat* (**V**) u. 2wertige Ionen (Mg^{2+}, Mn^{2+} u. a.) erforderlich. Im Gegensatz zu Befunden bei *Streptococcus*-Extrakten, die ein ähnliches Enzymsyst. enthalten, war keine *Myokinase* vorhanden u. die *Adenosintriphosphatase* (**VIa**)-Aktivität gering. Die Aktivität der *Pseudomonas*-Extrakte betrug ca. das 2fache der von *Streptococcus faecalis*. Während des **I**-Abbaues durch dialysierte Extrakte entstand *Adenosintri-*

phosphat (**VI**) aus **IV** oder **V**. In Ggw. von überschüssigem Ortho-**III** war die gebildete **VI**-Menge der Veresterung von 0,7 μMol **III**/μMol abgebautem **I**, in Ggw. von wenig Ortho-**III** 0,3—0,4 μMol äquivalent. Die Wrkg. des überschüssigen **III** beruhte vielleicht zum Teil auf einer Hemmwrkg. von **III** auf die Entfernung von **VI** durch **VIa**. *Arsenat* ersetzte anorgan. **III**, dessen Acceptor u. die 2wertigen Ionen. Die Prodd. der **I**-Arsenolyse waren die gleichen wie beim Adenylsäuresystem. Die Rk. verlief vollständig u. war bis zur Zers. von 65% des Substrats linear. Die Arsenolyse wurde durch anorgan. Phosphat konkurrierend gehemmt. Die Befunde bei der „*Citrullinureidase-Rk.*", worunter die gesamten beim **I**-Abbau vor sich gehenden chem. Veränderungen verstanden werden, sprechen für die Bldg. einer phosphorylierten Zwischenstufe vom energiereichen Typ. Der **I**-Abbau erscheint als eine Phosphorolyse. (Arch. Biochem. Biophysics **48**. 338—46. Febr. 1954. Chicago, Ill., Northwestern Univ., Med. School, Rheumatic Fever Res. Inst.) K. MAIER. 4210

Richard Setlow und **Barbara Doyle**, *Die Wirkung der Temperatur auf die Inaktivierung des Trypsins durch ultraviolettes Licht.* Die Best. der UV-Empfindlichkeit (2537 Å) trockenen *Trypsins* (**I**) bei Tempp. von 90—450° K ergab, daß diese bei der tiefsten Temp. $^1/_3$ derjenigen bei Raumtemp. ist. Im Bereich der Raumtemp. bleibt die Empfindlichkeit konstant u. steigt bei den hohen Tempp. bis auf das 6fache dieses Wertes. Die erhöhte Empfindlichkeit bei hohen Tempp. beruht zum Teil auf der schnellen Hitzeinaktivierung eines Bruchteils der bestrahlten Moleküle. Wenn der (unbekannte) Absorptionskoeff. von **I** oberhalb Raumtemp. nicht zunimmt, stellt die **I**-Inaktivierung durch UV-Licht nicht das Ergebnis einer Energieabsorption durch eine spezif. aromat. Gruppe des Mol. dar. (Arch. Biochem. Biophysics **48**. 441—47. Febr. 1954. New Haven, Conn., Yale Univ., Sloane Phys. Labor., Biophys. Div.) K. MAIER. 4210

E. Heilbronn, *Eine elektrometrische Methode zur Bestimmung der Cholinesteraseaktivität.* 3. Mitt. *Cholinesteraseaktivität in Bluttropfen auf Filterpapier.* Die Meth. nach TAMMELIN (Scand. J. clin. Lab. Invest. **5**. [1953.] 267) wird abgewandelt, indem die Blutprobe von Filterpapier abgesaugt wird. Es wird weniger Blut gebraucht, so daß es aus der Fingerbeere entnommen werden kann. Vf. fand, daß die Stabilität der *Cholinesterasen* auf Filterpapier beträchtlich höher ist als in gewöhnlichen Bluttropfen. Zwischen Venenblut u. Capillarblut konnte kein Unterschied in der Cholinesteraseaktivität gefunden werden. (Scand. J. clin. Lab. Invest. **5**. 308—11. 1953. Sundyberg, Schweden, Res. Inst. of Nat. Defence, Dep. 1.) SCHÜTTE. 4210

Orville Wyss und **George E. Schaiberger**, *Zunahme eines Pantothensäure synthetisierenden Fermentes bei Streptomycin-resistenten Escherichia coli.* In den *Streptomycin*-resistenten Zellen ist 1,5—2mal mehr *Pantothensäure* vorhanden als in den nichtresistenten Zellen. Die Aktivität des Pantothensäure-bildenden Fermentes ist 10mal größer bei den resistenten Zellen als bei den nichtresistenten Zellen. (J. Bacteriol. **66**. 49—51. Juli 1953. Austin, Tex., Univ. of Texas.) LINGENS. 4210

Je. N. Wassiljewa, *Über den Gehalt des Fermentes Phytase im Verdauungssaft des Hundes.* Nach Einw. von Darmsaft eines Hundes (mit einem nach THIREY isolierten Dünndarmstück) auf reines Na-Phytat ließ sich das Vorhandensein eines die Phytinsäure hydrolysierenden Fermentes nicht erkennen. Auch in Extrakten aus den Fäces von 3 Hunden wurde prakt. keine *Phytase* gefunden. (Вопросы Питания [Fragen d. Ernähr.] **12**. Nr. 2. 47—50. März/April 1953. Ernährungsinst. der Akad. der Med. Wiss. der UdSSR, Abt. für Nahrungshyg.) RENTZ. 4210

Milton Kern und **Efraim Racker**, *Aktivierung einer DPNH-Oxydase durch ein Oxydationsprodukt der Ascorbinsäure.* Durch Fraktionierung mit Aceton, $(NH_4)_2SO_4$ u. an $C\gamma$-Al_2O_3 wird aus Hefeextrakten eine *Diphosphopyridinnucleotidoxydase* (**I**) erhalten, die ein durch Hitze inaktivierbares Flavoprotein darstellt, u. zur Aktivierung Ascorbinsäure (**II**) benötigt. Weiterer Zusatz von Ascorbinsäureoxydase steigert die Aktivität um das 3—10fache. In den Rohextrakten ist eine andere Oxydase als Aktivator vorhanden. Die zur Aktivierung durch **II** notwendige prothet. Gruppe kann mit $(NH_4)HSO_4$ abdissoziiert u. durch *Riboflavinphosphat* oder *Flavinadenindinucleotid* ersetzt werden. Ebensowenig wie **II** durch Dehydroascorbinsäure, Cystein, Thioglykolsäure oder Glutathion ersetzt werden konnte, war der Reduktionsablauf zwischen Dehydroascorbinsäure u. Glutathion an Stelle des Zusatzes von **II**-Oxydase wirksam. Dagegen war **II** durch *D-Isoascorbinsäure* u. *Glucoascorbinsäure* ersetzbar. Reduziertes Triphosphopyridinnucleotid wurde durch das Reinpräp. von **I** nicht oxydiert. Die Verss. lassen darauf schließen, daß ein labiles Zwischenprod., das bei der **II**-Oxydation auftritt, als Elektronacceptor wirksam ist. (Arch. Biochem. Biophysics **48**. 235—36. Jan. 1954. New Haven, Conn., Univ., Dep. of Microbiol. and Biochem.) K. HERRMANN. 4210

Th. Sandor, *Genaue Angaben über eine Methode zur Berechnung der Zahl von Hefezellen.* Die oxydimetr. Meth. zur Best. des relativen Unterschiedes der Zellzahlen von Hefen mit saurer 0,001 n $K_2Cr_2O_7$-Lsg. hat eine Fehlerbreite von $<\pm 1\%$. Der Verbrauch an Oxydans als Funktion der Hefemenge ist durch Kurven, die annähernd der Gleichung $x = a \cdot m^{1/n}$ entsprechen, wiedergebbar, wobei x den Verbrauch an $K_2Cr_2O_7$, m die Hefemenge der Suspension, a u. $1/n$ Konstanten bedeuten. Die Rk. stellt einen gemischten Prozeß dar, wobei die Adsorption des Oxydans den linearen Verlauf der Oxydations-Rk. beeinflußt u. modifiziert. (Ann. Inst. Pasteur **78.** 803—09. Juni 1950. Inst. Alfred Fournier.) K. MAIER. 4270

E_3. Mikrobiologie. Bakteriologie. Immunologie.

N. N. Wladimirskaja, *Die Bedeutung des Sauerstoffes für die Keimung von ruhenden Sporangien von Synchytrium endobioticum (Schilb.) Pers.* Um das O_2-Minimum für die Keimung der ruhenden Sporangien von Synchytrium endobioticum festzustellen, wurde die Keimung in Ggw. von Luft mit Spuren; 3; 12; 16% O_2 (Kontrolle gewöhnliche Luft) durchgeführt. Die O_2-Abnahme von 16—3% vermindert die Keimung in W. im Durchschnitt um 21%, bei Keimung auf Filterpapier um 12%. Der mittlere O_2-Geh. in der oberen Bodenluft beträgt 19,6—20,4%. In einer Tiefe von 20—35 cm ist er um 0,2—0,4% geringer. Die verminderte Keimfähigkeit der Sporangien in den unteren Schichten der Ackerkrume ist demnach nicht durch den geringen O_2-Geh. der Bodenluft bedingt. (Микробиология [Mikrobiologie] **23.** 72—75. Jan./Febr. 1954. Leningrad, Wiss. Forschungsstat. für Kartoffelkrebs.) LEBTAG. 4310

Eugene Roberts, Patricia F. Hunter und **Padmasini Ayengar,** *Die Verwertung von α-Ketoglutarat für das Wachstum durch Lactobacillus arabinosus: Wirkungssteigerung durch γ-L-Glutamylmethylamid.* Nachdem frühere Unterss. über den Einfl. verschied. Strukturanaloga von *Glutaminsäure* u. *Glutamin* (**I**) auf die Verwertung von *α-Ketoglutarat* (**II**) durch *L. arabinosus* gezeigt hatten, daß *γ-L-Glutamylmethylamid* (**III**) die Wachstumsgeschwindigkeit in *Asparaginat* (**IV**)-armem Medium erheblich steigert, wurde nunmehr der Effekt kleiner **I**-Mengen in **IV**-armen u. -reichen Nährlsgg. mit u. ohne **III** quantitativ geprüft. Das stark beschleunigte Wachstum in Ggw. von **III** hing von dem Vorhandensein von **I** ab. Die Wirkungen von **I** u. **III** waren sehr spezif. u. durch eine große Anzahl von Verbb. nicht erzielbar. *L-Arginin, DL-α-Aminoadipinsäure, γ-Aminobuttersäure, L-Canavanin, L-Cystein, α-DL-Methylglutaminsäure* u. a. hemmten das Wachstum im **I**–**II**-System. (Arch. Biochem. Biophysics **48.** 431—40. Febr. 1954. St. Louis, Mo., Washington Univ., School of Med., Wernse Labor. of Cancer Res.) K. MAIER. 4310

James H. Jandl (unter Mitarbeit von **Elaine A. Hirshberg** und **Leonore M. DeCarli),** *Die Unfähigkeit des Cortisons und Hydrocortisons, die Pteroylglutaminsäure und den Citrovorumfaktor im mikrobiellen Wachstum zu ersetzen. Cortison* wie auch *Hydrocortison* konnten die *Pteroylglutaminsäure* u. den *Citrovorumfaktor* als Wuchsstoff für *Streptococcus faecalis, Lactobacillus casei* u. *Leuconostoc citrovorum* nicht ersetzen. (Proc. Soc. exp. Biol. Med. **85.** 166. Jan. 1954. Boston, Mass., City Hosp., Thorndike Memorial Labor., Second and Fourth Med. Serv., u. Harvard Med. School, Dep. of Med.) H. THIELE. 4310

Jacques Pochon und **Odette Coppier,** *Die Rolle der sulfatreduzierenden Bakterien bei der biologischen Veränderung der Steine von Bauwerken.* Die Fundamente von Mauern sind der Sitz einer intensiven Sulfatred. (Sulfate des Bodens), die von *Sporovibrio*-Stämmen bewirkt wird. Die red. *S*-Verbb. (Sulfide, Hyposulfite) steigen mit dem Capillarwasser hoch u. werden an der Oberfläche durch Mikroorganismen vom Typ *Thiobacillus* unter *Sulfat*-Bldg. oxydiert. Auf diese Art lassen sich bestimmte Veränderungen von Steinen, die durch eine Umwandlung von $CaCO_3$ in $CaSO_4$ charakterisiert sind, erklären. (C. R. hebd. Séances Acad. Sci. **231.** 1584—85. 18/12. 1950.) K. MAIER. 4320

Ju. I. Ssorokin, *Die Rolle der Phosphorverbindungen in der Bioenergetik des Bakterienstoffwechsels.* Übersicht über die allg. Prinzipien der energet. Organisation des Stoffwechsels der Zelle, die Synth. der P-Verbb. hoher Energie während des energet. Stoffwechsels der Mikroorganismen u. die Teilnahme der P-Verbb. an der Biosynthese. — 102 Literaturhinweise. (Микробиология [Mikrobiologie] **23.** 79—98. Jan./Febr. 1954. Moskau, Inst. für Mikrobiol. der Akad. der Wiss. der UdSSR.) LEBTAG. 4320

H. Lees, *Biochemie nitrifizierender Organismen.* 1. Mitt. *NH_3-oxydierende Systeme von Nitrosomonas.* Es wurde die Einw. einer Anzahl *Aminosäuren* u. *Aminoverbb.* auf die NH_3-Oxydation durch *Nitrosomonas* (**I**) zu Nitrit untersucht. Von diesen wirkten *Guanidin, Allylthioharnstoff, K-Äthylxanthat, Salicylaldoxim- N-Äthylthiocarbamat*

L-Histidin u. *8-Oxychinolin* hemmend. Da alle genannten Verbb. zur Chelatbldg. befähigt sind, vermutet Vf., daß die NH_3-Oxydation mit Hilfe von Metallionen erfolgt u. die inhibitor. Wrkg. der Verbb. auf Abfangen dieser Ionen als *Chelate* beruht. Diese Annahme wird durch die Beobachtung gestützt, daß starke Chelatbildner stärkere Inhibitoren sind als schwache. Keine der Aminogruppen der vorst. Verbb. konnte durch I in Nitrit verwandelt werden. — Im Gegensatz zu den Angaben von QUASTEL u. SCHOLEFIELD (Nature [London] **164.** [1949.] 1068 u. C. **1951.** II. 441) besitzt *DL-Methionin* keine inhibitor. Wrkg.; es findet auch keine Oxydation zum Sulfoxyd statt, vielmehr konnte der Geruch von H_2S oder Mercaptanen festgestellt werden. (Biochem. J. **52.** 134—40. Sept. 1951. Aberdeen, Univ., Dep. of biol. Chem.)
FINDEISEN. 4320

T. Hofman und **H. Lees,** *Biochemie nitrifizierender Organismen.* 2. Mitt. *Nutzeffekt der freien Energie von Nitrosomonas.* (1. vgl. vorst. Ref.) Der Nutzeffekt der freien Energie von *Nitrosomonas* (Calorienverbrauch bei der Red. von CO_2 u. Assimilation von C/Caloriengewinn aus der Oxydation von NH_3 zu NO_2^-) ist während des Wachstums des Organismus nicht konstant, sondern nimmt mit steigender NO_2^--Konz. u. C-Assimilation ab. Da Nitrite gegenüber dem Organismus tox. sind, wird angenommen, daß durch einen besonderen Mechanismus ein bestimmtes NO_2^--Konzentrationsverhältnis zwischen Zelle u. Medium aufrechterhalten wird; der hierzu notwendige Energiebedarf kann durch zusätzliche NH_3-Oxydation gedeckt werden. (Biochem. J. **52.** 140—42. Sept. 1952.) FINDEISEN. 4320

T. Hofman, *Die Biochemie nitrifizierender Organismen.* 3. Mitt. *Zusammensetzung von Nitrosomonas.* (2. vgl. vorst. Ref.) Es wird eine quantitative Best. des Hydrolysats der ganzen Zellen von *Nitrosomonas* durchgeführt. Die Zus. entspricht etwa denen von Corynebacterium diphtheria, Chlorella vulgaris u. der Brauereihefe, der Anteil der bas. Aminosäuren u. des Tyrosins ist allerdings geringer. Durch Papierchromatographie wurde *Galaktose, Ribose, Rhamnose, Xylose* u. ein weiterer, vom Vf. auf dem Chromatogramm nicht identifizierbarer Zucker festgestellt. (Biochem. J. **54.** 293—95. Mai 1953.)
FINDEISEN. 4320

M. Lemoigne, C. Péaud Lenoël und **M. Croson,** *Die Assimilation von Acetessigsäure und β-Oxybuttersäure durch B. megatherium.* Im Wachstum befindliche *Bacillus megatherium*-Zellen können *Acetessigsäure* (I) nicht als alleinige *C*-Quelle verwerten. Jedoch wird I in Ggw. anderer Säuren, wie *Äpfelsäure* (II), *Asparaginsäure* u. *Glutaminsäure* vollständig assimiliert. *β-Oxybuttersäure* (III) kann dagegen als einzige *C*-Quelle dienen, obgleich II die Aufnahme fördert. Da die 1. Stufe der III-Verwertung wahrscheinlich I ist, liegt die enzymat. gebildete I möglicherweise in einer labileren Form als I selbst vor. *B. megatherium* kann nach diesen u. früheren Befunden spezielle *Lipide*, sogenannte III-*Lipide* (IV), u. III verwerten, wobei noch zu klären ist, ob IV Reservesubstanzen oder Abbauprodd. darstellen. (Ann. Inst. Pasteur **78.** 705—10. Juni 1950. Inst. Pasteur, Serv. des Fermentations.) K. MAIER. 4320

Jacques Nicolle und **Yvonne Joyeux,** *Die Wirkung von Fumarsäure und Maleinsäure auf das Wachstum bestimmter Bakterienarten.* Von *Fumarsäure* (I) u. *Maleinsäure* (II) wurde die natürliche *trans*-Form I von allen untersuchten Bakterienarten als *C*-Quelle verwertet, die synthet. *cis*-Form II dagegen nicht (ausgenommen *Klebsiella pneumoniae B*). II hemmte sogar das Wachstum einiger Bakterien. (C. R. hebd. Séances Acad. Sci. **231.** 1576—78. 18/12. 1950.) K. MAIER. 4320

Martin Gibbs und **R. D. DeMoss,** *Anaerobe Dissimilation von ¹⁴C-markierter Glucose und Fructose durch Pseudomonas lindneri.* Vff. untersuchten die anaerobe Gärung von ^{14}C-*Glucose* (I) u. ^{14}C-*Fructose* (II) durch Zellsuspensionen von Pseudomonas lindneri, wobei das gebildete $^{14}CO_2$ im WARBURG-Respirometer gemessen, sowie A., Glucose u. Milchsäure in der von den Zellen befreiten Fl. bestimmt wurden. Die Vergärung der Hexosen verlief quantitativ. Die Verteilung des ^{14}C in den Gärungsprodd. wurde untersucht mit $^{14}C_{(1)}$-I, $^{14}C_{(2)}$-I, $^{14}C_{(3.4)}$-I, $^{14}C_{(6)}$-I u. $^{14}C_{(1.6)}$-II. Es ergab sich, daß das CO_2 aus $C_{(1)}$ u. $C_{(4)}$ der I stammt. $C_{(2)}$, $C_{(3)}$, $C_{(5)}$ u. $C_{(6)}$ der I treten in den A. ein, wobei $C_{(2)}$ u. $C_{(5)}$ den Carbinolkohlenstoff des A. bilden. I u. II werden auf dem gleichen Wege vergoren, da $^{14}C_{(1.6)}$-II $^{14}CO_2$ u. methylmarkierten A. gab, ähnlich dem Vorgang bei $^{14}C_{(1)}$-I u. $^{14}C_{(6)}$-I-Gärung. Dieser Mechanismus weicht sowohl von dem EMBDEN-MEYERHOF-PARNAS-Schema als auch von dem Hexosemonophosphatabbau durch Leuconostoc mesenteroides ab. Vff. weisen auf die Ähnlichkeit zu der aeroben Glucoseoxydation in Pseudomonas saccharophila hin. (J. biol. Chemistry **207.** 689—94. April 1954. Upton, N. Y., Brookhaven Nat. Labor., Dep. of Biol.)
GENEST. 4320

Rudolf Tschesche und **Friedhelm Korte,** *Zum biochemischen Syntheseweg der Pteroylglutaminsäure.* Um die Biogenese der *Pteroylglutaminsäure* (*Folsäure*; I) weiter

zu klären, wurde die Wuchs- bzw. Hemmstoffwrkg. verschied. synthet. Pteridinderivv. auf *Streptococcus faecalis R* untersucht. *2-Amino-6.8-dioxypteridinaldehyd-(9)* (Darst. aus 2-Amino-6.8-dioxy-9-methylpteridin durch Oxydation mit SeO_2 in Eisessig) zeigte deutlich hemmende Wrkg. um ca. 30% bei einer Konz. von 40 γ/cm³. Auch *2-Amino-6.9-dioxy-8-acetylpteridin* (analoge Darst. aus 2-Amino-6.9-dioxy-8-äthylpteridin) hatte eine Hemmwrkg. von ca. 50%. Die *2-Amino-6.9-dioxypteridinessigsäure-(8)* hatte keinen Einfl. auf das Wachstum. Durch Zusatz von *p-Aminobenzoylglutaminsäure* zum Nährmedium wurde weder bei *Isoxanthopterincarbonsäure* noch bei *8-Methylisoxanthopterin* die Wuchstoffwrkg. verstärkt. Auch die *2.6-Diamino-9-oxypteroylglutaminsäure* wirkte als Hemmstoff ähnlich wie *Aminopterin*. Das *N-Glykosid des 2-Amino-6.9-dioxypteridinaldehyds-(8)* ist demnach eine Zwischenstufe, die über *9-Oxypteroylglutaminsäure* in **I** übergeht. Wahrscheinliche Vorstufe des Pteridinsyst. ist *Vicin* (**II**), während das *Convicin* (**III**) das Wachstum nicht beeinflußt. Folgende Pyrimidinderivv. wurden untersucht, ließen aber keine Wachstumswrkg. erkennen: *2.4-Diamino-6-oxy-*, *2.4.5-Triamino-6-oxy-*, *2.6-Dioxy-6-amino-*, *2-Amino-4.6-dioxy-*, *2.4.6-Trioxy-5-amino-* u. *2.5-Diamino-4.6-dioxypyrimidin*. Vff. vermuten, daß die Unfähigkeit des Streptococcus faecalis R., **I** in ausreichender Menge zu bilden, auf dem Mangel eines Fermentes beruht, **III** in **II** überzuführen. (Z. Naturforsch. **8b**. 87—91. Febr. 1953. Hamburg, Univ., Chem. Staatsinst., Biochem. Abt.)
Roderich König. 4320

N. H. Sloane, M. Samuels und **R. L. Mayer,** *Faktoren, die die Hydroxylierung von Anilin durch Mycobacterium smegmatis beeinflussen.* (Vgl. Sloane, Crane u. Mayer, J. biol. Chemistry **193**. [1951.] 453.) Während ***Citrat*** u. ***Mn-Ionen*** die Fähigkeit von *Mycobacterium smegmatis*, ***Anilin*** zu ***p-Aminophenol*** zu oxydieren, steigern, wird diese durch Substanzen, wie ***Na-Arsenat, Na-Arsenit, Na-Fluorid, Na-Jodacetat, 2.4-Dinitrophenol, KCO*** u. ***Na-Azid*** gehemmt. (J. biol. Chemistry **206**. 751—55. Febr. 1954. Pearl River, N. Y., American Cyanamid Co., Lederle Labors. Div.)
Rutkowski. 4320

Magdalena Berger und **Henry A. Lardy,** *Wachstumshemmung einer biotinlosen Mutante von Escherichia coli durch Purine und Pyrimidine.* Das Wachstum der biotinlosen Mutante *Escherichia coli 58* in ***Asparaginsäure*** (**I**) enthaltendem Medium wurde gehemmt durch *Adenin, Adenosin, Adenosin-3'-*(oder *-5'*)*-phosphat, ATP, Uracil, Cytosin, Hypoxanthin* u. in schwächerem Maße durch *Thymin* u. *Xanthin*; *Adenosin-2'-phosphat* wirkt nicht hemmend. Keine der vorst. Verbb. zeigte Hemmwrkg. bei Stamm 85 in Medien mit *Biotin*-Zusatz oder beim Elternstamm K 12, der kein *Biotin* benötigt. In Basalmedien mit *Succinat* oder *α-Ketoglutarsäure* an Stelle von **I** wirkten *Adenin* u. seine Derivv. schwächer hemmend, u. die übrigen Purine u. Pyrimidine hatten keine wachstumshemmende Wrkg. auf die biotinlose Mutante. Diskussion der Ergebnisse. (Proc. Soc. exp. Biol. Med. **85**. 89—93. Jan. 1954. Univ. of Wisconsin, Coll. of Agric., Dep. of Biochem.) Goebel. 4330

Hermann Dietrich Vogelsang und **Wolf-Helmut Wagner,** *Über die Entwicklungshemmung humaner Tuberkelbacillen im Reagensglas.* 3. Mitt. *Über die Wirkung einiger Salicylsäureabkömmlinge auf humane Tuberkelbakterien.* (2. vgl. C. **1947**. 1765.) Die *Alkyh salicylsäuren* verhalten sich biol. in der in vitro-Wrkg. auf humane Tb-Bakterien weitgehend ähnlich wie die entsprechenden Phenole, wobei der Alkylrest als zur OH-Gruppe der Salicylsäure p-ständige Seitenkette sich als wirkungssteigernde Gruppierung gegenüber dem Grundkörper erweist u. die Aktivität von der Zahl seiner *C*-Atome abhängt. Eiweißzusatz hebt den Hemmeffekt weitgehend auf. Die 5-Acylverbb. sind weniger wirksam als die 5-Alkylderivate. Ihre Thiosemicarbazone sind inaktiv. *5-Heptyl-3-methylsalicylsäure* (**I**) hemmt noch in der Verdünnung 1:500000; *δ*-benzoylierte n-Valeriansäuren, z. B. *δ-[p-Oxy-m-carboxybenzoyl]-n-valeriansäure* (**Ia**), die an Stelle der endständigen CH_3-Gruppe der Seitenkette die wasserlösl. COOH-Gruppierung tragen, sind bedeutend schwächer wirksam, ebenso die durch Clemmensen-Red. erhaltenen substituierten *ω-Phenylcapronsäuren*, z. B. *ω-[2-Oxy-5-chlor-6-methylphenyl]-n-capronsäure* (**II**). *5-Azosalicylsäuren* besitzen wachstumshemmende Eigg., die durch Verwendung von aromat. Alkyl- u. Alkoxyaminen an Stelle von Anilin gesteigert werden können. Maximale Aktivität weisen *p-Äthoxy-p'-aminoazobenzol* (**III** u. *p-Äthoxy-p'-oxyazobenzol* (**IV**; Verdünnung 1:500000 bzw. 1:1000000) **auf**. Die Wrkg. dieser Verbb. wird in eiweißhaltigen Nährmedien stark vermindert. Höhere tuberkulostat. Aktivität zeigen auch *4-Aminobenzophenon* (**V**) u. *4-Aminobutyrophenon* (**VI**). Die Verbb. wurden in Sautons Medium an Stamm *H 37 Rv*, die Einw. von Eiweiß auf das Hemmvermögen in Dubos-Medium (mit 0,3% Albumin) geprüft. Untersuchte Verbb.: *5-Butyrylsalicylsäure, 5-Butyrylsalicylsäuremethylester, 5-Butyrylsalicylsäurethiosemicarbazon, 5-Butylsalicylsäure, 5-Heptoylsalicylsäure, 5-Heptylsalicylsäure, 5-Heptoyl-*

3-methylsalicylsäure, **I**, *5-Chloracetylsalicylsäure*, *5-Benzoylsalicylsäure*, *5-Benzoylsalicylsäuremethylester*, **Ia**, *δ-[p-Aminobenzoyl]-n-valeriansäure*, *δ-[p-Oxy-m-chlorbenzoyl]-n-valeriansäure*, *δ-[2-Oxy-5-chlor-6-methylbenzoyl]-n-valeriansäure*, **II**, *δ-[2-Methoxy-5-chlorbenzoyl]-n-valeriansäure*, *Salicylaldehyd*, *Gentisinaldehyd*, *5-Oxymethylsalicylaldehyd*, *Salicylaldoxim*, *Salicylaldehydhydrazon*, *Salicylaldehydthiosemicarbazon*, *Salicylaldehydsemicarbazon*, *p-Oxy-m-carboxyazobenzol*, *4-Methoxy-3-carboxy-4'-äthoxyazobenzol*, **III**, **IV**, *β-Naphthyl-5-azosalicylsäure*, *p'-Äthoxy-p-amino-m-carboxyazobenzol*, *p'-Äthoxy-p-oxy-m-methylazobenzol*, *3-Amino-5-sulfosalicylsäure*, *5-Sulfosalicylsäure*, *5-Chlormethylsalicylsäure*, *4-Amino-2-oxybenzolsulfosäure*, **V**, **VI**, *2.2'.4'-Trioxybenzophenon*, *Aminoresacetophenon*, *4-Methyl-3-aminobutyrophenon*, *3-Amino-5-acetosalicylsäuremethylester*, *4-Aminothiophenol-2-sulfosäure*, *4-Aminozimtsäure*. (Arb. Paul Ehrlich-Inst. Georg Speyer-Hause Frankfurt a. M. **1950**. Nr. 48. 118—27. Frankfurt/M., Chemotherapeut. Forschungsinst. „Georg-Speyer-Haus".) K. MAIER. 4330

Rollin D. Hotchkiss, *Übertragung der Penicillinresistenz bei Pneumokokken durch das Desoxyribonucleat resistenter Kulturen.* Analog zu den durch *Desoxyribonucleat* (**I**)-haltige Extrakte übertragbaren erblichen Eigg. (art- oder typenspezif. Antigene) bestimmter Bakterienstämme gelang bei Pneumokokken die Übertragung einer *Penicillin* (**II**)-Resistenz. Kapselfreie Pneumokokkenrauhstämme (*R*) bilden spontan 1—5/10^7 **II**-resistente Varianten (*RP*), kapseltragende Typ *III*-Glattstämme (*G*) analoge **II**-resistente Stämme (*GP*). Die resistenten *RP*-Stämme sind wie die gewöhnlichen *R*-Pneumokokken durch **I** eines n. **II**-empfindlichen *G*-Stammes in die kapseltragende *G*-Form überführbar, wobei der resultierende *G*-Stamm gleichzeitig **II**-resistent ist, das heißt, die Faktoren für glatte Kulturen u. für **II**-Resistenz können voneinander unabhängig erworben werden u. auftreten. Normale **II**-empfindliche *R*-Pneumokokken bilden bei Züchtung in Ggw. der **I**-Fraktion von *RP*- oder *GP*-Kulturen 10000fach mehr **II**-resistente Zellen als spontane u. behalten diese Eig. bei mehrfacher Subkultur bei. Wenn das die Transformation auslösende **I** aus einer *GP*-Kultur stammt, überträgt es 2 biol. Eigg., jedoch werden diese in den *R*-Receptorzellen **unabhängig** voneinander induziert; die *RP*- sind häufiger als die *G*-Transformanten. *GP*-Transformanten treten weit seltener auf. Die **I**-Aktivität wird beim Entfernen von Eiweiß durch Denaturierung u. erneute Fällung oder beim Zerstören von *Ribonucleat* durch *Ribonuclease* nicht, jedoch durch *Desoxyribonuclease* rasch zerstört. Quantitative Unterss. deuten darauf hin, daß die Erwerbung der **II**-Resistenz wahrscheinlich stufenweise erfolgt. (Cold Spring Harbor Sympos. quantitat. Biol. **16**. 457—61. New York, N. Y., Rockefeller Inst. for Med. Res.) K. MAIER. 4340

Elizabeth J. Oswald, Robert J. Reedy, William A. Randall und **Henry Welch**, *Penicillinresistenz von Staphylokokken, die aus ausgesuchten Versuchsgruppen isoliert wurden.* (Antibiotics Annu. **1953/1954**. 318—21. Washington, D. C., Dep. of Health, Educat. and Welfare.) DOSSMANN. 4340

Hideo Kubo, Yōnosuke Ikeda und **Tadahiko Andō**, *Untersuchungen über die von Streptomyces griseus K–33 gebildeten antibiotischen Substanzen.* Aus der Kultur-Fl. von *Str. griseus K–33* wurden neben Streptomycin 2 antifungielle Substanzen isoliert. Die eine, gegen Hefen wirksame, wurde als *Actidion* (**I**) identifiziert, während die andere, gegen Hefen u. Pilze wirksame, eine neue Verb. zu sein scheint. Die Substanzen wurden mit Ae. extrahiert u. auf Grund ihrer CCl_4-Löslichkeit getrennt. Die CCl_4-unlösl. Fraktion (*F-Faktor*) zeigte einen R_F-Wert, der von dem **I**-Wert verschieden war, hemmte das Wachstum von *Sach. cerevisiae* (Verdünnung 1: 2500000), *Torula utilis* (1 : 500000), *Pen. chrysogenum* (1 : 10000) u. *Rh. delemar* (1 : 80000), war jedoch gegen zahlreiche Bakterientypen unwirksam. (Abstr. Kagaku-Kenkyū-Jo Hōkoku [Rep. sci. Res. Inst.] **21**. 31. 1951.) K. MAIER. 4340

L. M. Model, *Über die Widerstandsfähigkeit von Tuberkulosemycobakterien gegenüber chemischen Präparaten.* An Hand der nichtsowjet. Literatur (26 Literaturstellen) wird über die Resistenz der Tbc-Mycobakterien gegenüber *Streptomycin* (**I**), *p-Aminosalicylsäure* (**II**) u. *Isoniazid* berichtet; es werden die Methoden der Best. der Arzneimittelresistenz dargestellt. (Современные Проблемы Туберкулеза [Gegenwärt. Probleme Tuberkulose] **4**. Nr. 1. 3—9. 1953.) RENTZ. 4340

F. Tison, *Trennung der „bakteriostatischen" und „baktericiden" Streptomycinaktivität gegenüber den Tuberkelbakterien in vitro.* Das Tuberkelbacterium besitzt in Ggw. von 1000 γ *Streptomycin* (**I**)/cm^3 noch nach 12 Tagen seine charakterist. morpholog. u. biol. Eigenschaften. Ein **I**-empfindlicher Stamm ($< 2\,\gamma$ **I**) verlor hierbei 60% seiner Entwicklungsfähigkeit auf LÖWENSTEIN-JENSEN-Medium, behielt jedoch seine Virulenz gegenüber Meerschweinchen vollständig bei. Bei einem **I**-resistenten Stamm veränderten sich weder Entwicklungsfähigkeit noch Virulenz. Bei einem bestimmten Stamm hat demnach unter Umständen die 1000fache bakteriostat. Dosis keinen bactericiden Effekt. Die zur routinemäßigen I-Resistenzbest. verwendeten Konzz. scheinen für eine Trennung der bakteriostat. u. der baktericiden I-Wrkg. gegenüber Tb-Bakterien nicht auszureichen. (Ann. Inst. Pasteur **79.** 100—03. Juli 1950. Praz-Coutant, Labor. Central des Villages Sanatoriums de Haute Altitude.) K. MAIER. 4340

Jen-Yah Hsie und **Vernon Bryson,** *Veränderlichkeit und relative Wachstumsgeschwindigkeit von gegen Dihydrostreptomycin, Neomycin und Isoniazid resistenten Mycobakterien.* Verss. zur Kenntnis der biol. Natur u. der klin. Anwendungsmöglichkeiten durch Feststellung genet. Veränderungen bei bakteriellen Populationen. Diese wurden untersucht bei *Dihydrostreptomycin*-resistenten u. -abhängigen Stämmen von M. ranae, an *Neomycin*-resistenten Populationen von M. tuberculosis u. bei *Isoniazid*-resistentem virulentem M. tuberculosis humanus. Eingehende Diskussion der aufgeworfenen Probleme. (Antibiotics Annu. **1953/1954.** 585—94. Des Moines, Ja., Des Moines Still Coll. of Osteopathy and Surgery, Dep. of Bacteriol. and Public Health, u. Long Island, N. Y., Cold Spring Harbor, Biological Labor.) DOSSMANN. 4340

Henry P. Treffers, Nao O. Belser und **Dorothy C. Alexander,** *Genetische Untersuchungen über die Resistenz gegenüber Streptomycin und einem substituierten Streptomycin (N'-γ-Oxypropylstreptomycylamin).* Bericht über Titrations-Verss. mit Varianten von E. coli auf ihre Rkk. gegenüber *Streptomycin* (**I**) u. *N'-γ-Oxypropylstreptomycylamin,* das durch Kopplung von I mit 3-Aminopropanol dargestellt wurde. Prakt. weisen die Verss. auf die Notwendigkeit der Erkennung resistenter Testorganismen hin, weil sie signifikante Variable bei Vergleichs-Verss. über die Wirksamkeit verschied. *Antibiotica* (**II**) darstellen; durch ungeeignete Auswahl der Testorganismen kann eine Umkehr der relativen Wirksamkeit der verschied. **II** auftreten. (Antibiotics Annu. **1953/1954.** 595—603. New Haven, Conn., Yale Univ., Dep. of Microbiol.) DOSSMANN. 4340

Benigna Blondel, *Untersuchungen über die Streptomycinresistenz unter Bedingungen, die eine Auswahl der Varianten ausschließen.* Bericht über Verss. mit Kulturen von Micrococcus pyogenes aureus in einer Konz. von maximal 10^5 Keimen/ml. In dieser Konz. ist die Anwesenheit von resistenten Varianten unwahrscheinlich. Ferner Anwendung schwacher *Streptomycin* (**I**)-Konzz., damit die Entw. der Keime bei dessen Ggw. vergleichbar mit den Kontrollen bleibt. Unter diesen Bedingungen wurde keine Vergrößerung der **I**-Resistenz im Vgl. zu Kontrollkulturen ohne **I**-Zusatz zum Nährboden festgestellt. (C. R. Séances Soc. Biol. Filiales **147.** 1662—65. Okt. 1953. Liège, Univ., Labors. de Microbiol. générale et méd. u. C.R.P.A.) DOSSMANN. 4340

M. Bariéty und **J. Sifferlen,** *Auswertung der Resistenz des Koch-Bacillus gegenüber Streptomycin in flüssigem Milieu bei reduziertem Volumen.* Angabe einer Technik, die es gestattet, *Streptomycin* (**I**)-Verdünnungen verschied. Konz. bei sehr kleinem Vol. herzustellen, wodurch die benötigten **I**-Mengen äußerst klein bleiben. (C. R. Séances Soc. Biol. Filiales **147.** 1136—38. Juli 1953. Paris Inst. Pasteur.) DOSSMANN. 4340

K. I. Germanowa und **M. M. Lewitow,** *Der Einfluß von Kultivierungsbedingungen auf die Ausbildung einer Resistenz gegenüber Streptomycin bei Mikroben.* In Verss. mit Colibacillen wird festgestellt, daß die Geschwindigkeit der Ausbldg. einer *Streptomycin* (**I**)-Resistenz in bedeutendem Maße von den Kultivierungsbedingungen, der Zus. des Nährbodens u. vom p_H abhängt. In Bouillon entwickelt sich die **I**-Resistenz 50—100 mal rascher als in synthet. Nährböden. Bei Herabsetzung des p_H von 8 auf 6 nimmt die Geschwindigkeit der Ausbldg. einer **I**-Resistenz um das 10—20fache zu. Fügt man zu einem synthet. Nährboden *Caseinhydrolysat* oder *Glutaminsäure* hinzu, so nimmt die Empfindlichkeit gegenüber **I** um das 5—10fache ab. Auf die Entw. einer **I**-Resistenz haben diese Zusätze jedoch keinen Einfluß. (Журнал Микробиологии, Эпидемиологии и Иммунобиологии [J. Mikrobiol., Epidemiol., Immunobiol.] **1954.** Nr. 2. 16—20. Febr. Allunions Wiss. Forschungsinst. für Penicillin u. andere Antibiotica.) RENTZ. 4340

Maurice Welsch und **Jean-Marie Ghuysen,** *Streptolytische Aktivität von Actinomycetin.* Kurze Besprechung der Wirkungsweise von *Actinomycetin* (**I**), dem bakteriolyt. Prinzip verschied. Species von Streptomyces, der Auswahl der Bakterienstämme u. der Versuchstechnik. Nach den Verss. ist anzunehmen, daß **I** außer colilyt. u. staphylolyt. wahrscheinlich in Verb. mit diesen einen Stoff enthält, der die Zers. der Streptokokken bewirkt. Auf die mögliche Identität dieses Stoffes mit der *Polysaccharidase* von MCCARTY wird hingewiesen. (C. R. Séances Soc. Biol. Filiales **147.** 1659—62 Okt. 1953. Liège, Univ., Labors. de Microbiol. générale et méd. u. C.R.P.A.) DOSSMANN. 4340

Colette Latterrade und **Michel Macheboeuf,** *Biochemische Untersuchungen über die Wirkungsweise der Polymyxine. PolymyxinB* (**I**) (als Sulfat), eine Verb. eines *bas. Polypeptids* mit *d-6-Methyloctansäure,* gibt, wie *Streptomycin* (**II**), in W. bei Abwesenheit von Elektrolyten mit *Ribonucleinsäuren,* gewissen *Phosphoaminolipiden, Heparin* u. den *Gallensäuren* unlösl. Produkte. Neutralsalze verhindern bereits in schwächeren Konzz. die Bldg. derselben. Im Gegensatz zu **II** bildet **I** außerdem Ndd. mit *Mononucleotiden.* Die Kombinationen **I**–Nucleoproteine u. **I**–Phospholipide sprechen dafür, daß **I**, wie **II**, *Antigen O*-freie Bakterien in einem elektrolytarmen Medium agglutinieren wird. Verss. mit einer *Rauh*-Form von *Staph. albus* u. einem *R*-Stamm von *Escherichia coli* bestätigten dies. (Ann. Inst. Pasteur **78.** 753–58. Juni 1950. Inst. Pasteur, Labor. de Chim. biol.) K. MAIER. 4340

N. Bohonos, A. C. Dornbush, L. I. Feldman, J. H. Martin, E. Pelcak und **J. H. Williams,** *In vitro-Versuche mit Chlortetracyclin, Oxytetracyclin und Tetracyclin.* Bericht über Best. der antibakteriellen Wirksamkeit von *Tetracyclin* = *Achromycin* (**I**), *Chlortetracyclin* = *Aureomycin* (**II**) u. *Oxytetracyclin* = *Terramycin* (**III**) nach 3 verschied. Testmethoden, die bei **I**, **II** u. **III** gleich ist. **I** bis **III** haben sehr verschied. chem. Stabilität u. lassen sich papierchromatograph. trennen. (Antibiotics Annu. **1953/1954.** 49–55. Pearl River, N. Y., Lederle Amer. Cyanamid Comp.) DOSSMANN. 4340

Boris A. Shidlovsky, Milton Marmell, Aaron Prigot und **Louis T. Wright,** *Empfindlichkeit frisch isolierter Mikroorganismen gegenüber sieben Antibioticis mit besonderer Hervorhebung von Carbomycin und Erythromycin.* (Vorläufiger Bericht.) Verss. zur Feststellung des bakteriellen Spektr. von *Carbomycin* (**I**) u. *Erythromycin* (**II**) ergaben weitgehende Übereinstimmung von **I** u. **II** mit *Penicillin* (**III**). Von gramnegativen Organismen waren Neisseria gonorrhoeae u. Haemophilus influenzae relativ empfindlich auf **I** u. **II**; M. pyogenes u. Enterokokken wurden durch geringe **I**- u. **II**-Konzz. gehemmt, während sie gegenüber den *Tetracyclinen, Chloramphenicol, Streptomycin* u. **III** relativ resistent waren. (Antibiotics Annu. **1953/1954.** 548–59. New York City, Harlem Hosp.) DOSSMANN. 4340

Paul Bunn, Leonard Canarile und **Winifred Osborne** (unter Mitarbeit von **William Hartmann**), *Aktivität gewisser Kombinationen antibakterieller Mittel gegenüber Pseudomonas aeroginosa.* Bei Austestung der Empfindlichkeit von 25 Stämmen von Pseudomonas aeruginosa auf *Penicillin, Streptomycin, Bacitracin, Polymyxin B* (**I**), *Oxytetracyclin* (**II**), *Chlortetracyclin* u. *Chloramphenicol* zeigten **I** u. **II** mit Abstand die größte Hemmwrkg.; untersucht u. diskutiert wird der Grad der Hemmung in Abhängigkeit von der **I**- bzw. **I** + **II**-Konzentration. (Antibiotica Annu. **1953/1954.** 279–84. Syracus, N. Y., State Univ. of New York, Coll. of Med., Dep. of Med. and Bacteriol.) DOSSMANN. 4340

Harry F. Dowling, *Der Einfluß des Auftretens resistenter Stämme auf die Zukunft der antibiotischen Therapie.* Besprechung des Problems der Resistenz gegen *Antibiotica* (**I**), der Möglichkeiten ihrer Vermeidung u. der Aussichten für die Zukunft hinsichtlich der Beherrschung der **I**-Therapien. (Antibiotics Annu. **1953/1954.** 27–34. Chicago, Ill., Univ. of Illinois, Coll. of Med., Dep. of Med.) DOSSMANN. 4340

Harry Seneca und **Lorraine Murphy,** *Herbeiführung von Sensibilität und Resistenz von Entamoeba histolytica gegenüber Oxytetracyclin in vitro.* In einem *Oxytetracyclin* (**I**)-haltigen Medium wurden Subkulturen von 11 verschied. Stämmen E. histolytica gezüchtet u. auf ihre Empfindlichkeit gegenüber **I**, das zur Zeit als ein bevorzugtes Mittel bei intestinaler Amoebiasis gilt, ausgetestet. In 8 Fällen blieb die **I**-Empfindlichkeit unverändert, 2 Stämme wurden empfindlicher, einer resistenter. (Antibiotics Annu. **1953/1954.** 570–75. New York, N. Y., Columbia Univ., Coll. of Physiciens and Surgeons.) DOSSMANN. 4340

W. R. Fernell und **H. K. King,** *Die chemische Zusammensetzung der löslichen und unlöslichen Fraktionen der Bakterienzelle.* Vff. berichten über lösl. u. unlösl. Zellbestandteile von 8 Bakterienarten (Gramnegative: Escherichia coli E 106, Pasteurella pseudotuberculosis N.C.T.C. 1102, Proteus vulgaris L 10, Pseudomonas aeruginosa L 15; Grampositive: Bacillus subtilis E 4, Micrococcus pyogenes var. albus L 14, Sarcina lutea L 21; Säurefeste: Mycobacterium phlei N.C.T.C. 525). Die Organismen wurden zerrieben u. zentrifugiert; das unlösl. Material (hauptsächlich Zellwand) betrug ca. $^1/_2$ des Trockengewichts der Zellen. In den beiden Zellfraktionen wurden bestimmt: Asche, Gesamt-*N*, -*P*, *Hexose, Pentose, Desoxyribonucleinsäure,* Gesamtnucleinsäure. Die lösl. Fraktion enthielt die Hauptmenge Nucleinsäure u. war reicher an P, *Pentose* u. *Desoxypentose.* (Biochem. J. **55.** 758–63. Dez. 1953. Liverpool, Univ., Dep. of Biochem.) GOEBEL. 4350

J. W. Berg, *Chemie der Säurefestigkeit.* Vf. untersuchte die Rk. zwischen Kristallviolett u. Fettsubstanzen des Mykolsäure(I)-Typs als Beispiel der allg. Rk. zwischen bas. Farbstoffen u. säurefesten Fetten. I u. Leprosinsäure (II) bilden mit Kristallviolett eine Komplexverb. im Molverhältnis 1 : 1, obwohl II 2 Carboxylgruppen enthält. Die Komplexe sind lösl. in Xylol u. Chlf. u. relativ schwer durch Säure zu hydrolysieren (säurefest). Werden einerseits die Carboxylgruppen u. andererseits die Hydroxylgruppen blockiert, bildet sich keine Verbindung. Die Komplexe mit I u. II sind ausgezeichnet durch eine starke Absorptionsbande bei 3500 Å, die weder der Farbstoff noch die Säuren allein zeigen. Folgende Fettsäuren sind nicht säurefest: Cerotinsäure, Chaulmoograsäure, Hexakosansäure, 10-Methylhexakosansäure, 10-Methyldokosansäure, Cetylbenzylessigsäure, Methylbehensäure, α-Methylarachidinsäure, α-Methyltetrakosansäure, α-Methylstearinsäure, α-Methylcerotinsäure u. 10-Methyltetrakosansäure. Decylmalonsäure, Cetylmalonsäure u. Hydrocaprylmalonsäure sind säurefest u. bilden mit Kristallviolett einen xylollösl. Komplex, der jedoch nicht die spezif. Absorptionsbande bei 3500 Å zeigt. (Proc. Soc. exp. Biol. Med. **84.** 196—98. Okt. 1953. New Haven, Conn., Yale School of Med., Dep. of Pathology.)
SCHÜTTE. 4350

Walter S. Moos, *Elektronenmikroskopie von Fasern, die durch eine Reaktion zwischen Kupfer und einer Pyocyaninfraktion erhalten wurden.* Vf. berichtet über die Möglichkeit einer Faserbldg. zwischen Metallen, bes. *Cu*, u. biol. Material. Mit der Pyocyaninhaltigen Fraktion aus *Pseudomonas aeruginosa* u. metall. Cu wurden im Elektronenmikroskop Fasern mit ca. 90 Å Durchmesser beobachtet, nicht mit Ni, $CuCl_2$ u. CuCl. (J. Bacteriol. **62.** 767—70. Dez. 1951. Bethesda, Md., Nat. Cancer Inst., Nat. Inst. of Health.) GOEBEL. 4350

Walter S. Moos und **John W. Rowen,** *Identifizierung einer kupferkomplexbildenden Fraktion von Pyocyanin.* In einer früheren Mitt. (vgl. vorst. Ref.) wurde berichtet, daß eine Fraktion aus *Pseudomonas aeruginosa* (*Fraktion K*; I) mit Cu polymerisiert u. charakterist. Fasern bildet. Vff. fanden nun, daß die in I vorkommende Substanz ident. ist mit *1-Oxyphenazin*, das synthet. dargestellt wurde, da deren Absorptionsspektren im Sichtbaren, UV u. Infrarot, sowie ihr Verh. bei der Papierchromatographie u. ihre Cu-Polymerisations-Rkk. gleich sind. Abb. der Absorptionsspektren. (Arch. Biochem. Biophysics **43.** 88—96. März 1953. Bethesda, Md., Nat. Cancer Inst., Nat. Inst. of Health, Public Health Serv., Fed. Security Agency.)
GOEBEL. 4350

J. Desbordes, P. Bonet-Maury und **A. Deysine,** *Praktische Anwendung markierter Bakterien. Untersuchung der Schnelligkeit der Verteilung von mit ^{32}P markiertem Mycobacterium tuberculosis beim Meerschweinchen. Über den Verbleib der Bacillen in An- und Abwesenheit von Hyaluronidase.* Meerschweinchen wurden mit einer Emulsion infiziert, die mit ^{32}P markierte Tuberkelbacillen enthielt, 5 Std. später wurde die Verteilung im Organismus (Injektionsstelle, Lunge, Milz, Leber, Niere) mit Zählrohr festgestellt, die meisten Entladungsstöße ergaben Lunge u. Milz. Wiederholung des Vers. unter Zusatz von *Hyaluronidase* (I) zur markierten Tuberkelsuspension. Durch I scheint eine schnellere Verbreitung stattzufinden, die Zahl der Keime in Lunge u. Milz ist kleiner, weil die Organe schneller passiert wurden. Es wird vermutet, daß die Differenz in anderen nicht untersuchten Geweben anzutreffen gewesen wäre. (C. R. Séances Soc. Biol. Filiales **147.** 1212—14. Juli 1953. Paris, Hôp. Bichat, Serv. du Docteur Jean Paraf, Inst. du Radium u. Inst. nat. d'Hygiène.)
DOSSMANN. 4350

M. Klungsøyr, R. J. Sirny und **C. A. Elvehjem,** *Wirkung unvollständiger Hydrolyse auf die mikrobiologische Bestimmung von Aminosäuren.* Vff. untersuchen die Empfindlichkeit von Lactobacillus delbrueckii 3 (Ld), Lactobacillus arabinosus (La) u. Leuconostoc mesenteroides (Lm) gegen *Phenylalanin* (I), *Tyrosin* (II), *Leucin* (III), *Isoleucin* (IV) u. *Valin* (V) in *Fleischhydrolysaten*, die unter verschied. Bedingungen erhalten wurden. Alle 3 Mikroorganismen verwerten in hohem Grade peptidgebundene Aminosäuren. I, II, III u. IV scheinen von Ld vollständig verwertet zu werden, wenn für die Best. eine 72std. Bebrütung angewendet wird. I u. II in Partialhydrolysaten üben auf Ld eine deutlich stimulierende Wrkg. aus, wenn kürzere Bebrütungszeiten angewendet werden. Dies deutet nach Ansicht der Vff. auf die Ggw. einer I- u. II-haltigen Verb. hin, die vom Organismus benötigt u. für das Wachstum zu langsam synthetisiert wird. Der antagonist. Wrkg. anderer Aminosäuren auf die Empfindlichkeit von La u. Lm gegen IV bzw. V wirken Peptide oder andere säurelabile Verbb. entgegen, die in unvollständig hydrolysiertem Fleisch vorhanden sind. Mittels Chromatographie wurde nach 1std. Hydrolyse mit 1nHCl bei 121° aus Fleisch eine Peptidfraktion isoliert. Von den 11 Aminosäuren, die in dieser Fraktion gefunden

wurden, konnten alle untersuchten von den Mikroorganismen in Peptidbindung verwertet werden. Eine kombinierte mikrobiol.-chromatograph. Meth. erwies sich für die Identifizierung von Aminosäuren u. zur Best. ihrer wachstumsfördernden Wrkg. im Peptidverband als sehr nützlich. (J. biol. Chemistry **189.** 557–69. April 1951. Madison, Wis., Univ. of Wisconsin, Coll. of Agric., Dep. of Biochem.)
Nehring. 4360

E.-R. Brygoo, *Untersuchungen über das Hämolysin von Clostridium botulinum D.* Die *Cl. botulinum D*-Stämme sezernieren (optimal bei 30°) ein vom Exotoxin verschied. *Hämolysin* (**I**), das in der Verdünnung 1/200 gegenüber Erythrocyten verschied. Tierspezies wirksam ist. **I** wird durch H_2O_2 nicht zerstört, durch eine reduzierend wirkende 4%ig. Hydrosulfitlsg. aktiviert u. durch 30 Min. langes Erwärmen auf 45° zerstört. Nach 3std. Einw. hemmen die Antibotulinusseren *A, B, D* u. *Antiperfringensserum* **I** bis zur Verdünnung 1/1000 vollständig, bis 1/2500 teilweise. N. Pferdeserum wirkt unter analogen Bedingungen in gleicher Weise. **I** besitzt die Eigg. einer *Lecithinase.* (Ann. Inst. Pasteur **78.** 795–98. Juni 1950. Inst. Pasteur, Serv. des Anaérobies.)
K. Maier. 4370

Maylis Guillaumie, *Bakterielle Hämolysine und Antihämolysine.* Verschied. *Bakterienhämolysine* (**I**) verlieren durch Oxydation ihre Aktivität u. erlangen sie in Ggw. von Reduktionsmitteln (**II**) wieder, während andere gegenüber O_2 u. **II** unempfindlich sind. Die hämolyt. Wrkg. verschied. O_2-stabiler Toxine beruht auf den *Lecithinasen D.* Die Wirksamkeit verschied. oxydabler **I** verschwindet rasch bei 37° u. tritt unter Einw. von **II** nicht wieder auf. Serum eines gegen oxydables Hämolysin (**III**) immunisierten Tieres hemmt nicht nur dieses, sondern auch verschied. oxydable heterologe **I.** Dieses Serum neutralisiert gegen O_2 stabile **I** nicht. Umgekehrt heben Antikörper eines O_2-stabilen **III** die Aktivität eines oxydierbaren **III** nicht auf. (Ann. Inst. Pasteur **79.** 661–71. Nov. 1950. Inst. Pasteur.) K. Maier. 4370

W. A. Clarke und **G. D. Clarke,** *Der Mechanismus der Wirkung von Eisen und Kobalt auf die Toxinproduktion von Corynebacterium diphtheriae.* Fe (0,1–0,9 γ/cm³) u. Co (2 γ/cm³) bewirken Abnahme der *Toxin* (**I**)-Produktion von *Corynebacterium diphtheriae.* Co ist hierbei wirksamer als Fe. Beide Metalle besitzen eine gleiche Wrkg. auf die *Koproporphyrin* (**II**)-Bildung. Vff. fanden, daß für je 2 zugesetzte Fe-Atome 2 Mol **II** u. 1 Mol **I** aus dem Kulturfiltrat verschwinden. Eine Hemmung der **I**-Bldg. durch Co ist verbunden mit einer ähnlichen Abnahme des Hämin-Geh. der Kultur. Vff. sind der Ansicht, daß Diphtherie-**I** in keiner Beziehung zum *Cytochrom* b (vgl. Pappenheimer u. Hendee, J. biol. Chemistry **171.** [1947.] 701) steht. Die verursachte Wachstumshemmung bei *C. diphtheriae* durch Co ist einer verminderten Bldg. der *Atmungsenzyme* zuzuschreiben. (Biochem. J. **55.** XVI–XVII. Sept. 1953. London, Wright-Fleming Inst., St. Mary's Hosp. Med. School.) Bratfisch. 4370

V. Bolcato, M. E. Scevola und **G. C. Bussi,** *Die Fixierung von Triosephosphaten in lebenden Zellen beim Rhizopus nigricans-Stoffwechsel.* (Vgl. C. **1951.** II. 995.) Mittels der *Phenylhydrazinoxalat*-Abfangtechnik konnten in belüfteten Gäransätzen lebender, submers wachsender *Rh. nigricans*-Mycele *Triosephosphate* (**I**) neben *Brenztraubensäure* (**II**) u. *Acetaldehyd* (**III**) gefaßt werden. Die **I**-Isolierung u. die Ergebnisse der Unterss. von Lynen u. Hoffmann-Walbeck (**C. 1948.** E. **235**) sprechen dafür, daß bei Schimmelpilzen der gleiche Stoffwechselablauf wie bei anderen Mikroorganismen vorliegt. Die gleichzeitige Fixierung der 3 Zwischenverbb. steht anscheinend mit der Gottschalkschen Hypothese (Z. physiol. Chem. **152.** [1926.] 136) im Einklang, wonach die Fumarsäuregärung ein Anhängsel der alkoh. darstellt: *Glucose* → *Acetaldehyd* → *Essigsäure* → *Bernsteinsäure* → *Fumarsäure* (**IV**). Der verwendete *Rh. nigricans*-Stamm bildete in Oberflächenkultur 35–40%, in Submerskultur 10–15% **IV.** Da **I** infolge ihrer Instabilität nicht direkt als Hydrazone gefällt werden konnten, wurden sie nach Neuberg (Biochem. Z. **83.** [1917.] 263) in *Methylglyoxal* (**V**) übergeführt. Ausbeuten: 0,2 g **V**, 0,25 g **II**, 0,2–0,3 g **III** (/Liter). (Naturwissenschaften **38.** 236–37. Mai 1951. Pavia, Univ., Ist. di Chim. Farmaceut. e Tossicol.)
K. Maier. 4380

Louis P. Gebhardt and Dean A. Anderson, Microbiology. St. Louis: C. V. Mosby. 1954. (413 S. m. Abb.) $ 5,75.

Louis P. Gebhardt and Dean A. Anderson, Laboratory instructions in microbiology. St. Louis: C. V. Mosby. 1954. (253 S.) $ 3,25.

E_4. Pflanzenchemie. Pflanzenphysiologie. Pflanzenpathologie.

Michael Evenari, Gert Neumann und **Gabriel Stein,** *Faktoren, die den Lichteinfluß auf die Keimung ändern.* Verglichen wird die Keimung von Lattichsamen im Dunklen (D), unter dem Einfl. von Rot (R)- (6000–7000 Å) u. Ultrarot (UR)- (7000–8020 Å)

Bestrahlungen. Ohne Berücksichtigung des Meßfehlers wurden folgende %-Sätze für die Keimung bei der optimalen Keimungstemp. von 26° erhalten: D = 28, R = 76, UR = 12, R nach UR = 72, UR nach R = 15. Die Hemmwrkg. von UR ist am größten, wenn es sofort nach R-Bestrahlung angewandt wird. Diskussion des Temperatureinfl. u. Besprechung der Effekte, auf die das Ergebnis möglicherweise zurückzuführen ist. (Nature [London] **172.** 452—53. 5/9. 1953. Jerusalem, Hebrew Univ., Dep. of Physical Chemistry and Plant Physiol.) DOSSMANN. 4404

H. S. A. Sherratt und **W. Charles Evans,** *Ein kristallisierter Chlorophyll–Eiweiß-Komplex aus Chlamydomonas.* Außer aus grünen Blättern zahlreicher Pflanzen, z. B. *Trifolium repens, Dactylis glomerata, Pteridium aquilinum,* wurde aus der Alge *Chlamydomonas dorsoventralis* ein krist. *Chlorophyll–Eiweiß*-Komplex (I) erhalten. Die Zellen wurden in anorgan. Salzlsg. unter Belüftung mit CO_2 (5%) -Luft bei künstlichem Licht gezüchtet, anschließend in wenig Nährlsg. + α-Picolin (1:1) suspendiert u. zentrifugiert. Aus grünen überstehenden Fll. krist. nach Zusatz von Dioxan (20% Endkonz.) bei 0° mkr. grüne I-Krist. (Rosetten) aus, die aus α-Picolin–Dioxan umkrist. wurden. Organ. Solventien extrahierten aus I *Chlorophyll a* u. *b.* Im I-Hydrolysat waren die üblichen *Aminosäuren* papierchromatograph. nachweisbar. Gleichartige Kristalle wurden auch aus einer marinen *Chlamydomonas*-Spezies, nicht dagegen aus intakten Zellen von *Chlorella vulgaris* erhalten. (Nature [London] **173.** 540. 20/3. 1954. Bangor, Univ., Coll. of North Wales, Dep. of Agric. Chem.) K. MAIER. 4420

I. I. Djatschkin und **Je. I. Alexejewa,** *Zur Frage der Nicotinsynthese in der Tabakpflanze.* Den höchsten Geh. an *Nicotin* weist der Saft der Tabakpflanze auf, in den Plastiden dagegen ist der Geh. ein unbedeutender. Daraus folgt, daß die Bldg. des Nicotins in der Tabakpflanze nicht mit der Photosynth. oder mit anderen, in Chloroplasten der Blätter sich vollziehenden Prozessen, sondern mit der Tätigkeit der Wurzeln in Zusammenhang steht. (Табак [Tabak] **13.** Nr. 5. 26—28. Sept./Okt. 1952. Krasnodar, Inst. für Nahrungsmittelind.) M. GORDIENKO. 4420

Carmen Ll. Intengan, Leon G. Alejo, Isabel Concepcion, Cesar Yaptinchay, Victoria L. Pobre, Rosita D. Salud und **Josefina D. Manalo,** *Die Zusammensetzung philippinischer Nahrungsmittel.* 1. Mitt. Beschreibung u. Analyse (*W., N,* Ätherextrakt, Asche, Rohfaser, *Ca, P, Fe, Carotin, Thiamin, Riboflavin, Nicotinsäureamid* u. *Ascorbinsäure*) von über 100 Proben verschied. vegetabil. philippin. Nahrungsmittel. — 34 Literaturangaben. (Philippine J. Sci. **82.** 227—52. Sept. 1953. Manila, Inst. of Nutr.) P. LOCH. 4420

Alexandre F. Damanski, Tamara K. Nikolaeff-Maric und **Mira E. Bakarcic,** *Beziehungen zwischen Vitamin C und Cellulose im Spinat und in der Kartoffel.* Im Spinat u. in Kartoffeln wurden nach der Meth. von EMMERIE u. VAN EEKELEN *Vitamin C* (I) u. nach SCHARRER-KÜRSCHNER *Cellulose* (II) bestimmt. Junge Triebe beider Pflanzen enthalten beim Durchbrechen der Erdoberfläche am meisten I u. II; im weiteren Verlauf der Entw. nimmt der Geh. beider Substanzen ab, danach steigt der II-Geh. nur wenig an, während mit der Ausbldg. der Blätter die Menge an I sich außerordentlich erhöht. Diese geht erst mit dem Verwelken der Blätter zurück. Die Kartoffelknollen besitzen den höchsten I-Geh., wenn sie weniger als 1 g wiegen, dabei enthalten die im Frühjahr gepflanzten etwas mehr als die im Sommer gepflanzten. Der I-Geh. wird mit der Assimilation in Zusammenhang gebracht. (Bull. Soc. Chim. biol. **35.** 981—83. 1953.) KATHEN. 4425

R. L. Winokur, *Der Wuchs von beringten Trieben des Citronenbaumes unter dem Einfluß von Wurzeln, die keine Mineralernährung erhalten.* Die oberhalb der Ringstellen von Citruszweigen aus dem Callus 15—20 Tage nach der Behandlung mit *Heteroauxin* gebildeten Wurzeln zeigten in reinem W. ein gutes Wachstum, wurden demnach nur mit Nährstoffen aus dem Zweig oberhalb der Ringstelle versorgt. Im Verlaufe des Winters (Belichtung mit Luminescenzlampen) blieben im Labor. an den so bewurzelten Zweigen alle Blätter erhalten, während an den nicht bewurzelten Zweigen alle Blätter oberhalb der Ringstelle abfielen. Die Ergebnisse zeigen, daß zwischen den Wurzeln u. den oberird. Teilen ein Nährstofftransport in der Baumrinde erfolgt. (Доклады Академии Наук СССР [Ber. Akad. Wiss. UdSSR] [N. S.] **93.** 357—59. 11/11. 1953. Inst. für Pflanzenphysiol. der Akad. der Wiss. der UdSSR.) LEBTAG. 4450

Karl Heinz Grube, *Über den Zusammenhang von Phosphathaushalt und Photosynthese bei Helodea densa.* Blätter von Helodea densa wurden nach Wachstum in ^{32}P-haltigem Nährsubstrat mit Trichloressigsäure (I) extrahiert. Durch Fällen als NH_4MgPO_4 wurde die anorgan. Orthophosphatfraktion erhalten, der nicht fällbare P zur „I-lösl. organ. Phosphatfraktion" gezählt, während die „I-unlösl. organ. Phosphatfraktion" bei der Extraktion hinterbleibt. Es ergab sich eine starke Abhängigkeit der ^{32}P-

Aufnahme von der Temp. u. von der Beleuchtungsstärke (bis zu 2200 Lux). Ferner wurden Verss. bei Ggw. von CO_2 (Luft + 5% CO_2) u. bei CO_2-Mangel durchgeführt. Bei überschüssigem CO_2 machte sich gegenüber den CO_2-Mangelverss. im Licht eine erhöhte Bldg. von Verbb. der I-lösl. organ. Phosphatfraktion bemerkbar. Bei den CO_2-Mangelverss. war die ^{32}P-Aufnahme im Licht gegenüber den Dunkelverss. in die I-lösl. organ. Phosphatfraktion noch sehr erhöht. Es wird vermutet, daß es im Licht auch bei Abwesenheit von CO_2 noch zu einer Bldg. von energiereichem Phosphat kommen könnte. (Planta **42.** 279—303. 1953. Hannover, Tierärztliche Hochschule, Bot. Inst.)

Lips. 4460

Jorma K. Miettinen und **Artturi I. Virtanen,** *Stickstoffstoffwechsel der Erle (Alnus). Die Abwesenheit von Arginase und die Gegenwart von Glutaminsäuredecarboxylase.* Im Blatt-, Wurzel- u. Wurzelknöllchengewebe der Erlengattung Alnus incana wurde keine *Arginaseaktivität* gefunden. Daher erscheint es unwahrscheinlich, daß die Stickstoffnutzung des *L*(+)-*Citrullins*, der vorherrschenden freien Aminosäure in den Wurzeln u. Wurzelknöllchen der Erle, über den Harnstoffcyclus verläuft. Weiter prüften Vff. auf die Ggw. von *L*(+)-Glutaminsäuredecarboxylase. Eine geringe Aktivität, die sich auf die unlösl. Zellteile zu konzentrieren scheint, wurde im Sommer, dagegen sehr wenig im Herbst gefunden. In vergleichenden, halbquantitativen Experimenten besaßen Möhren u. Erbsen größere Aktivität, u. das Enzym konnte hier leicht mit Phosphatpuffer extrahiert werden. Das Vork. von p-Aminobuttersäure in den Wurzelknöllchen von Alnus incana beruht wahrscheinlich auf der Glutaminsäuredecarboxylierung, obgleich die Aktivität der Decarboxylase gering ist. (Acta chem. scand. **7.** 289—96. 1953. Helsinki, Finland, Biochem. Inst.) Heyns. 4460

Wilhelm Halbsguth und **Hans-Willy Kohlenbach,** *Einige Versuche über die Wirkung von Heteroauxin auf die Symmetrieentwicklung der Brutkörperkeimlinge von Marchantia polymorpha L.* Nach einer Hypothese von Halbsguth (Biol. Zbl. **72.** [1953.] 52) soll „Wuchstoff" eine wichtige Rolle bei dem Zustandekommen von Dorsiventralität bei den Brutkörperkeimlingen zukommen. Es wurden Verss. mit Hilfe von *β-Indolylessigsäure* (I) durchgeführt, um in die Symmetrieentwicklung einzugreifen. In Konzz. von 10^{-5} u. 10^{-6} g/ml dem Kultursubstrat von Marchantia polymorpha-Brutkörpern zugesetzt, bewirkt **I** bei Kultur unter allseits gleichen Bedingungen eine Zunahme der Entw. geflügelter u. isolateraler Thalli. Unter gleichen Bedingungen wird die Wrkg. einer Schwereinduktion von erheblicher Dauer bedeutend herabgesetzt. Die Verstärkung einer an sich unterschwelligen Lichtinduktionswrkg. durch **I** wird wahrscheinlich gemacht. Sie bedarf weiterer Untersuchung. Ferner wird begründet, daß die **I** oder ein genuiner Wuchsstoff wesentlich an der Entscheidung über das Zustandekommen der Dorsiventralität der Brutkörperkeimlinge von Marchantia beteiligt ist. (Planta **42.** 349—66. 1953. Bonn, Univ., Bot. Inst.) Lips. 4485.

M. K. Tolba und **A. M. Saleh,** *Beziehungen zwischen dem p_H-Wert von Tomatengewebe und seiner Empfindlichkeit gegen den Angriff von zwei Fusarien.* Unterss. an grünen u. roten Früchten dreier Tomatenvarietäten über die Beziehungen zwischen dem p_H-Wert ihres Gewebes u. der Empfindlichkeit gegen den Angriff von Fusarium culmorum u. F. oxysporum. Obgleich der p_H-Wert der frischen Gewebe nur zwischen 4 u. 5 schwankte, fiel der unter dem Einfl. der Fusarien innerhalb von 4 Tagen bei 25° erfolgte Verfaulungsprozeß des Gewebes sehr stark mit zunehmendem p_H. (Nature [London] **173.** 87. 9/1. 1954. Giza, Egypt, Univ. of Cairo, Dep. of Botany.)

Gerda Schulze. 4490

Victor A. Greulach, *Bemerkungen zum Stärkestoffwechsel von mit Maleinhydrazid behandelten Pflanzen.* Mit einer 2000 p. p. m. *Maleinhydrazid* (I) enthaltenden Lsg. besprühte Blätter von Bohnen- u. Tomatenpflanzen enthielten nach 5 Wochen mehr *Stärke* (II) als nicht behandelte Blätter. Wurden die Pflanzen ins Dunkle gebracht, so nahm der **II**-Geh. in den mit **I** behandelten Blättern langsamer ab als in den anderen, während abgetrennte behandelte Blätter eine schnellere **II**-Abnahme zeigten. Weiter wurden Bohnen- u. Tomatenpflanzen so lange im Dunkeln gehalten, bis keine **II** mehr nachweisbar war, mit 2000 p. p. m. **I** besprüht u. nach 60 Std. an das Licht gebracht. Behandelte u. unbehandelte Pflanzen zeigten in gleicher Weise **II**-Bildung. Die Verss. zeigen, daß durch **I** zwar eine gewisse Beeinflussung, aber keine Blockierung der Hydrolyse u. Synth. von **II** im Blatt hervorgerufen wird. (Bot. Gaz. **114.** 480—81. Juni 1953. Chapel Hill, Univ. of North Carolina.) Krusen. 4495

E5. Tierchemie. Tierphysiologie. Tierpathologie.

C. E. Jensen und **Thure Vilstrup,** *Verflüssigung der Endolymphe von Haifischen durch Hyaluronidase.* Die Endolymphe des inneren Ohres von ca. 20 Haifischen konnte durch 4—72 std. Incubation mit *Hyaluronidase* bei Zimmertemp. verflüssigt werden

u. dürfte danach *Hyaluronsäure* oder eine dieser nahe verwandte Substanz enthalten. (Acta chem. scand. **7.** 1128. 1953. Kopenhagen, Univ., Physikochem. Inst. u. Hals-Nasen-Ohrenklinik.) GIBIAN. 4520

Anast. A. Christomanos, *Beiträge zur Natur der Proteine von Seetieren.* 1. Mitt. *Biochemische Untersuchungen über die roten Eiweißfäden der Actinie Adamsia.* Vf. untersuchte das fadenartige Sekret von Actinien, Adamsia Rondeleti, welches diese im gereizten Zustand verspritzen. Durch chloroformhaltiges dest. W. läßt sich daraus der an ein Albumin gebundene rotviolette Farbstoff extrahieren, während die entfärbten Fäden zurückbleiben. Der Farbstoff zeigt ein breites Absorptionsband mit einem starken Maximum bei 5550 Å. u drei kleineren Maxima bei 4650, 4500 u. 4350 Å. Durch Trocknung der wss. Farbstofflsg. entsteht ein gelblich-weißes Pulver, das bei Wasseraufnahme wieder rot wird. Papierchromatographie des Farbstoffproteins ergab größere Mengen von *Asparaginsäure* (I) u. *Glutaminsäure* (II) neben anderen Aminosäuren. Das Eiweiß der farbstofffreien Actinienfäden weist größere Mengen an *Cystein,* I u. II auf. Im alkoh. Extrakt des Farbstoffs wurde papierchromatograph. das Vork. von *Tetramethylammoniumhydroxyd* festgestellt. (Praktika Akad. Athenon **27.** Teil II. 443—53. 1952; ausg. 1953.) NEHRING. 4520

Harold H. Williams, Leo V. Curtin, Jean Abraham, J. K. Loosli und **L. A. Maynard,** *Bestimmung des Aminosäurenbedarfs beim Wachstum durch Analyse des Körpers.* Vff. bestimmten mikrobiol. in der Gesamtmasse des Tierkörpers (Ratte, Huhn, Schwein) in verschied. Entwicklungsstadien den Geh. an 15 *Aminosäuren.* Aus den Ergebnissen ist zu ersehen, daß das gegenseitige Mengenverhältnis der einzelnen Aminosäuren im großen u. ganzen weder unter den verschied. Entwicklungsstufen noch unter den verschied. Species größere Unterschiede aufweist. Der daraus errechnete Bedarf an einzelnen Aminosäuren deckt sich mit dem aus Fütterungsverss. abgeleiteten. (J. biol. Chemistry **208.** 277—85. Mai 1954. Ithaca, N. Y., Cornell Univ., Dep. of Biochem. and Nutr. and Animal Husbandry.) LIESE. 4520

J. François, R. Wieme, M. Rabaey und **A. Neetens,** *Papierelektrophorese der wasserlöslichen Proteine der Linse.* Die *wasserlöslichen Proteine* der Augenlinse von Kindern bis zum Alter von 10 Jahren lassen sich papierelektrophoret. in 4 Fraktionen aufteilen. Später verliert sich diese Differenzierung. Katarakt. Linsen ließen sich von n. derselben Altersgruppe nicht unterscheiden. Bei anderen Säugetieren (7 Species) ließen sich, bis auf Ratte u. Affe, nur 3 Fraktionen unterscheiden. Im Gegensatz zu humanen Linsen verhielten sich bei Tieren Kern u. Kapsel unterschiedlich. (Experientia [Basel] **10.** 79—80. 15/2. 1954. Gand, Univ., Clinique ophthalmol.) LIESE. 4520

C. Chatagnon und **P. Chatagnon,** *Untersuchung über das Strandin von Folch.* 1. Mitt. Die von FOLCH u. Mitarbeiter (**C. 1952. 1516**) angegebenen 3 Methoden zur Extraktion des Lipids „*Strandin*" (I) aus grauer u. weißer Gehirnmasse wurden krit. verglichen u. dem Verf. *C* (direkte Trennung des Lipidrohextraktes durch Dialyse) der Vorzug gegeben, da hierbei die günstigste Ausbeute erzielt wird, weniger Stufen erforderlich sind u. die Fraktionierung der von I verschied. Lipide einfacher ist. Zwischen Human- u. Rinder-I wurde kein wesentlicher Unterschied festgestellt. Die Unters. der physikal. Eigg. von I ergab bei der Elektrophorese in Veronalpuffer (p_H 8,6) eine zwischen einer langsameren u. einer schnelleren Nebenfraktion liegende Hauptfraktion (89%). Die Diffusionskonstante (Ultrazentrifugierung) deutete auf ein Mol.-Gew. von 800000 ± 50%, das wesentlich über dem von FOLCH angegebenen (250000) liegt. Die röntgenograph. Unters. ließ eine semiamorphe Struktur erkennen. (Bull. Soc. Chim. biol. **35.** 1319—24. 1953. Neuilly-sur-Marne (Seine-et-Oise), Inst. Nat. d'Hygiène et C. N. S. S., Labor. Central de Biol. nerveuse de l'Hôpital de Maison-Blanche.) K. MAIER. 4520

J. N. Cumings, *Die Hirnlipoide bei multipler Sklerose und familiärer amaurotischer Idiotie.* Vf. fand bei dem Morbus GAUCHER n. Lipoidzus., bei der Chorea HUNTINGTON einen Mangel an *Phospholipoiden* (I), *Cholesterin* (II) u. *Cerebrosiden* (III) in den Basalganglien, bei der familiären amaurot. Idiotie erhöhte Mengen von III u. *Neuraminsäure* in der grauen Substanz u. verringert I u. bei der multiplen Sklerose einen Mangel an I, II u. III bei Ggw. von *Cholesterinestern* in den entmarkten Gebieten. (Brain **76.** 551—62. Dez. 1953. London, National Hosp., Inst. of Neurology.) ZEMKE. 4520

N. M. Poljakowa, *Untersuchung der Sterine des Gehirns auf chromatographischem Wege.* Vf. beschreibt eine Anordnung zur säulenchromatograph. Trennung des in der grauen u. weißen Substanz des menschlichen Großhirns enthaltenen unverseifbaren Anteils. Dieser wird als 2%ig. Lsg. in Dichloräthan (I) auf eine Säule aus Al_2O_3 gebracht. Danach wird die Säule ausgestoßen u. in einzelne Zonen zerschnitten, die mit heißem Methanol eluiert werden. Zur Identifizierung dient entweder die Fluorescenz unter UV-Licht oder die Rk. mit einer Lsg. von $SbCl_5$ in **I**. Die einzelnen Komponenten werden dann in bekannter Weise identifiziert. Für die graue Substanz ergibt sich folgende Zus. des unverseifbaren Anteils (8% der Trockensubstanz): nicht identifizierte KW-stoffe, Pigmente u. a. Verbb. (**II**) 15,1%, Oxydationsprodd. des Sterins mit Doppelbindung im Ring B (**III**) ca. 0,02%, Isomere des *Cholesterins* (**IV**) 47,95%, Cholesterin (**V**) 36,8%, *7-Oxycholesterin* (**VI**) 0,15%. Für die weiße Substanz ist die Zus. des Unverseifbaren (14% der Trockensubstanz) folgende: **II** 10,2%, **III** ca. 0,02%, **IV** 47,3%, **V** 45,6%. Der **V**-Geh. ist also in der weißen Substanz wesentlich höher, während das in der grauen vorhandene **VI** fehlt. (Доклады Академии Наук СССР [Ber. Akad. Wiss. UdSSR] [N. S.] **93**. 321–24. 11/11. 1953. Biochem. Inst. der Akad. der Wiss. der UkrSSR.) WITTWER. 4520

W. A. Ssobolew, *Untersuchung einiger biochemischer und physiologischer Indices bei Erkrankungen des cardiovasculären Systems.* Bei Patienten mit akutem Rheumatismus u. Endomyocarditis sind die absol. Mengen des n. u. red. *Glutathions* (**I**) im Blut herabgesetzt. Gleichzeitig mit der Besserung des rheumat. Prozesses u. der Abnahme der BSG nimmt der **I**-Geh. zu; das Minutenvol. der aufgenommenen O_2 u. ausgeatmeten CO_2 verringert sich, der Atmungskoeff., die vorher niedrige *Katalase* (**II**)-Zahl u. die Vitalkapazität nehmen zu. Bei Zunahme der Kreislaufinsuffizienz nehmen O_2-Aufnahme u. CO_2-Abgabe zu, nicht jedoch bei sehr schweren Störungen, bei welchen die **II**-Zahl zu-, die Vitalkapazität aber abnimmt. Bei irreversiblen Lungenveränderungen durch anhaltende Stase oder Emphysem nimmt die Vitalkapazität selbst bei Besserung des Zustandes nicht zu. (Клиническая Медицина [Klin. Med.] **32** (**35**). Nr. 1. 52–57. Jan. 1954. Alma-Ata, Kasach. Med. Molotow-Inst., Lehrstuhl für hospitale Therapie.) RENTZ. 4552

Peter Karlson und **Gisela Hanser**, *Bildungsort und Erfolgsorgan des Puparisierungshormons der Fliegen.* Es gelang durch Verss. an Dauerlarven von *Calliphora erythrocephala* (erhalten durch Exstirpation der Ringdrüsen) eine Verpuppung nach Injektion von Puparisierungshormon (**I**) zu erzielen. Demnach scheint **I** in der Ringdrüse gebildet zu werden. Als Erfolgsorgan von **I** erscheint die aktivierte Epidermis, da am ruhenden Gewebe sehr hohe Dosen von **I** notwendig sind, um eine Verpuppung herbeizuführen. Die Epidermis wird wahrscheinlich durch ein Hormon aktiviert, das nicht mit **I** ident. ist. Die von Vff. gewonnenen Hormonpräpp. verhalten sich anders als Substrate des Tyrosinase-Syst. bzw. als Brenzcatechin u. ähnliche Phenole. (Z. Naturforsch. **8 b**. 91–96. Febr. 1953. Tübingen, Max-Planck-Inst. für Biochem.) RODERICH KÖNIG. 4558

Lillian C. Butler und **Agnes Fay Morgan**, *Eosinopeniereaktionen der Pyridoxin-Mangelratte auf Epinephrin, ACTH und bei der Hypoxie.* Nach *Adrenalin* (25–50 µg), *ACTH* (1 mg) oder bei Hypoxie wird bei Ratten, die mit einer *Pyridoxin*-Mangelnahrung gefüttert werden, ein Absinken der eosinophilen Zellen des Blutes etwa in der gleichen Stärke wie bei n. Tieren beobachtet. Hypophysektomie beeinflußt den Abfall nach 1 mg *ACTH* nicht. (Proc. Soc. exp. Biol. Med. **83**. 655–59. Aug./Sept. 1953. Berkeley, Univ., Dep. of Home Economics.) SCHELER. 4558

Raoul Lacoq, Paul Chauchard und **Henriette Mazoué**, *Elektrophysiologische Untersuchungen zur Pharmakodynamik des Pregnandiols.* Auf Grund chronaximetr. Unterss. an der Ratte scheinen die größtenteils entgegengesetzten Wirkungen von *Pregnandiol* (**I**; sowie von *Östradiol* u. *Östron*) u. *Progesteron* (**II**; sowie von *Pregnenolon*) auf die neuromuskuläre u. die Uteruserregbarkeit auf den verschiedenartigen funktionellen Gruppen zu beruhen. Vorherige Injektion einer die Alkalireserve des Blutes verstärkenden Lsg. ($NaHCO_3$) verhindert die **II**-Wrkg. auf das Nervensyst., ohne die von **I** zu beeinflussen, während Injektion einer acidogenen Lsg. (NH_4Cl) den umgekehrten Effekt, Hemmung der **I**-, nicht der **II**-Wrkg., hat. Dieser Antagonismus steht zu dem bestimmter männlicher Sexualhormone in Parallele u. bestätigt die Befunde von HISAW u. VELARDO (Endocrinol. **49**. [1951.] 732), die **I** als ein **II**-Deriv. betrachten, das sich gegenüber **II** wie ein Antimetabolit verhält. (C. R. hebd. Séances Acad. Sci. **238**. 934–36. 22/2. 1954.) K. MAIER. 4559

Edward G. Rennels, Melvin Hess und **John C. Finerty**, *Die Reaktion von Präputialdrüse und Nebenniere der Ratte auf Sexualhormone.* Die Verabfolgung von *Östrogen* während 40 Tagen erzeugt bei der männlichen intakten Ratte Hypertrophie der Nebenniere, aber eine Hypotrophie der Präputialdrüsen. Änderungen im *Ascorbinsäure* (**I**)-Geh. dieser Organe scheint auf der bemerkenswerten Gewichtsveränderung dieser Drüsen zu beruhen. Eine Behandlung mit *Androgen* (**II**) während des gleichen Zeitraumes erzeugt eine leichte, aber deutliche Erhöhung des Gewichtes der Nebenniere u. eine zweifache Erhöhung des Gewichtes der Präputialdrüse. Wie an hypophysektomierten Tieren gezeigt werden konnte, handelt es sich hier um eine direkte Wrkg. auf die Präputialdrüse. Bei hypophysektomierten Ratten wurde dagegen keine direkte Wrkg. von **II** auf die Nebenniere beobachtet. **II** setzt auch den **I**-Spiegel in der Nebenniere u. der Präputialdrüse sowohl bei der intakten wie hypophysektomierten Ratte herab. Weiter zerstört **II** irgendwie die Empfänglichkeit der Präputialdrüse für die **I**-senkende Wrkg. von ACTH. (Proc. Soc. exp. Biol. Med. **82.** 304—09. Febr. 1953. Galveston, Univ., Med. Branch, Dep. of Anatomy.) BRAUKMANN. 4559

R. Kaiser und **I. Will**, *Das Verhalten der Ovarialhormone bei der Übertragung.* Überblick über die gegenwärtigen Ansichten über die Wehenauslösung. Gleichzeitig wird an Hand der Literatur u. eigenen Unterss. die Frage erörtert, ob Veränderungen in der Konz. der Ovarialhormone eine ursächliche Rolle bei der übertragenen Schwangerschaft spielen. Die *Pregnandiol*-(**I**)- (Best. nach DE WATTEVILLE u. Mitarbeiter; modifiziert nach HUBER, J. clin. endocrin. **8.** [1948.] 982) u. *Follikelhormon*-(**II**)-Werte (Best. nach BREITNER u. Mitarbeiter, C. **1954.** **4189**) lassen ein charakterist. Verhalten vor dem Einsetzen der Wehentätigkeit vermissen. Auch der Vaginalabstrich weist dasselbe Zellbild auf wie in der 2. Schwangerschaftshälfte. Tägliche Injektionen von **I** u. **II** 1—3 Wochen vor der mutmaßlichen Niederkunft können den Eintritt der Wehentätigkeit nicht aufhalten. Vff. kommen zu dem Schluß, daß die Ovarialhormone beim Geburtseintritt u. beim Zustandekommen einer Übertragung keine ursächliche Bedeutung haben. Relativ häufig besteht eine gewisse Übereinstimmung zwischen der Höhe der durchschnittlichen **I**- u. **II**-Ausscheidung u. der Größe u. dem Gewicht von Kind u. Placenta. — 117 Literaturangaben. (Arch. Gynäkol. **184.** 159—80. 1953. München, I. Univ.-Frauenklinik.) F. LEUSCHNER. 4559

H. Burger, **H. Hager** und **G. Zimmermann**, *Über den Einfluß der weiblichen Sexualhormone auf die Capillarpermeabilität des Auges und der Endometriumgefäße. Zugleich ein Beitrag zur Klärung des sogenannten „blushing-blunching-phenomen" von Endometriumtransplantaten in der Augenvorderkammer.* Die Wrkg. des *Follikelhormons* (**I**) auf die Gefäße des Kaninchenauges ist konzentrationsabhängig: Physiol. Mengen üben keinen Einfl. aus. Mittlere Dosen führen zu einem Anstieg u. große Dosen zu einer Herabsetzung der Permeabilität. Am in die vordere Augenkammer transplantierten Endometrium führt **I** u. *Gelbkörperhormon* (**II**) zu einerPermeabilitätserhöhung. Die Wrkg. des **II** klingt rascher ab. Gemeinsam verabreicht potenzieren sich **I** u. **II**. Gynäkolog. Erfahrungen werden mit den Befunden verglichen. Das „blushing-blunching-phenomen" von Endometriumtransplantaten in der Augenkammer wird bestätigt. (Arch. Gynäkol. **184.** 86—102. 1953. Tübingen, Univ., Frauenklinik u. Augenklinik.) F. LEUSCHNER. 4559

J. Malméjac und **A. Gross**, *Experimentelle Untersuchungen über die Geschwindigkeit des Einflusses von Adrenalin auf das hypophysocorticale System.* Aus den am Hund durchgeführten Unterss. geht hervor, daß sich der Einfl. des *Adrenalins* (**I**) auf das Hypophysen-Nebennierenrinden-Syst. sofort bemerkbar macht. Die Ausschüttung der corticalen Hormone erfolgt innerhalb der ersten Minuten nach der **I**-Einwirkung. Die Hyperaktivität der Nebennierenrinde dauert ebensolange an wie die Hyperadrenalinämie u. ändert sich sofort, wenn die Injektion des Nebennierenmarkhormons beendet ist. (C. R. Séances Soc. Biol. Filiales **147.** 1366—68. Aug./Sept. 1953.) H. P. FIEDLER. 4561

Lj. Božović und **S. Milković**, *Stimulation der Hypophyse durch Verwendung von Epinephrin in nebennierenlosen Ratten.* Nebennierenlose Ratten wurden mit *Adrenalin* behandelt u. dann der ACTH-Geh. der Hypophyse untersucht. Bereits nach 5 Min. war der Geh. erheblich angestiegen. Auch im Blut war der ACTH-Geh. erhöht. Vff. vermuten eine direkte Wrkg. des *Adrenalins* auf die Bldg. u. Ausschüttung von ACTH durch die Hypophyse. (Experientia [Basel] **10.** 78. 15/2. 1954. Zagreb, Univ., Inst. of Physiology.) H. NIEMANN. 4561

M. Rivière und **Ch. Combescot**, *Wirkung verschiedener innersekretorischer Eingriffe auf die Struktur der Nebennierenrinde des Affen.* Die Nebennierenrinde wird durch *Östrogen* (*Dihydrofolliculin*) (**I**), *ACTH* u. *Aminothiazol* deutlich aktiviert. **I** verursacht jedoch auf die Dauer eine wahrscheinlich durch die Erschöpfung des Rezeptors bedingte adipöse Involution. *Cortison* hat einen schädigenden Einfl. auf die Gefäße der Nebennierenrinde, das *Desoxycorticosteron* ruft keine Rückbldg. in der Zona glomerulosa hervor, während das *Testosteron* dazu neigt, die Zona fasciculata der Nebennierenrinde rückzubilden. (C. R. Séances Soc. Biol. Filiales **147.** 1361—63. Aug./Sept. 1953.) H. P. FIEDLER. 4561

K. K. Carroll, *Erucasäure in Rapsöl als einflußnehmender Faktor für das Cholesterin der Nebenniere von Ratten.* Die im Rapsöl zu ca. 40% enthaltene *Erucasäure* erwies sich, wie die Verss. an Ratten ergaben, als die Verb., die für das Ansteigen der *Cholesterin*-Bldg. in der Nebenniere bei Rapsölverfütterung verantwortlich ist. Von einer großen Anzahl weiterer getesteter Fettsäuren erwies sich nur noch die um eine CH_2-Gruppe längere *Nervonsäure* als aktiv. Bei noch längeren Fettsäuren wirkt wahrscheinlich die verminderte Resorption im Darm der Aktivität entgegen. Kürzere Ketten waren unwirksam. Die trans-Eruca- u. die trans-Nervonsäure waren ebenfalls unwirksam. (J. biol. Chemistry **200.** 287—92. Jan. 1953. London, Can., Univ. of West. Ontario.) H. NIEMANN. 4561

Helmut Maske, *Beobachtungen über das Zink in den Langerhans'schen Inseln des Pankreas und seine Beziehungen zur Inselfunktion.* Durch Verss. an Kaninchen sollte geklärt werden, ob dem in den LANGERHANSschen Inseln des Pankreas vorkommenden Zn eine physiolog. Bedeutung zukommt. Es wurde gefunden, daß das in den Granula vorhandene *Insel-Zn* (I) aufs engste mit dem *Insulin* (II) oder seiner Vorstufe verbunden ist. Bei hungernden Tieren bzw. nach intensiver Glucosebelastung bestand kein Unterschied zwischen II-Granula u. I. Dem Zn kommt beim Kaninchen wahrscheinlich eine Bedeutung bei der basalen II-Regulation zu. Das physiolog. II-Depot dürfte in den Inselzellen als Zn-Komplex vorliegen. (Z. Naturforsch. **8 b.** 96—104. Febr. 1953. München, Univ., II. Med. Klinik.) RODERICH KÖNIG. 4564

S. T. Nerenberg, *Regranulation der β-Zellen der Langerhans'schen Inseln nach Insulin- und Hungerbehandlung.* Nach 14 Tage lang fortgesetzter Injektion von 4 E. *Protaminzinkinsulin* per die u. nach 12tägigem Hungern beobachtete Vf. an Ratten, daß die β-Zellen der LANGERHANSschen Inseln ihre Granula verloren. Nach Aussetzen der Behandlung trat innerhalb von 3—10 Tagen Rückbldg. ein. Ein Überschuß an Kohlenhydrat beschleunigte die Regeneration. Selbst 3monatige Behandlung mit Insulin schädigte die β-Zellen nicht in ihrem Regenerationsvermögen. (Amer. J. clin. Pathol. **23.** 340—42. April 1953. Minneapolis, Minn., Univ., Dep. Pathol.) ZILLIG. 4564

G. Pallot und **W. Schätzle,** *Begrenzte Wirkung von Alloxan auf die B-Zellen des Pankreas von Teleosteen.* Die Verabreichung von 200 mg/kg *Alloxan* (I), die bei Säugetieren schwere Schäden im Pankreas u. starke Hyperglykämie hervorruft, führt beim Karpfen (Cyprinus carpio) nur zu einem vorübergehenden Diabetes von begrenzter Wirkung. Unter der Einw. von I ist beim Karpfen ein unterschiedliches Verhalten der B-Zellen festzustellen, sie atrophieren teilweise, während der andere Teil hypertrophe Bilder zeigt. Diese auch an anderen Fischen beobachtete Rk. wird auf die größere Zahl der LANGERHANSschen Inseln u. der darin befindlichen B-Zellen beim Fisch gegenüber dem Säugetier, auf eine größere Resistenz der B-Zellen gegenüber I u. auf die period. Neubildung der B-Zellen während der Winterruhe zurückgeführt. (C. R. Séances Soc. Biol. Filiales **147.** 1400—03. Aug./Sept. 1953. Homburg, Univ. des Saarlandes, Inst. für Histol.) KRUSEN. 4564

A. H. Cruickshank, *Lebernekrose und Alloxanhypoglykämie.* Von 133 Kaninchen, die 100—200 mg/kg *Alloxan* (I) erhalten hatten, starben in den ersten 24 Std., also in der hypoglykäm. Phase, 43 Tiere, obwohl durch intravenöse Gaben von Glucose der Blutzuckerspiegel normalisiert u. die Krämpfe behoben wurden. Bei 15 dieser Tiere wurden autopt. ausgebreitete Lebernekrosen festgestellt, die, durch I hervorgerufen, den Tod der Tiere verursacht hatten. — 46 Literaturangaben. (J. Pathol. Bacteriol. **67.** 227—36. Jan. 1954. Liverpool, Univ., Pathol. Dep.) KRUSEN. 4564

E. Brodkin und **K. A. C. Elliott,** *Bindung von Acetylcholin. Acetylcholin* (I) scheint im Gehirn nur in gebundener Form vorzuliegen. Nachdem aber nur freies I seine bekannte physiol. Wrkg. entfalten kann, wurden Unterss. mit Rattenhirnsuspensionen vorgenommen. Eine maximale Stabilität des gebundenen I wurde bei einem p_H von ca. 7 gefunden. Bei p_H über 8 oder unter 6 wird die Bindung rasch zerstört; hypoton. Medium sowie hohe Konzz. an *K-*, *Ca-* oder *Mg-Ionen* wirken im gleichen Sinne beschleunigend. *Eserin* scheint eine entgegengesetzte Wrkg. zu haben. Der vermehrte I-Geh. von n. Hirnstückchen, die aerob in Ggw. von Glucose aufbewahrt wurden, bezieht sich hauptsächlich auf gebundenes I, das sich nur durch ein neutrales Medium extrahieren läßt. Herz- u. Skelettmuskelsuspensionen binden I etwas, während Leber-, Nieren- oder Hodensuspensionen keine Bindefähigkeit besitzen. Krampferzeugende u. narkot. Mittel beeinflussen die Freisetzung oder Bindung von I durch Hirnsuspensionen nicht. (Amer. J. Physiol. **173.** 437—42. Juni 1953. Montreal, Can., McGill Univ., Neurol. Inst., Donner Labor. of Exp. Neurochem.) RODERICH KÖNIG. 4569

I. Mota, L. C. U. Junqueira, W. T. Beraldo und **A. G. Ferri,** *Wirkung von Peptonen auf Mastzellen von Hunden.* Nach intravenöser Injektion von Peptonen wurden die Mastzellen verschied. Organe des Hundes untersucht. Der Peptonschock bewirkt eine Abnahme der Mastzellen, eine Degranulation u. eine Red. der Metachromasie der

übriggebliebenen Granula. Diese Veränderungen hängen von der lokalen Konz. des Peptons ab. Vff. nehmen an, daß *Histamin*- u. *Heparin*-Ausscheidungen die Ursache sind. (Nature [London] **173.** 547—48. 20/3. 1954. Sao Paulo, Brazil, Univ.)
NIEMANN. 4573

Bert L. Vallee, Frederic L. Hoch und **Walter L. Hughes jr.,** *Untersuchungen über Metallproteine. Ein lösliches, Zink enthaltendes Protein, extrahiert aus menschlichen Leukocyten.* Vff. beschreiben Reinigung von lösl. Zn-enthaltendem Protein aus menschlichen Leukocyten. Der Grad der Anreicherung läßt sich aus dem steigenden Verhältnis des Zn-Geh.:Protein bestimmen. Anhaftende Erythrocyten, die Kohlensäureanhydratase (I), ein Zn-Enzym, enthalten, lassen sich quantitativ durch $(NH_4)_2SO_4$-Fraktionierung abtrennen. Überprüfung durch I-Aktivität-, Zn-Gehalt- u. Proteingehaltbestimmung. Weitere Reinigung wurde erzielt durch Alkoholfraktionierung bei verschied. p_H u. μ. Das maximale Verhältnis betrug hiernach 3000 γ/g Protein, eine vergleichbare Größenordnung zum Metallgeh. anderer Metallproteine.

Versuche: Reinigung: Leukocytenextrakte (vgl. HOCH u. VALLEE, C. **1952.** **7518**) werden fraktioniert mit $[NH_4]_2SO_4$ gefällt u. anschließend mit Phosphatpuffer eluiert unter Einschaltung von Dialyse. Zn-Analyse nach HOCH u. VALLEE (J. biol. Chemistry **181.** [1949.] 295) — Proteinbest. durch Trichloressigsäurefällung bei 90°, Trocknung der Ndd. bei 110° u. Gewichtsbest.-Hämoglobinbest. spektrophotometr. nach BELL u. Mitarbeiter (Biochemic. J. **39.** [1945.] 60) — Best. der Kohlensäureanhydratase nach PHILPOT (Biochemic J. **30.** [1936.] 2191). (Arch. Biochem. Biophysics **48.** 347—60. Febr. 1954. Cambridge, Ma., Massachusetts-Inst. of Technol., Dep. of Biol.)
BRATFISCH. 4573

Barbara S. Simmons und **N. B. Everett,** *Einige Gesichtspunkte des Radioeisenstoffwechsels bei Leukocyten.* Zur Best. der Radio-Fe-Aufnahme durch *Leukocyten* (I) im Vgl. zu der von Plasma u. *Erythrocyten* (II) u. zur Feststellung, ob der *Fe*-Geh. der I größer ist als der in ihren Stoffwechselbestandteilen, erhielten Ratten eine einmalige Gabe $^{59}FeCl_3$ intraperitoneal, intravenös oder per os in 2 verschieden großen Mengen. Eine Meth. zur Best. von Radio-Fe in I wird beschrieben. In allen Fällen wiesen die I in den ersten Tagen nach der Fe-Gabe eine beträchtlich stärkere Fe-Resorption je Einheit der Zellenzahl auf als die II. Beim Erreichen des maximalen Geh. der I an Radio-Fe war dieser von der gleichen Größenordnung wie der des Plasmas. Das Radio-Fe ist nahezu aus den I verschwunden, wenn es im Plasma auf einen Minimalwert zurückgegangen ist. Das Radio-Fe der I ist wahrscheinlich mit einem wasserlösl. Protein verbunden, von dem 10% als *Cytochrom* c extrahierbar sind. 12% des restlichen Fe sind wahrscheinlich *Ferritin*, u. das übrige Fe hat ferritinähnliche Eigenschaften. Die Stoffwechselbedeutung des Fe in den I wird erörtert. (Biochim. biophysica Acta [Amsterdam] **13.** 102—10. Jan. 1954. Seattle, Univ. of Washington, School of Med., Dep. of Anatomy.)
SCHWAIBOLD. 4573

K. K. Reddi, *Isolierung einer Thorium-B-(Blei)-bindenden Substanz von Erythrocyten aus Kaninchenblut.* Vf. stellte fest, daß in dem nach Zentrifugieren erhaltenen Hämolysat von Kaninchenblut nach Dialyse gegen dest. W. 61% von Th B in einer nicht dialysierbaren (I), der Rest in einer dialysierbaren Form enthalten ist. Es gelang Vf., eine Substanz (II) zu isolieren, die für die Aufnahme von 70% der I-Form verantwortlich ist. Sie besteht aus 2 Komponenten, die eine enthält Protein, die andere sehr wahrscheinlich eine Phenolverb.; der Trennungsgang u. die Rkk. von II werden angegeben. (Nature [London] **172.** 202. 1/8. 1953. Stockholm, Univ., Inst. for Organic and Biochemistry.)
DOSSMANN. 4573

Kurt Wallenfels, *Über das Vorkommen von freier Fructose im menschlichen Blut.* Papierchromatograph. Unters. des Morgenblutes von 200 gesunden u. kranken Personen ergab, daß *Lävulose* (I) ein n. Bestandteil des Blutes ist, der bei Gesunden 0,5 bis 5 mg-% ausmacht. Stark ausgeprägte I-Flecke wurden bei schwerer Hepatitis, Lebercirrhose, gelegentlich bei Fettsucht u. Diabetes u. meist bei Schwangeren kurz vor der Niederkunft beobachtet. Blut-I gelangt wahrscheinlich wie *Blutglucose* durch Aufnahme mit der Nahrung u. Hydrolyse bei der Glykolyse gebildeter Phosphorsäureester ins Blut. Injizierte I verschwindet rasch aus der Blutbahn, da I in der Leber sehr rasch phosphoryliert wird. In anderen Geweben können die Enzymverhältnisse wesentlich anders liegen als in der Leber. (Naturwissenschaften **38.** 238. Mai 1951. Mannheim-Waldhof, C. F. Boehringer & Söhne G. m. b. H., Biochem. Labor. Tutzing.)
K. MAIER. 4574

A. W. Ssossunow und **W. A. Schalimow,** *Zur Methodik der Gewinnung eines Modells der experimentellen Urämie bei weißen Ratten.* Bei den Versuchstieren werden in Äthernarkose durch Sacralschnitt die Nieren freigelegt, mit 10%ig. J_2-Lsg. bestrichen u. wieder eingebettet; die Wunde verheilt in der Regel ohne Komplikationen. Nach bestimmter Zeit (1 Tag bis $1^1/_2$ Monate) werden die Tiere getötet u. aus der rechten u. linken Herzkammer Blut entnommen, die Nieren u. andere innere Organe mkr. untersucht. Der Rest-N beträgt im arteriellen Blut 26,79–38,69, im venösen 29,21 bis 37,91 mg-% bei den Kontrolltieren, 55,43 bzw. 68,35 mg-% bei den Versuchstieren. Die mkr. Unters. zeigt nekrot. Veränderungen des Nierenrinden- u. des paranephralen Gewebes u. Sklerose der Corpuscula renis, also das Bild einer diffusen Nephrosklerose, das einem suburäm. Zustand des Organismus entspricht. (Фармакология и Токсикология [Pharmakol. u. Toxikol.] **16.** Nr. 5. 60–63. Sept./Okt. 1953. Rjasan, Med. Pawlow-Inst., Lehrstuhl für Pharmakol. u. Lehrstuhl für patholog. Anatomie.) R. K. MÜLLER. 4574

U. Friberg und **N. R. Ringertz jr.**, *Autoradiographische Untersuchungen mit ^{35}S über die Entwicklung vom Rattenembryo.* Es wurde die ^{35}S-Fixation bei Embryonen von Ratten untersucht. Merkliche S-Aufnahme trat erst nach dem 10. Embryonaltage vornehmlich an den Stellen auf, die vermutlich Sulfomucopolysaccharide (**I**) enthielten. Im Embryonalalter von $2^1/_2$ Wochen wiesen auch Mastzellen eine hohe Aktivität auf. Sie verschwand im Knorpelgewebe bei beginnender Verknöcherung. Epithel-, Muskel- u. Nervengewebe nahmen nur wenig ^{35}S auf. Die ^{35}S-Fixierung innerhalb des Zentralnervensyst. macht auch hier die Ggw. von I wahrscheinlich. (Experientia [Basel] **10.** 67–68. 15/2. 1954. Stockholm, Karolinska Inst., Dep. of Histology.) NIEMANN. 4583

W. F. J. Cuthbertson, *Antibiotica in der Ernährung.* Krit. Sichtung des Schrifttums über die Wichtigkeit des Animalproteinfaktors (APF), des Vitamins B_{12} u. verschied. Antibiotica zur Aufzucht von Schweinen u. Geflügel. — 58 Literaturzitate. (J. Sci. Food Agric. **3.** 49–53. Febr. 1952. Greanford [Middlesex], Glaxo Laboratories Ltd.) GRIMME. 4585

Phillip Berke, Albert M. Silver und **Herbert S. Kupperman**, *Wirkung von Aureomycin auf Wachstum und Reife von Lebistes reticulatus.* Fütterung von Lebistes reticulatus mit *Aureomycin* (**I**)-haltigem Futter bewirkt merkliche Hemmung der somat. Entw. u. des Wachstums; die Vermehrungsfähigkeit wird jedoch nicht gehemmt. Diskussion des Wirkungsmechanismus. (Proc. Soc. exp. Biol. Med. **84.** 32–34. Okt. 1953. Newark, N. J., Sutton Labors. u. Diagnostic and Endocrine Labors., u. New York City, New York Univ., Bellevue Med. Center, Dep. of Therapeut.) GOEBEL. 4585

Joseph M. Pensack, Robert S. Baldwin, R. C. Klussendorf, George H. Craig und **David C. Read**, *Antibiotische Ernährung und die daraus sich ergebende Geweberetention und Bakterienresistenz.* Bei Verfütterung von *Penbac*, enthaltend *Penicillin* (**I**) u. *Bacitracin* (**II**) sowie *Aurofac* mit *Chlortetracyclin* (**III**) während der Aufzucht wurden bei der Schlachtung keine erkennbaren Konzz. von **I**, **II** u. **III** in den Organen von Schweinen u. keine Änderung der Empfindlichkeit von isolierten Kulturen gegenüber **I** u. **II** nachgewiesen. (Antibiotics Annu. **1953/1954.** 404–08. Terre Haute, Ind., Commercial Solvent Corporation.) DOSSMANN. 4585

W. B. Hardie, H. E. Downing, W. M. Reynolds und **H. G. Luther**, *Antibiotica bei Wiederkäuern.* Angabe von Verss. zum Nachw. des Einfl. von *Oxytetracyclin* (**I**), *Chlortetracyclin* (**II**), *Dihydrostreptomycin* (**III**), *Carbomycin* (**IV**), *Penicillin* (**V**), *Chloramphenicol* (**VI**), *Bacitracin* (**VII**) u. *Polymyxin B* (**VIII**) auf die Celluloseverdauung in vitro. **I, II** gemäßigte, **III, VII** leichte, **IV, V** ausgeprägte Hemmung, **VI, VIII** wenig Einfluß. Parallele Tierverss. lassen vermuten, daß bei der Mikroflora von Wiederkäuern eine Gewöhnung an verabreichte Antibiotica eintritt. (Antibiotics Annu. **1953/1954.** 372 bis 379. Dez. 1953. Terre Haute, Ind., Chas. Pfizer and Comp., Inc.) DOSSMANN. 4585

Charles A. Slanetz, *Antibiotica in der Vorratsnahrung von Laboratoriumstieren.* Übersicht u. Erwähnung von Unterss. an Mäusen u. Ratten, die mit fertig käuflichen Rationen mit u. ohne Antibioticazusatz gefüttert wurden. Kein unterschiedlicher Einfl. auf Fortpflanzung u. Wachstum. (Antibiotics Annu. **1953/1954.** 401–03. Dez. 1953. New York City, N. Y., Columbia Univ., Coll. of Physicians and Surgeons, Inst. of Res. in Animal Diseases.) DOSSMANN. 4585

H. G. Luther, W. M. Reynolds, J. R. McMahan und **R. C. Kersey**, *Verbleib von Antibioticis im Gewebe von Haustieren.* Bericht über den Verbleib von *Oxytetracyclin* (**I**)-Zusätzen zur Nahrung im Gewebe von Hühnern u. Schweinen. Bis zu einem Zusatz von 1000 g/Tonne waren in Herz, Lunge u. Muskeln keine restlichen I-Mengen nachzuweisen. Bei Absetzen von I ist 3 Tage später kein I-Nachw. mehr möglich. (Antibiotics Annu. **1953/1954.** 416–20. Dez. 1953. Chas. Pfizer and Comp. Inc.) DOSSMANN. 4585

P. A. Pálsson und **H. Grímsson**, *Demyelination bei Lämmern von mit Seegras gefütterten Mutterschafen.* Bei Lämmern, die von mit Seegras (Rhodymenia palmata u.

Alaria esculenta) gefütterten Mutterschafen geboren wurden, treten in Island sehr häufig nervöse Störungen (Ataxien) u. hohe Mortalität (bis zu 50% der geborenen Tiere) auf. Makroskop. Unterss. an verendeten Tieren zeigten eine weitgehende Degeneration der weißen Hirnsubstanz. Mkr. wurde Demyelination beobachtet. Vff. zeigten, daß diese Erscheinungen auf starken Cu-Mangel zurückzuführen sind. Im Blut der Muttertiere wurde durchschnittlich 0,2 mg Cu/Liter gegenüber 1,0 bei n. ernährten Tieren, in Lebern der Lämmer 7 Cu gegen 140—210 mg/Liter n. Tiere festgestellt, obwohl die untersuchten Seegrasarten keinen anormal niedrigen Cu-Geh. hatten. Wurden den Mutterschafen in den letzten 3—4 Graviditätsmonaten alle 10 Tage 300 mg $CuSO_4$ gegeben, so traten Ataxieerscheinungen nur in 2,3% der geborenen Tiere auf. (Proc. Soc. exp. Biol. Med. **83.** 518—20. Juli 1953. Reykjavik, Univ. of Iceland, Inst. für Exp. Pathol.) KRUSEN. 4585

Agnes Fay Morgan, *Die Wirkung von Vitaminmangel auf die adrenocorticale Funktion.* Übersichtsbericht über die Zusammenhänge zwischen Mangel an *Vitamin C* (**I**), *Thiamin* (**II**), *Pantothensäure* (**III**), *Riboflavin* (**IV**), anderen Vitaminen (**V**) u. Funktion der Nebennierenrinde (*NNR*). Vitaminmangel kann in bestimmten Fällen Veränderungen in der *NNR* hervorrufen, die wiederum Veränderungen ihrer Hormonabgabe nach sich ziehen. Bei Mangel an gewissen **V** liegt ein ähnlicher Zustand der *NNR* wie bei partiellem Nahrungsentzug vor, so daß nichtspezif. u. spezif. Wirkungen des Vitaminmangels zu unterscheiden sind. Der **I**-Mangel ist durch Abnahme des Lipid- u. **I**-Geh. der *NNR* u. Hypertrophie der Drüse gekennzeichnet. Der Mechanismus der **I**-Verwertung bei der *NNR*-Hormonbldg. ist unbekannt. Bei **II**-, **III**- u. **IV**-Mangel sind anscheinend der Kohlenhydratstoffwechsel u. wahrscheinlich auch der Eiweiß- u. Fettstoffwechsel gestört. Form u. Funktion der Drüse zeigen hierbei in wechselndem Maße Veränderungen. Die Abnahme des Hormonbildungsvermögens der *NNR* geht weiter als im teilweisen Hungerzustand. Es ist noch ungeklärt, ob die Stoffwechselstörungen in den Geweben oder die *NNR*-Funktionsveränderungen das Primäre sind. — Über 300 Literaturangaben. (Vitamins and Hormones **9.** 161—212. 1951. Berkeley, Univ. of California.) K. MAIER. 4587

A. Rossi-Fanelli, N. Siliprandi, P. Fasella, D. Siliprandi und **M. Salvetti,** *Über die Phosphorylierung des Thiamins im lebenden Tier.* Weiße Ratten wurden 30 u. 60 Min. nach intravenöser Injektion von 30 mg ^{32}*P-Adenosintriphosphat* (**I**) u. 20 mg *Thiamin* (**II**)-*Hydrochlorid* (/kg Gewicht) getötet u. die Lebergehh. an **II**, sowie an **II**-*Mono-*, *Di-* u. *Triphosphorsäureester* radiochromatograph. bestimmt, wobei die Lokalisierung von **I** u. der **I**-Ester mittels alkal. Ferricyanidlsg. erfolgt. Die größte ^{32}*P*-Menge fand sich in den *Diphospho-* u. *Triphosphothiamin* entsprechenden Flecken lokalisiert, während in der *Monophosphothiamin*-Fraktion ^{32}*P* nicht merklich nachweisbar war. ^{32}*P* ist demnach vorwiegend in den beiden endständigen Phosphatgruppen der **II**-Ester gebunden u. deutet auf die direkte Übertragung der **I**-Phosphatgruppen auf **II** hin. ^{32}*P*-**I** wurde aus Muskeln von Kaninchen, die intravenös ^{32}*P-Na*-Phosphat erhalten hatten, isoliert. (Experientia [Basel] **10.** 73—74. 15/2. 1954. Rome, Univ., Insts. of Biochem. and General Chem.) K. MAIER. 4587

Lillian C. Butler und **Agnes Fay Morgan,** *Eosinophilenspiegel im Blut junger und ausgewachsener Ratten nach pyridoxinfreier Diät.* Die Parallelität zwischen dem 24std. *Eosinophilen* (**I**)-Rhythmus u. der Exkretion von *Ketosteroiden* im Harn, sowie dem *Lymphocytenspiegel* des Blutes läßt eine Verwendung des **I**-Spiegels als Kriterium für Nebennierenfunktion möglich erscheinen. Während die **I**-Werte bei pyridoxinfrei ernährten Ratten in der gleichen Größenordnung lagen wie bei Kontrolltieren, die auf Hungerrationen gesetzt waren, lagen die Werte bei n. ernährten Tieren wesentlich höher. Das deutet darauf hin, daß die allg. Entkräftung u. nicht der *Pyridoxin*-Mangel die Ursache der chron. endogenen Eosinopenie ist. Bei Schwächezuständen ist allg. eine n. oder eine Hyperfunktion der Nebennieren festzustellen. (Proc. Soc. exp. Biol. Med. **85.** 139—42. Jan. 1954. Berkeley, Calif., Univ. of California, Home Econom. Dep.) HANS THIELE. 4587

Robert A. Fisher, *Schnelle spektrophotometrische Bestimmung von Vitamin B_{12} in Bakterienzellen.* 10 g der Probe, die mindestens 100 γ *Vitamin* B_{12} (**I**) enthalten soll (sonst Anreicherung mit Standard-**I**-Lsg.), werden in einem 100 ml-Zentrifugenglas aus Borsilicatglas mit 50 ml eines Gemisches von 100 ml Benzylalkohol u. 5 ml 1%ig. NaCN-Lsg., falls notwendig, mit HCl neutralisiert, versetzt. Nach Markierung der enthaltenen Menge wird das Gemisch unter dauerndem Rühren 15 Min. im Wasserbad auf über 92° erhitzt, abgekühlt, verdampfte Fl. ersetzt u. die erhaltene Suspension zentrifugiert. Zu 10 ml der Lsg. werden 5 ml A., der in 100 ml 6 ml 10%ig. NaCN-Lsg. enthält, zu weiteren 10 ml 5 ml A., der in 100 ml 6 ml 10%ig. Citronensäurelsg. enthält, gegeben u. die Absorption beider Lsgg. nach Filtration bei 582 mμ gemessen. γ I/g = ΔA·1,5·50/0,0054·Einwaage, wobei ΔA Differenz der beiden Absorptionswerte bedeutet. Wenn der Extrakt nach dem Zentrifugieren trübe ist, wird die Hälfte des Vol. an Chlf. zugesetzt u. 3 mal mit 8, 7 u. 7 ml W. extrahiert. 10 ml der vereinigten auf 25 ml aufgefüllten wss. Extrakte werden mit 2 ml 10%ig. NaCN-Lsg., weitere 10 ml mit 2 ml 12,5%ig. KH_2PO_4-Lsg. versetzt u. nach 30 Min. wie oben gemessen. Zellensuspensionen werden zentrifugiert u. mit n-Propanol extrahiert. Die Ergebnisse zeigen eine Standardabweichung von 3% u. stimmen mit mikrobiol. ermittelten Werten gut überein. (J. agric. Food Chem. **1.** 951—53. 14/10. 1953. Wasco, Calif., Pacific Yeast Prod. Inc.) KRUSEN. 4587

Merton P. Lamden und **Gloria A. Chrystowski**, *Oxalatausscheidung im Urin des Mannes nach Ascorbinsäuregaben.* Best. der *Oxalat* (I)-Ausscheidung im Urin bei Männern nach der Meth. von POWERS u. LEVATIN (C. **1945.** II. 867). Bei einer Gruppe von 51 Männern wurde ein durchschnittlicher I-Wert von 38,3 ± 1,7 mg/Tag ermittelt. Während *Ascorbinsäure* (II)-Gaben von weniger als 4 g/Tag keinen signifikanten Anstieg der I-Ausscheidung bewirkten, erhöhten stärkere II-Dosen die tägliche I-Exkretion beträchtlich (4 g: 12 mg, 8 g: 45 mg, 9 g: 68 mg). (Proc. Soc. exp. Biol. Med. **85.** 190—92. Jan. 1954. Burlington, Univ. of Vermont, Coll. of Med., Dep. of Biochem.) HANS THIELE. 4587

A. K. Kassymow, *Über Hypovitaminose C bei Magen–Darm-Erkrankungen bei Kindern.* Wie Vf. in 151 Fällen feststellt, tritt bei Magen–Darm-Erkrankungen bei Kindern starke C-Hypovitaminose auf, die bei akuten Erkrankungsformen schon nach 4—5 Tagen nachzuweisen ist u. bis zu Avitaminose führen kann. Es werden tägliche Gaben von 200 mg *Ascorbinsäure* empfohlen. (Педиатрия [Pädiatrie] **1954.** Nr. 2. 32—36. März/April. Taschkent, Med. Inst.) ULMANN. 4587

D. F. Magee, *Die Wirkung der essentiellen Aminosäuren auf die Cholsäureproduktion bei Hunden.* Hunde mit einer äußeren Gallenfistel u. cholecystonephrektomierte Hunde bekamen verschieden zusammengesetzte Gemische der essentiellen dl- u. *l*-Aminosäuren, sowie in einigen Fällen *Casein* der Nahrung zugesetzt. Versuchsdauer 3—4 Tage. Die Cholsäure wurde nach IRVIN u. Mitarbeiter (C. **1945.** II. 1391) bestimmt. Die d-Formen der essentiellen Aminosäuren erhöhen die Cholsäureproduktion nicht, ebenso haben Glycin u. Alanin keine Wirkung. Hingegen sind die anderen essentiellen *l*-Aminosäuren proportional dem Logarithmus des mol. Aminosäuregeh. wirksam. Ebenso kann die cholsäuresteigernde Wrkg. des Caseins durch die Millimole seines Geh. an essentiellen Aminosäuren wiedergegeben werden. (Amer. J. Physiol. **176.** 223—26. Febr. 1954. Seattle, Univ. of Washington, School of Med., Dep. of Pharmacol.) GENEST. 4594

Morton Rothstein und **Leon L. Miller**, *Verlust der α-Aminogruppe im Lysinstoffwechsel unter Bildung von Pipecolinsäure.* Ratten, die 24 Std. gefastet hatten, wurde 74 mg *DL-$^{15}N_{(\varepsilon)}$-Lysin·HCl* (25,3 At.-% ^{15}N Überschuß) u. 360 mg unmarkierte Pipecolinsäure (I) intraperitoneal injiziert. Aus dem Harn ließen sich 140 mg reine I mit 2,0 At.-% ^{15}N Überschuß isolieren. Dies bestätigt die Ansicht der Vff., daß die Bldg. von I ein wesentlicher u. früher Schritt des Lysinstoffwechsels darstellt u. vermutlich eine Stufe auf dem Stoffwechselweg von Lysin zu *α-Aminoadipinsäure* ist. (J. Amer. chem. Soc. **76.** 1459. 5/3. 1954. Rochester, N. Y., Univ., School of Med. and Dent., Dep. of Radiat. Biol.) NEHRING. 4596

R. J. Boscott und **H. Bickel**, *Phenylalanin- und Tyrosinstoffwechsel bei Patienten mit Phenylketonurie.* Es wurden die phenol. Fraktionen *I*, *II* u. *III* (BOSCOTT, 2nd. Int. Congr. Biochem. Abstr. [1952.] 349) von hydrolysiertem u. unhydrolysiertem Harn von Personen mit Phenylketonurie bei n. Kost sowie bei Zusatz von DL-Phenylalanin (I) u. I-freier Kost untersucht. In jedem Fall wurden *p-Oxyphenylmilchsäure* (II) u. *p-Oxyphenylessigsäure* (III) (gegebenenfalls auch *p-Oxyphenylbrenztraubensäure*) ausgeschieden. Fraktion *I* enthielt größere Mengen *o-Oxyphenylessigsäure* (IV) u. *Phenylbrenztraubensäure* (V). Fraktion *II* u. *III* enthielten größere Mengen einer unidentifizierten fluorescierenden Phenolverb., die im n. Harn nicht auftritt. Die Harnausscheidung dieser Verbb. sowie von IV u. V wurde durch I-Zusatz zur Diät vergrößert u. stark vermindert, wenn die Nahrung kein I enthielt. Die Ausscheidung von II u. III blieb im wesentlichen unverändert. (Biochem. J. **56.** I. Jan. 1954. Birmingham, England, Med. School, Anatomy Dep. u. Children's Hospital.) NEHRING. 4596

B. A. Askonas, P. N. Campbell und **T. S. Work**, *Die Verteilung der Radioaktivität in Ziegencasein nach Injektion radioaktiver Aminosäuren und die Übereinstimmung mit Theorien der Proteinsynthese.* Es wurden *^{14}C-Glycin*, *^{14}C-Valin*, *^{14}C-Lysin* u.

^{35}*S-Methionin* einer lactierenden Ziege gleichzeitig injiziert u. nach 4 u. 8 Std. Milchproben entnommen. Aus dem Totalhydrolysat des *Caseins* wurden 5 radioakt. Aminosäuren (Glykokoll, Serin, Valin, Lysin u. Methionin) isoliert u. die spezif. Aktivität gemessen. Aus Partialhydrolysaten wurden eine Reihe von Peptiden erhalten u. die spezif. Aktivität der enthaltenen radioakt. Aminosäuren nach Totalhydrolyse ebenfalls bestimmt. Mit Ausnahme einer Valinprobe hatten die aus den verschied. Peptiden isolierten Aminosäuren die gleiche spezif. Aktivität, wie die aus dem Totalhydrolysat isolierten. Dies deutet nach Ansicht der Vff. darauf hin, daß das Casein aus freien Aminosäuren aufgebaut wird u. daß hierfür keine Peptide aus partieller Spaltung von Plasmaproteinen erforderlich sind, wenn auch die Möglichkeit von kurzlebigen Peptidzwischenstufen bei der Caseinsynth. hierdurch nicht ausgeschlossen wird. (Biochem. J. **56.** IV. Jan. 1954. London, Mill Hill, Nat. Inst. for Med. Res.)
NEHRING. 4596

J. T. Van Bruggen, T. T. Hutchens, C. K. Claycomb und **Edward S. West,** *Zeitlicher Verlauf der Lipidmarkierung mit ^{14}C bei gesunden Mäusen und Ratten.* Um den zeitlichen Verlauf beim Einbau von Acetat in Fettsäuren u. Cholesterin zu untersuchen, wurde Ratten u. Mäusen mit ^{14}C-Acetat intraperitoneal injiziert. Nach bestimmten Zeitabständen wurden die Tiere getötet u. untersucht. Bei den Mäusen wurde der maximale Einbau in den ersten 30 Min. festgestellt. Danach konnte keine Steigerung der Einbaugeschwindigkeit mehr beobachtet werden. Bei den Ratten war der maximale Einbau bereits in weniger als 21 Min. beendet. Auch einzeln untersuchte Gewebe, wie Haut, Darm u. Leber zeigten den gleichen Befund. Es konnte in der Leber keine besonders schnelle Fettumwandlung festgestellt werden. (J. biol. Chemistry **200.** 31—37. Jan. 1953. Portland, Oreg., Univ. of Oregon.)
NIEMANN. 4596

S. W. Stanbury und **Gilbert H. Mudge,** *Kaliumstoffwechsel von Lebermitochondrien.* Da ein Nachw. von K-Fraktionen in Geweben nicht möglich erscheint, wurden Verss. mit aus Kaninchenleber gewonnenen Mitochondriensuspensionen durchgeführt. Es wurde festgestellt, daß K aus Mitochondrien durch wiederholtes Waschen mit NaCl-Lsgg. nicht vollständig entfernt werden kann (Verwendung von ^{42}*K*). Dieses nicht austauschbare K beträgt mindestens 1,8% des gesamten K der Leber. Unter geeigneten Stoffwechselbedingungen wird dieses K mit K im Medium ausgetauscht, woraus sich ein Hinweis auf eine Abhängigkeit des K-Stoffwechsels von der aeroben Oxydation ergibt. Durch Orthophosphat wird der K-Spiegel in den Mitochondrien gesenkt. Die Feststellung einer polyphasen Wrkg. von Dinitrophenol weist auf eine spezif. Beziehung zwischen Esterphosphat u. K-Austausch in den Mitochondrien hin. (Proc. Soc. exp. Biol. Med. **82.** 675—81. April 1953. New York City, Columbia Univ., Coll. of Phys. and Surg., Dep. of Med.) SCHWAIBOLD. 4596

Johannes Hiller, Alfons Jakob und **Ernst Strauß,** *Zur Analyse des normalen und des pathologischen Eisenstoffwechsels mit Radioeisen.* Unterss. über das Umsatzverh. des Fe unter Verwendung von ^{55}Fe- u. ^{59}Fe-Injektionen bei 5 n. Personen haben ergeben, daß die relativen prozentualen Umsätze, bezogen auf die maximal erreichte Konz. im Blut, einer einfachen Exponentialfunktion folgen. Bei 5 Fällen mit Anämien infolge chron. Magenblutung wurde ein beschleunigter Fe-Umsatz festgestellt. Bei 3 Fällen mit Anämien bei chron. cavernöser Lungentuberkulose war dagegen der Fe-Umsatz verlangsamt. Auf den möglichen Zusammenhang dieser Erscheinung mit dem Proteinstoffwechsel (Störung des Fe-Transports u. der Bldg. von Fe-Depots) wird auf Grund der neueren biochem. Ergebnisse über den Fe-Stoffwechsel hingewiesen. (Strahlentherapie **89.** 596—99. 1953. Nürnberg, Städt. Krankenanstalten, Strahleninst. u. I. Med. Klinik.) SCHWAIBOLD. 4596

N. A. Kutzenko und **G. A. Netschajewa,** *Der Einfluß verschiedener Störungen der Innervation der Muskeln auf ihren Gehalt an Adenosintriphosphorsäure, Phosphokreatin, Glykogen und Milchsäure.* Als Indicatoren des funktionellen Zustandes der gestreiften Muskulatur wurden Glykogen (**I**), Milchsäure (**II**), Adenosintriphosphorsäure (**III**) u. Phosphokreatin (**IV**) gewählt. Bei Hunden, Katzen u. Kaninchen ruft Zerschneidung des Nervus ischiadicus eine Verminderung von **I—IV** hervor, der anorgan. P bleibt unverändert. Die Verminderung dieser Stoffe ist bereits 18 Tage nach der Operation festzustellen u. nimmt im Laufe der nächsten 6 Monate ständig zu. Durchschneiden der Vorderwurzel, auch Entfernung der Sympaticusganglien ruft nur unbedeutende Veränderungen im Geh. an **I—IV** hervor. Entfernung der Ganglien führt manchmal zur Bldg. von troph. Hautgeschwüren. Durchschneiden der Achillessehne wird zwar von einem starken Gewichtsverlust des Muskels gefolgt, doch der **I—IV**-Geh. bleibt normal. Auch die Entfernung der frontalen u. temporalen Lobi bleibt ohne Einfl. auf den Chemismus der Muskulatur. Die gleichzeitige Durchführung dieser Operation mit dem Durchschneiden der Sehne ruft dagegen eine mäßige Verminderung von I—IV hervor. (Физиологический Журнал СССР имени И. М. Сеченова [Ssetschenow J. Physiol. UdSSR] **39.** 719—28. Nov./Dez. 1953. Leningrad, Pawlow-Inst. für Physiol. der Akad. der Wiss. der UdSSR, Labor. für Biochem. des Nervensyst. u. Labor. für Nerventroph.) DU MANS. 4597

A. W. Palladin, *Der Stoffwechsel im Gehirn bei Erregung.* (Vgl. C. **1954.** 4889.) In Verss. an Kaninchen werden als Erregungsmittel des Großhirns *Pervitin* (**I**; 5—8 mg/kg subcutan) bzw. *Cardiazol* (**II**; 50—70 mg/kg subcutan) benutzt. Der Geh. an *Adenosintriphosphorsäure* (**III**) im Gehirn ist 1 Std. nach **I**-Verabfolgung herabgesetzt, normalisiert sich nach einer weiteren Std. u. liegt nach 4 Std. über der Norm. Der Geh. an *anorgan. P* (**IV**) zeigt demgegenüber das umgekehrte Bild. Nach Anwendung von **II** ist **III** zuerst erhöht, dann etwas herabgesetzt u. **IV** zuerst herabgesetzt, dann etwas gesteigert. Verss. mit ^{32}P (intravenös, gleichzeitig mit der Verabreichung von **I** bzw. **II**) sprechen für einen gesteigerten **III**-Umsatz während der ersten 2 Std. nach **I**-Zufuhr u. für einen herabgesetzten **III**-Umsatz nach **II**-Zufuhr. Der Gesamtumsatz an Phospholipiden wird durch **I** nicht beeinflußt, weist aber gewisse Schwankungen auf. Bei chron. Übererregung von Ratten durch wiederholte elektr. Reizungen bzw. durch Störung des Schlafes kommt es zu einer Herabsetzung von **III** im Gehirn, der Aktivität der Glykogenolyse u. des Geh. an präformierter *Milchsäure* sowie zu einer Zunahme des gebundenen *Glykogens.* Da gleichzeitig die Aktivität der Phosphorylase abnimmt, kann auf eine Störung der Glykogenverwertung geschlossen werden. In Verss. an Katzen nimmt durch Übererregung (15 Min. im Laufrad täglich 30 Tage lang) der Eiweißgeh. in der Großhirnrinde ab. An Ratten wird durch wiederholte elektr. Reizung der Nucleinsäuregeh. des Gehirns kaum verändert, jedoch nimmt die Aktivität der *Desoxyribonuclease* ab. Mit Hilfe von ^{32}P ist zu erkennen, daß der Nucleinsäureumsatz auf einem niedrigeren Niveau erfolgt als normal. Es ist daraus auf eine Störung der *Eiweiß*-Synth. zu schließen. (Журнал Высшей Нервной Деятельности имени И. П. Павлова [Pawlow-J. höhere Nerventätigkeit] **3.** 801—08. Nov./Dez. 1953. Biochem. Inst. der Akad. der Wiss. der UkrSSR.) RENTZ. 4598

L. L. Langley and E. Cheraskin, The physiology of man. New York: McGraw-Hill. (621 S. m. Abb., Diagr.) $ 5,50.

E_6. Pharmakologie. Therapie. Toxikologie. Hygiene.

M. H. Ross und **J. O. Ely,** *Bestrahlungswirkungen auf das Leberglykogen der Ratte.* Nach Neutronen- oder Röntgenbestrahlung wurden in den Leberzellen von Ratten, die vor u. nach der Bestrahlung keine Nahrung erhalten hatten, *Glykogen* (**I**)-Depots festgestellt, während die Lebern der nichtbestrahlten Kontrollen nur **I**-Spuren enthielten. Auch bei Abdeckung verschied. Körperpartien der Tiere fand sich die **I**-Speicherung, so daß die Strahlungswrkg. auf die **I**-Ablagerung anscheinend nicht prim. Natur ist, sondern wahrscheinlich auf einer allg. vermehrten Geschwindigkeit des Eiweißabbaues u. auf dem Freiwerden von Substanzen aus bestrahlungsempfindlichen Zellen beruhen. (J. cellular comparat. Physiol. **37.** 163—71. Febr. 1951. Newark, Del., Biochem. Res. Foundation.) K. MAIER. 4601

Hans-Joachim Maurer, *Zur Frage der Ätiologie des sogenannten Strahlensarkoms unter besonderer Berücksichtigung des osteogenen Sarkoms auf dem Boden einer Ostitis deformans Paget.* An Hand umfangreicher statist. Erhebungen zeigt Vf., daß bei der Röntgentherapie der *Ostitis deformans Paget* Sarkombildungen nicht begünstigt werden. Die angewandten Strahlendosen sind durchweg so niedrig, daß cancerogene Wirkungen nahezu ausgeschlossen sind, zumal allg. mit weicher Strahlung behandelt wird. Vf. empfiehlt daher die Strahlentherapie bei dieser Krankheit. (Strahlentherapie **92.** 395—401. 1953. Marburg/Lahn, Univ., Strahleninst.) REUSSE. 4601

Ja. M. Gruschko, *Über die Giftigkeit des sechswertigen Chroms bei Eintritt in den Organismus durch den Magendarmtrakt.* Überblick auf Grund der Literatur mit 7 Tabellen. Die minimale tox. Dosis beträgt bei Kaninchen 0,0002 mg/kg für K_2CrO_4 u. $K_2Cr_2O_7$; bei Erhöhung der Dosis auf 0,0013—0,002 mg/kg treten pathomorpholog. Erscheinungen in Hirnrinde, Herzmuskel, Nieren u. Leber auf. — 14 Literaturhinweise. (Фармакология и Токсикология [Pharmakol. u. Toxikol.] **16.** Nr. 5. 54—60. Sept./Okt. 1953. Irkutsk, Med. Inst.) R. K. MÜLLER. 4606

M. Mosinger und **H. Florentini,** *Über die experimentelle Kohlenoxydvergiftung.* Vff. riefen experimentell an 22 Meerschweinchen chron. CO-Vergiftung hervor. Es entstand, ähnlich wie beim Menschen, ein komplexes Syndrom mit Mesenchym-, Epithel- u. neuro-endokrinen Schäden. CO bewirkte im Vgl. zu anderen, ebenfalls untersuchten, jedoch nicht aufgeführten Giften die deutlichsten Hypothalamus-Reaktionen. (**Vgl. auch C. 1954.** 6532.) (Arch. Maladies profess. Méd. Travail Sécurité soc. **14.** 354—55. 1953. Aix-Marseille, Univ., Inst. de Méd. du Travail.) KRUSEN. 4606

L. P. Kendal und **A. N. Ramanathan,** *Formiatausscheidung nach Methanolaufnahme im Menschen.* Das Auftreten von Formiat im menschlichen Urin nach einmaliger, oraler Verabreichung kleiner Mengen Methanol wird durch nachfolgenden, wiederholten A.-Konsum vollkommen unterdrückt. Nach Beendigung der A.-Aufnahme tritt erst nach 1—2 Std. Formiatabscheidung im Urin ein, begleitet von der Abnahme des Methanolspiegels im Körperwasser. (Biochem. J. **54.** 424—26. Juni 1953. Manchester, Victoria Univ., Physiol. Dep.) FINDEISEN. 4607

Erik Jacobsen, *Die Ursache der Acetaldehydbildung nach Aufnahme von Tetraäthylthiuramdisulfid (Antabus) und Alkohol.* Die Bldg. von *Acetaldehyd* (**I**) in *Tetraäthylthiuramdisulfid* (**II**)-behandelten Kaninchen nach A.-Aufnahme findet in der Leber statt. Die vermehrte **I**-Konz. erklärt sich durch eine Hemmwrkg. von **II** auf den **I**-Stoffwechsel. (Ann. Med. exp. Biol. fenn. **28.** 89—95. 1950. Copenhagen, Medicinalco Ltd., Biol. Labor.) K. MAIER. 4607

Karl Bernhard, G. Brubacher und **H. Jaquet,** *Untersuchungen über Ausscheidung und Retention von Oxalat bei der Ratte mit Hilfe ^{14}C-markierter Oxalsäure.* Im Anschluß an Arbeiten von WEINHOUSE u. FRIEDMANN (J. biol. Chemistry **191.** [1951.] 707) wurde Ratten Oxalsäure bekannter Aktivität injiziert. 28,7% der injizierten Säure kam mit dem Harn zur Ausscheidung, 25,2% wurden in der Niere zurückgehalten. Die Leber trat als Speicherungsorgan nicht in Erscheinung. Das Retentionsvermögen der Niere steht im Gegensatz zu den Unterss. von WEINHOUSE u. FRIEDMANN. Darst. der $^{14}C_{(1,2)}$-Oxalsäure nach LEMARCHANDS u. ROMAN (C. R. hebd. Séances Acad. Sci. **192.** [1931.] 1381). Chromatograph. Reinigung mittels Dowex-1-Säule (Formiat-Form). Maximale Eluierung durch Ameisen-/Salzsäure im Verhältnis 1 : 9; 2 : 8 u. 3 : 7. (Helv. chim. Acta **36.** 1968—71. 1/12. 1953. Basel, Univ., Physiol.-chem. Inst.) HEERDT. 4607

Dionigi Mura, Antonio Quesada und **Antonio Medda,** *Beitrag zur Untersuchung der Toxizität des DDT-Naphtha-Tryton gegenüber Haustieren während der Malariaprophylaxe (Erlaas) in Sardinien.* Während der in den Jahren 1947—1952 durchgeführten Malariaprophylaxe mit *DDT*, das 2,25% Naphtha enthielt, wurde eine gering erhöhte Sterblichkeit der Weidetiere beobachtet. Vff. untersuchten im Experiment die Wrkg. des DDT-Präp. an Schafen, Rindvieh, Pferden u. Ziegen u. konnten trotz höherer Dosierung keine schädlichen Wirkungen feststellen. (Clinica veterin. **76.** 36—52. Febr. 1953. Sassari, Sardegna, Staziona Sperimentale Zooprofilattica.) P. G. SCHEURLEN. 4607

Joseph G. Hamilton und **Kenneth G. Scott,** *Wirkung des Versene-Calciumsalzes auf den Plutoniumstoffwechsel in der Ratte.* Vff. untersuchten an weiblichen Ratten, die ^{238}Pu in Dosen zwischen 0,18 u. 0,09 μC erhalten hatten, den Einfl. von *Versene* (*Äthylendiamintetraessigsäure*) (**I**) auf die Verteilung in Organen, Geweben u. Skelett. Angabe einer Meth. mit ***Thienyltrifluoraceton*** zur Abtrennung des Pu aus Geweben mit hohem Ca-Gehalt. Orale **I**-Gaben in tox. Dosen bewirken keine merkliche Entleerung des Pu aus Organen u. Geweben u. hatten nur geringen Einfl. auf den Geh. im Skelett. Parenterale große **I**-Dosen erniedrigten den Pu-Geh. im Skelett signifikant. Unter diesen Versuchsbedingungen war die Pu-Absorption von der intramuskulären Injektionsstelle aus angestiegen. Bei Eintritt des Pu durch Schnitte oder Abrasionen kann die schnelle **I**-Zufuhr in großen Dosen demnach von Nutzen sein. (Proc. Soc. exp. Biol. Med. **83.** 301—05. Juni 1953. Berkeley and San Francisco, Calif., Univ. of California, Div. of Med. Phys., Exp. Med. Radiol., Crocker Labor.) K. BÖHM. 4607

A. Gross, *Die Wirkung eines lokalen Reizes auf die durch Histaminaerosole hervorgerufenen Asthmaanfälle bei der weißen Ratte (Mus. decumanus, Var. albinos).* Werden bei weiblichen Ratten durch Essigsäureaerosole Bronchialschäden gesetzt, so rufen nachfolgende Inhalationen von 1%ig. *Histamindihydrochlorid* typ. Asthmaanfälle mit Schleimhauthypersekretion hervor. Die nur bei weiblichen Ratten feststellbaren Schäden sind unter den gewählten Versuchsbedingungen refraktär. Vf. folgert, daß der experimentelle Asthmaanfall der Ratte wenigstens 2 Bedingungen voraussetzt: einen lokalen pulmonalen Reiz u. eine Grundeinstellung, die durch Geschlechtshormone bedingt zu sein scheint. (C. R. Séances Soc. Biol. Filiales **147.** 1363—65. Aug./Sept. 1953.) H. P. FIEDLER. 4607

I. L. Tschertkow, *Über den zentralen Charakter der Wirkung des Carbocholins und seinen Antagonismus mit Atropin.* Sowohl *Carbocholin* (**I**) als auch *Atropin* (**II**) regen in Verss. mit Katzen, bei denen ein Darmstück nur noch über die Nerven mit dem Organismus verbunden ist, die Darmperistaltik stark an. Um festzustellen, ob die Wrkg. des **I** von der Gehirnrinde oder vom subcorticalen Teil des Hirns ausgeht, werden weitere Verss. mit decerebrierten Tieren durchgeführt. Da auch hier die zentrale Wrkg. erhalten bleibt, scheint sie im Kern der Vagusnerven der Medulla oblongata lokalisiert zu sein. **II** erweist sich sowohl in der peripheren als auch in der zentralen Wrkg. als Antagonist des **I**. (Фармакология и Токсикология [Pharmakol. u. Toxikol.] **16**. Nr. 5. 16—20. Sept./Okt. 1953. Minsk, Med. Inst., Lehrstuhl für Pharmakol.) R. K. MÜLLER. 4607

D. V. Parke und **R. T. Williams**, *Untersuchungen über Detoxikation*. 54. Mitt. *Der Stoffwechsel von Benzol. a) Die Bildung von Phenylglucuronid und Phenylschwefelsäure aus* ^{14}*C-Benzol. b) Der Stoffwechsel von* ^{14}*C-Phenol*. (53. vgl. SMITH, C. **1954**. 3510.) Im Harn von Kaninchen, denen 150—500 mg/kg ^{14}*C-Benzol* verabreicht worden war, wurden 11—14% der gegebenen Menge als Phenylschwefelsäure (**I**) u. 6—8% als Phenylglucuronid (**II**) wiedergefunden. Daneben wurden geringe Mengen ***Brenzcatechin*** u. ***Chinol*** festgestellt. Durch Aktivitätsmessungen konnten Vff. zeigen, daß durch Pb-Acetat-Fällung 94% des im Harn enthaltenen **II** erfaßt werden. Bei peroraler Zufuhr von ^{14}*C-Phenol* (**III**) in Dosen von 50—60 mg/kg wurden 84—95% des verabreichten **III** innerhalb von 2 Tagen ausgeschieden. Davon lagen 37—50% als **II**, 45—47% als **I** u. 9,5—10% als Chinol vor. Durch **III** wurde keine Beeinflussung der Exkretion von Muconsäureisomeren oder von Phenylmercaptursäure hervorgerufen. (Biochem. J. **55**. 337—40. Sept. 1953. London, St. Mary's Hosp., Med. School, Dep. of Biochem.) KRUSEN. 4607

L. Friedler und **J. N. Smith**, *Bildung von Hippursäure bei Heuschrecken*. Verfüttert oder injiziert man *Benzoesäure* (**I**), *p-Aminobenzoesäure* (**II**), *p-Nitrobenzoesäure* (**III**) oder *Salicylsäure* (**IV**) an Heuschrecken (Locusta migratoria migratorioides), so findet man in den Ausscheidungen **I** zu *Hippursäure* u. **II** zu *p-Aminohippursäure* umgewandelt vor. **III** wird red. u. teils als **II**, teils als p-Aminohippursäure ausgeschieden, u. **IV** bleibt unverändert. Die Stoffwechselprodd. wurden im Papierchromatogramm nachgewiesen, Hippursäure auch in Substanz isoliert. 1 mg **II** wird in 3 Tagen zu 70% umgesetzt, wobei 10—22% als Glykokollverbb. auftreten. (Biochem. J. **55**. VI. Aug. 1953. London, St. Mary's Hosp. Med. School, Dep. of Biochem.) U. BAUMANN. 4607

I. W. Saikonnikowa, *Zur Pharmakologie von Lepidium ruderale*. In Tierverss. (Katze, Kaninchen) wird die Einw. von wss. Aufguß oder alkoh. Extrakt aus *Lepidium ruderale* auf Blutdruck u. Atmung untersucht. Bei 2—3 cm^3/kg wird kurze Herabsetzung des Blutdrucks, kurzer Atmungsstillstand, nach 2—3 Min. Beschleunigung der Atmung (3—4 Min. lang), dann innerhalb 10—20 Min. Rückkehr zur Norm festgestellt. Letale Dosis (Herzstillstand) bei Kaninchen (1,8—2,5 kg) 10 cm^3, bei Katzen 20 cm^3/kg. Lokale Reizwrkg. auf die Cornea bei Einführung in den Conjunctivalsack wird nicht beobachtet. Das als Ungeziefermittel verwendete Präp. zeigt somit geringe Toxizität ohne Reizwirkungen. (Фармакология и Токсикология [Pharmakol. u. Toxikol.] **16**. Nr. 5. 52—54. Sept./Okt. 1953. Kasan, Med. Inst., Lehrstuhl für Pharmakologie.) R. K. MÜLLER. 4608

R. E. Hagenbach, E. Hodel und **H. Gysin**, *Über Mercaptotriazinone mit tuberkulostatischer Wirkung*. Die aus aromat. α-Ketosäuren (**I**) u. Thiosemicarbazid gebildeten Thiosemicarbazone (**III**) lassen sich zu *6*-substituierten *3-Mercapto-1.2.4-triazinonen-(5)* (**II**) cyclisieren (**A**; *R* aromat. Rest). Unter einer größeren Zahl von Verbb.

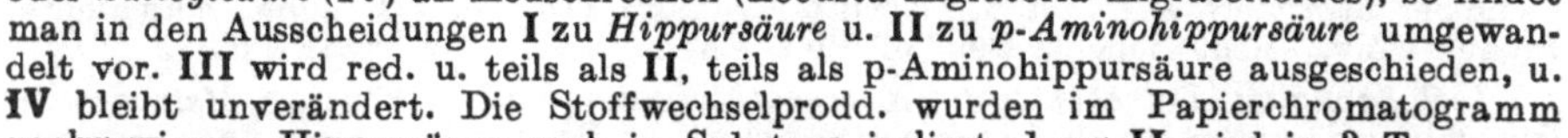

zeigte nur das *p-Acetylaminophenylderiv.* (**II**; R = $CH_3CONHC_6H_4$—) eine sichere tuberkulostat. Wrkg. in vivo, während Halogen-, Alkoxy-, Alkylthio-, Oxy-, Alkylsulfonyl-, Methylsulfonamido-, Alkylureido-, Alkylthioureido-, Nitro-, Amino- u. Carboxygruppen als Substituenten im Benzolkern unwirksame oder nur sehr wenig wirksame Verbb. ergaben. Bei Verwendung von **III** heterocycl. **I** entstehen 6-heterocycl. substituierte **II**. Aus *2-Thionylglyoxylsäure* wurde eine Verb. (**II**, R = *Thienyl*) mit ähnlicher tuberkulostat. Wirksamkeit wie obengenannte dargestellt. *2-* u. *3-Pyridyltriazinone* waren in vivo unwirksam, während das *4-Pyridyl*-Deriv. von **II**, *6-[γ-Pyridyl]-3-mercapto-1.2.4-triazinon-(5)*, von allen geprüften **II** die beste tuberkulostat. Aktivität besaß u. halb so wirksam wie ***Pyridin-3-aldehydthiosemicarbazon*** war. Die Toxizität lag niedriger als bei ***Isonicotinsäurehydrazid*** u. den besten heterocycl. **III**. (Experientia [Basel] **10**. 62—63. 15/2. 1954. Basel, J. R. Geigy Akt.-Ges.) K. MAIER. 4610

Sch. A. Alimow, *Phthivazid in der Therapie der pulmonalen und extrapulmonalen Tuberkulose. Phthivazid* (I) in Dosen von 0,3—0,9 g täglich per os bzw. als Aerogel in Glucose inhaliert, bewirkte einen raschen Rückgang der Intoxikationserscheinungen der Tbc-Kranken. Die Verträglichkeit von I war gut, u. nur in einigen Fällen kam es zu Schlaflosigkeit, gesteigerter Reflexerregbarkeit u. Appetitmangel. In vielen Fällen verschwanden auch die Tbc-Bacillen aus dem Sputum. (Советская Медицина [Sowjet-Med.] **18.** Nr. 1. 22—26. Jan. 1954. Usbek, Wiss. Tbc-Forschungsinst., Klin. Abt.) RENTZ. 4610

C. Levaditi, A. Vaisman und **H. Chaigneau-Ehrard,** *Therapeutische Wirkungen von Isonicotinsäurehydrazid* (*INH*) *und dessen Derivaten bei durch intracraniale Impfung mit Mycobacterium tuberculosis humanus beim Kaninchen hervorgerufener tuberkulöser Infektion.* (Vgl. C. **1953.** 6524.) Bei Meerschweinchen, die durch intracraniale Injektion mit H 37 Rv infiziert worden waren, zeigten sich histolog. Veränderungen an einer Reihe von Organen, die durch Behandlung mit *INH* (I) bzw. I-Derivv. verhindert werden konnten. (C. R. Séances Soc. Biol. Filiales **147.** 1546—48. Okt. 1953. Paris, Inst. Alfred Fournier.) DOSSMANN. 4610

Katashi Makino, Takeo Kinoshita und **Tsuyoshi Itoh,** *Biologische Acetylierung von Isonicotinsäurehydrazid.* Im zum Sirup eingeengten Urin eines tuberkulösen Patienten, der täglich 200 mg *Isonicotinsäurehydrazid* (I) erhält, werden chromatograph. (Nr. 50 Tōyō-Filterpapier, wassergesätt. n-Butanol, UV-Licht, 2537 Å) zwei Verbb. mit R_F 0,65 bzw. 0,74 nachgewiesen, die nach erneutem Chromatographieren unter Verwendung verschied. Lösungsmittelsysteme (wassergesätt. n-Butanol; 1%ig. Ammoniak–Isopropanol [3 : 20]; mol./50 Phosphatpuffer–gesätt. n-Butanol [p_H 7,4]; 1%ig. Ammoniak–gesätt. n-Butanol; n-Butanol–Essigsäure–W. [4 : 1 : 5]) als 1-Isonicotinsäure-2-acetylhydrazin u. I identifiziert werden. Weiterer Beweis UV-Absorptionsspektren. — Viehleber acetyliert ebenfalls I. (Nature [London] **173.** 36. 2/1. 1954. Kumamoto, Japan, Univ., Med. School, Dep. of Biol. Chem.) ERIKA HAAS. 4610

I. F. Schudibil, *Pathogenese der Knochentuberkulose und die neuesten Methoden der Behandlung derselben mit Antibioticis.* (Современные Проблемы Туберкулеза [Gegenwärt. Probleme Tuberkulose] **5.** Nr. 1. 3—12. 1954.) RENTZ. 4611

G. Ss. Gritzuk, *Ein Versuch zur Anwendung von Streptomycin bei der tuberkulösen Peritonitis.* (Советская Медицина [Sowjet. Med.] **18.** Nr. 2. 14—16. Febr. 1954. Archangelsk, Ssemaschko-Krankenhaus, Klin.-Chir. Abt.) RENTZ. 4611

Howard M. Payne, Constance Quarles, Oscar Ellison, K. Albert Harden, Grace B. Syphax und **Gladys L. Hobby,** *Die intermittierende Anwendung von Streptomycyliden-isonicotinoylhydrazinsulfat bei der Therapie der Lungentuberkulose.* Bericht über *Streptohydrazid* = *Streptomycyliden-isonicotinoylhydrazinsulfat* (I; CHAS. PFIZER & CO., INC., Brooklyn, N. Y.). Best. der Blutspiegel von *Streptomycin* (II) u. *Isoniazid* (III) nach intramuskulärer I-Verabreichung von 1,4 g (~1,4 g II-Base + 330 mg III) 2 mal wöchentlich. Bei Neuinfektionen etwa die gleiche Besserung wie bei täglicher III-Verabreichung, das Auftreten von Resistenz gegenüber II u. III wird auf etwa 2 Monate hinausgeschoben. Vorher anders behandelte Fälle reagieren langsamer auf I, wobei resistente Stämme schneller auftreten. Die tox. Wirkungen von I sind die gleichen wie bei II bzw. III. (Antibiotics Annu. **1953/1954.** 232—43. Dez. 1953.) DOSSMANN. 4611

Elmer H. Loughlin, Clifford W. Price und **Aurele A. Joseph,** *Streptomycin–Bacitracin–Polymyxin-Kombinationen. Die Anwendung mehrfacher Antibioticakombinationen zur Prophylaxe von Hautinfektionen durch gewöhnliche Bakterien und die Behandlung des chronischen* (*tropischen*) *Ulcus.* Meerschweinchen mit experimentellen Wunden sprachen auf lokale Behandlung mit *Streptomycin* + *Bacitracin* + *Polymyxin* sehr gut an. Die Kombination bewährte sich auch klin. bei chron. Ulcus. (Antibiotics Annu. **1953/1954.** 291—93. Dez. 1953. New York, N. Y., Med. Coll. and Flower and Fifth Av. Hosp., u. Haiti, Serv. Cooperatif Inter-Americain de la Souté Publique.) DOSSMANN. 4611

Horace M. Gezon und **Robert R. Carpenter jr.,** *Erworbene Streptomycinresistenz von Shigella durch fortgesetzten Kontakt mit dem Antibioticum.* Nachw. des Auftretens von *Streptomycin* (I)-Resistenz bei 15 Shigellastämmen, die 2—50 μg/ml I nach einer beschriebenen Technik ausgesetzt wurden. Der Grad der I-Resistenz scheint mit der I-Konz. in Zusammenhang zu stehen. Resistenz scheint sich bei laufendem I-Kontakt schneller u. in höherem Maße zu entwickeln als bei gewöhnlichen Kulturverss. mit analogen I-Spiegeln. (Antibiotics Annu. **1953/1954.** 576—84. Dez. 1953. Pittsburgh, Pa., Univ. of Pittsburgh, Graduate School of Public Health.) DOSSMANN. 4611

Archibald C. Cohen und **George C. Glinsky,** *Überempfindlichkeit gegen Streptomycin.* Vff. besprechen die während der Therapie u. beim Umgang mit *Streptomycin* (I) auftretende Überempfindlichkeit. Desensibilisierung kann durch subcutane Injektion, beginnend mit 10 γ I langsam auf 0,125 g steigernd erreicht werden, wobei jedoch die UV-Empfindlichkeit bestehen bleibt. (J. Allergy **22.** 63—70. Jan. 1951. Butler, Pa., Veterans Administr. Hosp.) P. LOCH. 4611

Ss. D. Goligorski, K. A. Zebyrne und **R. N. Scholchet,** *Die Behandlung von Patienten mit akuten nicht spezifischen Cystiden durch präsacrale Novocain–Penicillin-Blockaden.* (Клиническая Медицина [Klin. Med.] **32** (**35**). Nr. 1. 84. Jan. 1954. Kischinew, Med. Inst., Chir. Fak.-Klinik u. Klin. Republik-Krankenhaus.) RENTZ. 4611

Foster E. Murphy, Michael P. Brignola und **Amedeo Bondi jr.,** *Neo-Penil: eine vergleichende Untersuchung der Blut-, Harn- und Lungenspiegel.* Vff. konnten nach Verabreichung von *Neo-Penil* (I; *Penicillin G-diäthylaminoäthylesterhydrojodid*) in der Lunge höhere *Penicillin* (II)-Konzz. als nach Procain–II u. wss. II nachweisen, weswegen I zur Behandlung von Lungeninfektionen empfohlen wird. (Amer. J. med. Sci. **227.** 398—402. April 1954. Philadelphia, Pa., Hahnemann Med. Coll., Hosp.) KRUSEN. 4611

Robert Chamovitz und **Francis J. Catanzaro,** *Beurteilung von Dibenzyläthylendiamin–Penicillin G zur Vermeidung von rheumatischem Fieber durch Behandlung vorangegangener Streptokokkenkrankheit. Dibenzyläthylendiamin–Penicillin G = Bicillin* ist bei Streptokokkeninfektionen anderen Präpp. überlegen u. daher sehr geeignet zur Prophylaxe bei rheumat. Fieber. (Antibiotics Annu. **1953/1954.** 113. Dez. 1953. Wyoming, Warren Air Force Base, u. Cleveland, O., Western Reserve Univ., Dep. of Preventive Med.) DOSSMANN. 4611

Gene H. Stollerman, Jerome H. Rusoff und **Ilse Hirschfeld,** *Prophylaxe gegen Streptokokken Gruppe A bei Patienten mit rheumatischem Fieber durch Anwendung einer einzigen monatlichen Injektion von N.N'-Dibenzyläthylendiamindipenicillin G* (*Bicillin*). *Fortschrittsbericht.* Mit einmaliger Injektion von $1{,}2 \cdot 10^6$ E. *Bicillin* (I) alle 4 Wochen gelang es bei 133 Patienten, das Auftreten von Rückfällen bei rheumat. Fieber innerhalb eines Jahres zu verhindern, I-Prophylaxe war besser als Behandlung mit 1 g *Sulfadiazin* oder $2 \cdot 10^5$ E. oralem *Penicillin* pro Tag. (Antibiotics Annu. **1953/1954.** 114—18. Dez. 1953. New York, Irvington House, u. Univ. Coll. of Med., Dep. of Med.) DOSSMANN. 4611

E. W. Tucker und **R. W. Fuller,** *Blut- und Milchspiegel nach intramuskulärer Injektion von Dibenzylamin–Penicillin G und die Wirkung von Streptococcus agalactiae-Infektionen im Kuheuter.* 4 Milchkühe erhielten 2—3 Injektionen *Dibenzylamin–Penicillin G* (I) von 10^7 Einheiten. Maximale I-Serum- u. I-Milchspiegel nach der 1. Melkprobe wurden nach ca. 12 Std. erreicht. Infektionen mit St. agalactiae verschwanden 36 Std. nach der ersten I-Dosis; Symptomfreiheit hielt etwa 2 Wochen an, Reinfektionen bei 2 Kühen. (Antibiotics Annu. **1953/1954.** 433—37. Dez. 1953.) DOSSMANN. 4611

Hisashi Ogino, Takatomo Fukuoka und **Sumio Sakai,** *Penicillinkonzentrationen des Blutes von Kaninchen nach Einzelinjektion.* Unter Verwendung mehrerer *Penicillin* (I)-Präpp. wurden die I-Blutspiegel von Kaninchen mit denen von Versuchspersonen verglichen. Die Wrkg. der Präpp. kann mit Hilfe des Blutspiegels von Kaninchen ohne Messung der menschlichen Blutkonzz. ermittelt werden. (Abstr. Kagaku-Kenkyū-Jo Hōkoku [Rep. sci. Res. Inst.] **20.** 21. 1950. [Orig.: engl.]) K. MAIER. 4611

I. G. Buschujew, *Novocainanästhesie unter Zugabe von Penicillin und Streptomycin als Prophylaxe gegen postoperative Eiterungen.* Die bei Bauchoperationen, bes. bei akuter Appendicitis, häufigen Nacheiterungen der Wunde rühren meist nicht von der Kokkenflora her, sondern von Coliinfektionen. Da *Penicillin* (I) u. *Streptomycin* (II) gegen diese für sich wenig wirksam sind, wird empfohlen, auf je 100 cm³ 0,5%ig. Novocainlsg. 100000 E. I u. 50000 E. II in der regionären Anästhesie zu verwenden. In 118 Fällen werden dabei nur 4 Eiterungen (3,39%) beobachtet, gegenüber 12,9% ohne Zusatz von I + II. (Хирургия [Chirurgie] **1953.** Nr. 12. 59—61. Dez. Jaroslawl, Med. Inst., Klin. für allg. Chirurgie.) R. K. MÜLLER. 4611

I. R. Seal, R. W. Weber, R. T. Goerner, C. E. Curtis, P. F. Frank, M. L. Levinson, R. L. Woolridge, Y. E. Crawford, M. Turner und **B. J. Rust,** *Prophylaxe akuter Infektionen der Atmungsorgane mit oralem Penicillin oder Chlortetracyclin.* Prophylakt. Applikation von 10^5 E. *Penicillin* (I) u. 250 mg *Chlortetracyclin* (II) pro Tag an 3 Gruppen von Versuchspersonen während einer Streptokokkenepidemie ergab, daß I u. II gleich wirksam sind. (Antibiotics Annu. **1953/1954.** 123—36. Dez. 1953. Great Lakes, Ill., Naval Med. Res. Unit Nr. 4, Naval Training Center.) DOSSMANN. 4611

J. S. Kiser, G. C. de Mello, V. Eve, H. Lindh, L. Malone, F. Popken, A. Schurr und **M. K. Waters,** *Vergleichende Auswertung von Chlortetracyclin, Oxytetracyclin und Tetra-*

cyclin bei experimentellen Infektionen. Bericht über Vergleichsverss. an infizierten Mäusen bzw. Küken mit den Hydrochloriden von *Chlortetracyclin* (I), *Oxytetracyclin* (II) u. *Tetracyclin* (III) auf ihre Wrkg. gegenüber Infektionen durch grampositive u. -negative Bakterien. I, II, III zeigten im allg. die gleiche Wrkg., lediglich I war gegenüber Pasteurella signifikant wirksamer u. gegenüber Mycobacterium tuberculosis inakt.; gegenüber Klebsiella zeigte II geringere Wrkg. als I u. III. (Antibiotics Annu **1953/1954.** 56–62. Dez. 1953. Pearl River, N. Y., Lederle Cyanamid Comp.) DOSSMANN. 4611

Robert I. Wise und **Wesley W. Spink**, *Das Problem der antibiotischen Therapie bei Staphylokokken-Septicämie.* Bericht über 22 Patienten mit Staphylokokkensepsis. Testung von Kulturen dieser Fälle ergab größte Empfindlichkeit auf *Penicillin* (I), *Bacitracin* (II) u. *Erythromycin* (III). Wenn der Erreger nicht I-resistent ist, bleibt I für die Therapie das Mittel der Wahl, nach Bedarf Kombination mit II u. III, unter Umständen auch mit den *Tetracyclinen* u. *Chloramphenicol.* (Antibiotics Annu. **1953/1954.** 322–27. Dez. 1953. Minneapolis, Minn., Univ. of Minnesota, Hosp. and Med. School, Dep. of Med.) DOSSMANN. 4611

W. A. Randall, C. G. Durbin, J. Wilner und **J. H. Collins**, *Antibiotische Konzentrationen und Verweilzeit in Tiergewebe und Körperflüssigkeiten.* 1. Mitt. *Blutserum und Milch bei Kühen.* Zum Nachw. des Vorhandenseins verschied. *Antibiotica* (I) in Körper-Fll. erhielten Kühe I appliziert. Während bei den verschiedensten Verabreichungsarten *Penicillin, Oxytetracyclin, Streptomycin* u. *Sulfonamide* in der Größenordnung von Tagen in der Milch bzw. dem Serum nachzuweisen waren, ergab einmalige Applikation von *Chlortetracyclin* (II)-Salbe einen II-Milchspiegel, der 3–5 Wochen anhielt. (Antibiotics Annu. **1953/1954.** 421–27. Dez. 1953. Washington, D. C., Food and Drug Administration, Dep. of Health, Education and Welfare.) DOSSMANN. 4611

John P. Nasou, Monroe J. Romansky und **J. Frederick Barr**, *Behandlung von Haemophilus influenzae, Typ b, Bakteriämie und Pneumonie mit Erythromycin.* Bericht über erfolgreiche Behandlung eines Falles mit *Erythromycin* (I). In vitro-Verss. ergaben I-Empfindlichkeit des Erregers. (Antibiotics Annu. **1953/1954.** 470–74. Dez. 1953. Washington, D. C., George Washington Univ., School of Med., Dep. of Med. u. George Washington Med. Div. District of Columbia Gen. Hosp.) DOSSMANN. 4611

Leon Banow jr. und **Julius Goldberg**, *Erythromycinbehandlung von Lymphogranuloma venerum.* (Vgl. auch C. **1953.** 6525.) Bericht über 10 Fälle mit inguinaler Adenitis u. Lymphogranuloma venerum. Behandlung mit *Erythromycin;* günstigste Dosierung 600–400 mg 4 mal täglich. 6 befriedigende, 4 zweifelhafte Ergebnisse, keine Nebenwirkungen. (Antibiotics Annu. **1953/1954.** 475–79. Dez. 1953. Charleston, S. C., Med. Coll. of S. C., Dep. of Surg. and Bacteriol.) DOSSMANN. 4611

I. Gray Tillotson und **Harold S. Ginsberg**, *Eine antipyretische Wirkung von Aureomycin. Hemmung von Fieberentstehung durch Influenzavirus beim Kaninchen.* Intraperitoneale oder intravenöse Injektion von *Aureomycin* (I) verhindert eine Fieber-Rk. von Kaninchen auf intravenöse Beimpfung mit *Influenzavirus B.* Verabreichung von I mit der Magensonde verhindert eine Fieber-Rk. nicht immer. Intraperitoneale I-Gaben normalisieren bei Rectaltemp.; eine Toleranzentw. gegen den pyrogenen Stoff wird nicht unterdrückt; bei Fieber-Rkk. auf Infektion mit Typhusvaccine wurde das Fieber ebenfalls, aber nicht so stark, unterdrückt. (Proc. Soc. exp. Biol. Med. **85.** 192–97. Jan. 1954. Cleveland, O., Western Res. Univ., School of Med. u. Univ. Hosp., Dep. of Preventive Med. and Med.) GOEBEL. 4611

M. S. Ljubetzkaja, D. A. Slatkowskaja und **O. Ss. Ruchimowitsch**, *Die Behandlung von schweren Formen der Dysenterie bei Kindern.* Über 200 Kinder im Alter bis zu 16 Jahren erhielten bei der tox. Form der Dysenterie 0,02 g/kg *Synthomycin* (I) pro Dosis bis zu 6 mal täglich, wodurch die Toxikose bereits nach ca. 5 Tagen verschwand, wonach I in Kombination mit *Sulfonamiden* weitergegeben wurde. Die I-Behandlung ist bei später Anwendung u. bei zu kleinen Dosen wirkungslos. Die I-Wrkg. geht wahrscheinlich über das Zentralnervensystem. Bei der gewöhnlichen Dysenterie ist I zwecks Vermeidung der Bldg. I-resistenter Bacillen nicht anzuwenden. Als Nebenwrkg. kommt es gelegentlich zu Erbrechen u. Unruhe. Als Bittermittel wirkend, verbessert I die Magensekretion u. steigert den Appetit. (Советская Медицина [Sowjet-Med.] **18.** Nr. 1. 33–34. Jan. 1954. Taschkent, Med. Inst., Lehrstuhl für Propädeutik der Kinderkrankh., Rosa-Luxemburg-Kinderkrankenhaus u. provisor. Dysenterie-Stat.) RENTZ. 4611

A. A. Waldman und **A. M. Smirnowa**, *Experimentelle Untersuchungen der therapeutischen Wirkung von Lävomycetin bei Paratyphusinfektion. Synthomycin* (I), *Lävomycetin* (II) u. *Dextromycetin* (III) wurden an 200 Mäusen u. 84 Kaninchen, die man enteral mit Kulturen von Paratyphus-Breslau-Bacillen infiziert hatte, erprobt. Die Behandlung begann 1 Tag nach der Infektion, wobei jede Maus 5—10 Tage lang täglich 1—2—5 μg II per os über den Tag verteilt erhielt, während die Kaninchen in gleicher Weise täglich 0,1—0,5 g II 5—8 Tage lang erhielten. Es zeigte sich eine deutliche therapeut. Wrkg. von II in Abhängigkeit von der Dosis. Es kommt aber auch nach hohen II-Dosen nicht zum Verschwinden der Bacillen. Hört man mit der Behandlung auf, so erfolgt oft eine Aktivierung des Infektionsprozesses. Die morpholog. Veränderungen in den Organen der Versuchtsiere nach hohen II-Dosen sind gering. Auch I ist therapeut. wirksam, jedoch wesentlich schwächer als II, während III völlig unwirksam ist. (Журнал Микробиологии, Эпидемиологии и Иммунобиологии [J. Mikrobiol., Epidemiol., Immunobiol.] **1954.** Nr. 2. 50—59. Febr. Inst. für exp. Med. der Akad. der Med.-Wiss. der UdSSR, Abt. für Pathol. Anatomie.) RENTZ. 4611

Emitt H. Shoemaker und **Ellard M. Yow,** *Klinische Untersuchung von Erythromycin bei der Behandlung von 47 Kranken.* Bericht über Therapie mit *Erythromycin* (I) in 47 Fällen mit Pneumokokken-, Streptokokken-, Staphylokokken- u. Gonokokkeninfektionen. I-Dosis 20—25 mg/kg/Tag über 3—44 Tage. I bewährte sich bei akuten Fällen, bei chron. Infektionen ist I nur von begrenztem Wert. Keine ernsten Nebenerscheinungen. (Antibiotics Annu. **1953/1954.** 460—63. Dez. 1953. Houston, Tex., Baylor Univ. Coll. of Med., Dep. of Internal Med. u. Jefferson Davis Hosp.) DOSSMANN. 4611

John W. V. Cordice jr., Marcelino Avecilla, Milton Marmell, Boris A. Shidlovsky und **Aaron Prigot,** *Erythromycin. Vorläufiger Bericht über seine Anwendung bei gewissen Geschlechtskrankheiten.* Bericht über Erfahrungen mit *Erythromycin* (I) bei verschied. Geschlechtskrankheiten. Es gelang mit I, die Symptome zum Verschwinden zu bringen; keine tox. I-Rkk., auch nicht bei langer Verabreichungszeit. (Antibiotics Annu. **1953/1954.** 480—84. Dez. 1953. New York City, Harlem Hosp.) DOSSMANN. 4611

W. P. Fisher, Roy A. Machlowitz, Alfred A. Tytell und **Jesse Charney,** *Streptocardin, ein neues Antibioticum.* Beschreibung der Isolierung von *Streptocardin* (I) aus Kulturfiltraten von Streptomyces- u. Nocardiaorganismen. I ist sehr tox. für Mäuse; durch intravenöse I-Injektion von 12,5 mg/kg wurden alle Tiere einer Versuchsreihe getötet. (Antibiotics Annu. **1953/1954.** 177—78. Dez. 1953. West Point, Pa., Sharp & Dohme Div., Merck & Co., Inc.) DOSSMANN. 4611

Maxwell Finland, *Klinische Anwendungen der gegenwärtig verfügbaren Antibiotica.* Zusammenfassender Bericht über Probleme der Behandlung u. Prophylaxe von Infektionskrankheiten mit Antibioticis, ihre Eigg. sowie ihre allg. u. spezif. Indikationen. Besprechung von *Penicillin* (I), der verschied. I-Formen, der Tetracycline *Aureomycin, Terramycin, Achromycin,* ferner von *Chloramphenicol, Erythromycin, Carbomycin,* von *Bacitracin, Polymyxin, Neomycin* u. Erwähnung der „*Omnibiotica*". (Antibiotics Annu. **1953/1954.** 10—26. Dez. 1953. Boston, Mass., Boston City Hosp. u. Harvard Med. School, Dep. of Med.) DOSSMANN. 4611

Gladys L. Hobby, Tulita F. Lenert und **Daria Pikula,** *Antibakterielle Mittel, ihre Wirksamkeit einzeln oder in Kombinationen.* Bericht über invitro- u. Tierverss. mit 12 antibakteriellen Präpp. gegenüber 5 Bakterienarten, für die ein spezif. wirkendes Mittel bisher nicht gefunden wurde. Geprüft wurden: *Penicillin, Bacitracin, Carbomycin, Oxy-* u. *Chlortetracyclin, Chloramphenicol, Streptomycin, Catenulin, Neomycin, Polymyxin, Viomycin, Isoniazid* gegenüber Staphylococcus aureus, Salmonella typhi, Pseudomonas pyocyanus, Proteus vulgaris u. Mycobacterium tubercolosis. Angabe der Resultate in Tabellen, aus denen die Häufigkeit zu entnehmen ist, mit der Kombinationen unter den geschilderten Versuchsbedingungen einen größeren Effekt bewirken, als er bei den in verschied. Konzz. allein untersuchten Mitteln zu erwarten gewesen wäre. (Antibiotics Annu. **1953/1954.** 294—302. Dez. 1953. Brooklyn, N. Y., Chas. Pfizer & Co., Inc.) DOSSMANN. 4611

S. J. Roberts, *Gegenwärtiger Stand der antibiotischen Therapie in der Veterinärpraxis der großen Tiere.* (Antibiotics Annu. **1953/1954.** 356—59. Dez. 1953. Ithaca, N. Y. State Veterinary Coll., Dep. of Med., Obstetrics and Ambulance Clinic.) DOSSMANN. 4611

Leon V. McVay jr. und **Douglas H. Sprunt,** *Untersuchung der Breitspektrumantibiotica bei älteren Personen über lange Zeitspannen.* Besprechung des Wertes einer Prophylaxe bei älteren Personen hinsichtlich des Auftretens von Kreislaufstörungen, Tumoren, Diabetes mellitus u. Lungenemphysem. Durchführung von Vergleichsverss. mit 500 ml *Aureomycin* (I) pro Tag u. *Placebo* über 20 Monate. Nach Vff. reicht die I-Dosis zum Schutz von ca. 50% der Fälle gegenüber Infektionen durch grampositive

u. -negative Bakterien aus, die chron. degenerative Zustände zu komplizieren pflegen. (Antibiotics Annu. **1953/1954.** 273—78. Dez. 1953. Memphis, Tenn., Univ. of Tennessee, Div. of Med. and Pathol. and Bacteriol. u. John Gaston Hosp.) DOSSMANN. 4611

Ernest Jawetz, *Kombinierte experimentelle und klinische Antibioticawirkung.* Bei der Therapie mit Antibioticakombinationen sind nach Vf. 3 Punkte zu beachten, das Problem der Mischinfektionen, Vermeidung von Resistenz u. Berücksichtigung von Synergismus u. Antagonismus, was an typ. Beispielen kombinierter antibiot. Präpp. diskutiert wird. (Antibiotics Annu. **1953/1954.** 41—45. Dez. 1953. San Francisco, Calif. Univ. of California, School of Med., Dep. of Microbiol.) DOSSMANN. 4611

Hasso Schäfer, *Unerwünschte Folgeerscheinungen der antibiotischen Therapie.* Behandelt wird die Resistenzsteigerung der Erreger gegenüber *Antibioticis* (**I**). Als **I**-Nebenwrkg. werden 2 Fälle mit Superinfektion besprochen, die durch das Auftreten einer Zweiterkrankung unter/nach **I**-Behandlung durch einen anderen Erreger als denjenigen der Primärerkrankung charakterisiert ist. Besprechung des Überwucherns von Pilzarten, bes. Candida albicans, die gegen spezif. angewandte **I** resistent sind u. zu Soor-Mykosen führen, die, wie an Beispielen gezeigt wird, tödlich verlaufen können. (Mschr. Kinderheilkunde **102.** 192—96. März 1954. Berlin, Freie Univ., Kinderklinik im Kaiserin-Augusta-Viktoria-Haus.) DOSSMANN. 4311

Charles Harris und **Bernard S. Cohen,** *Die Wirkung von Hyaluronidase auf die therapeutische Wirksamkeit von BAL an der Kaninchencornea.* 150 TRU *Hyaluronidase* waren ohne Einfl. auf das Ausmaß der Corneaschädigung durch *Lewisit* u. auf die *BAL*-Wrkg. hiergegen. (Amer. J. Ophthalmol. [3] **36.** 777—81. Juni 1953. Maryland, Army Chem. Centre.) GIBIAN. 4614

G. G. Ssokoljanski und **G. A. Woronkowa,** *Über die Behandlung von Störungen der Empfindlichkeit bei Syringomyelie mit Dibazol.* Im Vgl. zur Röntgentherapie zeigt *Dibazol* (**I**) bei Syringomyelie deutlich bessere Wrkg. auch bei Patienten, die bereits 5—10 Jahre oder länger unter dieser Krankheit litten. In 75% der behandelten Fälle tritt erhebliche Besserung ein, bei anderen Verminderung der Unempfindlichkeit auf 7—10 Segmente. **I** wird per os in 3 Kuren von je 10 Tagen mit 2—3 Tagen Abstand in einmaliger Tagesdosis von 0,01—0,05 g angewandt, im 2. Kurs zusammen mit Röntgentherapie. (Фармакология и Токсикология [Pharmakol. u. Toxikol.] **16.** Nr. 5. 28—29. Sept./Okt. 1953. Jaroslawl, Med. Inst., Klinik für Nervenkrankheiten.) R. K. MÜLLER. 4620

Ss. Ja. Arbusow, *Der Einfluß von Phenatin auf die Regenerationsprozesse im peripheren Nervensystem. Phenatin*, eine Kombination von Phenamin mit Nicotinsäure, zeigt bei Verss. an weißen Mäusen u. Kaninchen eine gute regenerationsbeschleunigende Wrkg. bei Störungen im peripheren Nervensyst. u. wird daher zur klin. Erprobung bei Krankheiten mit herabgesetzter Leitfähigkeit der afferenten u. efferenten Impulse im Nervensyst. empfohlen. (Фармакология и Токсикология [Pharmakol. u. Toxikol.] **16.** Nr. 5. 13—16. Sept./Okt. 1953. Kriegsmedizin. Kirow-Akad.) R. K. MÜLLER. 4620

S. N. Iwanowa, *Der Einfluß einiger pharmakologischer Mittel auf die Reflexe von der parietalen Pleura und der Lungenwurzelregion.* Bei Thoraxoperationen stören die pressor. (PR) u. depressor. Reflexe (DR), jene von der partiellen Pleura, diese von der Lungenwurzelregion ausgehend, weil sie den Blutkreislauf schwächen. In Verss. an decerebrierten Katzen wird festgestellt, daß narkot. wirkende Mittel (*Hexenal, Thiopental, Medinal, Urethan, A., Ae.*) die PR stark, oft bis zum Verschwinden, dämpfen, die DR dagegen nur wenig. *Novocain* (**I**) in großen, aber subtox. Dosen (0,02—0,03g/kg), setzt sowohl die PR als auch die DR herab, aber nicht mehr als auf die Hälfte; bei Penicillin-**I**-Salz wirkt die **I**-Komponente in dieser Richtung. Bei *Glucose* in großer Dosis wird Unterdrückung der PR u. der DR beobachtet, jedoch in sehr schwankendem Ausmaß. Von den die cholinreakt. Systeme blockierenden Mitteln ist ein Teil (*Pachycardin, Pentaphen, Diphacil, Atropin*) wenig wirksam, *Tiphen* völlig unwirksam gegenüber den PR u. DR. (Фармакология и Токсикология [Pharmakol. u. Toxikol.] **16.** Nr. 5. 21—28. Sept./Okt. 1953. Leningrad, 1. Med. Pawlow-Inst., Lehrstuhl für Pharmakol.) R. K. MÜLLER. 4627

Chen-Yü Sung und **E. Leong Way,** *Das Verhalten der optischen Isomeren von α-Acetylmethadol.* d- u. *l*-Isomere von *α-Acetylmethadol* werden peroral, subcutan u. intravenös gegeben. Die höchsten Konzz. wurden in der Lunge gefunden, daneben enthielten Niere, Milz, Leber u. Fett beachtliche Mengen, während die Konz. in Gehirn u. Blut sehr gering war. Die gefundenen Gewebskonzz. standen in keinem Zusammenhang mit der analget. Wirkung. (J. Pharmacol. exp. Therapeut. **110.** 260—70. März 1954. San Francisco, Calif., Univ. of California, School of Med., Coll. of Pharm., u. Dep. of Pharmacol. and Exp. Therap.) CARSTENS. 4627

Bror-Gunnar Ottosson, *Myanesin und Compodyn bei Nachbehandlung von Tonsillektomie. Myanesin* (*α.β-Dioxy-γ-[2-methylphenoxy]-propan*) u. *Compodyn* (*Dibenzylaminoäthanolchlorid + Phenemal + Coffein + Phenacetin*) wurden wahlweise zu Salicylaten nach Tonsillenektomie gegeben. Alle Medikamente zeigten gute Heilresultate bei annähernd gleicher Wirksamkeit. (Nordisk Med. **51.** 647. 6/5. 1954. Halmstad, Schweden, Centrallaserett.) GENEST. 4627

Raymond W. Houde, Abraham Wikler und **Samuel Irwin,** *Vergleichsweise Wirkungen analgetischer, hypnotischer und paralytischer Mittel auf Reflexe der hinteren Gliedmaßen von chronischen Spinalhunden.* Einzeldosen von *Analgeticis* (*Morphin, Methadone*), *Hypnoticis* (*Thiopental, Pentobarbital*) u. *Paralyticis* (*Mephenesin, Benzimidazol*) rufen charakterist. Veränderungen der Art der Reflexe der hinteren Gliedmaßen chron. Spinalhunde hervor. Diese Spezifität der Änderung des Reflexverh. kann als Grundlage zur Klassifizierung neuer Verbb. dienen. (J. Pharmacol. exp. Therapeut. **103.** 243—48. Nov. 1951. Lexington, Ky., Nat. Inst. of Health, Nat. Inst. of Mental Health, Public Health Serv., Res. Branch, U. S. Public Health Serv. Hosp.)
K. MAIER. 4627

T. M. Kutscherenko und **G. I. Zobkallo,** *Untersuchung der konvulsiven Wirkung des Novocains.* Verss. mit Kaninchen zeigen, daß *Novocain* in kleinen Dosen die motor. Aktivität hemmt, in größeren Dosen dagegen ton. u. klon.-ton. Krämpfe verursacht. Diese haben ihren Ursprung im Zentrum des Zwischenhirns, da sie bei Tieren mit unterhalb der Medulla oblongata durchtrenntem Rückenmark nicht auftreten, wohl aber nach Entfernung der Gehirnrinde oder erheblicher Schädigung des Vorderhirns. (Фармакология и Токсикология [Pharmakol. u. Toxikol.] **16.** Nr. 5. 36—40. Sept./Okt. 1953. Pawlow-Inst. für Physiol. der Akad. der Wiss. der UdSSR, Labor. für exp. Pharmakol.) R. K. MÜLLER. 4627

Ruggero Rizzi und **Cesare Ricci,** *Dekamethoniumjodid in der chirurgischen Anästhesie: Eine Betrachtung von über 1000 Fällen.* Übersicht über vereinzelt aufgetretene Komplikationen durch Anwendung von *Dekamethoniumjodid* (C_{10}, *Decontrax, Eulissin, Syncurine*) (I) bei 1109 Fällen zwischen 6—81 Jahren. Bei guter O_2-Zufuhr keine Kreislaufstörungen. Broncho- u. Laryngospasmen weniger häufig als bei Gebrauch von d-Tubocurarin, da I kein Histamin freisetzt. Bei Applikation von I in Lsgg. von Thiopenton (Farmotal, Pentothal) (II) wird eine geringere Menge I gebraucht als bei getrennter Applikation von I u. II. Als Narkosemittel dienten O_2–N_2O-Gemisch (500 zu 1000), Ae. oder Cyclopropan u. Dolantin (Pethidin, Demerol). (Current Res. Anesthesia Analgesia **32.** 400—10. Nov./Dez. 1953. Trieste, Italy.) H. WUNDERLICH. 4628

E. Askelöf und **B. Sundbeck,** *Neue Dibenaminderivate.* Im Rahmen von Unterss. über Antispasmodica wurden verschied. neue *Dibenamin* (**I**)-ähnliche Verbb. geprüft. *Bis-aralkylamine*, z. B. *Bis-[γ'-phenylpropyl]-β-aminoäthanol* (**II**), mit einer wechselnden Zahl von *C*-Atomen in den Alkylketten, stellen Antispasmodica des gleichen Typs u. der gleichen Stärke wie *Papaverin* dar. Dies trifft auch auf die den **I**-Derivv. entsprechenden Alkohole, z. B. *Dibenzylaminoäthanol* u. *Naphthylmethyläthylaminoäthanol*, zu. *Bis-[γ'-phenylpropyl]-β-chloräthylamin* (**III**), das **II** entsprechende *Cl*-Deriv. zeigt keinerlei antiadrenerg. Effekt. Bei der Quaternisierung von **II** zu *Bis-[γ'-phenylpropyl]-β-oxäthyläthylammoniumchlorid* blieb die antispasmod. Wrkg. erhalten, eine antiadrenerg. fehlte. Quaternisierung von **III** gab eine Verb., wahrscheinlich *Bis-[γ-phenylpropyl]-vinyläthylammoniumchlorid* (**IV**), mit antispasmod. Eigg. u. einem ähnlichen antiadrenerg. Effekt wie dem von **I**. (Ann. Med. exp. Biol. fenn. **28.** 77—79. 1950. Stockholm.) K. MAIER. 4628

Donald W. Mulder, *Bewertung eines neuen Mittels zur Behandlung von Parkinsonismus.* Die Behandlungsergebnisse von 102 Fällen von Parkinsonismus mit einem neuen Antispasmodicum *1-Phenyl-1-cyclopentyl-3-piperidinopropanol-(1)-hydrochlorid* (Verb. 08958, ELI LILLY & CO.) werden mitgeteilt. 75 Patienten hielten das Mittel für besser als die vorhergehenden u. zeigten objektive Besserung. 5 vorher mit Placebo behandelte Patienten klagten über schlechtere Wrkg., die übrigen wurden von Hausärzten weiterbehandelt. (Proc. Staff Meetings Mayo Clin. **28.** 210—16. 8/4. 1953. Sect. of Neurol.) H.-J. KOCH. 4628

M. B. Eidinowa und **Je. N. Prawdina,** *Über die Anwendung von Tropacin in der Nervenklinik. Tropacin* wird mit Erfolg bei Parkinsonismus nach epidem. Encephalitis u. anderen Formen subcorticaler Hyperkinesen angewandt, ferner bei LITTLEscher Krankheit u. bei pyramidaler Tonuserhöhung. Die Tagesdosis beträgt 1—2 mal 0,025 g, je nach Verträglichkeit. Bei Akkomodationsstörungen wird das Präp. zur Nacht gegeben. Die Behandlungsdauer kann 10 Tage bis 3 Monate währen. (Фармакология и Токсикология [Pharmakol. u. Toxikol.] **16.** Nr. 5. 10—13. Sept./Okt. 1953. Moskau, Med. Lenin-Inst. Klinik für Nervenkrankh.) R. K. MÜLLER. 4628

Martin Ramon Campos, *Erfahrungen mit Opsonidin beim Parkinson.* 10 an Parkinson erkrankte Patienten wurden intramuskulär mit steigenden Mengen *Opsonidin*, das bes. auf das reticuloendotheliale Syst. u. die Mikroglia wirkt, behandelt. 3 Patienten zeigten deutliche Besserung, 2 weitere teilweisen Erfolg. Gute Verträglichkeit. (Semana méd. **102** (**60**). 342—45. 12/3. 1953.) GERBER. 4628

Samuel V. Abraham, *Verwendung verschiedener neuer Medikamente als Ersatz für Homatropin.* Vf. schlägt Spasmolytica, bas. Ester substituierter Phenylessigsäure, vor: *Compound 75-GT*, *Cyclogyl* (*1'-Oxycyclopentylphenylessigsäure-2-dimethylaminoäthylesterhydrochlorid*), 92-GT (*-diäthylaminoäthylesterhydrochlorid*) u. 93 GT (*1'-Oxycyclohexylphenylessigsäure-2-diäthylaminoäthylesterhydrochlorid*). (Amer. J. Ophthalmol. [3] **36**. Nr. 6. Part 2. Proc. Assoc. Res. Ophthalmol. 69—74. Juni 1953. Los Angeles.) ZEMKE. 4628

C. B. Nash und **Robert A. Woodbury,** *Der Einfluß von Atropin auf den Augeninnendruck bei Hunden.* Nach experimentellen Druckerhöhungen u. -erniedrigungen ohne Miosis u. mit Tetracain (Mydriasis) zeigten atropinisierte Tiere eine schnellere Rückkehr zum Druckgleichgewicht als die Kontrollhunde unabhängig von der Pupillenweite. Meth. beschrieben. (Amer. J. Physiol. **176**. 65—67. Jan. 1954. Memphis, Tenn., Univ., Div. of Pharmacol.) ZEMKE. 4630

W. Schimmler und **H. Schwalb,** *Über die Beziehungen zwischen arteriellem Kreislauf und Nierenfunktion unter der Wirkung von Hexamethoniumbromid. Hexamethoniumbromid* erzeugt eine Senkung des Mitteldruckes, der eine Abnahme der Glomerulusfiltratmenge, der Wasser-, Chlorid- u. Harnstoffausscheidung zugeordnet ist, ohne daß eine selektive Nierenbeeinflussung vorliegt. (Naunyn-Schmiedebergs Arch. exp. Pathol. Pharmakol. **221**. 177—86. 1954. München, Univ., II. Med. Klinik.) JORDAN. 4630

Sol Forman, L. G. May, Alene Bennett, Mitsu Kobayashi und **Raymond Gregory,** *Die Wirkung pressorischer und depressorischer Substanzen auf den Pulmonal- und Systemarteriendruck von Normotonikern und Hypertonikern.* Bei Hypertonikern liegt der Pulmonalarteriendruck in n. Grenzen. Der Systemarterien- u. Pulmonalarteriendruck reagiert in gleicher Weise bei Normotonikern u. Hypertonikern auf *Epinephrin* (**I**), *Norepinephrin* (**II**), *Angiotonin* (**III**) u. *Tetraäthylammoniumbromid* (**IV**) mit einer Erhöhung (**I**—**III**) bzw. Senkung (**IV**). Es wird deshalb geschlossen, daß **I**—**III** bzw. wirkungsähnliche Substanzen keine Rolle für die Pathogenese der Hypertension spielen. (Proc. Soc. exp. Biol. Med. **83**. 847—50. Aug./Sept. 1953. Galveston, Tex., Univ. of Texas School of Med., John Sealy Mem. Labor. for Clin. Res. and Dep. of Intern. Med.) JORDAN. 4630

Arvid Carlsson und **Folke Serin,** *Wechselnde Toxizität von Nikethamid.* 2 *Nikethamid*-Präpp., die der Schwed. Pharmakopöe entsprechen, zeigten in Toxizitätsprüfungen (Vgl.: *Coramin* [I], CIBA) an verschied. Tieren (Kaulquappe, weiße Maus) u. beim gleichen Tier (Maus) in Abhängigkeit von der Tageszeit, an der die Injektion erfolgte, Unterschiede in der Giftigkeit. Hinsichtlich hämolyt. Wrkg., örtlicher Reizwrkg., Atmung u. Blutdruck (Kaninchen) wurden keine Unterschiede gegenüber **I** beobachtet. Eines der Präpp. enthielt eine oberflächenakt. Verunreinigung. (Ann. Med. exp. Biol. fenn. **28**. 80—81. 1950. Lund.) K. MAIER. 4630

M. Schwab, P. Doering und **K. Kühns,** *Die intrarenale Hämodynamik bei essentieller Hypertonie und ihre Beeinflussung durch Dihydrazinphthalazin.* Bei Hypertonikern ist der Gesamtwiderstand des Nierenkreislaufs gegenüber Normalen erhöht (Meth. GÓMEZ); die wesentliche Widerstandsvermehrung liegt dabei im Bereich des Vas afferens. Mit Präp. *Casella 532* (*Dihydrazinphthalazin*) wird eine Herabsetzung des Gesamtwiderstandes der Niere ohne wesentliche Veränderungen des Mitteldruckes erreicht. (Verh. dtsch. Ges. inn. Med. **59**. 437—41. 1953. Göttingen, Univ., Med. Klinik.) JORDAN. 4630

A. D. Reschetnikowa, *Die Wirkung von Pantocrin auf das Herzgefäßsystem des Kindes. Pantocrin* (**I**), ein aus jungem Hirschgeweih hergestelltes fl. Präp., wurde an 16 Kindern im Alter von ½ Monat bis zu 12 Jahren erprobt. Die Dosis betrug ½- bis 3 Tropfen pro kg Körpergewicht 2 mal täglich, 15—26 Tage lang. **I** verbessert die Herzarbeit, erhöht den Blutdruck u. bewirkt einen volleren Puls u. eine allg. Tonisierung. Die Wrkg. beginnt am 6.—8. Tage, erreicht ihr Maximum nach 3—4 Wochen u. hält noch 1½—2 Monate nach Abschluß der Therapie an. Bei akuten Kreislaufstörungen ist **I** wegen seiner langsam einsetzenden Wrkg. nicht anzuwenden, bei chron. ist es jedoch von Nutzen, bes. bei erhöhtem Blutdruck u. allg. Schwäche. (Советская Медицина [Sowjet-Med.] **18**. Nr. 2. 23—26. Febr. 1954. Moskau, 1. Med. Stalin-Inst., Klin. für Kinderkrankheiten.) RENTZ. 4630

W. Laube, *Klinische Erfahrungen mit dem neuen Antikoagulans Marcoumar. Marcoumar* (Deriv. des Cumarin) hat nach Angabe des Vf. die Vorteile einer anhaltenden konstanten Wrkg., kleinerer effektiver Dosis u. geringerer Gefäßtoxizität gegenüber Dicumarol u. Heparin. Mit seinem Antagonisten Vitamin K_1 ist die Therapie steuerbar. (Praxis [Bern] **43.** 314—320. 15/4. 1954. Muri/Ab., Kreisspital.) ZEMKE. 4630

Jørgen Voigt, *Über Varex-(Monoäthanolaminoleat-)Allergie.* Es wird über einen letal verlaufenen Fall nach Injektionsbehandlung mit *Varex* (H. LUNDBECK & Co.) = *Monoäthanolaminoleat* bei Behandlung von Varices berichtet. Der Tod wird auf Überempfindlichkeit gegen Varex zurückgeführt. Die Dosis betrug 3 mal 6 ml im Verlauf von 8 Tagen. Als prophylakt. Maßnahme, auch bei Fällen von Allergie gegenüber *Varicocid* = *Morrhuat* wird vor Beginn der Behandlung ein epicutaner Test mit 0,1 ml 1%ig. Varexlsg. empfohlen. Ist dieser positiv, erfolgt Behandlung mit 50%ig. Glucose. (Ugeskr. Laeger **116.** 452—57. 25/3. 1954. København, Univ., retsmediciniske Inst.) GENEST. 4630

W. Ferber und **K. Roth,** *Die Bedeutung der Convallariaglykoside (Convalyt) für die Differentialtherapie der Herzinsuffizienz.* Über 200 herzinsuffiziente Patienten wurden stationär mit *Convalyt* (Fa. MADAUS; im Injektionspräp. als Reinglykosid Convallatoxin, im peroralen Präp. mit den anderen Begleitstoffen der Pflanze). Es zeigte schnellen Eintritt u. kurze Dauer der Wrkg., war in der Diurese zum Teil anderen Digitaloiden überlegen. Bes. günstig reagierten Insuffizienten mit Bradycardie. Nierenkomplikationen, Hydrops oder nach Infarkt sowie Altersherzen mit Durchblutungsstörungen. (Münchener med. Wschr. **95.** 775—76. 10/7. 1953. Nürnberg, Allg. Städt. Krankenhaus, II. Med. Klin.) BROSEMANN. 4630

M. L. Reingold, *Über die Anwendung von Chloräthyl bei einigen Erkrankungen innerer Organe.* Bei Magen- u. Zwölffingerdarmgeschwür, Gallenblasenentzündung, Stenocardie, sacro-ilialer Radiculitis usw. wird empfohlen, 4—7 mal täglich in Abständen von 1, 2, 3 Tagen oder täglich 2—3 mal Hautspülungen mit *Chloräthyl* vorzunehmen, das in einem Strahl, ca. 30—40 cm oberhalb der betroffenen Region, bis zur Eisbldg. auf die Haut gerichtet wird u. von dort abfließt. Infolge der reflektor. Rk. lassen die Schmerzen nach u. bleiben dann mehr oder weniger lange Zeit aus. Als Mechanismus wird eine Aufhebung der Hyperalgesiezone durch Einw. auf den sympath. Receptor angenommen, die auf der Unterdrückung der Erregbarkeit der Nervenendigungen beruht. (Советская Медицина [Sowjet-Med.] **17.** Nr. 12. 13—15. Dez. 1953. Woronesh, Med. Inst., Propädeut. therapeut. Klinik. K. MÜLLER. 4640

Ju. A. Petrowski, N. P. Skakun und **I. P. Turko,** *Flamin als Cholagogum.* Das die wirksamen Bestandteile von *Helichrysum arenarium* enthaltende Präp. *Flamin* bewirkt eine Zunahme der Gallesekretion um 36—100%, Abnahme der Konz. der Gallensäuren bei Zunahme der Gesamtmenge der ausgeschiedenen Gallensäuren. Diese Wrkg. hält in den Verss. (mit Hunden) auch über die ersten Tage hinaus an. Der Bilirubingeh. der Galle geht zurück. Die gallentreibende Wrkg. ist größer als bei zum Vgl. untersuchten Präpp. aus *Hagebutte.* Toxizität oder Änderung des Prothrombingeh. im Blut wird nicht festgestellt. (Фармакология и Токсикология [Pharmakol. u. Toxikol.] **16.** Nr. 5. 50—51. Sept./Okt. 1953. Lwow, Med. Inst. Lehrstuhl für Pharmakol.) R. K. MÜLLER. 4640

Peter Baumüller, *Therapeutische Mitteilung über die Behandlung von Gastropathien mit dem Methylbromid des Xanthen-Carbonsäure-Diäthylaminoäthylesters (Banthin, MTB 51).* Wegen seiner guten peroralen spasmolyt. Wrkg., die im Gastrointestinaltrakt stärker ausgeprägt ist u. länger anhält als die von üblichen Atropingaben, ließ sich mit *Banthin* (*MTB 51*; DR. BRUNNENGRÄBER), in 23 Fällen von Gastropathien baldige Heilung in ambulanter Therapie erreichen. (Münchener med. Wschr. **95.** 1352—53. 11/12. 1953. München, Univ., II. Med. Klin.) H. WUNDERLICH. 4645

H. Habisreutinger, *Die Problematik enzymatischer Wurmmittel. Zum gleichnamigen Artikel von V. Kwasniewski in der DAZ. 1954, Nr. 5.* Vf. weist die von KWASNIEWSKI (C. **1954.** 6999) vorgebrachten Einwände gegen enzymat. Wurmmittel als unkrit. zurück u. betont den Fortschritt in der Wurmtherapie bei Anwendung von *Nematolyt* unter Hinweis auf Erfolgsberichte aus der Literatur. (Dtsch. Apotheker-Ztg. **94.** 173. 4/3. 1954. Frankfurt/M.) DOSSMANN. 4649

Victor Kwasniewski, *Zur Problematik enzymatischer Wurmmittel. Antwort auf die Ausführungen von Dr. Habisreutinger.* (Vgl. vorst. Ref.) Vf. bestreitet, daß enzymat. Mittel wie *Nematolyt, Vermizym* u. a. einen Fortschritt in der Wurmtherapie darstellen u. führt einige Literaturangaben an, die seine Ausführungen bestätigen sollen. (Dtsch. Apotheker-Ztg. **94.** 372. 6/5. 1954. Königslutter.) DOSSMANN. 4649

H. Habisreutinger, *Zur Problematik enzymatischer Wurmmittel. Schlußwort auf die Ausführungen von V. Kwasniewski.* (Vgl. vorst. Ref.) Vf. betont, daß seine Ausführungen sich allein auf *Nematolyt* (I) bezogen haben, er weist auf die zahlreiche positive Human- u. Veterinärliteratur hin u. führt die Einwände von KWASNIEWSKI ad absurdum. Negative Ergebnisse mit I wurden nach Vf. nur in einigen Fällen bei Katzen festgestellt, während zahlreiche andere Katzen I gut vertragen hatten. (Dtsch. Apotheker-Ztg. **94.** 372. 6/5. 1954.) DOSSMANN. 4649

Raymond R. Suskind, *Untersuchungen über eine Hautschutzcreme auf Siliconbasis im Betrieb und Laboratorium.* Bericht über die gute klin. Hautschutzwrkg. einer Silicon-Bentonit-Creme (I) (Dow Corning „200") gegen verschied. techn. Chemikalien (z. B. Turbinenöl, Schneidöle, Korrosionsschutzmittel, Xylol, Lackverdünnungsmittel, synthet. Reinigungsmittel usw.). Prim. Hautschädigungen bzw. Sensibilisierung durch I wurden nicht beobachtet. Die bei Laborverss. (Prüfung der Salbenfilme auf Glas gegen die verschied. Chemikalien) gefundenen Ergebnisse stimmten mit den klin. gewonnenen Erfahrungen nur zum Teil überein. (A. M. A. Arch. ind. Hyg. occupat. Med. **9.** 101—12. Febr. 1954. Cincinnati, Univ. of Cincinnati, Coll. of Med., Kettering Labor. in the Dep. of Preventive Med. and Ind. Health.) ZELLER. 4661

S. Gitter, *Der Einfluß von Acetamid auf die Citratmenge nach Fluoracetatvergiftungen.* Die bekannte Wrkg. von Acetamid (I), *Fluoracetat* (II)-Vergiftungen bei frühzeitiger Gabe aufzuheben, beruht auf einer Beeinflussung der Kondensation von II mit Citrat zu *Fluorcitrat.* Das folgt aus der Feststellung, daß nach I-Injektionen (subcutan, 1,25 g/kg Ratte) 2 Std. vor II-Injektionen (intraperitoneal, 5 u. 10 mg/kgRatte) die Citratmenge in Herz u. Niere, aber nicht im Gehirn niedriger ist als ohne I. Diese Beobachtung erklärt auch die Unwirksamkeit von I-Gaben nach II-Vergiftung. (Biochem. J. **54.** XXVII—XXVIII. Juli 1953. Oxford, Dep. of Biochem.) K. FABER. 4675

W. Ss. Koslowski, *Über die Toxizität von Pflaumen-, Kirsch- und Aprikosenkernen.* 70—100 Kerne von Aprikosen oder Pflaumen sowie mehr als 50 Kirschkerne können zu einer schweren oder tödlichen Vergiftung des Menschen führen. Als Gegenmittel wird eine Magenspülung mit 0,025%ig. $KMnO_4$-Lsg. oder die Verabreichung von 200 g 20%ig. Glucoselsg. empfohlen. (Природа [Natur] **43.** Nr. 3. 112—13. März 1954.) LEBTAG. 4675

R. Deschiens und **M. Poirier,** *Über die Eosinophilie erzeugende und toxische Wirkung des roten Pfeffers beim Meerschweinchen.* Wss. Extrakte aus *Capsicum annuum* rufen beim Meerschweinchen bei subcutaner oder intramuskulärer Injektion eine reakt. Eosinophilie hervor. In verschied. Organen sind Entzündungen u. Nekrosen nachweisbar. Orale Anwendung des Extraktes ist wirkungslos. (C. R. Séances Soc. Biol. Filiales **147.** 1021—23. Juni 1953. Paris, Inst. Pasteur, Groupe Serv. Parasitol.) SCHELER. 4675

Walter Laux, *Vergiftung mit Emedian.* Nach Einnahme von schätzungsweise 6—7 Tabletten *Emedian* (je Tablette 0,2 mg *Dihydroergocristin,* 0,2 mg *Benzilpseudotropein,* 30 mg *N-Methyläthylphenylbarbitursäure* [*Prominal*]; F. MERCK, Darmstadt) kam es bei einem 9jährigen Kinde zu Psychose, opt. Halluzinationen, starker Pupillenerweiterung, Gesichts- u. Bindehautrötung, nachfolgender Amnesie u. Somnolenz. Rückgang der Erscheinungen ohne Therapie. (Samml. Vergiftungsfällen, Arch. Toxikol. **14.** 403—06. 1953. Kiel, Univ., Psychiatr. u. Nervenklin.) KRUSEN. 4675

Harry Blotner, *Selbstmordversuch mit Insulin.* Bericht über einen Suicidvers. mit 200 E. *Insulin,* 2¹/₄ grains *Morphin* u. ⁹/₂₀ grains *Dilaudid.* Durch reichliche intravenöse Gaben von Glucose u. 30 mg N-Allylnormorphin konnte der Zustand beherrscht werden. (Amer. J. med. Sci. **227.** 387—90. April 1954. Boston, Mass.) KRUSEN. 4675

T. P. Urussowa, *Über das mögliche Eindringen von Dichloräthan in die Milch einer stillenden Frau bei Berührung im Fabrikationsbetrieb.* In der Milch u. in der ausgeatmeten Luft einer stillenden Frau wurde der *Dichloräthan* (I)-Geh. ermittelt, die mit u. ohne Gasmaske während der Arbeit mit I in Berührung kam. Die größte I-Menge (2,8 mg%) enthielt die Milch 1 Std. nach der Berührung der Hände mit fl. I. Nach 2 Std. betrug der I-Geh. der Milch 0,6 mg%. Nach einem 1std. Aufenthalt in einem Raum mit 0,063 mg/Liter I in der Luft enthielt die ausgeatmete Luft 0,058 mg/Liter, die Milch 0,64 mg% I. Noch nach 18 Std. enthielt die Milch 0,195—0,63 mg% I, die ausgeatmete Luft 0,009—0,017 mg/Liter I. (Гигиена и Санитария [Hyg. u. Sanitätswes.] **1953.** Nr. 3. 36—37. März. Kemerowo, Städt. Stat. für Sanitätswesen u. Epidemiol.) LEBTAG. 4684

J. Rodier und **L. Rodi,** *Bleischädigung und Leberfunktion.* Bei 43 marokkan. Bleiarbeitern wurden der Lipid- u. der Proteidstoffwechsel der Leber untersucht u. dabei festgestellt, daß trotz erhöhter Werte der granulobas. Blutzellen keine Leberschäden hinsichtlich des Verhältnisses verestertes Cholesterin/Gesamtcholesterin, der Thymolprobe u. der Cephalin–Cholesterin-Probe nachweisbar waren. (Arch. Maladies profess. Méd. Travail Sécurité soc. **14.** 364—66. 1953. Rabat, Inst. de Hyg., Serv. de Toxicol.) KRUSEN. 4681

V. Raymond und **P. Poli**, *Bleivergiftung bei Schweißern.* Von mehreren tausend Bleiarbeitern zeigten 3, welche zeitweilig mit dem Zusammenschweißen von Rohren beschäftigt u. dabei *Pb*-Dämpfen ausgesetzt waren, leicht erhöhte Pb-Blutwerte; Intoxikationserscheinungen traten nicht auf. Vorsichtshalber empfehlen Vff. Schutz der Hände u. Atemwege. (Arch. Maladies profess. Méd. Travail Sécurité soc. **14.** 389 bis 392. 1953.) Krusen. 4681

M. S. Fuchs, *Spätfolgen der Bleivergiftung.* Vff. berichten über 2 Fälle von nach vorübergehender Besserung erneut auftretenden hohen *Pb*-Blutwerten, die auf durch patholog. Vorgänge bewirktes Angreifen der Knochen-Ca-Reserven u. damit verbundene gleichzeitige Ausschwemmung des im Knochengewebe abgelagerten Pb zurückgeführt werden. (Arch. Maladies profess. Méd. Travail Sécurité soc. **14.** 392—94. 1953.) Krusen. 4681

J. H. Burn, Lecture notes on pharmacology. 3rd ed. Springfield, Ill.: C. C. Thomas. 1954. (152 S.) $ 2,—

L. Meyer Jones, Veterinary pharmacology and therapeutics. Ames: Iowa State College Press. 1954. (863 S. m. Abb., Diagr.) $ 11,—.

Pietro Maranzana, Malattie causate da mercurio. Roma: Ed. Inail. 1953. (75 S.)

F. Pharmazie. Desinfektion.

Olof Kylin und **Hans Ekstrand**, *Die Häufigkeit bakterieller Verunreinigung von im Krankenhaus gebrauchten Injektionsflaschen.* Die nach Entnahme eines Teils der Injektions-Fl. vom Krankenhaus an die Apotheke zurückgegebenen Rest-Fll. werden auf Bakterien untersucht. Von 2276 Flaschen zeigen 241 Infektion. Am häufigsten (52%) tritt Staphylococcus aureus auf, es folgt Staphylococcus albus (28%) u. Colibakterien (12%). Den höchsten %-Satz an Verunreinigungen weisen auf: Aneurin comp., Atropin, sterilisiertes W. u. Laudacon-Atropin. Alle Antibiotica waren steril. Spasmophen mit nur 0,1% Chlorbutanol u. Skopyl ohne Konservierungsmittel zeigen 33% Infektion. (Farmac. Revy **53.** 29—38. 14/1. 1954. Stockholm, Södersjukhus, Bakteriol. Labor.) R. K. Müller. 4766

I. R. Gnidetz, *Untersuchung glucosidhaltiger Auszüge aus dem Kraut des Wasserpfeffers.* Aus dem getrockneten Kraut des Wasserpfeffers (*Polygonum hydropiper L.*); wurde ein Glykosid (I) isoliert, dessen Zuckeranteil Glucose ist. I ließ sich weder an Al_2O_3 noch an MgO oder Ionenaustauschern adsorbieren, mit letzteren aber von mineral. Beimengungen u. organ. Säuren reinigen. (Аптечное Дело [Apotheken] **2.** Nr. 2. 41—45. März/April 1953. Lemberg, Med. Inst. des Gesundh.-Minister. der UkrSSR, Lehrstuhl für Technol. der Heilmittel u. Galenika.) Müller-Mulot. 4782

N. W. Kusnetzow, *Sowjetisches Chenopodiumöl.* Das aus *Chenopodium ambrosiodes var. anthelmiticum A. Grau* erhaltene Öl ist eine gelbbraune bis hellgelbe klare Fl. mit D. 0,942—0,9800, $[\alpha]_D$ —5 bis —12°, n_D^{20} 1,4740—1,4800, SZ. 0,5—1,2, EZ. 7,0—12,0, nach Acetylierung 240,0—290,0. Es besteht zu 60—85% aus Ascaridol (I), $C_{10}H_{16}O_2$, einer unbeständigen Fl. vom Peroxydtyp, zu ca. 25% aus p-Cymol + Limonen. Der I-Geh. ist um so größer, je höher die D. ist; er läßt sich errechnen nach % I = (D.$^{25}_{25}$ —0,8468)·100/0,1584. In Vergleichsverss. zeigt sich das Präp. gegen Ascaridose u. Ankylostomiase dem Sankaphen, Hexyl- u. Heptylresorcin weit überlegen. Das Öl wird in einfacher Emulsion mit Ricinusöl angewandt. Die Parasiten beginnen am gleichen Tag abzugehen, was noch 2—3 Tage andauern kann. Die Wirksamkeit hängt vom I-Geh. ab. Gute Wirkungen werden klin. bei 60—70% I beobachtet. (Аптечное Дело [Apotheken] **2.** Nr. 5. 63—66. Sept./Okt. 1953.) R. K. Müller. 4782

Masashi Okada, *Bestandteile der Blätter von Nerium odorum.* 3. Mitt. (2. vgl. J. pharmac. Soc. Japan [Yakūgakūzasshi **70.** [1950.] 7.) Aus der von Oleandrin befreiten A.-Fraktion wird nach Konzentrieren im Vakuum u. Ausziehen mit Chlf., Waschen mit 5%ig. Soda + wenig W., Trocknen u. Entfernen des Chlf. ein gelbes Pulver erhalten, welches beim Chromatographieren in neutraler Al_2O_3-Säule mit Bzl., Bzl. + Chlf. u. CH_3OH nacheinander 3 Stoffe liefert: *Nerium D*, F. 235—238° (unkorr.), ein Herzglucosid vom Digitalis-Strophanthus-Typ noch unbekannter Struktur; *Nerium E* (*16-Desacetylanhydrooleandrin*), $C_{30}H_{44}O_7$, F. 222—224° (unkorr.); *Nerium F* (*16-Anhydrogitoxigenin*), $C_{23}H_{34}O_4$, F. 245—247° (unkorr.), $[\alpha]_D^{24}$ +93,1°; *Acetat*, $C_{25}H_{34}O_5$, F. 202—204° (unkorr.). (J. pharmac. Soc. Japan [Yakugakuzasshi] **73.** 86—89. Jan. 1953. Tokyo, Pharmacol. Res. Found. [Orig.: japan.]) Schuler. 4782

Ken'ichi Takeda, Tameto Okanishi und **Ariyoshi Shimaoka**, *Untersuchungen über die steroiden Bestandteile einheimischer (japanischer) Pflanzen.* 1. Mitt. *Bestandteile des Rhizoms von Anemarrhena asphodeloides Bunge.* 1. Teil. Aus dem als Hausmittel benutzten Wurzelstock wurde ein Saponin F. 278—280° isoliert, dessen Hydrolyse mit HCl *Sarsasapogenin*, $C_{27}H_{44}O_3$, F. 198° (Acetat, $C_{29}H_{46}O_4$, F. 142°), $[\alpha]_D^{30}$ —76° (Chlf.), u. ein *Sapogenin*, $C_{27}H_{42}O_4$, oder $C_{27}H_{44}O_4$, F. 242—243°, lieferte. (J. Pharmac. Soc. Japan [Yakugakuzasshi] **73**. 29—31. Jan. 1953. Amagasaki, Shionogi & Co. [Orig.: japan.]) SCHULER. 4782

Ken'ichi Takeda, Tameto Okanishi und **Ariyoshi Shimaoka,** *Untersuchungen über die steroiden Bestandteile einheimischer (japanischer) Pflanzen. 2. Mitt. Bestandteile von Heloniopsis japonica Maxim.* (1. vgl. vorst. Ref.) Das aus der (nicht medizin. benutzten) Gesamtpflanze isolierte rohe Saponin bzw. der CH_3OH-Auszug der Pflanze lieferten bei der Hydrolyse mit HCl 0,5% (vom Trockengewicht der Pflanze) *Diosgenin*, $C_{27}H_{42}O_3$, F. 206—207°, Nadeln; Monoacetat, $C_{29}H_{44}O_4$, F. 197—198°. (J. pharmac. Soc. Japan [Yakugakuzasshi] **73**. 84—85. Jan. 1953. [Orig.: japan.]) SCHULER. 4782

V. Würtzen, *Über die Haltbarkeit von Bacitracinsalben.* (Vgl. C. **1954**. 606.) Eine Bacitracin (**I**)-Salbe von butterartiger Konsistenz, hergestellt mit einem Gemisch von 0,40 g Cetylalkohol, 4,60 g wasserfreiem Lanolin, 65,0 g weißer Vaseline u. 30,0 g fl. Paraffin (**II**), ist 1 Jahr haltbar. Eine Salbe mit **I** in der wss. Phase wird mit 7,0 g Cetylan, 5,0 g festem Paraffin, 41,0 g **II** u. dest. W. auf 100 g hergestellt u. ist 1 Monat haltbar. (Farmac. Tid. **63**. 836—40. 7/11. 1953. Kopenhagen, Apoteket Rosen.) R. K. MÜLLER. 4792

N. M. Turkewitsch, *Wasserlösliche Wismutpräparate.* Das durch sek. Dissoziation des Anions komplexer, in W. lösl. Bi-Präpp. in wss. Lsg. vorhandene Bi^{3+} läßt sich in Ggw. von H_2SO_4 oder HNO_3 colorimetr. nach KJ-Zusatz als $K[BiJ_4]$ bestimmen. *Penta-bis-mol* ist selbst bei 300fachem KJ-Überschuß weniger als zu 2% sek. dissoziiert, daher von geringer Toxizität u. großer Beständigkeit in wss. Lsg. (p_H ca. 6,8), bei 100° sterilisierbar u. unbegrenzt haltbar. *K-Na-Tartro-bis-mutat*, $[(C_4H_4O_6)_2Bi(OH)_2]_2Na_3K_3$, ist zu > 3% dissoziiert. Die fälschlicherweise als Bi-Lactat, $C_9H_9O_6Bi \cdot 7\,H_2O$, bezeichnete u. als *Lactowismutsäure*, $H[(CH_3CH(OH)\cdot COO)_3BiOH]$, erkannte Verb. dissoziiert als sehr schwache Komplexverb. 100%ig; p_H ca. 4. (Аптечное Дело [Apotheken] **2**. Nr. 2. 38—41. März/April 1953. Lemberg, Med. Inst. des Gesundh.-Minister. der UkrSSR, Lehrstuhl für Pharmaz. Chem.) MÜLLER-MULOT. 4804

Kai Kjeldgaard, *3-Methylpentin-(1)-ol-(3) (Dorison).* Übersicht über Eigg., Wrkg. u. Synth. mit 4 Literaturangaben. (Farmac. Tid. **64**. 169—70. 20/3. 1954.) R. K. MÜLLER. 4806

Morizo Ishidate, Tsutomu Momose und **Giichi Inoue,** *Salze von p-Aminomethylphenylmethylsulfon mit einigen Sulfonamidarzneimitteln.* (Vorl. Mitt.) Drei neue Salze von *p-Aminomethylphenylmethylsulfon* mit Sulfanilthioharnstoff (**I**), mit Sulfacetamid (**II**) u. mit Sulfathiazol (**III**) wurden hergestellt u. deren Röntgenbeugungsdiagramme u. physikal. Konstanten bestimmt. Bzgl. antibakterieller Wrkg. wurde in vitro keinerlei synergist. Effekt in künstlichem Medium beobachtet, doch ist wegen der stark erhöhten Löslichkeit eine Wrkg. in vivo möglich. Löslichkeit der Salze (bei 20° in 100 cm³ W.) von **I** 579 mg, **II** > 35 g u. **III** 857 mg. Die Löslichkeiten der 3 Einzelbestandteile waren **I** 104 mg, **II** 647 mg u. **III** 62 mg. (J. pharmac. Soc. Japan [Yakugakuzasshi] **73**. 202—04. Febr. 1953. Tokyo, Univ. [Orig.: japan.]) SCHULER. 4806

E. M. Cohen, *Oxytocica.* Übersicht über physiol. Wirksamkeit, chem. Eigg., Wertbest. u. klin. Anwendung von *Pituitrin, Mutterkorn* u. dessen Ersatzstoffen. (Pharmac. Weekbl. **89**. 325—41. 8/5. 1954.) WESLY. 4806

G. Carrière, *Der neue Weg zum Azulen.* Übersicht über die Verff. zur Herst. der Azulene. — 8 Literaturangaben. (Chem. pharmac. Techniek **9**. 225—26. 1/4. 1954.) WESLY. 4806

E. Rotteglia, *Eiweißhydrolysate.* Übersicht über Gewinnung, Wertbest., Anwendungsarten, Nebenwirkungen, Dosierung u. klin. Verwendung. — 10 Literaturangaben. (Boll. chim. farmac. **91**. 440—46. Nov. 1952.) IPPEN. 4806

A. Engelund, *Elektrocortin, ein neues Nebennierenrindenhormon.* (Übersicht.) Bericht über die Entdeckung in der amorphen Fraktion des Hormons der Nebennierenrinde, die Reindarst. u. die bisherigen Verss. zur Aufklärung der Konst. u. der Wirkung. (Arch. Pharmac. og Chem. **61** (**111**). 133—35. 6/3. 1954.) R. K. MÜLLER. 4808

K. Bech und **E. Gaardhoje,** *Die Haltbarkeit von Terramycin in Lösungen, Vorschläge für einige Galenica.* (Überblick.) Chemie des Terramycins (Oxytetracyclins); Aussehen u. Eigg.; quantitative Bestimmungsmethoden (physikal.-chem., physikal., biol., eigenes Verf. mit Trockenextrakt u. Agarmedium: „Wattenpfropfenmeth.“). In reinem W. ändert sich die Haltbarkeit wenig mit der Konz., sie ist bei 37° etwas geringer, von den Pufferlsgg. sind die alkal. weniger haltbar als neutrale u. saure. Mit Oculentium simplex als Grundlage wird 1- u. 10%ig. Salbe hergestellt, ferner werden Vorschriften für Herst. u. Analyse von Suppositorien u. Ohrentropfen gegeben. — 15 Literaturzitate. (Farmac. Tid. **64.** 208—12. 3/4. 217—29. 10/4. 1954.) R. K. MÜLLER. 4810

Hs. Nitschmann, P. Kistler und **W. Lergier,** *Vereinfachtes Verfahren zur Gewinnung von humanem Albumin und γ-Globulin aus Blutplasma mittels Alkoholfällung.* Vff. geben eine Modifizierung der COHNschen Meth. 10 an. Sie erhalten dann Albumin u. γ-Globulin in fast der gleichen Reinheit, aber mit größerer Ausbeute als nach den Methoden 6 u. 9 von COHN. (Helv. chim. Acta **37.** 866—73. 304. 1954. Bern, Univ., Theodor-Kocher-Inst.; Zentrallabor. des Blutspendedienstes des Schweizer. Roten Kreuzes.) HEYNS. 4812

E. L. Parrott, Dale E. Wurster und **L. W. Busse,** *Die Bereitung von sterilen Ophthalmicalösungen.* Vff. beschreiben ausführlich ein Verf. zur Sterilisierung kleiner Mengen von Ophthalmicalösungen. Die Sterilisierung erfolgt durch Filtration durch einen Mikro-BÜCHNER-Trichter in einer durch eine UV-Lampe sterilisierten Glaskammer. Jeweils 500 cm^3 Lsg. können filtriert werden, bis das Filter neu sterilisiert werden muß. (J. Amer. pharmac. Assoc., pract. Pharmacy Edit. **14.** 645—47. Okt. 1953. Madison, Wis., Univ. of Wisconsin, School of Pharmacy.) HECK. 4832

Harry W. Hind und **Ivan J. Szekely,** *Selbststerilisation von Ophthalmicalösungen.* Zur Sterilisation von Ophthalmicis werden Phenylquecksilbernitrat u. Benzalkonium als Baktericide verwandt. Eine baktericide Pufferlsg. (p_H 5) der Zus. Borsäure, Phenylquecksilbernitrat u. W. ist geeignet für Lsgg. von Cocain, Dionin, Metycain, Nupercain, Optochin, Phenacain, Pontocain, Syntropan, Zink. Ein Phosphatpuffer vom p_H 6,8 der Zus. NaH_2PO_4, Na_2HPO_4, NaCl, Benzalkoniumchlorid u. W. wird empfohlen für Lsgg. von Atropin, Ephedrin, Pilocarpin, Eucatropin, Homatropin. (J. Amer. pharmac. Assoc., pract. Pharmacy Edit. **14.** 644—45. Okt. 1953. Salt Lake City, Ut., Amer. Pharmac. Assoc.) HECK. 4832

S. Lambin und **J. Bernard,** *Bemerkungen zum Versuch der Sterilisierung von offizinellen Injektionslösungen von Alkaloidsubstanzen.* Es wird über die Best. der bakteriostat. Aktivität, über die durch die Pharmakopöe festgelegten Versuchsbedingungen der Sterilisierung, über Verss. mit verunreinigten Lsgg. u. über die Aufhebung der bakteriostat. Aktivität berichtet. (Ann. pharmac. franç. **11.** 336—46. Mai 1953. Paris, Fac. de Pharm., Labor. de Microbiol.) BOYE. 4832

Pereira Forjaz, *Dielektrische Untersuchungen.* Messung der DK. von Ölen: Pharmazeut. Präpp., die zur Injektion in Öl dispergiert sind, können so dosiert werden; die DKK. einer Reihe von pflanzlichen u. tier. Ölen werden verglichen mit ihren übrigen Eigg.; die DKK. von Brenn- u. Schmierölen werden mitgeteilt. (Chim. analytique [4] **35.** 53—56. März 1953. Lissabon.) K. L. WOLF. 4880

Béla Láng, Frau Tibor Bakács und **László Vida,** *Beiträge zur Untersuchung von guajakolsulfonsaurem Kalium enthaltenden Arzneizubereitungen.* Die Wertbest. der Arzneizubereitung des *Syrupus kalii sulfoguajacolici* ist auf Grund der Farb-Rk. mit $FeCl_3$ colorimetr. rasch durchführbar, ohne vorher die anwesende große Menge Zucker zerstören zu müssen. Die Farbtiefe ist der Konz. proportional, falls $FeCl_3$ in großem Überschuß angewendet wird. Die störende Farb-Rk. des Orangenschalenextraktes eliminieren Vff. mit HCl. Die Meth. ist nicht anwendbar, wenn in der Zubereitung andere, mit $FeCl_3$ farbige Verbb. liefernde Stoffe, z. B. Salicylsäure, vorhanden sind. (Magyar Kémiai Folyóirat [Ung. Z. Chem.] **58.** 277—82. Sept. 1952. Budapest, Landes-Hyg.-Inst.) PLANK. 4880

Leonard B. Achor und **E. M. K. Geiling,** *Isolierung und Reinigung von Halbmikromengen Morphin.* Zur Herst. von reinem Morphin (I) aus Mohn wurden 2 g feingepulverte trockene Substanz 1 Std. in 10 ml 10%ig. Na_2CO_3-Lsg. stehengelassen, dann durch Zugabe von ca. 5 ml 20%ig. NH_4Cl-Lsg. auf p_H 8,6 $\pm$0,1 gebracht u. mehrfach mit 10—15 ml 1-Butanol–Bzl. (1 : 1) extrahiert. Zur Beseitigung von mitextrahierten Pigmenten schüttelten Vff. mit 15 ml 5%ig. $NaHCO_3$-Lsg. u. führten **I** dann durch Schütteln mit 15 ml 0,525 n H_2SO_4 u. Nachwaschen mit W. wieder in die wss. Phase über. Die mindestens 92% **I** enthaltende Lsg. wurde nun mit 11,4 ml einer mit $Ba(OH)_2$ gesätt. 2%ig. KOH-Lsg. behandelt, filtriert u. durch eine *Nalcite SAR*-Säule (0,8 $\times$20 cm) bei einer Durchlaufgeschwindigkeit von 0,2—0,4 ml/Min. **I** extrahiert. Nach einem Nachwaschen mit 200 ml 50%ig. Methanol ließ sich **I** durch 0,1 n HCl quantitativ wieder von der Säule entfernen. Nach einer p_H-Einstellung auf 7,0 durch 10%ig. NaOH folgte in gleicher Weise eine Reinigung durch eine *Amberlite IRC 50*-

Säule. Falls nach dem Trocknen des Eluats über P_2O_5 noch geringe Pigmentmengen anwesend waren, wurde nochmals in 0,1 n HCl gelöst, mit NH_3 p_H 8,6 eingestellt, mit Chlf.-A. (1 : 1) extrahiert u. eingedampft. Den Rückstand lösten Vff. dann in 0,5 bis 1 ml 0,1 n HCl u. brachten I durch Zugabe von 4 Tropfen absol. A. u. 1 Tropfen konz. NH_3 in der Kälte zur Kristallisation. — Das Verf. kann auch zur quantitativen Best. von I in Pflanzenmaterial, Arzneimitteln u. tier. Geweben dienen. (Analytic. Chem. **26.** 1061—62. 21/6. 1954. Chicago, Ill., Univ., Dep. of Pharmacol.) PLUSKAL. 4880

Clement Castoldi, *Die Ephedraarten und die Alkaloidbestimmung in Ephedra gracilis.* Nach einer kurzen Übersicht über die Arten von Ephedra (Ma-Huang) u. ihre Verbreitung beschreibt Vf. eine neue Meth., die er zur Best. des Gesamtalkaloidgeh. der im Andengebiet heim. Ephedra gracilis entwickelte. Dazu werden 100 (g) der feingepulverten Droge mit 40 K_2CO_3 u. 40 W. gemischt u. nach Trocknen über $CaCl_2$ mit Chlf. unter vermindertem Druck extrahiert. Nach Einengen des Extraktes wird dieser mit Äthylacetat behandelt u. mit 10%ig. HCl extrahiert. Nach Zugabe von K_2CO_3 werden die Alkaloide in Chlf. aufgenommen u. der nach Abdampfen des Chlf. verbleibende Rückstand in A. gelöst. Bei der Titration mit n/10 HCl gegen Methylrot entspricht dann 1 cm^3 HCl 16,5 mg Alkaloid. Zur Trennung des Ephedrins (I) vom Pseudo-I neutralisiert Vf. die Alkaloidlsg. mit Oxalsäure, wobei sich das I-Oxalat, allerdings nicht quantitativ, abschied. In der genannten Ephedraart fand Vf. folgende Alkaloidmengen: 1,1590% I, 0,0785 % Pseudo-I, also 1,2375% Gesamtalkaloide. Mit der Meth. von READ u. FENG (J. Amer. pharmac. Assoc. **17.** [1928.] 89) wurden infolge unvollständiger Extraktion etwas geringere Werte erhalten. (Boll. chim. farmac. **91.** 431—39. Nov. 1952.) IPPEN. 4880

Heinrich Bergstermann, *Vergleichende Untersuchungen über die proteolytische Wirkung handelsüblicher Fermentpräparate.* Best. der proteolyt. Aktivität verschied. *Ferment*-Präpp. zur Bekämpfung von Verdauungsstörungen. (Münchener med. Wschr. **96.** 560—63. 7/5. 1954. München, Med. Poliklinik.) M. W. ROTHE. 4880

Johann G. W. Opfermann & Sohn, Bergisch-Gladbach, *Herstellung von neuen Ferro-Calcium-Citraten* der Formel $CaFe_2(C_6H_5O_7)_2$ oder $Ca_2Fe(C_6H_5O_7)_2$, dad. gek., daß Citronensäure in wss. Lsg. mit Ferrum reductum, Ferrohydroxyd oder Ferrosalzen von flüchtigen Säuren u. Ca-Hydroxyd, -carbonat oder -citrat in stöchiometr. Mengen in Anwesenheit eines Schutzgases umgesetzt wird, worauf das W. abgetrieben wird. — Die Ferro-Calcium-Citrate sind in feuchtem Zustande gegen Sauerstoff empfindlich. Die wasserfreien Verbb. sind gegen Luftsauerstoff ziemlich haltbar. (**Oe. P. 174 061** vom 9/12. 1950, ausg. 25/2. 1953.) M. F. MÜLLER. 4807

British Drug Houses Ltd., London, England (Erfinder: **William Bradley, Bruce Norman Feitelson** und **Rosemary Muriel Lodge),** *α.β-Dioxy-γ-(2-oxyphenoxy)-propan,* Nadeln, F. 86°, erhält man durch Erhitzen äquimol. Mengen Glycid („Glycidol") mit Brenzcatechin in Ggw. einer N-haltigen organ. Base (Pyridin) oder mit Monoacetylbrenzcatechin u. Verseifung des entstandenen α.β-Dioxy-γ-(2-acetoxyphenoxy)-propans, $Kp._{0,05}$ 168—170°. *Zwischenprod.* für Arzneimittel. (**E. P. 640 403** vom 13/1. 1948, ausg. 19/7. 1950.) KRAUSS. 4807

Farbenfabriken Bayer, Leverkusen (Erfinder: **Hans Schmidt, Robert Behnisch** und **Ernst Schraufstätter,** Wuppertal-Elberfeld), *Herstellung neuer Thiosemicarbazone* (I), dad. gek., daß man Thiosemicarbazid (II) auf solche Zimtaldehyde einwirken läßt, die im Benzolring durch Nitro-, Acylamino-, Alkylmercapto-, Alkylsulfongruppen sowie durch carboxylhaltige Gruppen substituiert sind, bzw. daß man in I von Zimtaldehyden, die diese Gruppen im Benzolring noch nicht enthalten, die Gruppen nachträglich einführt. Die Herst. von I kann gegebenenfalls in Ggw. von Katalysatoren erfolgen. — 4-Nitrozimtaldehyd mit II u. A. am Rückfluß erhitzt, ergibt *4-Nitrozimtaldehydthiosemicarbazon* (III), F. 228° (aus A.; Zers.). III wird zu *4-Aminozimtaldehydthiosemicarbazon* red., F. 206° (aus A.; Zers.). Diese Verb. wird bei 90° in Cyclohexanon gelöst u. mit Essigsäureanhydrid versetzt; man erhält *4-Acetylaminozimtaldehydthiosemicarbazon,* F. 222° (Zers.). — 4-Äthylsulfonzimtaldehyd (F. 132°) u. II ergeben *4-Äthylsulfonzimtaldehydthiosemicarbazon,* F. 190° (aus 80%ig. A.). — 4-Carbomethoxyzimtaldehyd (F. 190°) u. II ergeben beim Kochen mit Methanol u. nach Zugabe von W. eine Verb., die bei 224° unter Zers. schmilzt. Durch Verseifen mit verd. NaOH in Methanol erhält man *4-Carboxyzimtaldehydthiosemicarbazon,* F. 245° (Zers.). — 4-Carboxymethoxyzimtaldehyd mit W. u. II gekocht, ergeben *4-Carboxymethoxycinnamalthiosemicarbazon,* F. 202° (Zers.); bildet mit Alkalien, Diäthanolamin u. Methylglucamin leicht wasserlösl. Salze. Tuberkulostat. u. entzündungswidrige Wirkung. (**D. B. P. 845 195** Kl. 12o vom 7/7. 1950, ausg. 28/7. 1952.) G. KÖNIG. 4807

Aktiebolaget Bofors, Bofors, Schweden, *Herstellung von neuen Urethanen* der allg. Formel I durch Umsetzung eines aromat. Amins II mit einem Halogenameisensäureaminoalkylester oder einem Salz davon der allg. Formel III. R_1 u. R_3 sind Alkyl- oder Alkoxygruppen, R_2 = H, eine Alkyl- oder Alkoxygruppe, R_4 ist eine verzweigte oder unverzweigte, gesätt. oder ungesätt. KW-stoffkette mit höchstens 6 C-Atomen. R_5 u. R_6 sind H oder Alkylgruppen, wobei letztere zusammen mit dem Stickstoff auch einen gesätt. heterocycl. Ring bilden können. X ist Halogen u. HA eine Säure. — Die erhaltenen Verbb. sind geeignet für Präpp. zur *Oberflächen-* u. *Injektionsanästhesie.* — Mesidin u. Chlorameisensäureäthylaminoäthylester in benzol. Lsg. bilden den *2.4.6-Trimethylphenylcarbaminsäure-β-diäthylaminoäthylester,* F. der Base 40—41,5°, Hydrochlorid, F. 147—148°. — 2.6-Dimethyl-4-n-butoxyanilin u. Chlorameisensäure-γ-piperidino-n-propylester setzen sich in benzol. Lsg. um zu dem *2.6-Dimethyl-4-butoxyphenylcarbaminsäure-γ-piperidino-n-propylester.* Die Base ist ein hellgelbes Öl. Hydrochlorid, F. 123°. (**Oe. P. 178 904** vom 11/7. 1952, ausg. 25/6. 1954.) M. F. MÜLLER. 4807

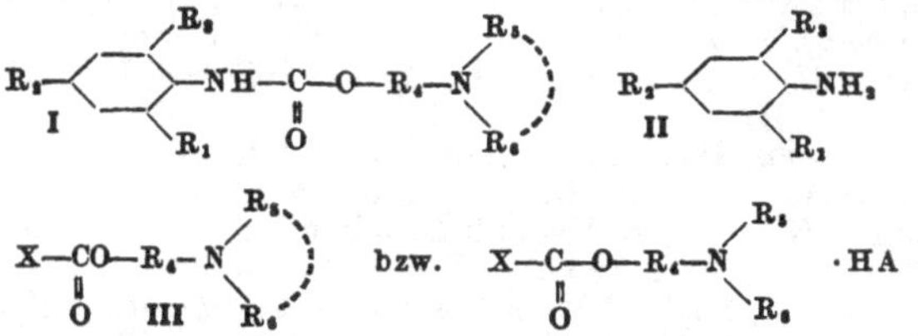

Aktiebolaget Bofors, Bofors, Schweden, *Herstellung von neuen Urethanen* der allg. Formel I des vorst. Ref. durch Umsetzung eines aromat. Amins der Formel II des vorst. Ref. mit einem Halogenameisensäurechloralkylester X·COOR_4—X_2 u. durch Erhitzen des Reaktionsprod. mit einem Amin. — 242 (Teile) 2.6-Xylidin in 1200 Bzl. werden unter Kühlung mit 143 Chlorameisensäure-β-chloräthylester in 300 Bzl. umgesetzt. Es bildet sich der *2.6-Dimethylphenylcarbaminsäure-β-diäthylaminoäthylester* u. als Nebenprod. das 2.6-Xylidinhydrochlorid. Der Ester stellt ein Öl dar. Hydrochlorid, F. 161—162°. — Aus Mesidin u. Chlorameisensäure-β-chloräthylester entsteht zunächst der Carbaminsäurechloralkanolester. Dieser wird mit Piperidin bei Raumtemp. behandelt u. danach 4—6 Std. unter Rückfluß erhitzt. Man erhält den *2.4.6-Trimethylphenylcarbaminsäure-β-piperidinoäthylester.* Die Base hat den F. 84,5—85,5°. Hydrochlorid, F. 146—147°. — *Anästhetica* (**Oe. P. 178 905** vom 11/7. 1952, ausg. 25/6. 1954.) M. F. MÜLLER. 4807

Aktiebolaget Bofors, Bofors, Schweden, *Herstellung von neuen Urethanen* der allg. Formel I des vorvorst. Ref. durch Umsetzung eines Carbaminsäurehalogenids II mit einem Aminoalkohol der Formel III. Der Aminoalkohol wird in Gestalt eines Alkoholates oder eines Salzes eingeführt. — 225 (Teile) 3-Dimethylaminopropanol-(1) werden in eine Lsg. von 184 2.6-Dimethylphenylcarbaminsäurechlorid in 500 Bzl. eingetragen, worauf 2 Std. unter Rückfluß erhitzt wird. Man gewinnt daraus den *2.6-Dimethylphenylcarbaminsäure-γ-dimethylamino-n-propylester.* Die Base ist ein Öl. Hydrochlorid, F. 155 bis 156°. — Ebenso erhält man aus dem 2.4-Dimethyl-6-n-butoxyphenylcarbaminsäurechlorid u. β-Piperidinäthylalkohol den *2.4-Dimethyl-6-n-butoxyphenylcarbaminsäure-β-piperidinoäthylester.* Öl. Hydrochlorid, F. 91—92,5°. — Diäthylamino-Na-Äthylat u. 2.6-Dimethylphenylcarbaminsäurechlorid bilden den *2.6-Dimethylphenylcarbaminsäure-β-diäthylaminoäthylester.* Öl. Hydrochlorid, F. 161—162°. — Durch Rk. von Diäthylaminoäthylalkoholhydrochlorid u. 2.4.6-Trimethylphenylcarbaminsäurechlorid entsteht das Hydrochlorid des 2.4.6-Trimethylcarbaminsäure-β-diäthylaminoäthylesters. Die freie Base hat F. 40—41°. Hydrochlorid, F. 147—148°. — *Anästhetica.* (**Oe. P. 178 906** vom 11/7. 1952, ausg. 25/6. 1954. Schwed. Prior. 28/12. 1951.) M. F. MÜLLER. 4807

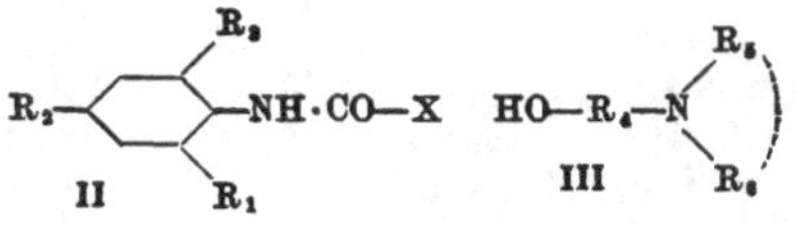

Aktiebolaget Bofors, Bofors, Schweden, *Herstellung von neuen Urethanen* der allg. Formel I des drittvorst. Ref. durch Umsetzung eines Arylisocyanats der Formel II mit einem Aminoalkohol der Formel III des vorst. Referats. Die Umsetzung findet gegebenenfalls in Ggw. eines indifferenten Lösungsm. zuerst unter Kühlung u. dann durch Erhitzen auf ca. 100° statt. — 135 (Teile) β-Piperidinoäthylalkohol werden unter Rühren u. Kühlen in eine Lsg. von 203 2.6-Dimethyl-4-tert.-butylphenylisocyanat in 200 Bzl. eingetragen, u. danach wird 2 Std. unter Rückfluß gekocht. Es entsteht der *2.6-Dimethyl-4-tert.-butylphenylcarbaminsäure-β-piperidinoäthylester.* Freie Base, F. 89—90,5°; Hydrochlorid, F. 215—216°. — Aus 3-Diäthylaminopropanol-(1) u. 2.6-Dimethyl-4-n-butoxyphenylisocyanat entsteht der

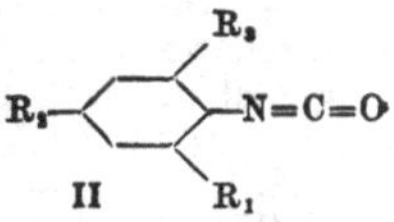

2.6-Dimethyl-4-n-butoxyphenylcarbaminsäure-γ-diäthylamino-n-propylester. Die freie Base ist ein Öl. Hydrochlorid, F. 97—98°. — Diäthylaminoäthylalkoholhydrochlorid bildet mit 2.4.6-Trimethylphenylisocyanat das Hydrochlorid des *2.4.6-Trimethylphenylcarbaminsäure-β-diäthylaminoäthylesters.* F. der Base 40—41,5°; Hydrochlorid, F. 147 bis 148°. — *Anästhetica.* (**Oe. P. 178 907** vom 11/7. 1952, ausg. 25/6. 1954.)
M. F. MÜLLER. 4870

Parke, Davis & Co., Detroit, Mich., V. St. A., *4-Amino-2-oxybenzoesäure.* Beim Erhitzen von m-Aminophenol mit CO_2 u. einem Bicarbonat, wie $NaHCO_3$, $KHCO_3$ oder NH_4HCO_3, in W. unter Druck in Ggw. von $B(OH)_3$. (**Schwz. P. 287 716** vom 13/10. 1950, ausg. 16/4. 1953. A. Priorr. 14/10. 1949 u. 8/9. 1950.) LANGER. 4807

Spofa, Spojené Farmaceutické Závody, Národní Podnik, Prag, Tschechoslowakei, *Herstellung von Cumarinderivaten,* dad. gek., daß man Bis-(4-oxycumarinyl-3)-essigsäure mit wasserentziehenden Mitteln behandelt, welche die an der Keto–Enol-Tautomerie teilnehmenden Gruppen unverändert lassen, wie $POCl_3$, $SOCl_2$, SO_2 oder $C_2H_4O_2$. —

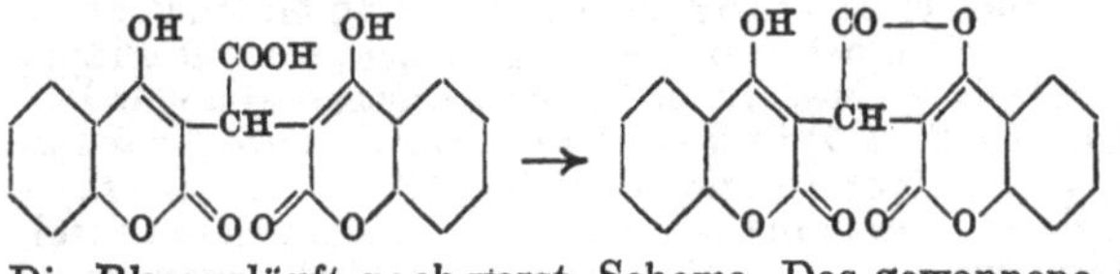

Die Rk. verläuft nach vorst. Schema. Das gewonnene Anhydrisierungsprod. dient zur Herst. der physiol. wirksamen Ester der Bis-4-oxycumarinyl-3-essigsäure. (**Oe. P. 171 693** vom 16/8. 1949, ausg. 25/6. 1952. Tschech. Prior. 30/12. 1948.) M. F. MÜLLER. 4807

Hoffmann-La Roche, Inc., Nutley, übert. von: **George Oswald Chase,** Hawthorne, N. J., V. St. A., *Herstellung von 3-Pyridylcarbinol.* Man hydriert 3 Cyanopyridin in stark saurer Lsg. (p_H 2) u. in Ggw. eines Pd-Katalysators, $Kp._{2-3}$ 112—114°. — *Zwischenprod.* für *Pharmaceutica.* (**A. P. 2 615 896** vom 20/1. 1950, ausg. 28/10. 1952.)
LÜTTGEN. 4807

Farbwerke Hoechst, vormals Meister Lucius & Brüning (Erfinder: **Max Bockmühl**), Frankfurt/M., *Basische Ketone* werden aus bas. substituierten Diarylessigsäuren, Diarylessigestern oder Diarylessigsäurechloriden der allg. Formel I (R_1 u. R_2 = Arylreste, die auch unter sich verbunden sein können; R_3 = bas. substituierter Alkylrest; X = COOH, COOR oder COCl) erhalten, wenn man diese mit Organomagnesiumverbb. umsetzt. — *1.1-Diphenyl-1-piperidinoäthylbutanon-(2),* F. 77°, *Hydrochlorid,* F. 181°, aus 1.1-Diphenyl-1-piperidinoäthylessigsäureäthylester (II) u. Magnesiumäthyljodid. — *1.1-Diphenyl-1-piperidinoäthyl-3-methylbutanon-(2),* $Kp._3$ 202—204°, *Hydrochlorid,* F. 181—182°, aus II u. Magnesiumisopropylbromid. — *1.1-Diphenyl-1-piperidinoäthyl-4-methylpentanon-(2),* F. 76°, *Hydrochlorid,* F. 173—174°. — *1.1-Diphenyl-1-piperidinoäthylpropanon,* $Kp._4$ 203 bis 204°, *Hydrochlorid,* F. 173—174°. (**D. B. P. 890 506** Kl. 12p vom 23/1. 1944, ausg. 21/9. 1953. **Zusatz zu D. B. P. 865 314; C. 1954. 1783.**) LIPPOLD. 4807

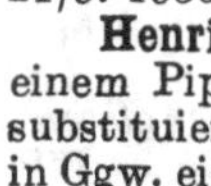

I

Henri Morren, Brüssel, *Herstellung von neuen 1.4-disubstituierten Piperazinen* aus einem Piperazin, welches in 1-Stellung durch eine Benzyl- oder Benzhydrylgruppe substituiert ist, durch Einw. eines Benzhydrylhalogenids oder eines Benzylhalogenids in Ggw. eines Halogenwasserstoff bindenden Mittels, z. B. von $NaHCO_3$ oder anderer anorgan. Basen bzw. organ. Basen, wie Triäthylamin. Die neuen therapeut. wertvollen Derivv. entsprechen der allg. Formel I, worin Y, Y' u. Y'' = H, Halogen oder eine Alkyl- oder Alkoxygruppe mit 1—4 C-Atomen darstellen. n ist 1, wenn Y = Halogen ist, u. n ist 1 oder 2, wenn Y eine Alkyl- oder Alkoxygruppe ist. Sie werden als *Antihistaminica* verwendet. — Man erhitzt in einem Autoklaven ein Gemisch von 0,1 (Mol) Monobenzylpiperazin, 0,1 Benzhydrylchlorid u. 0,11 Triäthylamin in 12,5 cm³ Toluol oder Xylol 4 Std. bei 150—160°. Es entsteht *1-Benzhydryl-4-benzylpiperazin,* $Kp._1$ 200°, F. 120°. — Die substituierten Benzhydrylpiperazine können durch katalyt. Entbenzylierung von Verbb., wie 1-[p-Halogenbenzhydryl]- oder 1-[p-Methylbenzhydryl]-4-benzylpiperazin, erhalten werden. — 32,3 g 1-[p-Chlorbenzhydryl]-4-benzylpiperazin werden in 300 cm³ A. gelöst u. im Autoklaven in Ggw. von RANEY-Ni unter einem H_2-Druck von 100 at 6 Std. auf 150° erhitzt. Es bildet sich dabei das *p-Chlorbenzhydrylpiperazin,* $Kp._1$ 180 bis 185°, welches mit p-Methoxybenzylchlorid umgesetzt wird, unter Bldg. von *1-[p-Chlorbenzhydryl]-4-[p-methoxybenzyl]-piperazin,* $Kp._{1,5}$ 245—250°, Dihydrochlorid, F. 210°. — Es sind weiter folgende Verbb. genannt: *1-[p-Chlorbenzhydryl]-4-benzylpiperazin,* $Kp._{0,5}$ 235—240°; *1-[p-Brombenzhydryl]-4-benzylpiperazin,* $Kp._{1,5}$ 240 bis 245°; *1-[p.p'-Dichlorbenzhydryl]-4-benzylpiperazin,* $Kp._{0,5}$ 200—205°, Dihydrochlorid,

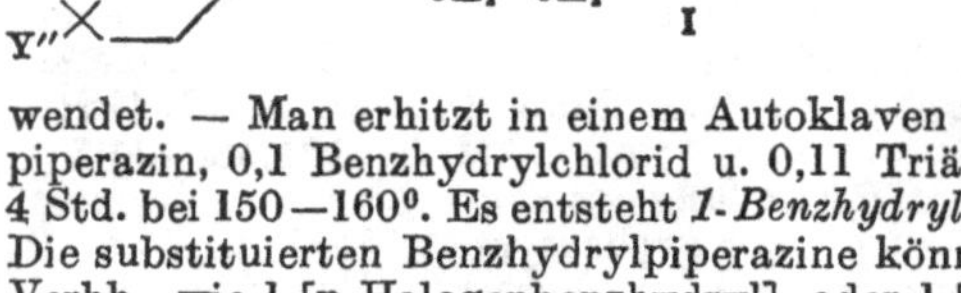

F. 235°; *1-[p-Methylbenzhydryl]-4-benzylpiperazin*, $Kp._1$ 210—220°, Dihydrochlorid, F. 212°; *1-[p-Methoxybenzhydryl]-4-benzylpiperazin*, $Kp._2$ 220°, Dihydrochlorid, F. 198°; *1-Benzhydryl-4-[p-methylbenzyl]-piperazin*, $Kp._1$ 215—220°, Dihydrochlorid, F. 218°; *1-[p-Chlorbenzhydryl]-4-[p-methylbenzyl]-piperazin*, $Kp._1$ 225—230°, Dihydrochlorid, F. 218°; *1-Benzhydryl-4-[p-methoxybenzyl]-piperazin*, $Kp._1$ 225—230°, F. 114°, Dihydrochlorid, F. 222°; *1-[p-Methylbenzhydryl]-4-[p-methoxybenzyl]-piperazin*, $Kp._1$ 240—250°, Dihydrochlorid, F. 218°; *1-Benzhydryl-4-[m-methylbenzyl]-piperazin*, $Kp._2$ 226—227°, F. 100°, Dihydrochlorid, F. 222°; *1-Benzhydryl-4-[p-chlorbenzyl]-piperazin*, $Kp._1$ 230—232°, Dihydrochlorid, F. 232°; *1-Benzhydryl-4-[p-äthylbenzyl]-piperazin*, $Kp._{1,5}$ 205—210°, Dihydrochlorid, F. 230°; *1-Benzhydryl-4-[p-äthoxybenzyl]-piperazin*, $Kp._2$ 248—250°, Dihydrochlorid, F. 212°; *1-[o-Methoxybenzhydryl]-4-benzylpiperazin*, $Kp._2$ 210—215°, Maleat, F. 172°; *1-[m-Chlorbenzhydryl]-4-benzylpiperazin*, $Kp._{1,5}$ 225—230°, Dihydrochlorid, F. 228°; *1-Benzhydryl-4-[o-methylbenzyl]-piperazin*, $Kp._1$ 200—205°, Dihydrochlorid, F. 218°; *1-Benzhydryl-4-[o-methoxybenzyl]-piperazin*, $Kp._1$ 225—230°, Dihydrochlorid, F. 182°, Fumarat, F. 215°; *1-Benzhydryl-4-[m-äthoxybenzyl]-piperazin*, $Kp._1$ 215°, F. 82°, Dihydrochlorid, F. 218°; *1-Benzhydryl-4-[m-chlorbenzyl]-piperazin*, $Kp._2$ 205—210°, F. 96°, Dihydrochlorid, F. 238°; *1-Benzhydryl-4-[3'.5'-dimethylbenzyl]-piperazin*, $Kp._2$ 233°, F. 128°, Dihydrochlorid, F. 222°; *1-[p-Chlorbenzhydryl]-4-[m-methylbenzyl]-piperazin*, $Kp._2$ 230°, Dihydrochlorid, F. 215°; *1-[o-Methylbenzhydryl]-4-benzylpiperazin*, $Kp._2$ 195—200°, Dihydrochlorid, F. 210°; *1-[o-Brombenzhydryl]-4-benzylpiperazin*, $Kp._{0,5}$ 200°, Dihydrochlorid, F. 232°; *1-[m-Äthoxybenzhydryl]-4-benzylpiperazin*, $Kp._2$ 215—220°, Dihydrochlorid, F. 198°; *1-[p-Methoxy-p' methylbenzhydryl]-4-benzylpiperazin*, $Kp._1$ 245—247°, Dihydrochlorid, F. 272°; *1-[p.p-Dimethoxybenzhydryl]-4-benzylpiperrazin*, F. 100°, Dihydrochlorid, F. 237°; *1-[o.o'-Dimethoxybenzhydryl]-4-benzylpiperazin*, F. 102°, Dihydrochlorid, F. 185°; *1 Benzhydryl-4-[p-(n-propyl)-benzyl]-piperazin*, F. 108—110°, Dihydrochlorid, F. 266°; *1-Benzhydryl-4-[p-(n-butyl)-benzyl]-piperazin*, F. 93°, Dihydrochlorid, F. 224°; *1-Benzhydryl-4-[p-(tert.-butyl)-benzyl]-piperazin*, F. 139—141°, Dihydrochlorid, F. 256°; *1-Benzhydryl-4-[m-(tert.-butyl)-benzyl]-piperazin*, $Kp._{0,05}$ 198—201°, Dihydrochlorid, F. 232°; *1 Benzhydryl-4-[(3'.4'-dimethoxy)-benzyl]-piperazin*, Kp. 86—87°, Dihydrochlorid, F. 230°; *1-[p-Chlorbenzhydryl]-4-[(3'.5'-dimethylbenzyl)]-piperazin*, $Kp._{0,001}$ 218 bis 225°, Dihydrochlorid, F. 231°; *1-[p-Chlorbenzhydryl]-4-[p-(n-butyl)-benzyl]-piperazin*, $Kp._{0,001}$ 220—230°, Dihydrochlorid, F. 221°; *1-[p-Chlorbenzhydryl]-4-[p-(tert.-butyl)-benzyl]-piperazin*, $Kp._{0,001}$ 230—240°, Dihydrochlorid, F. 265—266°; *1-[p-Chlorbenzhydryl]-4-[m-(tert.-butyl)-benzyl]-piperazin*, $Kp._{0,1}$ 217—220°, Dihydrochlorid, F. 240°. (**Oe. P. 177 779** vom 1/3. 1952, ausg. 10/3. 1954. Belg. Priorr. 15/2., 22/3. u. 28/4. 1951 u. 12/1. 1952.) M. F. MÜLLER. 4807

Haco-Gesellschaft Akt.-Ges., Gümligen, Bern (Erfinder: **Cyril Grob**, Basel), Schweiz, *5-Keto-1.3.4.5-tetrahydrobenz-(cd)-indol* (**I**), F. 162—164°, erhält man durch Erhitzen von 5-Oxybenz-(cd)-indolin (**II**; herstellbar nach D. B. P. 859 166; C. **1953.** 5883) in Ggw. von Verdünnungs- oder Lösungsmitteln u./oder Katalysatoren (Bzl., Toluol, Tetra-, Dekahydronaphthalin, Pt, Pd, Ni, Co, Ni-Chromit), gegebenenfalls unter O_2-Ausschluß in Anwesenheit von H_2. *Zwischenprod.* zur Herst. von *Lysergsäure.* (**D. B. P. 869 342** Kl. 12o vom 29/3. 1951, ausg. 5/3. 1953. Schwz. Priorr. 3/4. 1950 u. 2/3. 1951.) KRAUSS. 4807

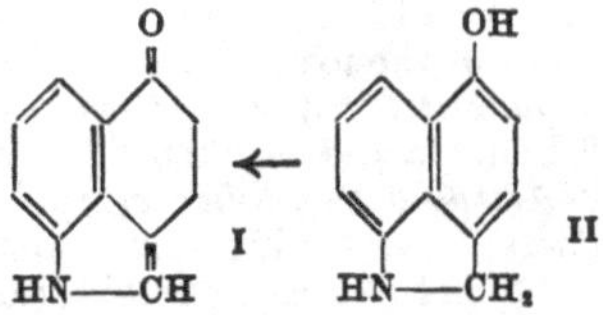

C. F. Boehringer & Soehne G. m. b. H. (Erfinder: **Hans Dietrich** und **Helmut Stein**), Mannheim, *Sterische Umlagerung von Cinchonaalkaloiden* erfolgt durch Oxydation zu ihren Ketonen u. deren Red. nach dem Redoxprinzip mittels üblicher H-Acceptoren oder -Donatoren in Ggw. von Alkalimethylaten. Die Oxydation führt man mit prakt. äquimol. Mengen Benzophenon, meist zugleich mit der Red. durch. Beispiel: Chinin → *Chinidin.* (**D. B. P. 877 611** Kl. 12p vom 31/12. 1950, ausg. 26/5. 1953.) MÜLLER-MEININGEN. 4807

C. F. Boehringer & Soehne G. m. b. H. (Erfinder: **Erich Rabald** und **Helmut Spingler**), Mannheim-Waldhof, *Umlagerung von Chinaalkaloiden* in ihre diastereomeren Formen mittels Alkalien, bes. Aminoalkanolaten, in Ggw. von organ. Basen, wie Piperidin oder Äthylendiamin. (**D. B. P. 883 154** Kl. 12p vom 27/7. 1950, ausg. 16/7. 1953.) MÜLLER-MEININGEN. 4807

Merck & Co., Inc., Rahway, N. J., übert. von: **Gustav A. Stein**, Plainfield, N. J., und **Joseph R. Stevens**, Easton, Pa., V. St. A., *2-Methyl-4-oxy-5-alkoxymethylpyrimidine* (**II**) erhält man durch Rk. von Acrylsäureestern mit HCOOH-Alkylestern u. Alkalialkoholat unterhalb 40°, bes. bei 30—35°. — Zur Suspension von 67 (g)

$NaOC_2H_5$ in ca. 400 cm³ „Petrolatum" gibt man z. B. innerhalb 1 Std. bei 30—35° unter Rühren eine Mischung aus 50 Acrylsäureäthylester u. 74 $HCOOC_2H_5$, kühlt die Lsg. von α-Na-Formyl-β-äthoxyäthylpropionat $C_2H_5O-CH-C(=HC-ONa)-COOC_2H_5$ auf 0—5° u. gibt in N_2-Atmosphäre eine Lsg. von 48 Acetamidinhydrochlorid (I) in 124 Eiswasser zu, rührt ca. 1 Std., trennt die wss. Schicht ab u. gibt zur wss. Lsg. nochmals 58 **I** u. 19 NaOH, läßt ca. 24 Std. bei 0—5° stehen, extrahiert dann 2 mal mit je ca. 50 cm³ Ae., stellt mit CH_3COOH auf ca. p_H 6 ein, extrahiert mehrmals mit Chlf. u. erhält durch Eindampfen zur Trockne ca. 52 (73%) **II**. Nach Waschen mit $(CH_3)_2CO$ erhält man 48% Reinprod., F. 177—178°. — *Zwischenprod.* zur Herst. von *Vitamin* B_1. (**A. P. 2 591 313** vom 10/4. 1946, ausg. 1/4. 1952.)

MÜLLER-MEININGEN. 4809

Imperial Chemical Industries Ltd., London (Erfinder: **William Robert Boon** und **Thomas Leigh,** Manchester), England, *Pyrimidinderivate* der Formel **I** (A = OH, NH_2, Alkylamino, Mercapto, B = OH, Alkoxy, Mercapto, Alkylmercapto, NH_2, mono- oder disubstituiertes NH_2, Ar = gegebenenfalls substituiertes Aryl, R u. R' = H, gegebenenfalls substituierte KW-stoffreste u. eines, [jedoch nicht beide gleichzeitig] —COR'', R'' = H, KW-stoffrest, KW-stoffoxyrest, NH_2, monosubstituiertes NH_2)

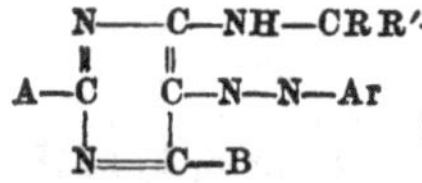

I

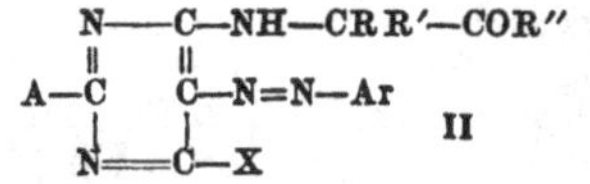

II

erhält man durch Kondensation eines Pyrimidinderiv. der Formel **II** (X = Halogen) mit Alkalihydroxyden, -alkoholaten, H_2S, Alkalihydrosulfiden, -mercaptiden, NH_3 u. prim. oder sek. Aminen. — 2-Amino-4-methoxy-6-chlorpyrimidin gibt beim Erhitzen mit konz. HCl 2-Amino-4-oxy-6-chlorpyrimidin, F. 261°, dieses mit 0,2 n NaOH u. Na_2CO_3 in Ggw. von Benzoldiazoniumchlorid 2-Amino-4-oxy-5-benzolazo-6-chlorpyrimidin (**III**), daraus mit Aminoacetonsemicarbazonhydrochlorid, F. 212°, in A. in Ggw. von Na-Äthylat 2-Amino-4-oxy-5-benzolazo-6-acetonylaminopyrimidinsemicarbazon, F. 206°, u. mit Eisessig u. 2 n-HCl *2-Amino-4-oxy-5-benzolazo-6-acetonylaminopyrimidinhydrochlorid,* F. über 300°. *Freie Base,* F. 183°. **III** + Glycinäthylesterhydrochlorid (**IV**) → *2-Amino-4-oxy-5-benzolazo-6-carbäthoxymethylaminopyrimidin,* F. 238°. **III** + Glycinisopropylesterhydrochlorid → *2-Amino-4-oxy-5-benzolazo-6-carbisopropoxymethylaminopyrimidin,* F. 222°. **III** + Alaninäthylesterhydrochlorid → *2-Amino-4-oxy-5-benzolazo-6-(1'-carbäthoxyäthyl-1')-aminopyrimidin,* F. 214°. — 2.4-Diamino-6-chlorpyrimidin + β-Chlorbenzoldiazoniumchlorid → 2.4-Diamino-6-chlor-5-p-chlorbenzolazopyrimidin, F. 270°, + **IV** → *2.4-Diamino-5-p-chlorbenzolazo-6-carbäthoxymethylaminopyrimidin,* F. 202°. — Glycidylphenyläther + Phthalimid → 1-Phthalimido-3-phenoxy-2-propanol, F. 117°, + CrO_3 → 1-Phthalimido-3-phenoxypropanon-(2), F. 165°, → 1-Phthalimido-3-phenoxypropanon-2-semicarbazon, F. 193°, + NaOH + HCl → 1-Amino-3-phenoxypropanon-2-semicarbazonhydrochlorid, F. 201°, + **III** → 2-Amino-4-oxy-5-benzolazo-6-ω-phenoxyacetonylaminopyrimidinsemicarbazon, F. 265° (Zers.), → *2-Amino-4-oxy-5-benzolazo-6-ω-phenoxyacetonylaminopyrimidinhydrochlorid,* F. 192° (Zers.). — 4-Chlor-2.6-dimethoxypyrimidin → 4-Chlor-2.6-dioxypyrimidin, F. 300°, + p-Toluoldiazoniumchlorid → 4-Chlor-2.6-dioxy-5-p-toluolazopyrimidin, F. 240° (Zers.) + Glycinmethylesterhydrochlorid → *2.6-Dioxy-5-p-toluolazo-4-carbmethoxymethylaminopyrimidin,* F. 272° (Zers.). — 4-Chlorcytosin + p-Toluoldiazoniumchlorid → 6-Amino-4-chlor-2-oxy-5-p-toluolazopyrimidin + Glycinmethylester → *2-Oxy-4-amino-5-p-toluolazo-6-carbmethoxymethylaminopyrimidin,* F. 200° (Zers.). — 2-Amino-4.6-dichlorpyrimidin + **IV** → 2-Amino-4-chlor-6-carbäthoxymethylaminopyrimidin, F. 151°, + p-Chlorbenzoldiazoniumchlorid → 2-Amino-4-chlor-5-p-chlorbenzolazo-6-carbäthoxymethylaminopyrimidin, F. 210°, + NaSH → *2-Amino-4-mercapto-5-p-chlorbenzolazo-6-carbäthoxymethylaminopyrimidin. 2-Amino-4-diäthylamino-5-p-chlorbenzolazo-6-carbäthoxymethylaminopyrimidin,* F. 139°. *2-Amino-4-methylamino-5-benzolazo-6-n-methylcarbaminylmethylaminopyrimidin,* F. 241°. *2-Amino-4-methylamino-5-benzolazo-6-carbäthoxymethylaminopyrimidin.* — *Zwischenprodd.* zur Herst. von *Folsäure* u. deren Derivaten. (**D. B. P. 859 017** Kl. 12p vom 17/8. 1950, ausg. 11/12. 1952. E. Prior. 19/8. 1949.)

KRAUSS. 4809

Farbwerke Hoechst Akt.-Ges., vormals Meister Lucius & Brüning (Erfinder: **Max Bockmühl, Gustav Ehrhart, Heinrich Ruschig** und **Walter Aumüller**), Frankfurt/M., *3-Acyloxy-bis-norcholensäuren* erhält man durch Ozonisierung von Acylphytosterinen nach Schutz der Kerndoppelbindung durch wiederentfernbare Substituenten mit mehr als der 1,25 fachen, vorteilhaft bis zur 10 fachen O_3-Menge, die zur Absättigung der

Doppelbindungen der Stigmasterinseitenkette erforderlich ist. Die Ozonide werden unter Wiederherst. der Kerndoppelbindung aufgespalten. — Phytosterinacetat mit 18% Stigmasterinacetat gibt in Chlf. mit Br_2 u. O_3 nach der Aufarbeitung mit Eisessig + Zn *3-Acetoxy-bis-norcholensäure*, F. 234—235°. (**D. B. P. 882 990** Kl. 12o vom 3/8. 1938, ausg. 13/7. 1953.) KRAUSS. 4809

Ciba Akt.-Ges., Basel, Schweiz, *Herstellung von Halogenverbindungen von Steroiden und ihren Dehalogenierungsprodukten*, dad. gek., daß man Steroide, die in 17-Stellung einen Substituenten mit wenigstens einer Doppelbindung der Formeln I u. II enthalten, worin R_1 u. R_2 = H oder aliphat., hydroaromat. oder aromat. Reste sind, wenn erforderlich unter vorübergehendem Schutz vorhandener Kerndoppelbindungen u. empfindlicher Substituenten, mit Halogen unter Belichtung behandelt u. gegebenenfalls aus den erhaltenen Verbb. Halogenwasserstoff abspaltet.

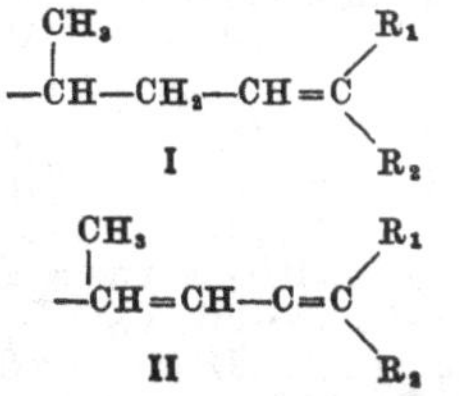

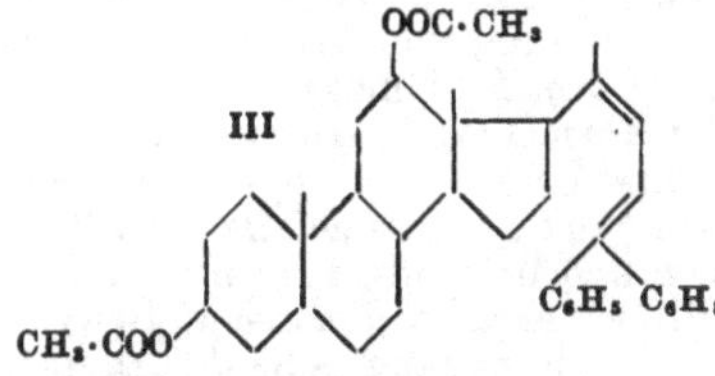

— Als Ausgangsstoffe werden z. B. Δ^{23}-24.24-Diphenylcholen oder $\Delta^{20.23}$-24.24-Diphenylcholadien verwendet. — Δ^{23}-3α.12α-Diacetoxy-24.24-diphenylcholen wird in CCl_4 gelöst u. unter starker Belichtung mit Brom behandelt. Nach kurzem Kochen entwickelt sich HBr. Es entsteht dabei *$\Delta^{20.23}$-3α.12α-Diacetoxy-24.24-diphenylcholadien*. Das Diendiacetat (II) hat den F. 144—156°. Als Halogenwasserstoff abspaltende Mittel können z. B. verwendet werden Pyridin, Collidin, Chinolin, Dimethylanilin. — Δ^{23}-3β-Acetoxy-5-chlor-24.24-diphenylcholen wird in vorbeschriebener Weise mit Brom behandelt. Die Bromaufnahme erfolgt momentan, u. sofort beginnt HBr-Abspaltung. Danach wird mit Eisessig gekocht u. das gebildete $\Delta^{20.23}$-3β-Acetoxy-5-chlor-24.24-diphenylcholadien, F. 196—199°, isoliert. Dieses wird mit Dimethylanilin bei 200° behandelt. Es entsteht das *$\Delta^{5.20.23}$-3β-Acetoxy-24.24-diphenylcholatrien*, F. 171—175°. — In weiteren Beispielen sind z. B. genannt: $\Delta^{20.23}$-3α-Acetoxy-11-keto-12-brom-24.24-diphenylcholadien, F. 175—178°, $\Delta^{20.23}$-3α-Acetoxy-11-keto-12.21-dibrom-24.24-diphenylcholadien, $\Delta^{20.23}$-3α.9-Epoxy-11-keto-21-brom-24.24-diphenylcholadien, F. 230—250°, $\Delta^{20.23}$-3α-Acetoxy-11-keto-24.24-diphenylcholadien (2 Modifikationen: F. 107—112° u. 169—170°), $\Delta^{20.23}$-3β-Acetoxy-24.24-diphenyl-allo-choladien, F. 150—151°. (**Oe. P. 171 729** vom 17/7. 1950, ausg. 25/6. 1952. Schwz. Prior. 26/8. 1949.) M. F. MÜLLER. 4809

Farbwerke Hoechst, vormals Meister Lucius & Brüning (Erfinder: **Heinrich Ruschig**), Frankfurt/M.-Höchst, *Herstellung von 21-Oxypregnen-(5)-ol-(3)-on-(20)-Abkömmlingen*. Man behandelt Pregnen-(5)-ol-(3)-on-(20)-oxalsäureester-(21) in Form ihrer Enolalkalisalze mit J_2 in einem mit W. mischbaren Lösungsm. (I) bei ca. —15°, unterwirft die J-Verb. in alkal. Lsg. einer Säurespaltung u. setzt das 21-Jodpregnen-(5)-ol-(3)-on-(20) mit Salzen organ. Säuren oder anderen, das J austauschenden Verbb. in einem I beim Neutralpunkt oder bei schwach saurer Rk. um. (**D. B. P. 836 800** Kl. 12o vom 19/3. 1949, ausg. 17/4. 1952.) v. SCHILLER. 4809

Syntex, Soc. An., Mexico City, Mexiko, *$\Delta^{1,2}$-Allopregnen-17α-ol-3.20-dion*, F. 254 bis 275°, erhält man durch Behandlung von Allopregnan-3β.17α-diol-20-on mit einem Amid der Formel R—CONHX (R = Alkyl oder Aryl, X = Br oder Cl). Das gebildete Allopregnan-17α-ol-3.20-dion, F. 250—252°, wird dann mit Br in Eisessig in Ggw. von HBr in das 2-Bromallopregnan-17α-ol-3.20-dion, F. 188—191° (Zers.) übergeführt, aus dem dann, z. B. mit Kollidin, Br abgespalten wird. (**E. P. 685 331** vom 25/8. 1950, ausg. 31/12. 1952. A. Prior. 19/9. 1949.) KRAUSS. 4809

American Cyanamid Co., New York, übert. von: **Seymour Bernstein** und **Karl J. Sax**, Pearl River, N. Y., V. St. A., *Dehydroandrosterylmercaptan* (I), F. 172,5—174,5° erhält man durch Behandeln von Dehydroisoandrosteryliso-thioharnstoff-p-toluolsulfonat [erhalten aus Dehydroisoandrosteryl-p-toluolsulfonat mit Thioharnstoff in Pyridin u. A., F. 254° (Zers.)] mit alkal. wirkenden Mitteln (Alkali u. Erdalkalihydroxyde) in Ggw. eines mit W. mischbaren Lösungsm. (Methanol, A., Propanol, Äthylenglykol, Äthylenglykolmonoäthyläther), vorteilhaft bei 50—200°. — *Dehydroisoandrosterylthioacetat*, F. 189—189,5°. — *Dehydroisoandrosterylthiobenzoat*, F. 232—234,5°. (**A. P. 2 582 918** vom 8/12. 1949, ausg. 15/1. 1952.)

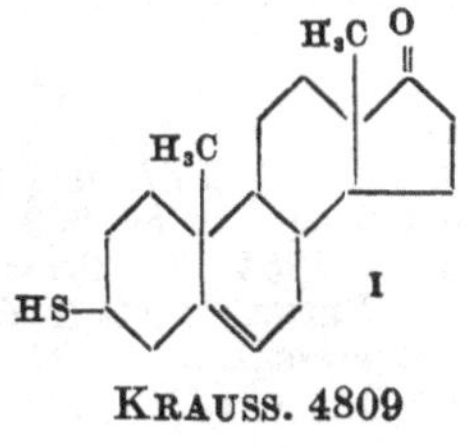

KRAUSS. 4809

Ostra-Chemie G. m. b. H., Fulda (Erfinder: **Johann Georg Friedel** und **Julius Hans Friedel**, Dresden), *Labextrakte aus Kälbermägen.* Die Extraktions-Fll. werden mit citronensaurem Kalk angereichert oder diese Anreicherung bis zur Erlangung pasten- bis pulverförmiger Enderzeugnisse fortgesetzt. (**D. B. P. 830036** Kl. 6a vom 8/9. 1950, ausg. 31/1. 1952. **Zuzatz zu D. B. P. 803899; C. 1952. 146.**) KETTNER. 4809

Biochemie Ges. m. b. H., Innsbruck (Erfinder: **Ernst Brandl**, Kundl, und **Hans Margreiter**, Radfeld, Tirol), *Gewinnung von stabilen, besonders für die Oraltherapie geeigneten Penicillinen* aus den bei der Fermentation durch submerse Gärung mit Hilfe von Penicillium notatum oder Penicillium chrysogenum oder deren Mutanten unter Verwendung von Precursors der allg. Formel $HO \cdot H_2C(R_1X)_n\text{-}R_2$, bes. unter Verwendung von β-Phenoxyäthanol oder p-Oxyphenoxyäthanol erhaltenen Rohlösungen. In der Formel ist R_1 ein zweiwertiger, gegebenenfalls substituierter, aliphat. Rest. X ist O, S oder eine NH-Gruppe, n = 1—5. R_2 bedeutet einen aliphat., araliphat. oder aromat. Rest, der gegebenenfalls substituiert sein kann. An Stelle der Rohlsg. kann man auch von den bei Aufarbeitung der Rohlsgg. erhaltenen wss. Lsgg. ausgehen, welche Penicilline der allg. Formel $C_8H_{10}O_3NS—NHCO \cdot (R_1X)_n—R_2$ enthalten, worin R_1, X, n u. R_2 die vorangegebene Bedeutung haben. Die Penicilline werden als freie Säuren abgeschieden, z. B. indem man diese Penicilline aus den wss. Lsgg. (Rohlsg. oder wss. Extraktionsstufen) durch Fällung mit Säuren gewinnt oder aus diesen Lsgg. in Ggw. von Säuren in organ. Lösungsmittel überführt u. durch Abdunsten des Lösungsm. isoliert. Hierfür geeignete Lösungsmittel sind z. B. Chloroform oder Butylacetat. Die in Säureform erhaltenen Penicilline werden gegebenenfalls in Alkali- oder Erdalkalisalze übergeführt. Die Alkalisalze lassen sich auch z. B. durch Al-Salze in ws. Lsg. zu Aluminium-Penicillin umsetzen. — Das Verf. eignet sich bes. zur Gewinnung von Phenoxymethylpenicillin, $C_8H_{10}O_3NSNHCOCH_2 \cdot O \cdot C_6H_5$, welches unter Verwendung von β-Phenoxyäthanol als Precursor bei der Fermentation gebildet wird. Die isolierte freie Säure hat den F. 120—128°. Ebenso kann man das mit Hilfe von p-Oxy-β-phenoxyäthanol als Precursor erhältliche p-Oxyphenoxymethylpenicillin als krist. Säure gewinnen. (**Oe. P. 178 692** vom 22/4. 1952, ausg. 10/6. 1954.) M. F. MÜLLER. 4811

Parke, Davis & Co., Detroit, Mich., V. St. A., *Verfahren zum Epimerisieren von erythro-1-Nitrophenyl-2-acylamidopropandiolen-(1.3)* durch Veresterung eines opt. Isomeren oder Racemats der Erythroform eines solchen Diols zu seinem Disalpetersäureester, welcher durch Alkalibehandlung in der 1-Stellung an der Estergruppe unter gleichzeitigem Ringschluß zu einem 2-Acylamido-4-oxymethyl-5-nitrophenyl-Δ^2-oxazolin-4-salpetersäureester hydrolysiert wird. Durch Säurebehandlung wird danach der Oxazolinring geöffnet unter Bldg. eines Propanols. Durch anschließende Alkalibehandlung wird die in 3-Stellung stehende Estergruppe hydrolysiert, u. unter gleichzeitigem Ringschluß entsteht das 2-Acylamido-4-nitrophenyloxymethyl-Δ^2-oxazolin. Darauf Säurebehandlung u. anschließend Neutralisation mit einer Base. — Das Verf. bezweckt die Umwandlung der DL- u. L-erythro-Formen von 1-p-Nitrophenyl-2-dichloracetamidopropandiol-(1.3) in die entsprechenden DL- u. D-threo-Formen, welche therapeut. wertvolle Verbb. darstellen. (Das D-threo-Isomere ist unter dem Namen Chloramphenicol als *Antibioticum* bekannt.) — Der Disalpetersäureester des DL-erythro-1-o-Nitrophenyl-2-dichloracetamidopropandiol-(1.3), F. 152° (Zers.), wird in Methanol suspendiert u. mit 2 n NaOH-Lsg. behandelt. Das entstehende Prod., F. 103°, hat die Formel I. Es wird mit konz. HCl vermahlen u. dabei in das feste Hydrochlorid übergeführt. Dieses wird in W. suspendiert u. mit festem $NaHCO_3$ alkal. gestellt. Das erhaltene Umsetzungsprod., F. 139 bis 140°, wird mit 50%ig. NaOH bei 30—40° stehengelassen. Das entstandene Prod., F. 169°, hat die Formel II. Es wird mit konz. HCl vermahlen u. 10 Min. stehengelassen. Dabei wird der Oxazolinring hydrolysiert unter Bldg. von *DL-threo-1-o-Nitrophenyl-2-dichloracetamidopropandiol-(1.3)*, F. 121°. — Der Salpetersäureester von DL-erythro-1-p-Nitrophenyl-2-dichloracetamidopropandiol-(1.3) liefert bei gleicher Behandlung das rac. *Chloramphenicol*, F. 149—150°. Vgl. A. PP. 2 543 271 u. 2 545 096; C. **1953.** 3284, Oe. P. 173 444; C. **1953.** 7875, D. B. PP. 870 274; C. **1954.** 609 u. 888 106; C. **1954.** 2231. (**Oe. P. 178900** vom 25/8. 1951, ausg. 25/6. 1954. E. Prior. 25/8. 1950.) M. F. MÜLLER. 4811

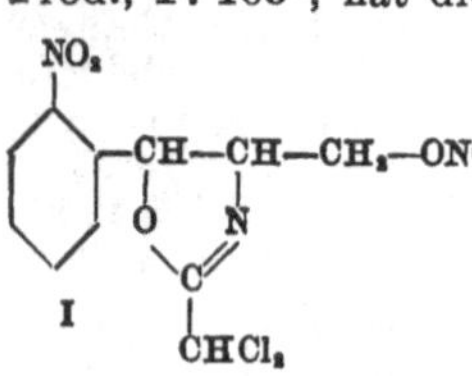
I

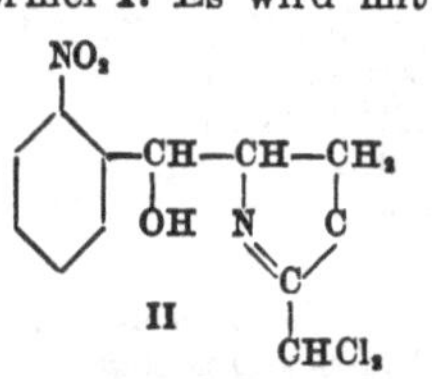
II

Parke, Davis & Co., Detroit, Mich., V. St. A., *dl-pseudo-1-Phenyl-2-dichloracetaminopropan-1.3-diol.* Beim Erwärmen von dl-pseudo-1-Phenyl-2-aminopropan-1.3-diol mit Dichloressigsäuremethylester, F. 95—96°. — Analog: *dl-pseudo-1-p-Jod-*

phenyl-2-dichloracetaminopropan-1.3-diol, F. 125—126°. (**Schwz. PP. 289 887** u. **289 888** vom 15/12. 1948, ausg. 16/7. 1953. Beide A. Prior. 16/3. 1948. **Zusatz zu Schwz. P. 283 749; C. 1953. 7147.**) LANGER. 4811

Sterling Drug, Inc., Wilmington, Del., übert. von: **Chester J. Cavallito** und **La Verne D. Small**, Albany, N. Y., V. St. A., *Thiosulfinsäureester* der allg. Formel R—S(O)—S—R_1 (R u. R_1 = KW-stoffreste) erhält man durch Oxydation von Verbb. der allg. Formel R—S—S—R_1 mit 0,5—2 Mol einer organ. Persäure unterhalb 55°, in Ggw. eines Lösungsmittels. — Allyldisulfid wird mit Perbenzoesäure in Chlf. unter Kühlen zu *Allyl-2-propen-1-thiosulfinat* $CH_2=CH-CH_2-SO-S-CH_2-CH=CH_2$ oxydiert, $D.^{20}_4$ 1,112; n_D^{20} 1,562. Es ist mit der aus Allium sativum gewonnenen Verb. identisch. — *Methylmethanthiolsulfinat*, CH_3SOSCH_3, $Kp._{0,3-0,5}$ 48°, $D.^{25}_4$ 1,222, n_D^{25} 1,548. — *Äthyläthanthiolsulfinat*, $C_2H_5SOSC_2H_5$, $Kp._{0,2-0,3}$ 52°, $D.^{25}_4$ 1,104; n_D^{25} 1,524. — *n-Propyl-1-propanthiolsulfinat*, $C_6H_{14}OS_2$, $D.^{20}_4$ 1,045; n_D^{20} 1,512; $Kp._{0,007-0,012}$ 25°. — *N-Butyl-1-butanthiolsulfinat*, $C_8H_{18}OS_2$, $Kp._{0,001}$ 50°; $D.^{20}_4$ 0,997; n_D^{25} 1,506. — *n-Amyl-1-pentanthiolsulfinat*, $C_{10}H_{22}OS_2$, $Kp._{10^{-5} \text{ bis } 10^{-6}}$ 45°; $D.^{25}_4$ 0,988; n_D^{25} 1,499. — *tert.-Butyläthylthiolsulfinat*, $C_6H_{14}O_2S$, $Kp._{0,05-0,01}$ 30°; $D.^{25}_4$ 1,043; n_D^{25} 1,509. — *Benzyl-α-toluolthiolsulfinat*. — *Cyclohexylcyclohexanthiolsulfinat*. — *Phenylbenzolthiolsulfinat*. — *Piperidyl-4-piperidinthiolsulfinat*. — *γ-Tetrahydropyranyl-4-tetrahydropyranthiolsulfinat*. — *m-Carboxyphenyl-3-carboxybenzolthiosulfinat*. — *p-Aminophenyl-4-aminobenzolthiolsulfinat*. — *5-Nitro-2-pyridyl-5-nitro-2-pyridinthiolsulfinat*. — *5-Amino-2-pyridyl-5-amino-2-pyridinthiolsulfinat*. — *4-Isochinolyl-4-isochinolinthiolsulfinat*. — *γ-Diäthylaminopropyl-3-diäthylamino-1-propanthiolsulfinat*. — *1-Oxo-1.2-dithian*. — *Pyridinäthyl-2-(β-pyridyl)-1-äthanthiosulfinat*. — *Benzyl-α-toluolthiolsulfinat*. — *β-Carboxyäthyl-2-carboxy-1-äthanthiolsulfinat*. — *α.α-Dimethyl-β-aminocarboxyäthyläthanthiolsulfinat*. Sämtliche Verbb. sind *antibiot.* wirksam. (**E. P. 654 390** vom 17/12. 1947, ausg. 13/6. 1951. A. Prior. 18/12. 1946. **A. P. 2 508 745** vom 18/12. 1946, ausg. 23/5. 1950.) KRAUSS. 4811

Ruhrchemie Akt.-Ges., Oberhausen-Holten (Erfinder: **Hans Feichtinger**, Duisburg-Beek, und **Siegfried Puschhof**, Duisburg-Hamborn), *Benzoesäure-p-sulfonamid* (**I**). Das durch Seitenkettenchlorierung von p-toluolsulfonsaurem Na erhaltene Gemisch der nebenst. Formel (R = CH_2Cl, $CHCl_2$, CCl_3) wird mit PCl_5 in das Sulfochloridgemisch übergeführt u. dieses nach WILLGERODT mit wss. NH_3 + S bei erhöhtem Druck u. erhöhter Temp. in das Ammonsalz von **I** umgewandelt, aus dem **I** durch Ansäuern gewonnen wird, F. 280°. *Zwischenprod.* für *Desinfektionsmittel* (*Halazone* = Metallsalze des am N chlorierten **I**). (**D.B.P. 873 840** Kl. 12o vom 26/7. 1951, ausg. 16/4. 1953.) KRAUSS. 4833

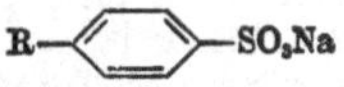

Knoll Akt.-Ges. Chemische Fabriken, Ludwigshafen/Rh., *Herstellung von 3-(2-Oxyphenyl)-pyrazol* bzw. von deren im Phenyl- oder Pyrazolkern substituierten Derivv. der allg. Formel **I**, worin R_1 = H oder Alkylrest, R_2 = H oder Halogenatom, aus im Benzolkern gegebenenfalls halogensubstituierten ω-acylierten 2-Oxyacetophenonen durch Umsetzung mit Semicarbazidhydrochlorid bzw. 25%ig. Hydrazinhydratlösung. — Aus 2-Oxy-ω-formylacetophenon wird *3-(2-Oxyphenyl)-pyrazol*, aus 2-Oxy-5-chlor-ω-formylacetophenon das *3-(2-Oxy-5-chlorphenyl)-pyrazol* erhalten. Weiterhin sind genannt: *3-(2-Oxy-5-bromphenyl)-pyrazol*, *3-(2-Oxy-5-bromphenyl)-5-methylpyrazol*, *3-(2-Oxy-5-bromphenyl)-5-äthylpyrazol*. — Physiol. wertvolle Stoffe mit *baktericiden* u. *fungiciden* Wirkungen. (**Oe. P. 173 696** vom 26/10. 1951, ausg. 10/1. 1953. D. Prior. 18/11. 1950.) M. F. MÜLLER. 4833

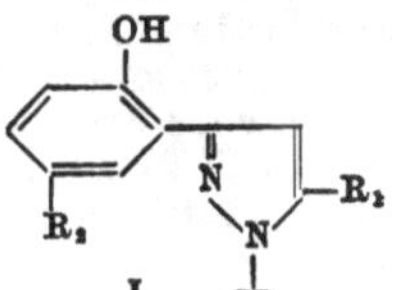

I

General Aniline & Film Corp., New York, N. Y., übert. von: **Max Eugene Chiddix**, Easton, Pa., **Stanley Hall Hesse**, Phillipsburg, und **Edwin James Seiferle**, Belvidere, N. J., V. St. A., *Herstellung von 1.1-Di-[1'-oxy-3'.4'.6'-trichlorphenyl-(2')]-äthan* aus 2.4.5-Trichlorphenol u. Paraldehyd in Ggw. von NaOH oder KOH, F. 167,5—168°. — *Germicid, Fungicid, Antisepticum*. (**A. P. 2 638 486** vom 3/5. 1951, ausg. 12/5. 1953.) FABEL. 4833

Henry Matthew Burlage and others, Introduction to pharmacy; a revision of Fundamental principles and processes of pharmacy. 3rd ed. New York: McGraw-Hill. 1954. (722 S. m. Abb., Diagr.) $ 9,50.

G. Analyse. Laboratorium.

Othmar Rizzolli, *Studien zur Schmelzpunktbestimmung nach der für den Koflerschen Mikroheiztisch modifizierten Capillarmethode von Rast*. Es werden krit. Unterss. der Capillarmeth. nach RAST zur Best. des F. unter dem Mikroskop zur Identifizierung u. Mol.-Gew.-Best. organ. Substanzen angestellt. Bei diesen Messungen, bei denen die

Temp. variiert wird, muß die Aufheizgeschwindigkeit am Mikroskopheiztisch nach Kofler unbedingt berücksichtigt werden, wenn man reproduzierbare Werte u. Meßgenauigkeiten $< 1-2^0$ erhalten will. Bestimmte, festgelegte Aufheizgeschwindigkeiten genügen nicht, da infolge verschied. Temperaturleitfähigkeiten der Substanzen die Neigungen der erhaltenen Kurven verschieden sein können. Die Extrapolation muß also für unendlich kleine Aufheizgeschwindigkeiten durchgeführt werden. Zur Vereinfachung der Ausgleichung der Kurven arbeitet man zweckmäßig im linearen Bereich, das heißt bei Aufheizgeschwindigkeiten $< 0{,}3^0$/Minute. (Mikrochim. Acta [Wien] **1953.** 401–09. Innsbruck, Univ., Physikal. Inst.) Fretzdorff. 5018

Johs. Krutzsch, *Die Messung der Dichte fester Stoffe.* Nach einem Überblick über bisher bekannte Verff. wird ein Gerät (Abb.) beschrieben, mit dem ohne Schwierigkeit die D. beliebiger fester Stoffe (auch von Pulvern, Fasern usw.) festgestellt werden kann. Prinzip: Messung des Vol. durch Messung der Luftdruckänderung in einer geschlossenen Zelle. Die Luftdruckänderung zeigt sich in dem Verh. einer nicht im Gleichgewicht befindlichen Flüssigkeitssäule. (Dtsch. Apotheker-Ztg. **94.** 280–82. 8/4. 1954. München-Solln.) Ulex. 5042

Remsen Ten Eyck Schenck und **T. S. Ma,** *Ein regulierbarer Mikrotrockenblock.* Vff. beschreiben einen elektr. beheizten Trockenblock mit automat. Temperaturregulierung. Eine Al-Spule, die außen mit einem Heizdraht umwunden ist, besitzt eine Bohrung, die zur Aufnahme eines Trockenrohres oder einer Abderhaldenschen Trockenpistole dient. Die Temp. kann durch einen Widerstand, durch einen Regeltransformator oder durch einen elektron. regulierten Thermostat eingestellt werden. Mit dem letzgenannten Gerät können Tempp. zwischen 25 u. 300° auf $\pm 2^0$ eingehalten werden, wobei innerhalb von 5 Min. Temperaturkonstanz erreicht wird. Der Trockenblock ist einfach herzustellen, seine Abmessungen richten sich nach der Größe des Trockenrohres oder der Trockenpistole. (Mikrochim. Acta [Wien] **1953.** 236–44. New York, N. Y., New York Univ., Dep. of Chem.) Hackstein. 5050

T. S. Ma und **Remsen Ten Eyck Schenck,** *Ein Universal-Mikroheizblock.* Vff. beschreiben einen Al-Heizblock, der elektr. geheizt wird. Er eignet sich als Universalheizblock u. zum Abstellen für eine große Zahl verschieden großer Glas- u. Porzellangeräte. Der Temperaturbereich erstreckt sich von 25–300°. Eine automat. Temperaturregulierung kann leicht angebracht werden. Der Block kann bei mikro- oder semimikroanalyt. u. präparativen Arbeiten benutzt werden. (Mikrochim. Acta [Wien] **1953.** 245–53. New York, N. Y., New York Univ., Dep. of Chem.) Hackstein. 5050

R. Fischer und **J. Horner,** *Zur Analyse von Flüssigkeiten, speziell fetten Ölen und Salzlösungen mit Hilfe der Mikrobestimmung der kritischen Mischungstemperatur.* Es wird eine Mikrobest. der krit. Mischungstemp. (MTk) beschrieben, die als Schnellverf. zur Prüfung fetter Öle u. zur Analyse von Salzlsgg. verwendet wird. Man erhält bei dieser Mikrobest. der MTk stets die Temp., die dem Maximum des Mischungslückendiagramms entspricht. *Äthylenchlorhydrin* (I) wird als neue Test-Fl. eingeführt u. mit ihr die MTk als Kennzahl einiger fetter Öle bestimmt. Weiterhin wird die MTk von Gemischen aus Olivenöl u. Sesamöl mit Ölsäure u. von Gemischen einiger Öle mit Paraffinöl mit I als Test-Fl. festgestellt. Außer zur Prüfung fetter Öle eignet sich die beschriebene Meth. zur Unters. von Salzlösungen. Von jedem der untersuchten Salze wurde bei 6–8 verschied. Konzz. die MTk mit Phenol als Test-Fl. ermittelt u. mit Hilfe dieser Zahlen eine Eichkurve aufgestellt, die die Grundlage zur Konzentrationsbest. von Lsgg. dieser Salze bildet. Für die Ausführung dieser Meth. werden genaue Anweisungen u. Vorsichtsmaßregeln gegeben. Dauer einer Best. 10–15 Min., Genauigkeit ca. 0,3% bei 1° Temperaturdifferenz, in einzelnen Fällen sogar 0,09%. Abschließend wird über die Beobachtung einer vollständigen Mischungslücke bei α-Picolin mit verd. NaCl-Lsg. berichtet. (Mikrochim. Acta [Wien] **1953.** 386–400. Graz, Univ., Pharmakognost. Inst.) Fretzdorff. 5052

George Norwitz, *Die Verwendung von Perchlorsäure bei der Elektrolyse.* Angaben mit Schrifttum über die elektrolyt. Best. von Bi, Cd, Co, Cu, Pb, Ni, Ag, Sn, Zn in $HClO_4$-Lsgg. an der Hg-Kathode. (Metallurgia [Manchester] **48.** 257–58. Nov. 1953. Philadelphia, Labor. of George Norwitz.) K. Stein. 5054

René Dupeyrat und **Adnan Zmerli,** *Beitrag zur Realisierung registrierender Spektralinterferometer.* Unters. piezoelektr. Keramikstücke aus $BaTiO_3$ auf ihre Eignung für Stücke mit veränderlichem Abstand in Interferometern vom Fabry-Pérot-Typ. Beim Anlegen von Spannungen zwischen +1300 u. –1300 V an Platten von 40 mm Durchmesser u. 3 mm Dicke lassen sich Dickenänderungen von 0,20 μ erreichen. (C. R. hebd. Séances Acad. Sci. **238.** 1207–09. 15/3. 1954.) Eichhoff. 5063

W. G. Walker und **S. C. Baker,** *Eine symmetrische Kathodenverstärker-Brückenschaltung für die direkte spektrochemische Analyse.* Genaue Angabe einer Schaltung u. ihrer Arbeitsweise für einen Gleichstromverstärker zum Intensitätsvgl. von mit Photomultipliern gemessenen Spektrallinien. Die Schaltung ist prakt. unempfindlich gegen Netzschwankungen u. nullpunktskonstant. Eine vollständige Dunkelstromkompensation ist vorgesehen. (J. sci. Instruments **30.** 328—30. Sept. 1953. N. S. W., Australia, Newcastle Techn. Coll.) EICHHOFF. 5063

E. Mantzell, *Zur Frage der p_H-Messung mit der Antimonelektrode.* Bemerkung zu einer Arbeit von HAUKE (C. **1954.** 7935). Auf Grund ausgeführter Meßverss. mit der Sb-Elektrode stellt Vf. fest. daß für prakt. Verhältnisse die Ergebnisse von HAUKE unberücksichtigt bleiben können, da sowohl beim Messen mit röhrenlosen Kompensatoren als auch bei voltmetr. Messungen die durch das Meßprinzip bedingten Fehler innerhalb der für diese Elektrode allg. üblichen Grenzen liegen. Es besteht keine Notwendigkeit für Betriebsmessungen, die bisher benutzten Geräte durch die viel teureren u. empfindlicheren Röhrenvoltmeter zu ersetzen. (Prakt. Chem. [Wien] **3.** 217—19. Sept. 1952. Wien, Fa. Ludwig Seibold, Labor.) OPPERMANN. 5066

Charles N. Reilley und **W. H. McCurdy jr.,** *Prinzipien der Hochfrequenztitration.* Vff. untersuchen den Einfl. verschied. elektr., geometr. u. chem. Faktoren, wie Meßfrequenz, Zellwandstärke, Elektrodenfläche u. Elektrodenabstand, Ionisationsgrad, chem. Rk., Ionenkonz. u. Lösungsmittelunterschiede, durch Messung der Hoch- u. Niederfrquenzleitfähigkeit u. Kapazität an Lsgg. von $AlCl_3$, CH_3COOH u. KCl in W. sowie von KCl in Methanol. In gleicher Weise werden Titrationen von 0,01 nHCl mit 0,01 nNaOH, auch in Ggw. von KCl verschied. Konzz., geprüft. Die Ergebnisse werden tabellar. u. graph. mitgeteilt sowie in mathemat. unter Verwendung eines äquivalenten Ersatzschaltbildes für Meßzelle u. Lsg. abgeleiteten Formeln diskutiert. Durch Übertragungsdiagramme lassen sich die Anomalien in der Kurvenform der HF-Titrationen mit den Kurven der entsprechenden NF-Leitfähigkeitstitrationen in Beziehung setzen. So können unerwünschte Endpunktserscheinungen durch Verdünnung, Zusatz von Fremdelektrolyt, Frequenzwechsel u. Wahl der Meßzellen mit genauer geometr. Charakteristik vermieden werden. (Analytic. Chem. **25.** 86—93. Jan. 1953. Princeton, N. J., Princeton Univ.) WEITBRECHT. 5066

Ronald Belcher, Derek Gibbons und **Thomas S. West,** *Vierwertiges Uran als reduzierendes Titrationsmittel.* U(IV) ist ein gelindes Reduktionsmittel, das verhältnismäßig stabil gegen Luft ist. Sein Reduktionsvermögen steigt mit steigendem p_H. Vff. stellten es aus UO_2-Acetat her, das sie in 4 nHCl lösten, langsam mit Ag red. u. verdünnten. Die ca. 0,1 nU(IV) u. 1 nHCl enthaltende Lsg. wurde dann mit 0,1 n$K_2Cr_2O_7$-Lsg. bei 60° potentiometr. eingestellt. Starke Oxydationsmittel u. Fe(III) konnten in direkter Titration bestimmt werden (meist bei 60°, Fe bei Zimmertemp. mit sehr langsamer Reagenszugabe beim Endpunkt). Schwache Oxydationsmittel wurden 5—10 Min. mit MOHRschem Salz auf 60° erhitzt u. durch das entstandene Fe(III) bestimmt. Die Verss. zeigten gegenüber den üblichen Methoden keine Vorteile. (Analytic. Chem. **26.** 1025—27. 21/6. 1954. Birmingham, England, Univ., Dep. of Chem.) PLUSKAL. 5066

W. J. Gooderham, *Eine Apparatur zur Messung des erforderlichen Sauerstoffs und der Endprodukte bei der Verbrennung von Gasen.* Es wird eine App. beschrieben, bei der die üblichen Methoden zur Gasanalyse u. Verbrennung von Heizgasen mit „Seifenfilm"-Büretten nach den Angaben des E. P. 489 117 (C. **1938.** II. 3130) angewandt werden. Sie stellt eine Weiterentw. der in früheren Arbeiten angeführten App. (vgl. z. B. C. **1940.** I. 2989) dar. (Chem. and Ind. **1953.** 477—78. 16/5. Fulham, North Thames Gas Board.) LUCHSINGER. 5086

Joseph B. Lombardo, *Analyse der Abgase einer Kontaktschwefelsäurefabrik. Kritische Übersicht analytischer Methoden für Säurenebel und Schwefeldioxyd.* Um eine genaue Kontrolle des Kontaktschwefelsäureprozesses zu haben u. gleichzeitig eine Verunreinigung der Luft zu vermeiden, prüft Vf. nach ausführlicher krit. Literaturübersicht der analyt. Verff. eine Meth., die 0,1—10 mg H_2SO_4-Nebel u. 1—100 mg SO_2/cu.ft zu bestimmen gestattet. Dabei werden die Säurenebel in einer näher beschriebenen App. an einer Sinterglasplatte mittlerer Porosität zur Kondensation gebracht u. anschließend mit 0,1 nNaOH titrimetr. bestimmt. Das durch die Sinterglasplatte durchgehende SO_2-haltige Abgas wird in einer mit H_2O_2-Lsg. (5 ml 30%ig. H_2O_2 + 150 ml W. + 4 Tropfen Methylrotlsg.) gefüllten Intensivwaschflasche gewaschen. Aus der Acidität der Wasch-Fl. ergibt sich der SO_2-Gehalt. Die Genauigkeit des Verf. wird diskutiert. (Analytic. Chem. **25.** 154—60. Jan. 1953. Bound Brook, N. J., American Cyanamid Co., Calco Chem. Div.) WEITBRECHT. 5088

F. E. Littman und **R. W. Benoliel,** *Ein kontinuierlich arbeitendes Oxydationsmittelregistriergerät.* Um den Zusammenhang zwischen Rauch u. dem Oxydationsmittelgeh.

(wie O_3, NO_2 usw.) der Luft aufzuklären, wird eine App. konstruiert, die gestattet, kontinuierlich den Oxydationsmittelgeh. der Luft zu messen. Die angesaugte Luft wird mit einer neutralen Lsg. von 200 g KJ + 36 g $Na_2HPO_4 \cdot 12\ H_2O$ + 14 g KH_2PO_4/Liter W. in Kontakt gebracht. Das Oxydationsmittel setzt J_2 in Freiheit. Die Lsg. fließt dann weiter im Kreislauf durch eine Meßzelle, in der der J_2-Geh. colorimetr. gemessen u. graph. registriert wird. Zur Entfernung des J_2 wird die Lsg. über ein Aktivkohlefilter geleitet u. steht dann zur weiteren Rk. zur Verfügung. Die Eichung erfolgt in Val $O_3/10^8$ Volumeneinheiten. — Anwendungsbeispiele. (Analytic. Chem. **25.** 1480—83. Okt. 1953. Pasadena, Calif., Stanford Res. Inst., Air Res. Labor.)
MOSLÉ. 5088

a) Elemente und anorganische Verbindungen.

Wilhelm Prodinger und **Oskar Svoboda,** *Nachweis und Bestimmung von Hydroxylamin mit 8-Oxychinolin.* NH_2OH lagert sich in sodaalkal. Lsg. an *Oxin* (**I**) an, u. aus dem zuerst entstehenden Anlagerungsprod. bildet sich in Ggw. von überschüssigem **I** u. Luftsauerstoff ein grünes Reaktionsprod.: *Chinolinchinon-(5.8)-[8-oxychinolyl-5-imid]-(5).* Diese Grünfärbung eignet sich als hochempfindlicher Nachw. von NH_2OH (vgl. BERG u. BECKER, C. **1940.** I. 2510), u. Vff. haben diese Nachweis-Rk. zu einer photocolorimetr. Best. ausgearbeitet, mit deren Hilfe 0,2—100 μg NH_2OH bestimmt werden können. Die Rk. beginnt bei p_H 10,00 u. erreicht bei p_H 11,50 ein Maximum. NH_4-Salze stören erst bei sehr großem Überschuß. Mit der beschriebenen Meth. wird das bei der Verseifung von Cyclohexanonoxim entstehende NH_2OH bestimmt. (Mikrochim. Acta [Wien] **1953.** 426—33. Wien, II. Chem. Univ.-Labor., u. Chem. Labor. der Geol. Bundesanst.)
FRETZDORFF. G 243

H. Spitzy, H. Skrube und **F. S. Sadek,** *Über die Anreicherung kleinster Mengen elementaren Jods und seine mikroanalytische Trennung von ionisiertem Jod.* Für die Unters. von Jodquellwässern u. die Bearbeitung verschied. balneolog. Fragen wird eine Meth. zur Best. von elementarem J_2 neben J^- beschrieben, die auf einer 4stufigen Extraktionsanreicherung des J_2 mit CCl_4 beruht. Das in den Extrakten enthaltene J_2 wird mit KOH in J^- übergeführt, die Lsg. eingeengt u. der J-Geh. maßanalyt. nach WINKLER bestimmt. (Mikrochim. Acta [Wien] **1953.** 375—85. Bad Hall, Oberösterreich, Paracelsus-Inst., Chem. Abt.)
FRETZDORFF. G 249

P. de Vadder, *Bestimmung von an Sauerstoff gebundenem Antimon in Mineralien.* Bei der Flotationsaufbereitung von Sb-Mineralien läßt sich das an S gebundene Sb leicht wieder gewinnen, das an O gebundene Sb dagegen nicht. Eine Bestimmungsmeth. des letzteren ist daher wichtig. Vf. behandelt zu diesem Zweck das feingepulverte Mineral mit einem Gemisch von Weinsäure u. saurem weinsaurem K, wobei — im Gegensatz zu den bisher angewandten Lösungsmitteln — das an O gebundene Sb vollständig in Lsg. geht. Im Filtrat wird das Sb mit H_2S gefällt, die Fällung wieder in Lsg. gebracht u. das Sb bei Ggw. von As mit J-Lsg., bei Abwesenheit von As mit $KBrO_3$- oder $KMnO_4$-Lsg. titriert. — Arbeitsvorschrift. (Chim. analytique [4] **35.** 248—50. Okt. 1953. Labor. d'Analyses de la Soc. Minerais et Métaux.)
FEIT. G 266

Alan E. Steel, *Trennung und Nachweis von Alkalimetallen auf Papierchromatogrammen. K, Rb, Cs* u. das *NH_4-Ion* lassen sich auf Papierchromatogrammen bis herab zu Mengen von 5 γ nachweisen durch Behandeln mit einer 10%ig. Lsg. von $Na_3[Co(NO_2)_6]$ in 5%ig. Essigsäure. Wäscht man das intensiv gefärbte Reagens mit fließendem, kaltem W. aus dem Papier heraus (2—3 Min.), so hinterbleiben scharf begrenzte gelbe Flecken der betreffenden schwerlösl. Alkalinitritokobaltate. Andere als die genannten Ionen reagieren nicht. Nach Trocknen des gut ausgewaschenen Papiers in der Hitze, Besprühen mit einer 0,1%ig. alkoh. Lsg. von α-Nitroso-β-naphthol u. Alkalischmachen mit NaOH erhält man braune Flecken auf blaßgrünem Untergrund. Dadurch wird, bes. im Falle des NH_4-Ions, eine weitere Steigerung der Empfindlichkeit erreicht. Zur papierchromatograph. Trennung der **4** Ionen voneinander eignet sich eine gesätt. Lsg. von Phenol in 20%ig. HCl. Die R_F-Werte betragen: NH_4 0,11; K 0,19; Rb 0,27 u. Cs 0,43. (Nature [London] **173.** 315—16. 13/2. 1954. Harrogate, Yorks., Roy. Bath Hosp., Biochem. Dep.)
UMLAND. G 272

Françoise Boulanger, *Bestimmung der Bildung von Komplexen von Trilonen mit Seltenen Erden.* Trilon A u. Trilon B geben mit den Seltenen Erden in neutraler oder alkal. Lsg. stabile Komplexe. Erst beim Ansäuern werden die Komplexe zerstört u. man erhält nach Zusatz von $(NH_4)_2$-Oxalat die entsprechende Oxalat-Rk. der Seltenen Erde. — Auf Grund dieser Tatsachen u. durch Analyse kann Vf. beim Pr folgende Komplexionen nachweisen: $[Pr(Trilon\ A)_2]^{\equiv}$ u. $[Pr(Trilon\ B)]^-$. Die Trilonkomplexe können zur Trennung der Seltenen Erden benutzt werden, da beim sukzessiven Ansäuern je nach dem p_H-Wert verschied. Seltene Erden durch Oxalat gefällt werden (vgl. BECK, C. **1949.** II. 902). (Chim. analytique [4] **35.** 253–54. Okt. 1953. Labor. d'Enseignement de Chim.) FEIT. G 303

Mulk Raj Verma und **Sukh Deo Paul,** *Volumetrische Methode für die Bestimmung von Zirkonium.* Mandelsäure kann quantitativ durch Ce(IV) oxydiert werden. Vff. fällten deshalb Zr mit *p-Chlormandelsäure* nach der Meth. von KLINGENBERG u. PAPUCCI (C. **1953.** 5229) als $Zr(Cl \cdot C_6H_4CH[OH] \cdot COO)_4$, lösten den Nd. nach dem Filtrieren u. Auswaschen in heißem NH_3, säuerten an u. kochten 15 Min. mit einem bekannten Überschuß an $Ce(SO_4)_2$ [8 $Ce(SO_4)_2$ entsprechen 1 Zr]. Der Überschuß wurde mit $FeSO_4$ u. Ferroin als Indicator zurücktitriert. Die Resultate stimmen mit den gravimetr. ermittelten überein u. lassen die Best. noch kleinerer Zr-Mengen erwarten. (Nature [London] **173.** 1237. 26/6. 1954. New Delhi, India, Hillside Road, Nat. Phys. Labor. of India.) PLUSKAL. G 322

Jean Besson (unter techn. Mitarbeit von **R. Budenz**), *Die Bestimmung des Zinns durch Destillation des Jodids, angewendet für den Fall von Bronzen mit Phosphor und Antimon.* Vf. weist nach, daß zur Analyse P-haltiger Bronzen die von CALEY u. BURFORD (Ind. Engng. Chem., analyt. Edit. **8.** [1936.] 114) vorgeschlagene indirekte Sn-Best., die auf der Verflüchtigung seines Jodids beruht, nicht anwendbar ist. — Enthält die Bronze Sb, so wird dieses bei der $HClO_4$-Behandlung gemeinsam mit dem Sn als Antimonsäure gefällt. Nach der Filtration wird der Nd. bei 850° geglüht; es liegt dann ein Gemisch von SnO_2 u. Sb_2O_4 nebst Verunreinigungen durch andere Metalloxyde u. SiO_2 vor. Durch Behandlung mit NH_4J bei 500° werden Sn u. Sb verflüchtigt u. somit $SnO_2 + Sb_2O_4$ durch Gewichtsdifferenz bestimmt. Sb wird gesondert nach der klass. Meth. bestimmt, als Sb_2O_4 berechnet u. von der Summe $SnO_2 + Sb_2O_4$ abgezogen. Man erhält so den Sn-Gehalt. — Beleganalysen. (Chim. analytique [4] **35.** 241–43. Okt. 1953. Saarbrücken, Univ., Inst. de Rech. Métallurg.) FEIT. G 327

Fritz Will III und **John H. Yoe,** *Colorimetrische Bestimmung von Molybdän mit Mercaptoessigsäure.* Vff. beschreiben eine einfache u. genaue Meth. zur Best. von Mo in Stahl, Molybdaten u. anderen Substanzen, bes. solchen, die große Mengen Fe enthalten. *Mercaptoessigsäure* (**I**) bildet in saurer Lsg. mit Mo einen gelben, mit Fe dagegen einen farblosen Komplex. In alkal. Lsg. ist die Mo-**I**-Verb. dagegen farblos, u. es kann hier Fe bestimmt werden. Mit diesem Verf. kann sowohl Mo, allein oder in Ggw. von Fe, als auch Mo u. Fe gemeinsam bestimmt werden. Der Mo-**I**-Komplex erfüllt bei 365 $m\mu$ innerhalb eines Konzentrationsbereichs von 4–15 p.p.m. das BEERsche Gesetz. Eine Reihe von Einflüssen auf den Komplex, wie p_H-Wert, **I**-Konz., zeitliche Stabilität, Temp. u. Rk. mit anderen Ionen wird untersucht. (Analytic. Chem. **25.** 1363–66. Sept. 1953. Charlottesville, Va., Univ. of Virginia, Pratt Trace Anal. Labor., Dep. of Chem.) SCHÖTTLER. G 336

H. Seiler, Margrit Schuster und **H. Erlenmeyer,** *Über die papierchromatographische Bestimmung von Uran.* (Vgl. C. **1953.** 3128.) Durch Zusatz von 2n Na_2CO_3-Lsg. zu einer U-haltigen Metallsalzlsg. erreicht man, daß im wesentlichen nur das U wandert, während alle anderen Ionen weitestgehend am Startfleck zurückbleiben. Entw. mit einer Mischung aus 81 ml Methyläthylketon u. 0,5 ml Acetonylaceton, die bis zur Mischungsgrenze mit 2n Essigsäure versetzt wurde, durch aufsteigende Chromatographie. Nach Besprühen mit 5%ig. $K_4[Fe(CN)_6]$-Lsg. werden die scharf umrandeten U-Flecken planimetr. ausgewertet. Fehler der quantitativen Beleganalysen maximal 4%. — Ein qualitativer Nachw. des U läßt sich mit der gleichen Meth. in 30–40 Min. erbringen, wenn auf einem 15 cm-Rundfilter die Startflecken auf einen Kreis von 4 cm Durchmesser aufgebracht u. vom Zentrum des Filters her entwickelt werden, bis das Lösungsm. den Außenrand des Filters erreicht hat. (Helv. chim. Acta **37.** 1252–53. 15/6. 1954. Basel, Univ., Anst. für anorgan. Chem.) UMLAND. G 339

Harold W. Miller und **Richard J. Brouns,** *Quantitative elektrolytische Fällung von Plutonium.* Zur Vermeidung der Absorption von α-Teilchen durch dicke Schichten wird ein Verf., das Pu als PuO_2 in Mengen bis 9 mg auf Pt-Blech elektrolyt. niederzuschlagen gestattet, entwickelt. In einer näher beschriebenen Elektrolysenvorr. mit dem Pt-Blech auf der Cu-Kathode wird die salzsaure Probe mit 0,4 μg bis 1 mg Pu nach der Oxydation durch O_3 zum Plutonylion in 10 ml KOH eingetragen, deren Konz. auf ca. 1,6–1,8 n eingestellt wird. Nach 2std. Elektrolyse unter Rühren bei 40 mA/cm² wird der Nd. von $Pu(OH)_4 \cdot n\text{-}H_2O$ auf dem Pt-Blech durch Erhitzen in PuO_2 übergeführt u. so gemessen. Die tabellar. mitgeteilten Ergebnisse zeigen bei KOH-Konzz. $>$1 n eine quantitative Abscheidung bis zu 1 mg/cm² in einer gleichförmigen, fest haftenden Schicht, deren Selbstabsorption von α-Teilchen äußerst klein ist. (Analytic. Chem. **24.** 536–38. März 1952. Richland, Wash., General Electric Co.) WEITBRECHT. G 343

§ **A. Boucherle,** *Colorimetrische Eisenbestimmung durch α-Isonitrosoacetessigsäureäthylester. α-Isonitrosoacetessigester* (I) gibt mit *Fe(II)*-Salzen eine empfindliche Blaufärbung, deren Nachweisgrenze 1 : 500000 beträgt; da der entstehende Fe-Komplex mit Chlf. extrahiert werden kann, ist eine weitere Steigerung der Empfindlichkeit um das 10fache möglich. Mit Ausnahme von *Co* u. *Pd*, die mit I rosa gefärbte Komplexe bilden, wird die Rk. von anderen Kationen nicht gestört, so daß eine direkte colorimetr. Fe^{2+}-Best. in Ggw. von Zn^{2+}, Mg^{2+} u. Al^{3+} möglich ist. Fe^{3+} kann nach Red. mit $N_2H_4 \cdot H_2O$ als Fe^{2+} bestimmt werden. Ausführung: 2 ml Fe^{2+}-Lsg. (mit 10—200 γ) werden mit 1 ml 2%ig. I-Lsg., 6 ml W. u. 1 ml Boratpufferlsg. (p_H 7,8) versetzt; nach 5 Min. wird die Extinktion bei 640 mμ gemessen. Ist die Ausgangslsg. bereits gefärbt, so extrahiert man den Fe(II)-Komplex mit 3 u. 2 ml Chlf. u. mißt die filtrierte Lösung. — Die erhaltenen Eichkurven sind geradlinig. — Fe(III)-Salzlsgg. werden durch 5 Min. Erhitzen auf dem Wasserbad mit 1 ml 1%ig. wss. $N_2H_4 \cdot H_2O$-Lsg. reduziert. Gemische von Fe(II)- u. Fe(III)-Salz werden analysiert, indem das Fe^{2+}-Ion vor u. nach der Red. bestimmt wird. (Ann. pharmac. franç. **11.** 540—46. Juli/Aug. 1953. Lyon, Fac. de Méd. et de Pharm., Labor. de Chim. organ. et Toxicol.)
K. F. MÜLLER. G 354

Arved Nielsen, *Bestimmung von Si, Mn, P, Cr, Ni, Mo, Cu in Stahl und Eisen, vorzugsweise durch Spektrophotometrie.* Mit einem COLEMAN-Spektrophotometer Modell Junior 6 A werden die für die Fe- u. Stahl (I)-Analyse geeignetsten Spektralmethoden ausgearbeitet. Es wird die Herst. der Stammlsg. u. die Behandlung der Proben für die Best. von Si, Mn (0,2—2%, 2—20%), P (0,02—0,22 u. > 0,22% in unlegiertem u. in legiertem Fe u. I), Cr (7—35, 1,4—7, 0,3—1,4%), Ni (5—20, 1—5%), Mo (0,5—5%), Cu (1—10% in unlegiertem, niedrig- u. hochlegiertem I u. Fe u. eine Präzisionsbest. > 1%) beschrieben. Die App. u. ihre Bedienung, ihre Empfindlichkeit u. die Linearität der Meßergebnisse u. die bei der Best. der einzelnen Elemente zu beachtenden Maßnahmen werden eingehend besprochen. — 20 Literaturhinweise. (Kem. Maanedsbl. nord. Handelsbl. kem. Ind. **34.** 25—32. 35—40. 1953.) R. K. MÜLLER. G 354

A. M. Dymow und **Ss. Ss. Gorelik,** *Methodik der chemischen Abscheidung von Eisenniobid aus Austenitstahl.* Cr–Ni–Mo-Austenitstähle, die Nb in einer den C-Geh. um das 15—20fache übersteigenden Menge enthielten, lieferten bei anod. Zers. in 7%ig. HCl *Niobcarbid* (I), *Austenit* u. Spuren von *Eisenniobid* (II). Die Herauslösung von I zwecks Abtrennung von II erfolgte mit 10%ig. $CuCl_2$-Lsg., wovon bei einer Einwaage von 4—5 g zerriebenen Stahlspänen ca. 15 ml auf 1 g Späne verwandt wurden. Man läßt das Gemisch 1,5—2 Tage unter Luftzufuhr stehen. Das sich beim Schütteln rasch absetzende II wird vom ungelösten Anteil nach Aufwirbeln durch Dekantieren getrennt, das mitabgeschiedene Cu_2Cl_2 mit NH_3 gelöst u. darauf werden die hierbei ausgefällten Hydrate des Fe u. anderer Metalle mit Citronensäure oder 3—5%ig. HCl gelöst. Der Rückstand ist nach Waschen mit W. u. A. analysenfertig. In ihm kann ein Teil des Nb durch Mo, Ni, Cr oder Si ersetzt sein. Die Meth. läßt sich nur zum Nachw. von II verwenden. (Заводская Лаборатория [Betriebs-Lab.] **16.** 648—50. Juni 1950. Moskau, Stalin-Stahl-Inst.) E. FÖRSTER. G 354

A. Weiss und **S. Fallab,** *Über papierchromatographische Metallionentrennungen. Semiquantitative Bestimmung von Kupfer, Silber und Quecksilber.* Als Sprühreagens zum papierchromatograph. Nachw. von Metallionen ist eine 0,2%ig. Lsg. von *Quercetin* in A. sehr geeignet. Es gibt mit den Metallionen gelbe, grüne oder braune Salze, die im UV-Licht starke, sehr unterschiedliche Fluorescenzfarben zeigen. Besprühen mit konz. NH_3-Lsg. führt häufig zur Farbvertiefung bzw. Farbänderung. Folgende Ionen wurden auf ihr Verh. untersucht (die Zahl gibt die Erfassungsgrenze in γ an): K^+ 6, Na^+ 12,5, Mg^{2+} 6, Ca^{2+} 25, Sr^{2+} 100, Ba^{2+} 100, Al^{3+} 2,5, Ag^+ 6, Hg^{2+} 6, Pb^{2+} 6, Sn^{2+} 2,5, Sn^{4+} 6, Cd^{2+} 12,5, Zn^{2+} 12,5, Fe^{3+} 32, Mn^{2+} 6, Cr^{3+} 6, Ni^{2+} 6, Co^{2+} 6, Cu^{2+} 9, UO_2^{2+} 6, As^{3+} negativ, Sb^{3+} 6, Bi^{3+} 6. Mit geeigneten Entwicklungsmitteln lassen sich interessante Trennungen durchführen, z. B.: A.–4 n HCl (40 : 60) Al^{3+}/Sn^{2+}; mit A.–4 n HCl (50 : 50) Bi^{3+}/Sb^{3+}; mit A.–1 n HNO_3 (50 : 50 mit Bzl. gesätt.) $Ag^+/Hg^{2+}/Cu^{2+}$. Die letztere wurde zu einer semiquantitativen Best. ausgearbeitet (vgl. auch C. **1953.** 3128). Durch aufsteigende Chromatographie auf WHATMAN-Paper Nr. 1 lassen sich damit 10—250 γ Ag u. Hg u. 5—100 γ Cu nebeneinander mit einer Genauigkeit von ±20—30% bestimmen. (Helv. chim. Acta **37.** 1253—56. 15/6. 1954. Basel, Univ., Anst. für anorgan. Chem.) UMLAND. G 359

b) Organische Verbindungen.

Joseph Sivadjian, *Die chromatographische Trennung von Wasser–Alkohol-Gemischen auf Papier.* Vf. beschreibt das Verh. von auf Filterpapier aufgebrachten Tropfen aus W.–Alkohol-Gemischen. Nach dem Auftragen des Tropfens wird das Papier zur Verhütung der Verdampfung von 2 Glasplatten eingeschlossen. Ist das Gemisch absol. A., so passiert die geringe Feuchtigkeitsmenge die Papierschicht, erreicht die Gelatine der anliegenden hygrophotograph. Platte u. bildet dort einen ringförmigen Fleck, dessen Rand dunkler ist als seine mittlere Flächenpartie Weniger gut ausgeprägt ist diese Differenzierung bei n- u. Isopropylalkohol, ganz anders ist das Verh. von W.-tert. Butylalkohol-Gemischen. Der Wassergeh. macht sich hier durch die Größe der Flecken bemerkbar. Nähere Angaben fehlen. (C. R. hebd. Séances Acad. Sci. **238.** 678—80. 8/2. 1954.)

ENDRASS. G 550

Lawrence R. Jones und **John R. Riddick,** *Colorimetrische Bestimmung von Propionaldehyd. Propionaldehyd* (**I**) bildet mit Ninhydrin in konz. H_2SO_4 einen tief blauroten Farbkomplex, der zur spektrophotometr. Best. von **I** (λ = 595 mμ) geeignet ist. Die Empfindlichkeit beträgt 1—3 γ, die Genauigkeit $\pm$5%. Vff. untersuchten die Einflüsse von Temp. u. Zeit auf die Rk., von Konz. der Reagentien u. der Säure, sowie die Stabilität des Farbkomplexes u. der Reagentien. Die Rk. wurde bei Ggw. von wss. Lsgg. von *Formaldehyd* (**II**), *Paraformaldehyd, Acetaldehyd, Paraldehyd, n-* (**III**) u. *Isobutyraldehyd, Crotonaldehyd, Furfurol, Benzaldehyd, Vanillin, Salicylaldehyd, Acrolein, Aceton* (**IV**), *Butanon-(2), Glycin, dl-Valin, dl-Lysin, l-Prolin, l-Oxyprolin, l-Tyrosin* u. *l-Arginin* untersucht. **II** stört die Rk., Vff. geben eine Meth. zur Ausschaltung dieses Effekts an. **III** bildet einen sehr schwachen roten Farbkomplex, der bei λ = 470 mμ absorbiert u. nur in größeren Konzz. stört. **IV** stört nur in sehr hohen Konzz. durch die gleiche Farbstoffbldg. wie **I**. Alle anderen Verbb. zeigen keinen Einfl. auf die Reaktion. (Analytic. Chem. **26.** 1035—38. 21/6. 1954. Terre Haute, Ind., Comm. Solvents Corp.)

PAULIG. G 670

W. I. Tichonowa, *Qualitative und quantitative Bestimmung von Aceton und Acetophenon in Gegenwart von Methyläthylketon.* Zur Best. von *Aceton* (**I**) u. *Acetophenon* (**II**) in Ggw. von *Methyläthylketon* (**III**) benutzt Vf. die Kondensations-Rk. der Ketone mit *Furfurol* (**IV**) im alkal. Medium. Die ungesätt. Kondensationsprodd. von **I** u. **II** mit **IV** geben mit Säuren Farb-Rkk., während das prim. Kondensationsprod. von **III** mit **IV** keine Farb-Rk. gibt. Somit liegt die Möglichkeit vor, die genannten Ketone in Ggw. von **III** colorimetr. zu bestimmen. Die Best. ist naturgemäß mit der Aktivität der Ketone, ihrer Konz. u. ebenso mit der Eigenart der Kondensations-Rk. der Ketone mit **IV** in dieser Rk. verbunden. Bei der Umsetzung von **I** mit **IV** im alkal. Medium können 3 Kondensationsprodd. entstehen, von denen nur das gesätt. Diketon (**A**) keine Farb-Rk. im sauren Medium gibt Bei 50fachem **I**-Überschuß erhält man geringe Mengen ungesätt. Kondensationsprodukte. Bei weiterer Erhöhung der **I**-Konz. erhält man nur das gesätt. Diketon. Bei Erniedrigung des mol. **I**-Überschusses oder mit viel **IV** bilden sich ungesätt. Ketone, die in Säuren intensiv gefärbt sind. Vf. stellt fest, daß bei einem **I**-Überschuß sich zunächst durch Rk. von 1 Mol **I** mit 1 Mol Aldehyd geringe Mengen Furfurylidenaceton (**B**) bilden, dessen Mol. bei weiterem Reaktionsverlauf mit einem zweiten Mol. **I** reagiert u. das gesätt. Diketon bildet. Weiter wurde festgestellt, daß auch das bei einem **IV**-Überschuß entstehende Difurfurylidenaceton schließlich in das gesätt. Diketon übergeht. Als Endprod. der Rk. zwischen **II** u. **IV** entsteht unter den angeführten Bedingungen nur das eine ungesätt. prim. Kondensationsprod.: *Furfurylidenacetophenon* (**C**). Ebenso verläuft die Rk. mit **III**. Man erhält hierbei Fur-

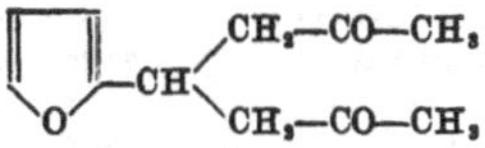

A

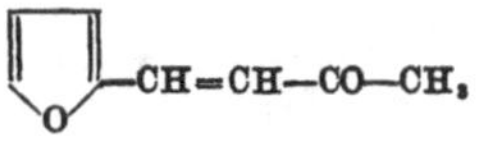

B

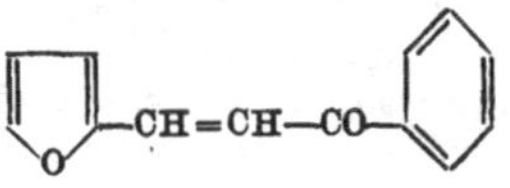

C

furylidenmethyläthylketon (**D**). Vf. stellt experimentell fest, unter welchen mol. Verhältnissen zwischen den angeführten Ketonen u. **IV** im Reaktionsgemisch ein positiver Farbeffekt von **I** u. **II** möglich ist. Zur quantitativen Best. stellt man 2 Reaktionsmischungen her: 1. (Kontrolle) **IV**-Lsg. + **I**-Lsg. (Standard) + Lsg. der zu untersuchenden Ketone u. 60%ig. KOH, 2. dieselben Lsgg. außer **I**-Lsg., statt dessen ein gleiches Vol. H_2O. Nach 20 Min. entnimmt man aus jeder Probe 1 cm³ Lsg. u. löst sie in 60%ig. H_2SO_4. Die Intensitäten der entstehenden Färbungen werden im Colorimeter von DUBOSQ verglichen. (Журнал Прикладной Химии [J. angew. Chem.] **26.** 662—66. Juni 1953. Saratow, Med. Inst., Lehrstuhl für allg. Chem.)

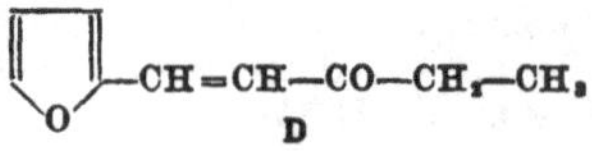

D

STEINBERG. G 700

S. Dagley und **A. Rodgers,** *Bestimmung von Glykolsäure.* Glykolsäure wird in Ggw von Chromotropsäure mit H_2SO_4 zers. u. als CH_2O photometr. bei 570 mμ bestimmt. Bei Unters. biol. Fll. muß zuvor eine Enteiweißung (Trichloressigsäure, Metaphosphat.

vorgenommen werden. (Biochim. biophysica Acta [Amsterdam] **12.** 591. Dez. 1953. Leeds, Univ., Dep. of Biochem.) Fresenius. G 850

Hanan Meyer und **Emanuel Riklis,** *Einfluß von Kationen auf die Ninhydrinreaktion bei der Bestimmung von Aminosäuren.* Zusatz von 0,1 ml einer mol./100-Lsg. von Al^{3+}, Hg^{2+}, Fe^{2+}, Fe^{3+}, Mn^{2+}, Sn^{2+}, Ag^{+} u. Cu^{2+} zu einem Gemisch aus 0,1 ml W., das 10 γ Alanin enthält, u. 3 ml einer 0,1%ig. Lsg. von *Ninhydrin* (**I**) in n-Butanol verhindert die Farb-Rk., die bei 10 Min. Erhitzen des Gemisches ohne Kationenzusatz auftritt. In Ggw. von Ca^{2+}, Ba^{2+} u. Cd^{2+} bilden sich rote Färbungen mit Absorptionsmaxima bei 510 u. 410 mμ (Ca^{2+} u. Ba^{2+}) u. 530 u. 410 mμ (Cd^{2+}), die schon bei Zusatz von 1 γ Kation erkennbar sind. Das Absorptionsmaximum (570 mμ) der n. **I**-Rk. nimmt bei Kationenzusatz fortlaufend ab u. verschwindet bei Zusatz von 20 γ Kation. Der Kationeneffekt kann durch Zusatz von „*Versene*" (**II**, Äthylendiamintetraessigsäure, Di-Na-Salz) eliminiert werden; es entstehen in Ggw. von **II** scharfe Absorptionsmaxima bei 570 u. 410 mμ. A u s f ü h r u n g : 0,1 ml einer wss. Lsg., die 5—50 γ der zu bestimmenden Aminosäure enthält, 0,3 ml einer 0,3%ig. Lsg. von **II** in mol./15-Citratpuffer (p_H 5) u. 3 mg **I**, das in 3 ml reinem n-Butanol gelöst ist, werden 15 Min. in Pyrexröhrchen (20×250 mm) am Rückfluß erhitzt. Nach dem Abkühlen wird mit 50 vol.-%ig. A. zu 10 ml verd., u. die mindestens 10 Std. beständige Färbung wird bei 570 mμ spektrophotometr. gemessen. — Die Meth. ist auch zur Auswertung von Papierchromatogrammen von Aminosäuren, die jedoch nicht durch die **I**-Rk. lokalisiert werden dürfen, geeignet; die ausgeschnittenen Papierstückchen werden wie oben behandelt. — Die Meth. ermöglicht die Best. von *Glycin, Valin, Leucin, Isoleucin, Threonin, Serin, Lysin, Arginin, Histidin, Glutaminsäure, Asparaginsäure, Tyrosin* u. *Methionin* innerhalb eines Bereiches von 0,3—4 γ Amino-N mit einer Genauigkeit von ±3%. (Nature [London] **172.** 543. 19/9. 1953. Jerusalem, Hebrew Univ., Dep. of Biol. and Coll. Chem.) K. F. Müller. G 950

Carl Stainier und **Jean Bosly,** *Eine neue Methode zur Bestimmung des Resorcins. Resorcin* (**I**) gibt mit Jodsäure eine Gelborangefärbung, die nach Zusatz von Na-Acetat in eine violette Färbung übergeht. Beide Färbungen, von denen jedoch die Violettfärbung die stabilere ist, können zur colorimetr. Best. von **I** herangezogen werden. *Phenol* (**II**)-Mengen von 2—8 mg geben mit Jodsäure ebenfalls gelbe Lsgg.; **II**-Mengen von 0,5 mg u. weniger stören jedoch die **I**-Best. nicht. — A u s f ü h r u n g : a) 0,5 bis 2 mg **I** werden in 5 ml W. gelöst u. mit 5 ml HJO_3-Lsg. (15 g HJO_3 in 100 ml dest. W.) versetzt. Nach 30 Min. Stehen bestimmt man die Extinktion der Lsg. unter Verwendung des Filters S 47 u. der Schichtdicke 1 cm. b) Man arbeitet wie oben, gibt jedoch nach 30 Min. Stehen 5 ml 20%ig. wss. Na-Acetatlsg. hinzu u. verwendet bei der Messung das Filter S 50. In beiden Fällen erhält man geradlinige Eichkurven. (J. Pharmac. Belgique [N. S.] **8** (**35**). 443—48. Sept./Okt. 1953. Liège, Univ., Inst. de Pharm.) K. F. Müller. G 1060

Kermit B. Whetsel, *Spektralphotometrische Bestimmung von Anthrachinon und Benzanthron.* Die Absorptionscharakteristika der Lsgg. von *Anthrachinon* (**I**) u. *Benzanthron* (**II**) in konz. H_2SO_4 im UV- u. sichtbaren Bereich werden untersucht. Die Spektren unterscheiden sich in mancher Hinsicht, so daß Mischungen von **I** u. **II** durch Verwendung der Wellenlängen 266 u. 515 mμ analysiert werden können. Bei 266 mμ absorbiert **I** ca. 6 mal so stark wie **II**, während bei 515 mμ nur **II** Absorption zeigt. Bei 515 mμ kann daher **II** ohne Störung durch **I** bestimmt werden. Das Spektr. von **I** unterliegt einer starken zeitlichen Veränderung, wobei nach mehreren Tagen eine neue Bande bei 500 mμ auftritt. Proben von **II**, die **I** enthalten, sollen bald nach dem Ansetzen der Reaktionslsg. gemessen werden, falls nur die Best. von **II** erwünscht ist. Da **I**-**II**-Mischungen gelegentlich kleine Mengen Anthron enthalten, wird auch dieses Spektr. untersucht. Bei 515 mμ findet keine Absorption statt, u. bei 266 mμ beträgt sie nur 0,1 derjenigen von **I**, so daß keine Störungen zu erwarten sind. (Analytic. Chem. **25.** 1334—37. Sept. 1953. Kingsport, Tenn., Tennessee Eastman Co., Div. of Eastman Kodak Co.) Schöttler. G 2800

Karl Dimroth und **Hans-Georg Meyer-Brunot,** *Die Titration einiger Purinbasen in Eisessig mit Überchlorsäure. Adenin* (**I**), *Guanin* (**II**), *Hypoxanthin, Adenosin, Guanosin·2 H_2O, Adeninhydrochlorid·½ H_2O* u. *Guaninhydrochlorid* werden in wasserfreiem *Eisessig* (**III**) mit $HClO_4$-**III** direkt oder mit Rücktitration durch **III**-Na-Acetat bei elektrometr. Anzeige oder mit Kristallviolett als Indicator titriert. Die Salze der Nucleotide lassen sich nach derselben Meth. bestimmen, nicht dagegen Xanthin. Auch ein Gemisch von **I** u. **II** ist mit Indicatoranzeige bestimmbar. (Biochem. Z. **323.** 338—42. 1952. Marburg/Lahn, Univ., Physiol.-chem. Inst.) Fresenius. G 3272

Karl Dimroth und **Hans-Georg Meyer-Brunot,** *Die Charakterisierung einiger Purin- und Pyrimidinderivate durch die Bestimmung der Schmelzpunkte ihrer Eutektika mit*

Dicyandiamid. Viele natürliche Purin- u. Pyrimidinderivv. lassen sich durch den F. ihres eutekt. Gemisches mit *Dicyandiamid* (I) charakterisieren u. identifizieren. Die erhaltenen FF. für die Eutektika sind: *Adenin* 205—206°; *Adeninhydrochlorid* 169 bis 171°; *Adenosin* 178—181°; *Adenosintriphosphorsäure* 195—198° (*Mono-Ba-Salz* 197 bis 199°, *Di-Ba-Salz* 209—210°, *Tetra-Na-Salz* 195—198°); *Adenylsäure* 173—175°; *Coffein* 179°; *Cytosin* 192°; *Guanidinhydrochlorid* 189—190°; *Guaninpikrat* 203—205°; *Guaninsulfat* 195—197°; *Guanosin* 186°; *Guanylsäure* 184—186°; *Hypoxanthin* 205 bis 206°; *4-Methyluracil* 199°; Theobromin 206°; Theophyllin 193° u. *Uracil* 197—198°. *Guanin*, *Xanthin* u. *Harnsäure* bilden mit I kein eutekt. Gemisch. (Biochem. Z. **323**. 343—44. 1952.) Fresenius. G 3272

J. Casimir und **R. Huygens**, *Reagentien zur Identifizierung von Zuckern auf Papier*. Zur Identifizierung der Zucker auf Papierchromatogrammen benutzen Vff. *Glykocholsäure* (I), *Taurocholsäure* (II), das Zn-Salz von I u. das Na-Salz von **II**. In Anwendung kamen 0,5%ig. Lsgg. mit 10% H_3PO_4. Ansäuern mit Trichloressigsäure vermindert die Intensität der Flecken. Die Chromatogramme wurden nach dem Trocknen auf 110—120° erwärmt. Nach 2 Min. erschienen *Sorbose*, *Fructose*, *Turanose*, *Raffinose*, *Saccharose* u. *Melezitose* als deutliche rote Flecken, die allmählich ins Braune nachdunkeln. Die Rk. ist sehr empfindlich. Nach 5 Min. erschienen *Arabinose*, *Xylose*, *Mannose* u. *Rhamnose*. Für die übrigen Zucker ist die Rk. schwach. Es werden für 3 Entwicklersysteme die R_F-Werte von 16 Sacchariden angegeben. Betont wird die Brauchbarkeit für nicht reduzierende Zucker. (Bull. Inst. agronom. Stat. Rech. Gembloux **20**. 384—86. 1952. Gembloux, Belgique, Chaire de chim. générale et Centre nation. de chim. organ.) Endrass. G 3400

d) Medizinische und toxikologische Analyse.

K. Wallenfels, **E. Bernt** und **G. Limberg**, *Quantitative Bestimmung reduzierender Zucker durch Papierchromatographie sowie eine Anwendung zur Mikrobestimmung der Blutzucker*. Zur quantitativen papierchromatograph. Best. reduzierender Zucker wurde absteigend mit n-Butanol/Pyridin/W. (6 : 4 : 3) chromatographiert. Die aufgetragenen Mengen wurden für Monosaccharide auf 10—25 γ, für Disaccharide auf 10—50 γ u. für Trisaccharide auf 10—100 γ bemessen. Die Auswertung der Chromatogramme mit der $AgNO_3$-Rk. kann nur quantitativ sein, wenn die Rk. vollständig verläuft. Dies wurde durch beiderseitiges Besprühen des Chromatogramms mit einer Lsg. 0,2 n an $AgNO_3$ + 5 n an NH_3 (1 : 1), 6 minütiges Trocknen im Luftstrom bei 80° u. anschließendes Erhitzen für 10—20 Sek. im strömenden Wasserdampf bei 100° erreicht. Die hellbraune Färbung des Papiers zwischen den Flecken konnte durch Einlegen in 10%ig. Thiosulfatlsg. u. 3—4 std. Wässern im fließenden Bad fast vollständig wieder beseitigt werden. So behandelte Chromatogramme sind unbegrenzt haltbar u. können nach dem Einlegen in die Transparenzlsg. nach Grassmann u. Hannig (C. **1952**. 739) direkt photometriert werden. Für einen bestimmten Konzentrationsbereich verlaufen die Schwärzungskurven geradlinig: für *Glucose* (I) zwischen 6,25 u. 50 γ. Einen größeren Bereich erhält man, wenn die Zuckerflecke mit *Triphenyltetrazoliumchlorid* (TTC) — 2% TTC in W. + 1 n NaOH (1 : 1) — sichtbar gemacht werden. Nach beiderseitigem Besprühen — alle Operationen im abgedunkelten Raum — werden die Chromatogramme im wasserdampfgesätt. Kasten auf 75° erwärmt u. im Luftstrom nicht über 40° getrocknet. Zur Auswertung werden die den Zuckerflecken entsprechenden *Formazan*-Flecken, sowie zur Ermittlung des Papierblindwertes gleich große Stücke aus dem zuckerfreien Teil des Chromatogramms ausgeschnitten, 2 mal $^1/_2$ Std. mit 5 ml Pyridin/konz. HCl-Gemisch (9 : 1) extrahiert, die Extrakte auf 15 ml aufgefüllt u. mit Licht der Hg-Linie 546 mμ photometriert, der Blindwert abgezogen. Mittlere Schwankung 4%. Die Eichkurven zeigen Geradlinigkeit von 10—100 γ für Monosaccharide, von 10—200 γ für Di- u. Trisaccharide. Mit Hilfe der $AgNO_3$-Meth. wurde der Verlauf der *Lactose*-Spaltung mit *Pilzlactase*, mit der TTC-Meth. der der *Lactose*-Spaltung mit *Kälberdarmlactase* u. der *Maltose*-Spaltung mit *Pferdedarmlactase* zeitlich verfolgt. Wie Vff. weiter zeigen, eignet sich die TTC-Meth. für die Zuckerbest. im Blut. Zur Erzielung gut getrennter Flecken wurde 0,1 ml Blut mit A./Chlf. (4 : 1) enteiweißt u. mit einem Gemisch von Amberlite IR 120 + IR 4 b entsalzt. An einer Blutprobe konnte gezeigt werden, daß der Hagedorn-Jensen-Wert der gleichen Blutprobe 10—12% „Glucose" mehr anzeigte. (Angew. Chem. **65**. 581—86. 7/12. 1953. Tutzing, Obb., C. F. Boehringer u. Söhne G. m. b. H., Biochem. Labor., Mannheim-Waldhof.) Endrass. 5727

Max Herter, *Bemerkungen zur Blutzuckerbestimmung nach Hagedorn-Jensen und Beobachtungen an Insulin*. Bei der Blutzuckerbest. nach Hagedorn-Jensen wird die Filtration nach der Enteiweißung mit $Zn(OH)_2$ nach Zentrifugieren durch Papier

(SCHLEICHER & SCHÜLL 587 E) vorgenommen. Zur Titration wird ein Gemisch der Lsgg. von KJ, $ZnSO_4$, NaCl, Essigsäure u. Stärke 10 Min. nach der Herst. mit n/200 $Na_2S_2O_3$-Lsg. entfärbt u. 5 cm^3 davon zur Untersuchungsprobe gegeben. Die mögliche Ggw. von A. oder Aceton im Blut bedarf keiner Berücksichtigung. Bei Injektion von 30 E. Altinsulin in die Harnröhre wurde eine Senkung des Blutzuckers von 102 auf 82 mg% nach 90 Min. beobachtet. Zur rektalen Applikation von Insulin dienten kalt bereitete Zäpfchen, denen eine Insulin–Sulfosalicylsäureverb. mit ca. 50% Insulin (60 E.) zugesetzt wurde. Die Meth. ergab Senkungen des Blutzuckers auf 70 bis 90 mg%. (Arch. Pharmaz. Ber. dtsch. pharmaz. Ges. **287/59.** 63—65. 1954. Wilster, Holstein.) FRESENIUS. 5727

Ralph E. Peterson, *Verbessertes spektralphotometrisches Verfahren für die Bestimmung von Serumeisen. Verwendung von 4.7-Diphenyl-1.10-phenanthrolin.* Serum- oder Plasma-Fe bildet mit *4.7-Diphenyl-1.10-phenanthrolin* (I) einen Komplex, der 2—3 mal stärker absorbiert als die Fe-Verbb. der bisher verwendeten Farbreagentien. Dadurch wird der Nachw. von Fe bis zu 0,01 p.p.m. mit einer Genauigkeit von ± 5% möglich. — 1—2 ml des Serums oder Plasmas werden mit 20%ig. Trichloressigsäure + 1%ig. Thioglykolsäure versetzt u. die über dem Nd. stehende Lsg. mit Na-Acetat auf p_H 4—5 gebracht. Dann wird die Lsg. mit Isoamylalkohol, dem I zugesetzt ist, geschüttelt u. abgetrennt, wobei 95—100% Fe in die alkoh. Lsg. gehen. Für den bei 535 mμ gemessenen Fe-I-Komplex gilt das BEERsche Gesetz. Durch die Abtrennung des Fe aus der wss. Lsg. können die in biol. Substanzen vorkommenden Ionen Ca^{2+}, Mg^{2+}, K^+, CO_3^{2-}, Cl^-, SO_4^{2-}, PO_4^{3-} nicht stören. Das Verf. eignet sich auch für die Fe-Best. in feucht veraschten Aufschlüssen anderer biol. Substanzen. (Analytic. Chem. **25.** 1337—39. Sept. 1953. Washington, D. C., Dep. of Biochem., Army Med. Serv. School, Walter Reed Army Med. Center.) SCHÖTTLER. 5728

M. W. Selenski, *Methode zur Analyse der Proteine von Frauenmilch aus der Aussalzkurve.* In Analogieverss. mit Menschen- u. Pferdeblutserum wird die dissoziierende, die spezif. Ladung verändernde u. denaturierende Wrkg. des NH_3 beim Aussalzen von *Proteinen* (I) festgestellt. Bei den Verss. mit Milch-I werden 5—10 cm^3 Milch 30 Min. zentrifugiert, nach Entnahme einer Fettprobe das Plasma abgesaugt u. nochmals zentrifugiert, dann mit PASTEUR-Pipette der reinste (untere) Teil abgesaugt, notfalls wiederholt. Die turbidimetr. (durch Extinktionsbest. mit Photometer) erhaltenen Aussalzkurven zeigen deutlich den Unterschied in der I-Zus. der Milch des 2. u. 3. Tages nach der Geburt. In allen Fällen beginnt die I-Ausscheidung etwa bei 40% Salzzugabe. Um Adsorption der I zu vermeiden, erfolgt das Aussalzen in Kunststoffbechern, die halbmechan. gereinigt werden müssen, u. zwar wird die Probe am besten mittels einer Mikrobürette überschichtet, wobei stets gleiche Zeiten einzuhalten sind, um reproduzierbare u. vergleichbare Kurven zu erzielen. (Медичний Журнал [Киев] [Mediz. J. (Kiew)] **23.** Nr. 6. 18—33. 1953. Bogomoletz-Inst. für Physiol. der Akad. der Wiss. der UkrSSR.) R. K. MÜLLER. 5731

I. Abelin und **J. Raaflaub,** *Über die direkte Bestimmung des Kreatins in Organen.* Die Meth. nach HARDEN-BARRIT (Proc. Roy. Soc. [London] Ser. B **77.** [1906.] 424 u. J. Pathol. Bacteriol. **42.** [1936.] 441) mit Diacetyl + α-Naphthol findet Anwendung zur Best. des Kreatingeh. in Organauszügen u. Serum. Beschrieben wird die Arbeitsweise zur Kreatinbest. im Muskel, in Hoden, Herz, Gehirn u. Leber. Die Enteiweißung erfolgt mit Metaphosphorsäure, wobei eine Störung der photometr. zu messenden Farbbldg. nicht eintritt. Zur Blockierung von Sulfhydrylgruppen dient ein Zusatz von Benzylmercuriborat (Merfen). (Biochem. Z. **323.** 382—88. 1952. Bern, Univ., Med.-chem. Inst.) FRESENIUS. 5752

H. Angewandte Chemie.

I. Allgemeine chemische Technologie.

Standard Oil Development Co., übert. von: **Louis A. Mikeska,** Westfield, N. J., V. St. A., *Korrosionsschutzmittel,* bestehend aus einem Petroleum-KW-stoffprod., z. B. einer Mineralölschmierfraktion, der als Inhibitor ein Metallsalz (I—III. Gruppe des Period. Syst., bes. Ba- oder Ca-Salz) eines sauren Prod. zugesetzt ist, das erhalten wird durch Einw. eines Gemisches von etwa gleichen Mengen eines sulfurierten Alkohols (Oleylalkohol) u. eines nichtsulfurierten (n-Decanol) mit >4 Mol des gesamten Alkohols auf ein P-Sulfid, bes. Penta- oder Heptasulfid, bei 50—150°. Zusatz: 25—50%. (**A. P. 2 659 705** vom 1/7. 1950, ausg. 17/11. 1953.) GRÄGER. 5809

Kunststoff-Gesellschaft m. b. H., Hamburg (Erfinder: **Heinz Kemper** und **Ilse Kemper** geb. **Bartmuß,** Kassel), *Herstellung eines Überzugsmittels für Gegenstände aller*

Art, dessen Auftragsschichten durch Hitze polymerisierbar sind, dad. gek., daß in flüchtigen KW-stoffen nacheinander Chlorkautschuk, Siliconharze u. Sulfide, wie $(NH_4)_2S$, gelöst werden. Pigmente können beliebig zugesetzt werden. Bes. geeignet für *Metalle* gegen *Korrosion*. (**D. B. P. 908 774** Kl. 22h vom 5/9. 1951, ausg. 8/4. 1954. Anmeldung bekanntgemacht 20/8. 1953.) Gräger. 5809

Richard Müller, Radebeul-Dresden, und **Hellmut Reuther**, Dresden, *Verkitten gleicher oder verschiedenartiger Materialien wie Glas, Keramik, Metall usw. mittels Siliconen.* Der auf die zu verkittende Fläche aufgetragene Siliconaufstrich wird zunächst einzeln auf 200—300° erwärmt, bis die Schichten gerade noch zähfl. sind. Dann werden die Teile aufeinandergepreßt u. bei der gleichen Temp. nachgehärtet. Bei Glasflächen oder einer Glas- u. einer Metallfläche verwendet man als Kitte z. B. Methylphenylsilicon (Mol.-Gew. ca. 700). (**D. P.** [**DDR**] **2 476** Kl. 22i vom 19/4. 1951, ausg. 28/10. 1952 [Wirtschaftspatent].) Oppermann. 5813

Jakob Bollinger, Oberlahnstein/Rh., und **Paul Kittelberger**, Diepenthal, Post Pattscheid (Erfinder: **Erich Hein**, Bad Ems, **Paul Koppe**, Horchheim b. Koblenz, **Jakob Bollinger** und **Paul Kittelberger**), *Herstellung von stabilen sämigen Harz- und bzw. oder Kunstharz- und bzw. oder Bitumenemulsionen.* Es werden Harze, Kunstharze oder Bitumina zunächst dehydriert u. dann mit Ammoniak-Harz-Seife emulgiert. Vor dem Dehydrieren können den Harzen geringe Mengen von oxydierbarem Öl beigemischt werden. Die bei der Dehydrierung entstehende Verfärbung kann z. B. durch H_2O_2 ausgebleicht werden, wobei zugleich eine Desodorierung erfolgt. Den Emulsionen können fernerhin Schutzkolloide u. Trocknungsbeschleuniger auf Basis von Eiweiß, Harzen, Cellulose oder deren Derivv. zugefügt werden. (**D. B. P. 883 158** Kl. 12s vom 18/7. 1950, ausg. 16/7. 1953.) Herbst. 5825

Industrikemiska Aktiebolaget, Stockholm, Schweden (Erfinder: **S. A. Leijonhufvud**), *Elektrofilter mit Rahmen.* Um bei Elektrofiltern die Wärmeausdehnung der Elektroden in den Rahmen besser aufzufangen, sind die Rahmen in der Richtung der größeren Ausdehnung aus einem Material gefertigt, das eine größere Ausdehnung aufweist als das Material der Querstücke der Rahmen; jedoch darf der Ausdehnungskoeff. nicht größer sein als der der Elektrode. — Z. B. verwendet man Elektroden aus Ferrit oder austenit. Stahl, für den Rahmen jedoch n. C-Stahl, wobei auf den Längsseiten des Rahmens mindestens ein Teil durch Al-Rohre ersetzt ist. Es genügt im allg. ein Stück von 15—16 cm Al-Rohr. (**Schwed. P. 135 028** vom 19/4. 1949, ausg. 1/4. 1952.) Jürgen Schmidt. 5831

Fondazione Emanuele Paterno' und **Salvatore Paladino**, Italien, *Rühren oder Homogenisieren von Flüssigkeits- oder Flüssigkeit–Gas-Gemischen.* In der in einem Behälter befindlichen Fl. wird ein Sogwirbel erzeugt u. durch einen an der Spitze des Sogtrichters rotierenden Propellerrührer das in jenem befindliche Gas oder Fl. in die im Behälter enthaltene Fl. eingearbeitet. Durch das mit veränderlicher Geschwindigkeit laufende Rührwerk wird eine lästige Schaumbldg. vermieden. (**F. P. 998 610** vom 17/8. 1949, ausg. 21/1. 1952. It. Prior. 7/6. 1949.) Wittholz. 5841

Fritz Gerhard Werner, Leipzig, *Flüssigkeiten mit tiefliegendem Gefrierpunkt*, vorwiegend Kühlsole für Kühlanlagen mit Bauteilen aus Al u. dessen Legierungen oder Spezialstählen, bestehend aus Pottaschenlaugen, welche mittels Carbonisierung, z. B. mit CO_2-Schnee, metallpassiv gemacht worden sind. Weitere Zusatzstoffe sind Pufferstoffe u./oder Schutzkolloide bzw. korrosionshemmende Schutzstoffe, z. B. Silicate. (**D. P.** [**DDR**] **2 467** Kl. 12a vom 31/12. 1950, ausg. 15/12. 1952 [Ausschließungspatent].) M. F. Müller. 5859

Aktiebolaget Rosenblads Patenter, Stockholm, Schweden (Erfinder: **C. J. Lockman**), *Eindampfen von Flüssigkeiten.* Man dampft die Fll. in mehreren hintereinander geschalteten Kesseln ein, wobei der Druck von Kessel zu Kessel fällt, u. zwar so, daß eine Verdampfung u. Temperatursenkung der Fl. erfolgt. Der hierbei erzeugte Dampf wird (mit Ausnahme des Dampfes aus der letzten Stufe) den Vorwärmern zugeführt, wobei dem kältesten Vorwärmer der Dampf mit dem niedrigsten Druck zugeführt wird. Die Fl. aus der letzten Stufe wird dem Vorwärmer zugeführt, der den Dampf mit der niedrigsten Temp. erhält, u. dann im Kreislauf geleitet, so daß ein bestimmter Teil die ganze Gruppe von Vorwärmer zu Vorwärmer durchlaufen muß dabei eine stufenweise Wiedererwärmung erfährt u. eine verhältnismäßig geringe Differenz zwischen dieser Vorwärmtemp. u. der Verdampfungswärme erzielt wird. Eine andere Teilmenge wird nach gleicher stufenweiser Aufwärmung abgezogen, bevor sie die ganze Reihe der Vorwärmer durchlaufen hat, u. in einen der nachgeschalteten Verdampfer eingeführt. Man erzielt so mehrere Zirkulationskreise zwischen Vorwärmer u. Verdampfer, die eine sehr gute Regelung u. Ausnutzung der Wärme ermöglichen. — Zeichnung. (**Schwed. P. 133 123** vom 31/3. 1947, ausg. 2/10. 1951.) Jürgen Schmidt. 5865

Solvay & Co., übert. von: **Raoul P. J. Berteaux**, Brüssel, Belgien, *Kristallisation.* Man läßt eine Lsg., die unerwünschte Ionen im Gemisch mit erwünschten Prodd. enthält, kontinuierlich durch eine senkrechtstehende Reaktionskammer aufwärts fließen. Dabei läßt man am Boden der Kammer ein Fällmittel für die erwünschten Ionen zutreten, wodurch ein Nd. ihrer unlösl. Verbb. entsteht. Dieser wird durch Kontrolle der Strömungsgeschwindigkeit der Lsg. in Suspension gehalten, u. zwar so, daß er sich zu Kristallhaufen (Trauben) zusammenballt, die als Keime für weitere Ndd. dienen, so allmählich anwachsen u. infolge ihrer Schwere zu Boden fallen. Dabei reißen sie die Lsg., die frei von Nd. ist, aber die erwünschten Stoffe in gelöster Form enthält, von der Spitze der Kammer mit u. bringen einen Teil jener an Nd. freien Lsg. auf den Boden der Kammer. Auf diese Weise wird die Übersättigung der Lsg. gesteuert. Die Kristalltrauben werden kontinuierlich vom Boden abgezogen. (**A. P. 2 594 723** vom 17/7. 1947, ausg. 29/4. 1952. Belg. Prior. 31/7. 1943.) Nebelsiek. 5869

III. Elektrotechnik.

General Electric Co., New York, übert. von: **Robert Smith-Johannsen** und **Curtis S. Oliver**, Schenectady, N. Y., V. St. A., *Siliconkautschuk* von hoher Klebkraft. Ein Organopolysiloxan mit Alkyl-, Aryl-, Aralkyl- u. Alkarylgruppen im Verhältnis von 1,98—2,2 pro Si-Atom enthält außer TiO_2 ein Härtungsmittel (Benzoylperoxyd) u. 0,5% eines das Haftvermögen bes. unterstützenden organ. Peroxyds, z. B. Di-tert.-butyldiperphthalat bzw. -diperadipat oder -dipersuccinat, tert.-Butylperoxyd oder Diperbernsteinsäure. Die auf Emaille, Glas (-matten oder -fasern), Porzellan, Al, Stahl, Cu oder Polychlortrifluoräthylen gebrachte M. wird bis zum Erhalt eines festen Verbundes erwärmt. *Isolieren von elektr. Leitungen, Kitten von Anoden- u. Kathodensockeln.* — Die Oberflächen können auch zunächst mit einem 0,25% $FeCl_3$ enthaltenden β-Chloräthyl-, 2-Methoxyäthyl-, o-Chlorphenylorthosilicat, tert.-Butoxytriäthoxy-, tert.-Amyloxy-, n-Butoxytriäthoxysilan, Di-tert.-amyloxydiäthoxysilan, Methyltripropoxysilan oder Di-tert.-butoxydiphenoxysilan überzogen werden, das durch Luftfeuchtigkeit innerhalb von 12 Std. oder durch HCl-Dämpfe hydrolysiert wird. Nach dem Auswaschen wird eine Schicht eines Methylpolysiloxans, hergestellt durch Hydrolyse von Dimethyldichlorsilan u. Mischpolymerisation mit $<$0,2 Mol Monomethylsiloxan, enthaltend Silicoaerogel u. Benzoylperoxyd, aufgebracht. (**A. PP. 2 639 276** vom 21/11. 1950, ausg. 19/5. 1953 u. **2 643 964** vom 14/10. 1950, ausg. 30/6. 1953.) Salzmann. 5957

British Insulated Callender's Cables Ltd., London, England, *Isoliertes tropffreies elektrisches Kabel.* Der isolierende Faserstoff wird mit mikrokristallinem Petroleumwachs vom F. ca. 88° u. Nadeleindringwert 5 bei 25° u. 35 bei 70° getränkt oder mit einer Mischung aus diesem Wachs u. anderen Wachsen u. gegebenenfalls Kabelimprägnieröl oder Polyisobutylen vom Mol.-Gew. 20000—100000 oder Kolophonium, wobei die Mischung den F. 85—90° u. den Nadeleindringwert 5—6 bei 25° u. 35—50 bei 70° haben soll. — 7 Beispiele. — Es wird z. B. eine Mischung vom F. 85° hergestellt aus 55 (Gewichtsteilen) „Sunoco 985 Yellow Micro-Crystalline Wax"; 35 Mineralöl von 220 cSt bei 60° u. 10 Gummiharz (Gum Rosin — American M. Grade). (**Oe. P. 178 390** vom 10/3. 1952, ausg. 10/5. 1954. E. Prior. 21/3. 1951.) B. Schmidt. 5957

American Felt Co., Boston, übert. von: **William H. Lehmberg**, Riverside, Conn., V. St. A., *Herstellung von Separatoren für Akkumulatoren.* Die Separatoren bestehen aus Filz, der aus 5—50 (%) Fasern eines thermoplast. Kunststoffes, z. B. Vinylon, u. entweder 95—50 Baumwollfäden bei Verwendung in Pb-Akkumulatoren oder 95—50 Wollfäden bei Verwendung in alkal. Akkumulatoren hergestellt wird. Der Filz wird zwischen erhitzten, entsprechend geformten Walzen gewellt, wobei die Fäden untereinander verkleben. Beim Gebrauch werden die Fasern, die nicht aus Kunststoff bestehen, durch den Elektrolyten allmählich zerstört, so daß auch bei Verstopfung der ursprünglich vorhandenen Poren immer eine genügende Porosität gesichert ist. — Der Filz kann zusätzlich mit einer Kunststoffemulsion, z. B. aus Vinylmischpolymeren oder Polystyrol, imprägniert werden. (**A. P. 2 579 589** vom 25/2. 1947, ausg. 25/12. 1951.) Laass. 5971

Willard Storage Battery Co., Cleveland, O., V. St. A., *Herstellung von Separatoren.* Gewebe aus Cellulosefäden, z. B. Baumwolle oder Leinen, werden mit einer Suspension von thermoplast. Harzen (Gemischen von Styrol–Butadien–Harzen, Vinyl- u.

polymerem Styrol) imprägniert, getrocknet u. unter Hitze gepreßt, wobei ein mikroporöser Film aus Harz entsteht. (**E. P. 674 684** vom 10/5. 1950, ausg. 25/6. 1952. A. Prior. 15/9. 1949.) LAASS. 5971

C. Conradty, Nürnberg (Erfinder: **Ottmar Conradty,** Röthenbach/Pegnitz, Grünthal), *Aktivierung von Kohleplatten und Graphitplatten für elektrolytische Zwecke,* bes. zur Erhöhung der elektr. Leistungsfähigkeit von Elektroden in Elementen. Durch die Platten werden heiße aktivierende Gase, wie O_2, Luft, CO_2 oder Wasserdampf, hindurchgepreßt oder durchgesaugt. — Zeichnung. (**D. P.** [**DDR**] **2 039** Kl. 21 b vom 2/12. 1944, ausg. 28/4. 1953 [Ausschließungspatent].) M. F. MÜLLER. 5971

Heinz Paul Hermann Walz, Heidelberg, *Galvanisches Element mit negativer Alkali-Amalgam-Elektrode,* die eine Konz. von <3 (Gew.-%) Alkalimetall, bes. $<0,8$, aufweist. Als Elektrolyt dient eine Natronlauge der D. 1,05—1,2, die gegebenenfalls in bekannter Weise durch Mehl oder dgl. verdickt ist. Bei Verwendung einer positiven Elektrode aus Ag_2O beträgt die EMK. 2,4 u. bei einer aus CuO ca. 1,6 V. Bei Stromabgabe verwandelt sich das CuO in Cu_2O u. Cu, welches sich an warmer Luft leicht wieder zu CuO aufoxydieren läßt. Die negative Elektrode wird durch Zugabe von festem Na-Amalgam mit einem Na-Geh. von 23 aktiviert. Dieses wird in Form von Tabletten mit einem Gewicht von 2,2 g angewandt, wobei jede Tablette bei einer Betriebsspannung von 1,1 V ca. 0,4 Ah liefert. Das Na-Amalgam befindet sich entweder am Boden des Gefäßes oder wird mit Hilfe eines Diaphragmas in Höhe des Elektrolytspiegels gehalten. — Vorrichtungen. (**Schwz. P. 286 985** vom 14/7. 1949, ausg. 2/3. 1953. E. Prior. 30/6. 1948 u. D. Priorr. 11/5. u. 21/6. 1949.) LAASS. 5971

Gustav Leithäuser, Berlin, *Elektrische Reinigung von Metallen,* bes. von Füllmetallen für *Gasentladungsleuchtröhren.* Die Metalle werden in Dampfform einer Hochfrequenzentladung ausgesetzt, bes. unter Verwendung von Außenelektroden. (**D. B. P. 860 092** Kl. 21f vom 14/1. 1951, ausg. 18/12. 1952.) KESSEL. 5975

Patent-Treuhand-Gesellschaft für elektrische Glühlampen m. b. H., Heidenheim (Erfinder: **Wilfried Meyer,** Berlin), *Glühkathode,* bes. für *Gasentladungsleuchtröhren.* Einem Erdalkalioxyd oder -oxydgemisch werden 0,5—3, prakt. 2% BeO beigemischt, wodurch eine Entgasungstemp. von 1300—1500° möglich wird. (**D. B. P. 860 384** Kl. 21f vom 16/12. 1943, ausg. 22/12. 1952.) KESSEL. 5975

Auergesellschaft Akt.-Ges., Berlin (Erfinder: **Wilhelm Weber,** Bensheim), *Leuchtstoffschichten für Gasentladungsleuchtröhren* mit tageslichtähnlicher Lichtemission. Die Rotkomponente besteht aus einem mit Pb u. Mn aktivierten Ca-Silicat, die Grünkomponente aus einem mit Mn aktivierten Zn-Silicat, die Blaukomponente aus einem mit Sb aktivierten Ca-Halophosphat. (**D. B. P. 858 578** Kl. 21f vom 15/4. 1951, ausg. 8/12. 1952.) KESSEL. 5975

Supralux Leuchtstoff G. m. b. H. (Erfinder: **Ludwig Wesch**), Eppelborn/Saar, *Leuchtschichten für Gasentladungsleuchtröhren* bestehen aus einem mit einer Seltenen Erde aktivierten Ca-Silicat mit einem aktivierenden Zusatz von 2 oder mehr Schwermetallsalzen, z. B. von Pb, Bi oder Mn. (**D. B. P. 858 579** Kl. 21f vom 7/7. 1950, ausg. 8/12. 1952.) KESSEL. 5975

Federal Telephone and Radio Corp., New York, N. Y., übert. von: **Merlin O. Juvrud,** Nutley, N. J., V. St. A., *Se-Hochspannungstrockengleichrichter.* Die Se-Schicht wird vor dem Aufbringen der Gegenelektrode zur Bldg. einer Sperrschicht mit einem Lack behandelt, der Cd-Nitrat, -Chlorid, -Bromid oder -Sulfat enthält. (**A. P. 2 585 014** vom 26/10. 1945, ausg. 12/2. 1952.) KESSEL. 5977

Standard Telephones and Cables Ltd., London, England, *TiO_2-Trockengleichrichter.* Eine prakt. durch therm. Zers. von Butyltitanat u. anschließende Erhitzung in H_2 gewonnene halbleitende TiO_2-Schicht wird mit einer Sperrschicht, bes. aus TiO_2, versehen u. diese mit einer ca. 10—20% Tl-Oxyd enthaltenden Gegenelektrode bedeckt. (**E. P. 672 732** vom 26/8. 1949, ausg. 28/5. 1952.) KESSEL. 5977

N. S. F. Nürnberger Schraubenfabrik und Elektrowerk G. m. b. H., Nürnberg (Erfinder: **Hans Spieß,** Reckenberg), *Selentrockengleichrichter.* Zur Herst. wird handelsübliches Se mit ca. 1‰ eines Metallhydroxyds, z. B. NaOH oder KOH, erhitzt u. dann destilliert. Zur Erhöhung der Leitfähigkeit in der Durchlaßrichtung wird dem dest. u. geschmolzenen Se etwas F, Cl, Br, P-, As-, CN-, S-, Se- oder Te-Halogenid oder ein organ. Säurehalogenid zugesetzt. Die fertig krist. Se-Elektrode wird vor dem Aufbringen der Abnahmeelektrode in eine alkoh. Lsg. von Na- oder K-Alkoholat getaucht. (**D. B. P. 876 121** Kl. 21g vom 2/11. 1940, ausg. 11/5. 1953.) KESSEL. 5977

Fritz Michelssen, Langenberg, *PbS-, Metalltellurid- oder Metallselenidphotozellen,* auch solche mit einem stöchiometr. Überschuß einer Komponente, werden durch Einbau von O ultrarotempfindlich ($1,2\ \mu < \lambda < 4\ \mu$). (**D. B. PP. 891 303, 891 304** u. **891 431** Kl. 21g vom 24/4. 1936, ausg. 28/9. 1953.) Kessel. 5977

Electric & Musical Industries Ltd., Hayes, Middlesex, England, *Photozelle.* Auf einer Bi-Schicht wird im Vakuum eine Ag-Schicht u. auf dieser eine Alkali-, bes. eine Cs-Schicht (I) niedergeschlagen. Nach dem Erhitzen auf ca. 160° u. Wiedererkalten wird I mit O_2 sensibilisiert. (**E. P. 687 200** vom 12/10. 1949, ausg. 11/2. 1953.) Kessel. 5977

Lonza Elektrizitätswerke und Chemische Fabriken Akt.-Ges., Gampel, Schweiz, *Elektrolytisches Verfahren.* Durch den mehrzelligen Druck-Elektrolyseur wird erst dann der elektr. Strom geschickt, wenn er mit einem inerten Gas, z. B. N_2, bis zu einem Druck über 1 at gefüllt ist. (**E. P. 674 319** vom 30/11. 1950, ausg. 18/6. 1952. Schwz. Prior. 8/9. 1950.) Laass. 5993

Lonza Elektrizitätswerke und Chemische Fabriken Akt.-Ges., Gampel, Schweiz, *Elektrolytische Wasserzersetzung unter Druck* in Filterpressen ähnlichen Zersetzungsvorrichtungen. Aus den einzelnen Zellen werden nach H_2 u. O_2 getrennte Gas–Elektrolyt-Gemische mittels am Kopf der Zellen angebrachter Leitungen in besondere, miteinander kommunizierende Gasseparatoren gebracht, von wo aus die entwickelten Gase abgezogen u. die Elektrolyt-Fll. durch zu dem Boden der Zellen führende Leitungen in die Zellen zur weiteren Elektrolyse zurückgebracht werden. — Zeichnungen. (**E. P. 681 895** vom 30/7. 1951, ausg. 29/10. 1952. Schwz. Prior. 12/8. 1950.) Demmler. 5993

Electropol Ltd., Poynton, England, *Elektrolytische Behandlung von aus Metall oder Legierungen bestehenden Artikeln,* wobei letztere die Anode darstellen u. der Elektrolyt aus H_2SO_4 u. H_3PO_4, z. B. in einem Gewichtsverhältnis $> 5:3$, oder aus H_2SO_4 allein mit einem relativ kleinen Zusatz einer aromat. Aminverb. besteht. (**E. P. 703 838** vom 19/1. 1950, ausg. 10/2. 1954.) Demmler. 5995

IV. Wasser. Abwasser.

Paul D. Haney, *Theoretische Grundlagen der Belüftung.* Ausführliche Erklärung u. mathemat. Ableitung der Gesetzmäßigkeiten bei Belüftung (W. in Luft u. Luft in W.) zwecks Zuführung zu oder Entfernung gasförmiger Bestandteile aus einer Fl.; Einfl. von Temp., Bewegung, Schichtstärke; Bldg., Größe u. Schnelligkeit der Luftblasen, Entfernung von H_2S, Geruch, Geschmack. (J. Amer. Water Works Assoc. **46.** 353—76. April 1954. Cincinnati, O., U. S. Publ. Health Serv.) Mühlmeister. 6014

Johann-Friedrich Braune, *Orientierende Untersuchungen mit einem Sterilitversuchsfilter zur Trinkwasserentkeimung.* 2. Mitt. Die in der 1. Mitt. (C. **1953.** 8173) geschilderten Silberungsverss. wurden mit einem Sterilitfilter mit 10 Liter Filtermaterial 9 Monate fortgesetzt. Die Angabe, daß 5—10, im Mittel 7 γ Ag an 1 Liter W. abgegeben werden, wird berichtigt auf 15—30 γ, da, vielleicht wegen Oberflächenabsorption an den Glaswänden der Analysengeräte, nur ca. $^1/_3$ des Ag nachweisbar ist. Diese Menge entspricht auch den gestellten Anforderungen u. erklärt die Entkeimungsfähigkeit. Die Kontaktzeit u. die im W. befindlichen Ag-Ionen bestimmen die Filterwrkg., die Ionisation ist abhängig von der Temp., den vorhandenen Elektrolyten, gelöstem O_2, dem p_H u. dem Zustand des Ag auf dem Filterkorn. Bei wieder 4 Min. Kontaktzeit u. 4—6 Std. Einw. red. das Versuchsgerät $2 \cdot 10^4/cm^3$ Wasserkeime u. E. coli auf einstellige Werte. Prakt. Anwendung wird empfohlen, bei ihr soll der Keimgeh. des Rohwassers nicht über 1000 je cm^3 liegen, außerdem muß es von flockenden Bestandteilen befreit werden, die die Sterilitkörner umhüllen u. die Ag-Abgabe erschweren (häufige Rückspülung erforderlich), die aggressive CO_2 soll zum Schutz der Anlagen gebunden u. die organ. Substanz auf einen $KMnO_4$-Wert unter 10 mg pro Liter herabgesetzt werden. Das behandelte W. zeigt keine Verfärbung, keinen Bodensatz u. keine Geschmacksbeeinträchtigung, gesundheitliche Schädigungen durch die Ag-Spuren dürften nicht zu erwarten sein. Ein Nachlassen der Wrkg. trat während der Versuchsdauer nicht ein. (Gesundheits-Ing. **75.** 15—20. Jan. 1954. Göttingen, Hyg. Inst.) Mühlmeister. 6016

George S. Bratton, *Einwirkung der Fluorierung städtischen Wassers auf die Nahrungsmittel- und Getränkeindustrie.* Fluorierung von Trinkwasser der Versorgungsnetze bringt F zum überwiegenden Teil an Personen, die es nicht brauchen oder denen es schadet. In der Industrie verursacht sie Schwierigkeiten; am Beispiel der Naßvermahlung von Korn u. der Hefeproduktion zeigt Vf., daß das in ihren Prodd. angereicherte F bei der Weiterverarbeitung schadet u. bei ihrem Verbrauch in Gebieten mit Trinkwasserfluorierung die zulässige F-Gabe überschritten wird. (J. Amer. Water Works Assoc. **45.** 364—68. April 1953. St. Louis, Mo., Anheuser-Busch, Inc.) MÜHLMEISTER. 6018

A. Weilenmann, *Wasserenthärtung und Wasserentsalzung.* Überblick über die Enthärtungsverff. durch Basenaustausch u. Fällung (Langsam- u. Schnell-Entcarbonisierung), sowie Entsalzung durch doppelten Ionenaustausch. (Chem. Rdsch. [Solothurn] **7.** 170. 1/5. 1954.) MÜHLMEISTER. 6024

T. F. Hurley, H. Ingleson, W. J. Sparkes und **R. Wilkinson,** *Elektrische Behandlung von Kesselspeisewässern.* Betriebsverss. an kleinen Niederdruckkesseln zeigten, daß elektr. Behandlung des Speisewassers mit 280 μAmp. Wechsel- u. 90 μAmp. Gleichstrom auf Form u. Menge des Kesselsteins bzw. -schlamms ohne Einfl. war. (Corrosion [Houston] **9.** 251—58. Aug. 1953. East Greenwich, Fuel Res. Stat., u. Watford, Herts, Water Poll. Res. Labor.) MÜHLMEISTER. 6030

John Finch, *Die Lage bei den synthetischen Reinigungsmitteln.* Synthet. Reinigungsmittel, bes. nichtionogene Typen u. Alkyl–Aryl-Sulfonate, können bei 10 mg/Liter biol. Prozesse ernstlich behindern, sie erhöhen kaum den BSB, absorbieren aber O_2 aus $KMnO_4$. Hinweise auf neue Kläranlagen für häusliche u. Molkereiabwässer mit Wechsel-Doppel-Filterung u. die Erfolge der Belüftung von der Oberfläche aus u. durch 7,5 mm Löcher gegenüber der mit feinen Blasen. (Water Sewage Works **101.** 135—37. März 1954. Rotherham, England, Sewage Disp. Dep.) MÜHLMEISTER. 6036

Joseph A. Lieberman und **Arthur E. Gorman,** *Behandlung und Beseitigung der Abfälle der Atom-Energie-Industrie.* Abwässer, soweit sie in den zugelassenen Grenzen verunreinigt sind, werden gespeichert u. nach Prüfung abgelassen. Die Reinigung der stärker verunreinigten Abgänge kann durch Ionenaustausch, Eindampfung, Niederschlagen bei Flockung oder Kristallisation, die Beseitigung durch Vergraben, Verbringen ins Meer oder Verbrennen erfolgen. Ferner werden die Behandlung gasförmiger Abfälle, die Speicherung, der Einfl. der Zeit, die Aufnahme durch anorgan. u. lebende Materie, das Verh. im Flußlauf, Vernichtung durch biol. Prozesse u. die über alle diese Fragen erteilten Forschungsaufträge erörtert. (Proc. Amer. Soc. Civil Engr. **80.** Sonderdruck. Nr. 422. 1—9. März 1954. Washington, D. C., U. S. Atomic Energy Comm.) MÜHLMEISTER. 6036

—, *Einfluß der Abwasserwiedergewinnung auf die Grundwasserverunreinigung.* Eine Unters. des California State Water Pollution Contr. Board ergab: Auf feinem sandigen Lehm können 152 Liter/m²/Tag geklärtes Abwasser ohne unerwünschte Chemikalien versickert werden, nach Filterung durch eine Schicht von 121 cm ergeben sie ein bakteriolog. einwandfreies Trinkwasser mit NO_3-Gehalt. Dabei ist es vorteilhaft, 1 Monat ständig zu berieseln u. nach Abtrocknen auf dem trockenen Boden angelegte Kulturen 6 Monate zu bewässern. Einzelheiten über Lage, Boden, Bau der Bewässerungsbecken, Betrieb, Unzuträglichkeiten durch Geruch u. Insekten u. ihre Verhütung. (Publ. Works **85.** Nr. 1. 59—60. 104—06. Jan. 1954.) MÜHLMEISTER. 6040

Willem Rudolfs und **Herman R. Amberg,** *Reinigung von Papierfabrikabwasser.* 4. Mitt. *Mesophile und thermophile Ausfaulung.* (3. vgl. Sewage ind. Wastes **24.** [1952] 1402.) Um die Frage zu prüfen, ob der sich aus dem Papierfabrikabwasser absetzende Schlamm für sich oder in Mischung mit häuslichen Schlamm ausgefault werden kann, wurden entsprechende Verss. durchgeführt, aus denen sich ergibt, daß dieser Schlamm sich nach den üblichen Methoden ausfaulen läßt, wenn genügend Faulraumkapazität zur Verfügung steht. Umgerechnet auf Feststoffe ist die Gasproduktion allerdings geringer als bei häuslichem Schlamm. Auch ist im Gegensatz zu letzterem die Ausfaulung unter mesophilen Bedingungen günstiger. Bei einer Belastung von 1,6 kg Glühverlust pro Tag pro m² Faulraumgröße werden ca. 55% des Glühverlustes abgebaut, wobei pro kg zugesetzter organ. Substanz ca. 250 Liter Gas gebildet werden. Das Schlammvol. wird erheblich verringert u. es können Feststoffkonzz. von ca. 8% bei einem Frischschlammfeststoffgeh. von ca. 2% (nach 24 Std. Absetzzeit) ohne Schwierigkeiten erreicht werden. Die Ausfaulung häuslichen Schlammes wird bei ausreichender Faulraumkapazität durch den Schlamm von Papierfabriken nicht gestört. (Sewage ind. Wastes **24.** 1509—11. Dez. 1952. New Brunswick, N. J., Tutgers Univ.) NIEMITZ. 6048

K.-E. Quentin, *Papierchromatographische Isolierung und colorimetrische Bestimmung des Bors in Mineralwässern.* Es wird ein qualitatives u. quantitatives Verf. zur Best. von B in Mineralwässern mittels aufsteigender Papierchromatographie beschrieben. Zur Sichtbarmachung dient Curcumatinktur, als Papier SCHLEICHER u. SCHÜLL

2043b, auch 2045b ist brauchbar. Das geeignetste Lösungsm. ist Aceton–HCl (D. 1,19) (95 : 5) u. eine Atmosphäre von n-Propanol–HCl (95 : 5). Nach der Identifizierung der Borsäure mit Curcuma kann der gelbbraune Papieruntergrund durch Besprühen mit 5%ig. Salicylsäurelsg. in Chlf. aufgehellt werden. Zur quantitativen Best. wird die Borsäure mit W. aus dem Papier extrahiert u. mit Carminsäure lichtelektr. colorimetriert. Der Anwendungsbereich liegt zwischen 0 u. 15 γ Bor, mit einem mittleren Fehler von $\pm 5\%$. Beispiele für die Anwendung werden an verschied. natürlichen u. künstlichen Mineralwässern demonstriert. Bzgl. der Herst. der Reagenslsgg. wird auf das Original verwiesen. (Z. Lebensmittel-Unters. u. -Forsch. **95.** 305—13. Nov. 1952. München, Univ., Chem. Abt. d. Balneolog. Inst.) Wittwer. 6058

Maxim Lieber, *Vereinfachter Betriebsnachweis von Eisen in Wasser.* Mehr als 0,5 mg Fe/Liter täuschen bei der Alizarinlack-Best. von Fe einen zu hohen Fe-Geh. vor u. müssen deshalb berücksichtigt werden. Bei einer außerhalb des Labors. brauchbaren colorimetr. Meth. zur Fe-Best. werden 30 cm³ W. in einer französ. 28 mm-Viereckflasche mit 20 cm³ 50%ig. H_2SO_4 versetzt, nach 15 Min. einige Tropfen $KMnO_4$-Lsg. (6,3 g/Liter) zugegeben, so daß eine blaßrote Färbung auf 1 Min. entsteht u. 5,0 cm³ KNCS (300 g/Liter) zugefügt. Die entstehende Färbung muß sofort mit haltbaren Vergleichsfarblsgg. verglichen werden, deren Anfertigung nach Hallinan (Ind. Engng. Chem., analyt. Edit. **15.** [1943.] 510) aus K_2PtCl_6, $CoCl_2 \cdot 6\,H_2O$ oder $CuCl_2 \cdot 2\,H_2O$ verschied. Konz. angegeben wird; sie gestattet 0,40—4,0 mg Fe/Liter zu bestimmen. (Water Sewage Works **100.** 229. Juni 1953. Hempstead, N. Y., Nassau-County Dep. of Health.) Mühlmeister. 6060

Harold L. Jeter, Edwin E. Geldreich und **Harold F. Clark,** *Typenunterscheidung von Coliformorganismen mit der Membranfiltertechnik.* Wasserproben aus Fluß, Wasserwerk, Bach, Teich, Hofbrunnen u. häuslichem Abwasser wurden durch Membranfilter (I) gefiltert, 2 Std. bei 35° bebrütet, auf Environment Health Center (EHC) Endo- (**II**) oder Brillantgrünfuchsin (BGF)- (**III**) Medien übergeführt, nach weiterer 16—18std. Bebrütung bei 35° mit 15facher Vergrößerung die Kulturen gezählt u. diese Ergebnisse mit denen nach den „Standard-Methoden der höchstwahrscheinlichen Zahl" erhaltenen verglichen. — 5 Tabellen. — Die I-Technik gibt etwas niedrigere Werte. Die bisherigen Unterss. von 370 glanzbildenden Kulturen von **II** gab 92, von 300 auf **III** 95% Glieder der Coliformgruppe. 4% von 361 Kolonien auf **II** ohne Glanz waren Coliformtypen, 7% von 307 auf **III**. Die überwiegende Mehrheit von Coliformorganismen im Sinne des Indol–Methylrot–Voges-Proskauer–Citrat-Testes der Standard-Meth. entwickeln also auf **I** einen charakterist. gelblichen metall. Glanz, am häufigsten waren Aer. aerogenes Var. II u. Esch. coli Var. I. (J. Amer. Water Works Assoc. **46.** 386—94. April 1954. Cincinnati, O., U. S. Publ. Health Serv.) Mülmeister. 6064

Waldemar Ohle, Die chemische und elektrochemische Bestimmung des molekular gelösten Sauerstoffes der Binnengewässer. Stuttgart: Schweizerbart. 1953. (44 S. m. 10 Tab. u. 14 Abb. im Text) = Internationale Vereinigung f. theoret. u. angewandte Limnologie. Mitt. Nr. 3. DM 7,—.

V. Anorganische Industrie.

Soc. Technique de Recherches et d'Exploitation, Frankreich, *Stabilisieren von Ammonnitrat* für die Handhabung, Lagerung u. den Transport durch Behandlung mit wasserfreiem NH_3-Gas bei Tempp. unter 25° u. durch Eintragen von festem Harnstoff (I) in die entstandene Lösung. — An Stelle von **I** kann auch eine Lsg. von Harnstoff in wasserfreiem fl. NH_3 benutzt werden, welche der NH_4NO_3-Lsg. zugesetzt wird. — Eine Abänderung des Verf. besteht darin, daß in die mit wasserfreiem NH_3-Gas erhaltene NH_4-Nitratlsg. überschüssiges NH_3 u. CO_2 eingeleitet wird, wobei Harnstoff u. NH_4-Carbamat entsteht. (**F. P. 57 790** vom 28/10. 1947, ausg. 9/9. 1953. **Zusatz zu F. P. 953 420; C. 1950. II. 1388.**) M. F. Müller. H 243

Battelle Development Corp., V. St. A., *Herstellung von Hydrazin.* Die nach dem Raschig-Verf. erhaltenen wss. Lsgg. von Hydrazin (I) werden zunächst einfach dest. bis die Konz. an I ca. 60—70% beträgt. Zur Entfernung der letzten Anteile W. wird ein azeotropes Gemisch durch Zufügen von Anilin als Wasserfänger zu der **I**-Wasserlsg. hergestellt, wobei sich der Kp. des Gemisches von dem des **I** unterscheidet. Man verwendet 8—600 Teile Anilin auf 100 konz. **I**-Lösung. An Stelle von Anilin kann auch Bzl., Pyridin, Xylol, Toluol, n-Hexylamin, n-Hexylalkohol, Phenol, Xylidin verwendet werden. Man dest. fraktioniert solange, bis kein W. mehr im Destillat erscheint. Der im Destillationsgefäß verbleibende, aus **I** u. z. B. Anilin bestehende Rückstand wird durch einfache Dest. getrennt. (**F. P. 1 019 168** vom 30/5. 1950, ausg. 19/1. 1953. A. Prior. 31/5. 1949.) Wittholz. H 243

Louis S. Paquien, Frankreich, *Löslicher Schwefel.* In eine ca. ½%ig. wss. Traganth-Lsg. wird in der Kälte SO_2 bis zur Sättigung eingeleitet u. dann H_2S eingeblasen, wobei die Lsg. auf -5^0 gekühlt wird. Der abgeschiedene S ist sehr feinkörnig u. kann in der Schädlingsbekämpfung, Human- u. Veterinärmedizin in bekannter Weise verwendet werden. (**F. P. 971 913** vom 14/10. 1940, ausg. 23/1. 1951.) WITTHOLZ. H 253

Soc. An. des Manufactures des Glaces et Produits Chimiques de Saint-Gobain, Chauny & Cirey, Frankreich, *Herstellung von Phosphoroxychlorid.* Ein Gemisch von $Ca_3(PO_4)_2$ u. Kohle wird in der Hitze (ca. 800°) mit Cl_2 behandelt. Da die Rk. exotherm verläuft, bedarf es nur zu Beginn der Rk. einer Anheizung. Das bei der Umsetzung sich bildende fl. $CaCl_2$ kann als Heizbad benutzt werden u. gleichzeitig zum Vorwärmen des Cl_2-Stromes dienen. — Zeichnung. (**F. P. 992 727** vom 16/8. 1944, ausg. 22/10. 1951.) WITTHOLZ. H 264

Soc. d'Études Chimiques pour l'Industrie et l'Agriculture (Soc. à r. l.) (Erfinder: **Georges Hulot** und **Antoine Birman**), Seine, Frankreich, *Herstellung von Alkalicarbonaten.* Man gewinnt die Alkalicarbonate in einem dem Ammoniaksoda-Prozeß analogen Verf. aus den entsprechenden Chloriden (NaCl, KCl), wobei man NH_4OH durch ein Amin oder ein Gemisch von Aminen (bes. Propyl-, Isopropyl-, Butyl-, Isobutylaminen) ersetzt. Z. B. leitet man in ein Gemisch, bestehend aus 200 cm^3 einer wss. 40%ig. Lsg. von Isopropylamin u. 70 g NaCl ein 35% CO_2 enthaltendes inertes Gas (z. B. N_2) ein, bis kein CO_2 mehr aufgenommen wird. Die Ausbeute an $NaHCO_3$ beträgt 95%. Auf gleiche Weise kann man aus KCl $KHCO_3$ herstellen (Ausbeute 95%). (**F. P. 1 045 657** vom 7/4. 1951, ausg. 30/11. 1953.) OPPERMANN. H 272

Soc. An. des Manufactures des Glaces et Produits Chimiques de Saint-Gobain, Chauny & Cirey, Frankreich, *Feste lösliche Alkalisilicate.* Eine Na–Silicat-Lsg. mit dem Mol-Verhältnis $SiO_2:Na_2O = 2{,}58$ mit einem Wassergeh. von 62% wird erhitzt, bis der Wassergeh. auf 46—44% gesunken ist, dann auf Zimmertemp. abgekühlt, wobei sie erstarrt. Die M. wird zerkleinert u. bei Zimmertemp. weiter getrocknet, bis sie nur ca. 31% W. enthält. Sodann wird die M. auf 50° erwärmt bis nur noch ca. 23% W. enthalten sind. Das Na-Silicat gibt bei 20° innerhalb 15 Min. unter mäßigem Rühren eine klare Lösung. (**F. P. 992 215** vom 26/5. 1944, ausg. 16/10. 1951.) WITTHOLZ. H 274

Soc. An. des Manufactures des Glaces et Produits Chimiques de Saint-Gobain, Chauny & Cirey, Frankreich, *Herstellung trockener Kristalle von Natriummetasilicat.* Man mischt Na-Metasilicat (I) mit 8 H_2O mit dem gleichen, 9 H_2O enthaltenden Salz u. trocknet die Mischung bei ca. 48°. An Stelle der Kristallmischung kann auch eine Lsg. von I mit 8 H_2O kurz vor dem Auskristallisieren mit Kristallkeimen von I mit 9 H_2O versetzt werden, worauf die ausgeschiedene Kristallmasse bei obiger Temp. getrocknet wird. (**F. P. 986 636** vom 29/11. 1943, ausg. 2/8. 1951.) WITTHOLZ. H 274

— (Erfinder: **Rudolf Wendlandt, Rolf Neubner** und **Johannes Wotschke**), *Gereinigte Erdalkalioxyde oder -hydroxyde* für chem. Rkk. aus Erdalkalicarbiden, -cyanamiden oder dgl. werden dadurch erhalten, daß die Ausgangsstoffe unter Vermeidung von Verklumpungen u. unter Verhinderung der Aufnahme von überschüssigem W. bei der Hydratisierung in trockenes, pulverförmiges Hydrat oder hydrathaltige Massen übergeführt, durch Windsichtung gereinigt u. gegebenenfalls von Hydratwasser befreit werden. (**D. P. [DDR] 2 193** Kl. 12 m vom 21/9. 1937, ausg. 2/4. 1953 [Ausschließungspatent].) WITTHOLZ. H 280

Talkumwerke Naintsch Kiwisch & Co., Graz, Österreich, *Verhinderung des Staubens von Talkummehl.* Das Mehl wird unter Zusatz von bei der Papiererzeugung üblichem Harzleim als Bindemittel brikettiert oder verpreßt. (**Oe. P. 178 346** vom 3/4. 1952, ausg. 26/4. 1954.) WITTHOLZ. H 282

Soc. des Produits Maritimes du Poulignen, Frankreich, *Gewinnung von Magnesiumsalzen aus Ozeanwasser* durch Versetzen derselben mit CaO, bis sich eine breiige M. bildet, in der Mg als Hydroxyd enthalten ist. Nach Abtrennen dieser M. von der Lauge u. Behandeln mit CO_2 oder Carbonat bilden sich unlösl. $CaCO_3$ u. lösl. Mg-Salze. (**F. P. 971 919** vom 19/10. 1940, ausg. 23/1. 1951.) WITTHOLZ. H 282

VI. Silicatchemie. Baustoffe.

Francis W. Glaze, *Geschichte der Herstellung optischer Gläser in USA.* 1. Mitt. (Amer. ceram. Soc. Bull. **32.** 242—47. 15/7. 1953.) KÜHNERT. 6168

H. Salmang, *Keramische Chemie in der Grob- und Feinkeramik.* Übersicht über die physikalisch-chem. u. physikal. Vorgänge in der keram. Industrie (Kristallbau u. Eigg. von Ton, Entstehung der Tonarten, Ton u. W., Bldg. des Scherbens, Trocknen, Rkk.

beim Brennen, Glasuren). — 30 Literaturangaben. (Chem. Weekbl. **49.** 921—28. 5/12. 1953.) WESLY. 6206

Fritz Viehweger, *Das Abspringen hellblauer Unterglasurfarbe.* Hellblaue Glasuren neigen zum Abspringen. Vf. gibt 5 Ursachen dafür an u. stellt fest, daß zunächst die Zus. des hellblauen Farbkörpers als Ursache dafür in Frage kommt. Tonerdehydrat u. Co-Verbb. sind die Farbträger, das Gelingen des Farbtones hängt vom Zusatz an ZnO ab. Er wird um so leuchtender, je höher er gebrannt ist. Versätze von Farbkörpern werden angegeben, ebenso solche für die Unterglasur. Als ausschlaggebend für das Gelingen der Unterglasurfarbe sieht Vf. die Zus. der farblosen Überglasur an. Er zeigt, daß für niedrige Glattbrandtempp. nur Pb- oder Pb + B-arme Glasuren anzuwenden sind, die die hellblaue Unterglasurfarbe nicht so leicht zerstören. Aus Gründen der Zus. sind höher einbrennende Glattbrandglasuren nicht in gleichem Maße gefährlich. Sehr wichtig ist auch die Auftragsstärke der hellblauen Unterglasur, die jeweils für jede Sprühware auszuprobieren ist. Man soll die ausprobierte Überzugsglasur bei der Temp. ausbrennen, für die sie entwickelt ist, beim Überbrennen treten „Abspringen" u. „In-Lösung-Gehen" am meisten auf. (Glas-Email-Keramo-Techn. **4.** 329—31. Sept. 1953.) KÜHNERT. 6212

Hans J. Karmaus, *Neuere Einrichtungen beim Emaillieren.* (Vgl. C. **1954.** 2251.) Behandelt werden Aufspritzvorr. für den Fließbetrieb u. Durchlaufemaillieröfen. (Glas-Email-Keramo-Techn. **5.** 5—9. Jan. 1954.) MARKHOFF. 6212

J. A. Crockston und **R. K. Hursh,** *Die Wirkung des Basenaustausches auf die Brenneigenschaften von Feuerton.* Die austauschbaren Basen waren H, Na, K, Ca, Mg. Festgestellt wurde, daß die Alkalioxyde den Geh. an Cristobalit herabsetzen. (Ind. Heating **18.** 2082. Nov. 1951.) SCHÜTZ. 6216

I. C. McDowall und **W. Vose,** *Beobachtungen über die Trockenbruchfestigkeit von Tonen und Tonkörpern.* Vff. berichten über systemat. Unterss. der Abhängigkeit der Trockenbruchfestigkeit bzw. des Bruchmoduls von Tonkörpern von der eigenen Feuchtigkeit u. der der Umgebung. Kleine Körper aus Ton für übliche irdene Tonwaren (6 cm lang, 0,31 cm Durchmesser) werden nach Lagerung bei verschied. Tempp. (25, 50 u. 75°), verschied. Dauer u. relativer Feuchtigkeit (0% über H_2SO_4; 30% über gesätt. $MgCl_2 \cdot 6H_2O$-Lsg.; 75% über gesätt. NaCl-Lsg.) auf Festigkeit geprüft u. die Feuchtigkeitsgleichgewichte zwischen Prüfkörpern u. Umgebung bes. beachtet. Die Zunahme der Festigkeit bei Abnahme der Feuchtigkeit (vor allem nach Entfernung der letzten Feuchtigkeitsprozente) u. ihre Abnahme bei wiederansteigender Feuchtigkeit (nach Trocknung) konnte experimentell nachgewiesen werden. Einzelheiten über Massen, Vorbereitung des Materials u. Herst. der Prüfkörper; Angabe der einzelnen Versuchsergebnisse; Schlußfolgerungen für betriebliche Anwendung. (Trans. Brit. ceram. Soc. **51.** 511—22. Okt. 1952.) WINGCHEN. 6216

Werner Heiligenstaedt, *Die Warmfestigkeit von Schamottesteinen.* Es wird zwischen der Grenzfestigkeit, bei der der Stein noch keine Verformung erleidet, u. dem Verformungswiderstand, der durch die Verformungsgeschwindigkeit gekennzeichnet wird, unterschieden. Die Grenzfestigkeit wird aus Ergebnissen von Langzeitverss. abgeleitet u. in einer empir. Formel wiedergegeben. Die Formänderungsgeschwindigkeit ist für einen A 3-Stein in einem Schaubild dargestellt. Diskussion. (Stahl u. Eisen **74.** 402—06. 25/3. 1954. Völklingen.) HOCHSTEIN. 6218

David D. Howat, *Der ganzbasische Siemens-Martin-Ofen in Britannien.* Überblick über die nach dem letzten Kriege gesammelten Erfahrungen mit ganzbas. gemauerten SIEMENS-MARTIN-Öfen. Hierbei wird der Unterschied zwischen bas. u. Silicasteinen, die Ausbldg. der Gewölbekonstruktion, Schlackensäcke u. Türrahmen erörtert. Die Haltbarkeit der Chrom-Magnesitsteine wird durch Bldg. niedrigschm. Eutektika u. Vergrößerung des „Bursting-Effektes" bei Einw. von FeO ungünstig beeinflußt. Durch ein MgO/Cr_2O_3-Verhältnis über 30/70% im Stein kann der FeO-Einfl. beschränkt werden. Ölgefeuerte Öfen zeigen infolge des stärkeren C-Angriffs auf den bas. Stein geringere Gewölbehaltbarkeit als gasgefeuerte. Ein Vgl. ergibt, daß die Gewölbehaltbarkeit eines ölgefeuerten Silicaofens 13 Wochen bei 215 Schmelzen, die eines ölgefeuerten ganzbas. Ofens 56 Wochen bei 1170 Schmelzen u. die eines gasgefeuerten ganzbas. Ofens 99 Wochen bei 1423 Chargen betrug. (Blast Furnace Steel Plant **41.** 391—96. April 1953.) H. SCHÖBERL. 6218

V. Stubičan und **A. Strmac,** *Einige Eigenschaften wässeriger Suspensionen von Bentonit, Zement und Ton.* Das Sedimentationsvol. u. die Konsistenz von Zement–Bentonit- bzw. Zement–Bentonit–Ton-Suspensionen in W. wurde in Abhängigkeit von der Verdünnung, der Härte des W. u. vom Verhältnis Zement:Bentonit untersucht. Die Kurven gleicher Konsistenz der Suspensionen sind bis zu einem Bentonitgeh. von

40% gerade Linien. — Zementteilchen wirken auf Bentonitsole wie Kolloide entgegengesetzter Ladung. Dadurch wird die Tatsache erklärt, daß die kolloidchem. Eigg. solcher Systeme von der Reihenfolge der Zugabe der einzelnen Komponenten abhängen. — Es wurde ein Verf. zur Verwendung solcher Mischungen beim Bau von Staudämmen u. dgl. ausgearbeitet u. auch angewendet, wobei der Bentonit auf der Baustelle aktiviert wird. (Nafta [Zagreb] **4.** 39—43. Febr. 1953. Zagreb, Labor. poduzeća „Elektrosond".) BECKMANN. 6222

R. Le Lan, *Über Leichtbeton von großer Festigkeit und über seine Entwicklungsmöglichkeiten in Frankreich.* Beschreibung der Eigg. von *Ytong* an Hand von Vergleichsverss. mit anderen Leichtbetonen. (Rev. Matér. Construct. Trav. publ., Édit. C. **1952.** 316—21. Nov. 347—52. Dez.) K. SEIDEL. 6224

F. Keil, *Wasser und Luft im Straßenbeton.* Im Widerspruch zu der bisherigen Auffassung steht die neuere Erfahrung, daß die durch bestimmte Zusatzstoffe im Beton erzeugten Luftporen seine Eignung als Straßenbaustoff verbessern. Sie wird durch eine physikal. Betrachtung über die Zustandsformen des W. theoret. begründet, die auch eine einfache Deutung des Erhärtungsvorgangs im Beton ermöglicht. (Z. Ver. dtsch. Ing. **96.** 387—88. 1/5. 1954.) STEINER. 6230

E. R. Segnit und **J. D. Wolfe,** *Die Untersuchung der Silicate bei hohen Temperaturen durch C. S. I. R. O.* Es wird eine Einrichtung zur Erhitzung, Abschreckung u. mkr. Unters. von Silicaten beschrieben. (Chem. Engng. Mining Rev. **45.** 215—19. 10/3. 1953.) K. SEIDEL. 6240

Ernst A. Franke, *Aus der Patentliteratur bekanntgewordene Prüfmethoden für silicatische Körper und Massen.* (Glas-Email-Keramo-Techn. **5.** 81—85. März 1954.) LOCHMANN. 6246

—, *(Luft-) Durchlässigkeit von Ziegelsteinen.* Beschreibung von durch MASSENGALE, MONG u. HEINDL (Washington, Bureau of Standards) mit einem verbesserten Permeameter nach KETCHUM, WESTMAN u. HURSH durchgeführten Luftdurchlässigkeitsprüfungen an Ziegeln u. feuerfesten Steinen, bes. solchen für Glasschmelzöfen. Die Veränderungen der Eigg. beim Brennen kommen in den Werten der Luftdurchlässigkeit am schärfsten zum Ausdruck. Zahlenwerte sind nicht mitgeteilt. (Ceram. Age **62.** Nr. 3. 17—18. Sept. 1953.) F. HEINRICH. 6256

Kodak Ltd., London, England, übert. von: **John Joseph Lugert,** Rochester, N. Y., V. St. A., *Kitt für optische Gläser,* bestehend aus Diallylphenylphosphonat, chloriertem Diphenyl u. einem Polymerisationskatalysator, bes. Benzoylperoxyd. (**E. P. 705 642** vom 6/6. 1952, ausg. 17/3. 1954. A. Prior. 6/6. 1951.) LÜTTGEN. 6201

Norton Co., übert. von: **Lowell H. Milligan,** Worcester, und **Osgood J. Whittemore jr.,** Princeton, Mass., V. St. A., *Feuerfeste Rohre* werden aus zwei sich konzentr. umgebende Schichten hergestellt, von denen die eine aus keram. gebundenem SiC, die andere aus keram. gebundenem Zirkon oder Mullit besteht, wobei die Schichten ähnliche Schwindungs- u. Ausdehnungseigg. haben. Das gebrannte Rohr ist beständig gegen Temperaturschwankungen u. gut wärmeleitend. Je nachdem beim Gebrauch des Rohres Schlackenangriff von innen oder von außen zu erwarten ist, wird auch die Zirkon- oder Mullitschicht innen oder außen angebracht. — Zeichnung. (**A. P. 2 640 503** vom 21/11. 1950, ausg. 2/6. 1953.) REINHART. 6219

National Research Development Corp., London (Erfinder: **Albert Etheridge Williams**), England, *Herstellung feuerfester Artikel.* Wasserfreies CaO-Pulver wird mit einem aliphat. A., z. B. Methyl-, Äthyl- oder Isopropylalkohol, angerührt (85—95% CaO in der M.) u. in einer porösen Form, z. B. aus Graphit, nach Verdampfung des A. in Abwesenheit von Wasserdampf bei 1700—1800° zum Sintern gebracht. Das CaO kann auch aus alkoh. Suspension durch Kataphorese, z. B. auf einem Metallträger oder Draht, niedergeschlagen werden. Die Prodd. können durch einen Überzug aus Polyvinylchlorid gegen Feuchtigkeit geschützt sein. (**E. P. 699 089** vom 22/8. 1950, ausg. 28/10. 1953.) MATTHAES. 6219

Dolomitwerke G. m. b. H., Deutschland, *Herstellung von gefritteten oder Schmelzdolomitkörpern.* Man mischt bis zu 3% Öl, Bitumen, Teer oder Tannin ein u. verdichtet dann durch Pressen unter hohem Druck zu Formkörpern. Gegebenenfalls kann man im Falle der Einmischung von Bitumen die Formlinge erst bei niedriger Temp. vorwärmen u. brennt dann bei Tempp. über 1400°. (**F. P. 1 038 258** vom 8/6. 1951, ausg. 28/9. 1953.) BEWERSDORF. 6219

Radio Corp. of America, übert. von: **Eugene Wainer,** Cleveland, O., V. St. A., *Gewinnung eines Ba_2TiO_4-haltigen, keramischen Materials,* bes. zur Verwendung bei Transistoren. Man mischt pulverisiertes Ba-Titanat mit 0,5—50 Gew.-% Na- oder

K-Niobaten oder -Tantalaten, formt das Gemisch u. brennt es ca. 20 Min. im O_2-Strom bei 2200—2600° F. (**A. P. 2 646 359** vom 10/4. 1951, ausg. 21/7. 1953.) NEBELSIEK. 6221

Licentia Patent-Verwaltungs-G. m. b. H., Hamburg (Erfinder: **Günther Dobke,** Berlin-Wilmersdorf), *Vakuumdichtes Aufschmelzen von Metall auf Keramik.* Die Keramikoberfläche wird vor dem Aufbringen eines fl. Lotes mit den Oxyden der Metalle der Erdsäuren, Nb, V, Ta, oder der säurebildenden Metalle, Cr, Mo, W, in Kontakt gebracht bei einer Temp., bei der die alkal. Bestandteile der tiefschmelzenden, glasigen Bestandteile der Keramik mit sauren Metalloxyden reagieren u. in kristalline Komplexe übergeführt werden. Auf der Oberfläche der Keramik wird somit aus der Brennhaut heraus eine Schicht von Kristallen gezüchtet, die sich infolge ihrer Struktur bes. gut für eine Verb. mit einem Metallot eignen. (**D. B. P. 872 767** Kl. 80b vom 27/2. 1951, ausg. 9/4. 1953.) REINHART. 6221

René Marie Berthier, Isère, Frankreich, *Befreiung der Hochofenschlackenzemente von den schwefelhaltigen Verunreinigungen.* Man behandelt solche Zemente mit O_2, O_3, Hypochloriten, Chloraminen, Perverbb. oder Persulfaten usw. Benutzt man z. B. Na- oder Ca-Hypochlorit zur Oxydation der S-Verbb. in Sulfate, werden Chloride u. eine freie Base gebildet, die beide zur beschleunigten Abbindung u. Erhärtung von Nutzen sind. (**F. P. 1 044 997** vom 10/11. 1951, ausg. 23/11. 1953.) BEWERSDORF. 6223

Christian Armand Charles Serre, Gironde, Frankreich, *Wasserdichtmachen und Färben von Zementkörpern.* Man läßt z. B. eine Zementfliese 1 Std. in einem 18—20%ig. Na- oder K-Seifenbad lagern. Dann taucht man dieselbe Fliese sogleich 1 Std. in eine 5—10%ig. Metallsalzlösung. Nach der Herausnahme aus dem Bad läßt man trocknen u. bürstet die Fliese ab. Um farbige Fliesen zu erhalten, wählt man z. B. für blau eine 6%ig. $CuSO_4$-Lsg., für grün eine 10%ig. $NiCl_2$-Lösung. Als Beispiel für die Rk. ist

$$2\,RCOONa + CuSO_4 \rightarrow \begin{matrix} R-COO \\ R-COO \end{matrix}\!\!>\!Cu + Na_2SO_4$$

angeführt. (**F. P. 1 028 019** vom 11/9. 1950, ausg. 19/5. 1953.) BEWERSDORF. 6223

Soc. Française des Produits Daro, Seine, Frankreich, *Verbesserung der Formung von Magnesiazementmörtel-Mischungen.* Eine homogene Mischung aus MgO, Zuschlagstoffen u. $MgCl_2$-Lauge, die 12—48 Std. gut durchgemischt ist, wird in eine Preßform eingebracht u. einem Preßdruck von 200 kg/cm² während 1—2 Min. unterworfen. Es kann sofort entschalt werden, u. die Formlinge gestatten eine leichte weitere Handhabung. (**F. P. 1 042 557** vom 19/5. 1948, ausg. 2/11. 1953.) BEWERSDORF. 6227

Cornelius Van Eyndhoven, Vöcklabruck, Oberösterreich, Österreich, *Verhindern des Anhaftens von erhärtenden Massen (Zementmörtel) an ihrer Unterlage* durch Aufbringen einer oder mehrerer Schichten eines wasserlösl. Silicates, die getrocknet u. wieder aufgeweicht werden. Z. B. wurde die Silicatschicht auf der Blechunterlage kurz bei 60° getrocknet. Dann wurde auf die erkaltete Unterlage ein Mörtelgemisch von ca. 10° aufgetragen. Nach 15 Min. wurde das Blech mit dem Mörtel in einen Raum von ca. 25° gebracht u. bei dieser Temp. gelagert. Die Silicatschicht weichte dann vor dem Beginn des Abbindens des Mörtels auf. Nach dem Abbinden des Zementes konnte das Unterlagsblech mühelos abgenommen werden. (**Oe. P. 178 059** vom 15/9. 1951, ausg. 10/4. 1954.) BEWERSDORF. 6227

Karl Egon Fürst und **Landgraf Fürstenberg,** Weitra, Österreich, *Formlinge aus kristallisierenden Gesteinsschmelzen.* Gesteinsgemische, die u. a. Verbb. des Na u. Ca mit SiO_2 enthalten, z. B. ein Gemenge aus 30 (Gew.-%) Sand, 15 Basalttuff, 20 $CaCO_3$, 20 Na_2CO_3 u. 15 CaF_2, werden mindestens während eines Teils des Erhitzens u. Schmelzens im Ofenraum der Einw. von Kristallisatorgasen oder -dämpfen unterworfen. Zugleich werden Maßnahmen angewendet, die das Entweichen der Kristallisatorgase oder deren Verbb. mit Kieselsäure aus dem Schmelzgut hindern. Die Schmelze wird durch Gießen geformt u. abgekühlt. Als Kristallisatoren werden z. B. Dämpfe von Fluorverbb., Borsäure oder Bleiarsenat verwendet. — Zeichnungen. (**Schwz. P. 288 663** vom 17/3. 1950, ausg. 1/10. 1953.) REINHART. 6229

André Raymond Subervie, Gironde, Frankreich, *Brikettierung von Rückständen und Abfallprodukten der chemischen Industrie oder der Metallurgie.* Man feuchtet diese Stoffe mit einer Mischung aus Steinkohlenteeröl u. Erdöl an, der noch etwas NaOH-Lauge zugesetzt sein kann. Dann wird die M. mit einem asphalt. Bindemittelgemisch, das kalt verwendbar ist u. dem noch etwas Kalk oder Zement beigemischt sein kann, innig durchgemischt. Es werden in üblicher Weise Briketts aus der M. geformt. (**F. P. 1 031 501** vom 29/2. 1951, ausg. 24/6. 1953.) BEWERSDORF. 6229

Soc. An. S. E. C. P. (Soc. d'Exploitation et des Créations Plastiques), Tanger. *Schutz von Gegenständen aus Keramik, Gips, Marmor, Glas, Wachs gegen Erschütterung.*

Latex (I) wird bei 60—70° konz. u. mit NH_3 oder KOH stabilisiert. An Stelle von I können auch Kunstharze (II), z. B. Silicone, Verwendung finden. Man präpariert eine noch fl. spritzbare Paste, die ca. 30—40 % I oder II u. 60—70 % zerstoßene Kreide oder Ton enthält, u. bringt diese mittels Spritzpistole in gewünschter Schichtdicke auf den Gegenstand auf. Dann wird der Gegenstand entweder 24 Std. an der freien Luft belassen oder gelinde bei 60° 1 Std. erwärmt, wodurch der Überzug fest wird. (**F. P. 1 042 147** vom 13/9. 1951, ausg. 29/10. 1953.) BEWERSDORF. 6229

Erik Axel Boserup, Slangerup, Dänemark, *Herstellung von frostfesten Formkörpern, die im wesentlichen aus Sand und Kieselgur bestehen.* Die Körper können daneben W. u. auch Stoffe, wie Braunkohle, Kork, Sägemehl usw., enthalten, zur Erhöhung ihres *Isoliervermögens.* Man unterwirft die Stoffe vor oder während der Verformung einer Rüttelbewegung. Die Formkörper werden wie üblich gebrannt. (**Dän. P. 74 898** vom 23/12. 1947, ausg. 27/10. 1952.) JÜRGEN SCHMIDT. 6229

Axel Frøkjaer-Jensen, Charlottenlund, Dänemark, *Herstellung von gekörnten, porigen Stoffen für Isolierzwecke.* Man brennt leichtschmelzende Tonarten oder ähnliche kieselsäurehaltige Stoffe bis zum beginnenden Schmelzen unter starker Blasenbildung in Zementdrehöfen, wobei die Umdrehungszahl je Min. in der Brennzone mindestens 2 betragen soll. (**Dän. P. 74 783** vom 29/11. 1941, ausg. 29/9. 1952.) JÜRGEN SCHMIDT. 6229

Charles Edwin Goulding jr., Caracas, Venezuela, *Verminderung der Porigkeit kalk- und kieselsäurehaltiger Materialien, wie Beton, Gips, Tonziegel* oder dgl., welche die Verb. eines mehrwertigen Metalls (I) in ionenaustauschbarer Form enthalten, durch Behandlung mit der Lsg. eines wasserlösl. Alkalimetallsalzes einer höheren Fettsäure (II) mit 11—22 C-Atomen im Mol. Hierbei scheidet sich in den Poren des Materials durch Rk. von I mit II ein Gel aus. Bevor dieses Gel getrocknet ist, wird es mit der wss. Lsg. des Salzes eines mehrwertigen Metalls, wie $Al_2(SO_4)_3$, $CuSO_4$, $CuCl_2$ oder $FeCl_3$, behandelt. Durch Bldg. eines unlösl. Reaktionsprod. wird hierdurch das Gel gehärtet u. schließt die Poren des Materials. (**A. P. 2 650 173** vom 9/7. 1951, ausg. 25/8. 1953. Venezuela Prior. 3/5. 1951.) REINHART. 6229

Knud Waldemar Nielsen, Kopenhagen, Dänemark, *Herstellung von Isolierplatten aus pflanzlichen Faserstoffen,* bes. *Stroh.* Man schneidet das Stroh auf kurze Stücke, schlägt es schwach u. kocht es in ca. 2%ig. NaOH-Lsg., bis die Hemicellulosen weichgemacht u. teilweise gelöst sind. Dann wäscht man das Alkali u. die gelösten Anteile aus oder trennt sie durch Zentrifugieren ab. Nun zerkleinert man die M. erneut u. kocht sie wenige Min. in verd. Kalialaunlsg., worauf wieder gewaschen u. getrocknet wird. (**Dän. P. 73 624** vom 10/12. 1946, ausg. 7/1. 1952.) JÜRGEN SCHMIDT. 6229

Jacques Bouchayer, Seine, Frankreich, *Spezialzubereitung der Splitt- oder Feinkieszuschlagstoffe für Bindemittelstraßenoberflächen.* Man sortiert die Mineralteile zunächst im wesentlichen nach der Stärke u. braucht erst in zweiter Linie ein Aussieben nach der Breite vorzunehmen. Die Aussiebung nach der Stärke der Körner kann z. B. zwischen zwei Sieben mit rechteckigen Löchern von 15 mm u. 18 mm Breite vorgenommen werden. Mit so ausgewählten Körnern kann eine Oberflächendecke verlegt werden, deren Mineralteile dann nicht zu groß u. nicht zu klein sind. Man kann die erforderliche Bindemittelmenge besser dosieren u. erhält eine gute Oberflächendeckschicht. (**F. P. 1 044 112** vom 24/10. 1951, ausg. 16/11. 1953.) BEWERSDORF. 6231

Harvel Corp., New York, übert. von: **Peter L. Rosamilia,** Newark, und **Solomon Caplan,** New York, N. Y., *Harzmischung,* verwendbar für *Schleifmittel,* Formkörper, Bremsfutter, als Bindemittel u. dergleichen. Man erhitzt eine Mischung eines Nadelbaumharzes („Vinsol"; F. 115°, SZ. 95, VZ. 125—135, 50% lösl. in Toluol) u. dessen Pech oder Cashewnußschalenöl (Kp. 225°) (I) $1^1/_2$ Std. auf 204°; F. des Reaktionsprod. 72°. Eine Lsg. in A. dient als Schellackersatz; mit Asbestfasern u. 1—5% Hexamethylentetramin erhitzt u. geformt erhält man ein unschmelzbares Prod. für Bremsfutter, das mit Natur- u. Kunstkautschuk vermischt werden kann. „Vinsol" kann auch mit 5—25% Furfurol (II) in Ggw. eines sauren oder alkal. Beschleunigers zu einem thermoplast. Harz verarbeitet werden; dieses wiederum kann noch mit I geschmolzen werden. Durch Einw. von Mineralsäure, Alkylsulfat oder Alkali u. CH_2O entstehen daraus unschmelzbare Harze. — I, seine Destillationsprodd. oder Rückstände können auch mit CH_2O, Furfurol, Croton- oder Acetaldehyd, Glyoxal, Acrolein oder Trioxan umgesetzt u. mit dem Harz aus II u. „Vinsol" bei 200° verschmolzen werden. (**A. PP. 2 618 618** vom 21/2. 1952 u. **2 618 619** vom 17/6. 1949, beide ausg. 18/11. 1952.) SALZMANN. 6239

Soc. An. des Carrières Réunies, Vogesen, Frankreich, *Herstellung von Schleifscheiben auf der Grundlage von SiO_2-haltigem Sand.* SiO_2-haltiges Gestein wird gebrochen. Man sortiert die Körner nach verschied. Korngrößen u. stellt eine Kornzusammensetzung wie für einen dichten Beton her. Man fügt ca. 50% gebranntes MgO, Korund- oder SiC-Körner mit einer Härte von 8—10, gemäß der MOHRschen Skala, hinzu, dann vermischt man das Ganze mit einer wss. $MgCl_2$-Lsg. (24° Bé). Nach Formung läßt man nach dem Abbinden noch trocknen. (**F. P. 1 043 412** vom 4/10. 1951, ausg. 9/11. 1953.) BEWERSDORF. 6239

Giovanni Lupato, Struttura atomica del vetro e dei silicati. Venezia. Tip. Gasparoni. 1953. (178 S. m. Abb.) L. 800,—.

George S. Monk and **W. H. McCorkle**, eds. Optical instrumentation. New York: McGraw-Hill. 1954. (287 S. m. Abb., Diagr.) $ 3,75.

VII. Agrikulturchemie. Schädlingsbekämpfung.

Rikio Kumagai, Herbert F. Rapp und **John O. Hardesty,** *Ammonisierung von Superphosphat. Die Absorption von Ammoniak durch Superphosphate beeinflussende physikalische Faktoren.* Gewöhnliches u. Tripel-Superphosphat wurden zur Best. ihres Absorptionsvermögens für NH_3 in einer halbtechn. Versuchseinrichtung ammonifiziert. Das Absorptionsvermögen wurde durch Erhöhung des Feuchtigkeitsgeh. u. Verminderung der Teilchengröße wesentlich gesteigert. Dichte u. Härte der Superphosphatteilchen beeinträchtigen das Absorptionsvermögen. Die Analyse von bei 86° F 30 Tage lang aufbewahrtem ammonisiertem Tripelsuperphosphat zeigte, daß die Abnahme an wasserlösl. u. die Zunahme an citratunlösl. P_2O_5 direkt proportional der absorbierten NH_3-Menge sind. — 23 Literaturangaben. (J. agric. Food Chem. **2.** 25—30. 6/1. 1954. Beltsville, Md., U. S. Dep. of Agric., Bureau of Plant Ind., Soils and Agric. Engng., Div. of Fertilizer and agric. Lime.) RANG. 6282

O. Owen, G. W. Winsor und **M. I. E. Long,** *Die Eigenschaften einiger Harnstoff-Formaldehydprodukte in Beziehung zur möglichen Verwendung als Stickstoffdüngemittel.* Die Eigg. von Harnstoff-Formaldehydverbb. sind in hohem Maße abhängig von dem Mol.-Verhältnisse, in welchem beide Komponenten zur Rk. gebracht werden. Das Prod. aus gleichmol. Mengen ist fast unlösl. u. inert im Boden, mit steigendem Harnstoff/Formaldehydverhältnis steigen Löslichkeit u. Bodenausnutzbarkeit. In ihrer Wirkungsweise sind die Verbb. am besten mit Huf- u. Hornmehl vergleichbar. (J. Sci. Food Agric. **3.** 531—41. Nov. 1952. Cheshunt, Herts., Experim. and Research Station.) GRIMME. 6284

B. B. Roy und **S. C. Das,** *Elektrochemische Eigenschaften von Wasserstofftonen aus mehreren indischen Böden in Beziehung zu ihrem mineralogischen Aufbau.* Aus Horizontproben von 4 typ. Bodenprofilen wurden H-Tone hergestellt. Elektrometr. Titration dieser Tone mit $Ba(OH)_2$ u. Veränderung der Viscosität ihrer wss. Aufschlämmungen durch steigenden Zusatz von NaOH erwiesen sich als wertvoll für die Feststellung ihres mineralog. Aufbaus. (Soil Sci. **76.** 97—105. Aug. 1953. Indian-Agricultural Research Institute, New-Delhi.) A. JACOB. 6300

R. S. Dyal, *Glimmer- und Wavellitgehalt der Tonfraktion eines lehmigen Sandbodens von Gainesville in Florida.* Nach ihren kristallograph. (röntgenograph. elektronenmkr.) u. sorptiven Eigg. besteht die Tonfraktion eines lehmigen Sandbodens von Gainesville zu 60—80% aus Glimmer, zu 10—15% aus Kaolinit mit etwas Quarz u. zu 4—7% aus Wavellit. Die Tonfraktionen der übrigen untersuchten Böden haben überwiegend Kaolincharakter. (Proc. Soil Sci. Soc. America **17.** 55—58. Jan. 1953.) LENHARD. 6300

Willard Gardner und **John Hale Gardner,** *Die Grenzfläche „flüssig–dampfförmig" im idealen Boden.* Die Geometrie der Grenzfläche „flüssig–dampfförmig" wird in einem Boden untersucht, der aus gleichförmigen Kugeln bestehend gedacht ist. Es konnte gezeigt werden, daß das Vol. des W. am Berührungspunkt von 2 Kugeln durch das Verhältnis des einen der beiden Krümmungsradien der Grenzfläche „flüssig–dampfförmig" zum Radius der Kugel bestimmt wird. Im Boden wird die Gestalt der Grenzfläche stark von der idealisierten abweichen. Im Gleichgewichtszustand im Gravitationsfeld ist aber die Krümmung dieser Grenzflächen eindeutig bestimmt, wenn die Radien der Teilchen groß sind im Vgl. zum mittleren freien Weg der Wassermoleküle. (Soil Sci. **76.** 135—42. Aug. 1953. Utah Agricultural Experiment Station.) A. JACOB. 6302

L. Gisiger und **H. Pulver,** *Zur Unterscheidungsfrage der harten und weicherdigen Rohphosphate.* Auf stark saurem Hochmoorboden wiesen weicherdige u. harte Phosphate bzgl. der Düngerwrkg. nur geringe Unterschiede auf, während dieselben auf humusarmem, mäßig saurem Boden beachtlich waren. Die Vorschläge von HOFMANN u. MAGER bzw. von ROBERTSON, die harten von den weicherdigen Phosphaten nach ihrer relativen Löslichkeit in Ameisensäure bzw. in Citronensäure zu unterscheiden, werden von den Vff. unterstützt. (Landwirtsch. Jb. Schweiz **67** ([N. F.] **2**). 75—86. 1953. Liebefeld, Eidgenöss. Agrikulturchem. Anst.) WINIKER. 6304

W. W. Kopershinski, *Die Wirksamkeit des Superphosphates im Zusammenhang mit der Wirkung des Phosphors auf die Atmung der Pflanzen.* Bei Erhöhung der P_2O_5-Gaben tritt eine Ertragssteigerung nur bis zu einer bestimmten Grenze auf, eine weitere Erhöhung kann die Bldg. von Blüten u. Samen beeinträchtigen. Dies steht im Zusammenhang mit einer Verstärkung der Atmung der generativen Organe, die zu einem erhöhten Verbrauch der Kohlenhydrate dieser Organe führt. (Доклады Всесоюзной ордена Ленина Академии Сельскохозяйственных Наук имени В. И. Ленина [Ber. Allunions landwirtsch. (Lenin-Orden) Lenin-Akad.] **18.** Nr. 2. 18—28. 1953. Nordkaukas. Abt. des Allunions Wiss. Williams-Forschungsinst. für Futtermittel.) A. JACOB. 6304

P. Prevot, M. Ollagnier und **P. Fourrier,** *Stickstoff- und Phosphormangel der Erdnuß im Bezirk von Louga (Senegal).* Prakt. Großverss. bestätigten den ausgesprochenen N-Mangel der Lougaböden in Senegal. Erst nach Ausgleich der N-Bilanz kann die für die Erdnußkultur so wichtige P_2O_5-Düngung zur Auswrkg. kommen. Auf Grund der Verss. empfehlen Vff. folgende Düngung: 15—20 kg N als $(NH_4)_2SO_4$ u. 10—15 kg P_2O_5 als Dicalciumphosphat je 1 ha. Eine Kaligabe ist nur auf ausgesprochen kaliarmen Böden nötig. (Oléagineux **8.** 135—38. März 1953. Liège, Univ., Service agronom.) GRIMME. 6304

A. Je. Kotschergin, *Stickstoffdüngung von Winterkulturen und die Bedingungen ihrer wirksamen Anwendung bei Schwarzerden Sibiriens.* Unter Winterung nach Brache enthält der Boden große Mengen an Nitrat, die bis zu 4 dz/ha Salpeter in der Ackerkrume entsprechen. Dies muß bei der Bemessung der N-Düngung berücksichtigt werden. Unter Wintergetreide nach Getreide entspricht der Nitratgeh. im Frühjahr höchstens 1 dz/ha Salpeter; man kann hier die N-Düngung sowohl im Herbst als auch im Frühjahr verabfolgen. (Доклады Всесоюзной ордена Ленина Академии Сельскохозяйственных Наук имени В. И. Ленина [Ber. Allunions landwirtsch. (Lenin-Orden) Lenin-Akad.] **18.** Nr. 2. 24—29. 1953. Sibir. Wiss. Forschungsinst. für Getreidewirtschaft.) A. JACOB. 6304

C. Marshall Ritter, *Die Wirkungen von Bodenkulturverfahren auf die Erträge an Äpfeln.* Erfahrungen mit verschiedenartigen Kultivierungssystemen unter besonderer Berücksichtigung der N-Düngung in einem Obstgarten. (Proc. annu. Meeting Ohio State horticult. Soc. **1952.** 83—85.) RANG. 6304

James M. Beattie, *Übersicht über dreijährige Erfahrungen in der Anwendung von Laubsprays.* Bei der Apfelsorte Rome Beauty waren *Harnstoff* (I)-Sprays ebenso wirksam wie äquivalente Bodengaben an NH_4NO_3 (II), auch bzgl. ihrer Nachwirkung. Durch I wurde höherer Zucker- u. niedrigerer Säuregeh. der Früchte erzielt als durch II. (Proc. annu. Meeting Ohio State horticult. Soc. **1952.** 86—91.) RANG. 6304

T. R. Swanback und **P. J. Anderson,** *Düngereinbringung zu Connecticut-Tabak.* Auf Grund der Ergebnisse von fünfjährigen Verss. über die zweckmäßigste Art der Einbringung eines Standard-Tabakdüngers (I) in lehmigen Sand zu Zigarrentabak ist Ausstreuen des I dem Eindrillen in unmittelbarer Nähe der Pflanzenreihe vorzuziehen, da bei diesem Verf. Wurzelschäden durch zu hohe Nährstoffkonz. eintreten können. Durch Ausstreuen von I vor dem Pflügen werden keine besseren Ergebnisse erzielt als durch Eineggen nach dem Pflügen. (Connecticut agric. Exp. Stat., New Haven, Bull. **1952.** 3—10. Nov.) RANG. 6304

W. Bryner und **J. Kundert,** *Spritzversuche zur Bekämpfung der Zinkmangelkrankheit im Obstbau.* Durch Zn-Mangel bei Apfelbäumen bedingte Krankheitserscheinungen konnten durch Zn-Spritzungen direkt auf die Baumkronen gebessert werden. (Landwirtsch. Jb. Schweiz. **67** ([N. F.] **2**). 87—100. 1953. Wädenswil, Eidgenöss. Versuchsanst. für Obst-, Wein- u. Gartenbau.) WINIKER. 6304

T. R. Narayanan, *Aluminium bei der Pflanzenernährung.* Kurze Bemerkungen zum allg. Vork. von Al im Pflanzenreich u. seiner landwirtschaftlichen Bedeutung. (Madras agric. J. **41.** 1516. Jan. 1954. Coimbatore, Agric. Res. Stat.) KRUSEN. 6304

I. L. Stevenson und **F. E. Chase,** *Nitrifikation in einem Obstgartenboden unter drei verschiedenen Kulturarten.* Das Nitrifikationsvermögen eines Bodens wurde nach der Meth. der Percolationstechnik bei verschied. Behandlung, nämlich unter Mulch, unter Grasnarbe u. bei Bodenbearbeitung untersucht. Der Boden unter Mulch wie das höchste Nitrifikationsvermögen auf. Zusatz von Kalk verbesserte das Nitrifikationsvermögen, ausgenommen unter Mulch. (Soil Sci. **76.** 107—14. Aug. 1953. Ontario Agric. Coll.) A. JACOB. 6304

Armi Kaila, *Einige Beobachtungen über das Vorkommen von Azotobacter in finnischen Böden.* *Azotobacter chroococcum* (**I**) konnte direkt nur in 5 von 72 finn. Böden nachgewiesen werden. Nach Anreicherung durch Behandlung des Bodens mit Mannit, Kalk, Phosphat u. einer Spur Molybdat gaben bedeutend mehr Böden einen positiven I-Test. In Böden mit einem p_H-Wert unter 5,8 wurde **I** nicht gefunden. *Azotobacter indicum* wurde nicht festgestellt, *Clostridium*-Arten dagegen in allen Bodenproben. — Auch in einigen Bodenkulturen, in denen kein Azotobacter gefunden wurde, konnte eine beträchtliche N-Bindung festgestellt werden. (Maataloustieteellinen Aikakauskirja [J. sci. agric. Soc. Finland] **26.** 40—49. 1954. Helsinki, Yliopiston maanviljelyskemian laitos.) BECKMANN. 6306

G. G. Knock, *Untersuchung von Böden auf Sporen von Clostridium botulinum* (*Union von Südafrika und Südwestafrika*). Die Böden Südafrikas sind so gut wie frei von Clostridium botulinum (Typen A, B u. E). Bei bakteriolog. Anreicherungsverss. mit 102 Böden ließ sich nur in 3 Fällen Clostridium B nachweisen. (J. sci. Food Agric. **3.** 86—91. Febr. 1952. Cape Town, Südafrika, Res. Dep.) GRIMME. 6306

W. J. Hanson und **R. W. Nex,** *Diffusion von Äthylendibromid in Böden.* Gegen Drahtwurm, Nematoden usw. werden Böden mit Äthylendibromid (**I**) behandelt. Die Diffusion des **I** ist von verschied. Faktoren abhängig, vor allem von der Porosität (Porenvol.) der Böden. Unterhalb des Welkpunktes wird **I** stark adsorbiert. Nahe dem Welkpunkt sinkt die Sorption rasch auf ein Minimum. Mit höherer Bodenfeuchtigkeit nimmt die Sorption infolge der schwachen Wasserlöslichkeit von **I** zu. Bei gleicher Porosität ist die Diffusion durch tonigen Lehm geringer als durch sandigen Lehm. Bei fallender Temp. nimmt die Diffusionsgeschwindigkeit deutlich ab. Die Zerfallsgeschwindigkeit von **I** in Böden ist gering u. beeinflußt scheinbar nicht die Diffusionsgeschwindigkeit. — 10 Literaturzitate. (Soil Sci. **76.** 209—14. Sept. 1953. Seal Beach, Calif., Dow Chemical Co., Agric. Res. Labor., Western Div.) SCHEIFELE. 6312

A. B. Sen, und **K. C. Joshi,** *Suchen nach organischen Fungiciden: Chemische Konstitution und fungicide Wirksamkeit.* Die fungicide Wrkg. von organ. Fungiciden ist an verschied. tox. Gruppen gebunden, z. B. bromierte Amide, Ester, Alkoxysubstituenten, substituierte Aryloxyfettsäuren u. organ. Hg-Verbindungen. Die Vff. haben 55 Verbb. vorgenannter Art gegen Aspergillus niger auf ihre fungicide Wrkg. geprüft. Hervorzuheben ist, daß Aryloxyfettsäuren in schwachen Konzz. nicht fungicid, sondern ausgesprochen wachstumsstimulierend wirken. (J. Sci. Food Agric. **3.** 526—31. Nov. 1952. Lucknow, Indien, Univ., Chem. Dep.) GRIMME. 6312

K. Holly, *Die Einflüsse der angewendeten Volumenverhältnisse auf die Wirksamkeit von 2.4-Dichlorphenoxyessigsäure und 2-Methyl-4-chlorphenoxyessigsäure.* Vorläufige Gewächshausverss. mit den Herbiciden *2.4-D* u. *MCPA* mit Gerste u. Brassica alba als Testpflanzen zur Best. des Einfl. der Veränderung des Sprayvol. auf die von den Pflanzen zurückgehaltene bzw. aufgenommene Menge des Herbicids. (J. Sci. Food Agric. **3.** 308—12. Juli 1952. Oxford, Dep. of Agric.) GRIMME. 6312

Vernon Patterson, *Vorernte-Sprays.* Der vorzeitige Fruchtfall bei Apfelbäumen wird durch Spritzen mit *Naphthylessigsäure, 2.4-D* (**I**) bzw. *Color-Set 1004* (**II**; 2.4-D-Präp.) bei Beginn des Abfallens verzögert. — **I** u. **II** können Haltbarkeit der Früchte u. Entw. des Baumes im auf die Behandlung folgenden Jahr beeinträchtigen. (Proc. annu. Meeting Ohio State horticult. Soc. **1952.** 79—82.) RANG. 6312

Ralph B. Swain, *Einfluß von Benzolhexachlorid auf das Kaffeearoma in Nicaragua.* Zur Bekämpfung von Idiarthron artispinum wurden in Nicaragua Kaffeesträucher mit Toxaphen u. BHC + DDT behandelt. Die mit BHC-haltigen Präpp. behandelten Pflanzen lieferten Kaffeebohnen, die geschmacklich beeinflußt waren, obwohl zwischen Behandlung u. Ernte eine Zeitspanne von 2 Monaten vergangen war. In Brasilien wurde nach BHC-Bestäubung keine Geschmacksveränderung beobachtet; es ist anzunehmen, daß Klima, Bodenbeschaffenheit u. Kulturmethoden eine Rolle spielen. (J. econ. Entomol. **46.** 167. Febr. 1953. Servicio Técnico Agricola de Nicaragua, Office of Foreign Agric. Relations.) GOEBEL. 6312

Ss. G. Bobinskaja, *Gründe der Widerstandsfähigkeit einiger schädlicher im Boden lebender Larven gegenüber HCH.* Bei den Larven von Maikäfer, Rüsselkäfer u. Drahtwurm wurden durch *HCH* Stoffwechselstörungen hervorgerufen, die zu einer erhöhten Atmung u. Wasserverlusten führten. Die Wrkg. auf Drahtwürmer war stärker als die auf Maikäfer, was mit einer größeren Durchlässigkeit der Haut erklärt wird. (Доклады Всесоюзной ордена Ленина Академии Сельскохозяйственных Наук имени В. И. Ленина [Ber. Allunions landwirtsch. (Lenin-Orden) [Lenin-Akad.] **18.** Nr. 2. 30—33. 1953. Allunions Wiss. Forschungsinst. für Pflanzenschutz.) A. JACOB. 6312

J. Gil Collado, *Die heutigen Möglichkeiten der Bekämpfung des Ornithodoros.* Überblick über Lebensgewohnheiten, Ernährung, Entw. u. Verbreitung der untersuchten Milbenart u. ihre Bekämpfung mit *HCH*. Gegen *DDT* sind die Tiere resistent. (Rev. Sanidad Hig. públ. **27.** 537—49. Sept./Okt. 1953.) R. K. MÜLLER. 6312

D. L. Gunn, *Bekämpfung der roten Heuschrecken mit Insekticiden.* An Hand des Schrifttums werden besprochen *γ-BHC, DNOC* u. *Parathion,* unter Berücksichtigung ihrer Giftigkeit für Mensch u. Tier. Sie sind geeignet zur Bekämpfung der roten Wanderheuschrecken, Nomadacris septemfasciata Serville. (J. Sci. Food Agric. **3.** 289—96. Juli 1952. London, Anti-Locoust Res. Centre.) GRIMME. 6312

Gerhard Schrader, *Die Entwicklung systematischer Insekticide auf Grundlage organischer Phosphorverbindungen.* Inhaltlich ident. mit C. **1953.** 2663. (Höfchen-Briefe **5.** 161—70. 1952. Wuppertal-Elberfeld, Pflanzenschutzlabor. der Farbenfabriken Bayer.) GRIMME. 6312

D. F. Heath, D. W. J. Lane und **Margaret Llewellyn,** *Untersuchungen über technisches Oktamethylpyrophosphoramid.* 3. Mitt. *Zersetzung des Insekticids in der Pflanze, gemessen mit ^{32}P als Tracer.* (2. vgl. C. **1952.** 2245.) Pestox III (techn. Oktamethylpyrophosphoramid), ein Gemisch von $R_4P_2O_3$ u. $R_5P_3O_5$, worin R die Gruppe $(CH_3)_2N-$ ist, wurde mit ^{32}P markiert u. auf Blätter von Erdbeeren, Hopfen, Zuckerrüben u. Rosenkohl in stark verd. Lsgg. gespritzt. Analysen ergaben, daß beide Bestandteile allmählich aus den Pflanzen verschwinden mit einer Geschwindigkeit, die von der Jahreszeit bzw. von dem Entwicklungsstadium der Versuchspflanzen abhängt. Fast 90% verschwinden im Sommer in ca. 40 Tagen, wahrscheinlich infolge Zers. durch das Pflanzensystem. (J. Sci. Food Agric. **3.** 60—69. Febr. 1952. Harston, Cambridge, Pest Control Ltd.) GRIMME. 6312

D. F. Heath, D. W. J. Lane und **Margaret Llewellyn,** *Untersuchungen über technisches Oktamethylpyrophosphoramid.* 4. Mitt. *Die Zersetzung von Pyrophosphorsäuretetradimethylamid und Orthophosphorsäuretridimethylamid in der lebenden Pflanze.* (3. vgl. vorst. Ref.) Zuckerrüben- u. Erdbeerpflanzen wurde mit den ^{32}P enthaltenden Verbb. $[(CH_3)_2N]_4P_2O_3$ (**I**) u. $[(CH_3)_2N]_3PO$ (**II**) behandelt. Beide Verbb. werden in den Pflanzen in sehr ähnlicher Weise abgebaut. Hierbei bilden sich aus **I** nur Prodd., welche aus W. nicht mit Chlf. extrahierbar sind. **II** bildet dabei eine Verb., welche sich sowohl aus W. als auch n-NaOH durch Chlf. extrahieren läßt. Es wird ein enzymat. Abbau vermutet. (J. Sci. Food Agric. **3.** 69—73. Febr. 1952. Harston, Cambridge, Pest Control Ltd.) GRIMME. 6312

H. Colonius, *Erfahrungen mit Tomorin.* Hinweise zur erfolgreichen Anwendung des Rattenbekämpfungsmittels *Tomorin* (Cumarinderiv.) (Prakt. Schädlingsbekämpfer **6.** 24—26. März 1954. Himmelreich bei Neustadt a. Rübenberge.) WINIKER. 6312

M. F. De Boodt und **Don Kirkham,** *Anisotropie und Messung der Luftdurchlässigkeit von Bodenschollen.* Eine Meth. zur Best. der Luftdurchlässigkeit einer Bodenscholle wird beschrieben. Die Messungen ergaben, daß manche Böden hinsichtlich des Luftdurchgangs anisotrop sind. So war im A-Horizont eines Bodens die horizontale Luftdurchlässigkeit doppelt so groß wie die vertikale, im B-Horizont des gleichen Bodens wurde keinerlei Anisotropie festgestellt. Es wird die Möglichkeit erörtert, Bodenschollen auch für andere physikal. Messungen zu benutzen, da sie die natürliche Struktur des Bodens besser wiedergeben, als ander Arten von Bodenproben. (Soil Sci. **76.** 127—33. Aug. 1953. Iowa State Coll.) A. JACOB. 6324

Khazan Singh, *Ein Bodenkompaktometer.* Ein prakt. tragbares Gerät zur Best. der Bodenkompaktheit mit automat. Aufzeichnung wird an Hand von schemat. Abbildungen beschrieben u. die Auswertung der erhaltenen Werte besprochen. Das vorhandene Schrifttum (20 Angaben) wird krit. gesichtet. (J. Sci. Food Agric. **3.** 501—05. Nov. 1952. London, Agric. Chem. Labor. Imp. Coll.) GRIMME. 6324

A. H. Cornfield und **A. G. Pollard,** *Extraktion von Kalium aus Böden durch Elektrodialyse oder durch Auslaugung mit Ammoniumacetat.* 1. Mitt. *Böden langfristiger Düngungsversuche.* Aus mit Suspensionen mit K gedüngten Böden langfristiger Düngungsverss. wird durch Elektrodialyse (a) in einer MARSDEN-Zelle mehr K extrahiert als durch Auslaugung (b) mit NH_4-Acetatlösung. Diese Differenz nimmt mit steigender K-Gabe zu. Aus nichtgedüngtem Boden wird durch b etwas mehr K entfernt als durch a. Das aus gedüngtem Boden durch a im Vgl. zu b im Überschuß entfernte K stammt aus nichtaustauschbaren (fixierten) K-Formen. Das elektrodialysierbare K kann nicht als Maß des austauschbaren K des Bodens dienen. (J. Sci. Food Agric. **3.** 151—52. April 1952. London, Imp. Coll., Agric. Chem. Dep.) RANG. 6324

B. R. Agarwal und **A. G. Pollard,** *Extraktion von Kalium aus Böden durch Elektrodialyse oder durch Auslaugung mit Ammoniumacetat.* 2. Mitt. *Untersuchung von Ka-*

lium-Wasserstoff-Tonen. Aus einer Suspension eines elektrodialysierten Tons mit einem der Basenaustauschkapazität des Tons entsprechenden Zusatz von KOH wird durch 1std. Elektrodialyse dieselbe K-Menge (±3%) entfernt wie durch Auslaugen mit NH_4-Acetatlösung. Das durch weitere Elektrodialyse noch zusätzlich entfernte K entstammt wahrscheinlich nichtaustauschbaren Formen. (J. Sci. Food Agric. **3.** 152—53. April 1952. London, Imp. Coll., Agric. Chem. Dep.) RANG. 6324

A. H. Cornfield, *Eine Apparatur zur Makrobestimmung von organischem Kohlenstoff in landwirtschaftlichen Stoffen unter Verwenden der van Slyke-Folch-Digestionsmischung.* Es wird eine durch Einführung einer Röhre mit erhitztem Ag zur Entfernung von Halogen modifizierte App. beschrieben; das durch Zers. der organ. Verbb. des Stoffes (z. B. Boden) sich entwickelnde CO_2 wird durch Wägung bestimmt. Die Ergebnisse stimmen mit den durch trockene Verbrennung erhaltenen überein. (J. Sci. Food Agric. **3.** 154—56. April 1952. London, Imp. Coll., Agric. Chem. Dep.) RANG. 6324

G. J. Warren, *Der Einfluß von Piperonylbutoxyd und DDT auf die Bestimmung des Pyrethringehaltes von handelsüblichen Sprühinsekticiden mit der A.O.A.C.- und der Seil-Methode.* Vf. stellte fest, daß bei der Best. des Geh. an Gesamtpyrethrin in Insekticiden die Anwesenheit von DDT u. Piperonylbutoxyd stört. Diese Substanzen liefern bei der Hydrolyse mit alkoh. KOH saure Substanzen, die in Ae. lösl. sind u. bei der alkalimetr. Best. der Pyrethrine II miterfaßt werden. Eine einwandfreie Abtrennung der störenden Substanzen ist bis jetzt noch nicht möglich. (J. Sci. Food Agric. **4.** 180—83. April 1953. London, Joye's Sanitary Compounds Co. Ltd.) KRUSEN. 6328

Potasse et Engrais Chimiques, Seine, Frankreich, *Phosphatdüngemittel.* Damit der Dünger lagerfähig wird u. zugleich nicht an NH_4-Citratlöslichkeit seines Geh. an P_2O_5 einbüßt, werden nach dem Aufschluß des Rohphosphats mit Mineralsäure 20 Gr.-At. Fe^{2+} oder mehr auf 100 Gr.-Mol. P_2O_5 zugesetzt u. darauf in bekannter Weise die freien Säuren neutralisiert. — Es werden z. B. 1000 kg Marakkophosphat (34,2% P_2O_5) mit 1,450 m^3 HCl von der D. 1,16 2 Std. verrührt; darauf werden 65 kg $FeCl_2$ u. schließlich 280 kg CaO in Form von Kalkmilch zugesetzt. Es bilden sich 980 kg $CaHPO_4$ mit 34,5% P_2O_5, das zu 99,6% in NH_4-Citrat lösl. ist, als Nd., der dann filtriert u. gewaschen wird. — Ein weiteres Beispiel betrifft den Aufschluß von Tunisphosphat mit HNO_3, den Zusatz von $FeSO_4 \cdot 7H_2O$, die Neutralisierung mit NH_3 u. die Bldg. von $CaCO_3$ durch Zusatz von CO_2. (**F. P. 1 043 483** vom 5/10. 1951, ausg. 9/11. 1953.) B. SCHMIDT. 6283

Eugène Gilbert Voiret, Rhône, Frankreich, *Phosphatdüngemittel.* Rohphosphat wird mit C in Ggw. von Alkalisulfat, -sulfit oder -bisulfit, z. B. von bei der Viscoseherst. anfallendem Na_2SO_4, bei 1000—1100° unter Bldg. von citratlösl. Phosphat u. CaS aufgeschlossen. Natürliches KCl wird mit H_2SO_4 in HCl u. K_2SO_4 umgewandelt, das dann beim Aufschluß verwendet wird. Die HCl kann gesondert zur Umwandlung von Tri- in Monophosphat benutzt werden. Beim Aufschluß sublimierende Alkalifluoride werden im Abgas aufgefangen. (**F. P. 1 044 378** vom 2/11. 1951, ausg. 17/11. 1953.) B. SCHMIDT. 6283

Particom (Soc. An.), Luxemburg, *Agglomerieren von phosphathaltigen Düngemitteln.* Man vermischt ein oder mehrere phosphorsäurehaltige Substanzen mit Sulfit- oder Sulfatablaugen der Cellulosefabrikation oder Destillationsprodd. dieser Ablaugen oder mit albuminoiden Substanzen, Melasse, Zucker oder adhäsiven Substanzen (z. B. Casein), zerkleinert die entstandene M. u. preßt das Pulver zusammen. Die entstandenen harten Stücke kann man kalibrieren oder wieder pulverisieren. Man erhält auf diese Weise ein homogenes Düngemittel. (**F. P. 1 045 541** vom 28/11. 1951, ausg. 26/11. 1953. Belg. Prior. 22/12. 1950.) OPPERMANN. 6283

Appareils et Évaporateurs Kestner, Frankreich, *Verflüssigen von Ammoniumnitrat.* Um ein für *Düngemittel* geeignetes NH_4NO_3 zu erhalten, wird das Salz in einem Lösegefäß mit Wasserdampf gelöst u. in einem Verdampfer auf die erforderliche Konz. eingestellt, wobei der hier frei werdende Dampf zum Lösen neuer Salzmengen wieder benutzt wird. (**F. P. 971 599** vom 13/9. 1948, ausg. 18/1. 1951.) WITTHOLZ. 6285

Metallgesellschaft Akt.-Ges. (Erfinder: **Walter Riedelsberger**), Frankfurt/M., *Mischdünger aus Phosphat und Ammonnitrat,* welcher eine gute Streu- u. Lagerfähigkeit besitzt. Phosphat oder ein Aufschluß- oder Glühprod. von Phosphat wird mit einer mehr als 94%ig., bes. 96—98%ig. NH_4NO_3-Lauge vermischt, worauf die Mischung z. B. durch Verspritzen verfestigt wird. Zur Erhöhung der Lager- u. Streufähigkeit wird das verfestigte Gut durch Bestreuen bzw. Vermischen mit Phosphat, K-Salzen, $(NH_4)_2SO_4$ oder dgl. umhüllt. Zur Umhüllung können auch andere Stoffe,

z. B. Glimmermehl, Kieselgur oder bas. Al-Salze, verwendet werden. (**D. P. [DDR] 2262** Kl. 16 vom 3/5. 1950, ausg. 27/11. 1952 [Ausschließungspatent].)
M. F. MÜLLER. 6291

Soc. An. des Manufactures des Glaces et Produits Chimiques de Saint-Gobain, Chauny & Cirey, Seine, Frankreich, *Ammonsuperphosphat.* Die bei der Herst. des Düngemittels nötige Befeuchtung, Klumpenbldg. u. Trocknung der M. wird dadurch vereinfacht, daß zur Befeuchtung eine Säure genommen wird, die später mit NH_3 neutralisiert wird. Die hierbei frei werdende Reaktionswärme reicht zur Trocknung der M. aus. — Es werden z. B. zu 10 t der im Kreislauf bewegten M. 2 t K_2SO_4 (mit 50% K_2O) u. 3820 kg eines Gemisches von H_3PO_4 (mit 50% P_2O_5) u. HNO_3 (von 38° Bé) zugesetzt. Darauf werden der M. in einer umlaufenden Trommel, bes. im Gegenstrom, 440 kg NH_3 zugefügt, so daß die Temp. auf 80° steigt. Die nunmehr ca. 3% W. enthaltende M., von der 10 t für den Kreislauf abgezweigt werden, ergibt nach dem Sieben als Prod. 5 t gekörnten Düngers mit Geh. von 11:22:20 $N:P_2O_5:K_2O$. — Weitere Beispiele. (**F. P. 1 044 243** vom 29/10. 1951, ausg. 16/11. 1953.)
B. SCHMIDT. 6291

Chemische Werke Albert, Deutschland, *Herstellung von humushaltigen granulierten Düngern.* Man vermischt einen 20—30% Feuchtigkeit enthaltenden, gegebenenfalls gegorenen Klärschlamm mit wss. Lsgg. oder Emulsionen von organ. oder anorgan. Bindemitteln (z. B. Na-Orthosilicat) nach Zusatz von Kompost u. versetzt das Gemisch während der Granulation z. B. mit Düngerpulver, Sand, Kalkpulver, Holzmehl. Z. B. berieselt man einen 20% Feuchtigkeit enthaltenden Klärschlamm von der Zus.: 60 (%) organ. Substanz, 2 N, 1 H_3PO_4 u. 0,2 K mit 0,2% Na-Orthosilicat von 37 bis 40° Bé (verd. mit W. im Verhältnis 1:1) u. versetzt dieses Gemisch während der Granulation noch mit 2% Kalkpulver. (**F. P. 1 047 452** vom 2/1. 1952, ausg. 15/12. 1953. D. Prior. 6/2. 1951.)
OPPERMANN. 6297

Novo-Chimie, Schweiz, *Mittel zum Stimulieren des Pflanzenwachstums,* welches ein oder mehrere Pflanzenhormone enthält, ferner getrocknete Hefen oder abgebaute Hefen, welche nicht durch Autolyse abgebaut worden sind, z. B. durch Wärmebehandlung (Plasmolyse). Als weitere Zusatzstoffe sind ein oder mehrere Zucker, bes. reduzierende Zucker, bes. Glucose, genannt. Auf 1 Teil Hormon werden 100—10000 (Gewichtsteile) Hefe oder Hefeabbauprodd. u. 10—1000 Zucker angewandt. — Die Verwendung von Hefe u. ihren Abbauprodd. hat besonderes Interesse wegen des Geh. an Vitaminen u. Bios-Verbb., welche nicht in freier, sondern in gebundener komplizierter Form vorliegen. Es sind davon 3 Gruppen genannt. Gruppe I: Vitamin B_1 bis B_7 u. Vitamin H' (p-Aminobenzosäure), Vitamin PP (Nicotinsäureamid), Pantothensäure. Gruppe II: Mesoinosit (Bios I), Biotin oder Vitamin H (Bios II), Aminobuttersäure (Bios III). Gruppe III (lipoidlösl. Vitamine): Vitamin E (Tocopherol), Vitamin K (Methylnaphthochinon), Provitamin D_2 u. D_3. (**F. P. 57 396** vom 25/11. 1948, ausg. 2/1. 1953. **Zusatz zu F. P. 958 596; C. 1951. II. 1198.**)
M. F. MÜLLER. 6297

Gerhard Fricke, Chemnitz, *Gewinnung von γ-Hexachlorcyclohexan* aus Umsetzungsprodd. der Benzolchlorierung, welche ein festes Isomerengemisch des Hexachlorcyclohexans darstellen, durch Extraktion mit Paraffin-KW-stoffen, Kp. 65—200°, u. durch Kühlung der Extrakte, wobei γ-Hexachlorcyclohexankonzentrate auskristallisieren. Das Isomerengemisch des Hexachlorcyclohexans wird in den fl. Chlorsubstitutionsprodd. der Benzolchlorierung gelöst, u. dem öligen Gemisch werden Paraffin-KW-stoffe, Kp. 65—200°, zugesetzt, u. durch Kühlen der Lsg. werden feste Isomerengemische mit hohem Anteil des γ-Isomeren auskristallisiert. (**D. P. [DDR] 2927** Kl. 12o vom 25/1. 1951, ausg. 8/12. 1952 [Wirtschaftspatent].)
M. F. MÜLLER. 6313

Pest Control Ltd., Bourn, Cambridgeshire, England, *Neue Phosphorverbindungen* der allg. Formel I mit weniger als 11 C-Atomen aus Bis-[mono- oder -dialkylamino]-chlorphosphinoxyden der allg. Formel II durch Umsetzung mit N_3H in Form eines Metallsalzes, bes. Na-Azid, in konz. wss. Lösung. Es sind R u. R'' gleich oder verschieden u. bedeuten H oder Alkylgruppen mit weniger als 5 C-Atomen. R' u. R''' sind ebenfalls gleich oder verschieden u. bedeuten Alkylgruppen mit weniger als 5 C-Atomen. Die N_3H wird in Form eines Salzes einer organ. Base, welches in W. oder in einem mit W. verd. organ. Lösungsm. gelöst ist, zur Einw. gebracht. Als Ausgangsstoffe sind z. B. Bis-(dimethylamino)-chlorphosphinoxyd (III), Bis-(monoisopropylamino)-chlorphosphinoxyd u. Dimethylaminoisopropylaminochlorphosphinoxyd genannt. — Aus III entsteht das Azidphosphinoxyd $[(CH_3)_2N]_2PON_3$. — *Pflanzenschädlingsbekämpfungsmittel.* (**Oe. P. 178 908** vom 6/9. 1951, ausg. 25/6. 1954. E. Priorr. 7/9. 1950 u. 29/5. 1951.)

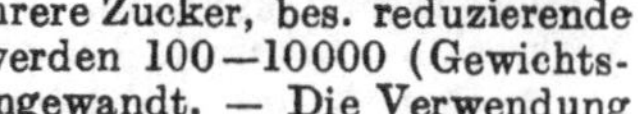

I II

M. F. MÜLLER. 6313

VIII. Metallurgie. Metallographie. Metallverarbeitung.

H. Mathiske und **W. Muschter,** *Neuartige Hoch- und Niederschachtofenblasformen.* Die Möglichkeit der Verwendung von Austauschwerkstoffen für die bisher aus *Cu* hergestellten Blasformen werden erörtert. Verss. mit *Leichtmetall* zeigten nicht den gewünschten Erfolg, wohl aber solche aus alitiertem *Stahlblech.* Über Blasformen aus *Porzellan* liegen noch keine endgültigen Versuchsergebnisse vor. (Metallurgie u. Giessereitechn. **3.** 474—75. Nov. 1953. Calbe/Saale.) APEL. 6370

Heinrich Kahlhöfer, und **Rudolf Erhardt,** *Betriebserfahrungen und wirtschaftliche Erkenntnisse beim Hochofenbetrieb mit erhöhter Gestellbelastung.* Bei einer Hochofengestellbelastung im Bereich von 700—1200 kg/m²h zeigte sich, daß eine Steigerung der Belastung keinen nachteiligen Einfl. auf den Hochofengang ausübt. Jedoch bewirkt sie eine Verringerung der indirekten Red. u. eine Steigerung der Gichtgastemp. u. damit eine schlechtere therm. Ausnutzung des Heizkokses. — Diskussion. (Stahl u. Eisen **73.** 1014—26. 30/7. 1953. Duisburg-Huckingen.) HOCHSTEIN. 6370

Albert Harnisch, *Heißkühlung für Siemens-Martin-Öfen.* Beschrieben werden u. a. Aufbau, Wirkungsweise u. Betriebssicherheit einer Anlage zum Kühlen der Türrahmen u. sonstiger Kühlelemente eines SIEMENS-MARTIN-Ofens. (Stahl u. Eisen **73.** 1026—28. 30/7. 1953. Georgsmarienhütte.) HOCHSTEIN. 6370

A. A. Nilsen und **W. J. Urban,** *Sintern von Nichteisenmetallen.* Beschreibung von zum Sintern von Zn- u. Pb-Konzentraten dienenden Vorrichtungen. (J. Metals **3.** 311—12. April 1951. Chicago, American Ore Reclamation Co.) HOCHSTEIN. 6378

Herbert H. Kellogg, *Metallurgische Reaktionen von Fluoriden.* Die graph. Darstellungen der n. freien Bildungsenergien werden als eine Funktion der Temp. von 21 Fluoriden zusammen mit den geschätzten Werten für die freie Bildungsenergie von 20 zusätzlichen Fluoriden mitgeteilt. Einige der vielen möglichen Verwendungen von diesen Werten bei metallurg. Berechnungen werden einschließlich der Fluorierung von Oxyden, Sulfiden u. Chloriden sowie der Red. von Metallfluoriden erörtert. — Schrifttumsangaben. Diskussion. (J. Metals **191.** 137—41. Febr. **3.** 1046. Nov. 1951. New York, N. Y., Columbia Univ.) HOCHSTEIN. 6380

Paul A. Heller, *Fortschritte im Gießereiwesen im 2. Halbjahr 1952.* (Vgl. C. **1953.** 5566.) Überblick mit 80 Schrifttumsangaben. (Stahl u. Eisen **73.** 854—59. 18/6. 985—87. 16/7. 1953.) HABBEL. 6382

Paul A. Heller, *Fortschritte im Gießereiwesen im 1. Halbjahr 1953.* (Vgl. vorst. Ref.) Überblick mit 98 Schrifttumsangaben. (Stahl u. Eisen **74.** 35—39. 1/1. 106—11. 14/1. 1954.) PAHL. 6382

Fritz Naumann, *Kernanfertigung mit Wasserglas und Kohlensäure in der Eisengießerei.* Als geeignete M. zur Herst. von Kernen wird angegeben: 72,4 (%) Quarzsand, 10,4 Altsand, 10,4 Steinkohlenstaub u. 6,8 Wasserglas. Angaben über die Herst. des Gemisches u. über Vorr. zur Herst. größerer Kerne. (Metallurgie u. Giessereitechn. **4.** 116—17. März 1954. Dresden.) HOCHSTEIN. 6382

S. Henkel, *Probleme der Roheisenerzeugung.* Überblick mit 22 Literaturangaben. (Metallurgie u. Giessereitechn. **4.** 101—05. März 1954. Freiberg/Sa., Eisenhütten-Inst.) HOCHSTEIN. 6400

Wilhelm Böddeker, *Die Verhüttung von Eisenerzen im Trommelofen.* Das STURZELBERG-Verf. u. die Betriebsanlage zur Verhüttung von Eisenerzen werden erläutert. Hiermit läßt sich aus einem Erz–Kalk–Koks-Möller bei Kohlenstaubfeuerung ein *Roheisen* mit niedrigem P- u. S-Geh. erschmelzen, das sich infolge seiner hohen Temp. auch ohne Wärmespender (Si u./oder P) im Konverter verblasen läßt. Die Vorgänge bei der Red. von Fe, Si, Mn u. P sowie die Entschwefelung des Roheisens durch Verschlackung werden untersucht. Für die Red. dieser Elemente ist die Stärke der reduzierenden Tendenz der Ofenatmosphäre entscheidend. Beim Trommelofen ist diese Tendenz weit geringer als im Hochofen. Eine gegenläufige Oxydationsneigung wird dadurch hervorgerufen, daß beim Trommelofen die Reduktions- u. die Verbrennungszone voneinander getrennt sind. Im Trommelofen streichen somit große Mengen von CO_2-haltigen Gasen über das Erz–Koks-Gemenge u. lassen die Red. dort nicht voll auslaufen. Die Verluste an Fe u. Mn durch Oxydation u. Verschlackung sind daher im Trommelofen höher als im Hochofen. — 14 Literaturangaben. (Metallurgie u. Giessereitechn. **4.** 148—57. April 1954. Berlin.) HOCHSTEIN. 6400

R. Rocca, N. J. Grant und **J. Chipman,** *Die Verteilung von Schwefel zwischen flüssigem Roheisen und Schlacken mit niedrigen Eisenoxydkonzentrationen.* Die Entschwefelung von mehreren Roheisenschmelzen durch reduzierende Schlacken, wie sie etwa im Elektrostahlofen verwendet werden, wird untersucht, u. es werden hierbei Veränderungen des Schlackenbasengrades in weiten Grenzen sowie im FeO-Geh. bis zu 5% zwecks Feststellung ihrer entschwefelnden Wrkg. vorgenommen. Es wird der Einfl. des FeO-Geh. auf die Entschwefelung vom Hochofen zum Elektrostahlofen u. auf die Oxydationsbedingungen im SIEMENS-MARTIN-Ofen erörtert. Schwefelgleichgewichtsformeln u. die chem. Zus. der Versuchsschmelzen u. ihrer Schlacken werden angegeben. — Schrifttumsangaben. Diskussion. (J. Metals **3.** 319—26. April. 1050—51. Nov. 1951. Cambridge, Mass., Massachusetts Inst. of Technol.) HOCHSTEIN. 6400

S. D. Baumer und **P. M. Hulme,** *Entschwefelung von geschmolzenem Eisen mit Calciumcarbid.* Durch CaC_2 konnte fl. *Gußeisen* mit 3 (%) *C*, 0,75 *Mn*, 0,60 *Si* u. 0,15 *S* sowohl in der Pfanne als auch in einem kontinuierlichen Verf. entschwefelt werden. Es wurden ca. 90% des im Eisen vorhandenen S-Geh. entfernt. Hierfür werden ca. 10 bis 12 lb. CaC_2 je lb. S benötigt. Eine Rückschwefelung aus der Schlacke trat nur dann ein, wenn Verss. mit einer Änderung der Schlackenzus. gemacht wurden. Die Wirksamkeit des Verf. scheint vom S-Geh. sowie von der Badtemp., mindestens im Temperaturgebiet von 1400—1570°, unabhängig zu sein. — Diskussion. (J. Metals **3.** 313—18. April. 1051—52. Nov. 1951. New York, N. Y., Air Reduction Sales Co.) HOCHSTEIN. 6402

G. Derge und **S. Marshall,** *Überwachung des Schwefels bei der Stahlherstellung.* Erörtert werden die Wirksamkeit von S in Legierungen des Eisens mit *Mn, Al, C, Si* u. *Cu* sowie die Schlacken-Metall-Reaktionen. Eigene Versuchsergebnisse werden mit älteren von OELSEN an mit C gesätt. Eisenschmelzen verglichen. Das Gleichgewicht von MnS–FeS-Schlacken wird behandelt u. synthet. Schlackenzuss. mit 40—50% CaO u. 25—43% SiO_2 werden angegeben. Die Entschwefelungswrkg. bas. Schlacken im Hochofen, Elektrostahlofen u. SIEMENS-MARTIN-Ofen wird besprochen u. die Abhängigkeit der Entschwefelung von den Tempp. zwischen 1400 u. 1600° nachgewiesen. Ebenso wird der Einfl. von Si u. Mn erörtert u. die Änderung der Vormetallzus. während der Entschwefelung gezeigt. Abschließend wird die Entschwefelung einer Stahlschmelze in einem SIEMENS-MARTIN-Ofen behandelt. (J. Metals **3.** 511—16. Juli 1951. Carnegie Inst. of Technol. u. U. S. Steel Co.) HOCHSTEIN. 6408

A. Hultgren, G. Phragmen, S. Wohlfahrt und **J. E. Ostberg,** *Beobachtungen an Blöcken aus unberuhigtem Stahl.* Die Gasblasenbldg. u. -anordnung in Blöcken aus unberuhigtem Stahl mit ca. 0,1 u. 0,4% C wird untersucht u. hierbei der Einfl. eines Luftüberdruckes bis 15 kg/cm² über der Schmelze infolge der Wrkg. der abgedichteten Blockform sowie von Preßluftzufuhr auf die Blasenbldg. festgestellt. Es wird der vermutliche Verlauf der Erstarrung unter verschied. Bedingungen erörtert. (J. Metals **191.** 101—10. Febr. 1951. Stockholm, K. Tekniska Hogskolan, u. Domnarfvet, Steel Works bzw. Surahammar, Steel Works.) HOCHSTEIN. 6408

C. H. Enzian, *Verhalten von unlegierten und niedriglegierten Stählen bei Temperaturen zwischen —20 und 650° F.* Auswertung von 59 Schrifttumsangaben über die Temperaturabhängigkeit von Zugfestigkeit, Streckgrenze, Bruchdehnung, Brucheinschnürung, Härte, Kerbschlagzähigkeit u. Dauerschwingfestigkeit. (Welding J. **32.** 605 S—618 S. Dez. 1953. Pittsburgh, Pa., Jones & Laughlin Steel Corp.) HOCHSTEIN. 6408

H. Hempel, *Untersuchungen an Eindrahtschraubenfedern.* 1. Mitt. *Werkstoffe und Fertigung, Prüfung von Federdrähten und Federn, Bruchhäufigkeit und Federverformung.* Überblick mit Schrifttumsangaben über Federn aus unlegierten u. legierten *Stählen.* (Konstruktion **5.** 335—44. Okt. 1953. Düsseldorf.) HOCHSTEIN. 6408

W. R. Brown, *Eine neue Vorstellung über Warmrißbildung an Messing–Preßgußformen.* An Stelle der bisher vermuteten Bldg. einer dünnen Oberflächenschicht wird als Ursache für die Warmrißbldg. an Preßgußformen aus *Stählen* mit z. B. 0,34 (%) *C*, 0,26 *Mn*, 0,47 *Si*, 1,43 *Cr*, 0,42 *Mo*, 5,10 *Co* u. 4,02 *W* die Bldg. einer harten u. spröden Zwischenlegierung angenommen. Es wird angenommen, daß diese Legierung eine *Fe–Zn*-Verb. ist, die sich als Ergebnis der intermetall. Korrosion des Stahles durch das Zn des Messings bildet. (Metal Progr. **63.** Nr. 6. 73—78. Juni 1953. Bellefonte, Pa., Titan Metal Mfg.) HOCHSTEIN. 6410

R. Raring, J. A. Rinebolt und **W. J. Harris jr.,** *Einfluß von Legierungselementen auf die wahren Spannungs–Dehnungs-Kurven von perlitischem Stahl.* Die wahren Spannungs–Dehnungs-Kurven von Stahl mit 0,25 (%) *Si* u. 1 *Mn* bei 0,01—0,63 *C*, ferner mit 0,3 C u. 0,3 Si bei 0,4—1,55 Mn, mit 0,3 C u. 1 Mn bei 0,26 u. 3,05 Si sowie mit 0,3 C, 0,3 Si u. 1 Mn bei jeweils 0,05—1,1 Cr, 0,03—2 Cu, 0,0—0,29 Mo, 0,04 bis 3,15 Ni u. 0,006—0,21 V werden ermittelt. Hierbei zeigte sich, daß die Elemente C, Mn, Si, P, Cu, Cr, Ni u. V die Höhe der Fließkurve erhöhten, während die Einflüsse von Al, B, S, Mo u. Ti zu gering waren, um eine eindeutige Bewertung zu gestatten.

Die Geschwindigkeit der Kalthärtung war mit dem Steigen der Fließkurve erhöht. Die Bruchenergie wurde durch Mn, Ni u. Cr erhöht u. nahm durch C, Si, P, Mo, Cu u. V ab. — Schrifttumsangaben. Diskussion. (J. Metals **3.** 395—400. Mai. 1065—66. Nov. 1951. Washington, Naval Res. Labor.) HOCHSTEIN. 6410

Samuel Storchheim, *Einfluß der Kaltverformung auf verschiedene Eigenschaften von Drähten aus nichtrostendem Stahl mit 18% Chrom und 8% Nickel.* An geglühten Drähten aus Stählen mit 0,08—0,19 (%) *C*, 0,46—0,54 *Si*, 0,44—1,0 *Mn*, 18,5—19,2 *Cr* u. 8,3—10,7 *Ni* wird der Einfl. einer Kaltverformung durch Ziehen bis zu einem Verformungsgrad von 98% auf die Koerzitivkraft, Remanenz, Zugfestigkeit u. den elektr. Widerstand untersucht. Hierbei zeigte sich, daß mit zunehmender Kaltverformung die Remanenz sehr schnell zunahm, während die Werte für die Koerzitivkraft abnahmen. Die Zugfestigkeit u. der elektr. Widerstand nahmen mit der Kaltverformung ebenfalls zu. Diese Eigg. waren zum Teil vom C-Geh. der Proben abhängig. (Wire and Wire Products **28.** 1310—11. 1314. Dez. 1953. Bayside, N. Y., Sylvania Electric Products Corp.) HOCHSTEIN. 6410

Otto Brandau und **Gerhart Tschorn,** *Frischen mit gasförmigem Reinsauerstoff. Erschmelzung von korrosionsbeständigem 18/8-Chrom-Nickel-Stahlguß und wasserstoffbeständigem Chrom-Molybdän-Stahlguß im basischen Lichtbogenofen durch Frischen mit gasförmigem Reinsauerstoff (O_2-Frischverfahren).* Durch Frischen mit gasförmigem Reinsauerstoff ist die restlose Verarbeitung von hochlegiertem Kreislaufmaterial u. Schrott betriebssicher durchführbar. Dabei wird gegenüber den Aufbauschmelzen eine Einsparung an „*Ferrochrom sur affine*", *Ferromolybdän* u. *Ni* von über 50% erzielt. Die anteilige Verarbeitung von höhergekohltem Ferrochrom mit gleichzeitig erhöhtem Si- u. Al-Geh. ist möglich. Durch das O_2-Frischen wird die Schmelzzeit abgekürzt. Es wird das Frischen in einem besonderen Gefäß u. die Verwendung der Frischschlacke erörtert. — **Schrifttumsangaben.** (Metallurgie u. Giessereitechn. **3.** 401—11. Okt. 1953. Magdeburg.) HOCHSTEIN. 6410

F. K. Bloom, *Farbe und Glanz von nichtrostenden Stählen.* Farbe u. Glanz von nichtrostenden *Cr-*, *Cr-Ni-*, *Cr-Cu-*, *Cr-Co-* u. *Cr-Mn-*Stählen, von *Armcoeisen, Ag, Cr, Al, Ni* u. *Cu* werden miteinander verglichen u. die Ursachen von Unterschieden in Farbe u. Glanz sowie deren Beeinflussungsmöglichkeiten erörtert. Es wird der Einfl. der chem. Zus. u. des Polierverf. bei nichtrostenden Stählen nachgewiesen. (Metal Progr. **63.** Nr. 6. 67—72. Juni 1953. Baltimore, Md., Armco Steel Corp.) HOCHSTEIN. 6410

J. Schramm, *Die Zink-Knetlegierung ZnMn1Pb.* Auf Ferromangan u. Rohzink aufgebaute Zn-Legierungen, die die Verwendung von Zn-Sorten geringen Reinheitsgrades ermöglichen, enthalten 0,4—0,7 (%) *Mn*, 0,5—1,5 *Pb*, 0,05—0,15 *Cd* u. 0,1—0,4 *Al*; als Verunreinigungen können sie $<$0,3 *Cu*, $<$0,1 *Fe*, $<$0,005 *Sn*, $<$0,003 *Mg* u. $<$0,01 *Bi* + *Tl* enthalten. Die Herst. der Blöcke unter Angabe der zu verwendenden Rohstoffe, des Schmelzens, des Gießens u. der Eigg. der Blöcke, ihre Knetverarbeitung, wie das Strangpressen, Ziehen, Richten u. Schmieden sowie die metallograph., mechan., physikal. u. chem. Eigg. werden beschrieben u. der Einfl. der chem. Zus. erörtert. Die Legierung *ZnMn1Pb* wurde als Ersatz für die Legierung *ZnAl1Fe* entwickelt u. soll zur Herst. von Stangen u. Schmiedeteilen dienen, die einer nachträglichen Zerspanung unterworfen werden sollen. — Schrifttumsangaben. (Metall **7.** 862—70. Nov. 1953. Nürnberg.) APEL. 6426

H. Schunck, *Der Restzinkgehalt bei der Vakuumdestillation von Al-Zn-Legierungen.* Bei der Entfernung von Zn aus Al-Zn-Legierungen liegt der theoret. mögliche restliche Zn-Geh. bei den üblichen Ofendrucken u. -tempp. außerordentlich niedrig, wird in der Praxis jedoch nicht erreicht, da er sich nur asymptot. nach sehr langer Destillationsdauer einstellt. Diagramme zeigen die Zn-Dampfdrucke über Al-Zn-Legierungen bei verschied. Tempp., die Abhängigkeit der Zn-Dampfdrucke vom Molenbruch bei 800° u. die Zn-Gehh. bei verschied. Drucken u. Temperaturen. Zur Berechnung des Dampfdruckes von reinem Zn werden Formeln entwickelt. — Schrifttumsangaben. (Metall **7.** 875—76. Nov. 1953. Bonn.) APEL. 6426

E. Pelzel, *Aluminium-Zink-Legierungen.* Der Einfl. von *Cu, Mg, Pb, Fe, Mn* u. *Si* auf Al-Zn-Legierungen mit 22—70%, bes. mit 30—50%, Al wird untersucht. — 14 Schrifttumsangaben. (Metall **8.** 83—88. Febr. 1954. Linz/Donau, Vereinigte Oesterreich. Eisen- u. Stahl-Werke.) APEL. 6426

D. D. Tolubenski, *Antifriktions-Zinklegierungen.* Zusammenstellung der chem. Zus. verschied. *Zn-Cu-Al*-Lagerlegierungen mit ihren Festigkeitseigg. (Zugfestigkeit, Dehnung, Härte) u. ihren gießtechn. Eigg. sowie die Abhängigkeit der chem. Zus.

von der Menge an zugesetztem Abfallaluminium. (Литейное Производство [Giessereiwesen] **1953**. Nr. 10. 30–31. Nov./Dez.) HOCHSTEIN. 6426

P. O. Poettken, *Die Gewinnung des Bleis aus Erzen, Rückständen und Altmaterialien.* Überblick mit Schrifttumsangaben. (Metall **7**. 886–92. Nov. 1953. Hamburg, BIAG Metallhüttenwerk G. m. b. H.) APEL. 6430

D. S. Laidler, *Nichteisenmetalle in der chemischen Industrie. Blei und Bleilegierungen.* Überblick über die chem., physikal. u. mechan. Eigg. von Pb u. Pb-Legierungen sowie ihre Verwendung in der chem. Industrie u. in der Kernphysik. (Metal Ind. [London] **83**. 184–87. 4/9. 1953.) APEL. 6430

H. Hörger, *Blei als korrosionshemmender Werkstoff im chemischen Apparatebau.* (Vgl. C. **1953**. 9289.) Die Ursachen der hohen Korrosionsbeständigkeit des Pb werden besprochen u. Hauptverwendungsgebiete in der chem. Industrie angegeben. (Metall **7**. 878–80. Nov. 1953. Wuppertal-Oberbarmen.) APEL. 6430

—, *Nichteisenmetalle in der chemischen Industrie. — Nickel–Molybdän–Eisen-Knetlegierungen.* Beschreibung der chem. Eigg., bes. der Legierung „*Corronel B*" mit ca. 66 (%) Ni, 28 Mo u. 6 Fe, sowie Nennung einiger Verwendungsgebiete in der chem. Industrie. (Metal Ind. [London] **83**. 187–88. 4/9. 1953.) APEL. 6434

M. W. Scharow, B. Ss. Morosow und **W. M. Pletenew,** *Gasporosität in Gußstücken aus Magnesiumlegierungen.* Untersucht wird der Einfl. von *Al* u. *Zn* auf die H_2-Löslichkeit in fl. Mg-Legierungen bei Tempp. von 750° u. einem Partialdruck von 1 at. Hierbei zeigt sich, daß durch den Zusatz der Legierungselemente die Löslichkeit von H_2 sowohl im festen Zustande als auch in der fl. Legierung erniedrigt wird. Es wird auf die Bedeutung der Verwendung von massiven Windpfeifen zur Bekämpfung der Bldg. von Gasporosität hingewiesen. Jedoch erhöht die Verwendung von massiven Windpfeifen stark die Menge der Legierung, die in die Form gegossen wird, u. führt daher zu einer Verlangsamung der Abkühlungsgeschwindigkeit. Diese ruft aber ihrerseits eine Vergröberung des Kristallkornes u. damit eine Erniedrigung der Festigkeitseigg. der Legierung hervor. (Литейное Производство [Giessereiwesen] **1953**. Nr. 6. 16–19. Juni.) HOCHSTEIN. 6444

L. N. Mogutschi, *Die Erhöhung der Verformbarkeit von Magnesiumlegierungen beim Schmieden.* (Вестник Машиностроения [Nachr. Maschinenbau] **33**. Nr. 11. 58–62. Nov. 1953.) HOCHSTEIN. 6444

D. C. G. Lees, *Nichteisenmetalle in der chemischen Industrie. Aluminium und seine Legierungen.* Überblick über die chem., mechan. u. physikal. Eigg. von Al u. einigen Al-Legierungen (*Al–Mg, Al–Mn, Al–Si*), ihre Schweißbarkeit u. ihre Verwendung in der chem., pharmazeut. u. Brauereiindustrie u. in der Kernphysik. (Metal Ind. [London] **83**. 190–91. 4/9. 1953.) APEL. 6446

E. F. Hutchinson, *Hilfsmittel zur Verformung von spödem Titan.* Ti wird durch Kaltverformung stark gehärtet. Mit steigender Verformung nimmt die Verformbarkeit ab. Wenn der krit. Verformungsgrad erreicht ist, müssen die dadurch entstandenen Spannungen durch Zwischenglühungen beseitigt werden. Alkal. Entzunderung bewirkt einen Verlust der Biegbarkeit. Die Eigg. u. Struktur werden durch Schmieden des Rohlings bei 1900° F (1056° C) verbessert. Zum Schweißen ist eine vollständige Entfernung der durch das Glühen entstandenen Oxydschicht u. die Verwendung von Schutzgas erforderlich. Schleifen muß in der Wärme bei niedriger Schleifscheibengeschwindigkeit geschehen, dem ein Entspannungsglühen anzuschließen ist. (Iron Age **172**. Nr. 4. 111–15. 23/7. 1953. Everett, Mass., General Electric Co.) APEL. 6448

H. P. Roth, *Die Metallographie des Hafniums.* Nach Erörterung der Entw. u. Eigg. des Hf berichtet Vf. über metallograph. Unterss. an reinem Hf, Hf mit 2 u. mit 24% *Zr* u. zum Vgl. reinem Zr. Die polierten u. mkr. untersuchten Proben wurden auf 50% Durchmesser gestaucht, elektropoliert, wieder mikroskopiert u. dann unter besonderen Vorsichtsmaßnahmen im Vakuum 2 Std. bei 500, 800 u. 1100° geglüht. Das Gefüge wird erläutert u. die Rekristallisationstempp. ermittelt. Sodann wird näher auf das Polieren u. Ätzen eingegangen u. schließlich der Einfl. des Hf auf die Rekristallisationstemp. u. $\alpha \rightarrow \beta$-Umwandlung des Zr behandelt. — Schrifttumsangaben. (Metal Progr. **63**. Nr. 6. 84–89. Juni 1953. Cambridge, Mass., Massachusetts Inst. of Technol.) APEL. 6448

J. M. Pirie, *Nichteisenmetalle in der chemischen Industrie. Silber und Platinmetalle.* Nach einer Besprechung der chem. u. mechan. Eigg. des Ag u. der dadurch bedingten Konstruktionsmaßnahmen wird auf die chem. Beständigkeit u. die mechan. u. physikal. Eigg. des Pt u. einiger Pt-Legierungen (*Pt–Rh, Pt–Au*) eingegangen u. die Verwendung dieser Werkstoffe, z. B. in der Glas-, Kunstseiden-, Schmuckwaren-, Erdöl- u. sonstigen chem. Industrie erörtert. (Metal Ind. [London] **83.** 188–90. 4/9. 1953.) APEL. 6460

Arthur H. Grobe und **George A. Roberts,** *Mechanische Eigenschaften von gesinterten nichtrostenden Stählen.* Bestimmt werden Zugfestigkeit, Bruchdehnung, Härte, D., Schrumpfung u. Gefüge von Sinterwerkstücken aus Stahlpulver von verschied. Kornfeinheit mit 0,09 (%) *C*, 2,4 *Si*, 0,6 *Mn*, 17,5 *Cr* u. 8,0 *Ni* nach einem Pressen mit 47–79 kg/mm² Druck u. Sintern bei 1150 u. 1290°. Die Verss. zeigten u. a., daß die Stahlpulver sich schon einwandfrei bei Tempp. von 1150° in einer H_2-Atmosphäre sintern lassen. Die günstigsten Preß- u. Sinterbedingungen schwanken mit der Pulverkornfeinheit derart, daß die feineren Pulver bei wesentlich niedrigeren Drucken u. Tempp. gesintert werden können. Si fördert die Bldg. von kleinen Mengen Ferrit bei hohen Sintertempp., da die H_2-Atmosphäre den C-Geh. der Preßlegierung auf unter 0,02% erniedrigt. — Diskussion. (J. Metals **191.** 125–30. Febr. 1076. **3.** Nov. 1951. Latrobe, Pa., Vanadium Alloys Steel Co.) HOCHSTEIN. 6474

F. N. Rhines und **H. S. Cannon,** *Die Sintergeschwindigkeit von Kupfer unter Belastung.* Die Anwendung einer stat. Belastung auf einen Cu-Pulver-Preßling während der Sinterung bei erhöhter Temp. beschleunigt den Sinterungsgrad derartig, daß eine gegebene Belastung den gleichen proportionalen Anstieg in dem Sinterungsgrad für alle Sinterzeiten verursacht. Es wird gezeigt, daß das Sintern unter Belastung ähnlich wie das Kriechen unter einer bestimmten Last verläuft. Der Verdichtungsgrad ist dem Logarithmus der Sinterzeit proportional. — Diskussion. (J. Metals. **3.** 529–30. Juli; 1076. Nov. 1951. Pittsburgh, Carnegie Inst. of Technology.) HOCHSTEIN. 6474

Gerhard Bunge, *Betriebliche Anwendung eines Tastspulgerätes bei Nichteisenmetallen.* Das die elektr. Leitfähigkeit direkt auf der Skala anzeigende Gerät gestattet u. a. die Wärmebehandlung u. Aushärtungsvorgänge an kleinen Proben oder kleinen Flächen großer Stücke zu kontrollieren u. zu steuern. Ferner ist es ein schnell arbeitendes Hilfsmittel zur Überwachung des Schmelzablaufes. (Z. Metallkunde **45.** 204–06. April 1954. Sigmaringendorf-Laucherthal.) HABBEL. 6480

Reimar Pohlman, *Methoden der Ultraschallprüfung in der metallverarbeitenden Industrie.* Erörtert werden die Anwendungsmöglichkeiten für das Impuls-Echo- u. das Durchstrahlungsverf. unter besonderer Berücksichtigung der Durchstrahlungstechnik mit dem Sonometer bei einfachen u. komplizierten Oberflächen u. einseitiger Zugänglichkeit des Prüflings. (Z. Metallkunde **45.** 161–65. April 1954. Zürich.) HOCHSTEIN. 6480

Ss. W. Jegorow, *Untersuchung des Spanbildungsvorganges nach dem Verfahren der Hochfrequenz-Filmaufnahme.* (Вестник Машиностроения [Nachr. Maschinenbau] **33.** Nr. 11. 70–74. Nov. 1953.) HOCHSTEIN. 6480

Italo S. Servi und **Nicholas J. Grant,** *Metallographische Technik für sehr reines Aluminium.* Es wird ein elektrolyt. Polieren in einem Elektrolyten aus 5 ml *Perchlorsäure* (72%) u. 95 ml *Eisessig* verwendet. Das Mittel eignet sich jedoch nicht für metallograph. Unterss. von Al mit nur handelsüblicher Reinheit. (J. Metals. **3.** 473. Juni 1951. Cambridge, Mass., Inst. of Technology.) HOCHSTEIN. 6482

C. W. Jackson, *Radiographie in der Technik.* Überblick über die Anwendung von Röntgenstrahlengeneratoren u. von Strahlungsquellen mit radioakt. Isotopen, Strahlenstreuung u. -abschirmung, Verwendung von Pb- u. fluorescierenden Salzschirmen. Bei Unters. kleinerer Materialdicken (bis 3 in. Stahl) sind Röntgenstrahlgeneratoren niedriger Spannung überlegen, bei stärkeren Dicken haben solche hoher Spannung u. radioakt. Isotopen ihre besonderen Vorzüge. (J. South African Instn. mechan. Engr. **1.** 264–82. April 1952. South African Farm Implement Manufact. Ltd.) METZENER. 6484

M. M. Korbin, *Der Einfluß des Bearbeitungsverfahrens von Schrumpfoberflächen auf die Festigkeit von Schrumpfverbindungen bei Dauerbeanspruchungen.* Durch Verff. wird nachgewiesen, daß bei Beanspruchungen auf Dauerwechselfestigkeit die Festigkeit von Schrumpfverbb. nicht nur von der Größe der Ausgangsschrumpfung, der Güte der Schrumpfoberflächen, ihrer Härte u. der Art des Schmiermittels bestimmt wird, sondern auch von Restspannungen abhängt. Die Ggw. von Rest-Druckspannungen in der Schrumpfoberfläche einer Achse bewirkt eine Erhöhung der Dauerfestigkeit der Achse u. der Schrumpffestigkeit. (Вестник Машиностроения [Nachr. Maschinenbau] **32.** Nr. 6. 48–55. Juni 1952.) HOCHSTEIN. 6490

G. A. Preiss, *Der Einfluß der Werkstückgröße auf die Reinheit der bearbeiteten Oberfläche und die Verfestigung der Oberflächenschicht.* Durch Messung der Oberflächenrauhigkeit wurde festgestellt, daß Proben von verschied. Durchmesser, die aus dem gleichen Werkstoff u. mit gleichen Schnittbedingungen (Schneidgeschwindigkeit, Schnittiefe u. Vorschub), hergestellt waren, eine unterschiedliche Oberflächenrauhigkeit aufweisen. Sie ist bei kleinem Durchmesser von 43 mm wesentlich geringer als bei einem Durchmesser von 178 mm. Mit der Schneidgeschwindigkeit wächst bei gleichen Schnittiefen u. gleichem Vorschub der Unterschied in der Größe der Rauhigkeiten. Durch Gefügeunterss. wurden Anzeichen einer bleibenden Verformung nicht gefunden. (Вестник Машиностроения [Nachr. Maschinenbau] **32.** Nr. 6. 47—48. Juni 1952.) HOCHSTEIN. 6490

M. Puschner, *Die Aufbereitung verbrauchter Schwefelsäurebeizen.* Nach einer allg. Erläuterung der zur Aufbereitung von verbrauchten Schwefelsäurebeizen verwendeten Kristallisationsanlagen wird der „Treppenkristaller" beschrieben, bei dem ohne Verwendung von Kühlsole, Dampf, W. u. bewegter Teile die zu behandelnde Lauge durch die von einem Exhaustor angesaugte Kühlluft, die im Gegenstrom zu der durch den senkrecht angeordneten treppenförmigen Kristaller abfließenden Lauge strömt, mechan. durchgearbeitet u. gekühlt wird. Es gelingt, den Vitriolgeh. von 500—600 auf 250—300 g/Liter herunterzudrücken, der die Beizfähigkeit der Säure nicht mehr herabsetzt, vielmehr ist bei einem solchen Geh. die Beizdauer infolge der höheren elektrolyt. Leitfähigkeit kürzer als bei reinen Säuren. (Metall **7.** 986. Nov. 1953. Schwerte (Ruhr).) VIER. 6512

Charles Etienne, *Hartverchromen von Aluminium und seinen Legierungen.* Der sich stets auf der Oberfläche von Al bildende Oxydüberzug verhindert eine einwandfreie elektrolyt. Verchromung. Man hat daher Zwischenschichten von *Fe*, *Ni* oder *Zn* durch Tauchen in die entsprechenden Metallsalzlsgg., z. B. Fe-Perchlorat, Ni-Fluorid oder Na-Zinkat, auf die Oberfläche von Al aufgebracht. Gute Erfahrungen sind auch mit einer Vorbehandlung mit feuchtem Quarzpulver gemacht worden, durch die die Oxydschicht entfernt wird. Der dabei auf der Al-Oberfläche verbleibende feuchte Quarzschlamm verhindert eine schnelle Oxydation der Al-Oberfläche. Das Werkstück kann mit dem Schlamm bedeckt in das Chromierungsbad getaucht werden. — Anwendungsbeispiele. (Rev. de l'Aluminium **31.** 139—43. April 1954.) VIER. 6518

E. Mayer-Rässler, *Hartverchromung von Aluminium.* (Vgl. C. **1953.** 5405.) Ausführliche Beschreibung der Verchromung von Al ohne Zwischenschichten. Die Oberfläche wird lediglich gebeizt, um den Oxydfilm zu entfernen. Als Beizlsgg. werden angegeben: 10%ig. NaOH-Lsg. von 50°, alkal. $Zn(OH)_2$-Lsg., saure Lsgg. von Fe-Perchlorat, $NiCl_2$- oder $CuCl_2$-Lsg., wobei die beim Beizen mit den zuletzt genannten Metallsalzlsgg. entstehenden Metallüberzüge unmittelbar vor der Verchromung wieder abgelöst werden. (Metal Ind. [London] **81.** 127—29. 15/8. 1952.) MARKHOFF. 6518

A. von Zeerleder, *Leichmetallzylinder.* Betrachtungen über verchromte Leichtmetallzylinder bzw. -kolben. (Aluminium Suisse **1951.** 88—92. Mai. Neuhausen, Forschungsinst. der Aluminium-Industrie Akt.-Ges.) PAHL. 6518

A. A. Starosselski und **D. N. Garkunow,** *Haftfestigkeit von Chromüberzügen bei Wechselbeanspruchungen.* Die Haftfestigkeit eines Cr-Überzuges bei Wechselbelastungen wächst mit einer Erhöhung der Cr-Schichtdicke u. hängt von der Festigkeit des Grundmetalles (*Stahl*) ab. Bei einer höheren Festigkeit des Grundwerkstoffes tritt die Zerstörung des Überzuges später auf als bei einem weniger festen Stahl. (Вестник Машиностроения [Nachr. Maschinenbau] **32.** Nr. 6. 55—56. Juni 1952.) HOCHSTEIN. 6518

Joseph Byrne, M. D. Kahn, H. B. Kristinsson und **C. O. Maddox jr.,** *Der Einfluß von Schwefelwasserstoff und Schwefeldioxyd auf die Korrosion von Kupfer.* Auf Grund qualitativer Unterss. ist zu schließen, daß Spuren von H_2S weit mehr Cu angreifen als SO_2. — Schrifttumsangaben. (Blast Furnace Steel Plant **41.** 780—81. Juli 1953. Cambridge, Mass., Massachusetts Inst. of Technol., School of Chem. Engng. Pract.) APEL. 6538

Walter Breckheimer und **Jean D'Ans,** *Korrosion von Eisen bei Temperaturdifferenzen des angreifenden Elektrolyten.* In chem. Apparaturen können bei Vorhandensein von Temperaturdifferenzen verstärkte Korrosionen auftreten. Zwischen Fe-Elektroden die auf verschied. Tempp. gehalten wurden, konnten Korrosionsströme beobachtet werden. Der Einfl. dieser Temperaturdifferenzen auf die Korrosion von Fe in *KCl*- u. *KNO_3*-Lsgg. wurde untersucht. In KCl-Lsgg. wird die erwärmte Elektrode zur Anode, die Elektrode im kalten Elektrolyten zur Kathode. Der durch die stärkere Fe-Auflösung im wärmeren Elektrolyten verursachte Strom ist bei konz. KCl-Lsgg. ausreichend hoch, um die Kathode gegen Korrosion zu schützen. Die Elektrolyten reagierten schwach alkalisch. In KNO_3-haltigen KCl-Lsgg. wird die kalte Elektrode zur Anode.

Korrosion u. Korrosionsströme sind größer als in reinen KCl-Lösungen. Auf der Kathode konnten dünne, oxyd. Deckschichten beobachtet werden, so daß an der Kathode nicht mehr eine unmittelbare Rk. zwischen Metalloberfläche u. Elektrolyt vor sich geht, worauf das unterschiedliche Verh. zwischen reinen KCl-Lsgg. u. KNO_3-haltigen zurückzuführen ist. Die bei Elektrolyten mit Konzz. >0,1 n-(KCl + KNO_3) auftretenden Stromdichten sind so hoch, daß die Kathode prakt. gegen Lokalkorrosion geschützt ist. (Werkstoffe u. Korrosion **5.** 43—48. Febr. 1954. Berlin-Charlottenburg, Techn. Univ.) VIER. 6538

Heinrich Klas, *Kathodischer Korrosionsschutz von Stahl und Eisen.* Beim kathod. Korrosionsschutz wird die Korrosion einer Metalloberfläche in Angriffsmitteln, z. B. Erdböden oder Wässern, dadurch verhütet oder verringert, daß die Oberfläche durch Erzeugung eines Gebietes mit niedrigerem Potential durch Hinzufügen eines unedleren Metalles zum Korrosionsstromkreis oder durch Anordnung von Anoden, die durch einen Fremdstrom auf eine beliebig tiefes Potential gebracht werden können, kathod. gemacht wird. Es werden die Bedingungen für einen wirksamen Korrosionsschutz, bes. von Stahlrohren, erörtert u. Verff. zur Ermittlung des erforderlichen Schutzstromes aufgezeigt. Hierbei sind die Potentialdifferenz zwischen Anode u. Kathode, die Beschaffenheit der Oberfläche des zu schützenden Teiles u. bes. der elektr. Leitwert des Elektrolyten von Bedeutung. Bei Zuführung von Fremdstrom wird als Anode Eisen- oder Stahlschrott oder Graphit benutzt. Als galvan. Anode kommen prakt. nur Zn, Mg, Al oder ihre Legierungen in Betracht. Für den erforderlichen Schutzstrom ist die Bldg. von Deckschichten auf dem zu schützenden Teil zu beachten. (Stahl u. Eisen **73.** 971—74. 16/7. 1953. Düsseldorf.) HOCHSTEIN. 6538

Hallock C. Campbell, *Stabilisierung von austenitischem Chrom-Nickel-Schweißgut gegen interkristalline Korrosion.* An einem aus austenit. Cr–Ni-*Stahl* bestehenden Schweißgut wird die Kornzerfallsbeständigkeit bei Angriff von kochender *HNO_3* sowie von HNO_3 u. *HF* im geschweißten Zustande, nach Glühen bei 705 u. 900° sowie nach Glühen bei 1065° mit nachfolgendem Wasser abschrecken ohne u. mit anschließendem Anlassen auf 650° untersucht u. die Zugfestigkeit, Streckgrenze, Bruchdehnung u. Brucheinschnürung der Schweißnähte bestimmt. Die Unterss. zeigen, daß eine Elektrode mit 22% Cr u. 10% Ni als Ersatz für den üblichen Cr–Ni-Stahl mit Nb-Zusatz zum Schutz gegen Kornzerfall verwendet werden kann. (Welding J. **32.** 577s bis 584s. Dez. 1953. Philadelphia, Pa., Arcos Corp.) HOCHSTEIN. 6538

Gerolf Strohmeier, Leoben, Steiermark, *Herstellung von Metallen oder Metalllegierungen aus feinkörnigen, Metall enthaltenden Stoffen.* Feinkörnige, Metall enthaltende Stoffe, z. B. Erzstaub, werden mit Hilfe gasförmiger, CO oder CO u. H_2 in beträchtlichen Mengen aufweisenden Reduktionsmitteln im Schwebeverf. zu Metall red.; das red. Gut wird sodann unter Einhalten der entsprechenden Temp. entweder in fester oder fl. Form aus dem Gasstrom ausgeschieden. Der vom Reduktionsgut befreite Gasstrom wird mit Hilfe von C-haltigen Stoffen u. gegebenenfalls Reinigungsmitteln auf seine ursprüngliche Zus. gebracht u. im Prozeß von neuem verwendet, indem der regenerierte Gasstrom bei jener Zone an Stelle des bisherigen Reduktionsmittels tritt, bei der die feinkörnigen Stoffe eingeleitet werden. — Abbildungen. (**Oe. P. 176 574** vom 20/10. 1948, ausg. 10/11. 1953.) HANS HOFFMANN. 6381

Birmingham Small Arms Co. Ltd., Philip Hector Lawrence, John Rhynas Rait und **Eric Bates,** Birmingham, England, *Feuerfestes Erzeugnis.* Aus Formsand oder einem anderen Magermittel, wie Sillimanitkörnern, einem kieselsäurereichen Ton mit ca. 80—85 (%) SiO_2 u. 10—12 Al_2O_3, sowie einer Suspension von Äthylsilicat in W. u./oder A. wird ein Schlicker bereitet, der zur Herst. von feuerfesten Formkörpern, bes. Gußformen für den Präzisionsguß, dient. Die Äthylsilicatsuspension besteht z. B. aus 500 (Raumteilen) Tetraäthylsilicat, 300 A., 100 W. u. 1 HCl. (**E. P. 641 187** vom 17/10. 1947, ausg. 9/8. 1950.) REINHART. 6383

Martin Beilhack, Rosenheim, *Formmasse für Gießereien.* Die M. besteht in der Hauptsache aus *SiO_2*, z. B. Quarz- oder Silbersand, u. einem *hydraul. Bindemittel,* wie Zement, mit einem Zusatz eines *Holzderiv.,* wie Sulfitlauge oder Zellpechpulver, u. von *Melasse.* (**D. B. P. 862 342** Kl. 31c vom 30/8. 1950, ausg. 15/3. 1954. Anmeldung bekanntgemacht 21/5. 1952.) HANS HOFFMANN. 6383

August Thyssen-Hütte Akt.-Ges. (Erfinder: **Herbert Ruppik**), Düsseldorf, *Ununterbrochenes Gießen von Strängen aus Stahl.* Beim Gießen von Strängen aus Stahl, wobei die Schmelze in einer Gießform oberflächlich verfestigt wird, soll der Strang in einem fl. Pb-Bad zum vollständigen Erstarren gebracht werden. Zweckmäßig wird eine beiderseits offene Gießform als Schwimmkörper ausgebildet, der auf dem Pb-Bad schwimmt. — Abbildungen. (**D. B. P. 877 656** Kl. 31c vom 28/2. 1939, ausg. 5/4. 1954. Anmeldung bekanntgemacht 25/9. 1952.) HANS HOFFMANN. 6383

August Thyssen-Hütte Akt.-Ges., Duisburg-Hamborn (Erfinder: **Walter Eichholz,** Duisburg-Hamborn, **Gerhard Behrendt,** Duisburg-Ruhrort, **Max Blauel,** Duisburg-Hamborn, und **Theodor Kootz,** Duisburg-Hamborn), *Verbesserung der Verblasbarkeit von schlecht verblasbarem, insbesondere siliciumreichem Thomasroheisen,* wobei zu Beginn des Blasens, spätestens jedoch vor beendeter Verschlackung von Si, Kalk u. gegebenenfalls Zuschläge von Alkaliverbb. u., abgesehen von Kalk, auch von Erdalkalien zugegeben werden, dad. gek., daß Kalk in möglichst feinstückiger Form zugegeben wird, so daß der den Kalk umhüllende, sonst fl. oder teigigglasige Überzug während der Zeitdauer der Entkohlung in einem festen oder nichtglasigen Zustand vorliegt u. daß die bröckelige, unzusammenhängende Form des Kalkes bis zur Entphosphorung der Schmelze aufrechterhalten bleibt. (**D. B. P. 907 781** Kl. 18b vom 18/6. 1940, ausg. 29/3. 1954. Anmeldung bekanntgemacht 2/4. 1953.) HOCHSTEIN. 6401

Eisenwerke Gelsenkirchen Akt.-Ges., Gelsenkirchen (Erfinder: **Eugen Piwowarsky,** Aachen), *Herstellung von mechanisch hochwertigem Gußeisen* unter zweiter Schmelzung von prim. im Gießereischachtofen niedergeschmolzenen u. zu Masseln vergossenen stahlreichen Gattierungen erfolgt derart, daß die prim. erschmolzenen Masseln möglichst Si-arm u. bei n. Abmessungen bzw. bei n. Querschnitt mit weißem Bruchgefüge zur Erstarrung gebracht werden u. die Grauung des im Gießereischachtofen aus diesen Masseln sek. erschmolzenen Eisens in an sich bekannter Weise durch graphitisierend wirkende Zusätze, vorzugsweise in der Abstichrinne, dem Vorherd oder der Pfanne, erfolgt. (**D. B. P. 907 184** Kl. 18b vom 25/4. 1940, ausg. 22/3. 1954. Anmeldung bekanntgemacht 30/7. 1953.) HOCHSTEIN. 6403

Dayton Malleable Iron Co., Dayton, O., übert. von: **Lester C. Crome,** West-Alexandria, V. St. A., *Herstellung von Gußeisen mit Kugelgraphit.* Es wird ein graues Gußeisen eingeschmolzen u. der Schmelze vor dem Abguß *CaSi* als Mittel zur kugelförmigen Graphitausbldg., CaF_2 als Mittel zur Verhütung der Carbidbldg. sowie Flußmittel, gegebenenfalls zusammen mit *Zr* oder *Ti,* als Einführungsmittel von CaSi in die Schmelze zugesetzt, worauf die Schmelze in eine Form abgegossen wird. Das so erzeugte Gußstück besteht aus Gußeisen mit völlig flockenfreiem Kugelgraphit. (**A. P. 2 662 820** vom 30/6. 1950, ausg. 15/12. 1953.) HOCHSTEIN. 6405

Meehanite Metal Corp., Tennessee, übert. von: **Oliver Smalley,** Larchmont, V. St. A., *Mit Lithium behandeltes Gußeisen.* Ein normalerweise mit Graphitflocken erstarrendes graues Gußeisen erhält durch Zusatz von *Li* ein Gefüge mit kugelförmiger Graphitausbldg., wenn der Li-Zusatz derart erfolgt, daß im Gußeisen noch 0,005—0,1% Li verbleibt. Vorzugsweise wird Gußeisen mit Kugelgraphit erzielt bei einer Zus. von 2,0—4,5 (%) *C,* 1—6 *Si,* 0,1—2 *Mn,* bis 1 *P,* bis 0,08 *S,* bis 40,0 *Ni,* bis 5 *Cu,* bis 2 *Mo* u. bis 2 *Cr.* Nach dem Li-Zusatz wird dem geschmolzenen Gußeisen ein Graphitisierungsmittel, wie Ferrosilicium, Si, Mn, Zr, Ca-Si, Ni-Si, Al-Ca-Si, zugesetzt. Das Gußeisen hat eine Zugfestigkeit von ca. 35 kg/mm^2. — Gefügebilder. (**A. P. 2 661 283** vom 24/8. 1950, ausg. 1/12. 1953.) HOCHSTEIN. 6405

International Nickel Co., Inc., New York, N. Y., übert. von: **Albert Paul Gagnebin,** Red Bank, und **Leslie Louis Seigle,** Dorchester, V. St. A., *Verschleißfestes und korrosionsbeständiges weißes Gußeisen,* das zur Herst. von Gußstücken mit Querschnitten von wenigstens 12,7 mm dient, besitzt ein feinkörniges Gefüge mit in einer martensit.-austenit. Grundmasse gleichmäßig verteilten massiven Primärcarbiden u. enthält 3—3,7 (%) *C,* 0,5—3 *Si,* 4—8 *Ni,* 6,8—15 *Cr* mit der Maßgabe, daß C, Si, Ni u. Cr in solchen Beträgen vorhanden sind, daß das durch die Gleichung: % C + % Ni/28 + % Cr/24 + % Si/4 = 4,2—5,0 ausgedrückte Verhältnis vorliegt, während der Rest aus 0,2—1,5 *Mn* u. Eisen mit den üblichen Verunreinigungen besteht. — Gefügebilder. (**A. P. 2 662 011** vom 20/8. 1951, ausg. 8/12. 1953.) HOCHSTEIN. 6405

Eugen Piwowarsky (Erfinder: **Kurt Krämer** und **Eugen Piwowarsky**), Aachen, *Verwendung von Gußeisen,* welches den Graphit ganz oder überwiegend in sphärolit. (kugelförmiger) Ausbildungsform besitzt, als Werkstoff für Klangkörper mit unterschiedlicher Wandstärke, wie derartige Glocken, bes. Kirchenglocken. (**D. B. P. 907 900** Kl. 18d vom 25/10. 1949, ausg. 29/3. 1954. Anmeldung bekanntgemacht 24/8. 1950.) HOCHSTEIN. 6405

Carl Adey, Burscheid bei Köln, *Erzeugung von Schnelltemperguß.* Schnelltemperguß hoher Festigkeit mit einer Ausscheidungsform der Temperkohle in reinen oder fast reinen sphärolith. Kristallisationsformen wird dadurch hergestellt, daß eine eutekt. bis übereutekt. Rohgußschmelze mit einem *S*-Geh. beim Vergießen von weniger als ca. 0,01% hoch überhitzt u. durch entsprechende Wahl des *Si*-Geh. oder der Wandstärke so zur Erstarrung gebracht wird, daß das Eisen weiß wird oder nur leichte Anzeichen einer melierten Erstarrung zeigt. Zweckmäßig ist der Si-Geh. wesentlich höher als bei gewöhnlichem Temperguß. Er beträgt vorzugsweise 2—3%. (**D. B. P. 905 856** Kl. 18b vom 1/1. 1949, ausg. 8/3. 1954. Anmeldung bekanntgemacht 10/5. 1951.) HOCHSTEIN. 6407

Hüttenwerk Oberhausen Akt.-Ges., Oberhausen, *Herstellung von Stahl mit niedrigem Stickstoffgehalt im Windfrischverfahren.* In das Roheisen wird, bevor es in den Konverter eingefüllt wird, O_2 oder mit O_2 angereicherte Luft oder ein O_2 abgebendes Gas so lange eingeblasen, bis der Si-Geh. des Roheisens merklich erniedrigt ist. Zweckmäßig wird der Si-Geh. des Roheisens von 0,5% auf unter 0,15% erniedrigt. (**F. P. 1 042 360** vom 21/9. 1951, ausg. 30/10. 1953. D. Prior. 14/10. 1950.) HOCHSTEIN. 6409

August Thyssen-Hütte Akt.-Ges., Duisburg-Hamborn, und **Eisenwerk-Gesellschaft Maximilianshütte m. b. H.,** Sulzbach-Rosenberg, *Herstellung von Windfrischstahl mit niedrigem Stickstoffgehalt.* Das Windfrischen findet in einem Konverter statt, der gegenüber der Lage, in der die Blaslöcher gerade noch vom Stahlbad bedeckt sind, nicht mehr als 30° aufgerichtet ist. Außerdem wird wenigstens während eines Teils des Blasens mit sauerstoffangereichertem Wind geblasen, u. zwar wird entweder mit reinem O_2 oder mit einem an O_2 derart angereichertem Wind geblasen, daß der O_2-Geh. des Windes mindestens 30 Vol.-% beträgt. Der nach diesem Verf. hergestellte Stahl enthält nur 0,004—0,008% N_2. (**E. P. 695 238** vom 23/5. 1951, ausg. 5/8. 1953. D. Prior. 1/10. 1948. **F. P. 1 031 392** vom 25/1. 1951, ausg. 23/6. 1953.) HOCHSTEIN. 6409

Hüttenwerk Haspe Akt.-Ges., Haspe, *Herstellung eines Stahles mit einem bestimmten niedrigen Stickstoffgehalt.* Der N_2-Geh. des bei der Stahlherst. verwendeten frischen Gases oder des Austrittsgases wird von vornherein derart eingestellt, daß zur Erzeugung eines Windfrischstahles mit ca. 0,03% N_2 der N_2-Geh. im Austrittsgas 10% nicht überschreiten darf. Bei Verwendung von mit O_2 angereicherter Luft wird der bestimmte geringe N_2-Partialdruck des Windes durch Zusatz von Wasserdampf oder CO_2 bewirkt. Bei Verwendung eines an O_2 angereicherten Windes von 50—94% O_2, Rest N_2, wird bei Herst. eines Stahles mit ca. 0,003% N_2 durch Zusatz von Wasserdampf oder CO_2 ein Gemisch hergestellt, bei dem das Verhältnis von Wind zu Wasserdampf bzw. CO_2 wie 0,5 : 1 bis 5 : 1 ist. Bei Herst. eines Stahles mit 0,006—0,010% N_2 ist dieses Verhältnis 0,5 : 1 bis 3 : 1 oder 1 : 1 bis 2 : 1. (**F. P. 1 019 973** vom 5/6. 1950, ausg. 30/1. 1953.) HOCHSTEIN. 6409

Westfalenhütte Dortmund Akt.-Ges., Dortmund, *Herstellung eines phosphorarmen Windfrischstahles.* Das Stahlbad wird nach n. Entphosphorung im Konverter entschlackt, worauf ihm eine verhältnismäßig geringe Menge von Verbb. des 3-wertigen Eisens, z. B. Walzzunder, oder an solchen Stoffen, die in der Hauptsache aus diesen Verbb. zusammengesetzt sind, wie P-arme Eisenerze, in einer Menge von 0,5—1% zugesetzt werden. Der Eisengeh. der Schlacke wird dadurch künstlich von 8—12% auf mindestens 14% erhöht, worauf dann nochmals eine kurze Zeit nachgeblasen wird. (**F. P. 1 023 643** vom 21/8. 1950, ausg. 20/3. 1953. D. Prior. 22/8. 1949.) HOCHSTEIN. 6409

Akt.-Ges. für Unternehmungen der Eisen- und Stahlindustrie (Erfinder: **Walter Tofaute**), Essen, *Verwendung von austenitischen Stahllegierungen.* Nach dem Zusatzpatent 908 380 werden die nach D. B. P. 891 399 (C. **1954.** 2041) zu verwendenden austenit. Stahllegierungen mit höchstens 0,2 (%) *C*, 15—30 *Cr*, mehr als 3 bis weniger als 5 *Ni* u. mehr als 0,2—1,5, bes. mehr als 0,2—0,5, N_2, die außerdem bis zu 4 *Si, Mo, Cu, Ti, Ta, Nb, V, W* u./oder *Zr* enthalten können, wobei Ni ganz oder teilweise durch *Co* ersetzt werden kann, als Werkstoff für unmagnet. Kappenringe verwendet. Nach Zusatzpatent 908 381 werden diese Stahllegierungen als Werkstoff für Flugzeugbänder u. nach Zusatzpatent 908 382 als Werkstoff für Gegenstände, die gegen chloridhaltige Lsgg. widerstandsfähig sein müssen, verwendet. (**D. B. PP. 908 380, 908 381** u. **908 382** Kl. 18d, alle vom 24/7. 1940, alle ausg. 5/4. 1954, alle Anmeldungen bekanntgemacht 15/1. 1953. **Zusätze zu D. B. P. 891 399; C. 1954. 2041.**) HOCHSTEIN. 6411

Gußstahlwerk Witten Akt.-Ges. (Erfinder: **August Dammer** und **Alfred Büttinghaus**), Witten/Ruhr, *Wärmebehandlung von Werkstoffen für Lagerschalen, Schneckenräder oder Gleitbahnen.* Das Verf. nach dem Hauptpatent, bei dem Fe–C-Legierungen mit 0,8—3 (%) *C*, 0,1—1 *Mn*, 0,2—3 *Al*, Rest techn. Eisen, im Gußzustand bzw. während der Weiterverarbeitung auf Tempp. abgekühlt werden, bei denen eine Ausscheidung von C in Form von Graphit erfolgt, u. die Legierungen dann zum Wiederinlösungbringen des Graphits auf Tempp. oberhalb A_3 erhitzt, darauf beschleunigt abgekühlt u. schließlich durch Anlassen bei Tempp. unter A_3 derart wärmebehandelt werden, daß der Graphit in feinster Verteilung wieder ausfällt u. eine dem Verwendungszweck entsprechende Festigkeit u. Zähigkeit erzielt wird, wird auf Fe–C-Legierungen mit 0,8—3 *C*, über 1—1,5 *Mn*, 0,2—2 *Si*, 0,2—2 *Al*, Rest Eisen, mit den üblichen Bemengungen zur Herst. von gleitend oder reibend beanspruchten Teilen angewendet. (**D. B. P. 908 625** Kl. 18c vom 6/1. 1943, ausg. 8/4. 1954. Anmeldung bekanntgemacht 13/8. 1953. **Zusatz zu D. B. P. 887 358; C. 1954. 4026.**) HOCHSTEIN. 6411

Walter M. Weil, V. St. A. (Erfinder: **Hugh Spencer Cooper**), *Elektrolytische Chromgewinnung.* Als Elektrolyt wird eine Schmelze aus *Alkalichlorid* u. *$CrCl_2$* verwendet. Die Elektrolyse wird in einem geschlossenen Behälter unter ständigem Einleiten von H_2 in die Schmelze durchgeführt. Arbeitstemp. ca. 860°. Das abgeschiedene Cr hat einen Reinheitsgrad von 99%. — Abbildung. (**F. P. 1 032 188** vom 7/2. 1951, ausg. 30/6. 1953. A. Priorr. 16/2. u. 16/12. 1950.) MARKHOFF. 6441

Reynolds Metals Co., Richmond, Va., übert. von: **Thomas L. Fritzlen,** Hinsdale, Ill., V. St. A., *Aluminiumlegierungen* bestehen aus 0,5—0,9 (%) *Si*, 0,8—1,2 *Mg*, 0,25—0,75 *Mn*, 0,4—0,6 *Fe*, Rest *Al*, in dem Mg mit Si verbunden ist, wobei ein Si-Überschuß von mindestens 0,1 Si zulässig ist, der in der Form als Al–Fe–Mn–Si auftritt. An Verunreinigungen können bis 0,05 *Cu*, bis 0,25 *Cr*, u. 0,05 andere Metalle zugegen sein. Die Legierungen werden 15—20 Min. bei 495—530° erhitzt, in kaltem W. abgeschreckt u. darauf bei 170—180° ca. 18 Std. lang gehärtet. (**A. P. 2 601 206** vom 22/10. 1948, ausg. 17/6. 1952.) GÖTZE. 6447

Siemens & Halske Akt.-Ges., Berlin und München (Erfinder: **Nikolai Budiloff,** Berlin-Friedenau), *Gegenstände mit hohem Lichtreflektionsvermögen* (Spiegel) bestehen aus 2—2,5 (%) *Mg*, 6—6,5 *Zn*, Rest *Al*. Sie werden 1 Std. bei 500° geglüht u. sodann auf 20° abgeschreckt. (**D. R. P. 761 132** Kl. 40b vom 23/2. 1941, ausg. 8/3. 1954.) GÖTZE. 6447

Vereinigte Leichtmetall-Werke G. m. b. H., Bonn (Erfinder: **Hans Lang,** Hannover), *Herstellung von dünnen Blechen,* bes. solchen unter 5 mm Stärke aus Legierungen der Gattung *Al–Cu–Mg* durch Walzen, dad. gek., daß nach dem üblichen Warm- u. anschließendem Kaltwalzen mindestens der letzte Stich in der Wärme vorgenommen wird. Die so hergestellten Bleche sind besonders geeignet für Zwecke, bei denen es auf erhöhte Biegefestigkeit ankommt, sowie für Tiefziehzwecke. (**D. B. P. 901 598** Kl. 40d vom 15/9. 1940, ausg. 14/1. 1954.) GÖTZE. 6447

Hi-Loy Co., Inc., übert. von: **Frank Alden Miller,** Buffalo, N. Y., V. St. A., *Zusatzlegierung zur Änderung des molekularen Gefüges von Gußeisen oder Stahl.* Dem fl. Gußeisen oder Stahl wird eine Legierung aus 49 (%) *Ti*, 49 *Nb*, 1 *Te* u. 1 *Rh* in einer Menge von ca. 57 g auf ca. 907 kg Eisen zugesetzt. Durch den Zusatz werden die Lagereigg. des behandelten Gußeisens oder Stahls verbessert. (**A. P. 2 659 669** vom 3/7. 1950, ausg. 17/11. 1953.) HOCHSTEIN. 6449

Horizons Titanium Corp., V. St. A., *Elektrolytische Gewinnung von Titan.* Als Elektrolyt dient eine Schmelze von *Alkali-* oder *Erdalkalihalogeniden* mit einem Zusatz von *TiO* in den Anodenraum. Die Elektrolyse wird in einem Behälter durchgeführt, in dem Anoden- u. Kathodenraum getrennt sind, um zu verhindern, daß ungelöstes TiO in den Kathodenraum gelangt. (**F. P. 1 051 539** vom 28/12. 1951, ausg. 18/1. 1954.) MARKHOFF. 6449

Imperial Chemical Industries Ltd., London, England (Erfinder: **James Crosby Smart**), *Elektrolytische Erzeugung von Titan.* Eine Schmelze aus *Alkali-* oder *Erdalkalichlorid-* oder *-fluorid* oder aus *$MgCl_2$* oder *MgF_2* wird unter Durchleiten von *$TiCl_4$* u. *H_2* elektrolysiert. Temp. ca. 800°. Kathodenmaterial aus Ti. Es scheidet sich sehr reines Ti ab. (**E. P. 698 151** vom 24/8. 1951, ausg. 7/10. 1953.) MARKHOFF. 6449

Remington Arms Co., Inc., Bridgeport, Conn., übert. von: **Robert I. Jaffe** und **Horace R. Ogden,** Columbus, O., V. St. A., *Titanlegierungen* bestehen aus 2—5 (%) *Al*, 1—6 *Cr*, 1—6 *Mo*, Rest *Ti*. Das Ti kann rein verwendet werden oder mit 0,15 *N_2*, 0,25 *O_2* u./oder 0,3 *C*. Die Legierungen besitzen eine gute Zugfestigkeit u. Duktilität u. lassen sich walzen, ziehen u. schmieden. Nach A. P. 2 596 486 enthalten die Legierungen 3,5—10 *Al*, 1—5 *In*, 0,02—0,3 *C*, Rest *Ti*, wobei die Verunreinigungen 0,1 nicht übersteigen sollen. Nach A. P. 2 596 487 enthalten die Legierungen 3,5—5 *Al*, 0,5—5 *Sb*, 0,02—0,3 *C*, Rest *Ti*. Nach A. P. 2 596 488 enthalten die Legierungen an Stelle von Sb 0,5—5 *Bi* u. nach A. P. 2 596 489 enthalten sie 3,5—5 *Al*, 0,1—1 *B*, Rest *Ti* u. wahlweise 0,02—0,3 *C*. (**A. PP. 2 596 485** vom 2/12. 1950, **2 596 486** vom 7/2. 1951, **2 596 487, 2 596 488** u. **2 596 489** vom 2/3. 1951, alle ausg. 13/5. 1952.) GÖTZE. 6449

Ford Motor Co. Ltd., London, England (Erfinder: **F. A. Klemach**), *Verformen von Metallplatten über einer Formplatte.* Die Formplatte wird aus einem Metall mit einem F. unter 100° hergestellt u. vor dem Verformen der Bleche auf −100° oder tiefer abgekühlt. Geeignet ist z. B. eine Legierung aus 50 (%) *Bi*, 13,3 *Sn*, 10 *Cd* u. 26,7 *Pb*. Die Kühlung kann z. B. durch fl. N_2 erfolgen. (**Schwed. P. 136 818** vom 30/12. 1948, ausg. 12/8. 1952. A. Prior. 20/1. 1948.) JÜRGEN SCHMIDT. 6449

Metals & Controls Corp., Attleboro, übert. von: **Joseph M. Williams**, Attleboro Falls, Mass., V. St. A., *Goldlegierungen* bestehen aus 33—50 (%) *Au*, 0,1—5 *In*, 2—10 eines der Metalle *Ag*, *Zn* oder *Cd*, Rest nicht weniger als 10,7 *Cu*. Die Legierungen sind spannungskorrosionsfest u. werden in der Juweliertechnik verwendet. (**A. P. 2 596 454** vom 10/9. 1949, ausg. 13/5. 1952.) GÖTZE. 6463

Lodge Plugs Ltd., Rugby, England (Erfinder: **C. J. Smithells**), *Zündstoff für Verbrennungsmotoren.* Der Zündstift besteht aus einem Mittelstift aus weichem Stahl u. daran angeschweißten Elektroden aus einem Material mit wesentlich höherem F., z. B. einer *Pt–Ir*-Legierung mit ca. 80 (%) *Pt* u. 20 *Ir*. Hierdurch wird verhindert, daß der Stift beim Anschweißen der Elektroden weich wird oder schmilzt. (**Schwed. P. 135 508** vom 25/6. 1941, ausg. 29/4. 1952. E. Prior. 22/6. 1940.) JÜRGEN SCHMIDT. 6465

Franz Sattler, Berlin-Dahlem, *Agglomerationsverfahren für Metallpulverpreßlinge.* An Stelle der Verwendung eines reduzierenden oder inakt. Gases erfolgt die Agglomeration der Preßlinge in einem Bad fl. oder dampfförmiger Schutzstoffe. Als solche dienen Metalle, wie *Pb*, *Sn*, *Ni* oder Salze, wie *NaCl*, $SnCl_4$ oder *Pb*-Salze, deren F. niedriger liegt als der des Materials der Preßlinge. Die D. der Schutzstoffe kann geringer, gleich oder höher sein. In den beiden letzteren Fällen muß der Preßling in das Bad gedrückt u. dort festgehalten werden. Das Schutzbad kann gleichzeitig chem., z. B. durch Legierungsbldg., auf den Preßling einwirken. (**D. B. P. 901 596** Kl. 40b vom 3/5. 1944, ausg. 14/1. 1954.) GÖTZE. 6475

N. K. G. Tholand, New York, N. Y., V. St. A., *Herstellung von Schnellstahlpulvern für die Herstellung von Formkörpern, besonders Werkzeugen und Matrizen.* Man geht von einer Fe-Legierung mit den gewünschten Legierungsbestandteilen, aber einem noch zu hohen C-Geh. aus. Durch mechan. Zerkleinern stellt man das gewünschte Pulver her, entkohlt dieses im festen Zustande auf das gewünschte Maß u. verformt nach der Pulvermetallmethode. Der Ausgangs-C-Geh. soll zwischen 1,5 u. 3,0%, der End-C-Geh. bei 0,5—0,8% liegen. Man kann den Stahl auch vor der Zerkleinerung einer Wärmebehandlung auf 980° oder mehr unterwerfen, u. erst dann mechan. zerkleinern. (**Schwed. P. 133958** vom 16/9. 1941, ausg. 18/12. 1951. A. Prior. 16/9. 1940.) JÜRGEN SCHMIDT. 6475

Thomson Products, Inc., übert. von: **Eugene Wainer**, Cleveland, O., V. St. A., *Sinterlegierungen* werden hergestellt, indem 50—65 (Teile) Metallpulver mit 35—50 eines Bindemittels aus einem thermoplast. depolymerisierbaren, monoolefin. Harz u. einem Wachs, das das Harz nicht löst u. nicht aufquellt, gemischt werden. Darauf wird das Gemisch über 100° erhitzt bis zum Erweichungspunkt des Bindemittels, geformt u. in einer nichtoxyd. Atmosphäre über die Verdampfungstemp. des Bindemittels erhitzt u. gesintert. (**A. P. 2 593 943** vom 1/3. 1949, ausg. 22/4. 1952.) GÖTZE. 6475

Gebr. Böhler & Co. Akt.-Ges., Österreich, *Erzeugen von ferromagnetischen Pulvern von großer Koerzitivkraft.* Die ferromagnet. Metalle werden elektrolyt. — unter Einw. von Ultraschall auf die Kathode — abgeschieden. Die Teilchengröße ist durch Veränderung der Schwingungsfrequenz, der Elektrolytkonz., der Temp. u. der Stromdichte beeinflußbar. Die erhaltenen Pulver werden unter hohem Druck zu permanenten Magneten verarbeitet. (**F. P. 1 029 209** vom 7/12. 1950, ausg. 1/6. 1953. Oe. Prior. 10/12. 1949.) MARKHOFF. 6475

Aluminium-Industrie-Akt.-Ges., Chippis, Schweiz (Erfinder: **R. Irmann**), *Herstellung von Leichtmetallkörpern.* Man preßt u. sintert *Al*-Pulver oder gepulverte *Al-Legierungen*, deren Korngröße zu 50% 2 μ ist. Das Pulver kann hierbei auch einen größeren Oxydgeh. aufweisen. Man erhält Körper mit einer Zugfestigkeit von bes. 30 kg/mm² u. einer *Brinell*-Härte von mindestens 80 kg je cm² u. einer Dichte unter 5, bes. unter 3. (**Schwed. P. 138422** vom 16/7. 1947, ausg. 9/12. 1952. Schwz. Priorr. 17/7. 1946 u. 8/5. 1947.) JÜRGEN SCHMIDT. 6475

Richard Schier, München-Dachau, *Werkstoffe für elektrische Kontakte* bestehen aus bis zu 30 (%) *W*, 0,3—2 *Ni*, Rest *Ag*. Die Werkstoffe werden dadurch hergestellt, daß man die gutgemischten, bes. pulverförmigen Grundstoffe in Stabform preßt, bei 900 bis 1000° sintert, die Stäbe in Rundhämmermaschinen auf den erforderlichen Durchmesser herabhämmert u. dann von den Rundstangen entweder fertige Kontakte absticht oder Rohlinge, die dann im Gesenk auf Fertigform gedrückt werden. (**D. R. P. 756 337** Kl. 40b vom 11/6. 1940, ausg. 8/3. 1954.) GÖTZE. 6475

Metro-Cutanit Ltd. und **Martin Littman,** London, England, *Verbesserungen bei verschweißfestem Material.* Man vermischt zwei pulverisierte Komponenten, eine harte, z. B. W_2C–WC, mit einer relativ weichen, z. B. einer *Co–Cr–Ti-Legierung,* verformt u. sintert sie so, daß die weiche Komponente dabei schmilzt. (**E. P. 674 128** vom 12/8. 1949, ausg. 18/6. 1952.) NEBELSIEK. 6475

Linde Air Products Co., New York, V. St. A., *Entfernung von Metallteilen mit Flammen.* Man richtet auf die Metallteile eine Vorwärmflamme, einen die unerwünschten Metallteile entfernenden O_2-Gasstrom u. einen Strahl aus einem brennbaren Pulver aus Fe, Al oder beiden. Das Gemisch soll 10—65% Al enthalten. (**Finn. P. 26 676** vom 19/5. 1950, Auszug veröff. 30/11. 1953. A. Prior. 19/5. 1949.) JÜRGEN SCHMIDT. 6509

Soc. An. des Manufactures des Glaces et Produits Chimiques de Saint-Gobain, Chauny & Cirey, Frankreich, *Entfernen von Schichten von der Oberfläche von Gegenständen.* Die Gegenstände werden der Einw. von Schwingungen hoher Frequenz, bes. Ultraschallschwingungen, ausgesetzt. Zweckmäßig befinden sich die Gegenstände in einer Fl., die das Schichtmaterial auflöst oder emulgiert. Das Verf. dient bes. zum Reinigen von *Gußformen.* (**F. P. 1 004 822** vom 19/5. 1947, ausg. 3/4. 1952.) MARKHOFF. 6509

Gebr. Böhler & Co. Akt.-Ges., Wien, Österreich, *Entzunderung von Gegenständen aus Eisen, Stahl, Kupfer und Kupferlegierungen ohne Verletzung der Oberfläche.* Vor der Entfernung des Zunders wird ein weniger als 1 mm, vorzugsweise weniger als 0,2 mm, dicker Überzug aus einem spröden Stoff, wie Wasserglas, mit Zusatz von Na_2CO_3, Phosphaten, bei Tempp. bis zu höchstens 250° in an sich bekannter Weise aufgebracht u. vor der Entzunderung zur Erstarrung oder zum Trocknen gebracht. Die spröde Schicht reißt bei Abplatzen den Zunder mit ab. (**D. B. P. 907 008** Kl. 48d vom 25/4. 1952, ausg. 18/3. 1954. Anmeldung bekanntgemacht 23/7. 1953. Oe. Prior. 10/9. 1948.) MARKHOFF. 6509

Soc. d'Électrochimie, d'Électrométallurgie et des Aciéries Électriques d'Ugine, Frankreich, *Verbessern der Korrosionsbeständigkeit von nichtrostendem Stahl.* Die Oberfläche wird ca. 24 Std. der Wrkg. einer Lsg. von 10 Vol.-% HNO_3 von 36° Bé u. 1—2 Gew.-% *NaF* ausgesetzt u. anschließend 48 Std. lang der Wrkg. einer 10%ig. HNO_3. Die so behandelten Gegenstände werden von H_3PO_4, organ. Säuren, Meerwasser, Hypochloriten u. Chloriten der Alkalien in saurer Lsg. nicht angegriffen. (**F. P. 57 772** vom 7/8. 1947, ausg. 9/9. 1953. A. Prior. 15/8. 1946. **Zusatz zu F. P. 997 966; C. 1953. 6970.**) MARKHOFF. 6513

Wolfgang Schulze-Badelbach, Deutschland, *Beizen von Eisen und seinen Legierungen.* Die Gegenstände werden in einer sauren Beizlg. behandelt, der ein Kolloid, wie Gummi arabicum, u. eine lösl. Cyanverb., wie ein Salz der Sulfocyansäure, zugefügt ist, die als Sparbeizzusatz wirken. (**F. P. 1 005 090** vom 3/6. 1947, ausg. 7/4. 1952.) MARKHOFF. 6513

Inland Steel Co. (Erfinder: **Edwin D. Martin**), Chicago, Ill., V. St. A., *Beizverfahren für Eisen- und Stahlgegenstände.* Sowohl beim Tauchen derselben in eine H_2SO_4-Lsg. als auch beim Regenerieren der verbrauchten Lsg. durch Ausfällen von $FeSO_4 \cdot H_2O$ hält man eine Temp. von 180—220° F aufrecht. — Vorrichtung. (**E. P. 680 322** vom 18/6. 1948, ausg. 1/10. 1952. A. Prior. 25/6. 1947.) NEBELSIEK. 6513

„Shell" Refining and Marketing Co. Ltd., London, England (Erfinder: **R. Graham**), *Ventile für Verbrennungsmotoren.* Die Ventile sind innen zum Schutz gegen den Angriff der Verbrennungsprodd. der Treibstoffe mit einem Überzug aus einer *Ni–Co–Al*-Legierung oder einer *Ni–Fe–Al*-Legierung überzogen. Bes. geeignet ist eine Legierung aus 33 (%) *Al,* höchstens 65 *Ni* u. höchstens 65 *Co,* bes. 26 *Ni,* 13 *Co* u. 61 *Al.* Beim Anbringen der Legierung ist es vorteilhaft, die Ventilflächen zunächst mit einer Haut aus Pb zu überziehen u. dann die Al-Legierung aufzubringen. (**Schwed. P. 135 369** vom 7/8. 1947, ausg. 22/4. 1952. E. Priorr. 9/8. 1946 u. 23/6. 1947.) JÜRGEN SCHMIDT. 6517

Metal-Gas Co. Ltd., Glasgow, und **R. Hunter,** Motherwell, England (Erfinder: **R. Hunter**), *Aufbringen von Metallbelägen auf andere Metalle, bes. Eisen und Stahl.* Man bedeckt das zu überziehende Metall mit einem Metall oder einer Legierung aus *Al, Co, Cr, Si, Mg, Mo, Ni, Cu, Nb, Ti, W* oder *Ta* in Pulverform, das mit einem porösen keram. Pulver gemischt ist. Man entfernt jeglichen O_2 u. erhitzt auf Tempp. zwischen 200° u. dem F. des Grundmetalls. Dann leitet man Halogenwasserstoff, gegebenenfalls zugleich mit einem neutralen oder reduzierenden Gas, hindurch. Es bilden sich Metallhalogenide aus dem Metallpulver, die in den porösen keram. Teilchen absorbiert werden u. bei weiterer Behandlung eine chem. Diffusion in das Grundmetall ermöglichen. Man erhält sehr gleichmäßige dünne Belagschichten von weniger als 1 mm Dicke, z. B. 0,1 mm. (**Schwed. P. 133 294** vom 22/10. 1947, ausg. 16/10. 1951. E. Priorr. 22/10. 1946 u. 14/8. 1947.) JÜRGEN SCHMIDT. 6517

E. A. Ollard and **E. B. Smith**, Handbook of industrial electroplating. 2nd edn. London: Iliffe. 1954. (364 S. m. Abb.) 30 s.

Karl Quak, Technisches Wissen. (Gruppe A) Bd. 2. Leipzig: Fachbuchverl. 1953. A: Technische Stoffe. Bd. 2. Technisches Eisen. Nichteisenmetalle. (XIII + 342 S. m. Abb., Taf. etc.) DM 12,—.

IX. Organische Industrie.

Karl Ziegler, Mülheim/Ruhr, *Polymerisation von ungesättigten Kohlenwasserstoffen* mit mehr als 2 C-Atomen im Mol. unter überwiegender Dimerisation. Die KW-stoffe werden auf Tempp. zwischen 60—250° in Ggw. von Polymerisationserregern der allg. Formel $Me(R)_n$ erhitzt. Me ist ein Be-, Al-, Ga- oder In-Atom, n = 2 oder 3 u. R = H oder ein einwertiger gesätt. aliphat. oder aromat. organ. Rest, wobei R mit dem C-Atom unmittelbar an Me gebunden ist. Substanzen dieser Art sind z. B. $Be(C_2H_5)_2$, AlH_3, $HAl(CH_3)_2$, $H_2AlC_2H_5$, $Al(CH_3)_3$, $Al(C_2H_5)_3$, $Al(C_6H_5)_3$, $Ga(CH_3)_3$, $In(CH_3)_3$, $NaBe(C_2H_5)_3$, $LiAlH_4$, $LiAl(C_2H_5)_4$. — Es wird ein ungesätt. KW-stoff mit sich selbst oder es werden zwei verschied. ungesätt. KW-stoffe miteinander polymerisiert. Man verwendet bes. Olefine mit endständiger oder mit mittelständiger Doppelbindung mit 3—12 C-Atomen. — Reines Propylen wird in fl. Phase unter Druck mit 1—2 Gew.-% $Al(CH_3)_3$, $Al(C_2H_5)_3$, $Al(C_3H_7)_3$, $Al(C_6H_5)_3$ oder $Be(C_2H_5)_2$ versetzt u. auf 200° erhitzt. Der Druck steigt auf 170 at an u. fällt danach im Verlauf mehrerer Std. auf 30—40 at. Man kann dann erneut Propylen aufpressen u. das Verf. wiederholen, bis der Autoklav gefüllt ist. Man entspannt u. destilliert. Das gebildete *2-Methylpenten-(1)* geht bei 65° über. — Penten-(1) bildet *2-Propylhepten-(1)*, Kp. 164°. (**Oe. P. 178 626** vom 21/6. 1951, ausg. 25/5. 1954. D. Prior. 21/6. 1950.)

M. F. MÜLLER. H 520

Imperial Chemical Industries Ltd., England, *Vorrichtung zur katalytischen Umwandlung von Olefinen.* Das zur katalyt. Anlagerung von W. an Olefine (z. B. Herst. von *Isopropanol* aus Propylen) oder zur katalyt. Hydrierung von Olefinen (z. B. Umwandlung von Isobuten in *Isooctan*) verwendete Reaktionsgefäß enthält im Innern senkrecht angeordnete Schichten aus katalyt. inertem Material (z. B. SiO_2-Stücken, Al_2O_3-Kugeln) von kreis-, ringförmigem oder rechteckigem Querschnitt, welche von der Katalysatormasse umgeben werden oder diese umgeben. Zwischen der Katalysatormasse u. der inerten Schicht ist eine permeable Scheidewand angeordnet, welche z. B. aus engmaschigem Glasgewebe, Metallgewebe (z. B. Cu-, „Staybrite"-Gewebe), Gewebe aus synthet. Material, perforierten Folien oder aus gefrittetem Material besteht u. es ermöglicht, daß die Reaktionsteilnehmer in der Gas- oder Dampfphase miteinander in Ggw. des Katalysators reagieren, aber verhindert, daß die Fl. (z. B. W., Isopropanil) mit dem Katalysator merklich in Berührung kommt. (**F. P. 1 049 516** vom 21/9. 1951, ausg. 30/12. 1953. E. Prior. 22/9. 1950.) OPPERMANN. H 520

Imperial Chemical Industries Ltd., England, *Trennung von Gasgemischen.* Aus einem Gasgemisch wird ein Gas absorbiert in einem Gemenge von mehreren Fll., das bei einer tieferen Temp. mehrere Phasen bildet u. bei einer höheren Temp. bei geringerer Phasenzahl das absorbierte Gas wieder abgibt. Als Beispiele sind die Absonderung in kontinuierlichem Verf. von C_2H_2 aus einem bei der partiellen Verbrennung von CH_4 entstandenen Gasgemisch mittels eines Flüssigkeitsgemenges aus W. u. Acetylaceton (**I**) bzw. aus W. u. Äthylendiacetat angegeben. Das Gasgemisch hat die Zus.: 48 (Vol.-%) H_2; 33 CO; 9 C_2H_2; 6 CH_4; 4 CO_2. Nach dem ersten Beispiel besteht das Flüssigkeitsgemenge aus etwa gleichen Gewichtsteilen W. u. **I** u. bildet bei 20° zwei, bei 85—90° eine Phase. In der einen Phase, die eine gesätt. Lsg. von W. in **I** ist, wird bei 20° in einem Rieselturm C_2H_2 bis auf 0,1% absorbiert. Dann wird die zweite Phase, die mit **I** gesätt. W. ist, bei 20° hinzugefügt u. das Ganze auf 85—90° erhitzt, so daß sich eine einzige Phase ausbildet u. das C_2H_2 abgesondert wird. Die Zus. des abgespaltenen Gases ist: 0,4 H_2; 0,3 CO; 79,8 C_2H_2; 16,2 CO_2; 0,1 CH_4; 2,2 Wasserdampf; 1,0 **I**-Dampf. Nach Abkühlung der Fl. bilden sich wieder zwei Phasen, die bis zur vollendeten erneuten Absorption von C_2H_2 in der einen Phase voneinander getrennt werden. (**F. P. 1 043 157** vom 16/7. 1951, ausg. 6/11. 1953. E. Prior. 14/8. 1950.)

B. SCHMIDT. H 530

Imperial Chemical Industries Ltd. (Erfinder: **Ronald C. Thomson** und **Peter W. Reynolds**), England, *Direkte Hydratation von Äthylen zu Äthanol* in Ggw. eines Katalysators aus TiO_2 u. W_2O_5 bei einem Druck von 100—500 at unter Verwendung eines Gemisches von Äthylendampf u. teilweise verdampftem Wasser. — Der Katalysator wird hergestellt durch Calcinieren von TiO_2 bei 600°, Imprägnieren mit NH_4-Wolframat, Trocknen, Calcinieren bei 450° u. schließlich Red. vor der Verwendung. Er enthält ca. 20% W_2O_5. Nach den Beispielen beträgt die Umsetzung von Äthylen zu A. 91,74 bzw. 95,0%. — Zeichnung. (**F. P. 1 019 733** vom 30/5. 1950, ausg. 26/1. 1953. E. Prior. 1/6. 1949.) M. F. MÜLLER. H 560

Ruhrchemie Akt.-Ges., Deutschland, *Herstellung von Alkoholen aus Acetalen und anderen Sauerstoff in ätherartiger Bindung enthaltenden Kohlenwasserstoffverbindungen.* Man hydriert solche Verbb. oder ihre Gemische in Ggw. von W. u. eines Hydrierungskatalysators bei 100—220°, vorzugsweise 160°, u. bei erhöhtem Druck. — Z. B. kocht man ein Gemisch von 360 g eines durch Synth. gewonnenen C_{10}-Alkohols (Neutralisationszahl [NZ.] 0,1, EZ. 4,4, Hydroxylzahl 349, JZ. 0 u. Carbonylzahl 0), 430 g eines 35%ig., durch Synth. erhaltenen Aldehyds mit 10 cm^3 36%ig. HCl u. 100 cm^3 Bzl. ca. 8 Std. u. befreit das Reaktionsprod. durch Dest. von anwesenden KW-stoffen. Man erhält 380 g *C_{30}-Acetal*, Kp. über 284°, NZ. 0,7, EZ. 3,9, Hydroxylzahl 10, JZ. 20, Carbonylzahl 0, $D.^{20}$ 0,842, n_D 1,4490, welche man mit 380 g W. u. 10 g Kieselgur–Magnesia–Ni-Katalysator vermischt u. 60 Min. bei 160° u. 30—50 at hydriert. Die gebildete obere *Ölschicht* hat die Kennzahlen NZ. 1,2, Hydroxylzahl 332, Carbonylzahl 3, JZ. 3, $D.^{20}$ 0,837 u. n_D 1,4380. Durch Dest. der wss. Schicht erhält man einen 98—99%ig. *C_{10}-Alkohol*, $Kp._{10}$ 111—115°, NZ. 1, Hydroxylzahl 350, Carbonylzahl 2, JZ. 0, Mol.-Gew. 155,2, $D.^{20}$ 0,829, n_D 1,4342; Ausbeute 90%. Weitere Beispiele. Das Verf. dient bes. zur Herst. von reinen Alkoholen aus Synthesegemischen, welche neben KW-stoffen Alkohole u. Aldehyde enthalten. (**F. P. 1 040 908** vom 21/7. 1951, ausg. 20/10. 1953. D. Prior. 25/7. 1950.) OPPERMANN. H 560

VEB Fettchemie und Fewa-Werk, Chemnitz (Erfinder: **Albert Metzger**, Leipzig), *Herstellung von Fettalkoholschwefelsäureestern* unter Verwendung von Alkoholgemischen, welche durch Red. von Vorläufen der bei der Paraffinoxydation anfallenden Carbonsäuren gewonnen werden. Das Sulfonierungsgemisch wird mit organ. oder anorgan. Basen neutralisiert. — 100 g Vorlaufalkohole werden mit 80 g $ClSO_3H$ bei unter 30° sulfoniert. Man neutralisiert mit Triäthanolamin. (**D. P. [DDR] 2 994** Kl. 12o vom 12/11. 1940, ausg. 8/12. 1952 [Wirtschaftspatent].) M. F. MÜLLER. H 590

VEB Farbenfabrik Wolfen, Wolfen (Erfinder: **Karl Brodersen** und **Matthias Quaedvlieg**, Dessau), *Reinigen von Paraffinsulfonaten*, welche durch Sulfochlorierung langkettiger Paraffin-KW-stoffe u. Verseifung anfallen, durch Zusatz von W. in einem solchen Verhältnis, daß auf 1 Teil Sulfonat (100%ig.) 0,5—1,5 Teile W. entfallen. Die sich dabei abscheidende Kochsalzlsg. wird bei unter 40° abgetrennt. Nach Abtrennung des etwa bereits ausgeschiedenen Unverseifbaren werden die restlichen unveränderten Paraffin-KW-stoffe mittels niedrigmol. Alkohole aus der wss. Sulfonatlsg. abgeschieden. Durch Verdampfung des Lösungsm. wird das gereinigte Sulfonat gewonnen. (**D. P. [DDR] 2414** Kl. 12o vom 16/8. 1941, ausg. 11/4. 1953 [Wirtschaftspatent].) M. F. MÜLLER. H 600

Ruhrchemie Akt.-Ges., Deutschland, *Katalytische Dehydrierung von Alkoholen* unter Verwendung von Katalysatoren, welche zum größten Teil Metalle der 8. Gruppe des Period. Syst., bes. Eisen, u. daneben Cu u./oder Ag, ferner Alkali- oder Erdalkalioxyde enthalten. — Die Katalysatoren werden aus ihren Salzlsgg. gefällt, z. B. mit Alkalien im Überschuß, worauf die Alkalien möglichst vollständig herausgewaschen werden. Die Katalysatoren werden darauf mit Alkalihydrat, -carbonat, -silicat oder -phosphat imprägniert. Nach dem Trocknen wird der Katalysator durch strömenden H_2 bei 300—350° aktiviert. Zur Regenerierung wird der Katalysator zunächst mit O_2-haltigen Gasen u. danach mit H_2 behandelt. — Ein Katalysator der Zus. 100 (Teile) Fe, 50 Cu u. 50 CaO wird z. B. zur Umwandlung von Propylalkohol zu *Propionaldehyd* benutzt. Ebenso wird damit Butylalkohol in *Butyraldehyd* übergeführt. Isopropylalkohol geht in *Aceton* über. (**F. P. 1 011 915** vom 21/4. 1949, ausg. 1/7. 1952.) M. F. MÜLLER. H 650

Jacques Françon, Bouches-du-Rhône, Frankreich, *Herstellung von Monoketen.* Man leitet ein Gemisch aus 2 Vol. CO u. 1 Vol. Äthylen durch ein auf mindestens 60° erhitztes Rohr, welches einen das CO aktivierenden Katalysator (z. B. Ni, Co, Fe, Cr oder Sulfide oder Jodide dieser Metalle, bes. auf Bimsstein feinverteiltes Co-Sulfid) enthält, bei einem Druck von 1—100 at. Das Reaktionsprod. kühlt man, um gebildete

Nebenprodd. zu kondensieren, u. absorbiert das Keten mittels aktiver Kohle oder leitet es in W. oder NH_4OH. (**F. P. 1 040 934** vom 24/7. 1951, ausg. 20/10. 1953.) OPPERMANN. H 710

N. V. Vereenigde Stearine Kaarsenfabrieken Gouda-Apollo, Holland, *Destillationskolonne. Palmitinsäure* läßt sich aus den Fettsäuren des Palmöls in einer einzigen fraktionierten Dest. rein darstellen, wenn eine aus zehn Gliedern bestehende Destillationskolonne verwendet wird, deren Glieder mit RASCHIG-Ringen gefüllte Behälter aus Glas oder Metall sind u. oben Zuleitungen für das Kondensat aus dem nächsthöheren u. für den Dampf aus dem nächsttieferen Glied u. unten Ableitungen für das Kondensat in das nächsttiefere u. für den Dampf in das nächsthöhere Glied haben. Für die Kondensatleitungen sind zwischen je zwei Gliedern Überläufe vorgesehen. — 2 Zeichnungen. (**F. P. 57 672** vom 28/8. 1947, ausg. 4/5. 1953. Holl. Prior. 23/7. 1946. **Zusatz zu F. P. 915638; C. 1946. I. 519.**) B. SCHMIDT. H 810

Ruhrchemie Akt.-Ges., Deutschland, *Direkte Umwandlung von Aldehyden in Ester.* Um unreine, W. u. metallorgan. Verbb. enthaltende Aldehyde direkt zu verestern, wie sie bei der katalyt. Anlagerung von CO u. H_2 an Olefine anfallen, behandelt man sie zuerst bei 100—200° mit 5—10 (Teilen) Alkali/100 Aldehyd 1—3 Stunden. Hierbei erfolgt eine partielle Esterbldg. unter gleichzeitiger Bldg. äquivalenter Mengen Säure u. Alkohol, welche man anschließend auf bekannte Weise verestert. Bei höheren Aldehyden findet die Veresterung mit Alkali in Ggw. eines niederen KW-stoffs statt, um die Temp. unter 200° zu halten. — Z. B. erhitzt man 100 g eines durch katalyt. Anlagerung von Wassergas an Zersetzungsprodd. des Bzn. erhaltenen Aldehydgemischs (Kp. 124°, Aldehydgeh. 60%) 3 Std. mit 6 g NaOH u. versetzt das abgekühlte Reaktionsgemisch mit 10%ig. H_2SO_4. Die von der wss. Schicht abgetrennte ölige Schicht hat nach Waschen mit W. die Zus.: 15,2 (%) Säure, 29 Ester, 14,4 Alkohol u. 0,25 Aldehyd. Nach 10std. Kochen der öligen Schicht unter Entfernung des gebildeten W. hat das entstandene Prod. folgende Zus.: 2,8 (%) Säure, 40,3 Ester, 0,5 Alkohol u. 0,25 Aldehyd. Ferner wird 1 kg eines durch katalyt. Anlagerung von CO u. H_2 an eine Spaltbenzinfraktion (Kp. 41—73°, Olefingeh. 70%) gewonnenen Aldehydgemisches, Carbonylzahl 298, SZ. 4 u. Hydroxylzahl 6, mit 80 g KOH 1½ Std. gekocht. Das erhaltene ölige Prod. besitzt die Kennzahlen: SZ. 64, EZ. 134 u. Hydroxylzahl 67. Die weitere Veresterung ergibt nach Dest. des Reaktionsprod. 55 Vol.-% einer Fraktion (Kp. 257—265°) mit einer EZ. 243, einer $D.^{20}$ 0,862, einem E. unterhalb —75° u. einer Viscosität von 1,066° ENGLER bei 50°. (**F. P. 1 040 554** vom 29/6. 1948, ausg. 16/10. 1953.) OPPERMANN. H 810

American Cyanamid Co. (Erfinder: **Harold S. Davis**), *Reinigen von Acrylnitril,* welches höher- u. niedrigersd. Verunreinigungen enthält, durch fraktionierte Destillation. Dabei werden zunächst die als Bodenprod. verbleibenden fl. höhersd. Verunreinigungen von dem verdampften Gemisch von Acrylnitril—Wasser mit den niedrigersd. Verunreinigungen in ununterbrochener Arbeitsweise abgetrennt. Das gewonnene Gemisch wird danach für sich fraktioniert, wobei die niedrigersd. Verunreinigungen von dem feuchten Acrylnitril getrennt werden. — Zeichnung. Vgl. Schwz. P. **255 096**; C. **1949.** E. 790. (**F. P. 1 013 672** vom 17/7. 1947, ausg. 1/8. 1952. A. Prior. 31/10. 1942.) M. F. MÜLLER. H 810

— (Erfinder: Wilbur A. Lazier), Elsmere, Del., V. St. A., *Herstellung von Adipinsäurenitril.* Ein Gemisch aus NH_3-Gas u. Adipinsäure wird mit einem Dehydratisierungskatalysator, z. B. Silicagel, bei 320—400° nicht länger als 10 Sek. in Berührung gebracht, wobei NH_3 im Molüberschuß verwendet wird. (**D. P.** [**DDR**] **2 721** Kl. 12o vom 22/4. 1937, ausg. 24/1. 1953 [Ausschließungspatent].) M. F. MÜLLER. H 820

American Cyanamid Co. (Erfinder: **Nat H. Marsh**), V. St. A., *Herstellung von Guanidinverbindungen* aus NH_3 u. CS_2 bei 185—450°. — 0,261 Mol CS_2 u. 0,94 Mol NH_3 werden in einem 300 cm^3-Autoklaven 5 Std. bei 350° erhitzt. Man erhält bei Zusatz von W. eine wss. Lsg. von *Guanidinthiocynat* neben NH_4-Thiocyanat. Durch Zusatz von NH_4NO_3 fällt *Guanidinnitrat* aus. (**F. P. 1 012 930** vom 16/2. 1950, ausg. 21/7. 1952. A. Prior. 31/3. 1949.) M. F. MÜLLER. H 880

Thüringisches Kunstfaserwerk „Wilhelm Pieck" Schwarza VEB, Rudolstadt (Erfinder: **C. Weygand** und **Rolf Detert,** Leipzig), *Herstellung von primären Aminen* durch Rk. einer Organohalogenverb. mit der äquivalenten Menge einer Alkaliverb. eines Carbonsäureamids, welches in Acetamid gelöst ist. — In eine Lsg. von Na-Acetamid in Acetamid wird Butylbromid eingerührt. Es bildet sich *Acetylbutylamin,* welches zu *Butylamin* verseift wird. — Mit Isoamylbromid entsteht *Isoamylamin,* ebenso mit Benzylchlorid das *Benzylamin.* (**D. P.** [**DDR**] **2372** Kl. 12q vom 21/8. 1941, ausg. 17/11. 1952 [Wirtschaftspatent].) M. F. MÜLLER. H 910

General Mills, Inc., übert. von: **Owen A. Moe** und **Donald T. Warner**, Minneapolis, Minn., V. St. A., *Herstellung von Zwischenprodukten zur Synthese von Glutaminsäure.* Man oxydiert Aldehyde der Formel RNH·C·(CN)·(COOR')·CHR²·CHR³·CHO (R = Acyl-, R' = niederer Alkylrest, R², R³ = H oder CH_3), z. B. γ-Acetamido-γ-cyan-γ-carbäthoxybutyraldehyd, z. B. in wss. Lsg. mit Mn-haltigen Oxydationsmitteln, bes. $KMnO_4$, unter Kühlen u. bei p_H 8—10 zu der entsprechenden Säure, z. B. *γ-Acetamido-γ-cyan-γ-carbäthoxybuttersäure*, F. 155—157°. (**A. P. 2 551 566** vom 3/7. 1948, ausg. 1/5. 1951.) LÜTTGEN. H 950

International Minerals & Chemical Corp., Chicago, Ill., V. St. A., *Glutaminsäure*(**I**) entsteht in Form reiner, körniger, monokliner Kristalle, wenn man eine wss. Lsg. von I-Mono-Na-Salz mit Kristallen von monokliner I animpft u. mit einer nichtoxydierenden Mineralsäure, bes. HCl, auf einen p_H-Wert von 2,5—4,0 ansäuert. (**E. P. 680 653** vom 6/2. 1950, ausg. 8/10. 1952. A. Prior. 2/7. 1949.) LANGER. H 950

International Minerals & Chemical Corp., New York, N. Y., übert. von: **Forest A. Hoglan**, Glenview, Ill., V. St. A., *Glutaminsäure* (**I**). Man verseift Weizengluten mit H_2SO_4, stellt mit $Ca(OH)_2$ auf p_H 11,6, filtriert, dampft etwas ein, leitet SO_2 bis zum p_H 5,2 ein, filtriert, konz. das Filtrat, wobei Tyrosin, Leucin, Methionin, Phenylalanin, Valin ausfallen, filtriert u. stellt das Filtrat mit H_2SO_4 auf p_H 3,2, wobei $CaSO_4$ u. **I** ausfallen, die mittels H_2SO_4 bei p_H 0,7 getrennt werden. (**A. P. 2 647 142** vom 24/5. 1952, ausg. 28/7. 1953.) LANGER. H 950

Soc. d'Études, Recherches et Gérance (S. E. R. G.) und **Maurice Métayer**, Frankreich, *Gewinnung von Glutaminsäure aus Destillationsrückständen.* Man behandelt die Rückstände mit einer nicht flüchtigen, starken Säure, wie H_2SO_4 oder H_3PO_4, bei einer Temp. zwischen 0 u. 60°. Nach dem Abfiltrieren der ausgeschiedenen Salze wird die Mutterlauge unter Anwendung von Vakuum bis auf 50% Wassergeh. konzentriert. Das Konzentrat sättigt man bei 0° mit gasförmiger HCl oder NH_3. Nach 2—8tägigem Stehen bei —10° scheidet sich das Glutaminsäurechlorhydrat bzw. die Glutaminsäure in krist. Form ab. (**F. P. 1 016 590** vom 22/4. 1950, ausg. 17/11. 1952.) HEYNE. H 950

A. Ch. J. Opfermann, Bergisch-Gladbach, *Herstellung von Glutamin und Glutaminsäure.* α-Halogenbutyrolacton wird mit NH_3 u. HCN bzw. Cyaniden in beliebiger Reihenfolge über α-Aminobutyrolacton bzw. dessen mineralsaure Salze oder über γ-Cyan-α-halogenbuttersäure in γ-Cyan-α-aminobuttersäure bzw. deren Salze übergeführt. Die Rk. des α-Aminobutyrolactons mit HCN oder Cyaniden erfolgt bei höherer Temp., bes. bei 75—250°. In der γ-Cyan-α-aminobuttersäure wird die Cyangruppe mit H_2O_2 oder konz. H_2SO_4 verseift. (**Oe. P. 176 835** vom 28/2. 1951, ausg. 25/11. 1953.) M. F. MÜLLER. H 950

Dow Corning Corp. (Erfinder: **Harold A. Clark**), V. St. A., *Herstellung von Methylchlorsilanen* der Zus. $(CH_3)_xSiCl_{4-x}$, worin x = 2 oder 3 ist. Ein Gemisch von 136,5 (g) Phenyltrichlorsilan, 120,5 Phenyldimethylchlorsilan u. 2,5 $AlCl_3$ wird 24 Std. bei 200 bis 253° erhitzt. Als Destillat erhält man 33 g *Trimethylchlorsilan* u. 36,6 *Dimethyldichlorsilan.* Der Rückstand enthält *Triphenylchlorsilan.* (**F. P. 999 729** vom 19/11. 1949, ausg. 4/2. 1952. A. Prior. 23/2. 1949.) M. F. MÜLLER. H 980

VEB Fettchemie und Fewa-Werk, Chemnitz (Erfinder: **Albert Metzger** und **Willy Weiss**, Leipzig), *Herstellung von alkylsubstituierten Arylsulfonsäuren* durch Kondensation u. Sulfonierung von aromat. KW-stoffen u. solchen Alkoholen, welche eine Hydroxylzahl von 360—440 besitzen u. welche erhältlich sind, indem die Ester der bei der Paraffinoxydation anfallenden Vorlaufcarbonsäuren in Ggw. von mindestens der 8 bis 9fachen Menge an wasserfreien Alkoholen mit Na-Metall red. werden. Vorteilhaft wird die kondensierende Sulfonierung in Ggw. von n- u. bzw. oder Isoalkoholen mit weniger als 5 C-Atomen ausgeführt. 64 g Naphthalin u. 80 g Vorlaufalkohol mit der OH-Zahl 356 werden mit 512 g H_2SO_4 (66° Bé) bei 10—15° sulfoniert u. alkyliert, indem man 9 Std. bei 45° umsetzt. Das saure Sulfonat wird nach Entfernung der H_2SO_4 u. nach dem Waschen mit Eiswasser mit NaOH oder Triäthanolamin neutralisiert. (**D. P. [DDR] 2 993** Kl. 12o vom 12/11. 1940, ausg. 15/12. 1952 [Wirtschaftspatent].) M. F. MÜLLER. H 1090

N. V. de Bataafsche Petroleum Mij., Holland (Erfinder: **Thomas J. Deahl, Fred H. Stross** und **Marion D. Taylor**, V. St. A.), *Herstellung von sekundären cyclischen Aminen* aus prim. cycl. Aminen durch Umsetzung mit einer Carbinolverb. in Ggw. eines Katalysators, welcher metall. Cu, Al_2O_3 u. ein oder mehrere schwer reduzierbare Metalloxyde enthält, z. B. Ca- oder Zn-Oxyd. Das Verf. ist bes. vorteilhaft für die Herst. von N-Methylanilin aus Anilin u. Methanol, sowie von anderen sek. Aminen, wie N-Alkylaniline, N-Alkyltoluidine, N-Alkylxylidine, N-Alkylnaphthylamine, N-Alkylcyclohexylamine. Zur Rk. sind Alkohole bis zu 6 C-Atomen geeignet. — Man geht aus von Anilin, Methanol u. H_2 im Verhältnis 1 : 2 : 2 u. setzt dieses Gemisch mit einem Katalysator aus Cu-Metall, Al_2O_3 u. ZnO bei 225—325°, bes. bei 250—280°, oder aus Cu-Metall, Al_2O_3 u. CaO bei 275—325° um. Der Arbeitsdruck beträgt 7,0 at, bes. 2,1—2,4 at. Die Bldg. von Dimethylanilin ist dabei sehr gering. — Ein Al_2O_3-Katalysator (Al_2O_3 = Alorco Grade A) mit einem Geh. von 4,4 (Gew.-%) Cu u. 5,5 Ca, erhalten aus Cu- u. Ca-Nitrat durch Zers., vor der Red. des CuO wird auf ein Gemisch von Anilin, Methanol u. H_2 im Verhältnis 1 : 2 : 3 bei 275° einwirken gelassen. Das Reaktionsprod. enthält 99,2 (%) *Methylanilin*, 0,5 Dimethylanilin u. 0,3 Anilin. — Bei Verwendung von Cyclohexylamin erhält man in gleicher Weise *N-Methylcyclohexylamin.* — Ein Gemisch aus Anilin, Isopropylalkohol u. H_2 im Mol-Verhältnis 1 : 1,5 : 2,5 bildet mit einem Katalysator, welcher aus Al_2O_3 mit einem Geh. von Cu u. Zn im Mol.-Verhältnis 1 : 1,9 u. mit einem Geh. von 4,8 (Gew.-%) Cu u. 9,3 Zn vor der Red. erhalten ist, *N-Isopropylanilin*, $Kp._{762}$ 202—203°. — Allylalkohol u. Anilin bilden *N-n-Propylanilin*, $Kp._{762}$ 218—219°, o-Chloranilin u. Isopropylalkohol geben *N-Isopropyl-o-chloranilin*, 2-Aminopyridin u. A. *Äthylpyridylamin*, o-Aminophenol u. Methanol *N-Methyl-o-aminophenol.* (**F. P. 1 017 894** vom 11/4. 1950, ausg. 19/12. 1952. A. Prior. 11/4. 1949.) M. F. MÜLLER. H 1310

Dow Corning Corp. (Erfinder: **Harold A. Clark**), V. St. A., *Herstellung von Phenylmethyldichlorsilan* (I) durch Einw. von Diphenylmethylchlorsilan (II) auf Diphenyldichlorsilan (III) in Ggw. von etwas $AlCl_3$ bei 180—250° u. bei 40—60 mm Druck, wobei das gebildete I durch Dest. aus dem Reaktionsgemisch entweicht. — Die Verbb. II u. III werden in äquimol. Mengen verwendet. Man kocht dabei z. B. 15 Std. bei 205°. (**F. P. 999 637** vom 16/11. 1949, ausg. 4/2. 1952. A. Prior. 23/2. 1949.) M. F. MÜLLER. H 1380

Dow Corning Corp. (Erfinder: **Harold Arthur Clark**), V. St. A., *Organosiliciumverbindungen* der Zus. $R_3'SiRSiR_3'$ durch Kondensation eines Halogensilans $R_3'SiX$ mit einer Verb. $Cl \cdot C_6H_4 \cdot SiR_3'$ in Ggw. eines Alkalimetalls. Es bedeuten R' einen einwertigen KW-stoffrest, wie Phenyl oder Methyl, R ist ein zweiwertiger organ. Rest $-C_6H_4-$, $-C_6H_4-C_6H_4-$, $-C_6H_4-O-C_6H_4-$. — Man löst 104,5 (g) des Isomerengemisches von Chlorphenyltrimethylsilan u. 167 Triphenylchlorsilan in 200 cm³ Toluol u. gießt die Lsg. in ein sd. Gemisch von 28,7 g geschmolzenem Na-Metall u. 500 cm³ Toluol. Unter exotherm. Rk. entsteht ein Gemisch der Isomeren von Triphenylsilyltrimethylsilylbenzol, welches in Form eines schmierigen Wachses gewonnen wird, Kp. 205—215°. Durch Kristallisation wird daraus das *p-Triphenylsilyltrimethylsilylbenzol*, F. 162,5°, gewonnen. — Zu dem GRIGNARD-Reagens p-Chlorphenyl-Mg-Bromid gibt man Trimethylchlorsilan u. kocht 20 Std. unter Rückfluß. Es entsteht dabei das p-Chlorphenyltrimethylsilan. Diese Verb. wird zusammen mit Trimethylchlorsilan in Toluol eingetragen u. mit geschmolzenem Na-Metall unter Erhitzen 4 Std. mit Rückfluß umgesetzt. Es entsteht 1.4-Bis-(trimethylsilyl)-benzol, F. 88°. — Ebenso erhält man *1.3-Bis-(trimethylsilyl)-benzol*, $Kp._{22}$ 112°, wenn man vom m-Chlorphenyl-Mg-Bromid, erhalten aus 1-Brom-3-chlorbenzol, ausgeht. — Aus o-Chlorphenyltrimethylsilan u. Trimethylchlorsilan in Ggw. von metall. Na entsteht *1.2-Bis-(trimethylsilyl)-benzol*, $Kp._{20}$ 135°. — Aus 4.4'-Dibrombiphenyl (I) u. Trimethylchlorsilan erhält man analog *4.4'-Bis-(trimethylsilyl)-biphenyl*, F. 79°, farblose Nadeln. — Aus I u. Phenyldimethylchlorsilan entsteht 4.4'-Bis-(phenyldimethylsilyl)-biphenyl, F. 75°, $Kp._{1,0}$ 241°, u. aus dem 4.4'-Dibromdiphenyläther u. Dimethylphenylchlorsilan erhält man den *4.4'-Bis-(phenyldimethylsilyl)-diphenyläther*, $Kp._{2,5}$ 249°, E. —8°. — Die erhaltenen Prodd. sind als Schmiermittel u. als Fl. für Vakuumdiffusionspumpen geeignet, sowie als Bad-Fl. für konstante Temperaturen. (**F. P. 999 711** vom 18/11. 1949, ausg. 4/2. 1952. A. Prior. 23/2. 1949.) M. F. MÜLLER. H 1380

Soc. Générale d'Applications Thérapeutiques „Theraplix", Seine, Frankreich (Erfinder: **Yvonne Garreau**), *Herstellung des Di-[4-acetothiazolyl-(2)]-disulfids* (**I**). Man tropft in 24 Std. 135 (g) SO_2Cl_2 in 86 Diacetyl. Es bildet sich *Monochlordiacetyl*, $Kp._{15}$ 56°, wovon man 120 in 120 W. löst u. mit 93 Dithiocarbaminsäure versetzt. Nach lebhafter Rk. fallen beim Abkühlen 100 *2-Mercapto-4-acetothiazol*, F. >240°, aus. 40 g des letzteren löst man in A. u. fügt 1600 cm³ 2%ig. alkoh. Jodlsg. hinzu. Es fallen 31 g **I** aus, welches als therapeut. Mittel sowie als Vulkanisationsbeschleuniger verwendet wird. (**F. P. 1 006 624** vom 24/2. 1947, ausg. 25/4. 1952.) OPPERMANN. H 3142

VEB Chemische Fabrik von Heyden, Radebeul-Dresden (Erfinder: **Rudolf Gebauer**, Jena), *Trennung von α.α'-Lutidin aus seinen Gemischen mit β- und γ-Picolin* durch Fällung aus wss. Lsg. mit $ZnCl_2$-Lsg., Abtrennung des Nd., welcher das Picolin enthält, u. Aufarbeitung der Mutterlauge durch Dest. bzw. Alkalibehandlung unter Gewinnung von Lutidin. Die β-Picolin–Chlorzink-Verb. wird mit NaOH zerlegt. Die gewonnene Base liefert bei der Oxydation mit $KMnO_4$ reine Nicotinsäure. Das aus der Mutterlauge durch Zugabe von Alkali gewonnene α.α'-Lutidin liefert bei der Oxydation mit $KMnO_4$ reine α.α'-Pyridindicarbonsäure. (**D. P. [DDR] 2 821** Kl. 12p vom 21/5. 1943, ausg. 8/12. 1952 [Wirtschaftspatent].) M. F. MÜLLER. H 3231

Robert Klement (Erfinder: **Robert Klement** und **Otto Koch**), München, *Herstellung des Dioxansalzes der Monothiophosphorsäure.* Eine Lsg. von $PSCl_3$ in Dioxan (**I**) wird mit einer Lsg. von W. in **I** unter Kühlung vermischt u. das überschüssige **I** abdestilliert. Das neue Salz dient zur Einführung des Restes der H_3PO_3S in organ. Verbindungen. (**D. B. P. 907 896** Kl. 12q vom 17/10. 1952, ausg. 29/3. 1954. Anmeldung bekanntgemacht 6/8. 1953.) FABEL. H 3252

Deutsches Hydrierwerk Rodleben VEB, Rodleben b. Roßlau (Erfinder: **Christoph Grundmann**, Dessau), *Herstellung von Aminopyridazinen* aus Halogenpyridazinen durch Rk. mit wasserfreiem NH_3 oder mit niedermol. prim. oder sek. Aminen bei Tempp. oberhalb 100°. Als Ausgangsstoffe sind genannt 3-Chlorpyridazin, 3-Chlor-6-methylpyridazin (**I**), 3-Chlor-6-phenylpyridazin, 6-Chlor-5-methyl-3-phenylpyridazin. — **I** wird mit fl. NH_3 8 Std. bei 180° erhitzt. Es entsteht *3-Amino-6-methylpyridazin*, F. 222—223°. — Weiter sind genannt *3-Aminopyridazin*, F. 172°, *3-Methylamino-6-methylpyridazin.* — Zwischenprodd. für die Herst. von Heilmitteln, Schädlingsbekämpfungsmitteln oder dergleichen. (**D. P. [DDR] 2 373** Kl. 12p vom 13/7. 1943, ausg. 17/11. 1952 [Wirtschaftspatent].) M. F. MÜLLER. H 3272

Ciba Akt.-Ges., Basel, Schweiz, *Herstellung von Aminotriazinabkömmlingen* durch Einw. der Äther von Methylolderivv. von Aminotriazinen mit niedrigmol. aliphat. Alkoholen auf Methylolamidverbb. mit der Atomgruppe $-CO-\underset{|}{N}-CH_2\cdot OH$, wobei von den beiden Resten, an welche diese Atomgruppe gebunden ist, mindestens der eine wenigstens 1 C-Atom enthält. Die Umsetzung wird in der Weise ausgeführt, daß die entstehenden flüchtigen Verbb. fortlaufend aus dem Reaktionsgemisch entfernt werden. Von den Ausgangsäthern sind z. B. genannt die Äther von Methylolverbb. des 2.4.6-Triamino-1.3.5-triazins (Melamin), bes. des Mono-, Di-, Tri-, Tetra-, Penta- oder Hexamethylolmelamins, ferner die Methyläther von Methylolaminen mit 4—6 Methylolgruppen, in welchen 2—3 Methylolgruppen veräthert sind. — Als Methylolamidverbb. werden z. B. verwendet die Methylolverbb. von Carbonsäureamiden, N-monosubstituierten Carbonsäureamiden, substituierten Harnstoffen, Urethanen, N.N'-diacylierten Alkylen- oder Arylendiaminen. — 200 Teile eines im Mittel ca. 3 Methoxygruppen aufweisenden Kondensationsprod. aus Hexamethylolmelamin u. CH_3OH u. 150 Volumenteile Bzl. werden in einem Rührkolben zum Sieden des Lösungsm. erhitzt, u. es wird so lange dest., wie noch W. abgespalten wird. Darauf fügt man 162 Teile Stearinsäure-N-methylolamid (**I**) hinzu u. erhitzt bei 80—85° u. bei 510 mm Druck 4 Std. lang. Die entstehenden flüchtigen Verbb. werden dabei fortlaufend aus dem Reaktionsgefäß entfernt. Beim Aufarbeiten erhält man als Reaktionsprod. eine farblose feste Masse. — Die Verb. **I** u. der Hexamethylolmelaminhexamethyläther in Toluollsg. ergeben dabei ebenfalls ein Endprod. in Form einer farblosen festen Masse. — Die erhältlichen Prodd. dienen als Hilfsstoffe in der Textil-, Leder- u. Papierindustrie, z. B. zum Wasserabstoßendmachen, zum Knitterfestmachen u. Schrumpffestmachen. (**Schwz. P. 268 532** vom 4/3. 1948, ausg. 1/9. 1950.) M. F. MÜLLER. H 3313

Josef Meissner, Köln-Bayenthal, *Herstellung von Hexamethylentetramin* aus NH_3 u. CH_2O unter Verwertung der frei werdenden Reaktionswärme. Die Rk. wird beim Kp. des Reaktionsgemisches durchgeführt, u. die gesamte Reaktionswärme wird im Reaktionsgefäß selbst als Verdampfungswärme ausgenutzt. Die Rk. wird unter Anwendung von Über- oder Unterdruck durchgeführt. — Die Dosierung des NH_3 erfolgt z. B. so, daß das ausfließende Gemisch durch ein p_H-Regelgerät stets neutral gehalten wird. Das Hexamethylentetramin wird durch Eindampfen in einem Vakuumeindampfapp. gewonnen. — Zeichnung. (**Oe. P. 178 898** vom 13/2. 1952, ausg. 25/6. 1954. D. Prior. 19/2. 1951.) M. F. MÜLLER. H 3313

X. Färberei. Organische Farbstoffe.

Maxwell Schubert und **Anne Levine**, *Leitfähigkeitsuntersuchungen über die Wechselwirkung von anionischen Mucopolysacchariden und kationischen Farbstoffen.* Vff. berichten über Messungen der elektr. Leitfähigkeit (L.) verschied. Konzz. wss. Lsgg. der

K-Salze der *Hyaluronsäure* u. der *Chondroitinschwefelsäure* bei 0 bzw. 24,6° in Ggw. kation. Farbstoffe (*Methylenblau, Methylengrün, Kristallviolett, Methylgrün* u. *Biebricher Rot*), die ausgeführt wurden, um das Verh. metachromat. u. nichtmetachromat. Farbstoffe zu vergleichen. Die Differenzbldg. Δ zwischen der spezif. L. einer Mischung der Mucopolysaccharide mit den einzelnen Farbstoffen u. der Summe der spezif. L. der getrennten Bestandteile zeigt, daß diese für alle untersuchten Mischungen zwischen 15 u. 25% der Gesamt-L. liegt u. daß zwischen den metachromat. u. den nichtmetachromat. Farbstoffen kein eindeutiger Unterschied besteht. Ein Vgl. zwischen den Änderungen von Δ u. denen der Bandenintensitäten der metachromat. Farbstoffe im sichtbaren u. UV-Bereich zeigt einen gewissen Zusammenhang an. Im Gegensatz zu früheren Annahmen sind jedoch nicht alle UV-Banden über eine größere Chromotropkonz. konstant. Die Bedeutung der Ergebnisse für die Theorie der Metachromatie wird diskutiert. (J. Amer. chem. Soc. **75**. 5842—46. 5/12. 1953. New York, N. Y., Univ., Coll. of Med., Dep. of Chem., u. Study Group on Rheumat. Diseases.)
NIEMITZ. 7002

Heinz Schmitt, *Die Verdickungsmittel im Textildruck.* In einem umfassenden Überblick werden die im allg. im Zeugdruck verwendeten Verdickungsmittel aufgeführt (Stärken, Pflanzengummi, Johannisbrotkernmehl, Pflanzenschleime, synthet. Prodd. u. solche tier. Herkunft); es wird ihre Herst. u. spezif. Verwendung angegeben. (Textil-Prax. **9**. 370—73. April 1954.) SCHOENMANN. 7006

F. O. Stone, *Bemerkungen über „Tub-fast"-Farbstoffe.* 3. Mitt. (2. vgl. C. **1954**. 5854.) Ausführliche Beschreibung über die Anwendung u. Arbeitsweise von „Tub-fast"-Farbstoffen aus der Naphtholreihe. (Textile Bull. **79**. Nr. 12. 87—89. Dez. 1953.)
H. G. FRÖHLICH. 7020

F. O. Stone, *Unterstützung des Verfahrens zum gleichmäßigen Färben.* 6. Mitt. (5. vgl. C. **1953**. 9323.) Betrachtung über die Anwendung von kationogenen Textilhilfsmitteln bei der Fixierung von Direkt- u. Entwicklungsfarbstoffen u. als Weichmacher bei den verschied. Ausrüstungsverfahren. (Textile Bull. **79**. 95—96. Juli 1953.)
A. v. KÖNIG. 7020

G. Seyffarth, *Feststellung des Reduktionsstandes bei Küpenfärbungen.* Allg. Ausführungen. (Z. ges. Textilind. **55**. 563—64. 20/5. 1953.) SCHOENMANN. 7020

W. A. Ptschelin und **N. W. Grigorjewa,** *Über die Rolle der Beizen beim Färben von Pelzfellen.* An Gelatinefilmen, mit $CuSO_4$, $FeSO_4$ u. $K_2Cr_2O_7$ gebeizt, mit p-Phenylendiamin u. p-Aminophenol mit u. ohne H_2O_2 gefärbt, wurde die Extinktionskurve bestimmt. Dabei wurde festgestellt, daß $CuSO_4$ allein als Oxydans, in Ggw. von H_2O_2 als Katalysator, $FeSO_4$ nur als Katalysator u. $K_2Cr_2O_7$ nur als Oxydans wirkt. Die übliche Annahme, daß die Beizen die Lichtbeständigkeit der Färbung erhöhen, konnte nicht in allen Fällen bestätigt werden. (Легкая Промышленность [Leicht-Ind.] **11**. Nr. 11. 32—34. Nov. 1951.) v. SCHROEDER. 7024

—, *Echtheitseigenschaften von mit härtbaren Harzen nachbehandelten Acetatseidenfärbungen.* Die an 65 verschied. Farbstoffen erhaltenen Ergebnisse haben gezeigt: 1. Harnstoff–CH_2O-Harze beeinflussen die Lichtechtheit ungünstig, obgleich der Effekt nur gering ist. Die Abgasechtheit wird vor allem bei den blauen u. violetten Farbstoffen ungünstig beeinflußt. 2. Melamin–CH_2O-Harze beeinflussen außer den gelben Farbstoffen die Lichtechtheit ebenfalls ungünstig, während sie die Abgasechtheit leicht verbessern. 3. Die PERMEL-Ausrüstung dagegen verbessert nicht nur die Lichtechtheit, sondern auch die Abgasechtheit ganz beträchtlich. (Amer. Dyestuff Reporter **43**. P 50—P 52. 18/1. 1954.) H. G. FRÖHLICH. 7028

William D. Appel, *Teste zur Bestimmung der Farbechtheiten von Textilien unter Berücksichtigung der internationalen Organisation für Standardisierung.* Genaue Beschreibung über die Ausführung der verschied. Echtheitsbestimmungen von Farbstoffen. (Amer. Dyestuff Reporter **42**. P 871—P 887. 21/12. 1953.)
H. G. FRÖHLICH. 7028

Th. Holbro, *Polycyclische aromatische Kohlenwasserstoffe und Heterocyclen als neue Bausteine für die Synthese von Farbstoffen.* Überblick über die Anwendung der neuerdings in reiner Form u. im techn. Maße zugänglichen höhermol. Aromaten, namentlich der vierkernigen KW-stoffe *Pyren, Chrysen* u. *Fluoranthen* sowie zahlreicher *Heterocyclen* in der Farbenindustrie. Ihr Einbau in das Farbstoffmol. u. ihre Wrkg. auf die colorist. u. Echtheitseigg. wird erschöpfend an Beispielen dargestellt. Hierzu Formelbilder u. 22 Literatur- u. Patenthinweise. (Chimia [Zürich] **8**. 57—64. 15/3. 1954. Basel, Ciba, Akt.-Ges.) SANDER. 7048

Farbwerke Hoechst, vormals Meister Lucius & Brüning, Frankfurt/M.-Höchst (Erfinder: **Carl Erich Müller,** Frankfurt/M., und **Werner Kirst,** Königstein/Taunus), *Erzeugung von Azofarbstoffen auf Gebilden aus synthetischen höhermolekularen Polyamidverbindungen* oder auf Fasergemischen, die Faserstoffe aus den Polyamidverbb. enthalten. Man bringt wasserlösl. oder wasserunlösl. Verbb. der aromat. oder heterocycl. Reihe, die eine diazotierbare Aminogruppe u. eine kupplungsfähige freie Stelle im Mol. enthalten, die durch eine Oxygruppe bestimmt wird, auf die Gebilde auf, diazotiert auf dem Färbegut u. bringt, gegebenenfalls unter Mitwrkg. säurebindender Mittel, mit sich selbst zur Kupplung. (**D. B. P. 883 284** Kl. 8 m vom 27/11. 1938, ausg. 16/7. 1953.)
v. SCHILLER. 7021

Badische Anilin- & Soda-Fabrik Akt.-Ges., Ludwigshafen/Rh. (Erfinder: **Joachim Müller,** Krefeld, und **Helmut Pfitzner,** Ludwigshafen/Rh.), *Färben von Gebilden, wie Fasern, aus Superpolyamiden oder -urethanen.* Man behandelt die Gebilde mit neutralen wss. Lsgg. oder Suspensionen von Chromkomplexverbb. von Azofarbstoffen, die mindestens eine Sulfonsäureamidgruppe enthalten, aber von Sulfinsäuregruppen frei sind. (**D. B. P. 886 293** Kl. 8 m vom 10/9. 1940, ausg. 13/8. 1953.) v. SCHILLER. 7021

Naphthol-Chemie Offenbach (Erfinder: **Werner Kirst**), Offenbach/M., *Herstellung überfärbeechter Färbungen auf Acetatkunstseide.* Man behandelt das Material in wss. ammoniakal. Bädern, welche Gemische von 1-Amino-2.5-dimethoxy-4-nitrobenzol u. Alkalisalzen von 1-(2'.3'-Oxynaphthoylamino)-2-methyl-4-methoxybenzol oder 1-(2'-Oxycarbazol-3'-carboylamino)-4-chlorbenzol u. schwach bas. reagierende, organ. Lösungsmittel enthalten, diazotiert auf der Faser u. entwickelt in einem heißen Bade fertig. (**D. B. P. 889 738** Kl. 8 m vom 27/1. 1951, ausg. 14/9. 1953.) v. SCHILLER. 7021

Imperial Chemical Industries Ltd., übert. von: **Tom Chadderton** und **Raymond Thornton,** Blackley, Manchester, England, *Bedrucken von Textilien.* Man bringt auf bestimmte Flächen des Materials einen Farbstoff auf, der wasserlösl. machende Gruppen enthält, wie quaternäre Ammonium-, tert. Sulfonium -u. Isothiouroniumsalzgruppen, in Ggw. einer puffernden Mischung aus einer schwachen Säure (**I**) oder deren Salz u. einem Alkalisalz (**II**) einer schwachen Säure, das beim Dämpfen oder Erhitzen vom sauren Zustand in den alkal. Zustand übergeht, wodurch der Farbstoff fixiert wird. — **I** ist z. B. CH_2O_2, Essigsäure, Oxalsäure oder dgl. u. **II** CH_3COONa, $NaBO_3$, CCl_3COONa, Na_3PO_4 oder Na_2HPO_4. (**A. P. 2 599 371** vom 30/6. 1948, ausg. 3/6. 1952. E. Prior. 10/7. 1947.) v. SCHILLER. 7023

Joseph Bancroft & Sons Co., übert. von: **George Alan Billingsley jr.** und **William P. Hall,** Wilmington, Del., V. St. A., *Bedrucken von Textilien.* Man druckt mit einer wss. Paste, die einen Küpenfarbstoff in Form der freien Leukobase, ein wärmehärtendes Harz, z. B. Harnstoff–CH_2O, u. so viel einer sauren Substanz enthält, daß während des Erhitzens saure Rk. gewährleistet ist, trocknet das bedruckte Material bis 5—15% Feuchtigkeitsgeh. u. erhitzt, um das Harz zu polymerisieren u. unlösl. zu machen u. wäscht anschließend aus. (**A. P. 2 592 852** vom 9/4. 1948, ausg. 15/4. 1952.)
v. SCHILLER. 7023

Farbenfabriken Bayer, Leverkusen (Erfinder: **Klaus Böckmann,** Leverkusen, **Karl Taube,** Leverkusen, und **Otto Weber,** Opladen), *Oxalkylierte Oxypolyamine* entstehen durch Rk. von bifunktionellen Aminen mit Halogenhydrinen, Epihalogenhydrinen, Alkylenoxyden u. gegebenenfalls mit Alkylierungsmitteln. Die Verbb. dienen zur Erhöhung der *Echtheitseigg.* von *Färbungen.* — Es werden Prodd. beschrieben aus: *Äthylendiamin* (**I**), *Glycerindichlorhydrin* (**II**), *Glykolchlorhydrin* (**III**) u. $(CH_3)_2SO_4$ (**IV**); aus **I, II,** *Äthylenoxyd* (**V**) u. **IV**; aus **I, V,** *Epichlorhydrin* u. **IV**; aus *Tetramethylendiamin, Propylenoxyd,* **II** u. **IV**; aus *N.N'-Dimethyläthylendiamin,* **II, III** u. **IV.** (**D. B. P. 869 073** Kl. 12 q vom 28/4. 1950, ausg. 2/3. 1953.) LANGER. 7029

Durand & Huguenin Akt.-Ges. (Erfinder: **Karl Glenz** und **Franz Neitzel**), Basel, Schweiz, *Beizenfarbstoffe.* Die aus 1 Mol 2-Naphthol-5-sulfonsäure (**I**) bzw. 2-Naphthylamin-5-sulfonsäure (**II**) mit 2 Mol Aminosalicylsäure (**III**) erhältlichen Kondensationsprodd. kondensiert man in einem geeigneten Lösungsm., gegebenenfalls in Ggw. von Säure, mit einem m-substituierten Nitrosodialkylanilin. — Die erhaltenen Farbstoffe geben im Chromdruch auf Natur- u. Cellulosekunstseide gut ätzbeständige schwarze Farbtöne. — 102 (g) des Kondensationsprod. (**IV**) aus **II** u. **III** u. 67 Nitrosodimethyl-m-chloranilinhydrochlorid erhitzt man mit 500 A. u. 29 30%ig. Salzsäure 1—2 Std. unter Rückfluß zum Sieden u. führt die erhaltene freie Sulfonsäure in das Ammonsalz über, schwarzes Pulver, in konz. H_2SO_4 braunolivlösl., gibt im Chromdruck auf Naturseide u. Viscose schwarze Farbtöne, die ohne wesentliche Verminderung der Farbstärke mit einer hydrosulfithaltigen Druckpaste überdruckt werden können. In ähnlicher Weise erhält man aus **IV** u. Nitrosodiäthyl-m-toluidinhydrochlorid einen Farbstoff, in konz. H_2SO_4 gelbbraun lösl., der blauschwarze ätzbeständige Farbtöne liefert. (**D. B. P. 890 403** Kl. 22c vom 29/12. 1939, ausg. 17/9. 1953.) ROICK. 7051

Ciba Akt.-Ges. (Erfinder: **Friedrich Felix,** Basel, und **Willi Mueller,** Riehen), Schweiz, *Herstellung von Monoazofarbstoffen der* allg. Formel **I**, indem man Diazoverbb. aus Aminen der allg. Formel **II**, worin ein X H u. das andere Cl bedeutet, in saurem Mittel mit einer 2-Aminonaphthalin-6-sulfonsäure der allg. Formel **III** kuppelt, in welcher Y H oder eine Oxygruppe bedeutet. — 4.2′ (oder 4.4′)-Dichlor-2-amino-1.1′-diphenyläther (**IV**) → 2-Amino-8-oxynaphthalin-6-sulfonsäure: rot, färbt Wolle blaustichigrot; oder **IV** → 2-Aminonaphthalin-6-sulfonsäure: rot, auf Wolle orangerot. (**D. B. P. 870 301** Kl. 22a vom 15/2. 1949, ausg. 12/3. 1953. Schwz. Prior. 4/10. 1945.) GRÄGER. 7053

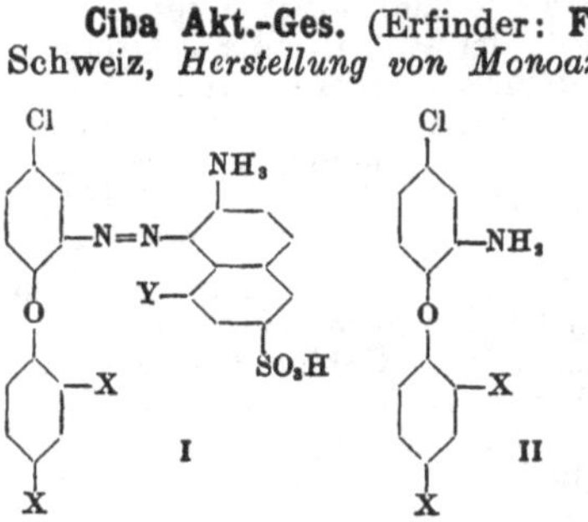

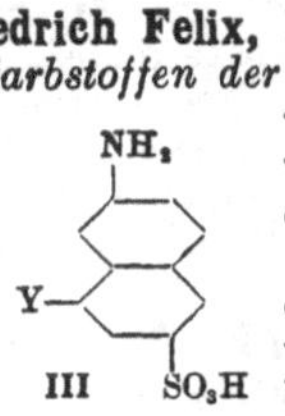

Soc. An. de Matières Colorantes et Produits Chimiques Francolor, Frankreich (Erfinder: **Maurice Binder**), *Zeugdruck mit auf der Faser erzeugten Azofarbstoffen.* Um Fehler des Drucks vor dem Dämpfen zu erkennen, werden gefärbte Indicatoren der Phthaleinreihe, wie o-Kresolphthalein, Thymolphthalein, α-Naphtholphthalein, Tetrachlorphenolphthalein, o-Kresolsulfonphthalein u. gegebenenfalls noch saure Farbstoffe, die Cellulosefasern reservieren, den Druckpasten zugesetzt. (**F. P. 1 031 430** vom 26/1. 1951, ausg. 23/6. 1953.) HOPPE. 7053

I. G. Farbenindustrie Akt.-Ges., Frankfurt/M. (Erfinder: **Otto Schlichting,** Ludwigshafen/Rh.), *Saure Farbstoffe der Anthrapyrimidinreihe,* die die tier. Faser aus saurem Bade in licht-, wasch- u. walkechten klaren gelbroten bis blaustichigroten Tönen färben, erhält man durch Behandlung von 2-Arylamino-4-acylamino-1.9-anthrapyrimidinen (**I**) mit sulfonierenden Mitteln (**II**), wie H_2SO_4, $Cl \cdot SO_3H$ oder Oleum. Wird die Acylierung der **I** in den genannten **II** vorgenommen, so kann Acylierung u. Sulfonierung auch in einem Arbeitsgang durchgeführt werden. — Farbstoffe können erhalten werden durch Sulfonierung von: 2-Phenylamino-4-benzoylamino-1.9-anthrapyrimidin; 2-Phenylamino-4-(3′-methylbenzoylamino)-, -(2′- oder 4′-methylbenzoylamino)-, -(4-chlorbenzoylamino)-, -(2.4- oder 3.4- oder 2.5-dichlorbenzoylamino)-, -(3′- oder 4′-nitrobenzoylamino)-1.9-anthrapyrimidin; 2-(4′-Methylphenylamino)-4-acetylamino-1.9-anthrapyrimidin (rote Nädelchen, F. 214—216°); 2-(4′-Methylphenylamino)-4-(4′-, 3′- oder 2′-methylbenzoylamino)-1.9-anthrapyrimidin; 2-(4′-Methylphenylamino)-4-α- oder -β-naphthoylamino-1.9-anthrapyrimidin. (**D. R. P. 761 600** Kl. 22b vom 3/1. 1942, ausg. 2/11. 1953.) ROICK. 7059

American Cyanamid Co., New York, N. Y., übert. von: **Karl C. Whitehouse,** Somerville, und **Hans Z. Lecher,** Plainfield, N. J., V. St. A., *Dihydroanthrachinonderivate* der Formeln I u. II (R = H, Fettsäurerest mit 2—12 C-Atomen, r u. n = höchstens 2, Ar = Aryl, X = Cl, Br). — **I** erhält man aus 1.4-Dihydroanthrachinon (**III**) mit Cl_2 oder Br_2 u. einer Hydroxylverb., wie W. oder Carbonsäuren; **II** aus **III** u. S-Halogeniden oder einem Arylschwefelhalogenid, zweckmäßig in Ggw. eines Lösungsmittels. —

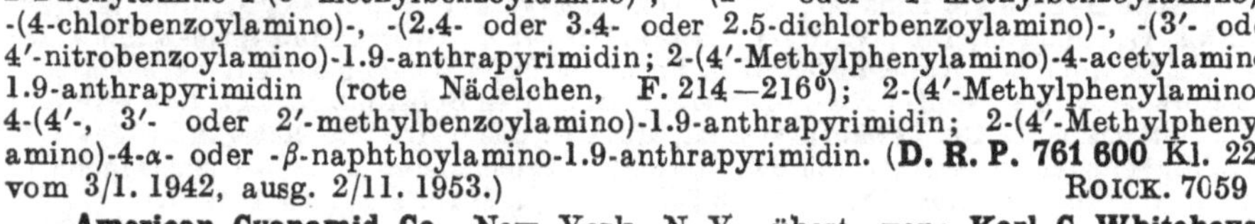

IV R=COCH₃ V R=H II VI

III + Cl_2 + Essigsäure → **IV** (R = $COCH_3$). — **III** + HOCl → **V** (R = H). R kann auch Buttersäure- u. Laurinsäurerest sein. — **III** + SCl_2 in Tetrachloräthan bei 20 bis 25° → **VI**, F. 206° (Zers.). **III** wird noch umgesetzt mit 2.4-Dinitrobenzolsulfenylchlorid, F. ca. 215° (Zers.), u. S_2Cl_2, F. 200° (Zers.). Zwischenprodd. zur *Herst. von Farbstoffen.* (**A. PP. 2 616 901** u. **2 616 902** vom 7/1. 1951, ausg. 4/11. 1952.) KRAUSS. 7059

Ciba Akt.-Ges., Basel, Schweiz, *Küpenfarbstoff.* Eine Verb. der Formel **I**, in welcher X einem zur Bldg. des Acridonringes befähigten Substituenten bedeutet, behandelt man mit ringschließenden Mitteln. — Als Ausgangsstoffe kommen bes. die 1-Phenyl-(1')-amino-4-(4''-chlorbenzoylamino)-anthrachinon-2'-carbonsäure u. deren Methylester in Frage. Die Wahl des Ringschlußmittels richtet sich nach dem Substituenten X. Ringschluß kann bei den Carbonsäureestern häufig schon durch Verküpen erzielt werden, während die Carbonsäuren mit Vorteil durch die Einw. von Säurehalogeniden, wie Benzoyl-, Thionyl- oder p-Toluolsulfonsäurechlorid, in die entsprechenden Acridone übergeführt werden können. — Der erhaltene Farbstoff, in konz. H_2SO_4 gelbrot lösl., färbt die pflanzliche Faser in tiefen blauen Tönen. (**Schwz. P. 285 774** vom 12/12. 1945, ausg. 16/1. 1953.)

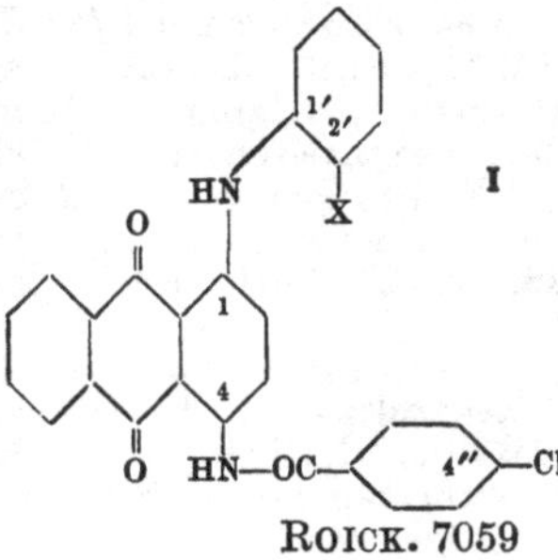

I

ROICK. 7059

Badische Anilin- & Soda-Fabrik Akt.-Ges. (Erfinder: **Fritz Mühlbauer**), Ludwigshafen/Rh., *Schwefelhaltige Farbstoffe der Phthalocyaninreihe*, die meist schon bei n. Temp. aus der Na-Hyposulfitküpe pflanzliche u. gewisse synthet. Fasern kräftig blau, blaugrün oder olivgrün färben, erhält man dadurch, daß man aliphat. oder/u. aromat. einfache oder substituierte vicinale Dinitrile, Cyancarbonsäureamide oder Carbonsäurediamide mit S u. feinverteilten Metallen oder einfachen oder komplexen Metallverbb., vorteilhaft in Ggw. eines inerten Verdünnungs- oder Lösungsm., erhitzt. Vorteilhaft verwendet man auf 1 Metallatom $^1/_4$—6 Atome S. — Einige der erhaltenen Farbstoffe, bes. die schwefelhaltigen Co-Phthalocyanine, sind typ. „Schwefelfarbstoffe“, die aus tiefgefärbten Na_2S-Lsgg. natürliche oder synthet. Fasern lichtecht grünstichigblau färben. — Farbstoffe können erhalten werden durch Erhitzen (auf 180—220°) von: 51 (Gewichtsteilen) Phthalodinitril (I), 15 wasserfreiem $CoCl_2$, 9,6 S; 5,8 o-Cyanbenzamid, 1,5 $CoCl_2$, 1 S u. 0,05 NH_4-Molybdat; 51 I, 15 $CoCl_2$, 6,4 S u. 150 NaCl oder Na_2SO_4; 51 I, 19 sublimiertem $FeCl_3$ u. 12 S; 51 I, 44 Tetrapyridinkobaltchlorid u. 6,4 S. (**D. B. P. 890 107** Kl. 22e vom 6/4. 1951, ausg. 17/9. 1953.) ROICK. 7073

Badische Anilin- & Soda-Fabrik Akt.-Ges., Ludwigshafen/Rh., *Küpenfarbstoff der Phthalocyaninreihe*, Kobaltphthalocyanin erhitzt man in Ggw. von wasserfreien Metallhalogeniden, z. B. Halogeniden des Al, Fe oder Zn, so lange mit Bernsteinsäureanhydrid (I) auf 150—175°, bis das Reaktionsprod. in alkal. Na-Hyposulfitlsg. lösl., aber in wss. Alkalihydroxyden unlösl. ist. Die Rk. kann in Lösungs- oder Verdünnungsmitteln, wie Tri- oder Tetrachlorbenzol, oder in einer Schmelze von überschüssigem I oder in einer $AlCl_3$-Schmelze, die noch schmelzpunkterniedrigende Zusätze, wie Alkali- oder Erdalkalihalogenide, enthält, durchgeführt werden. — Das erhaltene blaue Pulver, aus schwefelsaurer Lsg. mit W. in blauen Flocken ausfällbar, färbt die pflanzliche Faser aus grünlichbrauner Küpe in echten blauen Tönen. (**Schwz. P. 290 893** vom 23/12. 1950, ausg. 17/8. 1953. D. Prior. 10/2. 1950.) ROICK. 7073

XIa. Farben. Anstriche. Lacke. Naturharze.

Charles Gardner, *Neuere Entwicklung von Trockenstoffen der Lackindustrie.* (Vortrag.) Besprochen werden: Ca-Naphthenat, Fe-Naphthenat, Ce–La-Naphthenat (50 : 50, Ce-Naphthenat ist ungeeignet); ein aus einer komplexen Zr-Verb. entwickelter Katalysator für Trockner; Metallsalze der 2-Äthylhexansäure; Cu-Naphthenat, Phenyl-Hg-Naphthenat u. Phenyl–Hg-Oleat zur Bekämpfung des Mehltaus; verschied. andere Metallsalze, die als Katalysatoren verwendet werden. (Amer. Paint J. **37.** Nr. 36. 72. 74. 76. 25/5. 1953. New York, N. Y., Advance Solvents & Chemical Corp.)
STEINER. 7096

R. W. Bailey und **A. Pass**, *Vergleichende Bewitterungsversuche mit typischen, Zinkweißpigmente enthaltenden Außenanstrichen.* An sechs klimat. unterschiedlichen Orten Englands wurden je drei verschied. Sorten Zinkweiß (I) u. Lithopone (II) für sich allein u. in Mischung mit Bleiweiß (III), Asbest, Anatas-TiO_2, Rutil-TiO_2 (IV) u. Sb_2O_3 mit je zwei Bindemitteln angerieben u. drei Jahre lang bewittert. Schutz- u. Schmuckvermögen wurden durch visuelle Beobachtung u. Feststellung von Rißbldg., Kreiden, Verschmutzung u. a. ermittelt. Bei allen nur I enthaltenden Anstrichfarben waren die erzielten Ergebnisse befriedigend u. dem III überlegen. Ein Gemisch von I u. IV (60 : 40) wies die besten Eigg. auf. Die Wahl der I-Sorte war bei dem Gemisch I + IV ohne Bedeutung, bei den übrigen Pigmenten vom Verwendungszweck abhängig. Der Einfl. von Sonnenschein, Regen, Temperaturwechsel u. örtlicher Einfl. wurden graph. dargestellt. (J. Oil Colour Chemists' Assoc. **36.** 171—94. April 1953. Zinc Pigment Development Assoc.) STEINER. 7106

—, *Härtungsmittel für Epoxyharze.* Das Verh. verschied. Epoxyharze (*Epone* der SHELL CHEMICAL CORP.) gegenüber Härtemitteln, wie aliphat. Aminen, Polyamid-, Harnstoff-, Melamin- u. Phenolharzen in verschied. Lösungsmitteln wurde untersucht, die Trockenzeiten bei Luft- oder Ofentrocknung bestimmt. Die erhaltenen Filme wurden auf Farbe, Glanz, chem. u. mechan. Widerstandsfähigkeit untersucht u. Bewitterungsverss. unterworfen. Die Ergebnisse sind tabellar. zusammengestellt. (Amer. Paint J. **38.** 26—31. 30/10. 1953. Northwestern Club, Paint and Varnish Production Club.) STEINER. 7106

—, *Vergleichende Betrachtung über Alkyd-Matt-, Latex- und andere Farben für Innenanstriche.* Verbesserte alkydmodifizierte Latexemulsionen, handelsübliche Alkyd-Matt- u. -Halbglanzanstrichfarben werden einer vergleichenden Betrachtung über Lagerbeständigkeit, Streichfähigkeit, Aussehen des trockenen Films u. dessen Haftvermögen sowie Abwaschbarkeit unterzogen. Vorzüge u. Nachteile sind tabellar. zusammengestellt. (Amer. Paint J. **38.** 19—22. 30/10. 1953. Baltimore, Federat. of Paint and Varnish Production Clubs.) STEINER. 7106

A. Pollack, *Lackierung und Trocknung von Blechen und Blechartikeln.* Allg. Ausführungen. — 22 Literaturhinweise. (Ind.-Lackier-Betrieb **22.** 66—72. April 1954.) WINIKER. 7106

George A. Simmons jr., *Glasflaschen mit einem inneren Überzug von Polyäthylen.* Es wird genau die Arbeitsvorschrift zur Anbringung eines 1—2 mm dicken Überzugs von Polyäthylenharz (DU PONTs *Mathon 1-P 1000*) auf die Innenwand von Glasflaschen beschrieben. (Analytic. Chem. **26.** 248. Jan. 1954. Birmingham, Ala., Southern Coll., Dep. of Chem.) GOTTFRIED. 7106

W. Beacham, *Spritzverfahren mit Katalysator.* Das Trockenmittel („Katalysator") wird dem Spritzlack erst beim Austritt aus der Spritzpistole durch eine unter dem gleichen Druck stehende Düse zugefügt. (Ind. Finishing **29.** Nr. 6. 36. 38. 40. April 1953.) STEINER. 7106

E. A. Carpenter, *Spritztechnik ohne Druckluft.* Das Verf. beruht auf elektrostat. Versprühung des am Umfang eines Spritzkopfes unter Druck austretenden Emaillackes in einem elektr. Feld von 90000 V. Sorgfältige Vorbehandlung im alkal. Bad, Grundierung mit einem Washprimer u. gute Trocknung sind Voraussetzung für das Gelingen. (Ind. Finishing **29.** Nr. 6. 56—58. 60. April 1953.) STEINER. 7106

R. S. Dantuma, *Ein einfaches Verfahren zur Unterscheidung von Rutil- und Anatas-Titandioxyd.* Die beiden TiO_2-Kristallformen Rutil (**I**) u. Anatas (**II**) unterscheiden sich durch ihr Reflexionsvermögen für kurzwelliges Licht. Ein photograph., in längstens 2 Std. ausführbares Verf. zur Unterscheidung von **I**- u. **II**-TiO_2 wird beschrieben. Dabei wird die Eig. des **II**-TiO_2, stärker u. rascher Farbe u. Glanz zu verlieren u. zu „kreiden" als **I**-TiO_2, ausgenutzt u. durch Unterschiede in der Schwärzung der Negative zum Ausdruck gebracht. (Verfkroniek **27.** 64—67. März 1954. Sassenheim, Sikkens' Lakfabrieken N. V., Phys. Labor.) WESLY. 7152

F. R. Williams und **J. Whitehead,** *Absorptiometrische Bestimmung kleiner Zinnmengen in Titanpigmenten.* Vff. entwickelten ein neues Verf. zur quantitativen Sn-Best. in Titanpigmenten durch Absorptionsmessungen am Sn-Dithiolkomplex im reflektierten Licht. Das Pigment wird mit $K_2S_2O_7$ aufgeschlossen, in 10%ig. H_2SO_4 gelöst u. mit Weinsäure versetzt. Nach Zugabe von $CdSO_4$ wird bei p_H 3—4 mit H_2S bei Siedehitze gefällt. Nach Wiederauflösen in HCl wird mit *Thioglykolsäure*, „*Teepol X*" (= $CHRR'OSO_3Na$) als Dispersionsmittel u. „*Dithiol*" (= 1.2-Dimercapto-4-methylbenzol) zur Komplexbldg. versetzt. Der Sn-Geh. wird absorptiometr. nach Eichkurven bestimmt. Verf. ist ungeeignet für Mineralien, da die Ggw. von Mo stört, da es einen im gleichen Gebiet absorbierenden grünen Komplex bildet (vgl. aber ALLSOPP u. DAMERELL, C. **1949.** E. 281). (J. appl. Chem. **2.** 213—16. April 1952. Durham, Billingham Co. Brit. Titan Products Co., Ltd., Res. Dep.) HÄUSSLER. 7152

VEB Farbenfabrik Wolfen, Wolfen, Kreis Bitterfeld, *Haltbarmachen von cyclischen Acetalen* durch Behandlung mit Ätzalkalien mit anschließendem Zusatz von oxydationsverhindernden Stabilisatoren, wie Hydrochinon, α-Naphthol, Diisobutylresorcin, Benzylaminophenol, Diphenylamin, Mercaptobenzimidazol. Die cycl. Acetale leiten sich z. B. her vom Formaldehyd, Acetaldehyd u. Furfurol. Genannt ist z. B. Formaldehydglykolacetal u. die entsprechenden Acetale des Formaldehyds mit Propylenglykol, Butylenglykolen oder Diglykoläther. Es kommen auch in Frage die Acetale des Acetaldehyds, Propionaldehyds, Butyraldehyds, Crotonaldehyds, Furfurols mit Glykolen. Die Acetale sind wertvolle *Lösungsmittel* für Lacke u. filmbildende Stoffe. (**D. P.** [**DDR**] **2 575** Kl. 12o vom 7/12. 1940, ausg. 8/1. 1953 [Wirtschaftspatent].) M. F. MÜLLER. 7101

George Vodicka, Frankreich, *Fluorescenzfarbe.* Ein Fluorescenzlack, z. B. ein Rhodaminlack (I), wird in einem wasserlösl. oder mit W. emulgierbaren Harzbindemittel, z. B. Polyvinylalkohol oder ein oder mehrere Cellulosederivv., dispergiert. Als Fluorescenzerreger wird eine mit W. verd. Chlorverb. oder ein mit W. verd. Glykolderiv. zugesetzt. Der Farblack wird aus einer Lsg. eines lösl. Farbstoffes oder aus einer Emulsion eines unlösl. Fluorescenzfarbstoffes unter Verwendung eines organ., mineral. oder organomineral. Substrates, z. B. Al-Benzoat, hergestellt. — Man verwendet z. B. 30 (Gewichtsteile) I, 30 Polyvinylalkohol, 1—40 Dichloräthan, 1—40 Cellosolve, 100 Wasser. Die Farbe wird aufgetragen auf Papier, Textilien, Metall, plast. Massen oder Glas. (**F. P. 1 051 059** vom 25/2. 1952, ausg. 13/1. 1954.) M. F. MÜLLER. 7107

Louis Thibaut, Pas-de-Calais, Frankreich, *Anstrichfarben, Lacke, Firnisse und analoge Produkte.* Man verleibt ihnen absorbierende Substanzen ein, vorzugsweise 8—20 (Gew.-%) SiO_2-Gel oder Tonerdegel oder 4—10 „Carbagel". Den absorbierenden Substanzen werden chem. Substanzen (z. B. p-Phenylendiamin, $NaHCO_3$, Oxalsäure) zugesetzt, welche die Farben, Lacke, Firnisse usw. vor der Einw. von in der Atmosphäre enthaltenen S- u. NH_4-Verbb. schützen. Eine solche gelbe Anstrichfarbe hat z. B. die Zus.: 15 (%) ZnO, 15 gelber Ocker, 12 Füllstoff ($BaSO_4 + CaCO_3$), 11 gepulvertes „Actigel" u. 0,15 p-Phenylendiamin (fixiert an das „Actigel"). (**F. P. 59 133** vom 24/3. 1949, ausg. 23/4. 1954. **Zusatz zu F. P. 965 804; C. 1951. I. 2510.**) OPPERMANN. 7107

Chemische Werke Albert, Wiesbaden-Biebrich (Erfinder: **Felix Schlenker,** Wiesbaden), *Herstellung von Lacken und Anstrichmitteln* aus Lsgg. von Ölen oder Harzen in organ. Lösungsmitteln durch Zusatz von Alkoxosalzen, z. B. Cu–Al-Butylat, $Cu[Al(OC_4H_9)_4]_2$, Co- oder Mg–Al-Butylat. — Die Alkoxosalzlsgg. werden mit tautomer reagierenden Estern, welche enol. OH-Gruppen oder Ketolgruppen zu bilden vermögen, z. B. Acetessigester oder Malonsäureester, stabilisiert. — 70 (Gewichtsteile) eines ricinenölmodifizierten Glycerinphthalharzes werden in 30 Lackbenzin gelöst u. mit 40 einer Lsg. von $Cu[Al(OC_4H_9)_4]_2$ in Toluol versetzt. Die Lsg. wird mit Acetessigester im Mol-Verhältnis von Cu : Acetessigester = 1 : 1 stabilisiert. (**D. P. [DDR] 2 472** Kl. 22h vom 12/9. 1951, ausg. 19/12. 1952 [Ausschließungspatent].) M. F. MÜLLER. 7107

Les Vernis Duroux, Soc. An., Seine, Frankreich, *Phenolharzlack* aus einem in alkal. Medium aus Phenol mit CH_2O erhaltenen Harz mit einem Salz einer organ., die OH-Gruppe enthaltenden Säure als Katalysator, ferner einem Harz aus der Säurebehandlung gewisser Steinkohlenteerfraktionen (Cumaron, Inden) u. 20—60% Graphitpulver. Der Lack wird bei 180—450° eingebrannt u. zum Lackieren stark beanspruchter Gefäße wie Milchkannen verwendet. (**F. P. 58 452** vom 23/11. 1942, ausg. 30/11. 1953. **Zusatz zu F. P. 910 945; C. 1946. I. 1960.**) PANKOW. 7107

Nicolas Drisch, Seine, Frankreich, *Herstellung von Anstrichen und Überzügen mit Cellulosederivaten,* die unlösl. Metallsalze bilden, wie Carboxymethylcellulose. Man verwendet hierzu Dispersionen von wasserfreien Metallsalzen, wie ½—2 Std. auf 400—700° erhitztes $Al_2(SO_4)_3$, ferner Pb-Formiat, Sn-Salze, in wss. Lsgg. der Cellulosederivv., die während der Verarbeitungszeit stabil sind, auf Gewebe, Wände, Decken verstrichen u. beim Trocknen unlösl. werden. (**F. P. 1 042 457** vom 28/9. 1951, ausg. 2/11. 1953.) PANKOW. 7107

VVB Lacke und Farben (Erfinder: **Eberhard Leibnitz**), Leipzig, *Kälteschutzüberzugsmittel* für Gegenstände aller Art, bes. für Handgriffe aus Metall, bestehend aus einer Spachtelmasse aus Collodiumwolle, plast. Harnstoffharz u. Füllstoffen geringer Wärmeleitfähigkeit, wie Asbest, Schlackenwolle, Glasmehl, Glaswolle, Holzmehl u. Cellulosemehl. (**D. P. [DDR] 2 068** Kl. 22h vom 2/3. 1943, ausg. 25/9. 1952 [Wirtschaftspatent].) M. F. MÜLLER. 7107

Dr. Alexander Wacker Gesellschaft für elektrochemische Industrie G. m. b. H., München, *Lacküberzug auf Metallen,* bes. für die Elektro-, chem. u. Nahrungsmittelindustrie, bestehend aus einer Grundschicht von Polyvinylacetalen u. einer Deckschicht aus Siliconen. Für diese Deckschicht werden Siliconharze verwendet, welche Alkylgruppen, z. B. Methyl- u./oder Phenylgruppen, gegebenenfalls auch Alkoxygruppen enthalten. Die Grundschicht wird aus Harzen gebildet, welche neben Polyvinylacetalen noch beliebige andere lackbildende Komponenten, z. B. Phenol-, Kresol-, Xylenol-, Butylphenylformaldehydharze oder Formaldehydkondensationsprodd. von N-haltigen Verbb., enthalten. — Die Aufbringung des Siliconlackes auf eine Grundschicht von Polyvinylacetal- oder modifiziertem Polyvinylacetalharz kann z. B. unter Verwendung von Lacklsgg. durch Tauchen, Imprägnieren oder auch durch Aufschmelzen oder Aufkleben erfolgen. (**Oe. P. 176 935** vom 3/3. 1952, ausg. 10/12. 1953. D. Priorr. 29/3. u. 21/7. 1951.) M. F. MÜLLER. 7107

William Fresco-Molinier, Frankreich, *Korrosionsschutzfarbe*, enthaltend 38 (%) synthet. Kautschuk, 12 Siliciummetallpulver, 15 Pigment, 10 höhersd. u. 15 leichtersd. Lösungsmittel u. 10 hartes Cumaronharz. (**F. P. 978 167** vom 23/12. 1948, ausg. 10/4. 1951.) M. F. MÜLLER. 7107

VVB Lacke und Farben (Erfinder: **Eberhard Leibnitz**), Leipzig, *Überzugslack für elektrotechnische Erzeugnisse* aus pulverisiertem Hartgummi als Pigment, Weichmachern u. Bindemitteln in Form von einfach chlorierten oder nachchlorierten Polymeren des Vinylchlorids. (**D. P. [DDR] 2 069** Kl. 22h vom 16/3. 1943, ausg. 23/9. 1952 [Wirtschaftspatent].) M. F. MÜLLER. 7107

Alois Vogt, Fürstentum Liechtenstein, *Dekorativer, farbiger Überzug.* Auf die zu verzierenden Gegenstände, z. B. Glasflakons, wird eine dünne Metallschicht im Hochvakuum aufgedampft, welche das Licht gut reflektiert. Darauf wird eine zweite dünne Schicht eines Stoffes aufgebracht, der ein geringes Lichtabsorptionsvermögen, aber einen größeren Brechungsindex besitzt, z. B. TiO_2. Dadurch wird das einfallende Licht unter Interferenzerscheinung reflektiert. (**F. P. 1 017 290** vom 4/5. 1950, ausg. 5/12. 1952. Schwz. Prior. 6/5. 1949.) WITTHOLZ. 7107

Paul Engel, Frankreich, *Poliermittel für Metalle.* Es besteht aus einem gemahlenen Gemisch von 640 (g) $CaCO_3$, 160 Kaolin u. 200 einer höhermol. Fettsäure, z. B. Palmölfettsäure, mit einem Zusatz von ca. 3% einer Mineralsäure, wie H_2SO_4, oder einer organ. Säure, z. B. Oxal- oder Milchsäure. (**F. P. 1 051 662** vom 18/2. 1952, ausg. 18/1. 1954.) M. F. MÜLLER. 7119

Alfred Ecke, Heidenau, Sachsen, *Gewinnung von gereinigtem Terpentin aus Rohsulfatterpentinöl.* In einem zweistufigen physikal. Prozeß werden zuerst die niedrigmol. Methylverbb. (**I**) aus dem einfach oder stufenweise kondensierten Rohterpentin durch Beströmung mittels Luft oder Gas (z. B. CO_2, N_2 oder ähnliches) ausgetrieben, u. danach werden aus dem beströmten Rückstand die Pinenverbb. (**II**) durch fraktionierte Wasserdampfdest. in reinem Zustande gewonnen. — Zu den Verbb. **I** gehören Methylmercaptan, Dimethylsulfid, Methylalkohol u. zu **II** α- u. β-Pinen u. höhersd. Anteile. (**D. P. [DDR] 141** Kl. 22h vom 3/6. 1951, ausg. 26/2. 1954 [Wirtschaftspatent].) M. F. MÜLLER. 7141

Henry Fleming Payne, Organic coating technology; V. 1. Oils, resins, varnishes and polymers. New York: Wiley. 1954. (683 S. m. Abb., Diagr.) $ 10,—.

XIb. Plaste (Kunstharze. Plastische Massen).

C. E. Parks, *Verarbeitung von Hart-Polyvinylchloridkunststoff.* Die Verff. zur Verarbeitung von Hart-PVC werden besprochen. (India Rubber Wld. **128.** 631—34. Aug. 1953. Avon Lake, O., B. F. Goodrich Chem. Co.) SCHÄFF. 7172

S. H. Greenwood, *Mehrschnecken-Strangpressen von harten Vinylharzen.* Die Verarbeitung von Hart-PVC auf den bes. geeigneten Mehrschneckenstrangpressen u. einige Zusatzaggregate werden besprochen. (India Rubber Wld. **129.** 73—75. Okt. 1953. Philadelphia, Pa., F. J. Stokes Machine Co.) SCHÄFF. 7172

C. Paul Fortner, *Biaxial orientierte Folien aus Polymethylmethacrylat und Polystyrol.* Bei Unterss. an kontinuierlich hergestellten u. dabei in 2 Richtungen orientierten Folien aus Polymethylmethacrylat u. Polystyrol (**I**) wurde eine Verbesserung der Festigkeitseigg. gegenüber n. Folien festgestellt. **I** zeigt außerdem verbesserte Bewitterungsfestigkeit. (India Rubber Wld. **129.** 493—95. Jan. 1954. Hartford, Conn., Plax Corp.) SCHÄFF. 7172

British Cellophane Ltd., England, übert. von: **William Berry, Charles Robert Oswin** und **John Boyd**, *Herstellung feuchtigkeitsfester Folien.* Man bringt auf Folien wasserempfindlicher, nicht faseriger organ. Stoffe (Regeneratcellulose, Gelatine) eine neutrale wss. Dispersion (p_H 5—8) eines teilweise kondensierten hydrophilen Harnstoff–CH_2O-Harzes, trocknet die dünne Schicht ohne Wärmebehandlung, bringt auf das noch hydrophile Harz eine saure wss. Dispersion (p_H 1—4) eines Vinylidenchloridpolymeren oder -mischpolymeren u. erhitzt zum Schluß. — Man erhitzt 23,7 (Gewichtsteile) Harnstoff (oder eine entsprechende Menge Thioharnstoff), 73,9 Formalin, 0,8 Na-Acetat, 1,6 Cetyltrimethylammoniumbromid u. Eisessig bis p_H 5 1 Std. bei 98°, kühlt ab u. neutralisiert. Man zieht eine Regeneratcellulosefolie bei 20° durch ein Bad aus 10 Glycerin, 1 der Harnstoff–CH_2O-Dispersion u. 89 W. in 30 Sek., trocknet bei 80—95°, bringt die Vinylidenharzemulsion auf u. erhitzt 12 Sek. auf 130°. Die Vinylidenharzemulsion erhält man aus 90 Vinylidenchlorid, 10 Acrylnitril, 1 Octadecylammoniumsulfat, 0,4 $(NH_4)_2S_2O_8$, 0,2 Na-Metabisulfit u. 200 W. unter CO_2 in 75 Min. bei 45°, läßt 2 Tage stehen u. stellt mit Citronensäure auf p_H 2. (**F. P. 1 036 698** vom 20/2. 1951, ausg. 10/9. 1953. E. Priorr. 20/2. 1950 u. 16/2. 1951.) PANKOW. 7171

Wilhelm Scheermesser und **Wolfgang Spindler,** Deutschland, *Herstellung und Verwendung von feinverteiltem Polyäthylen.* Polyäthylen (Mol.-Gew. 15000 u. mehr) (**I**) wird oberhalb 65° in einem Lösungsm. gelöst; man läßt durch Abkühlen ein Gel entstehen, das man pulvert. Das Pulvern kann durch Zusatz von mindestens 1% Siliconöl erleichtert werden. — Zu einer 70—90° warmen Lsg. von 10 kg **I** in 20—40 kg Trichloräthylen gibt man 0,1% (des **I**) Siliconöl. Das sich oberhalb 65° bildende Gel läßt sich pulvern. Man kann es auf Flächen bringen, auf denen es auf 110—120° erhitzt wird u. dabei Überzüge bildet; wurden die Flächen vorher mit Siliconöl überzogen, so kann man den **I**-Überzug als Folie abheben. Zur Herst. von Überzügen auf porösen Flächen mischt man 3—15% Oppanol zu **I**. Das **I**-Pulver kann auch von einer 110—120° heißen Walze nach der Offsettechnik auf Papier übertragen werden. (**F. P. 1 042 310** vom 19/9. 1951, ausg. 30/10. 1953. D. Priorr. 25/9. u. 17/11. 1950.) PANKOW. 7173

N. V. de Bataafsche Petroleum Mij., Seine, Frankreich, *Koagulieren wässeriger Dispersionen Hochmolekularer,* bes. von Polyvinylverbb. durch Zusatz von fl., mit W. mischbaren, den dispergierten Stoff nicht lösenden Alkoholen in solchen Mengen, daß über dem Koagulat eine klare wss. Phase entsteht. — Man polymerisiert Vinylchlorid mit Na-Cetylsulfat in wss. Emulsion bei 35° u. p_H 8—9 mit $K_2S_2O_8$, verd. mit der Hälfte des Vol. W., gibt etwas $NaHCO_3$ zu u. zu der 20%ig. Polyvinylchloriddispersion 6 Vol.-% (berechnet auf das Vol. der Dispersion) Isoamylalkohol, hält 5 Min. bei Kp. unter starkem Rühren. Nach Absetzen entsteht über dem Koagulat eine klare Flüssigkeitsschicht. Man kann auch zunächst mehr Alkohol zusetzen u. danach einen Teil wieder entfernen, um innerhalb der notwendigen Alkoholkonz. zu bleiben. (**F. P. 58 409** vom 22/6. 1948, ausg. 27/11. 1953. Holl. Prior. 24/6. 1947. **Zusatz zu F. P. 957 238; C. 1951. I. 263.**) PANKOW. 7173

L'Équipement Ménager et Industriel (E. M. I.), Seine, Frankreich, *Herstellung von festem Kunstharzschaum.* Man mischt in das Kunstharz ein oder mehrere organ. Isocyanat-, Diisocyanat- u./oder Polyisocyanatderivv., auch mit Urethanen, u. behandelt die Mischung mit feuchter Luft. — Man mischt 300 (g) Trikresylphosphat, 450 einer Mischung aus 60% Toluol-2.4-diisocyanat u. 40% Toluol-2.6-diisocyanat u. 150 Cyclohexanol u. nach 24 Std. mit 700 *Polyvinylchlorid*-Pulver u. 150 Azoisobuttersäuredinitril bei Raumtemp. u. unter wasserfreien Bedingungen, heizt in der Presse auf 165°, heizt das erkaltete Material 35 Min. bei 115° u. legt das nun erhaltene Schaummaterial 3 Wochen bei Raumtemp. in Luft von 65% Feuchtigkeitsgehalt. (**F. P. 57 718** vom 7/10. 1947, ausg. 4/5. 1953. **Zusatz zu F. P. 946 719; C. 1949. E. 1974.**) PANKOW. 7173

Soc. Rhodiaceta, Seine, Frankreich (Erfinder: **Paul Jacques Corbière** und **Pierre Mosse**), *Stabilisieren von Polyacrylnitrilwaren* (Preßmassen, Fäden, Filmen) gegen Verfärbung durch Zusatz von 0,005—15% Stannosalzen, wie Sn-Formiat, -Oxalat, $SnCl_2$. — Eine Mischung aus 9,9 (Teilen) Acrylnitril–Vinylimidazol (90 : 10)-Mischpolymerisat, 40 Dimethylformamid u. 0,1 $SnCl_2$ gibt einen fast farblosen, die gleiche Mischung ohne $SnCl_2$ einen gelbbraunen Film. (**F. P. 1 043 435** vom 4/10. 1951, ausg. 9/11. 1953.) PANKOW. 7173

VEB Farbenfabrik Wolfen, Wolfen, Krs. Bitterfeld (Erfinder: **Alfred Rieche,** Wolfen, Krs. Bitterfeld, und **Alfred Gnüchtel,** Wiederitzsch, Krs. Leipzig), *Herstellung von harzartigen Kondensationsprodukten aus Lignin, Phenolen und Formaldehyd.* Man kondensiert das aus der Holzverzuckerung stammende, sogenannte Säurelignin mit Phenolen bei erhöhter Temp. in Ggw. eines sauren Katalysators unter Entfernung des sich bildenden W. u. kondensiert das Reaktionsprod. mit CH_2O, wobei alkal. hergestellte Kondensate in W.–A.-Gemischen besser lösl. sind als sauer hergestellte. — 900 (Teile) Phenol mit 10 konz. H_2SO_4 werden bei 100° mit 600 getrocknetem SCHOLLER-Lignin vermischt, worauf man 2—3 Std. unter Rückfluß hält u. danach das Reaktionswasser abdest.; die Temp. steigt bis 170° u. wird hier 8 Std. gehalten. Zu 120 des 80° heißen Reaktionsprod. gibt man in 3 Anteilen 29—30 30%ig. Formalin u. erhitzt unter Rückfluß, bis aller CH_2O verbraucht ist. Springharte M., die wie reine Phenol–CH_2O-Harze verarbeitet werden kann. (**D. P. [DDR] 2 547** Kl. 39c vom 3/12. 1942, ausg. 10/1. 1953 [Wirtschaftspatent].) PANKOW. 7177

Soc. An. Entreprises Albert Cochery, Seine, Frankreich (Erfinder: **Jacques Clamer** und **Roger Sentz**), *Herstellung von Phenolharzen.* Die Kondensation zwischen der Phenolmischung u. Aldehyd oder Keton wird so vorsichtig (50—60°, kurze Rk., schwacher Katalysator) u. nur so lange geführt, daß ein wasserlösl. Reaktionsprod. entsteht. — Man erhitzt 100 (Teile) Phenolöl (mit 35% Phenol) u. 18 30%ig. Formol auf 50°, läßt die Temp. auf 60° steigen, hält hier nach Zusatz von 1,8 30%ig. NaOH u. trennt nach ca. 1 Std. das noch wasserlösl. Reaktionsprod. ab. Das dekantierte Phenolöl enthält noch 22% Phenol, ca. 18% Formol u. 1,8% NaOH u. wird erneut kondensiert u. so bis zur Erschöpfung des Phenolöls verfahren. Die erhaltenen Harzlsgg. dienen zum Imprägnieren oder zur Herst. von Preßpulver. Das Verf. kann kontinuierlich durchgeführt werden. (**F. P. 57 541** vom 8/10. 1947, ausg. 29/1. 1953. **Zusatz zu F. P. 976 103; C. 1953. 5747.**) PANKOW. 7177

Chemische Werke Albert, Wiesbaden-Biebrich (Erfinder: **Felix Schlenker** und **Hans Stark,** Wiesbaden), *Härtung von Äthoxylinharzen* mittels Alkoholaten mehrwertiger Metalle, z. B. Al, die vorteilhaft gelöst in β-Ketocarbonsäureestern, wie Acetessigestern, ferner Malonsäureestern oder β-Diketonen, wie Formylaceton, angewandt werden, oder mittels Alkoxosalzen wie $Cu[Al(OC_4H_9)_4]_2$ oder den entsprechenden Co- oder Mg-Verbb. oder mittels der Kunstharze, die durch Rk. von Metallalkoholaten 3- oder höherwertiger Metalle (Al-, Fe-Butylat) mit tautomer reagierenden Verbb. entstehen, die enol. oder ketol. OH-Gruppen zu bilden vermögen, z. B. die Reaktionsprodd. von Al-Butylat oder $AlCl_3$ mit Acetessigester, Malonsäureestern, Formylaceton, deren Eigg. durch Nachbehandlung mit O_2 oder Rk. mit Carbonsäuren weiter verändert werden können. — 72 (Gewichtsteile) Äthoxylinharz (aus 1 Mol p.p'-Dioxydiphenylpropan u. 2 1.3-Dichlorhydrin) werden bei 80° mit 10% Al-Butylatschmelze verrührt. Die M. kann als Klebe- u. Verleimungsmittel dienen u. härtet in 2 Std. bei 110—120°. — Eine 62,5%ig. Äthoxylinharzlsg. in Äthylenglykol wird mit 10% einer Lsg. des Co-Salzes der Al-Tetrabutoxyalkoxosäure in Butanol vermischt u. 30 Min. bei 100° auf Blech eingebrannt. (**D. P. [DDR] 2 924** Kl. 39b vom 5/4. 1952, ausg. 9/1. 1953 [Ausschließungspatent].) PANKOW. 7177

—, *Polymerisieren von ringförmigen Lactamen mit 7 oder mehr Ringgliedern* unter Verwendung alkal. reagierender Reaktionsauslöser. Die Polymerisation wird beim Kp. des Lactams oder in seiner Nähe eingeleitet, etwa indem man etwas NaOH in die sd. Fl. einträgt. Statt NaOH kann man KOH, $(NaO)_2Zn$, Na-Chromit, Na_2CO_3, $NaHCO_3$, KCN, K-Citrat, -Adipat anwenden, während $AlCl_3$, P_2O_5 u. andere saure Stoffe unbrauchbar sind. Die alkal. Stoffe können zusammen mit organ. Basen wie Chinolin angewendet werden. — 300 g ε-Caprolactam werden in N_2 zum Sieden gebracht u. in 3—4 Min. 0,6 g NaOH in mehreren Anteilen eingetragen. Die Temp. wird dabei auf 274° u. schließlich auf 295° gesteigert. Hochviscose Schmelze. Dauer der Rk. 8 Minuten. (**D. P. [DDR] 2 719** Kl. 12p vom 26/4. 1942, ausg. 13/4. 1953 [Ausschließungspatent].) PANKOW. 7181

— (Erfinder: **Wallace Hume Carothers,** Elmore, und **Louis Martin,** Wilmington, V. St. A.), *Herstellung linearer synthetischer Polyamide* durch Rk. äquivalenter Mengen eines oder mehrerer prim. aromat. m-Diamine, wie m-Phenylen- oder 2.4-Toluylendiamin, mit Dicarbonsäuren mit einer Restlänge von mindestens 5 C-Atomen oder deren amidbildenden Derivv. bei 170—300°, bes. 200—300°, bis das Reaktionsprod. eine Grundviscosität von mindestens 0,4 hat. Man kann das aromat. Diamin zum Teil durch aliphat. Diamin ersetzen. Man erhält bernsteinfarbige harzartige Prodd., die unterhalb des F. erweichen u. zur Herst. von Fasern, Filmen, Bändern, Stäben verwendet werden können. — Man heizt 7786 (Teile) m-Phenylendiamin u. 14560 Sebacinsäure im geschlossenen Behälter 1,5 Std. bei 200—210° u. heizt je 1 Std. bei 218° unter gewöhnlichem Druck u. unter 10 Torr u. 6 Std. bei 255°. Die zähe, feste M. hat F. ca. 190°. (**D. P. [DDR] 2 720** Kl. 12o vom 7/3. 1939, ausg. 25/7. 1953 [Ausschließungspatent].) PANKOW. 7181

—, *Herstellung von Lösungen oder Pasten aus Polyamiden* aus 2-bas. Säuren, Diaminen mit mindestens 4 C-Atomen zwischen den beiden Aminogruppen u. α-Aminocarbonsäuren mit mindestens 5 C-Atomen zwischen NH_2- u. COOH-Gruppe bzw. deren amidbildenden Derivaten. Man verwendet als Lösungsm. ein Gemisch aus aliphat. Alkoholen u. Chlor-KW-stoffen mit nicht mehr als 3 C-Atomen. Solche Lsgg. können nach Zusatz weiterer Mengen OH-haltiger Fll. u. auch anderer Lösungsmittel zum Auflösen anderer Stoffe, wie Nitrocellulose, nachchloriertes Polyvinylchlorid, Chlorkautschuk, Celluloseäther, verwendet werden. — 25 (Teile) eines Mischkondensats aus Adipinsäure, Hexamethylendiamin u. ε-Caprolactam werden in einer Mischung aus 38 (Volumenteilen) CH_2Cl_2 u. 37 CH_3OH unter Schütteln gelöst, 25 (Teile) der Lsg. werden mit der gleichen Menge 94%ig. A. verd., 6 Nitrocellulose u. 5 85%ig. Butylacetat zugegeben u. auf Folien verarbeitet. Verwendung der Lsgg. zur Herst. von Filmen, Fäden, Borsten, Auftragmassen für Kunstleder, Klebstoff, Oberflächenschutz (vgl. auch Holl. P. 55 920; C. **1944.** II. 714). (**D. P. [DDR] 2 695** Kl. 12o vom 4/8. 1939, ausg. 12/2. 1954 [Ausschließungspatent].) PANKOW. 7181

—, *Herstellung von geformten Gebilden aus hochmolekularen linearen Polyamiden,* die lactambildende Aminosäuren als Komponenten enthalten bzw. aus Lactamen erhalten wurden. Die zu verformende M. enthält mehr als 2% Lactam, das nach der Verarbeitung herausgelöst wird. Die Lactame wirken als Flußmittel u. erleichtern Verformung u. Nachbehandlung der Gebilde, z. B. das Strecken von Fäden oder Folien. (**D. P. [DDR] 2 710** Kl. 29b vom 6/12. 1938, ausg. 24/1. 1953 [Ausschließungspatent].) PANKOW. 7181

Imperial Chemical Industries Ltd., England, *Verarbeiten von mit organischen Polyisocyanaten modifizierten Polyesteramiden* durch Einmischen von 25—175% eines Cellulosederiv. (Cellulosenitrat, -acetat, Benzylcellulose) nebst Füllstoffen, Plastizier-, Stabilisiermitteln, Harzen, Kunstharzen u. Kautschuk u. Vulkanisieren mit CH_2O oder CH_2O abgebenden Stoffen, auch unter Zusatz von Säuren oder solche entwickelnden Stoffen. Man verwendet mit organ. Polyisocyanaten (mit Ausnahme der Diisocyanate) modifizierte Polyesteramide. Die Vulkanisate dienen als lösungsmittelfeste Dichtungen, Schläuche, Pumpendiaphragmen, Überzüge auf Druckwalzen, auf elektr. Leitern, auf Kunstleder, als Verpackungsmaterial, für Lacke u. Klebstoffe. — Zu 75 (Gewichtsteilen) mit Toluol-2.4.6-triisocyanat modifiziertem Polyesteramid gibt man im Kautschukmischer 25 Celluloseacetat als Paste in 50 Aceton, löst in Aceton, gibt 7,5 Hexamethoxymethylmelamin u. 0,75 2.4-Dichlor-1-naphthol zu, streicht auf Gewebe u. heizt 2 Std. bei 125°. Das Polyesteramid wurde aus Adipinsäure, Äthylenglykol u. Monoäthanolamin hergestellt. (**F. P. 57 793** vom 30/10. 1947, ausg. 9/9. 1953. **Zusatz zu F. P. 954 541; C. 1949. E. 1459.**) PANKOW. 7181

Soc. des Usines Chimiques Rhône-Poulenc, Paris, übert. von: **Auguste F. Bidaud**, Serezin-du-Rhône, Isère, und **Louis Ceyzeriat**, Lyon, Frankreich, *Nichtflüchtige Öle von Organosiliciumverbindungen* aus Dimethyldichlorsilan durch Rk. mit konz. H_2SO_4 von mindestens 85%, wobei HCl-Gas entweicht. Nach Entfernung der HCl wird die Lsg. mit W. auf 75% u. weniger H_2SO_4-Geh. verdünnt. Dabei scheidet sich ein Öl ab, welches nach längerem Stehen abgetrennt wird. (**Can. P. 491 020** vom 26/3. 1947, ausg. 3/3. 1953. F. Prior. 28/6. 1946.) M. F. MÜLLER. 7189

Dow Corning Corp. (Erfinder: **Melvin J. Hunter**), V. St. A., *Herstellung von Methylpolysilanen* von wachsartiger Konsistenz der allg. Zus. $CH_3-[Si(CH_3)_2]_n-CH_3$ (n größer als 3). Ein Gemisch von 95—50 Mol-% Dimethyldichlorsilan (**I**) u. von 5—50 Mol-% Trimethylchlorsilan (**II**) wird in einem fl. Medium (Xylol) mit einem Alkalimetall unter Rückfluß erhitzt. — Nach dem Beispiel werden 211,5 (Teile) **I** (4 Mol) u. 44,5 **II** (1 Mol) mit 89,2 Na-Metall in 400 Xylol umgesetzt. Man erhält ein weißes Pulver, welches in den üblichen Lösungsmitteln unlösl. ist, z. B. in konz. HNO_3, konz. H_2SO_4, Bzl. oder Alkohol. Es wird als Verdickungsmittel für fl. Siloxane verwendet. (**F. P. 999 668** vom 17/11. 1949, ausg. 4/2. 1952. A. Prior. 15/12. 1948.) M. F. MÜLLER. 7189

Dow Corning Corp., V. St. A., übert. von: **Harold A. Clark**, *Herstellung von Organopolysilan–Polysiloxanharzen.* Man läßt Organochlorsilane mit soviel Alkalimetall reagieren, daß keine vollständige Kondensation, aber eine solche mit wenigstens 20% des vorhandenen Cl erfolgt, hydrolysiert das Polysilan der Formel $[(CH_3)_a(C_6H_5)_b \cdot SiCl_{(4-a-b)}]_{(1-1/m)}$ (a + b hat einen Wert von 1,4—2; 30—75% der Summe CH_3 + C_6H_5 sind C_6H_5-Reste, m hat einen Wert zwischen 1 u. 5) mit W. u. kondensiert die OH-Reste teilweise, so daß die Verb. $(CH_3)_a(C_6H_5)_bSiO_c(OM)_d$ entsteht (a + b + 2c + d kann bis 3,5 sein, d kann zwischen 0,01 u. 1 sein M = H, prim. oder sek. Alkyl). Man kann nach der Rk. mit Alkalimetall das Rest-Cl auch durch prim. oder sek. Alkoxygruppen ersetzen, dieses Prod. teilweise mit W. hydrolysieren u. kondensieren. Man kann das Alkalimetall in dem oben genannten Umfang auch auf R_nSiCl_{4-n} (R = Phenyl oder Methyl, n hat einen Wert zwischen 1 u. 2) einwirken lassen, Organochlorsilan zusetzen u. hydrolysieren u. kondensieren. — Man kocht eine Mischung aus 166,4 (Gewichtsteilen) $(CH_3)_2SiCl_2$, 286,6 $C_6H_5CH_3SiCl_2$, 317,3 $C_6H_5SiCl_3$ u. 600 Toluol unter Rückfluß, setzt in 1 Std. 40 Na in Stücken zu, läßt 2½ Std. kochen, gibt in ½ Std. 32,4 Na zu, kocht u. rührt noch 6 Std., kühlt ab u. gibt in 1500 kaltes W., wäscht, neutralisiert, filtriert u. erhält ein Harz, das bei 250° in 10 Min. eine weiche Folie gibt. Man verwendet die Massen zum Ausstreichen von Backformen, von Öfen, Kaminen, Dampfauslaßrohren, für Lacke u. härtet die zunächst viscosen Fll. durch Erhitzen auf 204—260°, auch mit Katalysatoren, wie Pb-, Zn-, Co- u. Mn-Salzen, u. kann sie mit Organosiloxan, Polysilan-, Siliconalkydharzen, Kolophonium, Phenol-, Harnstoff-, Vinylharzen oder Cellulosederivv. mischen. (**F. P. 1 023 918** vom 4/8. 1950, ausg. 25/3. 1953. A. Prior. 2/9. 1949.) PANKOW. 7189

Dow Corning Corp., V. St. A., übert. von: **Harold A. Clark**, *Herstellung von Polysilan-Polysiloxanharzen.* (Hierzu vgl. vorst. Ref.) Man läßt Organochlorsilan der Formel $(CH_3)_a(C_6H_5)_bSiCl_{4-a-b}$ (a + b hat einen Wert von 1,4—2; 30—70% der Summe

Phenyl + Methyl sind Phenylreste) mit W. bis zu 80% des Cl hydrolysieren u. kondensieren u. das entstehende Oxychlorid der Formel $(CH_3)_a(C_6H_5)_bSiO_cCl_n$ (a + b + 2c hat einen Wert bis 3,5, a + b + 2c + n einen solchen bis 4) mit Alkalimetall reagieren. Man kann auch R_nSiCl_{4-n} (R = Phenyl oder Methyl, n hat einen Wert von 1—3) teilweise hydrolysieren, mit Organochlorsilan mischen u. mit Alkalimetall umsetzen. — Man gibt zu der Mischung von 129 (Gewichtsteilen) $(CH_3)_2SiCl_2$, 191 $C_6H_5CH_3SiCl_2$, 211,5 $C_6H_5SiCl_3$ mit der gleichen Menge Ae. langsam 45 W., entfernt Ae. u. HCl bei Unterdruck u. heizt im Vakuum auf 110°, gibt das Prod. in 1 Std. zu 48 geschmolzenem Na in 500 Toluol u. kocht 18 Std. unter Rückfluß. Die erhaltenen Harze sind im allg. hochviscose Fll. die bei 205—206° in kurzer Zeit fest werden. Verwendung für elektr. Isolierung, Lacke für Magnetofäden, Einstreichmittel für Backformen, Öfen, Kamine, auch unter Zusatz anderer Harze, Kunstharze u. Cellulosederivate. (**F. P. 1 024 086** vom 29/8. 1950, ausg. 27/3. 1953. A. Prior. 2/9. 1949.) PANKOW. 7189

Soc. Nobel Française und **Pierre Cor**, Frankreich, *Verbundmaterial von hoher Widerstandsfähigkeit.* Glasfasern werden mit einem Bindemittel, z. B. Polyvinylalkohol, vorteilhaft Polyvinylformal, überzogen oder imprägniert u. zu Verbundkörpern verarbeitet. Das Überziehen der Fasern kann auf der Haspel oder zwischen dieser u. den Spinndüsen vorgenommen werden. Diese fest aneinander haftenden Fasern können von der Haspel in Folienstücken abgenommen u. zu Schichtkörpern heiß verpreßt werden. (**F. P. 1 004 428** vom 21/4. 1947, ausg. 31/3. 1952.) WITTHOLZ. 7205

Regierung von Großbritannien und Nord-Irland, übert. von: **Cyril George Evans**, Sandhurst, und **Arthur Baker**, Farnborough, England, *Kunstharzimprägnierte Filzwände* erhält man, indem die eine Filzschicht mit einer ankondensierten Lsg. aus einem m-Oxyphenol u. einem Aldehyd in A. imprägniert, die andere Filzschicht mit einer Aldehydlsg. imprägniert u. beide Schichten unter einem Heißkalander vereinigt werden, wobei sich die Imprägniermittel durchdringen u. aushärten. — Z. B. wird ein Filz mit einer Lsg. von 4 (Teilen) Phenolaldehydharz (I) u. 1 Paraformaldehyd in 10 A. u. der andere Filz mit einer Lsg. von 1 Resorcin u. 4 I in 10 A. imprägniert, worauf beide Schichten unter Vakuum u. Druck miteinander verbunden werden. — 10 Abbildungen. (**A. P. 2 639 258** vom 29/12. 1950, ausg. 19/5. 1953. E. Prior. 2/4. 1948.) MÖLLERING. 7205

XII. Kautschuk. Guttapercha. Balata.

C. W. Pfeifer, **R. M. Savage** und **B. B. White**, *Silicongummimischungen.* Die verschied. handelsüblichen Silicongummitypen (SE–76, SE–51 u. SE–30), ihre Eigg., Abmischung mit Füllstoffen, die Vulkanisationsmittel u. andere Zuschläge sowie die Verarbeitungstechnik werden beschrieben. (India Rubber Wld. **129.** 481—84. 488. Jan. 1954. Waterford, N. Y., Gen. Electric Co., Silicone Prod. Dep.) SCHÄFF. 7224

W. C. Smith, *Mischung von Butylkautschuk mit Mineralfüllstoffen.* Vf. erörtert die Verwendung von typ. Mineralfüllstoffen in Butylkautschuk u. beschreibt den Einfl. auf die Eigg. der Vulkanisate. (India Rubber Wld. **129.** 55—60. Okt. 1953. Linden, N. J., Standard Oil Development Co., Esso Labor.) SCHÄFF. 7226

A. E. Juve und **R. Shearer**, *Wanderungseffekte bei der Ofenalterung.* Bei Unterss. über die gegenseitige Beeinflussung von verschied. Kautschukmischungen bei gleichzeitiger Ofenalterung wurde gefunden, daß Prodd., die aus solchen Mischungen entweichen, auch die Ergebnisse bei aufeinanderfolgenden Alterungstesten im gleichen Ofen beeinflussen können. (India Rubber Wld. **128.** 623—25. Aug. 1953. Brecksville, O., B. F. Goodrich Co., Res. Center.) SCHÄFF. 7248

J. Z. Lichtman und **C. K. Chatten**, *Das Material-Laboratory-Admiralty-Härteprüfgerät.* Beschreibung eines Härteprüfgeräts (Indentometers) für Elastomere. — 4 Abbildungen, 1 Skizze. (India Rubber Wld. **129.** 61—62. Okt. 1953. Brooklyn, N. Y., Naval Ship Yard, Material Labor.) SCHÄFF. 7248

E. F. Linhorst, *Ein einfaches Druckplastometer.* Eine einfache App. zur Best. der Fließeigg. von unvulkanisiertem Kautschuk wird beschrieben. (India Rubber Wld. **128.** 626. Aug. 1953. Fort Wayne, Ind., U. S. Rubber Co.) SCHÄFF. 7248

B. G. Labbe und **W. E. Phillips**, *Apparatur zur Bestimmung der Relaxation und Rückfederung von Elastomeren.* Die mit einem neu entwickelten Prüfgerät bei tiefen Tempp. bestimmten kautschukelast. Eigg. von verschied. synthet. u. natürlichen Kautschukmischungen werden erörtert. (India Rubber Wld. **129.** 489—91. Jan. 1954. Akron, O., Univ., Government Labor. u. B. F. Goodrich Co.) SCHÄFF. 7248

James A. Hurry und **John D. Prock**, *Reibungskoeffizienten von Kautschukproben.* Bei Unterss. an Kautschuk wurde gefunden, daß dem stat. Reibungskoeff. in seiner üblichen Definition keine Bedeutung zukommt. Die Auswrkg. dieser Befunde wird erörtert. (India Rubber Wld. **128.** 619—22. Aug. 1953. Denver, Colo., Gates Rubber Co.) SCHÄFF. 7248

Indonesisch Instituut voor Rubberonderzoek, Holland, *Wärmeempfindlichmachen von Kautschukmilch* durch Zusatz von wasserlösl. Naphthenat u. ZnO. Das Naphthenat erhöht die Stabilität von Kautschukmilch bei Raumtemp., es kann also zunächst als Stabilisiermittel dienen. Man kann die Kautschukmilch dann durch Zentrifugieren konzentrieren, den Rahm reinigen u. durch Zusatz von ZnO wärmeempfindlich machen. — 1 Liter 60%ig. konservierte Kautschukmilch mischt man mit 40 cm^3 einer 30%ig. Na-Naphthenatlsg. u. einer Dispersion aus 15 g S, 6 g Zn-Diäthyldithiocarbamat, 6 g Phenylnaphthylamin, 1 g ZnO, 30 g einer 5%ig. Lsg. von Casein u. Borax u. setzt schließlich 25 cm^3 einer 10%ig. Cocosnußölseife zu, schlägt zu Schaum, gießt in eine Form u. heizt 1 Std. bei 100°. (**F. P. 1 043 625** vom 8/10. 1951, ausg. 10/11. 1953. Holl. Prior. 21/10. 1950.) PANKOW. 7227

Pahl'sche Gummi- und Asbest-Gesellschaft „Paguag", Düsseldorf-Rath (Erfinder: **Georg Helmut Fredenhagen,** Ratingen, Bez. Düsseldorf), *Herstellung von aktiven Füllstoffen für Kautschuk, Kunstkautschuk oder sonstige Kunststoffe.* Feinst aufgearbeitete mineral. Füllstoffe werden oberflächlich aufgelöst, wobei ein Abbau der Teilchengröße erfolgt, oder aufgetaut, wobei eine Vergrößerung der Teilchengröße erfolgt. — Man läßt Quarzmehl oder Silicate in einem großen Turm von oben absinken, führt H_2F_2 entgegen u. heizt zum Schluß kurz oder setzt ähnlich $CaCO_3$ mit H_2F_2 oder HCl um. (**D. P. [DDR] 2 841** Kl. 39b vom 24/1. 1952, ausg. 24/1. 1953 [Ausschließungspatent].) PANKOW. 7227

„Shell" Refining and Marketing Co. Ltd., England, *Lösungsmittelfestmachen von Kautschuk* gegen polare Lösungsmittel, wie Aceton oder Alkohole. Man verwendet zur Herst. von Gegenständen, die mit solchen Lösungsmitteln in Berührung kommen (Schläuche, Dichtungen, Diaphragmen, Behälterauskleidungen), eine Mischung aus einem nichtpolaren Kautschuk (Naturkautschuk, Butylkautschuk, GR-S), einem anorgan. Füllstoff ($CaCO_3$, Ca-Silicat, Kieselgur) u. als Vulkanisiermittel ein Peroxyd (tert.-Butylperbenzoat (I), 1.1-Bis-(tert.-butylperoxy)-3.3.5-trimethylcyclohexan, 2.2-Bis-(tert.-butylperoxy)-butan). — Man bringt z. B. eine Mischung aus 100 (Teilen) Kautschuk, 100 $CaCO_3$ u. 2 I als Überzug in einen Schlauch u. vulkanisiert im Autoklaven bei 2.8 kg/cm^2 45 Min. bei 140°. (**F. P. 1 043 957** vom 18/10. 1951, ausg. 13/11. 1953. E. Priorr. 18/10. 1950 u. 5/10. 1951.) PANKOW. 7229

Établissements Colmant & Cuvelier, Nord, Frankreich, *Herstellen und Vulkanisieren von porösem Kautschuk* in bekannter Weise durch Zusatz von Treibmittel zu der Kautschukmischung, -lsg. oder -milch u. Bestrahlen mit Infrarot. (**F. P. 57 408** vom 18/7. 1944, ausg. 28/1. 1953. **Zusatz zu F. P. 990 140; C. 1952. 5988.**) PANKOW. 7229

Dunlop Rubber Co. Ltd., England, *Herstellung von Gegenständen aus Kautschukmilch,* der man 0,01—0,1 Gew.-% (des Kautschuks) einer langkettigen organ. kation. Verb. zugesetzt hat. Man kann NH_3-konservierte, unvulkanisierte oder vulkanisierte Kautschukmilch oder Kunstkautschuklatex verarbeiten, letzteren zweckmäßig nach Mischung mit 10% unvulkanisierter, in gleicher Weise behandelter Kautschukmilch. Beim Tauchen erhält man stärkere u. festere Überzüge. — Zu 60%ig. Kautschukmilch gibt man 1 (% berechnet auf Kautschuk) S, 0,2 ZnO, 0,6 Piperidylpentamethylendithiocarbamat, vulkanisiert ca. 1 Std. bei 80°, sensibilisiert mit 0,025% einer 5%ig. wss. Cetyltrimethylammonbromidlsg. (I) u. mischt mit 60%ig. 0,1 I enthaltender Kautschukmilch im Verhältnis 7 vulkanisierte zu 1 unvulkanisierte Kautschukmilch. Man verwendet zum Tauchen Formen, die eine Lsg. von Cyclohexylaminacetat in Methanol enthalten. (**F. P. 1 043 500** vom 5/10. 1951, ausg. 9/11. 1953. E. Priorr. 6/10. 1950 u. 31/8. 1951.) PANKOW. 7231

Dunlop Rubber Co. Ltd., England, *Herstellung von Schaumkautschuk* aus negativ geladener Kautschukmilch, die Seife, ein Vergelungsmittel, Vulkanisiermittel u. 0,1 bis 3 Gew.-% (der Mischung) einer kation., im Serum lösl. organ. Verb. mit langer Kette (Cetyltrimethylammoniumbromid, N-Alkyloleylamid) enthält. Nur mit NH_3 konservierte Kautschukmilch wird mit solchen Verbb., die in der Kautschukmilch wie in Mineralölen lösl. sind., anderweitig konservierte Kautschukmilch mit solchen, die nur in der Kautschukmilch lösl., in Mineralölen unlösl. sind, vermischt. — Zu 60%ig. 0,3% Na-Pentachlorphenolat u. 0,1% NH_3 enthaltender Kautschukmilch gibt man (pro 100 Teile Kautschuk) 2,5 S, 0,25 Alterungsschutz, 0,1 Kohle, 10 Mineralöl, dann 0,25 Ricinusölseife, 0,2 Laurylpyridiniumchlorid u. 1 Vulkanisationsbeschleuniger, schlägt zu Schaum, gibt 3 ZnO u. 1 Na-Silicofluorid zu, läßt in Formen das Gel bilden

u. vulkanisiert. (**F. P. 1 042 415** vom 24/9. 1951, ausg. 2/11. 1953. E. Priorr. 27/9. 1950 u. 31/8. 1951.) PANKOW. 7231

Alfred von Alphen, Rhône, Frankreich, *Verarbeiten von Abfällen aus Schwamm- oder Schaumkautschuk* durch Einmischen in zu Schaum geschlagene Kautschukmilch, die geformt u. durch Erhitzen koaguliert u. vulkanisiert wird. Die Kautschukmilch wird vorher mit Trypsin wenigstens 2 Tage behandelt u. mit einem Dispergiermittel wie K-Oleat vermischt. (**F. P. 1 044 278** vom 30/10. 1951, ausg. 16/11. 1953.) PANKOW. 7231

XIII. Ätherische Öle. Parfümerie. Kosmetik.

R. E. Corbett und **W. G. Hanger,** *Ätherisches Öl aus Metrosideros umbellata.* Das aus den Blättern u. Zweigspitzen der Myrtacea Metrosideros umbellata im Sommer mit Wasserdampf dest. äther. Öl von grüner Farbe hat $D.^{20}{}_4$ 0,8860, $[\alpha]_D{}^{20}$ +12,73°, $n_D{}^{20}$ 1,4830, VZ. 20, $Kp._{760}$ 155–290°, $Kp._3$ 50–116°. Nachgewiesen wurden nach Vakuumdest. in 12 Fraktionen 15,5% d-α-Pinen, 27,5% *l*- u. β-Isopinen, 2,0% Myrcen, 12% d-Limonen u. Dipenten, ferner α-Isoterpineol, d-Myrtenyl- u. Geranylacetat, d-Aromadendren, l-Metrosideren (neues bicycl. Sesquiterpen), d-γ-Cadinen u. ein Sesquiterpenalkohol $C_{15}H_{22}O$ mit einer Doppelbindung. (J. Sci. Food Agric. **4.** 508–11. Nov. 1953.) MÜHLMEISTER. 7262

Harry Hilfer, *Gesichtspuder.* Anforderungen an Talkum, TiO_2, ZnO, Kaolin, Zn- u. Mg-Stearat, Kreide u. Pigmente, Einfl. ihrer Korngröße (1–10 μ) auf die Lichtreflexion, Winke für Herst. u. Parfümierung. (Drug Cosmet. Ind. **73.** 466–67. 571. Okt. 1953.) MÜHLMEISTER. 7284

Bernard Ducros-Romefort, Bouches-du-Rhône, Frankreich, *Als Schaumpon und Haarfixativ verwendbares Haarwasser.* Man kocht 50 g Saponaria lutea u. ocymoides ca. 20 Min. u. versetzt den Absud mit 5 g Na-Salicylat u. einem desodorisierenden Mittel oder einem Parfüm. Das Ganze kocht man 5 Min. u. schlägt es, bis sich Schaum bildet u. die geeignete Viscosität erreicht ist. Dann wird das Prod. zur Entfernung von Verunreinigungen filtriert. (**F. P. 1 048 154** vom 7/1. 1952, ausg. 21/12. 1953.) OPPERMANN. 7285

Alimentation Équilibrée, Allier, Frankreich (Erfinder: **J.-L. Siemons** und **A. Fridenson**), *Herstellung von fettlöslichen Derivaten des Methionins.* Die Derivv. besitzen die allg. Formel $CH_3 \cdot S \cdot CH_2 \cdot CH_2 \cdot CH(NH-CO-CH_3) \cdot COOR$, worin R ein Alkylradikal mit mindestens 6 C-Atomen bedeutet. Man erhält sie durch Verestern der COOH-Gruppe des Methionins mit einem Alkohol u. Acetylieren der Aminogruppe des Methionins. — Z. B. löst man 25 (Teile) Acetylmethionin warm in 25 dest. Octylalkohol u. leitet in die Lsg. bei 125° trockenes HCl-Gas ein. Nach 2 Std. setzt man die App. unter leichtes Vakuum, um das gebildete W. wirksamer zu entfernen, u. ersetzt nach 1½ Std. das HCl-Gas durch einen trockenen Luftstrom. Nachdem man das Reaktionsgemisch noch 1 Std. hat reagieren lassen, dest. man den überschüssigen Octylalkohol ab. Der entstandene *Acetylmethioninoctylester,* $Kp._{12}$ 235°; Ausbeute 91%, löst sich mindestens zu 1% in Paraffinöl. An Estern werden noch genannt: *Acetylmethionincetylester,* F. 58°; *Acetylmethioninlaurylester,* F. 43°; *Acetylmethioninmyristylester,* F. 54°. Diese Ester sind prakt. geruchlos u. werden in Form von *Pomaden,* Brillantinen, Haarwässern u. dgl. angewendet. (**F. P. 1 040 233** vom 31/7. 1951, ausg. 13/10. 1953.) OPPERMANN. 7285

VEB Fettchemie und Fewa-Werk (Erfinder: **Erna Machon**), Chemnitz, *Herstellung von Haarbehandlungsmitteln.* Die Mittel (z. B. Haarfixiermittel, Haarbleichmittel, Wasserwellenfixative) besitzen fl., gel- oder pastenartige Beschaffenheit u. enthalten celluloseglykolsaure Salze. Ein fl. Haarfixiermittel hat z. B. die Zus.: 2–3 (%) celluloseglykolsaures Na u. 97–98 Wasser. (**D. P. [DDR] 1 940** Kl. 30h vom 31/1. 1943, ausg. 9/10. 1952 [Wirtschaftspatent].) OPPERMANN. 7285

XIV. Zucker. Kohlenhydrate. Stärke.

C. J. Asselbergs, *Das Diffusionsverfahren und die erste Saturation in der Rübenzuckerindustrie; Vergleich kontinuierlicher und diskontinuierlicher Betriebsweise.* Übersicht über das Diffusionsverf., die Wirkungsweise der diskontinuierlich arbeitenden ROBERT-Diffusionsbatterie, die kontinuierlich arbeitende R. T. (RAFFINERIE TIRLEMONTOISE)-Diffusionstrommel, den HILDEBRANDT-Diffusionsturm, die 1. Saturation u. ihre kontinuierliche u. diskontinuierliche techn. Ausführung. (Chem. Weekbl. **50.** 153–59. 27/2. 1954.) WESLY. 7412

K. Číž, *Beitrag zur Frage des Sodazusatzes zu Zuckersäften.* Verss. (4 Tabellen, Diagramm) über Soda (I)-Zugaben zu Zuckersäften auf verschied. Stationen ergeben, daß die günstigste Ausnützung der Entkalkungs-I dann erzielt wird, wenn die Zugabe vor der letzten Saturation in einer Menge von ca. 1,5 Äquivalenten, bezogen auf den Kalksalzgeh. im Dünnsaft, erfolgt. Die Ausnützung der I ist dabei um 10 bis 15% höher als bei Zugabe bei der Klärung. Durch Einhaltung der optimalen Alkalität bei der Endsaturation steigt die Entkalkung um weitere 5% an, wodurch die Gesamtwrkg. der I-Zugabe vor der zweiten Saturation um 20% erhöht wird. — Bei der Prüfung des Aschegeh. wird gefunden, daß dieser bei I-Zugabe vor der Klärung höher ist als bei gleicher Zugabe vor der zweiten Saturation. — Die p_H-Erhöhung liegt vor allem an den puffernden Eigg. der im Saft enthaltenen Salze. — Durch höhere I-Gaben verschlechtert sich die Farbe. (Listy Cukrovarnické **67.** 37—39. 15/5. 1951. Výzk. ústav pro cukr, čokoládu a škrob.) ROTTER. 7412

J. Buriánek, *Konduktometrische und potentiometrische Untersuchung der Ionenaustauscher in der Zuckerfabrikation.* Zur Bewertung von neuen, gebrauchten oder geschädigten Ionenaustauschern werden folgende Erscheinungen ausgenützt: 1. Ein H^+-Ionenaustauscher erhöht die spezif. Leitfähigkeit einiger Elektrolytlsgg. (z. B. KCl), da nach Kationenaustausch ein Teil des KCl durch die äquivalente Menge der stärker leitfähigen HCl ersetzt wird. 2. Ist in der Lsg. das dissoziierte Salz einer schwachen Säure enthalten, dann tritt in Verb. mit dem Ionenaustauscher eine Erniedrigung der Leitfähigkeit ein, da sich die frei werdenden H^+ mit den anwesenden Anionen zur weniger leitfähigen nichtdissoziierten Säure verbinden. 3. Der Austausch führt immer zu einem Gleichgewichtszustand. — Es wird eine eingehende Vorschrift für die prakt. Auswertung dieser Erkenntnisse gegeben. Für eine orientierende Best. genügt es, den Ionenaustauscher mit 5- oder 10%ig. H_2SO_4-Lsg. in einen H^+-Austauscher überzuführen u. nach vollständiger Auswaschung mit dest. W. 1 g davon mit 100 cm^3 0,01 nHCl-Lsg. zu übergießen. Die Leitfähigkeitserhöhung ist ein annähernder Anhaltspunkt für die Austauschkraft; die genaue Erfassung ist aus dem Verlauf der potentiometr. u. konduktometr. Titrationskurven möglich. — Kurven der Prüfung von *Duolite C–3,* Arbeitsanweisungen, Beispiele für die Bewertung folgender Ionenaustauscher in der Zuckerindustrie: *Hydraffin, F.K.8, F.8, Zeo Carb, Duolite C–3* u. der natürlichen Austauscher *Stärke, Kaolin, Bentonit.* (Listy Cukrovarnické **67.** 34—36. 15/5. 1951. Výzk. ústav pro cukr, čokoládu a škrob.) ROTTER. 7412

Ronald Toyofuku, *Verhütung der Bildung des Blütenstandes.* Die Möglichkeiten zur Einschränkung der Blüten des Zuckerrohres (Beschneiden, Einschränkung der Bewässerung, Spritzen mit Maleinsäurehydrazid, Verlängerung der Belichtungszeit, starke Düngung) werden krit. besprochen. (Rep. Hawaiian Sugar Technologists **1953.** 7—11.) RANG. 7440

R. A. Carter, *Die Herstellung von hochgradigem weißem Mühlenrohrzucker.* Fabrikationsbeschreibung. (Int. Sugar J. **55.** 314. Nov. 1953.) ROSSOW. 7440

Karl Matthies, Oschersleben/Bode, *Saftfänger* zum Ausscheiden des Saftes aus Brüdendämpfen in Zuckerfabriken. — Zeichnung. (**D. P.** [**DDR**] **2 668** Kl. 89e vom 7/1. 1950, ausg. 22/11. 1952 [Wirtschaftspatent].) M. F. MÜLLER. 7413

Alfred Esch, Berlin-Mahlsdorf, *Plätt- und Glanzstärke aus Kartoffelmehl.* In einem Rührkessel werden 80 (Teile) gesiebte Kartoffelstärke 20 Min. mit einer fl. Mischung aus 72 Paraffin u. 28 anderen Fettkörpern, wie Stearin oder Palmitin, gemischt. 10 von diesem als „Vormasse" bezeichneten Gemisch werden mit 45 Ca-Lactat verrührt u. danach in 45 gesiebte Kartoffelstärke eingetragen u. 15 Min. lang gemischt. (**D. P.** [**DDR**] **2 985** Kl. 8k vom 18/8. 1950, ausg. 9/12. 1952 [Ausschließungspatent].) M. F. MÜLLER. 7449

Alfred Esch, Berlin-Mahlsdorf, *Klümpchenfreie Wäschestärke* aus Kartoffelstärke. Die Stärkekörner von einem gewissen Teil der Gesamtstärkemenge werden in vorgewärmtem Zustande durch eine fl. Mischung von Paraffin u. anderen sonst festen Fettkörpern hindurchgeführt u. dabei mit einer feinen Fetthaut überzogen. Danach wird die vorbehandelte Stärke mit dem restlichen Teil der kalten Stärke in einer Mischtrommel gleichmäßig gemischt. (**D. P.** [**DDR**] **2 914** Kl. 8k vom 3/8. 1951, ausg. 28/11. 1952 [Ausschließungspatent].) M. F. MÜLLER. 7449

Hoffmann's Stärkefabriken (Erfinder: **Robert Krecke**), Bad Salzuflen, *Glanzstärke.* Die nach dem Hauptpatent hergestellte Glanzstärke enthält, gemäß D. P. [DDR] 1 946, anstatt $MgSO_4$ (Bittersalz) in W. lösl., gegebenenfalls wasserhaltige Alkalisulfate oder deren Doppelsalze oder nach D. P. [DDR] 1 947 außer $MgSO_4$ noch einen

Zusatz von Harnstoff. Eine solche Glanzstärke hat z. B. die Zus.: 82 (Teile) Reisstärke, 10 Alkalisulfat u. 8 Kochstärke oder 80 Reisstärke, 10 $MgSO_4$, 8 Kochstärke u. 2—3 Harnstoff. (**D. PP. [DDR] 1 946** Kl. 8k vom 26/1. 1940, ausg. 11/11. 1952 u. **1 947** Kl. 8k vom 26/1. 1940, ausg. 14/1. 1953 [Ausschließungspatent]. **Zusätze zu D. P. [DDR] 1079; C. 1954. 6135.**) OPPERMANN. 7449

XVI. Nahrungs-, Genuß- und Futtermittel.

H. J. Vos, *Spurenelemente in Nahrungsmitteln.* Vielfach können Spurenelemente Farbe, Geschmack u. Haltbarkeit von Nahrungsmitteln ungünstig beeinflussen: Cu vermindert die Haltbarkeit von Butter; Sn verursacht eine Gelbfärbung der in Fischmarinaden enthaltenen Zwiebeln; Fe verleiht Butter einen Metallgeschmack. Ferner werden Korrosionen von Sn-Konservendosen durch Spurenelemente, die in den Lebensmitteln enthalten sind, gefördert. Bei der Festsetzung des zulässigen Geh. von Lebensmitteln an Spurenelementen sollte daher sowohl der toxikolog. als auch der technolog. Standpunkt berücksichtigt werden. (Conserva **8.** 241—44. 1954. Sep. Utrecht, Centr. Inst. voor Voedingsonderzoek, T.N.O.) WESLY. 7630

D. A. A. Mossel, *Die Zugabe von chemischen Verbindungen ohne Nährwert zu Lebensmitteln.* Vielen Lebensmitteln setzt man chem. Verbb. ohne Nährwert zu, deren Aufgabe in der Verbesserung von Aussehen, Farbe, Geruch, Konsistenz u. bes. Haltbarkeit der Lebensmittel besteht. Sie lassen sich einteilen in Konservierungs-, Antioxydationsmittel, Mittel gegen das Altbackenwerden (Brot), Süßstoffe, Dickmittel, Farbstoffe, Emulgatoren u. verschied. Verbb. (Essenzen, Glykole, Coffein, Polyphosphate). Eine Liste gibt Aufschluß über die zulässigen u. nichtzulässigen Zusatzstoffe. (T.N.O.-Nieuws **8.** 268—74. 1953. Sep. Utrecht, Centr. Inst. voor Voedingsonderzoek, T. N.O.) WESLY. 7630

W. Summer, *Ultraschall.* Zusammenfassende Darst. von Technik u. Anwendungsbereich der Ultraschallbehandlung in der Lebensmittelindustrie. (Food **22.** 96—99. März 1953.) THOMAS. 7630

L. J. Teply, P. H. Derse und **C. H. Krieger,** *Nährwert von eingedosten Lebensmitteln. Vitamin B_6-, Folsäure-, β-Carotin-, Ascorbinsäure-, Thiamin-, Riboflavin- und Niacingehalt und annähernde Zusammensetzung.* Von 48 eingedosten Lebensmitteln wurden in Ananassaft, Mais, Tomaten, Kirschen u. Fleischprodd. die höchstens *Vitamin-B_6*-Werte, in Spinat, Spargel, Bohnen, Erbsen, Brombeeren, Hühnchen u. Austern die höchstens *Folsäure*-Werte gefunden. Die in 62 Proben bestimmten Gehh. an *β-Carotin, Ascorbinsäure, Thiamin, Riboflavin* u. *Niacin* u. die Zus. von 15 Proben werden tabellar. wiedergegeben. (J. agric. Food Chem. **1.** 1204—07. 23/12. 1953. Madison, Wis., Wisconsin Alumny Res. Found.; Univ. of Wisconsin, Biochem. Dep.) KRUSEN. 7634

M. J. Wolf, H. L. Seckinger, E. C. Rosewall, M. M. MacMasters und **C. E. Rist,** *Studien über die wasserunlöslichen Hemicellulosen der Endospermzellwände und Beziehungen zur Mahlqualität bei 7 nordwestpazifischen Weizensorten.* Nach Befreiung von Stärke, wasserlösl. Pentosanen u. dem Hauptanteil Protein wurden die wasserunlösl. Hemicellulosen der Endospermzellwände hydrolysiert u. die Spaltstücke qualitativ u. quantitativ untersucht. Beziehungen zwischen dem Geh. der Weizen an Xylose, Arabinose u. Galaktose u. ihrem Mahlwert bestehen nicht. (Cereal Chem. **29.** 399—406. Sept. 1952. Peoria, Ill., Northern Reg. Res. Labor.) M. W. ROTHE. 7664

R. A. Larkin, M. M. MacMasters und **C. E. Rist,** *Beziehungen zwischen der Stärke der Endospermzellwände und der Mahlqualität bei 7 nordwestpazifischen Weizen.* Die untersuchten Weizen zeigten eindeutige Beziehungen zwischen der mkr. bestimmten Stärke der Endospermzellwände nahe der Aleuronschicht (Entfernung 20—200 μ) u. ihrem Mahlwert. Starke Zellwände entsprechen mäßiger, dünne guter Vermahlungsqualität. (Cereal Chem. **29.** 407—13. Sept. 1952. Peoria, Ill., Northern Reg. Res. Labor.) M. W. ROTHE. 7664

Barnett Sure (unter Mitarbeit von **Leslie Easterling, Joy Dowell** und **Mary Crudup**), *Beziehungen zwischen Reis und Weizenmehl und zwischen Reis und Weißmaismehl.* In Unterss. an Ratten konnte Vf. zeigen, daß die biol. Wertigkeit von Weizenmehl- u. Weißmaismehlprotein durch Reismehlprotein (I) wesentlich aufgebessert werden kann. Durch Mischungen der Mehle, in denen 33 oder 50% des enthaltenen Proteins aus I bestand, wurden Steigerungen der Gewichtszunahme von 55—236% u. Erhöhungen der „protein efficiency ratios" von 56—165% erzielt. (J. agric. Food Chem. **1.** 1207—08. 23/12. 1953. Fayetteville, Ark., Univ. of Arkansas.) KRUSEN. 7686

Barnett Sure (unter Mitarbeit von **Leslie Easterling, Joy Dowell** und **Mary Crudup**), gemeinsam mit **Nevin S. Scrimshaw,** *Proteinwirksamkeit. Qualitätsverbesserung von gelbem*

Mais mit Lysin, Tryptophan und Threonin. In 2 Sorten von gelbem Guatemala-Mais wurde durch Zusatz von 0,5% Threonin (I) bei Ggw. von Lysin (II) u. Tryptophan (III) zum Futter der Albinoratten eine wesentliche Verbesserung der Eiweißwertigkeit erzielt. Bei einer USA-Maissorte war dazu noch die Ggw. von Methionin erforderlich. I bewirkte eine spezif. Erhöhung der Nahrungsausnutzung. In Anbetracht der Bedeutung von Mais als Eiweißnahrung für Menschen in vielen Ländern, wird eine Anreicherung von Maismehl mit I, II u. III befürwortet. (J. agric. Food Chem. **1.** 626—29. 22/7. 1953. Fayetteville, Ark., Univ. of Arkansas, Dep. of Agric. Chem.; Guatemala City, Guatemala, Inst. of Nutrit. of Central America and Panama.) FRESENIUS. 7686

J. Gutschmidt und **S. Hesse,** *Über die Eignung einiger deutscher Buschbohnensorten zur Konservenherstellung.* 1. Mitt. *Die Eignung zum Sterilisieren.* (Ind. Obst- u. Gemüseverwert. **39.** 282—84. 5/8. 1954. Karlsruhe, Baden, Bundesforsch. Anst. für Lebensmittelfrischhaltung.) WINIKER. 7690

H. G. Harvey, *Der Mechanismus der Pektingallertebildung im Hinblick auf die* p_H-*Bedingungen, mit besonderer Beziehung zur Gelierungstemperatur.* Nach der von HINTON (C. **1941.** I. **3306**) gegebenen Erklärung besteht der Mechanismus derPektin–Zucker-Geleebldg. in der Ausfällung des nichtionisierten Pektins aus der daran gesätt. Lsg., dessen Menge sich aus dem p_H-Wert, der Dissoziationskonstanten u. Konz. des Pektins berechnen läßt. Vf. schlägt vor, diese Gelierungstheorie in etwas modifizierter Form auf die Erklärung einiger Faktoren anzuwenden, die die Gelierungstemp. beeinflussen. Die modifizierte Theorie führt zu einer einfacheren Auffassung der effektiven Ionisation der Pektinmoll. u. erklärt die Unterschiede im Gelieren durch Änderungen des Veresterungsgrades der Pektinmolekel. (J. Sci. Food Agric. **1.** 307—11. Okt. 1950. Leatherhead, Surrey, Brit. Food Manufact. Ind. Res. Assoc., Randalls Road.) EBERHARD MÜLLER. 7702

C. L. Hinton, *Die Gelierungstemperatur von Pektingallerten.* Vf. beschreibt eine techn. Meth. zur Best. der Gelierungstemp. als definierter physikal. Eig. (zum Unterschied von der Gelierungszeit). Mit steigendem p_H fällt die Gelierungstemp. rasch ab. Der Einfl. der Konz. an lösl. Stoffen u. Pektin sowie der Art der puffernden Kationen u. der Vorerwärmung wird untersucht. Die Gelierungstemp. steht offenbar in keiner direkten Beziehung zur Konsistenz der Gallerten. (J. Sci. Food Agric. **1.** 300—07. Okt. 1950. Leatherhead, Surrey, Brit. Food Manufact. Ind. Res. Assoc.) EBERHARD MÜLLER. 7702

W. W. Reid, *Der enzymatische Abbau von Pektin und anderen Polysacchariden.* 1. Mitt. *Einführung und eine einleitende Studie über den Abbau der Polysaccharide von Früchten durch Schimmelpilzenzyme.* Die bei der Verarbeitung von Früchten zur Erhöhung der Saftausbeute u. Erleichterung der Pressung angewandten Schimmelpilzpektinase-Präpp. spalten sowohl Polygalakturonsäuren als auch Araban, Galaktan u. Xylan. Da ferner der gewünschte optimale Effekt der Viscositätsverminderung nur einer Teilhydrolyse entspricht, stellt die Best. der Gesamthydrolysate keine exakte Meth. zur Ermittlung der optimalen hydrolyt. Veränderung dar. Der enzymat. Polysaccharidabbau erfolgt offenbar in 2 Stufen als Folge der Ggw. verschied. Enzyme in den Präpp.: a) der Hydrolyse von Galaktan u. Araban; b) der Hydrolyse von Polygalakturonsäuren. Der techn. Einsatz definierter Enzympräpp. erscheint angezeigt. (J. Sci. Food Agric. **1.** 234—40. Aug. 1950. Coleford, H. W. Carter & Co., Res. Dep.) M. W. ROTHE. 7706

J. Solms, W. Büchi und **H. Deuel,** *Untersuchungen über den Pektingehalt einiger Traubenmoste.* An 14 Traubensäften schweizer. Provenienz der Ernte 1951 wurden die Pektinstoffe (I) bestimmt (Fällung mit A. u. Titration bzw. Anwendung der Ca-Pektatmeth.). Festgestellt wurde ein Geh. an Reinpektin von 0,335—0,056% mit einem Veresterungsgrad der I von 23,6—46,5%. Die I waren von einem aus Galakturonsäure, Galaktose, Mannose, Arabinose u. Rhamnose zusammengesetzten Polysaccharid begleitet, das schwer von den I abzutrennen war u. die Best. derselben störte. (Mitt. Gebiete Lebensmitteluntere. Hyg. [Bern] **43.** 303—07. 1952. Zürich, ETH, Agrikulturchem. Inst.) WINIKER. 7706

S. Hoffmann, *Untersuchungen von rohen Frucht- und Gemüsesäften.* Schlüsse auf die bei der Gewinnung von Frucht- u. Gemüsesäften geübte Sorgfalt lassen sich nur bei direkter bakteriol. Kontrolle ziehen, da eine Beurteilung des Infektionsgrades derselben aus dem Keimgeh. des Rohsafts infolge der auf Früchten u. Gemüsen stets vorhandenen epiphyt. Keimflora unmöglich ist. Verss. zur Verminderung der Keimzahl ergaben, daß Waschen dieselbe nur um 40—50% vermindert. Pasteurisation hingegen führte zu dem gewünschten Erfolg, doch ist zu beachten, daß hierbei Säfte mit einem p_H nahe dem Neutralpunkt (Gemüsesäfte) ausflocken. Beim Filtrieren werden nur Säfte mit niedrigem p_H klar, außerdem erfolgen oft erhebliche Beeinträchtigungen von Farbe u. Geschmack. Ferner wurde festgestellt, daß die direkte Titrationsmeth. (mit 2.6-Dichlorphenolindophenol in 2%ig. Trichloressigsäure) zur Best. des Vitamin-C-Geh. nur bedingt zuverlässig ist. Abschließend werden als Beitrag zur Echtheitsprüfung der Säfte einige Formolzahlen mitgeteilt. (Mitt. Gebiete Lebensmittelunters. Hyg. [Bern] **43.** 261—93. 1952. St. Gallen.) WINIKER. 7706

W. A. P. Black, W. J. Cornhill und **E. T. Dewar,** *Die Eigenschaften von Chemikalien aus Algen.* 1. Mitt. *Die Verwertung britischer Meeres-Braunalgen als Quelle für Alginate.* Vff. berichten über ihre Verss. zur Aufarbeitung der engl. Braunalgen auf Alginsäure u. Na-Alginat nach den für andere Algenarten ausgearbeiteten Verfahren. Hierbei zeigte sich, daß die erhaltenen Prodd. je nach der Art der Algen, dem Zerkleinerungsgrad des Ausgangsmaterials, dem Grade der Reinigung (Bleichung) verschieden wertvoll sind. Getrocknetes Material liefert schwächere Viscosität als Frischmaterial. $[\alpha]_D$ der Alginatlsgg. schwankte bei den einzelnen in Arbeit genommenen Algen kaum. Das bereits vorliegende Schrifttum wird krit. gesichtet. — 44 Literaturangaben. (J. Sci. Food Agric. **3.** 542—50. Nov. 1952. Inveresk, Midlothian, Inst. of Seaweed Res.) GRIMME. 7708

C. Tyler und **F. H. Geake,** *Untersuchungen an Eierschalen.* 3. Mitt. *Einige physikalische und chemische Eigenheiten der Eierschalen von Haushühnern.* (2. vgl. C. **1954.** 3830.) Schalendicke, Porenzahl, Porositätskoeff., Membran-, Poren- u. Matrixprotein, P u. Citronensäuregeh. in Eierschalen zeigen erhebliche Unterschiede von Huhn zu Huhn. Ca-, Mg- u. CO_2-Geh. sind einheitlicher. Für die genannten Stoffe werden Durchschnittswerte ermittelt. Es werden einige Verhältniszahlen entwickelt, die als wichtig zur Vermeidung zeitraubender Unterss. gelten können. (J. Sci. Food Agric. **4.** 587—96. 4/12. 1953. Reading, Univ., Dep of Agricult. Chem.) FRESENIUS. 7754

E. Brouwer, *Milch und Ernährungslehre.* Übersicht über die biol. Bedeutung der Milch im Vgl. mit anderen Lebensmitteln, die Rolle der Milch bei den grundlegenden Entdeckungen auf dem Gebiet der Ernährungslehre u. die Veränderungen in der Zus. der Kuhmilch. (Voeding **15.** 2—15. 15/1. 1954. Wageningen, Landbouwhogeschool, Labor. voor Physiologie der Dieren.) WESLY. 7756

J. Ovelhey, *Fettfreie Trockenmasse und Fettgehalt der Milch.* Allg. Ausführungen. — 8 Literaturhinweise. (Molkerei- u. Käserei-Ztg. **5.** 235—36. 25/2. 1954. Marl-Hüls.) WINIKER. 7756

J. C. T. van den Berg, *Die Verpackung von Milchpulver, speziell von fettem Walzenpulver.* (Molkerei- u. Käserei-Ztg. **4.** 1006—07. 16/7. 1953. Den Haag.) WINIKER. 7756

A. Walter Liebig, *Grundstoffe für die Bereitung von Kakao–Milch-Getränken.* Bemerkungen zur Verwendung von Alginaten in Kakao–Milch-Getränken. (Molkerei- u. Käserei-Ztg. **5.** 688. 20/5. 1954.) WINIKER. 7756

Hartmut Bachmann, *Die Herstellung von Kakaomilcherzeugnissen.* Allg. Ausführungen. (Molkerei- u. Käserei-Ztg. **4.** 1760—63. 24/12. 1953. **5.** 10—11. 7/1. 1954.) WINIKER. 7756

Franklin W. Barber, *Verzögerer der Milchsäurebildung — ihr Nachweis und ihre Bekämpfung.* Bakteriophagen, Antibiotica u. quartäre Ammoniumverbb. sind oftmals Ursachen der Entwicklungsstörungen von Säureweckern. — Literaturübersicht. (Milk Plant Monthly **41.** Nr. 1. 20—24. Jan. 1952. Oakdale, Long Island, N. Y., Nat. Dairy Res. Lab., Div. of Microbiol.) HÜCKSTÄDT. 7760

Georg Friedel und **Hans Friedel,** *Die Molkerei und ihre Speisequarkerzeugung.* Kurze Beschreibung der Herst. von Speisequark. (Molkerei- u. Käserei-Ztg. **3.** 1444—45. 13/11. 1498—99. 27/11. 1575—76. 18/12. 1952. Neu- Ostra, Labor.) WINIKER. 7760

Jack C. Dacre, *Aminosäuren in neuseeländischem Cheddarkäse: Ihr möglicher Beitrag zum Geschmack.* Nach dem papierchromat.graph. Verf. mit Ninhydrinreagens werden in reifendem Cheddarkäse folgende Aminosäuren nachgewiesen: Glutaminsäure, Lysin u./oder Arginin, Leucin (**I**) u. Iso-**I**, Valin, Alanin (**II**), Phenyl-**II**, Asparaginsäure, Glycin, Glutamin, Asparagin, Threonin, Methionin, manchmal außerdem Tyrosin (**III**), Serin u. Prolin, ferner ein Peptid (**IV**). Die genannten Stoffe treten in der wasserlösl. N-Fraktion auf. Mit fortschreitender Reifung nimmt der Geh. an Aminosäuren mit Ausnahme von **III** stetig zu. **IV** erscheint erst nach Ablauf von 2 Monaten Reifungszeit. Das Auftreten von Cystin u. Tryptophan wird auf andere Weise bewiesen. Die Aminosäuren oder ihre Gemische liefern keinen Beitrag zum spezif. Aroma des Käses. (J. Sci. Food Agric. **4.** 604—08. 4/12. 1953. Palmerston North, New Zealand, Dairy Res. Inst.) FRESENIUS. 7760

Bruno Wausehkuhn, *Hefiger Camembert.* Hinweise zur Vermeidung des Fehlers „hefig" bei Camembert. (Molkerei- u. Käserei-Ztg. **5.** 910–11. 15/7. 1954. Hameln, Milchw. Lehr- u. Untersuchungsanst.) WINIKER. 7760

Ernst Sell und **Gottfried Ruf,** *Weinkäse — seine Herstellung und seine Eigenschaften.* (Molkerei- u. Käserei-Ztg. **3.** 1497. 27/11. 1952. Langenfeld/Mfr.) WINIKER. 7760

Cliff Swett, *Für verschiedene Käsesorten und Papiermilchbehälter verwendbare Wachse.* Krit. Übersicht über neuere Wachstypen u. Überzugsverfahren. (Proc. annu. State Coll. Washington, Inst. Dairying. **1952.** 95–100. 10-13/3. Chicago, Ill., National Wax Co.) IPPEN. 7760

C. R. Grau und **Phyllis A. Zweigart,** *Phosphathaltiger Ton als Phosphorquelle für Kücken. Phosphorhaltiger Ton* (I) ist eine so gute P-Quelle wie Knochenmehl oder $Ca_3(PO_4)_2$ als Zusatz zur natürlichenNahrung für Hühnchen. Das Wachstum wurde durch I im Gegensatz zu Knochenmehl bei Zusatz zur Grundnahrung nicht begünstigt. Der F-Geh. von I scheint dafür nicht verantwortlich zu sein. (Poultry Sci. **32.** 500–03. Mai 1953. Berkeley, Calif., Univ. of California, College of Agriculture.) FRESENIUS. 7786

J. A. Lovern und **W. Preston,** *Die Verwertung von Heringsüberschüssen für die Ölerzeugung und Gewinnung eines Eiweißfutters durch Alkalibehandlung.* Zusatz von 3% NaOH/Fischgewicht zu einem Gemisch zerkleinerter Heringe mit W. bewirkt innerhalb 20 Min. bei 90° die Auflösung des Proteins. Bei merklich geringerem NaOH-Zusatz kann Lsg. etwa in der gleichen Zeit bei 90° erreicht werden, wenn das Gemisch vorher 24–48 Std. bei Raumtemp. stehenbleibt. Abgestandene oder lange Zeit tiefgekühlte Heringe oder Salzheringe lösen sich schlechter. Die Alkalibehandlung bringt zwar eine Neutralisation der freien Fettsäuren, aber keine Fettverseifung mit sich. Das Eiweiß wird durch das Verf. teilweise chem. verändert, Aminosäuren wie auch Vitamine werden zerstört. Die Natur einer bei der Hydrolyse gebildeten, feinverteilten graubraunen M. mit einem N-Geh. von 9,7% wurde bisher nicht erkannt. (J. Sci. Food Agric. **3.** 274–78. Juni 1952. Aberdeen, Torry Research Station.) FRESENIUS. 7786

K. J. Carpenter, J. Duckworth, G. M. Ellinger und **D. H. Shrimpton,** *Der Nährwert von Eiweißkonzentraten aus dem Alkaliaufschluß von Heringen.* (Vgl. vorst. Ref.) 3 Erzeugnisse aus dem alkal. Aufschluß von Heringen werden als Futtermittel mit Heringsfischmehl, Weißfischmehl u. Erdnußmehl verglichen. Die Erzeugnisse u. die Vergleichspräpp. werden auf ihren Geh. an Feuchtigkeit, Rohprotein, Ätherextrakt, Rohfaser, Asche, Ca, P, Cl, Riboflavin (I), Pantothensäure (II), Vitamin B_{12}, Lysin, Cystin u. Methionin untersucht u. auf ihre Eignung als Ergänzung zum Körnergrundfutter für Geflügel untersucht. Die Aufschlußprodd. zeigten beträchtliche Zers. von I u. II während des Verfahrens. Verfütterung der Erzeugnisse an Geflügel ergab keine unerwünschten Aromaveränderungen beim Braten des Fleischs oder in den erhaltenen Eiern. (J. Sci. Food Agric. **3.** 278–88. Juni 1952. Bucksburn, Aberdeenshire, Rowett Research Inst.) FRESENIUS. 7786

H. Pritchard und **D. R. Wraige,** *Der Wert von Wallebermehl und Walfleischmehl als Quelle des Vitamin-B-Komplexes im Futter von Haustieren.* Wallebermehl ist reich an Riboflavin, Nicotinsäure u. Vitamin B_{12}. Ein Zusatz von 5% deckt bei der Hühnerfütterung vollauf den Bedarf an genannten B-Vitaminen. Walfleischmehl enthält ebenfalls Verbb. des Vitamin-B-Komplexes, aber bedeutend weniger als das Lebermehl, so daß sein Anteil für Hühnerfutter auf 10% heraufgesetzt werden muß. Bei Großtieren vermag es den Bedarf an Nicotinsäure u. Pyridoxin vollständig, an Riboflavin zu 60% zu decken. (J. Sci. Food Agric. **3.** 74–77. Febr. 1952. Birkenhead.) GRIMME. 7786

H. Pritchard und **D. R. Wraige,** *Die Vitamin-B-Gruppe in Weißfischmehl.* In verschied. Proben von Weißfischmehl wurden mit mikrobiol. Verff. durchschnittlich 3,2 γ/g Thiamin, 8,7 Riboflavin, 44,8 Nicotinsäure, 8,67 Pantothensäure, 6,94 Pyridoxin, 0,12 Cobalamin, 230 Inosit u. 4000 Cholin gefunden. Die Werte stimmen mit früher in der Literatur mitgeteilten annähernd überein. — 28 Literaturangaben. (J. Sci. Food Agric. **4.** 172–76. April 1953.) KRUSEN. 7786

D. J. G. Black, J. Getty, T. R. Morris und **J. Palgrave,** *Die Verwendung verschiedener Mengen Trockenmagermilch und Riboflavin als Kückenfutterzugabe.* In der zur Aufzucht von Kücken erforderlichen Beigabe von 6% Trockenmagermilch zum Grundfutter kann je 1% Magermilchpulver durch 0,5% Trockenhefe als Riboflavinquelle ersetzt werden. Fütterungsverss. ergaben, daß Herabsetzen der Magermilchgabe auf 3% ohne Beeinträchtigung von Wachstum, Gewichtszunahme u. Gesundheitszustand möglich ist. Eine weitere Erniedrigung führt zu Wachstumsverzögerung u. erhöhtem Sterblichkeitsanfall. (J. Sci. Food Agric. **3.** 551–55. Nov. 1952. Reading, Univ., Dep. of Agriculture.) GRIMME. 7786

David B. Hand, W. B. Robinson, Theodore Wishnetsky und **J. R. Ransford,** *Anwendung der Farbmessung zur Bestimmung der Lebensmittelqualität.* Grundlagen u. Methoden der Reflektionsfarbmessung von Lebensmitteln mit Beispielen. (J. agric. Food Chem. **1.** 1209—12. 23/12. 1953. Geneva, N. Y., New York State Agric. Exp. Stat.) KRUSEN. 7788

Maria E. Stas und **Anna M. Rohof,** *Die Bestimmung von Fett in Lecithin enthaltenden Stoffen.* Die zur Fettbest. in Proteinen enthaltenden Nahrungsmitteln ausgeführte Zers. mit HCl führt in Ggw. von Lecithin zu falschen Werten, weil sich dieses beim Kochen zers., so daß nur die Fettsäuren, nicht aber Glycerin, Phosphorsäure u. Cholin erfaßt werden, die in die wss. Schicht übergehen. Richtige Werte erhält man, wenn man die zu untersuchenden Stoffe mit Sand mischt u. A. zufügt, der das Protein fällt, so daß es im Sand zerrieben werden kann, bei 102—105° trocknet, mit Chlf. extrahiert u. den Trockenrückstand wägt. (Chem. Weekbl. **50.** 372—73. 22/5. 1954. Utrecht, Rijks Inst. voor de Volksgezondheid.) WESLY. 7788

H. Hadorn, *Kritische Betrachtungen zur Bestimmung der Zuckerarten in Honig.* Es wurde festgestellt, daß die Meth. VON FELLENBERG angenähert richtige Werte für den Geh. von Honig (**I**) an Saccharose u. Melezitose liefert. Die biochem. Methoden von VAN VOORST zur Best. von Melezitose u. Dextrinen führten bisher zu keinen zuverlässigen Werten, weil im **I** vorhandene, noch nicht identifizierte Zuckerarten stören. Hinweis darauf, daß die im Schweizer. Lebensmittelbuch für die Best. von Zuckern in **I** angegebenen Methoden nur konventionellen Charakter haben u. keinen verläßlichen Anhalt für den wirklichen Saccharose- u. Dextringeh. liefern. (Mitt. Gebiete LebensmitteluntERS. Hyg. [Bern] **43.** 353—57. 1952. Basel, Laboratorium VSK.) WINIKER. 7812

Harold A. Swenson, Thomas H. Schultz und **Harry S. Owens,** *Anwendung der Intrinsicviscosität zur Bewertung von Pektin.* Verschied. Möglichkeiten zur Messung der mechan. Eigg. von Pektingelees werden in ihren Ergebnissen verglichen u. die Beziehungen zur Intrinsicviscosität ermittelt. (J. agric. Food Chem. **1.** 616—20. 22/7. 1953. Albany, Calif., Western Regional Research Lab.) FRESENIUS. 7814

J. Terrier, *Die Natur des in grünem Kaffee enthaltenen Zuckers und seine Bestimmung.* Das einzige Kohlenhydrat, das mit Sicherheit in grünem Kaffee nachgewiesen werden konnte, war Saccharose (**I**). Zur Best. entwickelte Vf. eine Meth., die auf der Extraktion von **I** mit 60%ig. A. beruht. (Mitt. Gebiete Lebensmitteluntters. Hyg. [Bern] **43.** 307—14. 1952. Genève, Laboratoire cantonal.) WINIKER. 7828

J. Terrier, *Die Bestimmung von zu pulverförmigen Kaffee-Extrakten zugesetzten Kohlenhydraten.* Ausgehend von der Annahme, daß Kohlenhydratzusätze zu Kaffee-Extrakten aus techn. Glucose (**I**) bestehen, beschreibt Vf. eine Meth. zur Best. der **I** in Kaffee-Extrakten, die auf der Verschiedenheit der Löslichkeit von **II**, Maltose u. eines Teils des Dextrins in Methanol beruht. Ferner wird eine einfache Meth. zur annähernden Orientierung über den Gesamtgeh. an Kohlenhydraten mitgeteilt. (Mitt. Gebiete Lebensmitteluntters. Hyg. [Bern] **43.** 323—34. 1952. Genève, Laboratoire cantonal.) WINIKER. 7828

Hans Streuli und **Marianne Stesel,** *Über das Klären bei Zuckerbestimmungen in Schokolade.* Vff. verglichen verschied. für Schokolade gebräuchliche Klärmittel, nämlich bas. u. neutrales Pb-Acetat (**I**), SOMOGYI-Reagens (**II**) u. CARREZ-Reagens (**III**). Bzgl. **II** werden Klärlsgg. folgender Konzz. empfohlen: SOMOGYI-Lsg. I = wss. $Ba(OH)_2$ ca. 0,35 n; SOMOGYI-Lsg. II = wss. $ZnSO_4$-Lsg. mit 300,0 g $ZnSO_4 \cdot 7 H_2O$ pro Liter. **II** liefert ein farbloses Filtrat u. bringt wenig Fremdionen in Lsg., demgegenüber besitzt **III** den Vorteil einer einfacheren Aufbewahrung u. Handhabung u. kann zudem in tieferen p_H-Bereichen verwendet werden als **II.** In Fällen einer schwach sauren Klärung ist also **III** anzuwenden. Bas. u. neutrales **I** schleppen ebenso wie **III** puffernde Fremdionen in die Zuckerlsg. ein, was zu Verfälschungen der Analysenresultate führen kann. Vff. weisen auf die Möglichkeit hin, durch Mischen von Lsgg. von bas. u. neutralem **I** zu einer Klärlsg. zu gelangen, die gewisse Vorzüge des **II** (gute Klärung u. Entfärbung) aufweist, ohne seine Nachteile (Fällung reduzierender Zucker) zu haben. (Mitt. Gebiete Lebensmitteluntters. Hyg. [Bern] **43.** 417—44. 1952. Kilchberg ZH, Lindt & Sprüngli A.G., Labor.) WINIKER. 7832

K. W. Gerritsma und **J. Willems,** *Schnellbestimmung von Natriumchlorid in eiweißhaltigen Nahrungsmitteln.* 2. Mitt. Gemäß der früher (vgl. C. **1951.** I. 1396) angegebenen Arbeitsweise werden als Schäumungsdämpfer 200 cm^3 Amylalkohol (**I**) enthaltender A. angewandt. Statt dessen werden 3 cm^3 **I** zugesetzt. Beide Verff. zeigen untereinander u. im Vgl. mit dem Veraschungsverf. gute Übereinstimmung. (Chem. Weekbl. **50.** 271—72. 10/4. 1954. Utrecht, Centr. Inst. voor Voedingsonderzoek, T. N. O.) WESLY. 7852

Christian Dumazert und **Mireill Bozzi-Tichadou,** *Über die Bestimmung des Caseins in Kuhmilch.* Vff. vgl. verschied. Methoden der Best. von Casein (**I**) in Kuhmilch miteinander, die auf folgenden Arbeitsverff. beruhen: 1. Fällung von **I** beim isoelektr. Punkt in Ggw. von Acetat-Essigsäure, 2. Koagulation mittels Lab, 3. Spezif. Erfassung des **I** mittels KH_2PO_4- u. K_2HPO_4-Lsgg., 4. Originalmeth. der Vff.: Fällung mit $CdSO_4$ in alkal. Lsg., Behandlung des Nd. mit H_2SO_4, wobei sich $Cd(OH)_2$ u. Milchalbumin lösen, während **I** ungelöst bleibt. Dieses wird mit Na_2CO_3-Lsg. aufgenommen u. durch Biuret-Rk. ein Farbton erzeugt, der photometr. ausgemessen wird (Filter: $\lambda = 540\ \mu$). Auswertung erfolgt an Hand einer Eichkurve. Die Resultate stimmen mit den nach 3. erhaltenen gut überein u. liegen etwas niedriger als die nach 2. ermittelten, während das Verf. nach 1. deutlich höher liegende Werte liefert. Die Meth. der Vff. erlaubt schnelles u. genaues Arbeiten, ist jedoch — dies wird hervorgehoben — für die Best. von **I** in Frauenmilch nicht geeignet. (C. R. Séances Soc. Biol. Filiales **146.** 468 bis 469. März 1952. Marseille, Lab. de Chimie biol. de la Faculté de Méd. et de Pharm.) WOLLER. 7856

Georg Roeder, *Vereinfachung der Coli-Bestimmung für den praktischen Gebrauch.* Bericht über Verss. zur Vereinfachung der Coli-Best. in Milch. (Molkerei- u. Käserei-Ztg. **3.** 1496—97. 27/11. 1563—65. 18/12. 1952. Gießen, Justus-Liebig-Hochschule.) WINIKER. 7856

M. E. Schulz, *Der Eiweißtiter der Milch.* 25 cm^3 Milch (**I**) werden mit 0,25 cm^3 2%ig. Phenolphthaleinlsg. (in benzinvergälltem A.) u. 1 cm^3 gesätt. K-Oxalatlsg. versetzt u. nach frühestens 2 Min. mit einer 0,143 n CO_2-freien Natronlauge bis zu einem bestimmten Rosafarbton neutralisiert. Zu seiner Erkennung wird eine Vergleichslsg. aus 25 cm^3 **I**, 1 cm^3 0,0005%ig. wss. Fuchsinlsg. u. 1 cm^3 gesätt. K-Oxalatlsg. benutzt. Dann werden 5 cm^3 40%ig. Formalin zugegeben. Nach mindestens 1 Min. Einwirkungszeit wird erneut bis zum Farbton der Vergleichslsg. titriert. Die zuletzt verbrauchten cm^3 Lauge stellen den Eiweißtiter dar, der für n. Misch-**I** dem Gesamteiweißgeh. in % entspricht. Ausführliche Diskussion der Meth. u. ihrer Bedeutung für die Molkereipraxis. (Molkerei- u. Käserei-Ztg. **3.** 1412—15. 6/11. 1952. Kiel, Bundes-Versuchs- u. Forschungsanst. für Milchwirtschaft, Chem. Inst.) WINIKER. 7856

H. Hänni, *Eine allgemein anwendbare Methode zur Bestimmung von Kupfer und Eisen in Milch und Milchprodukten.* Beschreibung einer Meth. zur Best. kleiner *Cu*- u. *Fe*-Mengen in Milch u. Milcherzeugnissen, bei dem die störenden Begleitstoffe Fett, Eiweiß u. Kohlenhydrate durch nasse Veraschung mit H_2SO_4–HNO_3 beseitigt werden, wofür ein besonderer App. konstruiert wurde. Die eigentliche Best. der genannten Metalle erfolgt colorimetrisch. (Mitt. Gebiete Lebensmittelunters. Hyg. **43.** 357—69. 1952. Liebfeld-Bern, Eidg. Milchwirtschaftl. u. Bakteriol. Anst.) WINIKER. 7856

Karl Baur, *Messung der Schnittfestigkeit von Butter.* Beschreibung einer vom Vf. entwickelten Modifikation der MOHRschen App. zur Messung der Schnittfestigkeit von Butter. — 2 Abbildungen. (Molkerei- u. Käserei-Ztg. **4.** 1004—06. 16/7. 1953. Malente, MLUA.) WINIKER. 7858

Jean Mayor, Schweiz, *Konservieren von Vegetabilien,* z. B. Früchten, Gemüsen, Blumen. Man behandelt sie mit zirkulierender Luft, welche vorher eine mit H_2SO_4 angesäuerte $KMnO_4$-Lsg. passiert hat. Ferner leitet man die Luft zur Entfernung der CO_2 durch eine alkal. Lsg. (z. B. NaOH-Lsg.). Zur Aufrechterhaltung eines gewissen Feuchtigkeitsgrades bringt man sie in Kontakt mit einer Wasserdampf abgebenden Oberfläche, zur Senkung der Temp. mit einer Kältequelle. Um die Reifung von Früchten zu beschleunigen, erhöht man die Lufttemperatur. (**F. P. 1 043 268** vom 21/9. 1951, ausg. 9/11. 1953. Schwz. Prior. 25/9. 1950.) OPPERMANN. 7691

Pierre Louis Numa Herbinet und **John Armand Charles Alexandre Hoveman,** Seine, Frankreich, *Räuchern von Lebensmitteln.* Der das natürliche Räuchermittel ersetzende Stoff wird in die Lebensmittel eingespritzt oder ist einem die Lebensmittel umhüllenden Überzug aus Alkalisilicat, Algin, Alginat, Watte oder Torf als Fl. oder Pulver zugesetzt. Der Überzug wird mit Kautschuk durch unmittelbares Ausfällen von Latex bes. unter N_2 oder CO_2 beschichtet. Das Lebensmittel kann auch in mit dem Ersatzstoff getränkten Kochsalz, Sägemehl oder Papier eingebettet werden oder mit dem Stoff eingerieben werden. (**F. P. 57 651** vom 26/1. 1943, ausg. 4/5. 1953. **Zusatz zu F. P. 974 090; C 1953. 5595.**) B. SCHMIDT. 7753

Joh. Ludwig und **Gottfried Morgenstern,** *Nachweis der Hocherhitzung von Milch* u. Milchprodd., wobei diesen Phenolverbb., z. B. Phenolphthalein, u. ein O_2-Träger, wie H_2O_2, zugesetzt werden. Bei nicht genügender Erhitzung erfolgt Farbumschlag nach Rot, während im anderen Falle die Milchprobe farblos bleibt. (**D. P. [DDR] 2 635** Kl. 42 l vom 28/2. 1951, ausg. 1/4. 1953 [Wirtschaftspatent].) WITTHOLZ. 7857

XVII. Fette. Seifen. Wasch- u. Reinigungsmittel. Wachse. Bohnermassen usw.

L. P. Bessubow, B. A. Wolnowa und **G. B. Rawitsch,** *Die Gewinnung von technischem, nicht gepreßtem Öl und seine physikalischen Eigenschaften.* Da die eutekt. Gemische von *Öl-* (**I**), *Stearin-* (**II**) u. *Palmitinsäure* (**III**) ca. 97% Ölsäure enthalten, bringt Vf. ein abgewandeltes Dreistoffsyst., in dem nur **I** mit 100% vorkommt, während **II** u. **III** mit 20% im Höchstwert vertreten sind. Um ein Öl mit JZZ. von 80—90 zu erhalten, wurden dest. *Naphthensäuren* (**IV**) zugesetzt. Verwendet wurde die Fraktion im Siedeintervall von 130—230°, die E. ca. 0°, JZ. 2—5 u. Neutralisationszahl 210—230 hat. 45% Corianderöl-Säure, 40% Rapsölsäure u. 15% dest. **IV** ergaben ein Prod. mit folgenden Daten: E. 5—9°; JZ. 86—90; SZ. 190—193. Alle Prodd. wurden durch Studium der Abkühlungskurven u. mkr. Aufnahmen charakterisiert. Die Kristallisationstempp. der **I** erfuhren eine wesentliche Herabsetzung durch Zusatz von *Erucasäure* u. *Petroselinsäure.* (Маслобойно — Жировая Промышленность [Öl- u. Fett-Ind.] **18.** Nr. 1. 11—15. Jan. 1953. Kasan, Fettkombinat u. Inst. für allg. u. angew. Chem. der Akad. der Wiss. der UdSSR.) KÜSTER. 7894

John Seaman, *Synthetische Fette, Seifen und verwandte Produkte.* 1. Mitt. *Entwicklung und Möglichkeiten.* Besprochen werden die wirtschaftlichen Faktoren, der augenblickliche industrielle Stand, technolog. Momente, Wechselbeziehung u. Vgll. der Arbeitsprozesse. (Chem. Process Engng. **35.** 165—68. 175. Juni 1954.) BOYE. 7902

E. Benk, *Citronensaftseife.* Citronensaft, der 4—8,5% Citronensäure enthält, ist als Bestandteil von alkal. fettsauren Seifen unmöglich; dagegen können die nichtalkal., sogenannten synthet. Waschmittel Citronensaft enthalten. Bei der Unters. einer solchen Seife konnten nur Spuren von Na-Citrat bei einem p_H-Wert von 8,7 festgestellt werden. Auch wird das Vitamin C, mit welchem gegebenenfalls eine entquellende Wrkg. auf die Haut erzielt werden soll, in alkal. Medium zerstört. (Seifen-Öle-Fette-Wachse **79.** 426. 5/8. 1953.) SCHOENMANN. 7910

F. N. Baumgartner, *Beziehung zwischen Molekularstruktur und Waschmittelwirkung von einigen Alkylbenzolsulfonaten.* Vf. untersucht die Abhängigkeit der Waschmittelwrkg. (genaue Angaben über die experimentelle Best. gemacht), der oberflächenspannungserniedrigenden Wrkg. u. der Netzkraft von 11 Alkylbenzolsulfonaten mit gerader Kette von der Konst. u. findet, daß maximale Reinigungswrkg. vorliegt, wenn die Phenylgruppe sich in 3-Stellung befindet; die Abhängigkeit vom Mol.-Gew. wirkt sich bes. bei hartem W. (720 PPM) aus, hier ist das 3-Phenylundecanderiv. dem -dodecan u. -tridecan überlegen. Es wird ferner untersucht der Einfl. von zugesetztem Na_2SO_4 auf die Reinigungswrkg. u. die Temperaturabhängigkeit. Im Gegensatz zur Reinigungswrkg. werden Netzkraft u. oberflächenspannungserniedrigende Wrkg. gesteigert, wenn sich die Phenylgruppe in der Mitte der Alkylkette befindet.

V e r s u c h e: Die Darst. der n-Alkylbenzole erfolgte aus den entsprechenden Ketonen durch modifizierte CLEMMENSEN-Red., die der sek.-Alkylbenzole aus den Ketonen über das tert. Carbinol u. Red. mit P/HJ, die Sulfonierung wurde durchgeführt mit SO_3 in fl. SO_2 ohne Trennung der entstandenen Isomeren. — *1-Phenyldecan,* $Kp._{2,5}$ 131°, n_D^{20} 1,4881. — *3-Phenyldecan,* $Kp._{0,2}$ 101°, n_D^{20} 1,4861. — *4-Phenylundecan,* $Kp._{0,25}$ 105°, n_D^{20} 1,4859. — *1-Phenyldodecan,* $Kp._{1,8}$ 134°, n_D^{20} 1,4835. — *2-Phenyldodecan,* $Kp._{2,5}$ 151°, n_D^{20} 1,4819. — *3-Phenyldodecan,* $Kp._{2,0}$ 122°, n_D^{20} 1,4872. — *4-Phenyldodecan,* $Kp._{3,0}$ 121°, n_D^{20} 1,4886 — *5-Phenyldodecan,* $Kp._{0,8}$ 108°, n_D^{20} 1,4863. — *6-Phenyldodecan,* $Kp._{2,6}$ 140°, n_D^{20} 1,4895. — *3-Phenyltridecan,* $Kp._{0,3}$ 133°, n_D^{20} 1,4868. — *4-Phenyltridecan,* $Kp._{0,3}$ 127°, n_D^{20} 1,4820. (Ind. Eng. Chem. **46.** 1349—52. Juni 1954. Linden, N. J., Standard Oil Developm. Co., Esso Labor.) G. WINKLER. 7912

A. J. Stirton, J. K. Weil, Anna A. Stawitzke und **S. James,** *Synthetische Reinigungsmittel aus tierischen Fetten. Di-Natrium-α-sulfopalmitat und Natriumoleylsulfat.* Darst. von *Di-Na-α-sulfopalmitat* (**I**): 1,6 Mol. stabilisiertes fl. SO_3 wurde während 15 Min. unter Rühren zu 1 Mol Palmitinsäure (Handelsprod., 2 mal aus Aceton bei 0° krist.), gelöst in 1300 cm³ Tetrachloräthylen, bei 15° getropft. Nach Erhitzen auf 60° wurde gekühlt, in W. gegeben, neutralisiert u. filtriert. Aus heißem W. weiße Kristalle von **I**, $C_{16}H_{30}Na_2O_5S$ (83% Ausbeute), 8,21% S (ber. 8,43). — Darst. von *Na-α-sulfopalmitinsäure* (**II**): Erhitzen von **I** mit Überschuß verd. H_2SO_4. Weiße Kristalle aus heißem W. oder A. (75%). Darst. der n-Butyl- u. Amylester in geringer Ausbeute durch azeotrope Entfernung aus einem Syst. von **II**, Überschuß A. u. Xylol, sowie einem Katalysator (β-Naphthalinsulfonsäure). Darst. des Triäthanolammoniumsalzes in wss. Lsg. durch Neutralisation von **II** mit Triäthanolamin. Darst. von *α-Sulfolaurin* (**III**)-, *-myristin* (**IV**)- u. *-stearin* (**V**)*-säure* sowie ihrer Mono- u. Di-Na-Salze analog **I** u. **II**. Mono-Na-Salz von **III**, $C_{10}H_{21}CH(SO_3Na)COOH$, 10,51% S ber. 10,60). Di-Na-Salz von **III**, $C_{10}H_{21}CH(SO_3Na)COONa$, 10,02% S (9,89). Mono-Na-Salz von **IV**, $C_{12}H_{25}CH(SO_3Na)COOH$, 9,39% S (9,70). Di-Na-Salz von **IV**, $C_{12}H_{25}\cdot CH(SO_3Na)COONa$, 8,97% S (9,10). Mono-Na-Salz von **V**, $C_{16}H_{33}CH(SO_3Na)COOH$, 8,10% S (8,30). Di-Na-Salz von **V**, $C_{16}H_{33}CH(SO_3Na)COONa$, 7,85% S (7,85). — Darst. von *Na-Oleylsulfat* (**VI**): 2 Mol Pyridin–SO_3 u. 1,7 Mol Oleylalkohol wurden 1 Std. durchmischt u. die M. wurde in 2700 cm^3 Butanol (**VII**) u. 450 cm^3 W. gelöst u. alkal. gemacht. Die **VII**-Schicht wurde nach der Trocknung heiß filtriert. Nach Zugabe gleicher Menge **VII** wurde auf 5° gekühlt u. **VI** abgetrennt (70% Ausbeute): $C_{18}H_{35}NaO_4S$, JZ. 67,5 (ber. 68,5), 6,38% Na (6,21), 8,67% S (ber. 8,65). Zum Vgl. wurden dargestellt: Na-dodecyl-, -tetradecyl-, -hexadecyl- u. octadecylsulfat. Darst.: Langsame Zugabe von 10% Überschuß von Chlorsulfonsäure unter Rühren zum Gemisch des betreffenden Alkohols (im Vakuum dest. u. bei niederer Temp. aus Aceton krist.) mit der 2fachen Menge von Chlf. bei 5—15°. Nach 1 Std. Rühren Zugabe von **VII** u. Eis, Neutralisieren, Auskristallisieren der Sulfate aus der trockenen **VII**-Schicht. Von den Prodd. wurden die Löslichkeit, Oberflächenspannung, Benetzungseigg., Schaumhöhe u. Reinigungskraft untersucht. (J. Amer. Oil Chemists' Soc. **29**. 198—201. Mai 1952. Philadelphia, Pa., Eastern Reg. Res. Lab.) BOYE. 7912

C. L. Mehltretter, M. S. Furry, R. L. Mellies und **J. C. Rankin,** *Oberflächenbehandlungs- und Reinigungsmittel aus N-Alkyl-d-gluconamidsulfaten.* Darst. von *N-2-Äthylhexyl-d-gluconamid* (**I**): Zu 0,18 Mol 2-Äthylhexylamin in 250 cm^3 heißem Methanol wurden 0,18 Mol d-Glucon-δ-lacton gegeben, 30 Min. am Rückfluß erhitzt u. erkalten lassen. Aus A. wurden bei 95% Ausbeute weiße Kristalle (F. 117—118°) erhalten. Analoge Darst. von N-R-d-Gluconamiden, R = Octyl (F. 156—157°), Nonyl (F. 131 bis 133°), Decyl (F. 153—154°), Hexadecyl (F. 145—147°), Octadecyl (F. 144—146°). Ausbeuten zwischen 83 u. 96%. Darst. von **I**-Na-Sulfat (**II**): Zugabe einer Lsg. von 0,6 Mol Chlorsulfonsäure in 20 cm^3 Methylenchlorid (**III**) unter Rühren u. Rückfluß zu einer Suspension von 0,6 Mol **I** in 200 cm^3 **III**. Nach Entfernen von **III** u. HCl wurde der weiße Rückstand in A. gelöst, neutralisiert u. ergab im Vakuum zur Trockne eingedampft **II**. Nach dieser Meth. wurden dargestellt die N-R-d-gluconamid-Na-Sulfate. R=n-Octyl, Nonyl, Decyl, Dodecyl, Tetradecyl, Hexadecyl, Octadecyl. Mit den Prodd. wurden Reinigungsverss. durchgeführt. (J. Amer. Oil Chemists' Soc. **29**. 202—07. Mai 1952. Peoria, Ill., Res. Lab., Northern Reg.) BOYE. 7912

H. Beduneau, *Derivate der Phosphorsäure und ihre Verwendung bei der Herstellung von Waschmitteln für Geschirr.* Besprochen wird u. a. die Herst. von Na-Polyphosphaten, Tri-Natriumphosphat u. Tetra-Na-Pyrophosphat. (Rev. Produits chim. **55**. 445—48. 31/12. 1952.) BOYE. 7912

Kurt Lindner, *Die Bedeutung der optischen Aufheller für die Herstellung von Wasch- und Spülmitteln.* Opt. Aufheller als direktziehende (Fluorescenz-) Farbstoffe (sollen mindestens 4 konjugierte Doppelbindungen im Mol. enthalten, z. B. Benzidine, Diimidazole, Diphenylimidazole) besitzen die Eigenheit, die dem Auge unsichtbaren UV-Strahlen in längerwellige sichtbare u. wiederausstrahlende Lichtenergie umzuwandeln. Durch die scheinbare Vermehrung des Lichteffektes erscheinen ungefärbte Textilfasern „weißer", zarte Farben leuchtender, Vergilbungen können kompensiert werden. Bei Mitverwendung in Waschmitteln tritt eine optimale Fluorescenzwrkg. ein, wenn durch die Komponenten des Waschmittels so viel Aufheller von der Faser abgewaschen wird, wie durch den neuen Waschprozeß frisch aufzieht. Sie können im Spül- oder Heißwaschprozeß eingesetzt werden, wodurch der Anteil an Aktivsauerstoff abgebenden Verbb. im Waschmittel u. somit Sauerstoffschäden (Depolymerisationen von Regeneratcellulosen) red. werden können. Allg. lassen sich aus Waschverss. mit opt. Weißtönern (Betiol) folgende Aussagen machen: Die Menge, die vom Waschgut aufgenommen wird, hängt von der Struktur u. Oberfläche des Gewebes ab, weiterhin von der Waschmethode. Der eigentliche Wasch- u. Bleichprozeß wird nicht beeinflußt. Die Best. der Fluorescenzstrahlung erfolgt mit einem lichtelektr. Fluorometer. (Seifen—Öle—Fette—Wachse **79**. 412—13. 5/8. 438—41. 19/8. 1953.) SCHOENMANN. 7912

H. J. Lips, *Schwefelbestimmung von kanadischen Erucasäure-Ölen.* 5—10 cm^3 Öl werden in einem 50 cm^3-Kolben eingewogen, 25 cm^3 eines Gemisches aus 7 Teilen Eisessig + 3 Teilen 90%ig. H_2O_2 zugefügt, über Nacht zur Dispergierung gerührt u. mit Isopropyläther zur Marke aufgefüllt. Ein aliquoter Teil (1—10 cm^3) wird in einem 30 cm^3-Ni-Tiegel, der 3 g zerkleinertes NaOH enthält, pipettiert, mit 2 g MgO versetzt der Tiegel in einen kalten Muffelofen gestellt, dessen Temp. innerhalb 1 Std. auf 750° gebracht u. 2 Std. dabei belassen. Dann wird abgekühlt, in einen 400 cm^3-Becher mit Glasdeckel übergeführt, mit 200° n HCl versetzt, zum Lösen leicht erhitzt, durch WHATMAN No. 40 in einen 200 cm^3-Kolben filtriert (Becher u. Tiegel mit n/10 HCl nachgespült), bis zur Marke aufgefüllt u. nach Zugabe von $BaCl_2$ der S turbidimetr. bestimmt. — S-Verbb., wie Allylisothiocyanat, Allylsulfid, Allylthioharnstoff, CS_2, Cystin, Sulfanilsäure, Thiophen, Thioharnstoff, lassen sich so zu 96—100% nachweisen; der Nachw. von Sulfonen ergibt, wie auch bei anderen Verff., zu niedrige Werte (80—95%). — Die untersuchten Rohöle (Farn, Raps, Senf) zeigten einen S-Geh. von unter 0,001%, alkaliraffinierte u. gebleichte Öle gar keinen. (Canad. J. Technol. **30.** 61—62. Febr./März 1952. Canadian Committee on Food Preservation.) FRÜHWALD. 7932

Socony-Vacuum Oil Co., Inc., übert. von: **Alfred W. Francis,** Woodbury, N. J., V. St. A., *Wiedergewinnen von Lösungsmitteln.* Bei der extraktiven Fraktionierung von vegetabil., tier. oder Mineralölen verwendete hochsd. Lösungsmittel (**I**) lassen sich ohne Zers. oder Polymerisation mit fl. CO_2 wiedergewinnen, indem man die erhaltenen I-haltigen Fraktionen mit dieser extrahiert. Voraussetzung für das Verf. ist, daß die **I** mit CO_2 mischbar sind u. keine festen Verbb. bilden. — Zeichnung u. Diagramme. (**A. P. 2 646 387** vom 17/5. 1950, ausg. 21/7. 1953.) LÜTTGEN. 7873

Aktiebolaget Separator, Stockholm, Schweden, *Raffinieren fetter Öle.* Man raffiniert mit Lauge, die 30—150% Carbonat enthält. — Diagramm. (**E. P. 705 455** vom 8/2. 1952, ausg. 10/3. 1954. Schwed. Prior. 12/2. 1951.) LÜTTGEN. 7875

Aktiebolaget Separator, Stockholm, Schweden, *Kontinuierliche Raffination fetter Öle.* Die Raffination wird in 2 Stufen mit Alkali ausgeführt, wobei nach Abtrennen des gebildeten Seifenstocks der 1. Stufe in der 2. Stufe gleichzeitig gedämpft wird. — Zeichnung. (**E. P. 705 041** vom 21/5. 1952, ausg. 3/3. 1954. Schwed. Prior. 20/6. 1951.) LÜTTGEN. 7875

Michel Joseph Julien Péquignot, Seine, Frankreich, *Extraktion eines Palmöls mit hohem Carotingehalt.* Ein Palmöl mit ca. dem vierfachen Carotingeh. gegenüber dem üblichen Palmöl gewinnt man durch Zentrifugieren von aussortierten reifsten Früchten von Elaeis Guineensis in der Kälte. Die so teilweise entölten Früchte sowie die übrigen Früchte werden auf übliche Weise extrahiert. — Zeichnung. (**F. P. 1 043 117** vom 19/6. 1951, ausg. 6/11. 1953.) OPPERMANN. 7895

Baker Castor Oil Co., New York, N. Y., V. St. A., *Kontinuierliches Extraktionsverfahren für Ricinussaat.* Man zerkleinert die Saat in Ggw. eines Lösungsm., bes. eines Gemisches aus C_7H_{16}, C_8H_{18}, C_9H_{20}, bringt die Proteine durch Erhitzen in eine nichtgelatinöse Form, trennt die Miscella ab, kühlt diese u. trennt die untere, zu 50% aus Öl bestehende Schicht von der oberen Schicht. — Zeichnung. (**E. P. 703 708** vom 28/3. 1951, ausg. 10/2. 1954. **2** A. Priorr. 18/4. 1950.) LÜTTGEN. 7895

Pacific Mills Corp., Lawrence, Mass., V. St. A., *Wollfettgewinnung aus Wollwaschwässern.* Das bei Verwendung von anion. Waschmitteln erhaltene Abwasser wird zum Sd. erhitzt u. mit einem ionisierbaren Alkalisalz einer anorgan. oder organ. Säure (bis 3 C-Atome), bes. NaCl, versetzt, bis die Emulsion bricht, worauf das Wollfett abzentrifugiert wird. (**E. P. 700 215** vom 27/8. 1951, ausg. 25/11. 1953. A. Prior. 29/8. 1950.) MÖLLERING. 7897

Aktiebolaget Separator, Schweden, *Gewinnung von Ölen aus vegetabilischem oder tierischem Material,* z. B. Fisch- u. Wallebern, Oliven. Man führt das Material zuerst auf mechan. Wege in eine breiige, viscose M. u. dann in eine fl. instabile W.-Ölemulsion über. Das Öl wird vom W. durch Sedimentation oder Zentrifugieren oder durch eine Kombination beider Verff. getrennt. Zur Zerstörung der Pflanzen oder tier. Zellen behandelt man das Ausgangsmaterial während oder nach der Zerkleinerung mit Wasserdampf. — Vorrichtung. (**F. P. 1 043 044** vom 30/5. 1951, ausg. 5/11. 1953. Schwed. Priorr. 30/5. u. 14/6. 1950.) OPPERMANN. 7899

N. V. Vereenigde Stearine Kaarsenfabrieken „Gouda-Apollo", Holland, *Fraktionierung von Fettsäuregemischen.* Sie erfolgt dadurch, daß man eine feste Fettsäuremasse, welche man durch Erstarren von geschmolzenen Fettsäuren erhalten hat, mit einem Lösungsm. wäscht u. danach auf bekannte Weise (z. B. Filtrieren, Zentrifugieren) die festen Fettsäuren aus der Mutterlauge abscheidet. Z. B. rührt man 1 Std. bei 15° 200 (Gewichtsteile) durch Spaltung eines vollständig hydrierten Leinöls erhaltene Fettsäuren mit 600 Bzn. (Kp. 100—140°). Nach Filtrieren u. Waschen mit 30 Bzn. erhält man eine prakt. geruchlose Handelsstearinsäure, deren Färbung beträchtlich heller als die des Ausgangsprod. ist. Das Ausgangsprod. besitzt folgende Konstanten: E. 65,9°, JZ. 1,16, Unverseifbares 0,5%, das Endprod.: E. 68°, JZ. 0,21, Unverseifbares 0,16%, Ausbeute 80%. Ferner werden angegeben: Rohprod.: Fettsäuren aus völlig hydriertem Palmöl, E. 55,5°, JZ. 0,67 (Lösungsm. Dichloräthan, Behandlungstemp. 18°). Mittelwerte der bei 6 Behandlungen erhaltenen Prodd. E. 55,8°, JZ. 0,19, Ausbeute 95,5%. Durch Abdest. des Lösungsm. gewinnt man aus der Mutterlauge noch 50 Gewichtsteile

Fettsäuren mit E. 49,8, JZ. 11. Rohprod.: Fettsäuren aus dreimal ausgepreßtem Stearin von hoher Qualität, E. 55,6°, JZ. 2,46 [Lösungsm. Bzn. (Kp. 100–140°), Behandlungstemp. 18°], Mittelwerte der bei 5 Behandlungen erhaltenen Prodd. E. 56,1, JZ. 1,52, Ausbeute 94,5%. Rohprod. einmal warm abgepreßtes Rohstearin E. 52,6°, JZ. 12,6 (Lösungsm. u. Temp. wie vorher), Mittelwerte der bei 10 Behandlungen erhaltenen Prodd. E. 54,8°, JZ. 3,8, Ausbeute 92,2%. Das Mengenverhältnis bei obigen 4 Fraktionierungen ist in allen Fällen Lösungsm./Fettsäuren wie 3/1. Rohprod.: 2–3 cm große Stücke von einmal kalt abgepreßten Fettsäuren (Lösungsm. Bzn., Behandlungstemp. 18°, Verhältnis von Lösungsm./Fettsäure wie vorher). Die Stücke zerfallen zu Pulver, die Filtration verläuft normal. Das Ausgangsprod. hat die Konstanten E. 50,1°, JZ. 23,9, die bei drei Behandlungen erhaltenen Prodd. die Konstanten E. 53,6, JZ. 9, Ausbeute 63,8 (Mittelwerte). (**F. P. 1 084 363** vom 23/3. 1951, ausg. 22/7. 1953. Holl. Prior. 23/3. 1950.) OPPERMANN. 7909

Produits Chimiques du Sidobre, Tarn, Frankreich, *Herstellung von höheren Fettalkoholen aus Fetten und Ölen von Meerestieren.* Man verwendet zur Spaltung der in den Ölen u. Fetten enthaltenen Ester von Fettalkoholen Lsgg. von KOH oder NaOH in höheren gesätt. oder ungesätt. Alkoholen mit geraden oder verzweigten Ketten, welche eine Länge von mindestens 6 C-Atomen besitzen (z. B. n-Hexyl-, n-Octyl-, Isooctylalkohol). Z. B. erhitzt man 7 Std. ein Gemisch von 500 (Teilen) Spermacetiöl, 70 fester NaOH u. 350 n-Octylalkohol. Durch Dest. bei vermindertem Druck erhält man neben 335 Octylalkohol 215 *Hexadecenylalkohol* u. 315 *Oleinseife.* Auf analoge Weise kann man aus Öl vom Pottwal *Cetyl-* u. *Oleylalkohol,* aus Walrat Cetylalkohol u. als Rückstand *Na-Palmitat* gewinnen. Dieses Verf. verläuft im Gegensatz zu den bekannten Verff., bei welchen die Esterspaltung mit einem sauren, alkal. oder erdalkal. Mittel oder einem Mittel vom Typ der Alkylarylsulfonate erfolgt, bei n. Druck u. mit gleicher oder sogar höherer Geschwindigkeit. (**F. P. 1 040 468** vom 10/8. 1951, ausg. 15/10. 1953.) OPPERMANN. 7909

Soc. An. d'Innovations Chimiques, Sinnova où Sadic, Frankreich, *Seifen.* Sie bestehen aus einer oberflächenakt. Substanz (z. B. Na-Dodecylbenzolsulfonat, „Sipons", „Lamepon"), einem synthet. Harz (z. B. CH_2O-Harnstoffharz), einer Seife (z. B. Cocosfettseife) u. etwas Glycerin. (**F. P. 998 810** vom 14/10. 1949, ausg. 23/1. 1952.) OPPERMANN. 7911

Di-Mo, Frankreich, *Wasch- und Reinigungsmittel,* bes. für die Körperpflege. — Zur Herst. geht man aus von einer Seife aus 30–60 (g) Talg, 3–15 gebleichtem Naturharz, 15–35 NaOH (36° Bé), 600–850 W., 50–120 Vaselinöl u. 30–100 Stearinsäure. Der Seife wird ein Emulgierungsmittel, z. B. ein Gemisch von NH_3 u. Triäthanolamin, u. ein kaust. Reinigungsmittel in Form eines Gemisches aus 2–10 (g) Na_2CO_3, 60–180 $CaCO_3$ u. 1–15 Triäthanolamin zugegeben. (**F. P. 1 003 518** vom 16/1. 1947, ausg. 19/3. 1952.) M. F. MÜLLER. 7911

VEB Farbenfabrik Wolfen, Wolfen, Kreis Bitterfeld (Erfinder: **Karl Brodersen,** Wolfen, und **Matthias Quaedvlieg,** Dessau, Anhalt), *Herstellung eines Grobwaschmittels* nach D.R.P. 750 396, C. **1947.** 1050, welches frei von Fettsäuren ist, unter Verwendung eines weitgehend von NaCl u. Disulfonaten befreiten Paraffinsulfonats. — Das Mittel besteht z. B. von 25 (%) Sulfonat, 35–40 Soda, 30–35 W. u. 5 Wasserglas, gegebenenfalls mit weiteren üblichen Zusätzen, z. B. Phosphat oder triglykolamidsaure Salze. — Die Mischung ist aus einer 36–42% W. enthaltenden u. 40–60° warmen Lsg. in Zerstäubungstrocknern zu einem haltbaren u. nicht backenden Pulver versprühbar. (**D. P. [DDR] 2 689** Kl. 8i vom 24/2. 1943, ausg. 16/12. 1952 [Wirtschaftspatent].) M. F. MÜLLER. 7913

VEB Farbenfabrik Wolfen, Wolfen, Kreis Bitterfeld (Erfinder: **Karl Brodersen** und **Matthias Quaedvlieg,** Dessau, Anhalt), *Haltbare Paraffinsulfonatpasten* mit recht guter Beständigkeit beim Lagern in fl. Zustande. Der Salzgeh. der auf den optimalen Sulfonatgeh. eingestellten Sulfonpaste wird auf unter 1% gesenkt, u. der p_H-Wert wird auf ca. 7–8 eingestellt. Außerdem werden geringe Mengen von Polyoxy- oder Aminooxyverbb. zugegeben, z. B. Glykol, Glycerin, Polyglycerinäther oder Di- u. Triäthanolamin, Dibutanolamin. (**D. P. [DDR] 2 572** Kl. 12o vom 17/12. 1943, ausg. 5/1. 1953 [Wirtschaftspatent].) M. F. MÜLLER. 7913

Valdemar Andersen, Baekke, Dänemark, *Reinigungsmittel für Papier,* bestehend aus 3,5% Methylcellulose, 1,5% Kristallsoda, Rest Wasser. Die M. dient bes. zum Reinigen von Bildern oder Spielkarten. (**Dän. P. 75 252** vom 9/12. 1950, ausg. 5/1. 1953.) JÜRGEN SCHMIDT. 7917

Vereinigte Wachswarenfabriken Hornung und **Dr. Fischer K. G.,** Ditzingen-Stuttgart (Erfinder: **Max Fischer,** Stuttgart), *Herstellung von Skiwachs,* dad. gek., daß üblichem Skiwachs beim Zusammenschmelzen synthet. harzähnliche Kondensations- oder Polymerisationsprodd. zugegeben werden, die sich mit den übrigen Bestandteilen des Skiwachses derart vermischen lassen, daß sich eine homogene M. ergibt, deren Zähigkeit u. Klebrigkeit wesentlich höher ist als diejenige eines üblichen Skiwachses. Bes. werden Kondensations- u./oder Polymerisationsprodd. von Polyvinyläther zugesetzt. (**D. B. P. 909 018** Kl. 22g vom 31/3. 1951, ausg. 12/4. 1954. Anmeldung bekanntgemacht 10/7. 1952.) GRÄGER. 7925

E. W. Eckey, Vegetable fats and oils. New York: Reinhold. (845 S. m. Abb.) $ 16,50.

XVIIIa. Holz. Cellulose. Zellstoff. Papier. Papierdruck. Celluloid. Linoleum.

Nils Kecklund, *Einfluß von Blau- und Rotfäule auf die Qualitätsklassen von Sägewerksholz sowie Mittel zur Verhütung dieser Schäden.* Vf. weist an Hand von Betriebszahlen großer Nutzholzplätze in Finnland auf die Notwendigkeit hin, Stämme u. gesägte Waren vor Blaufäule u. anderen Befallschäden zu bewahren. (Paperi ja Puu **35.** 320—26. 15/8. 1953. Pihlava, Finnland, A. Ahlström, Oy. [Orig.: finn.].) BORCHERS. 7952

U. Hartmann-Dick, *Untersuchungen über die Durchlässigkeit des Holzes bei Druckfiltration.* 1. Mitt. *Durchlässigkeit für Wasser.* An dünnen Holzscheiben von Kiefer, Fichte u. Bergahorn wurde die Wasserdurchlässigkeit in tangentialer u. radialer Richtung bei 2 atü untersucht. Die Durchlässigkeitszahlen des Splintholzes schwanken von Stamm zu Stamm u. innerhalb desselben Stammes sehr stark, so daß keine Gesetzmäßigkeiten bzgl. Richtung u. Holzart zu erkennen waren. Unterss. über die Abhängigkeit der Durchlässigkeit (I) von der Zeit lassen erkennen, daß die hohen Anfangswerte bei Nadelhölzern sehr schnell, bei Laubhölzern langsam bis auf wenige Prozente absinken. Es wird Tüpfelverschluß vermutet. Die I im Kernholz ist wesentlich schwächer als im Splintholz. A. u. Aceton verbessern die I im Kernholz. (Forstwiss. Cbl. **73.** 40—63. Jan./Febr. 1954. Potsdam-Sanssouci, Bot. Inst., u. Tharandt, Forstbot. Inst.) WERGIN. 7952

Roland O. H. Runkel, *Zur Kenntnis des thermoplastischen Verhaltens von Holz.* 1. Mitt. Es wird eine Übersicht über die internat. Literatur der Holzplastizierung im Syst. Holz–W.–Wärme gegeben u. auf die Notwendigkeit wissenschaftlicher Forschung hingewiesen. Das Problem beinhaltet chem. Umwandlungen der Hemicellulosen u. des Lignin–Kohlenhydrat-Komplexes in Verb. mit hydrolyt. Abbau u. nachfolgender Polykondensation zu harzartigen, plast. Stoffen, wobei physikal. u. morpholog. Gegebenheiten mitsprechen. Erwähnt wird eine Versuchsanordnung, in der Holz oder Holzmehl der Einw. von Hitze u. W. in hochkomprimiertem Zustand ausgesetzt wird unter völliger Abdichtung nach außen, so daß die gebildeten Reaktionsprodd. am Ort ihrer Weiter-Rk., d. h. in situ der Zellmembran, verbleiben. (Holz Roh- u. Werkstoff **9.** 41—53. Febr. 1951. Reinbek bei Hamburg, Bundesanstalt f. Forst- u. Holzwirtsch.) WERGIN. 7952

Roland O. H. Runkel und **K.-D. Wilke,** *Zur Kenntnis des thermoplastischen Verhaltens von Holz.* 2. Mitt. (1. vgl. vorst. Ref.) Lufttrockene (rd. 15% H_2O) Sägespäne gleicher Größe der Rotbuche (*Fagus silvatica*), als Vertreter der pentosanreichen, ligninarmen Angiospermen, u. der Fichte (*Picea excelsa*), als Beispiel einer pentosanarmen, ligninreichen Conifere, wurden einer Wärme–Druck-Behandlung unter völlig gasdichtem Abschluß in einer heiz- u. kühlbaren Preßform mit besonderer Nutenabdichtung, die in eine hydraul. Presse von 100 t Höchstlast eingesetzt war, unterworfen. Verfolgt wurden die Stoffwandlungen in Abhängigkeit von Wärme (142—194°), Druck (dargestellt durch die Rohgewichte der fertigen Präpp., 5 Stufen im Bereich von ca. 0,7 bis 1,35 g/cm³), Feuchtigkeit (7 Stufen ca. 5—29%) u. Zeit (6 Stufen von 2—45 Min.). Die chem. Analysen von Hollocellulose, Cellulose, Lignin, Gesamtlösliches (Wasser- u. Alkoholextraktion) u. Ameisensäure wurde nach konventionellen Meth. durchgeführt. Die physikal. u. mechanisch-technolog. Prüfungen (Quellvers., stat. Festigkeit, Biegevers., Zugvers., Schlag–Biege-Vers.) erfolgten nach den Prüfnormen für Kunststoffe. Die Veränderungen der Feuchtigkeit bei der Wärme–Druck-Behandlung (zunächst Wasserverzehr, dann Wasserbldg.) veranlassen Vff. zu der Annahme, daß zuerst Hydrolyse des leicht hydrolysierbaren Xylananteils, später Kondensationen des Xylans zu Furfurol u. verschied. Polykondensationsvorgänge unter Beteiligung des Lignins zu harzartigen Körpern (bes. stark oberhalb 180°) auftreten. Die chem. Analysen stützen die Annahme. Die gebildeten Kondensationsharze mit ihren hydrophobierenden u. verklebenden Eigg. sind die Ursache für die Vergütungserscheinungen in hitzeplastiziertem Holz, die in den physikal. Prüfungen in Erscheinung treten. (Holz Roh- u. Werkstoff **9.** 260—70. Juli 1951. Reinbek bei Hamburg.) WERGIN. 7952

Olli Ant-Wuorinen, *Untersuchungen über die Freimachung von Cellulosecarboxylgruppen durch Elektrodialyse.* Dest. mit CO_2-gesätt. W. ist fähig, Carboxylgruppen (**I**) der Cellulose (**II**) (Ionenaustauschergruppen) freizumachen, soweit sie besetzt sind. Eine andere in der Literatur aufgeführte Meth. zur Freimachung der **I**, die Elektrodialyse, wird näher untersucht. Nach Apparaturbeschreibung werden Ergebnisse in 8 Tabellen u. Kurven gebracht. Die Verss. zeigen, daß, wenn im N_2-Strom gearbeitet wird, die Elektrodialyse nicht fähig ist, die I der II freizumachen; wohl aber, wenn das Elektrodialysiersyst. mit der Atmosphäre in Verbindung steht. Dann genügt der geringe CO_2-Geh. der Luft, um im Laufe von mehreren Tagen die blockierten I freizumachen u. die abgespaltenen Kationen durch die Elektrodialyse fortzuführen. Ein Effekt, der nach früheren Unterss. des Vf. in wenigen Std. erzielbar ist, kann durch Waschen der Cellulose mit CO_2-gesätt. dest. W. erreicht werden. (Paperi ja Puu **36**. **141** bis **148**. April 1954. Helsinki, State Institute for Technical Research.) MÖHRING. 7952

L. A. Beaudry, *Neue Entwicklungen bei der Erzeugung von Chlordioxyd.* Bericht über die Herst. von ClO_2 für die Zellstoffindustrie nach dem SOLVAY-Verf. aus $NaClO_3$, SO_2 u. CH_3OH u. über automat. Kontrolleinrichtungen der Anlage. (Paper Mill News **77**. Nr. 12. 83—84 u. 115. 20/3. 1954. Minneapolis-Honeywell, Regulator Co.) H. BECKER. 7956

Gerald Haywood, *Anwendbare Verfahren zur Rückgewinnung von Soda und Schwefel aus halbchemischen und sauren Sulfitablaugen.* Beim ZIMMERMAN-Verf. wird halbchem. Kraftablauge bei erhöhter Temp. unter Druck mit Luft oxydiert, wobei sich aus organ. Stoffen CO_2 u. den anorgan. Na_2SO_3 bildet. Beim modifizierten LEBLANC-Verf. wird die mit CaO gemischte Ablauge verbrannt u. Na_2S bei 100° mit W. aus der Schmelze ausgezogen. Die Aufarbeitung der Grünlauge kann erfolgen: 1. Nach der Gleichung $Na_2S + 2NaHCO_3 = 2Na_2CO_3 + H_2S$. 2. Durch Schmelzflußoxydation nach $2Na_2S + 4O + H_2O = Na_2S_2O_3 + 2NaOH$; $3Na_2S_2O_3 + 6NaOH = 4Na_2SO_3 + 2Na_2S + 3H_2O$. 3. Durch Einleiten von CO_2 entstehen H_2S u. $NaHCO_3$. 4. Nach Zugabe von CuO bilden sich NaOH u. CuS, das dann abgeröstet wird. 5. Durch Anwendung von Ionenaustauscherharzen. 6. Durch Einleiten von SO_2 bei höherer Temp. wird direkt Sulfitlauge erzeugt. (Tappi **37**. Nr. 2. 135 A, Febr. 1954, referiert nach Paper Mill News **77**. Nr. 12. 78—80. 20/3. 1954. Luke, Md., West Virginia Pulp and Paper Co.) H. BECKER. 7962

Willis M. van Horn, *Fortschritte in der Flußwasserverbesserung.* Die Nutzbarmachung der Sulfitablaugen würde das Abwasserproblem der Sulfitzellstoff-Industrie lösen. An Hand von 48 Zitaten berichtet Vf. über Verfahrensverbesserungen durch Verwendung von Mg- u. NH_4-Kocherlaugen, Eindickung u. Verbrennung, Nutzung des Lignins als Rohstoff für Vanillin, Gerbstoffe u. a., Vergärung u. Hefeerzeugung u. als Straßenbindemittel sowie über Maßnahmen beim Ablassen in genügend wasserführende Vorfluter, u. a. Belüftung u. $NaNO_3$-Zusatz. (Paper Ind. **34**. 1456—58. März 1953. Appleton, Wis., Inst. of Paper Ind.) MÜHLMEISTER. 7966

Robert Ingalls und **Oliver Axtell,** *Filtration durch Papier.* Von verschied. Papiermustern wurden Druckabfall Δp, Durchdringung T, Reißfestigkeit u. Filtrationseffekt γ gemessen. Es ist $\gamma = [100 \log (100/T)]/\Delta p$; T = % eines Dioctylphthalatnebels vom Tröpfchendurchmesser, 0,3 μ u. einer Konz. von 100 mg/Liter Luft, die bei 1 at, 21° u. einer Strömungsgeschwindigkeit von 32 Liter/Min. durch 100 cm^2 Papier gehen; p = Druckabfall in mm Wassersäule bei denselben Bedingungen, aber einer Strömungsgeschwindigkeit von 85 Liter Luft/Minute. Bei gleicher Dichte des Blattes ergeben sich folgende Beziehungen zur Vorbehandlung des Stoffes: Bei Mahlen ohne weitere Nachbehandlung steigen mit der Mahldauer $p\Delta$ u. die Reißfestigkeit, u. es fällt γ. Wird der Stoff nach dem Mahlen erst getrocknet u. dann redispergiert, so ist die Mahldauer ohne Einfl. auf γ, Δp u. die Reißfestigkeit; gleich ob die Blätter aus dem ganzen Stoff oder aus einzelnen Fraktionen hergestellt werden. Werden einzelne Stofffraktionen gemahlen, getrocknet u. redispergiert, so geben kürzere Fasern größere Δp u. Reißfestigkeit u. kleinere T-Werte, längere Fasern einen höheren γ-Wert. (Paper Ind. **36**. 63. April 1954. Virginia Polytechn. Inst., Dep. Chem. Engng.) H. BECKER. 7984

A. G. Ward, *Rheologie ungealterten Linoleums.* Linoleum besteht gewöhnlich aus einem Binder (oxydiertes Leinöl, Gummi, Harze usw.) u. einem Füllmittel (Korkmehl, Holzmehl u. Pigmenten). Die rheolog. Eigg. des Binders sind für die Fertigung von großer Bedeutung, aber noch wenig erforscht. Vf. hat einen App. entwickelt, bei dem das Linoleum unter starkem Druck durch ein Rohr von 0,160—0,323 cm Durchmesser u. 2,5—10,2 cm Länge gedrückt wird. Man gewinnt so ein Maß für die absol. Fließbarkeit der Linoleummasse. Verwendet man nur ein Rohr, so kann der App. als Gerät zur Überwachung der Fertigung verwendet werden. (Brit. J. appl. Physics **1**. 113—18. Mai 1950. Garston, Watford, Building Research Station.) FRIEDEMANN. 7998

Walter Voss, Dessau-Haideburg, und **Egon Scholz**, Wolfen, Kreis Bitterfeld, *Imprägnieren von Holz.* Das Holz wird mit Lsgg. behandelt, welche Ligninsulfonsäure oder Derivv. davon u. Amine oder in W. lösl. Kondensationsprodd. der Ligninsulfonsäure mit Aldehyden oder Phenolen u. Amine enthalten. Die aromat. Amine kommen in Form von Salzen organ. Säuren zur Anwendung. Obige Bestandteile werden in zwei getrennten Bädern oder in einer einzigen Imprägnierlsg. (p_H 3—6) in das Holz eingebracht. Z. B. imprägniert man 10 Buchenholzklötzchen (15×25×50 mm) im Vakuumdruckverf. mit einer wss. Lsg., welche auf 100 (Teile) Lsg. 17 ligninsulfonsaures Na u. 1,7 CH_2O enthält. Nach einer Imprägnierzeit von 4 Std. werden die Hölzer 3 Tage an der Luft getrocknet u. dann bei 8—10 atü mit einer zweiten Lsg. von 3% Anilinacetat imprägniert u. bei 105° ausgehärtet. Die Aufnahme an Imprägniermittel beträgt 17,3%, von denen 1,3% auslaugbar sind. (**D. P. [DDR] 2 307** Kl. 38h vom 26/11. 1944, ausg. 12/1. 1953 [Ausschließungspatent].) Oppermann. 7953

J. Elian und **M. Lepingle**, Belgien, *Behandlung pflanzlicher Rohstoffe zwecks Entfernung der Pentosane.* Die in metallene Siebkörbe eingelegten Rohstoffe werden in einem zylindr., mit einem Heizmantel versehenen Extraktionsturm bei 120° mit einer die App. im Kreislauf durchfließenden verd. Säure behandelt, der als Netzmittel Fettsulfonate zugesetzt sind. Hierdurch erfolgt die Umwandlung der Pentosane in Pentosen, welche sich in der Lauge anreichern. Nach Beendigung der Behandlung wird die mit Pentosen u. Säure angereicherte Lauge abgelassen u. aus ihr werden die Pentosen ausgeschieden. (**F. P. 1 024 196** vom 1/9. 1950, ausg. 30/3. 1953.) Glafey. 7955

L. Avenier, Frankreich, *Gewinnung von zur Papiererzeugung dienender Faserstoffmasse aus Pflanzenteilen, insbesondere aus Einjahrespflanzen.* Die zu behandelnden Pflanzenteile werden mit einem Aufschlußmittel stärkerer Konz. bei einer für jede Pflanzenart zweckmäßigen Temp. schnell u. vollkommen durchtränkt. Dann wird das Aufschlußmittel bis auf einen geringen Rest durch Auspressen entfernt u. die getränkte M. unter ständigem Durcharbeiten der aufschließenden Wrkg. des Aufschlußmittels überlassen. Die Entleerung des Aufschlußbehälters erfolgt stetig in einem solchen Maße, daß die Aufschlußdauer der jeweils aufzuschließenden Pflanzenart entspricht. Anschließend kann die Fasermasse einer Bleiche unterworfen werden. (**F. P. 1 024 723** vom 19/9. 1950, ausg. 7/4. 1953.) Glafey. 7963

A. B. I., Azienda Brevetti Industriali, Italien, *Gewinnung faserhaltiger Massen auf halbchemischem Wege aus Laubholz, Stroh und Einjahrespflanzen.* Die mechan. zerkleinerten Rohstoffe werden in einer wss. Lsg. von SO_2 u. Alkali bei auf 110—135° gesteigerter Temp. unter Zusatz von SO_2 so lange behandelt, bis das Lignin in solchem Umfange sulfoniert ist, daß das Gewichtsverhältnis des sulfonierten Lignins sich zu der nichtsulfonierten Menge verhält wie die Menge des Lignins der Mittellamelle zum Lignin der gesamten Menge. Die Acidität der Lauge ergibt sich aus der Menge der zur Gruppe Ca, Mg, Na gehörenden Alkalien, welche erforderlich ist, um 40% der H_2SO_3 zu neutralisieren, die sich aus der Menge des eingeleiteten SO_2 bildet. Die Kochung wird so lange fortgesetzt, bis eine Hydrolyse der nichtcellulosehaltigen Kohlenhydrate bei gleichzeitiger Hydrolyse des sulfonierten Lignins erfolgt ist. Die durch Best. des SO_2-Geh. ermittelte Acidität der Lauge soll zwischen 0,4 u. 1,4% der Laugenmenge bei Beginn der Kochung liegen. Der SO_2-Bedarf liegt nicht über 12% des Trockengewichtes der Masse. Nach Entgasen der M. erfolgt Waschen u. Zerkleinern der Masse. Die Menge der gewonnenen Faser liegt zwischen 70 u. 80% der Rohstoffmenge. (**F. P. 1 021 571** vom 6/7. 1950, ausg. 20/2. 1953. It. Priorr. 12/7., 1/10. 1949 u. 29/5. 1950.) Glafey. 7963

Hans-Werner Fiedler (Erfinder: **Hans-Werner Fiedler, Hans Erbring** und **Hellmut Wild**), Leipzig, *Gewinnung organischer Stoffe aus Sulfitablauge* (I) durch Fällung mit Elektrolyten. Man setzt I geringe Mengen Protein zu u. fällt nun durch Elektrolytzugabe. Als Protein verwendet man z. B. eine Leim- oder Blutalbuminlsg., als Elektrolyten $Al_2(SO_4)_3$, $FeCl_3$, $BaCl_2$, $ZnSO_4$. (**D. R. P. 764 707** Kl. 12o vom 1/10. 1940, ausg. 28/6. 1954.) Brösamle. 7967

Olin Ind., Inc., East Alton, Ill., übert. von: **William C. Ramsay**, Glendale, Md., V. St. A., *Kontinuierliche Nitrierung von Cellulose.* Ein Cellulosefilm wird durch ein Röhrensyst. von V-förmiger Anordnung geführt, wobei er am Knickpunkt über eine Rolle läuft; an den Enden befinden sich die Auf- u. Abrollvorr., so daß der Film die Röhren freitragend durchläuft. An der Austrittsstelle des Films wird kontinuierlich die Nitriersäure eingeleitet u. an der Eintrittsstelle abgelassen, so daß er Säure mit allmählich zunehmender Konz. durchläuft. (**A. P. 2 649 441** vom 14/4. 1950, ausg. 18/4. 1953.) Kalix. 7971

Monsanto Chemical Co., St. Louis, Mo., übert. von: **Lucas P. Kyrides**, Zeeland, Mich., V. St. A., *Monoalkyldicarbonsäureoxycyclohexanonester.* Das Monoestersalz einer

Dicarbonsäure wird mit einem Chlorcyclohexanon oder dessen Homologen umgesetzt. — Aus Bernsteinsäureanhydrid u. Butanol → Monobutylbernsteinsäureester + K_2CO_3 + 2-Chlorcyclohexanon → *Monobutylsuccinylester* von *2-Oxycyclohexanon* (I), VZ. 138, n_D^{25} 1,4550. Ferner werden hergestellt von I: *Methylpimelyl-*, *Äthylglutaryl-*, *Octylazelayl-*, *Dodecylsuberyl-*, *Isopropylsebacylester*. An Stelle von I sind verwendbar: 3-, 4- oder Polyoxycyclohexanone. *Weichmachungs-* u. *Plastifizierungsmittel* für *Celluloseester*, *-äther*, *-acetat*, *-nitrat*, *Äthylcellulose*, *Polyvinylacetalharze* u. *Polyvinylchloridharze*. (**A. P. 2 504 135** vom 20/10. 1947, ausg. 18/4. 1950.) KRAUSS. 7971

Philadelphia Quartz Co., Philadelphia, übert. von: **William Stericker**, Drexel Hill, Pa., V. St. A., *Herstellung von fett- und öldichtem Papier* aus lignin- u. tanninreichem Holzzellstoff, bes. für *Verpackungszwecke*. Auf dem Sieb der Papiermaschine wird an einer Stelle, an der der Wassergeh. der Bahn höchstens noch 20% beträgt, eine Na-Silicatlsg. von 10—55° Bé, einer Viscosität von 1—50 cP u. einem Verhältnis von $Na_2O : SiO_2 = 1 : 1,6$ aufgetragen. Die Lsg. enthält 0,25—5% H_2O_2 u. als Stabilisator eine Mischung eines wasserlösl. Pyrophosphates mit einem Mg-Salz. Die Bahn soll auf 1 m^2 ca. 9,7—146 g Lsg. restlos aufnehmen u. wird dann unmittelbar getrocknet. Das Prod. hat die gleiche Weiße wie ein anderes ohne Silicatzusatz u. gilbt trotz der Verwendung von ligninreichem Material (Holzschliff, halbchem. Stoff) nicht nach. (**A. P. 2 647 069** vom 23/1. 1947, ausg. 28/7. 1953.) G. VOGEL. 7987

Owens Corning Fiberglas Corp., Toledo, O., V. St. A., *Verstärken von Papierbahnen mit Fasern oder Fadengebilden*. Die laufende Bahn wird mit einem Klebemittel, wie Asphalt, tier. Leim, Wasserglas, Kunstharz, überzogen. Anschließend werden die Fasern oder Fadengebilde in willkürlichen Mustern durch einen Luftstrom fortlaufend auf die Bahn aufgeblasen, worauf eine zweite Bahn aufgepreßt wird. (**D. B. P. 896 291** Kl. 55f vom 25/12. 1951, ausg. 9/11. 1953. A. Priorr. 30/12. 1950 u. 30/8. 1951.) ZIERHOLD. 7993

Armstrong Cork Co., übert. von: **Henry L. Powers** und **Harold A. Reehling**, Lancaster, Pa., V. St. A., *Herstellung von Linoleumzement*. Man oxydiert ein trocknendes Öl, z. B. Leinöl, in Ggw. von Harz u. in Abwesenheit eines Füllers bei 260 bis 300°F zu einer hochplast. Masse. Das erhaltene Öl–Harz-Gel mischt man mit einem Füller, z. B. Holzmehl, der auf ca. 20°F gekühlt ist, u. erhält einen feinverteilten Linoleumzement, den man auf diese Weise kontinuierlich herstellen u. zu Linoleum verarbeiten kann. (**A. P. 2 594 345** vom 22/6. 1948, ausg. 29/4. 1952.) V. SCHILLER. 7999

XVIIIb. Textilfasern.

B. C. M. Dorset, *Neues zum knitter- und schrumpffesten Ausrüsten*. Beim Ausrüsten von Baumwolle mit Harnstoff- oder Melamin–CH_2O-Kondensationsverbb. ist eine für das Gewebe nachteilige hohe Behandlungstemp. erforderlich, die durch Anwendung der Metallkomplexverbb. des Harnstoffes $[Me(CON_2H_4)n]\cdot H$ (Me = Zn, Mg, Al, X = Säurerest) auf 95—100° red. werden kann. Ein mit diesen Verbb. kombiniertes Verf. zum Wasserfestmachen mittels der Silicone wird im einzelnen beschrieben. — Eine Verbesserung gegenüber den CH_2O-Kondensaten sind das Monomethyloldimethylhydantoin u. das Dimethylhydantoinformaldehyd, welche an Stelle von CH_2O mit oder ohne Harnstoff angewendet werden können. Die mit diesen Verbb. ausgerüsteten Gewebe behalten ihre ursprüngliche Festigkeit, Farbe u. Weichheit, außerdem zeigte sich diese Imprägnierung nach wiederholtem Waschen u. Kochen dauerhaft; sie ist anwendbar für Baumwolle, Kunstseide u. Mischgewebe bis zu 50% Acetatseide. — Eine neue Art des Ausrüstens von Baumwolle, um diese knitter- u. schrumpffest beim Kochen zu erhalten, ist eine Imprägnierung mit Chlorhydrin. In alkal. Lsg. bildet sich Epichlorhydrin, welches sich an die Kettenmoll. der Cellulose bindet, so daß ihr Quellvermögen u. somit die Tendenz zum Schrumpfen vermindert wird. Eine so behandelte Faser ist nicht mehr in Kupferammonium löslich. Um Kunstseide in entsprechender Weise auszurüsten, wird die Faser einer kurzen Behandlung mit 30—50%ig. NaOH unterzogen u. anschließend ohne Zwischenwaschung mit 5—10%ig. H_2SO_4 neutralisiert. Auf diese Weise können auch Mischgewebe mit Baumwolle, Acetatseide u. Proteinfasern ausgerüstet werden. (Textile Manufacturer **80.** 199—203. April 1954.) SCHOENMANN. 8032

H. Jörder und **W. Walter**, *Neue Erkenntnisse über die Knitterechtausrüstung von Geweben*. Im Gegensatz zu der herrschenden Ansicht, daß man bei möglichst niedrigen Tempp. trocknen muß, kann man auch bei höheren Tempp. ohne nachteilige Beeinflussung des Griffes trocknen, vorausgesetzt, daß das Gewebe der erhöhten Temp. schockartig ausgesetzt wird. Hinreichend hohe Tempp. führen in wenigen Sek. zur

Kondensierung des im Gewebe enthaltenen Harzkomponenten; im allg. wendet man viel mehr Zeit für die Kondensierung an. Man kann ohne Nachteil in einem einzigen Arbeitsgang trocknen u. kondensieren. (De Tex **13.** 168—72. 15/12. 954.) WESLY. 8032

I. Puppel, *Anwendung und Entwicklung von optischen Aufhellungsmitteln.* Opt. Aufheller müssen außer Substantivität u. Fluorescenzkraft auch genügende Lichtechtheit besitzen, welche durch Aminogruppen erreicht wird. Durch Substitution eines H-Atoms der Aminogruppe kann die Lichtbeständigkeit verbessert werden. Durch die Acetyl-Benzoyl-Aminobenzoylgruppe oder auch durch Triazin- oder Imidazolringe wird neben hoher Lichtechtheit auch eine gute Waschechtheit erreicht; doch haben diese Prodd. häufig eine zu starke Affinität zur Faser u. führen zu unerwünschten Anreicherungen (Akkumulierungen) u. somit zu Verfärbungen des Waschgutes. Es wird daher angestrebt, an Stelle der bisher üblichen blauviolett fluorescierenden Substanzen solche mit grünblauer Fluorescenz zu entwickeln, die selbst bei größerer Anreicherung auf der Faser keine Verfärbungen zeigen. (Seifen-Öle-Fette-Wachse **79.** 417—18. 5/8.; 442. 19/8. 1953.) SCHOENMANN. 8032

Carl Blau, *Imprägnieren von Planenstoffen und Segeltuchen aus Baumwolle, Leinen und Hanf.* Man verwendet heute allg. fertige Imprägnierungsmittel im Einbad-Passageverf. auf einem Abquetschfoulard. U. a. werden folgende Hinweise gegeben: Das zum Lösen verwendete W. soll nicht enthärtet sein u. einen p_H-Wert von 5—7 haben. Die schwachsaure Rk. des Bades soll während des Vorganges erhalten bleiben; es wird empfohlen, das gut entschlichtete u. mit NaOH ausgekochte u. gespülte Gewebe mit Essig- oder Ameisensäure zu neutralisieren. Um eine feste Verbindung zwischen Faser u. Imprägnierungsmittel zu erzielen, soll die Trockentemp. ca. 90—95° betragen. (Z. ges. Textilind. **55.** 557. 20/5. 1953.) SCHOENMANN. 8036

W. Otto, *Moderne Einbadimprägnierung.* Die zur Zeit handelsüblichen Imprägnierungsmittel (*Imprägnol, Ramasit K, Terafin PU, Perlit* u. die waschbeständigen *Persistol, Hydrophobol*) haben sich durch einfache Arbeitsweise u. hervorragenden wasserabweisenden, luftdurchlässigen Effekt bestens bewährt. Es wird die Imprägnierung von Stückware auf dem Foulard u. nach dem Ausziehverf. beschrieben u. durch Photoaufnahmen demonstriert, weiterhin die Prüfung des Imprägniereffektes nach der Wasserdruckmeth. u. im BUNDESMANNschen Beregnungsapp. erörtert. (Textil-Prax. **9.** 367—69. April 1954.) SCHOENMANN. 8036

P. B. Marsh, G. V. Merola und **M. E. Simpson,** *Versuche mit einer Alkaliquellungszentrifugenprobe an Baumwolle.* Zur Best. von Baumwollschäden durch Mikroorganismen, gewisse enzymat. akt. Filtrate von mikrobiol. Wachstumsmedien, NaOCl, HCl, Hitze u. Bewettern wurde eine Meth. entwickelt, bei welcher eine Baumwollfaserprobe von 250 mg in 180 g/Liter NaOH 15 Min. bei 21° gequollen, zentrifugiert u. die Quellung gravimetr. ermittelt wird. Diese sogenannten Alkali-Zentrifugenwerte hängen ab von der früheren Einw. abbauender Agentien (vgl. oben) bes. an der äußeren Faserwand u. bei unbehandelten Fasern von der Wanddicke. Die Meth. wird genau beschrieben u. die Zunahme der Alkali-Zentrifugenwerte vom Normalwert von ca. 200% nach 1std. Behandlung von Baumwolle mit Filtraten von 10 verschied. Pilzkulturen verglichen. Weitere Beispiele behandeln den Einfl. 3 n HCl bei 20° bis 11 Tage, 0,1 n HCl bei 85° bis 16 Std., 0,01 n HCl bei 85° bis 16 Std., 0,03 mol. NaOCl 70°, bis 45 Min., bis 16std. Erhitzen auf 125, 145 u. 165°, industrielle Verarbeitung, jahrelanges Lagern, Bewettern. (Textile Res. J. **23.** 831—41. Nov. 1953. Beltsville, Md., U. S. Bureau Plant Md., Soils, Agricult. Engng.) ZAHN. 8044

P. B. Marsh, K. Bollenbacher, M. L. Butler und **L. R. Guthrie,** *„S-Faktor", ein mikrobiologisches Enzym, welches die Quellung von Baumwolle in Alkali erhöht.* Die Quellung von Baumwolle (**I**) in NaOH (vgl. vorst. Ref.) nimmt zu, wenn **I** zuvor zellfreien Filtraten gewisser Kulturmedien nach dem Wachstum von Mikroorganismen (bes. Myrothecium verrucaria auf **I**-Kulturen) ausgesetzt wurde. Der akt. Bestandteil wird als „S-Faktor" (**II**) bezeichnet u. besteht teilweise aus Enzymen des Cellulosekomplexes. **II** wirkt in einem p_H-Bereich von 4—8, **I** nimmt **II** aus der Lsg. auf. Schon nach 10 Min. langer Einw. von **II** auf **I** steigt die Alkaliquellung von **I** stark an. **II** läßt sich mit Aceton ausfällen, bei 40° trocknen u. trocken lagern. Krist. Pepsin inaktiviert **II**, ebenso $^1/_2$std. Erhitzen auf 60°. Die Aktivität wird jeweils durch die Alkaliquellung einer unter standardisierten Bedingungen behandelten **I**-Probe ermittelt. (Textile Res. J. **23.** 878—87. Dez. 1953. Beltsville, Md., U. S. Bur. of Plant Ind., Soils and Agricult. Engng.) ZAHN. 8044

A. A. Morosow und **S. L. Sossim,** *Über den Einfluß des Luftsauerstoffs auf die Viscosität von Kupferammoniaklösungen der Baumwollcellulose.* Zur Feststellung des

Einfl. des Luft-O_2 auf die Viscosität der Kupferammoniakcellulose-Lsgg. wurden 1. rohe, 2. mit Bzl. u. A. extrahierte, 3. mit Kalk gekochte u. gebleichte Baumwollcellulose (I) (Konz. der Lsgg. 1%ig u. 0,1%ig berechnet auf wasserfreie I) untersucht. Die Viscositätsbest. erfolgte in Viscositätsampullen (Vol. 28,5 ml, Druck $2,5 \cdot 10^{-3}$ mm Hg) im Thermostaten bei 20°. Die Evakuierung der Luft begünstigt ein Ansteigen der Viscosität im Falle der 1%ig. Kupferammoniaklsgg. (II) von roher I. Gebleichte I zeigt ein schnelleres Sinken der Viscosität. Diese Erscheinung wird durch eine stärkere Luftadsorption der gebleichten I erklärt. Mit abnehmendem O_2-Geh. wird der Viscositätsunterschied der drei I-Typen größer. Die Ergebnisse zeigen, daß die Anwendung der 1%ig. Lsgg. von I die Empfindlichkeit der viscosimetr. Meth. gegenüber den Beschädigungen der I-Substanz bei der Bearbeitung um mehr als das Zehnfache die der 0,1%ig. Lsgg. übertrifft. Der I während deren Auflösung abbauende Rest-O_2 hat auf das Verhältnis der Viscositäten der extrahierten, rohen u. gebleichten I einen größeren Einfl. in den 1%ig. Lösungen. Die Messung der Viscositäten von 0,1%ig. Lsgg. gestatteten mit der spezif. Viscosität η_{sp} das Mol.-Gew. M nach der Gleichung von STAUDINGER u. den Polymerisationsgrad der I zu bestimmen. Bei der extrahierten u. gebleichten I wurde das Gewicht der absol. trockenen I dem Gewicht von reiner I gleichgesetzt. Bei roher I wurden die Nichtcellulosebestandteile berücksichtigt. Die Mol.-Gew.-Best. zeigt, daß das Mol.-Gew. der extrahierten I höher als das der rohen I ist. Es ist möglich, daß bei der rohen I die Verunreinigungen die Depolymerisation von I in II (katalyt. ?) begünstigen. Die Erhöhung des Mol.-Gew. ist nur scheinbar. Bei der Bearbeitung der extrahierten I ändert es sich nicht. Vff. unterwerfen die in der Industrie genormte viscosimetr. Meth. zur Kontrolle des Abbaugrades der I einer krit. Betrachtung. Für Betriebskontrollen wird die Anwendung der 0,1%ig. II als für die Praxis genügend empfohlen. Die 1%ig. II sollen wegen der komplizierten Luftentfernung nur bei Sonderfällen angewendet werden. (Украинский Химический Журнал [Ukrain. chem. J.] **19.** 687—96. 1953. Tschernowitz, Univ., Lehrstuhl für Kolloidchem.) A. AMBURGER. 8044

W. Gordon Rose und **Harold P. Lundgren**, *Polymerisation von β-Propiolacton in Wolle.* Die Rk. von Propiolacton (I) mit Wolle (II) (vgl. JONES u. LUNDGREN, C. **1952.** 2106) wird in Ggw. von wenig W., das sich in II oder in der Lsg. von I in CCl_4 befinden kann, stark beschleunigt, während überschüssiges W. die Rk. verzögert. Als Lösungsm. für diese wasserkatalysierte Rk. eignen sich auch A., n-Amylalkohol, Oleyl- oder Dodecylalkohol, nicht aber Methanol. Als Ursache der Wrkg. von W. wird auf Grund eingehender Modellverss. eine Quellung der Faser angenommen, so daß die I-Moll. eindringen können. (Textile Res. J. **23.** 930—36. Dez. 1953. Albany, Ca., Western Reg. Res. Labor.) ZAHN. 8060

Helmut Zahn und **Herbert Zuber**, *Neue Erkenntnisse über die Chemie der Naturseide.* Fibroin (I) wurde mit den bifunktionellen Verbb. 1.5-Difluor-2.4-dinitrobenzol (II), p.p'-Difluor-m.m'-dinitrodiphenylsulfon (III), 2.2'-Difluor-3.5.3'.5'-tetranitrodiphenyl (IV) sowie den gegen Proteine monofunktionellen Verbb. 1-Fluor-2.4-dinitrobenzol (V), p-Fluor-m.m'-dinitrodiphenylsulfon, p-Fluor-p'-chlor-m.m'-dinitrodiphenylsulfon, 2-Fluor-3.5.2'.4'-tetranitrodiphenyl umgesetzt u. aus Gewichtszunahme von I u. Abnahme des Tyrosingeh. der jeweilige Umsatz der Verbb. mit den Phenolgruppen der in I eingebauten Tyrosinreste ermittelt. III reagiert nahezu 100%ig bifunktionell mit 74% der eingebauten Tyrosinreste, IV reagiert überwiegend monofunktionell, II zu 70% bifunktionell, V blockiert maximal 85% der Tyrosingruppen. Aus 30 g mit III umgesetztem I wurden O.O'-(m.m'-Dinitrodiphenylsulfon-p.p')-bis-tyrosin (VI) als schwerlösl. Dihydrochlorid isoliert u. Nε.Nε'-(m.m'-Dinitrodiphenylsulfon-p.p')-bis-lysin identifiziert. Das mit III umgesetzte I löst sich in kalter konz. HCl nicht, sondern verkürzt sich um 63% zu hocheslast. Fäden ohne Doppelbrechung u. mit einem desorientiertem Röntgenogramm. Ausgewaschene u. wieder voll gestreckte Fäden geben wieder das n. I-Röntgenogramm. Partialhydrolyse des mit III behandelten I in konz. HCl (22—24° bis 120 Std.) u. Versetzen des Hydrolysates mit dem gleichen Vol. W. ergaben einen Nd., bestehend aus Peptiden von VI, die außer Tyrosin noch Glycin, Alanin, Serin, Glutamin- u. Asparaginsäure in etwa gleichen mol. Mengen enthielten. Es wird angenommen, daß es sich um Bestandteile der röntgenamorphen Segmente in I handelt. Der nicht fällbare Anteil des Partialhydrolysats bestand aus Peptiden u. freien Aminosäuren (Glycin, Alanin u. Serin), welche den kristallinen Segmenten von I entstammen. Zur Endgruppenbest. u. Lysinanalyse in I wurde I mit 4-Fluor-3-nitrobenzolsulfonsäure bei 45° in 96 Std. erschöpfend umgesetzt. Das nitrosulfophenylierte (=NPS—)-I wurde mit 6nHCl bei 105° hydrolysiert u. 81% des O-NPS-Tyrosin isoliert. Das auf p_H 8,4 eingestellte Filtrat wurde an der sauren Al_2O_3-Säule in die adsorbierbaren NPS-Derivv. der endständigen Aminosäuren

u. die nicht adsorbierbaren freien Aminosäuren u. N_ε-NPS-Lysin getrennt. Gefunden wurden 0,67% Lysin u. 0,10—0,14% endständige Aminosäuren. Der Aufbau von I, Kollagen u. Wolle aus Segmenten verschied. Aminosäurezus. wird diskutiert. (Textil-Rdsch. [St. Gallen] **9.** 119—27. März 1954. Heidelberg, Univ., Chem. Inst.) ZAHN. 8068

Andreas Hunyar und **Hans Reichert,** *Über die Polymerisation von Acrylnitril.* 2. Mitt. *Über Acrylfasern.* (1. vgl. C. **1954.** 8479.) Eine für die Herst. der Polyacrylnitrilfaser geeignete Polymerisationsmeth. wird dargelegt. *Acrylnitril* wird in 6—7% ig. wss. Lsg. mittels K-Persulfat, K-Metasulfit u. Ferroammonsulfat bei p_H 2 ohne Rühren u. Kühlen polymerisiert. Die Konz. des Redoxsyst. u. die Anfangstemp. werden so gewählt, daß infolge des exothermen Polymerisationsvorganges ein solcher Temperaturanstieg u. eine solche Polymerisationsgeschwindigkeit erreicht werden, daß bei Probeabnahmen während des Polymerisationsablaufes annähernd gleiche Viscositätswerte innerhalb des Bereiches der Verspinnbarkeit an dem ausgefallenen u. in Dimethylformamid gelösten Polymerisat erzielt werden. Der während der Polymerisation fortschreitende Verbrauch an Radikalen, die aus dem Redoxsyst. gebildet werden, wird nach dem Verf. durch die zunehmende Aktivierung bei steigender Temp. kompensiert. Die Meth., die auch bei der Mischpolymerisation mit überwiegendem Anteil *Acrylnitril* u. für andere Vinyl- u. Acrylverbb., gegebenenfalls bei geringer Wärmeentw. durch Wärmezufuhr, anwendbar ist, strebt eine Begrenzung der Verteilungsbreite der Polymerisationsgrade bes. in Richtung der höheren Werte an. (Faserforsch. u. Textiltechn. **5.** 1—8. Jan. 1954. Berlin, Dtsch. Akad. der Wiss., Inst. für Faserstoff-Forsch. in Teltow-Seehof.) H. REICHERT. 8080

Rudolf Bennewitz, *Viscosimetrische Bestimmung des Polymerisationsgrades von Perlon in konzentrierter Ameisensäure.* Die Viscositätszahl $Z\eta$ von Polyamiden (Perlon) in 85% ig. Ameisensäure kann aus Messungen der relativen Viscosität η_r bei der Konz. c mit Hilfe der BAKER-Gleichung errechnet werden. Der Exponent m wurde zu 1,5 bestimmt. Die Polymerisationsgrade (= Kettengliederzahl N/J) wurden nach LOEPELMANN (C. **1952.** 4710) in m-Kresol ermittelt. Für Perlon in 85% ig. Ameisensäure gilt $\log N = 1{,}42 \log Z\eta + 4{,}65$. Die Konz. der Ameisensäure muß auf $\pm 0{,}5\%$ eingehalten werden. Abbau erfolgt über Versuchsdauer bei Zimmertemp. nicht. Zerstreutes Tageslicht ist ohne Einfluß. Abbau nimmt mit Temp. stark zu. Verlauf kann durch Hyperbel angenähert werden. Angabe eines Schädigungsfaktors nach EISENHUTscher Formel (C. **1941.** II. 2274) bei Säureschädigung wird empfohlen. (Faserforsch. u. Textiltechn. **5.** 155—58. April 1954. Karl-Marx-Stadt, VEB Fettchemie u. Fewa-Werk.) FRIND. 8080

E. I. Wlasjuk, *Die Natriumsulfitmethode zur vollständigen Analyse der Hypochlorit- und Chloritlösung.* Der Geh. an akt. Cl in ClO- u. ClO_2-Flotten kann durch direkte Titration mit 0,1 n Na_2SO_3 bestimmt werden. Die Rk. verläuft quantitativ, wie durch Vergleichsanalysen mit jodometr. Verff. gezeigt wird. Ebenso ergaben die Analysen des Alkaligeh. nach der Sulfit- u. der Superoxydmeth. von SCHILOW u. die ClO_3-Best. nach RUPP mittels Sulfit u. Hyposulfit als Titrationslsg. übereinstimmende Ergebnisse. Für die gleichzeitige Best. von ClO u. ClO_2 wird ebenfalls das Sulfitverf. vorgeschlagen u. beschrieben. (Textil-Prax. **9.** 373—75. April 1954.) SCHOENMANN. 8096

H. Flaschka, *Die Verwendung von Komplexon bei chemischen Analysen in der textilchemischen Prüfung. Komplexon* (I; SIEGFRIED, Zofingen, Schweiz) ist ident. mit dem *Dinatriumsalz* der *Äthylendiamintetraessigsäure. Aminopolycarbonsäuren* haben die Eig., mit der Mehrzahl mehrwertiger Kationen stabile, innere Komplexsalze zu bilden, die in W. sehr leicht lösl. sind. Zunächst war I nur als Titrationsmittel gedacht. Je g/Atom Metall werden 2 Mol $H^{\bullet}$-Ionen frei, die gegen einen geeigneten Indicator visuell oder auch potentiometr. titriert werden können. Dadurch, daß man im *Eriochromschwarz I* u. im *Murexid* metallspezif. Indicatoren fand, wurde die Meth. vollkommen. Man bringt sie zur Anwendung bei der Best. von Mg-, Ca-, Zn-, Ni-, Cu- u. a. Metallkationen, die in der Textilveredlung in mannigfacher Weise vorliegen können. Vf. bespricht ausführlich den Gang der Unterss. unter Beobachtung notwendiger Variationen in möglichen Sonderfällen. Rezeptangaben u. Analysenbeispiele. Auch mit der Colorimetrie läßt sich die Meth. in geeigneten Fällen verbinden. — 28 Literaturhinweise. (Textil-Rdsch. [St. Gallen] **9.** 77—82. Febr. 1954. Graz, Österreich, Allg. Chemie GmbH.) E. WAGNER. 8096

Max Lorenz, Gerlingen, Post Leonberg, *Flächenförmiges Fadenerzeugnis,* z. B. *Teppich,* dessen eine Fläche in einem Kleb- oder Bindemittel verankert ist, welches sich nach Verbindung mit dem Fadenerzeugnis zu einer elast., zumindest biegamen

Schicht verfestigt, dad. gek., daß die Fäden aus einem lösbaren Stoff u. das Bindemittel aus einem Lösungsm. besteht, welches die berührten Flächen zunächst mehr oder weniger auflöst u. sich dann mit der betreffenden Fläche des Fadenerzeugnisses zu einer zusammenhängenden Schicht verfestigt. Die Fäden bestehen z. B. aus *Kunstseide* u. das Bindemittel aus Aceton. Bei der Herst. werden die Fäden auf flache Leisten aufgespult u. diese in einem Rahmen zusammengehalten. Dann werden sie mindestens auf der einen Seite der Leisten längs der Mitte ihrer Stirnkanten aufgeschnitten, worauf das Bindemittel auf die aufgeschnittenen Fadenenden aufgebracht wird. — Zeichnung. (**D.B.P. 909565** Kl. 8 l vom 12/5. 1951, ausg. 22/4. 1954. Anmeldung bekanntgemacht 20/8. 1953.) v. SCHILLER. 8025

VEB Farbenfabrik Wolfen, Wolfen, Kreis Bitterfeld (Erfinder: **Karl Brodersen,** Wolfen, und **Matthias Quaedvlieg,** Dessau, Anhalt), *Schlichten von Kunstseide.* Man verwendet ein Schlichtungsmittel, welches aus höhermol. aliphat. Sulfamiden, Disulfamiden oder Sulfoacylamiden besteht, die zum Teil in Form ihrer Salze Anwendung finden. Als Weichmacher dienen hygroskop. Mittel (z. B. Glycerin, Harnstoff). — Z. B. verrührt man 80 (Teile) eines ca. 20% Paraffin enthaltenden Paraffinsulfoacetylamids mit 80 W. u. 8 MgO in der Wärme, versetzt 150 der filtrierten viscosen Lsg. mit 10 eines Emulgators u. 100 des nichtacetylierten Sulfamids u. füllt mit W. auf 1000 auf. Die erhaltene klare ölartige Lsg. liefert in der 1½fachen Menge W. gelöst eine Schlichtelsg., welche in üblicher Weise auf Kunstseide aufgebracht einen sehr guten Effekt ergibt. (**D. P.** [**DDR**] **2 288** Kl. 8k vom 26/1. 1941, ausg. 17/12. 1952 [Wirtschaftspatent].) OPPERMANN. 8031

Metallgesellschaft Akt.-Ges. (Erfinder: **Joseph Nüsslein**), Frankfurt/M., *Schlichten von Garnen.* Das Schlichten der Garne (z. B. aus Baumwolle, Wolle, Kunstseide) erfolgt mittels Lsgg. prim. oder sek. Orthophosphorsäureester von oberflächenakt. Stoffen in Form ihrer Säuren oder Salze. Hierbei können die bekannten steifenden, verklebenden oder weichmachenden Mittel mitverwendet werden. — Z. B. imprägniert man Kupferseide in Kett- oder Strangform mit einer Lsg. von 1,5 g des Na-Salzes des sek. Phosphorsäureesters, der durch Umsetzung von 2 Mol Octadecylalkohol mit 1 Mol $POCl_3$ in bekannter Weise erhalten wird, u. trocknet sie. Es resultiert ein sehr guter Fadenschluß mit guter Verwebbarkeit. (**D. P.** [**DDR**] **2 060** Kl. 8k vom 5/1. 1950, ausg. 28/11. 1952 [Ausschließungspatent].) OPPERMANN. 8031

Monsanto Chemical Co., St. Louis, Mo., übert. von: **Ralph F. Nickerson,** Marblehead, Mass., V. St. A., *Knitterfeste Cellulosetextilien* erhält man durch Behandlung mit 80—100%ig. HCOOH-Lsg., bis 1—10% der OH-Gruppen verestert sind, Entfernung der Säure u. Imprägnierung mit einer, einen Polymerisationskatalysator enthaltenden Lsg. eines Harnstoff- oder Melamin-CH_2O-Kondensates, bis 6—16% Kondensat aufgenommen sind, worauf das Harz bei 135—177° gebildet wird. (**A. P. 2 646 340** vom 1/10. 1948, ausg. 21/7. 1953.) MÖLLERING. 8033

Monsanto Chemical Co., St. Louis, Mo., übert. von: **Kern E. Folkers,** Winchester, Mass., V. St. A., *Krumpf- und filzfreie Gewebe aus tierischen Fasern* erhält man durch die Behandlung des Gutes mit einer sauren, wss., koll. Lsg. eines partiell polymerisierten, positiv geladenen Methyläthers eines Methylolmelaminkondensates (**I**) u. (Oxy-) Essig- oder Ameisensäure. Das Gut wird mit 3,5—8% Vorkondensat beladen, worauf bei 93—163° getrocknet u. kondensiert wird. Als **I** eignet sich das Prod. aus 1 (Mol) Melamin u. 2,8—6 CH_2O. (**A. P. 2 661 313** vom 13/1. 1950, ausg. 1/12. 1953.) MÖLLERING. 8033

Monsanto Chemical Co., St. Louis, Mo., übert. von: **Kern E. Folkers,** Winchester, Mass., V. St. A., *Versteifen von Cellulose enthaltenden Garnen oder Geweben.* Man behandelt das Gut mit einer wss., koll. Lsg., die 1—12 (%) eines positiv geladenen, partiell polymerisierten Methyläthers eines Methylolmelaminkondensates (**I**) u. 1,2 bis 8,5 (Oxy-) Essigsäure oder HCOOH enthält, quetscht auf eine Beladung von 1—12% ab, trocknet u. kondensiert bei 93—177°. Als **I** geeignet ist ein Vorkondensat, das auf 1 (Mol) Melamin 2,8—6 CH_2O u. 2—6 CH_3OH enthält. (**A. P. 2 661 262** vom 30/1. 1950, ausg. 1/12. 1953.) MÖLLERING. 8033

VEB Fettchemie und Fewa-Werk, Chemnitz (Erfinder: **Kurt Quehl,** Zwickau/Sa.), *Wasserdicht- und Wasserabstoßendmachen von Textilstoffen unter Erhaltung der Luftdurchlässigkeit.* Die Textilstoffe werden ein- oder zweibadig, gegebenenfalls in Ggw. von Schutzkolloiden (bes. Leim), mit wss. Dispersionen imprägniert, die höhermol. Fettsäuren, mehr als die gleiche bis zur doppelten Menge Harzsäuren u. Paraffin oder Wachse in mindestens der gleichen bis 1½fachen Menge der Carbonsäuren enthalten. Hierbei soll so viel Al-Salz zugegen sein, daß auch nach der Entstehung von carbonsauren Al-Salzen in der wss. Lsg. noch freie Al-Ionen vorhanden sind. Beim Zweibadverf. wird das Al-Salz oder zum mindesten dessen Hauptmenge im zweiten Bade angewendet, welches ebenfalls eine Paraffin u. Carbonsäuren oder deren Salze enthaltende Dispersion sein kann. — Z. B. imprägniert man eine Zellwollgabardine mit einer 5%ig. Flotte eines Imprägnierungsmittelgemisches, bestehend aus einer wss. Dispersion mit 11% nicht wss. Bestandteilen, welche 30 (Gewichtsteile) Paraffin (F. 52°), 10 Palmitinsäure, 10 Harzsäure (Kolophonium) sowie 60 einer 8%ig. Al-Formiatlsg. enthält. Als Emulgier- u. Schutzmittel setzt man dieser Dispersion 10 Leim zu. Danach wird der Stoff abgequetscht u. getrocknet. Der Griff der erhaltenen Watte ist weich, u. der Stoff zeigt keine Neigung abzustäuben. (**D. P. [DDR] 2 052** Kl. 8k vom 21/10. 1937, ausg. 15/12. 1952 [Wirtschaftspatent]. **Zusatz zu D. R. P. 765 123; C. 1954. 2737.**) OPPERMANN. 8037

Marc Lerondel, Seine-et-Oise, Frankreich, *Verbesserung der Qualität eines Gewebes.* Man imprägniert einen Stoff mittlerer Qualität mit einer stark verd. wss. Lsg. eines Netzmittels für Textilien (z. B. einem 20% Fettsubstanz enthaltenden sulfonierten Amid) u. behandelt ihn dann einseitig mit Methylchlorsilandämpfen. Die durch Einw. der Feuchtigkeit auf das Silan gebildeten Silanole werden durch Erhitzen des Gewebes in 1 Sek. auf ca. 80—90° zu Siliconen polymerisiert. Dann überzieht man den Stoff mit einer wss. Emulsion von plastifiziertem Polyvinylchlorid, bestäubt sie mit gefärbtem Baumwolltextilpulver u. fixiert dieses durch Erhitzen des so behandelten Gewebes. Man erhält einen wasserdichten, knitterfesten Stoff mit verbesserter Widerstandsfähigkeit. (**F. P. 1 049 819** vom 24/1. 1952, ausg. 4/1. 1954.) OPPERMANN. 8037

Glauco Berné und **Jorio Berné,** Italien, *Herstellung von marmorierten Mustern auf Geweben, Furnieren, Glasscheiben und dergleichen.* Man verstäubt auf einer Wasseroberfläche oder einer Oberfläche einer 10%ig. Alkalihyposulfitlsg. synthet. Emailfarben, verd. mit Terpentin, Terpentinöl, A. oder Acetaten, u. verteilt sie durch Ventilation auf der Oberfläche. Es bilden sich marmorierte Muster. Dann taucht man die Gewebe, Furniere usw. in die Fl., wobei die Muster an den Gegenständen haften bleiben, u. trocknet die Gewebe, Furniere usw. (**F. P. 1 040 537** vom 13/8. 1951, ausg. 15/10. 1953.) OPPERMANN. 8039

Institute of Paper Chemistry, Appleton, übert. von: **Sidney D. Wells,** Combined Locks, Wis., V. St. A., *Fasergewinnung aus Flachsstroh.* Das nach dem Entholzen gewonnene Werg (mit 70% Fasern) wird 48—96 Std. in NaOH (Konz. $<$0,15/n) von 27° gelegt, dann gebrochen, in W. aufgeschwemmt u. zentrifugiert. (**A. P. 2 641 541** vom 13/9. 1949, ausg. 9/6. 1953.) SALZMANN. 8051

J. R. Geigy Akt.-Ges. (Erfinder: **Jakob Bindler** und **Ernst Model**), Basel, Schweiz, *Quaternäre Phosphoniumverbindungen,* die zur Imprägnierung von *Wolle gegen Mottenfraß* u. zum Schutz gegen den Angriff durch andere schädliche *Insekten,* bes. bestimmte Käferlarven, dienen. Man läßt zu ihrer Herst. $(C_6H_5)_3P$ mit Halogenmethyläthern (I) unter Bldg. von Verbb. der Formel $A-(Y-Z)_n-CH_2-O-CH_2-P(X)\equiv(C_6H_5)_3$ reagieren, wobei A ein vorzugsweise mehrfach halogenierter aromat. Rest, Y O oder S, Z ein niedermol. Alkylenrest, n = 0 oder 1 u. X Halogen ist. Die allg. Formel von I ist: $A-(Y-Z)_n-CH_2-O-CH_2-X$. — Aus 2.4-Dichlorphenoxäthylchlormethyläther u. $(C_6H_5)_3P$ erhält man *2.4-Dichlorphenoxyäthylenoxymethyltriphenylphosphoniumchlorid,* $C_{27}H_{24}\cdot O_2Cl_3P$. — Analog werden dargestellt: *2.4.5-Trichlorphenoxyäthylenoxymethyltriphenylphosphoniumchlorid,* $C_{27}H_{23}O_2Cl_4P$. — *3.4-Dichlorphenylmercaptoäthylenoxymethyltriphenylphosphoniumchlorid,* $C_{27}H_{24}OSCl_3P$. — Man kann auch *2-* bzw. *4-Phenylphenoxyäthylenoxymethyltriphenylphosphoniumchlorid* chlorieren. — In weiteren Beispielen wird die Umsetzung von 3.4-Dichlorbenzylchlormethyläther bzw. von 3-Trifluormethyl-4-chlorphenoxyäthylchlormethyläther mit $(C_6H_5)_3P$ beschrieben. (**D. B. P. 913 774** Kl. 12o vom 3/7. 1952, ausg. 21/6. 1954. Anmeldung bekanntgemacht 19/11. 1953. Schwz. Priorr. 6/7. 1951, 6/3. u. 9/5. 1952.) BRÖSAMLE. 8061

Textile & Chemical Research Co. Ltd., St. Peter Port, Guernsey, England, übert. von: **Nicolas Drisch,** Paris, Frankreich, *Hochviscoses Cellulosexanthogenat* für Trockenspinnverfahren. Alkalicellulose (mit 30% Cellulose u. 15% NaOH) wird mit $>$ 35% CS_2 sulfidiert u. bei 2° in der Kugelmühle mit 1112 (kg) 3%ig. NaOH behandelt, gewalzt, mit 210 W. versetzt u. 2 Std. bei 0° geknetet; das Xanthogenat enthält 13% Cellulose. — Eine Viscose kann auch mit der gleichen Menge Aceton verrührt werden; hierbei bildet sich eine untere Schicht mit einem konz. Xanthogenat. (**A. P. 2 643 999** vom 16/2. 1951, ausg. 30/6. 1953. E. Prior. 11/8. 1950.) SALZMANN. 8075

Soc. An. Manufactures de Produits Chimiques du Nord, Établissements Kuhlmann, Paris, Frankreich, *Matte und spinngefärbte Kunstseide.* Man versetzt Viscose mit einer

Suspension des Mattierungs- oder Farbpigmentes, z. B. TiO_2, Küpenfarbstoffpigment, Ruß, in der wss. Lsg. eines Celluloseäthers (z. B. -glykolats) u. NaOH. (**Schwz. P. 295 003** vom 5/10. 1951, ausg. 16/2. 1954.) SALZMANN. 8075

Badische Anilin- & Soda-Fabrik Akt.-Ges., Ludwigshafen/Rh., *Veredeln von Textilien.* Man behandelt das Gut mit wss. Lsgg., die neben Aldehyden oder diese abgebenden Verbb. Salze aus starken Säuren u. aliphat. oder cycloaliphat. Aminen mit $>$ 5 C-Atomen enthalten. — Zu einer Lsg. von 20 (Teilen) Dodecylaminchlorhydrat in 200 W. setzt man 300 CH_2O-Lsg. (35% ig) zu u. behandelt mit der Lsg. *Viscosegewebe* 15 Min., worauf man abquetscht, bei 50° trocknet u. auf dem Spannrahmen oder der Zylindertrockenmaschine kurze Zeit bei 110° fixiert. Das Gewebe ist weich u. knitterfest. (**D. B. P. 907 287** Kl. 8k vom 14/12. 1934, ausg. 22/3. 1954.) MÖLLERING. 8075

Courtaulds Ltd. (Erfinder: **Frank Happey** und **Robert Louis Wormell**), London, England, *Vorbehandlung von Keratin mit einem Oxydationsmittel*, dad. gek., daß das Keratin in Ggw. von 2—20% $FeSO_4$ u. einer Säure (H_2SO_4) der Wrkg. von H_2O_2 unterworfen wird. Herst. von Fäden aus Lsgg. von z. B. Wollabfällen in NH_4OH. (**D. B. P. 906 007** Kl. 29b vom 9/10. 1951, ausg. 8/3. 1954. Anmeldung bekanntgemacht 28/1. 1954. E. Prior. 12/10. 1950.) SALZMANN. 8079

Antonio Ferretti, Mailand, Italien, *Herstellung von Caseinfäden oder -fasern*, dad. gek., daß die durch Verspinnen einer Caseinlsg. in einem Säure u. Salze enthaltenden Bad oder in zur Viscosekunstfädenherst. schon gebrauchten Bädern erhaltenen Fäden in einem oder mehreren ein oder mehrere neutrale Salze u./oder saure Salze enthaltenden Salzbädern, die unter den Ammoniumsalzen, Alkalisalzen u. Erdalkalisalzen ausgewählt werden, mit Zusatz von CH_2O im ersten Bad u./oder wenigstens in einem der nachfolgenden Bäder nachbehandelt werden. Der Zusatz von Al-Salzen zu den Nachbehandlungsbädern ist vorteilhaft. (**D. B. P. 905 418** Kl. 29 vom 26/2. 1938, ausg. 1/3. 1954. Anmeldung bekanntgemacht 14/1. 1954. It. Prior. 2/3. 1937.) SALZMANN. 8079

Courtaulds Ltd. (Erfinder: **Frank Happey** und **Robert Louis Wormell**), London, England, *Regenerierte Keratinfäden.* Wolle wird 48 Std. mit einer 2%ig. wss. Peressigsäurelsg. geschüttelt, ausgewaschen, in verd. NH_4OH gelöst, mit 2nH_2SO_4 leicht angesäuert u. nach dem Entlüften in W. gesponnen, das pro Liter 450 (g) $MgSO_4$ u. 150 Na_2SO_4 enthält; die Fäden werden um 100—300% gestreckt in einem Bad gleicher Zus. u. anschließend mit CH_2O gehärtet. (**E. P. 690 566** vom 5/7. 1950, ausg. 22/4. 1953.) SALZMANN. 8079

American Viscose Corp., V. St. A., *Verspinnen von Polyacrylnitril.* Eine 18%ig. Lsg. eines Acrylnitril-2-vinylpyridin (92 : 8%)-Mischpolymerisates in Dimethylacetamid (**I**) wird in einem 30° warmen, aus 65% **I** u. 35% W. bestehendem Bad versponnen. Der Faden wird zwischen Rollen, die in 83° heißes W. tauchen, gestreckt (290%), gewaschen, getrocknet u. durch ein mit Dampf geheiztes Rohr geführt u. in diesem nochmals gestreckt (225%). Nach dem Zwirnen läßt man den Faden in kochendem W. sich verkürzen. (**F. P. 1 000 338** vom 24/11. 1949, ausg. 11/2. 1952. A. Priorr. 27/11. 1948 u. 27/10. 1949.) WITTHOLZ. 8081

VEB Thüringisches Kunstfaserwerk „Wilhelm Pieck" Schwarza (Erfinder: **Paul Kümmel** und **Alfred Friederich**, Rudolstadt/Thür.), *Mattieren oder Färben von linearen Hochpolymeren mit Pigmenten beim Schmelzspinnverfahren.* Das stückige Spinngerät wird mit feinverteilten, in der Schmelze unlösl. Mattierungsmitteln oder Pigmenten gemischt, bis eine gleichmäßige Verteilung auf der Oberfläche der Stücke erreicht ist. — Man mischt z. B. 99,5 kg Polyamid aus Caprolactam in Form kleiner Stücke mit 0,5 kg TiO_2 3 Std. u. verspinnt aus dem Schmelzfluß unter O_2-Abschluß. Das Verf. kann auch bei Superpolyurethanen, Polyestern, Polyäthern, Polyacetalen, Polyäthylen-, -styrol, -acrylsäurederivv., -vinylverbb. u. schmelzbaren Cellulosederivv. angewandt werden. Statt der üblichen Pigmente können auch glanzmindernde Zusätze, wie Äthylenglykoldinaphthyläther oder chlorierte aromat. Verbb. angewandt werden. (**D. P. [DDR] 2 988** Kl. 29b vom 8/12. 1948, ausg, 12/1. 1953 [Wirtschaftspatent].) PANKOW. 8081

A. Bouron, Le Blanchissage du linge. Paris: Technique et Vulgarisation. (220 S.) fr. 900,—.

XIX. Brennstoffe. Erdöl. Mineralöle.

D. W. van Krevelen, *Fünfzig Jahre Steinkohlenchemie.* Übersicht über die petrograph. u. chem. Steinkohlenforschung der vergangenen 50 Jahre u. die neuzeitlichen Auffassungen über Entstehung u. Struktur der Steinkohle. (Chem. Weekbl. **49.** 781—94. 17/10. 1953.) WESLY. 8126

E. Stach, *Der Inkohlungssprung im Ruhrcarbon.* Im Gegensatz zu den *Vitriten* sind die *Durite* über u. unter einem Inkohlungssprung, der bei den Kohlen des Ruhrgebiets bei 29,5% flüchtigen Bestandteilen liegt, chem. grundsätzlich verschieden zusammengesetzt. Der Exinit unter dem Inkohlungssprung ist erheblich ärmer an Wasserstoff. Der chem. Unterschied berechtigt zusammen mit einem deutlichen petrograph. Unterschied dazu, von zwei verschied. Duritarten zu sprechen; für den Durit unterhalb des Inkohlungssprungs wurde der Name Metadurit vorgeschlagen. (Brennstoff-Chem. **34.** 353–55. 16/12. 1953. Krefeld, Amt für Bodenforschung.) F. SCHUSTER. 8126

D. B. Spalding, *Verbrennung von Brennstoffteilchen.* Vf. wendet eine früher (C. **1951.** I. 1548. 3442) entwickelte Theorie zur Berechnung der Verbrennungsgeschwindigkeiten fl. Brennstoffe, die durch freie oder erzwungene Konvektion in Gasströmungen brennen, auf die Verbrennung kleiner Öl- u. C-Teilchen an. Die Verbrennung geht hier unter Bedingungen vor sich, bei denen die Konvektion fehlt. Die Theorie wird auf die Fälle ausgedehnt, bei denen die Änderung der Wärmeleitfähigkeit mit der Temp. u. der Dissoziation der Verbrennungsgase zu berücksichtigen ist. Als Beispiele werden die Verbrennung von Kerosin u. diejenige eines C-Teilchens behandelt sowie die Verbrennung von festem u. fl. Brennstoff miteinander verglichen. Vf. untersucht die Wrkg. der Verhältnisse in Dieselmotoren u. Gasturbinen auf den Verbrennungsvorgang. Die Verbrennungsgeschwindigkeiten von Öltröpfchen u. C-Teilchen werden berechnet u. mit der für die Verbrennung in Motoren unter verschied. Bedingungen zur Verfügung stehenden Zeit verglichen, wobei sich befriedigende Übereinstimmung ergibt. (Fuel **30.** 121–30. Juni 1951. Cambridge, Univ., Dep. of Engng.) FREIWALD. 8128

E. Rammler und **E. Glöckner,** *Einfluß von Aschengehalt und Aschenart bei der Verfeuerung von Briketts in Zimmeröfen.* Erhöhter Aschengeh. von Braunkohlenbriketts durch Zusatz von Ton setzt ihre Festigkeit herab, vergrößert aber ihre Feuerstehkraft durch das sich bildende Aschengerüst. Die Nutzwärmeleistung fällt mit steigendem Tongeh. schneller als der Wirkungsgradabfall. (Bergakademie, Freiberger Forschungsh. Nr. **3.** Ausg. A. Nr. 1. 32–43. Juli 1951. Freiberg/Sa.) STEINER. 8136

Gerhard Lorenzen, *Restlose Vergasung.* (*Vergasung bituminöser Brennstoffe.*) Die Lösung der Frage der Steinkohlenvergasung brachte die Schwelvergasung von STRACHE, deren Wesen darin besteht, daß die Vorgänge der Entgasung u. Vergasung zwar in einem u. demselben Generator vorgenommen werden, aber räumlich u. zeitlich getrennt vor sich gehen. Ein solcher Schwelgenerator besteht aus dem üblichen Generator u. einem darauf gesetzten sehr hohen Schwelschacht. Der Schwelgenerator hat zwei Gasausgänge, einen an der Übergangsstelle des Vergasungsschachtes zum Schwelschacht, der andere oben am Schwelschacht. Etwa 50–60% des im unteren Schacht gebildeten Generatorgases wird als Klargas mit einer Temp. von 550–600° abgezogen. Es ist prakt. teerfrei. Die restlichen 40–50% werden als Spülgas durch den Schwelschacht geleitet. Sie entgasen durch ihre fühlbare Wärme die Kohle u. treten mit 100–150° aus. Durch die schonende Schwelung wird jede Spaltung vermieden, das Schwel-Spülgas-Gemisch enthält Höchstmengen an gas- u. dampfförmigen KW-stoffen u. dünnfl., pecharmen Urteer, der durch einen hohen Phenolgeh. bes. wertvoll ist. An Hand von Abbildungen verschied. Anlagen wird der Aufbau u. Betrieb von solchen Schwelgeneratoren für kleine u. große Anlagen zur Erzeugung von Kohlenschwachgas u. Kohlenwassergas beschrieben. Nebenher wird auf Kleingeneratoren für Schwelgas u. Blauwassergas aus Koks kurz hingewiesen. Das Kohlenwassergas kann auf den Gaswerken in verschied. Weise verwertet werden. Es kann dem Entgasungsgas als Streckgas beigemischt werden wie Blauwassergas aus Koks. Dabei ist der höhere Heizwert u. die geringe D. von Vorteil. Man kann auch die Kohlenwassergasanlagen für sich allein zur Stadtgaserzeugung verwenden. In diesem Falle muß der Heizwert des Gases durch Carburieren erhöht werden. Dies geschieht durch Aufspalten des eigenen Urteers u. von Fremdöl, z. B. Gasöl, wodurch ein Heizwert von 430 kcal je Nm^3 erreicht wird. Eine hierfür erforderliche Anlage wird als Fließbild wiedergegeben. Zur Carburierung des Gases kann auch Flüssiggas verwendet werden. (Neue Deliwa Z. **1954.** 178–183. 1/6. Bochum.) ROSENDAHL. 8140

H. Horsley, *Das Ölen von Kohle. Sechs Jahre Erfahrung in Stanton.* Der Zusatz von Öl zur Kokskohle bringt folgende Vorteile: Das Ausbringen an Koks u. Kohlenwertstoffen nimmt zu, ohne daß die Verkokungstemp. erhöht u. die Garungszeit verlängert werden muß. Durch eine Steigerung der Menge des umlaufenden Waschöls wird die Güte des Waschöls gesteigert. Die Horden bleiben frei von schlammigen Ablagerungen. Dadurch steigt auch der Wascheffekt, selbst wenn das Gasvol. zunimmt. Die Güte des Kokses wird gehoben. Der Abrieb ist nicht so groß, wenn auch die Unters.

in der MICUM-Trommel keine Änderung ergibt. Es scheint, daß die physikal. Beschaffenheit des Kokses gleichmäßiger ist. Die Ausbeute an Gas u. Teer nimmt zu, doch konnten keine festen Anhaltspunkte gegeben werden. Zunahme der Durchsatzmenge der Kohle. Die Ölkohle fließt leichter. An Nachteilen werden angeführt: Zunahme an Kohlenstaub u. an Kohlenstoffablagerungen im Ofengewölbe. Dieser Nachteil konnte durch Einblasen von Druckluft in das Gewölbe während dem Planieren behoben werden. Die Ölkohle wirkt zwar auf die Ofenmauern ein, jedoch nicht sehr erheblich. — Schrifttumsangaben. (Brit. Steelmaker **20.** 14—17. 21. Jan. 1954. Stanton, Stant. Eisenw. Co.) ROSENDAHL. 8142

A. Thau, *Hüttenkoks aus Braunkohle.* Das in der Ostzone erstmals im Großbetrieb eingeführte Verkokungsverf. zur Herst. von Hüttenkoks aus Braunkohle stellt eine Weiterentw. zum Teil schon viele Jahre zurückliegender Forschungsarbeiten u. Versuchsergebnisse dar, die an Hand einer Literaturübersicht gebracht werden. Die unterschiedlichen Vorgänge bei der Entgasung von Braun- u. Steinkohle werden gegenübergestellt u. gezeigt, welche Einflüsse sich bei der Entgasung von Feinkornbriketts aus Braunkohle in Abhängigkeit von den angewandten Entgasungstempp. geltend machen. Beschreibung des Verf. an Hand von schemat. Skizzen der zum Teil bereits im Betrieb befindlichen Ofenanlage zur Entgasung von Briketts. Der Brikettkoks kann nur an die Stelle der metallurg. Kokse treten bei solchen Hüttenverf. die an die Grobstückigkeit keine hohen Anforderungen stellen, während sonst der Koks in jeder anderen Hinsicht den gestellten Anforderungen entspricht. (Braunkohle, Wärme u. Energie **5.** 12—20. Jan. 1953.) K. O. MÜLLER. 8144

Friedrich Totzek, *Entwicklung der Kohlenstaubvergasung nach Koppers-Totzek und ihre Bewährung im Großbetrieb.* Syntheseverff. u. ihre Rohstoffgrundlage. Histor. Entw. der Staubvergasung. Hinweis auf die KOPPERS-Anlage in Louisiana, USA. Beschreibung der finn. Anlage der TYPPI OY, Betriebsergebnisse. (Brennstoff-Chem. **34.** 361—67. 16/12. 1953.) F. SCHUSTER. 8148

K. Traenckner, *Erzeugung von Gas aus nichtkokenden Kohlen. Arbeiten der Ruhrgas-AG über die Entgasung und Vergasung.* Vergasung von Staubkohle mit Luft auf Schwachgas nach dem Wirbelkammer- u. dem Schwingrohrverfahren. Vergasung von stückigem Brennstoff im ruhenden Bett mit Sauerstoff u. Wasserdampf unter Druck. Kontinuierliche Ent- oder Vergasung von Feinkohle mit Hilfe von festen Wärmeträgern ohne Anwendung von Sauerstoff. Kombination der Verff. zum Gaskraftwerk. (Ann. Mines Belgique **1953.** 241—56. März. Essen.) F. SCHUSTER. 8148

—, *Restlose Vergasung.* Nach geschichtlichem Rückblick über die Entw. der restlosen Vergasung in England, wird die TULLY-Anlage mit kombinierten vertikalen Retorten besprochen. Der Mangel an backender Kohle in England zwingt die Gaswerke nichtbackende Kohle derart zu verwenden, daß die in vertikalen Retorten entgaste Kohle dann restlos im TULLY-Generator vergast wird u. die beiden Gase — wobei das Gas aus der restlosen Vergasung noch carburiert werden kann — dann vereinigt werden. Zur Ausgleichung von Spitzenlasten soll das Verf. bes. geeignet sein. (Coke and Gas **1954.** 137—42. April.) K. O. MÜLLER. 8148

Eberhard Hinze, *Chemische Konstitution, physikalische und verbrennungstechnische Eigenschaften der Komponenten des Flüssiggases.* Tabellar. Zusammenstellung der Eigg. von Flüssiggasen (Äthan bis Butylen) mit Erläuterungen im Text. (Neue Deliwa Z. **1954.** 187—89. 1/6. Köln.) ROSENDAHL. 8162

N. Calvert, *Herstellung von konzentriertem Gaswasser in Dampf- und Flüssigkeitsphasenanlagen.* Bei den Dampfphasenanlagen wird das gesamte Gaswasser dest. u. der Dampf so rasch kondensiert, daß das Kondensat aus dem Restdampf noch keine wesentlichen Mengen an CO_2 aufgenommen hat. Bei Flüssigkeitsphasenanlagen wird das fl. Gaswasser so weit erhitzt, daß zwar wesentliche Mengen CO_2, aber nur wenig NH_3 ausgetrieben werden. Betriebsergebnisse für beide Arten von Anlagen. (Gas Wld. **139.** 192—94. 16/1. 1954. Nottingham.) F. SCHUSTER. 8164

G. Wunderlich, *Zusammensetzung und Auswaschung des Rohbenzols aus Kokereigas.* Berechnung der Gleichgewichte zwischen Waschöl u. Rohbenzol, wodurch bessere Übereinstimmung mit dem Betrieb erzielt wird als bei Zugrundelegung des Syst. Waschöl–Reinbenzol. Wenn die Gleichgewichtswerte in der Praxis nicht erreicht werden, so liegt dies daran, daß zwar die Absorption rasch erfolgt, dagegen die Diffusion des Bzl. von der Grenzfläche in das Innere des Waschöls langsam. Beide Stufen des Gesamtvorganges hängen von den gleichen Größen ab, doch überwiegt bei der Absorption der Einfl. der Temp., bei der Diffusion der Einfl. der Zähigkeit des fl. Mediums. (Brennstoff-Chem. **34.** 367—73. 16/12. 1953. Alsdorf.) F. SCHUSTER. 8170

Paul Struck, *Teer–Wasser-Emulsionen in Teergruben.* Die Unters. des Inhalts zweier Scheidegruben (eine in Betrieb, eine seit 2 Jahren außer Betrieb) ergibt, daß bei einer Gesamthöhe von 290 bzw. 270 cm der Fl. nur bis zu einer Höhe von ca. 40 bis 60 cm Teer mit einem Wassergeh. unter 10% vorliegt. Vf. erörtert die verschied. Ursachen, die die Trennung der Teer–W.-Emulsionen erschweren, u. berichtet auf Grund der Literatur über neuere Erfahrungen mit Maßnahmen mechan., therm. u. chem. Natur zur Verbesserung der Emulsionstrennung. (Gas- u. Wasserfach Ausg. Gas **91** 273—75. 15/11. 1950. Karlsruhe, TH, Gasinst.) R. K. MÜLLER. 8176

D. E. McFaddin, *Extraktion von Kondensaten durch Abkühlung.* Beschreibung der von der UNION OIL CO. OF CALIFORNIA in McKittrick erbauten Anlage zur Gewinnung von niedrigsd. KW-stoffen, z. B. Butan, Pentan u. Hexan, aus Naturgas durch Kühlung. Tabellar. Wiedergabe der Durchsatzzahlen u. Fließdiagramm. — Wirtschaftliche Betrachtungen. (Oil Gas J. **52.** Nr. 39. 78—80. 1/2. 1954. Union Oil Co. of California.) K. O. MÜLLER. 8186

Hans Wieseneder, *Bau und Entstehung der Erdöllagerstätten.* Zusammenfassender Vortrag über die derzeitigen Kenntnisse der Geologie der Erdöllagerstätten mit kurzen Angaben über die Bldg. u. Zus. des Erdöls. — 8 Schrifttumsangaben. (Schr. Ver. Verbreit. naturwiss. Kenntnisse Wien **93.** 1—26. 1952/53.) ROSENDAHL. 8188

—, *Genaue Überwachung des Katalysators verbessert Spaltverfahren in flüssiger Phase.* Beschreibung einer Versuchsapp. in der die Aktivität u. die Größenverteilung von Katalysatoren bei der Spaltung in der fl. Phase ermittelt werden können. Beschreibung der Arbeitsweise, App. u. Versuchsergebnisse. (Oil Gas. J. **52.** Nr. 52. 86—93. 3/5. 1954. American Cyanamid Co.) K. O. MÜLLER. 8196

L. P. Wenzell jr., R. G. Dressler und **H. R. Batchelder,** *Technische Reinigung von Synthesegas.* An Hand von Fließdiagrammen wird die Synthesegasreinigung einer Versuchsanlage beschrieben. Das Synthesegas wird durch Blasen von O_2 durch Koks gefüllte Generatoren erzeugt. CO_2 u. S-Verbb. werden aus den sauren Gasen zuerst bei 24—26 at (350—370 lbs./sq.in.) durch Diäthanolaminwäsche entfernt, anschließend wird H_2S durch Durchleiten durch einen Eisenoxydschwamm entfernt. Organ. S-Verbb. werden mit Hilfe von A-Kohle entzogen. Die letzte Feinreinigung benutzt ein erhitztes Gemisch von Eisenoxyd–NaOH. Bei einem täglichen Durchsatz von 2000000 cu./ft. Synthesegas mit 16—20% CO_2 u. 100 g S/100 cu./ft. wird ein Endgas erhalten, das nur noch 2—5% CO_2 u. weniger als 0,01 g S/100 cu./ft. enthält. — Analysenzahlen im Original. (Ind. Engng. Chem. **46.** 858—62. Mai 1954. Louisiana, Mo., U. S. Bur. of Mines.) K. O. MÜLLER. 8200

George Cohen, C. M. Murphy, J. G. O'Rear, Harold Ravner und **W. A. Zisman,** *Eigenschaften von aliphatischen Estern und deren Anwendung als Schmiermittel.* Auf die steigende Bedeutung der Esterschmieröle wird hingewiesen. Neue Verbb. werden synthetisiert u. wertvolle Schmiermittel aus verschied. Ausgangsprodd. entwickelt, z. B. aus Capron-, Pelargon-, Glutar-, Adipinsäure u. deren Methylverbb., Pimelinsäure u. Tricarballylsäure, verschied. Diolen, Propylen, Glykol, Triolen neben Glycerin. Ester aus Aconitsäure oder ähnliche Säuren die Thioätherverbb. enthalten, sind nicht stabil u. können auch nicht durch Alterungsschutzmittel stabilisiert werden. Etwa 28 wohldefinierte Antioxydationsmittel wurden bei Temp. von 175° auf Eignung geprüft u. die Temp. festgestellt, oberhalb derselben diese Mittel wirkungslos sind. Oberhalb 150° waren Phenyl-1-naphthylamin, Dialkylselenide, u. Phenothiazine wirksam. Die untersuchten Ester sollen Verwendung finden als Schmieröle für Maschinengewehre, Turbinenluftstrahlwerke u. für Hochtemperaturschmierfette. — Tabellen u. Literaturhinweise. (Ind. Engng. Chem. **45.** 1766—75. Aug. 1953. Washington, D. C., Naval Res. Labor.) K. O. MÜLLER. 8220

Antoine Vloerberghs, Belgien, *Bindemittel für Brennstoffe.* Zum Zusammenkleben von Brennstoffen dienen fl. oder feste Harze, Rohöl oder Pech, die aus den bei der Celluloseherst. anfallenden Sulfit- u. Sulfatablaugen gewonnen werden, gegebenenfalls in Mischung mit den Laugen. (**F. P. 58 164** vom 29/12. 1947, ausg. 29/9. 1953. Belg. Prior. 17/12. 1947. **Zusatz zu F. P. 876 513; C. 1943. I. 1239.**) B. SCHMIDT. 8137

Österreichische Stickstoffwerke Akt.-Ges. (Erfinder: **Max Naumann** und **Ferdinand Weinrotter**), Linz, *Herstellung von Wasserstoff–Kohlenoxydgemischen* aus fl. oder schmelzbaren Erdöl- oder Teerprodd. durch vollständige Verbrennung mit Luft, O_2 oder Gemischen von Luft u. O_2, gegebenenfalls in Anwesenheit von Wasserdampf. Die Umsetzungsprodd. dieser ersten Reaktionsstufe werden in einer zweiten Reaktionsstufe ohne wesentliche Abkühlung mit Industriegasen oder Erdgas zur Rk. gebracht. (**Oe. P. 178 625** vom 24/9. 1952, ausg. 25/5. 1954. **Zusatz zu Oe. P. 173 675; C. 1953. 8259.**) M. F. MÜLLER. 8149

M. W. Kellogg Co., Jersey City, N. J., übert. von: **Cruzan Alexander**, Jackson Heights, N. Y., und **George H. Palmer**, Fanwood, N. J., V. St. A., *Herstellung von wasserstoffreichen Gasgemischen.* In einer 1. Reaktionszone wird Dampf u. ein KW-stoff (z. B. CH_4) bei einer Temp. unter 1300° F in Ggw. eines fein verteilten Kontaktes (z. B. Ni, Fe) unter Beachtung eines niedrigen Mol.-Verhältnisses von Dampf zu CH_4 (nicht > ca. 1 : 1) zu H_2, CO u. C umgesetzt, während in einer 2. Reaktionszone der auf dem Kontakt niedergeschlagene C mit wenig O_2 zu CO verbrannt u. der Kontakt wieder in der 1. Reaktionszone benutzt wird; die in beiden Stufen erhaltenen Gase werden vereinigt. (**A. P. 2 618 542** vom 27/2. 1948, ausg. 18/11. 1952.) Demmler. 8153

Metallgesellschaft Akt.-Ges., Frankfurt/M. (Erfinder: **Oskar Dorschner**, Homburg v. d. H.), *Gewinnung eines methanreichen Gases und höherer Kohlenwasserstoffe und gegebenenfalls sauerstoffhaltiger Kohlenwasserstoffverbindungen* durch Hydrieren des in dem CH_4-haltigen Ausgangsgas enthaltenen CO, z. B. an Co oder Fe-Katalysatoren, um die Menge des aus dem (z. B. durch Druckvergasung erzeugten) Ausgangsgas hergestellten Stadtgases mit hohem Heizwert dem wechselnden Sommer- u. Winterbedarf anzupassen, ohne die Primärgaserzeugung über den wirtschaftlichen Bereich hinaus variieren zu müssen. Die Anpassung wird durch geeignete Veränderung folgender Faktoren erreicht: 1. Die Reaktionsbedingungen in der CO-Hydrierungszone werden auf mehr oder weniger hohe Bldg. fl. KW-stoffe eingestellt. 2. Hinter der CO- Hydrierungsstufe wird ein mehr oder weniger großer Teilstrom des CH_4-reichen Gases abgezweigt, das darin enthaltene CH_4 gespalten u. der Gasstrom in die CO-Hydrierungsstufe zurückgeleitet. 3. Die Menge des in die Druckvergasung u. bzw. oder die CH_4-Spaltung eingeführten Wasserdampfes u. bzw. oder CO_2 wird verändert. Die CH_4-Spaltung wird vorteilhaft mit reinem O_2 betrieben, um die Anreicherung von Inertgasen zu vermeiden. (**D. B. P. 901 052** Kl. 12o vom 1/1. 1949, ausg. 7/1. 1954.) Herold. 8157

Farbenfabriken Bayer Akt.-Ges., Leverkusen, *Waschen von Gasen*, z. B. *Hochofenabgasen*, indem diese auf- oder abwärts durch einen zylindr. oder kon. Raum geführt u. dabei von einem aufwärtsgerichteten Strahl einer Wasch-Fl. von lösl. Verunreinigungen u. Staub befreit werden. — Vorrichtung. (**E. P. 700 336** vom 14/9. 1951, ausg. 25/11. 1953. D. Prior. 6/10. 1950.) Demmler. 8165

Ammonia Casale Soc. An., Massagno, Tessin, und **Léon Jéquier**, Basel, Schweiz, *Entfernen von Schwefelwasserstoff aus Gasen* mittels einer Reinigungsmasse, die durch den Strom des zu reinigenden Gases in einem dichten fluidisierten Zustand gehalten wird u. im Gegenstrom zum Gas wenigstens 2 Fluidisationsstufen durchläuft, wobei kontinuierlich ein Teil abgezogen, regeneriert u. zurückgeführt wird. (**Schwz. P. 292 733** vom 23/1. 1951, ausg. 16/11. 1953.) Demmler. 8173

Byk-Gulden, Lomberg, Chemische Fabrik G. m. b. H., Deutschland, *Aufarbeitung von Tieftemperaturteeren der Braun- und Steinkohle, des Torfes, des Ölschiefers und von analogen Teeren.* Zur Entfernung der im Teer enthaltenen asphalt. sowie asphaltbildenden Substanzen behandelt man die aus der Entgasungsanlage entweichenden Teerdämpfe vor oder nach einer eventuellen Spaltung mit Katalysatoren (bestehend aus Hydroxyden, Oxyden oder Salzen von Metallen der Fe-Gruppe u. z. B. Ton, Porzellan, Koks, SiO_2-Gel als Träger) mit fl. Pech oder einem Teerkondensat, oder man entfernt die asphalt. Substanzen auf elektrostat. Wege. Die vom Asphalt befreiten Teerdämpfe kann man in ihrer Gesamtheit oder fraktioniert kondensieren. Die höhersd. Fraktionen (260—360°) behandelt man mit einem selektiven Lösungsm. (z. B. Methanol, A.) u. entphenoliert die phenolarme Schicht nach Entfernung des Lösungsm. u. Verdünnen mit Bzn. mit Alkalilauge. Das vom Bzn. befreite Mineralöl wird als Dieselkraftstoff verwendet. Die phenolreichen Schichten ergeben nach Abtrennung des selektiven Lösungsm. Heizöl, Imprägnieröl oder Hydrieröl. Die niedrigsd. Fraktionen werden entsprechend aufgearbeitet, ebenso das Gesamtkondensat, wenn keine Zerlegung in Fraktionen erfolgt. Die anfallenden Phenolatlaugen werden mit Bzn. von mittlerem u. solchem von niedrigem Siedebereich behandelt u. die Phenole mit CO_2 oder einem CO_2-haltigen Gase abgeschieden. (**F. P. 1 042 773** vom 9/3. 1951, ausg. 3/11. 1953.) Oppermann. 8179

Shell Development Co., Emeryville, übert. von: **Robert C. Castner** und **Raymond C. Archibald**, Berkeley, Calif., V. St. A., *Reinigung von Schieferöl* für die Spaltung, indem man es 1. mit 2—10 stöchiometr. Teilen HCOOH für jedes N-Atom, das im Schieferöl anwesend ist, behandelt, wobei der N-Geh. in der gereinigten Ölphase auf 0,4—0,9 Gew.-% sinkt dann 2. Extrakt- u. Raffinatphase trennt, 3. gelöste HCOOH aus der abgetrennten Raffinatphase gewinnt u. sie für weitere Extraktionen zurückleitet. Man gewinnt 4. die HCOOH aus der abgetrennten Extraktphase durch Dest. in Ggw. eines leichten, nichtaromat. KW-stoffes unter solchen Bedingungen, daß HCOOH u. Formiate in der Destillationszone unterhalb 165° gehalten werden. Man leitet sie für weitere Extraktionen zurück. — Zeichnung. (**A. P. 2 662 843** vom 25/5. 1951, ausg. 15/12. 1953.) UNGER. 8181

Standard Oil Development Co., übert. von: **Alvin C. Broyles**, Tulsa, Okla., V. St. A., *Korrosionsschutz in Lagertanks*, bes. für *Rohöl*. In dem Raum über der gelagerten Fl. wird bis zu 0,1—0,5 Vol.-% ein Nitroparaffin, wie Nitromethan, -äthan oder -propan, verdampft. — Vorrichtung. (**A. P. 2 639 971** vom 29/1. 1949, ausg. 26/5. 1953.) GRÄGER. 8191

Comp. Française de Raffinage, Paris, Frankreich, *Trennung der Bestandteile von Kohlenwasserstoffgemischen* in n-paraffin., isoparaffin. u. naphthen. KW-stoffe mit 12—18 C-Atomen, die aus Erdölfraktionen, synthet. KW-stoffen, Schiefer- oder Kohlenölen stammen. Man kühlt die Gemische fortschreitend auf —10 bis —80° oder noch niedriger in Ggw. eines einfachen oder gemischten Lösungsm. (z. B. Aceton-Dichloräthan 1:1), das bei diesen Tempp. als Nichtlöser für Paraffine u. als Löser für Naphthene wirkt, u. entfernt zuerst die n-Paraffine, dann die Isoparaffine, die auskristallisieren. — Zeichnung. (**E. P. 701 577** vom 14/7. 1950, ausg. 30/12. 1953. F. Prior. 15/7. 1949.) UNGER. 8193

Petrolite Corp., Wilmington, Del., übert. von: **Louis E. McDonald**, Houston, Texas, V. St. A., *Reinigen von Mineralölen* in Form einer Emulsion vom Wasser-in-Öl-Typ durch Einw. eines elektr. Feldes. Zur Erzeugung der Emulsion werden proportionierte Mengen des zu reinigenden Öles u. W. verwendet. Durch die elektr. Einw. wird die Emulsion gebrochen, wobei sich eine Öl-, eine Wasser- u. eine dazwischenliegende Schlammschicht bildet. In die Schlammschicht wird Wasserdampf eingeleitet, um diese zu beseitigen u. die Verunreinigungen in der wss. Schicht zu lösen. Vgl. Can. P. 485 493; C. **1953.** 3666. (**Can. P. 489 095** vom 3/5. 1944, ausg. 23/12. 1952.) M. F. MÜLLER. 8195

Petrolite Corp., Wilmington, Del., übert. von: **Francis D. Mahone**, Long Beach, Calif., V. St. A., *Reinigen von Mineralölen* durch Zuführung von W. unter Bldg. einer Emulsion, welche der Einw. eines elektr. Feldes ausgesetzt wird. Vgl. vorst. Referat. (**Can. P. 489 096** vom 5/5. 1944, ausg. 23/12. 1952.) M. F. MÜLLER. 8195

Petrolite Corp., Wilmington, Del., übert. von: **Delber W. Turner**, Houston, Texas, V. St. A., *Elektrische Mineralölreinigung* unter Bldg. einer wss. Ölemulsion, welche in fortschreitendem Arbeitsgang durch Zuführung von W. gebildet u. durch Einw. eines elektr. Feldes in W. u. Öl getrennt wird. — Zeichnung. Vgl. vorst. Referate. (**Can. P. 489 098** vom 2/1. 1947, ausg. 23/12. 1952. A. Prior. 25/1. 1946.) M. F. MÜLLER. 8195

Petrolite Corp., Wilmington, Del., übert. von: **Claudius H. M. Roberts**, Washington, Col., V. St. A., *Elektrische Mineralölreinigung* unter Bldg. einer Emulsion vom Wasser-in-Öl-Typ durch Zuführung von W. im ununterbrochenen Verf. u. durch Einw. eines elektr. Feldes auf die als Zwischenschicht gebildete Schlammschicht. — Zeichnung. Vgl. vorst. Referate. (**Can. P. 489 099** vom 9/8. 1947, ausg. 23/12. 1952.) M. F. MÜLLER. 8195

Petrolite Corp., Wilmington, Del., übert. von: **Richard W. Stenzel**, Palos Verdes Estates, Calif., V. St. A., *Elektrische Behandlung der bei der Trennung von Mineralölemulsionen vom Wasser-in-Öl-Typ auftretenden Schlammschichten* unter Rühren, wobei sich ein feinkörniges Schlammprod. ausscheidet, welches unter Verhinderung der Klumpenbldg. u. des Zusammenbackens abgetrennt wird. — Zeichnung. Vgl. vorst. Referate. (**Can. P. 489 100** vom 9/8. 1947, ausg. 23/12. 1952.) M. F. MÜLLER. 8195

Petrolite Corp., Wilmington, Del., übert. von: **Roderick B. Perkins jr.**, Houston, Tex., V. St. A., *Reinigen von Kohlenwasserstoffölen* mit chem. Mitteln. Zunächst werden mit einer wss. alkal. Lsg. die sauren Verunreinigungen, wie H_2S, Phenole, Naphthensäuren u. Mercaptane, herausgelöst. Dabei wird so stark gerührt, daß eine homogene Emulsion vom Wasser-in-Öl-Typ entsteht. Diese Emulsion wird danach einem elektr. Hochfrequenzfeld ausgesetzt, wobei eine Trennung der Emulsion in eine Wasser- u. eine Ölschicht stattfindet. — Zeichnung. Vgl. vorst. Referate. (**Can. P. 489 101** vom 28/6. 1948, ausg. 23/12. 1952.) M. F. MÜLLER. 8195

Petrolite Corp., Wilmington Del., übert. von: **Claudius H. M. Roberts**, Washington, Columbia, V. St. A., *Reinigen von Roherdölen*, welche neben den üblichen Verunreinigungen nur wenig W. enthalten, z. B. von Pipe-line-Ölen, durch Zusatz von W. unter Bldg. einer Emulsion, welche einem elektr. Hochfrequenzfelde ausgesetzt wird. Dabei findet eine Trennung des gereinigten Öles von dem W. statt. Das W. wird teilweise für weitere Ölreinigung wiederverwendet. — Zeichnung. Vgl. vorst. Referate. (**Can. P. 489 102** vom 21/1. 1949, ausg. 23/12. 1952.) M. F. MÜLLER. 8195

Houdry Process Corp., Philadelphia, Pa. (Erfinder: **John William Barker**, Darien, Conn.), V. St. A., *Regenerieren von Katalysatoren* der *Crack-* oder *Reformierverfahren.* Der verunreinigte, aus Aktivton oder dgl. bestehende, zweckmäßig etwas abgekühlte Katalysator wird im Gegenstrom zu dem O_2-haltigen Regeneriergas von oben nach unten durch den Regenerierofen geführt, der 2 oder mehr getrennte Verbrennungszonen enthält. Jeder Zone wird die Verbrennungsluft oder dgl. getrennt zugeführt u. das gebildete gasförmige Verbrennungsprod. prakt. ganz aus ihr entfernt, z. B. dadurch, daß von oben nach unten der Gasdruck in den einzelnen Zonen derart zunimmt, daß der Ablaßdruck der Verbrennungsgase jeweils gleich dem Einlaßdruck der vorgehenden Zone ist. Die Abkühlung des Katalysators vor Erreichen der 1. Verbrennungszone erfolgt unterhalb der Ableitungsstelle für die Abgase dieser Zone durch indirekten Wärmeaustausch; die Temp. der 1. Zone wird so geregelt, daß sie unterhalb der in einer der folgenden Zonen liegenden Regeneriertemp. liegt, wobei der Maximalwert zweckmäßig in der 2. Zone erreicht wird. Die Temperaturregelung kann dadurch erfolgen, daß die Temp. der O_2-haltigen Regeneriergase entsprechend niedriger ist als die Temp. des Katalysators in der betreffenden Zone. (**D. B. P. 885 697** Kl. 12o vom 20/5. 1951, ausg. 6/8. 1953.) HEROLD. 8197

—, Il petrolio. Ciclo di conferenze „Ascanio Galletti" tenute presso l'Istituto di Chimica Fisica dell'Università di Firenze. Firenze: S. E. S. 1953. (VIII + 252 S. m. Abb.) L. 1800,—.

XXI. Leder. Gerbstoffe.

C. W. Beebe, W. S. Kip, W. F. Happich und **J. S. Rogers**, *Untersuchungen über Canaigre.* 11. Mitt. *Canaigrewurzelgerbstoff ergibt brauchbares Leder.* (9. vgl. C. **1951**. II. 1992.) Ausgeführte Praxisgerbverss. in einer Gerberei an 20 Croupons, die zur Hälfte nach einer üblichen Arbeitsweise u. zur anderen Hälfte mit einer Canaigre–Kastanien–Quebracho-Mischung (50:25:25) gegerbt wurden, haben gezeigt, daß die mit dem Canaigregemisch gegerbten Stücke mit den anderen etwa gleichwertig waren. Tragverss. u. zahlreiche sonstige Teste, Festigkeitsmessungen usw. haben weiter ergeben, daß zwischen den erhaltenen Ledern prakt. kein Unterschied besteht. (J. Amer. Leather Chemists Assoc. **49**. 228—36. März 1954. Philadelphia, Pa., Eastern Reg. Res. Labor.) H. G. FRÖHLICH. 8336

T. C. Mullen, *Versuchslederfärberei.* Ausführliche Beschreibung kleiner Laboratoriumsapparate an Hand von Abbildungen zum Färben, Trocknen u. Zurichten von Leder. (Leather Trades' Rev. **112**. 70—73. 14/4. 1954.) H. G. FRÖHLICH. 8340

—, *Methoden zur Analyse pflanzlicher Gerbmaterialien.* Es wird eine Zusammenstellung einer Anzahl von Methoden der AMERICAN LEATHER CHEMISTS ASSOCIATION zur Analyse von pflanzlichen Gerbmaterialien gegeben. (J. Amer. Leather Chemists Assoc. **49**. 174—207. März 1954.) H. G. FRÖHLICH. 8340

VEB Fettchemie und Fewa-Werk (Erfinder: **Friedrich Schmitt** und **Alfred Jeremias**), Chemnitz, *Haltbarmachen von Blößen.* Die enthaarten Felle oder Häute werden mit niederen organ., bes. aliphat. Säuren behandelt, welche ganz oder teilweise mit NH_4OH neutralisiert sein können, gegebenenfalls in Ggw. von NH_4-Salzen anderer Säuren [z. B. $(NH_4)_2SO_4$, NH_4Cl] u. Fettalkoholsulfonaten oder sonstigen säure- u. salzbeständigen Netzmitteln. Danach werden die Felle oder Häute getrocknet. — Z. B. behandelt man 100 kg in üblicher Weise geschwödete, geäscherte u. entkalkte Kalbsblößen 3—6 Tage mit einer Fl. von folgender Zus.: 150% W., 3 Kühlerwasser aus der Paraffinoxydation (mit NH_4OH auf p_H 3,8 eingestellt), 20 $(NH_4)_2SO_4$, 0,5% Na-Salz des H_2SO_4-Esters der aliphat. Alkohole mit 4—9 C-Atomen, sogenanntes Vorlaufalkoholsulfonat. Die %-Angaben beziehen sich auf das Blößengewicht. Das Zurückführen derartig haltbar gemachter enthaarter Felle oder Häute in den ursprünglichen Blößenzustand bereitet keinerlei Schwierigkeiten. (**D. P. [DDR] 1 896** Kl. 28a vom 23/7. 1944, ausg. 2/10. 1952 [Wirtschaftspatent].) OPPERMANN. 8335

Tanoplastics Research Ltd., England, *Behandlung von Häuten und Fellen.* Zur Verbesserung der Abrieb- u. Zugfestigkeit, der Wasserbeständigkeit sowie Schmiegsamkeit werden diese Stoffe mit Polyäthylenen (**I**), deren F. zwischen 85 u. 115° liegt, in der Wärme behandelt; auch können noch Fette, Wachse u. dgl. zugesetzt werden. Die Behandlung kann mit Lsgg., Dispersionen oder in der Schmelze erfolgen. (**F. P. 1 014 331** vom 5/11. 1946, ausg. 13/8. 1952. E. Priorr. 4/9. 1945 u. 4/9. 1946.) WITTHOLZ. 8335

VEB Fettchemie und Fewa-Werk (Erfinder: **Friedrich Schmitt**), Chemnitz, *Gerben von Blößen mit basischen Aluminiumsalzlösungen.* Die Blößen werden zunächst mit einem Gemisch von reinem Fettalkoholsulfonat (**I**) u. CH_2O-Lsg. oder **I**, Öl (Spermöl, Tran usw.) u. CH_2O-Lsg. u. dann mit einem Gemisch von wss. Al-Salzlsg. u. techn. Abfallsäuren der Paraffinoxydation (Kühlerwasser, Oxydatwaschwasser) behandelt. — Z. B. werden die Blößen nach dem Beizen kurz gespült u. dann ein Gemisch von 6—10 (%) **I** (33% Fettalkoholgeh.), 1—3 CH_2O-Lsg. (40%ig), bezogen auf Blößengewicht, in 2 Std. in die Blößen eingewalkt. Danach werden sie mit einer Lsg. von 4 (%) Al-Sulfat in der gleichen Menge W. u. 2 Kühlerwasser (30%, gerechnet auf Essigsäure), bezogen auf das Blößengewicht, behandelt. Nach einer weiteren Walkdauer von 1—2 Std. ist die Gerbung beendet, u. die Leder werden dann 1—2 Tage über den Bock gelegt, langsam getrocknet u. wie üblich zugerichtet. Nach diesem Verf. kann man z. B. Kaninchenfelle auf Futterleder, Schaffelle auf Futter u. Bekleidungsleder verarbeiten. (**D. P. [DDR] 1842** Kl. 28a vom 29/2. 1944, ausg. 20/8. 1952 [Wirtschaftspatent]. **Zusatz zu D. P. [DDR] 1472; C. 1954. 2539.**) OPPERMANN. 8337

VEB Fettchemie und Fewa-Werk (Erfinder: **Friedrich Schmitt** und **Rudolf Mauderer**), Chemnitz, *Gerben von Pelzfellen.* Die Felle werden einer Vorgerbung mit CH_2O unterzogen u. dann mit einer Al-Salzlsg. unter Zusatz von Kühlerwasser aus der Paraffinoxydation (ganz oder teilweise neutralisiert) u. Fettalkoholsulfonat fertig gegerbt. — Z. B. werden wie üblich geweichte u. entfleischte Kaninpelzfelle mit 500 bis 700 (%) W. von 22—28° u. 3 40%ig. CH_2O-Lsg. (bezogen auf Gewicht entfleischter Felle) vorgegerbt. Die Zugabe der CH_2O-Lsg. erfolgt portionsweise in 2 Std. unter Zusatz von so viel Na_2CO_3, daß das p_H der Flotte 8—9 ist. Nach weiteren 4 Std. bringt man die abgetropften Felle in folgendes Bad: 500—700 (%) W. von 22—28°, 10 Kühlerwasser (30%ig, berechnet auf Essigsäure), 10 NH_4- oder K-Alaun oder 7,5 Al-Sulfat u. 2,5 Fettalkoholsulfonat (33% Fettalkoholgeh., Kettenlänge 8—18 C-Atome). Die %-Angaben beziehen sich auf Gewicht der entfleischten Felle. Bei Verwendung von Al-Sulfat oder K-Alaun kann man noch 2,5—5% $(NH_4)_2SO_4$ zugeben, um eine vollständige Fixierung des CH_2O zu erreichen. Man erhält auf diese Weise gut waschbare Felle mit wattigem, geschmeidigem Leder ohne Anwendung einer Chromgerbung. (**D. P. [DDR] 1904** Kl. 28a vom 13/7. 1944, ausg. 15/9. 1952 [Wirtschaftspatent].) OPPERMANN. 8337

Böhme Fettchemie G. m. b. H., Düsseldorf, *Gerbstoffe für tierische Häute und Felle,* bestehend aus den Anlagerungsprodd. von Alkylenoxyden, bes. Äthylenoxyd, an Verbb. der allg. Formel $R\cdot(SO_2\cdot NH_2)_n$, worin R einen aliphat., cycloaliphat., aromat. oder fettaromat. Rest von wenigstens 10 C-Atomen bedeutet. n = 1 u. höher. Hierzu gehören bes. alkylierte Naphthalinmono- oder -polysulfonsäureamide, Alkylbenzolsulfonsäureamide. — Genannt sind die Anlagerungsprodd. von 8—12 Mol Äthylenoxyd an Dodecylbenzol- oder Hexadecylbenzolsulfonsäureamid, ferner von 6—18 Mol Äthylenoxyd an Naphthalindi- oder -trisulfonsäureamid oder von 6—12 Mol Propylenoxyd an Dodecyl- oder Octadecenylsulfonsäureamid. (**Oe. P. 178 686** vom 24/11. 1951, ausg. 10/6. 1954. D. Prior. 24/2. 1951.) M. F. MÜLLER. 8337

Arthur Viertel, Greiz, Thür., *Herstellung von Textil- und Lederhilfsmitteln,* bes. Schmälz- u. Lederpräparationsmitteln, durch Umsetzung höhermol. Alkylsulfochloride, welche z. B. durch Sulfochlorierung von KW-stoffen mit 10—20 C-Atomen im Mol. erhältlich sind, mit wss. NH_3 unterhalb 50°, bes. 30—40°. (**D. P. [DDR] 2252** Kl. 12o vom 27/7. 1951, ausg. 12/11. 1952 [Wirtschaftspatent].) M. F. MÜLLER. 8339

VEB Fettchemie und Fewa-Werk (Erfinder: **Friedrich Schmitt** und **Alfred Jeremias**), Chemnitz, *Herstellung fettgarer Leder.* Die in der Wasserwerkstatt wie üblich vorbehandelten Blößen werden zunächst mit niederen aliphat. Carbonsäuren bei Ggw. von NH_4- oder Aminsalzen behandelt u. getrocknet. Dann werden die für die Fettgerbung üblichen Fette, Öle, hochmol. aliphat. KW-stoffe oder Gemische dieser Stoffe in die Blößen eingearbeitet. — Z. B. werden vorbehandelte, mit Pankreasenzym gebeizte Rindshäute, welche gegen Phenolphthalein neutral reagieren, 10 Tage mit einer Brühe von folgender Zus. behandelt: 150 (%) W. von 25°, 3 Kühlerwasser aus der Paraffinoxydation, welches vorher bis zu einem p_H von 3,5 mit NH_4OH neutralisiert wurde (Säuregeh. auf Essigsäure berechnet ca. 30%), 20 $(NH_4)_2SO_4$ u. 0,5 Fettalkoholsulfonat (hergestellt aus Fettalkoholen mit 8—10 C-Atomen, 33% Fettalkoholgeh.). Die %-Angaben beziehen sich auf das Gewicht der gebeizten Blößen. Man erhält Leder von außerordentlicher Zähigkeit u. Zugfestigkeit ohne Anwendung von Mehl. (**D. P. [DDR] 1838** Kl. 28a vom 4/6. 1944, ausg. 8/9. 1952 [Wirtschaftspatent].) OPPERMANN. 8339

XXIV. Photographie.

A. Hautot, *Der Entstehungsprozeß des latenten Bildes.* Vf. unterzieht die derzeit diskutierten Theorien über die Entstehung des latenten Bildes einer krit. Überprüfung. Er stellt zwei hypothet. Möglichkeiten (Schema) für den Primärvorgang bei der Aufnahme von Lichtquanten durch einen AgBr-Kristall speziell in Ggw. eines Sensibilisierungsfarbstoffes zur Diskussion. Wie aus dem Auftreten der Photoleitfähigkeit geschlossen wird, ist die Übertragung der Aktivierungsenergie auf das AgBr-Korn als Primärvorgang anzusehen. Bzgl. der Ionenbeweglichkeit im AgBr-Gitter wird gesagt, daß die F-Zentren verschieden schnell reagieren können: Relativ langsam durch therm. Diffusion u. extrem schnell durch Elektronenaustausch. Vier Typen von Reifkeimen sind theoret. möglich. Die Reifkeime entstehen im wesentlichen durch Störungen im Kristallgitter. Sensibilisierungszentren geometr. Natur entstehen offenbar am Ende der physikal. Reifung. Die chem. Reifung übernimmt die Aufgabe, sie wirksam zu machen. Die Natur der latenten Bildkeime wird diskutiert. Mit Hilfe der bestehenden Theorien können noch keine sicheren Angaben über die Entstehung des latenten Bildes gegeben werden. — 11 Literaturangaben. (Bull. Soc. roy. Sci. Liège **20.** 249—70. April 1951. Lüttich, Univ., Labor. de Phys. Gén.) W. GÜNTHER. 8594

F. A. Hamm und **J. J. Comer,** *Elektronenmikroskopische Untersuchungen photographischer Körner: Objektpräparationstechnik.* (Sitzungsbericht.) Beschreibung neuer Objektpräparationsverff. für elektronenmkr. Unterss. des latenten Bildes in photograph. Emulsionen. Die Körner selbst sowie nach verschied. Methoden gewonnene Abdrucke derselben liefern nur unzureichende Information, dagegen bildet der Silber-Gelatine-Komplex, welcher in vielen photograph. Schichten eine dichte Hülle um die Silberhalogenidkörner bildet, ein aufschlußreiches elektronenmkr. Objekt. (J. appl. Physics **24.** 111. Jan. 1953. Easton, Pa., Gen. Aniline and Film Corp.) LENZ. 8594

P. Faelens und **P. de Smet,** *Über die Entstehung des latenten Bildes durch gleitenden Druck und seine Beeinflussung durch eine Nachbelichtung.* Vff. untersuchen den Einfl. von Druck auf photograph. Emulsionen. Ein mit einer Gelatineschutzschicht versehenes Stück Film wird mit einem Druck von 1300 kg/cm² belastet, in einem Sensitometer belichtet u. anschließend entwickelt. Als Oberflächenentwickler diente Glycin ohne Sulfit, zur Entw. des internen latenten Bildes wurde mit 0,2%ig. Chromsäurelsg. behandelt u. mit einem Metol-Hydrochinonentwickler entwickelt, der 20 g Hyposulfit im Liter enthielt. Die Verss. wurden mit grobkörnigen unsensibilisierten Emulsionen durchgeführt. — Das Oberflächenbild wird durch Druck desensibilisiert. Beim internen latenten Bild wird sowohl Sensibilisierung als auch Desensibilisierung beobachtet. Bei Belichtung mit schwacher Lichtquelle tritt eine Empfindlichkeitssteigerung ein. Bei Belichtung mit starker Intensität wird bei großen Dichten ein Empfindlichkeitssteigerung beobachtet, während bei niedrigen Dichten eine Desensibilisierung festgestellt wird. Im allg. wird die Desensibilisierung durch Druck mit Verlängerung der Entwicklungszeit aufgehoben. — Der Desensibilisierungsmechanismus durch Druck wird diskutiert. Der Einfl. von Druck auf externe u. interne Empfindlichkeit ist anscheinend nicht an die Ggw. von Ag gebunden, das sich im Kristallinnern durch den Druck gebildet hat. Es wird vielmehr angenommen, daß sich im Bromsilberkorn Empfindlichkeitskeime bilden, die wahrscheinlich von der Bldg. neuer Anionenleerstellen abhängig sind. (Sci. Ind. photogr. [2] **25.** 178—88. Mai 1954. Mortsel-Anvers, S. A. Photo-Produits Gevaert, Labor. de Rech.) W. GÜNTHER. 8594

Albert Steigmann, *Reaktionen an der Oberfläche der Silberhalogenide: Einige Erinnerungen.* Vf. bringt eine kurze Zusammenstellung der Versuchsergebnisse von Arbeiten aus früheren Jahren über folgende Themen: Bldg. von unlösl. Ag-Salzen mit Aminosäuren, Bldg. von Komplexen zwischen Ag- oder anderen Metallsalzen mit Proteinen, die Rolle der Desensibilisatoren als Elektronenacceptoren, der Einfl. von *Thiosulfaten* auf die OSTWALD-Reifung, Verdrängungs-Rkk., red. wirkende Aldehyde in der Gelatine u. ihre Rk. mit Aminosäuren. — 38 Literaturangaben. (Sci. Ind. photogr. [2] **25.** 190—95. Mai 1954. Stoneham, Mass.) W. GÜNTHER. 8596

Chr. Winther, *Eine Chromatgelatine-Interferenzplatte. Herstellung, Eigenschaften und Theorie.* Vf. stellt Unterss. mit der Interferenzplatte nach CHRISTENSEN an. 3 g *Gelatine* werden in 50 cm³ W. ausgeschmolzen u. mit 5 cm³ A. versetzt. Hierzu wird eine Mischung von 6 cm³ W. u. 12,2 cm³ der Lsg. von 5 g *Ammoniumbichromat,* 3 cm³ NH_4OH (D. 0,9) in 100 cm³ W. gegeben. Bei 30—40° werden Glasplatten mit der Chromatgelatinelsg. beschichtet (2,8 cm³ auf eine 9×12-Platte). Es werden spezif. Gewicht u. Brechungsexponenten (für verschied. Wellenlängen) von Gelatine u. Chromatgelatine bestimmt. Die Quellung der belichteten Chromatgelatine in W. u.

$AgNO_3$-Lsg. wird gemessen u. der Geh. an gehärteter u. ungehärteter Gelatine sowie die aus dem Chromat entstandene Menge Cr_2O_3 quantitativ bestimmt. 36 verschied. Interferenzplatten, die sich durch Herst., Alter u. Schichtdicke unterscheiden, sind mit ihren Eigg. in einer Tabelle zusammengestellt. Vf. gibt eine Erklärung für die Entstehung der Interferenzfarben u. leitet Formeln ab, mit deren Hilfe sich die Verteilung von AgBr in der Schicht berechnen läßt. (Trans. Dan. Acad. techn. Sci. **1953.** Nr. 5. 5—56.) W. GÜNTHER. 8600

Chr. Winther, *Eine Chromatgelatine-Interferenzplatte. Behandlung mit Wasser und Wasserdampf. Messung der Erniedrigung des Dampfdruckes.* Die Interferenzplatte nach CHRISTENSEN (vgl. vorst. Ref.) ändert durch Behandlung mit W. oder Wasserdampf ihre Farbe. Hierbei quillt die Gelatineschicht verschieden stark, wobei sich die Extinktion nach längeren Wellenlängen hin verschiebt. Auf diese Weise kann man mit Hilfe der Interferenzplatte über Absorptionsmessungen sehr kleine Änderungen im Dampfdruck bestimmen. (Trans. Dan. Acad. techn. Sci. **1953.** Nr. 6. 3—14.) W. GÜNTHER. 8600

E. W. Hellendoorn, *Die Herstellung von neuzeitlichen photographischen Negativen.* Übersicht über die bei der Herst. von photograph. Negativen wirksamen Faktoren, die Entw. der Chemie der Sensibilisatoren, die Beziehungen zwischen Struktur u. Sensibilisierung, die Hypersensibilisierung, die Sensibilisierung mit Au-Salzen, die Stabilisierung u. die photograph. wirksamen Stoffe in der Gelatine. — 27 Literaturangaben. (Chem. Weekbl. **50.** 1—13. 2/1. 1954. N. V. Lijm- en Gelatinefabriek „Delft".) WESLY. 8604

Edwin Mutter, *Stand und Probleme der Entwicklungstechnik.* Vf. behandelt Fragen der photograph. Entwicklungstechnik unter bes. Berücksichtigung der Feinkornentwicklung, der empfindlichkeitssteigernden Entw. u. der Schnellentwicklung. Auf die von KENDALL entdeckte neue Entwicklersubstanz, das *1-Phenyl-3-pyrazolidon* (*Phenidon*), wird bes. hingewiesen. — 13 Literaturangaben. (Photogr. Korresp. **90.** 8—10. 1954. Hamburg.) W. GÜNTHER. 8618

Eugen Bamann, Ernst Link, Elsa Ullmann und **Anton Detter,** *Über eine neue Reaktion am Naphthionsäuremolekül.* (Vgl. C. **1953.** 4151.) Vff. untersuchen den Verlauf der Autoxydation von Naphthionsäure in Ggw. von $NaHSO_3$ (vgl. C. **1954.** 1950) in Abhängigkeit von Temp. u. $NaHSO_3$-Konzentration. Das Reaktionsprod., das stark reduzierende Eigg. aufweist, wird colorimetr. mit Phosphormolybdänsäure bestimmt u. mit der sich äußerst ähnlich verhaltenden 1-Amino-2-oxynaphthalin-6-sulfonsäure verglichen. Es wird nachgewiesen, daß die untersuchte Autoxydation in Ggw. von $NaHSO_3$ nichts mit der BUCHERER-Rk. gemein hat, die bekanntlich, im Gegensatz zur ersteren Rk., sehr hohe $NaHSO_3$-Konzz. erfordert u. von O_2 nicht beeinflußt wird. (Chem. Ber. **85.** 852—57. 14/10. 1952. München, Univ., Inst. für Pharmazie u. Lebensmittelchem.) PRACEJUS. 8618

Ciba Akt.-Ges. (Erfinder: **Carlo Rossi**), Basel, Schweiz, *Lichtempfindliche Schichten für Registrierverfahren.* Filme aus Celluloseestern oder Cellulosehydrat werden mit Lsgg. sensibilisiert, die Fe-Komplexsalze (**I**) u. Ag-Verbb. (**II**) enthalten. Nach der Belichtung wird mit unstabilen Ag-Salzlsgg. (**III**) entwickelt, wobei kornfreie Aufzeichnungen entstehen. Als **I** werden z. B. organ. u. anorgan. Fe(III)-Komplexsalze verwendet, wie Fe(III)-Ammoniumsulfat, u. Komplexsalze mit Carbonsäuren, wie Hexaacetohydroxotriferriacetatnitrat, Ferriammoniumoxalat, $\varkappa$-Diglykolatoferriat, Na-Dilactatoferriat u. $\varkappa$-Disalicylatoferriat, als **II** kommt hauptsächlich $AgNO_3$ in Frage, als **III** $AgNO_3$-Lsgg., die eine schwache Säure, wie Citronensäure, u. eine Entwicklersubstanz, wie Metol, enthalten. (**D. B. P. 896 294** Kl. 57b vom 28/3. 1951, ausg. 12/11. 1953. Schwz. Priorr. 6/4. 1950 u. 20/3. 1951.) KALIX. 8601

Agfa, Akt.-Ges. für Photofabrikation (Erfinder: **Edith Weyde** und **Alfred Miller**), Leverkusen, *Verbessertes Silbersalzdiffusionsverfahren.* Auf die Bildempfangsschicht werden 2 verschied. (positive oder negative) Aufzeichnungen, gegebenenfalls nach längerem Zeitabstand übertragen u. gegebenenfalls in verschied. Tönen entwickelt. Das Verf. wird bes. zur Eintragung von Ergänzungen u. Änderungen in Tabellen u. Plänen verwendet. Es können dazu auch mehrfarbige Vorlagen verwendet u. auf die Aufnahmeschicht kopiert oder aufgenommen werden; diese muß dazu für verschied. Spektralbereiche sensibilisiert sein. (**D. B. P. 899 901** Kl. 57b vom 26/7. 1951, ausg. 17/12. 1953.) KALIX. 8601

E. I. du Pont de Nemours & Co., Wilmington, Del., übert. von: **Harry McAlpine** und **Herman Frederick Hoerig,** Grand Island, N. Y., V. St. A., *Reinigung von Celluloseacetatfilmen.* Die Filme werden in einer besonderen Vorr. auf beiden Seiten mit W. oder einer wss. Reinigungslsg. so kurze Zeit befeuchtet, daß nur die beiden Oberflächen, nicht der Film in seiner ganzen Dicke angequollen wird. Darauf wird die Fl. abgestrichen, der Film oberflächlich getrocknet u. der Vorgang gegebenenfalls mehrfach wiederholt. (**A. P. 2 634 221** vom 13/7. 1948, ausg. 7/4. 1953.) KALIX. 8603

Klimsch & Co. (Erfinder: **Ernst Schumacher**), Frankfurt/M., *Auftragen von Schichten auf ebene Flächen.* Die Oberfläche des zu beschichtenden ebenen Körpers, z. B. einer *Flachdruckplatte* aus Metall, Glas oder Kunststoffen, wird unmittelbar vor dem Auftragen der schichtbildenden Lsg. durch Aufblasen von Warmluft aus einem relativ zur Platte beweglichen Verteiler auf die Temp. der Lsg. gebracht. (**D. B. P. 909 177** Kl. 57b vom 27/11. 1951, ausg. 15/4. 1954.) KALIX. 8603

Kodak Akt.-Ges., Stuttgart (Erfinder: **Charles Kenneth Mees**, Rochester, N.Y., V. St. A.), *Übersensibilisierung.* Als Grundsensibilisator wird ein von Benzthiazol oder Benzselenazol abgeleitetes, in meso-Stellung bes. durch CH_3- oder C_2H_5-Gruppen substituiertes Carbocyanin, als Übersensibilisator ein in meso-Stellung substituiertes 6.7;6'.7'-Dibenzothiocarbocyanin verwendet. Beispiel: 1.1'-Dimethyl-meso-äthylthiocarbocyaninjodid + 1.1'-Diäthyl-meso-methyl-6.7;6'.7'-dibenzothiocarbocyaninchlorid. (**D. B. P. 887 907** Kl. 57b vom 1/4. 1937, ausg. 27/8. 1953.) KALIX. 8605

Agfa, Akt.-Ges. für Photofabrikation, Leverkusen, *Sensibilisatoren.* Verwendet werden asymm. *Lepidocarbocyanine*, in denen der Lepidinring durch ein oder mehrere Halogenatome substituiert ist. Sie sind bes. für panchromat. Sensibilisierung von Emulsionen auf Papier geeignet, da sie in den angewandten Mengen von 5—40 mg auf 1 Liter

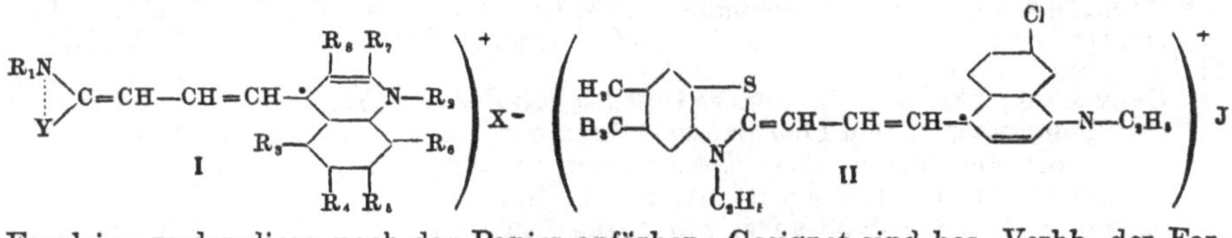

Emulsion weder diese noch das Papier anfärben. Geeignet sind bes. Verbb. der Formel **I.** In dieser bedeuten Y ein S- oder Se-Atom sowie die zur Bldg. eines in der Cyaninchemie üblichen heterocycl. Ringes nötigen Atome; R_1 u. R_2 gleiche oder verschied. Alkyl-, Aryl- oder Aralkylgruppen, R_3 bis R_8 ein oder 2 gleiche oder verschied. Halogenatome u. X einen negativen Rest. Beipiel vgl. **II.** Absorptionsmaximum: 665 mμ, Sensibilisierungsmaximum: 720 mμ, Sensibilisierungsbereich: 590—740 mμ. (**D. B. P. 888 046** Kl. 57b vom 4/8. 1943, ausg. 27/8. 1953.) KALIX. 8605

Gevaert Photoproducten N.V., Mortsel (Erfinder: **Willem Karel Antoon Koerber** und **Désiré Maria Aloys van Goethem**, Kontich), Belgien, *Supersensibilisierung.* Als Grundsensibilisatoren werden Styrylfarbstoffe verwendet, als Supersensibilisatoren Verbb. der allg. Formel YY'N-CO-C(SH)XX'. Hierin stehen Y für H oder Aryl; Y' u. X' für gegebenenfalls substituierte Alkylgruppen; X ist gleich X' oder H. Beispiele: *Mercapto-n-buttersäurenaphthylamid, Mercaptopropionsäure-p-toluidid, Mercaptoisovaleriansäure-p-chloranilid, Mercaptobuttersäure-p-toluidid.* (**D. B. P. 897 514** Kl. 57b vom 6/9. 1941, ausg. 23/11. 1953.) KALIX. 8605

Gevaert Photoproducten N. V., Belgien (Erfinder: **Arthur Henri de Cat** und **André Émile van Dormael**), *Stabilisieren von photographischen Emulsionen* durch Zusatz von Verbb. von der allg. Formel **A** oder einer ihrer tautomeren Formen, worin D die zur Bldg. eines Imidazol-, Imidazolin- oder Arylenimidazolinringes nötige Anzahl C-Atome darstellt, R_1 Alkyl, Aryl oder H, R_2 eine elektronegative Gruppe (z. B. die Amido-, Nitril- oder Carboxylgruppe) oder H u. R_3 OH oder NH_2 bedeuten. Man erhitzt z. B.

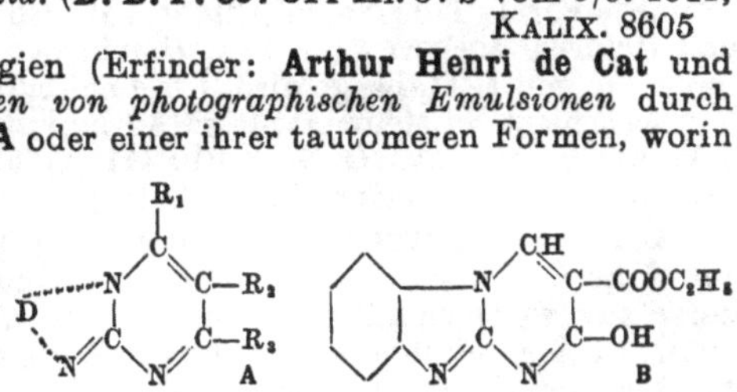

2,75 g 2-Aminobenzimidazol (**I**) u. 4,98 g Äthoxymethylenmalonsäurediäthylester (**II**) 2 Std. in 12 cm³ Essigsäure. Die entstandene Verb. von der Formel **B** schm. bei 270 bis 271° u. wird 1 kg Bromsilberemulsion unmittelbar vor dem Vergießen als 0,1%ig. alkoh. Lsg. in einer Menge von 30 cm³ einverleibt. Ferner werden angeführt: Verb. vom F. 280—282°, hergestellt aus der vorhergehenden Verb. durch Verseifen in alkal. Medium. Verb. vom F. 248—250°, aus **I** u. Äthoxymethylencyanessigsäureäthylester; Verb. vom F. über 360°, aus **I** u. Äthoxymethylenmalonsäuredinitril; Verb. vom F. über 280°, aus 2-Amino-5(6)-chlorbenzimidazol u. **II**; Verb. vom F. 282—284°, aus 2-Aminonaphthimidazol u. **II**; Verb. vom F. 225—227°, aus **I** u. Methyläthoxymethylenmalonsäurediäthylester; Verb. vom F. über 320°, aus **I** u. Methyläthoxymethylencyanessigsäureäthylester (**III**); Verb. vom F. über 320°, aus **I** u. Phenyläthoxymethylenmalonsäurediäthylester; Verb. vom F. 290°, aus 2-Aminoimidazolin u. **III.** (**F. P. 1 019 475** vom 3/6. 1950, ausg. 22/1. 1953. E. Prior. 8/6. 1949.) OPPERMANN. 8611

Siemens-Schuckertwerke Akt.-Ges., Berlin und Erlangen (Erfinder: **Ludwig Schirmer,** Berlin,), *Feinkornentwicklung.* Belichtete Halogensilberschichten werden während der Entw. in den üblichen Lsgg. der Einw. von *Ultraschall* ausgesetzt. (**D. R. P. 761 488** Kl. 57b vom 30/11. 1940, ausg. 8/2. 1954.) KALIX. 8619

Gevaert Photoproducten N. V., Mortsel b. Antwerpen (Erfinder: **Arthur Henri de Cat,** Kessel-Loo, **Gerard Michiel Lambert Stevens,** Berchem b. Antwerpen, und **André Emile van Dormael,** Heverlee b. Löwen), Belgien, *Farbbildner für Gelb* bilden Verbb. der allg. Formel I oder einer tautomeren Form davon.

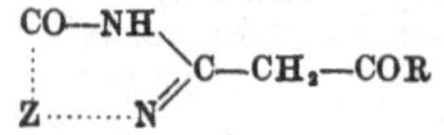

I

Hierin bedeutet Z eine Arylengruppe u. COR eine Acyl-, Ester-, Amid-, Hydrazid- oder Hydroxamsäuregruppe. Die **I** können dem Entwickler oder der Halogensilberemulsion zugesetzt werden. Die Darst. erfolgt nach bekannten Verfahren. — Beispiel: *2-Carbäthoxymethyl-4-chinazolon,* F. 163°. Weitere Beispiele, nur formelmäßig dargestellt. (**D. B. P. 893 143** Kl. 57b vom 12/12. 1951, ausg. 12/10. 1953. Belg. Prior. 20/12. 1950.) KALIX. 8631

Agfa, Akt.-Ges. für Photofabrikation, Leverkusen (Erfinder: **Werner Schultze,** Ludwigshafen/Rh.), *Mehrschichtenfarbfilme und Maskenschichten.* Außer den Bildschichten enthalten die Filme eine oder mehrere zur Herst. von Masken geeignete Schichten; diese oder die Bildschichten enthalten Direktpositivemulsionen. Die Maskenschichten enthalten Farbbildner für die farbgebende Entwicklung. (**D. B. P. 900 780** Kl. 57b vom 12/6. 1943, ausg. 4/1. 1954.) KALIX. 8631

Kalle & Co., Akt.-Ges. (Erfinder: **Gottlieb von Poser**), Wiesbaden, *Sensibilisatoren für Diazotypieschichten.* Den Lichtpausschichten werden aromat. Ketoverbb. zugesetzt, bes. solche, die eine oder mehrere Ketogruppen an einem Ring enthalten, wie Anthrachinon, Benzanthron u. Derivv. davon, bes. Sulfonsäuren. Sie sensibilisieren bes. gut farblose Benzoldiazoverbb., die frei von unsubstituierten u. alkylierten NH_2-Gruppen sind. Es genügen dazu wenige % des Sensibilisators, bezogen auf die Menge der Diazoverbindung. (**D. B. P. 903 061** Kl. 57b vom 28/12. 1939, ausg. 1/2. 1954.) KALIX. 8647

General Aniline & Film Corp., New York, N. Y., übert. von: **André Schoen,** Bangor, Pa., V. St. A., *Bilder aus Küpenfarbstoffen.* Ein nach bekannten Verff. durch Tonung erzeugtes Berliner-Blaubild wird in Ggw. eines Oxydationsmittels (**I**) u. eines H_2SO_4-Esters eines Leukofarbstoffs (**II**) auf 50—70° in einer Lsg. von p_H 6—7 erhitzt, wobei **II** durch Katalyse von Berliner-Blau bildmäßig zum entsprechenden Farbstoff oxydiert wird. Unverbrauchtes **II** u. Berliner-Blau werden dann durch Behandeln mit einer 0,2%ig. NaOH-Lsg. bei 40—60° entfernt. Als **I** werden Verbb. verwendet, die etwa das Oxydationspotential von H_2O_2 besitzen, z. B. $K_2S_2O_8$, Paracetate usw., als **II** bes. die Leukoverb. von *6.6'-Dimethoxythioindigo.* (**A. P. 2 611 701** vom 6/11. 1947, ausg. 23/9. 1952.) KALIX. 8647

Otto Perutz Trockenplattenfabrik München G. m. b. H. (Erfinder: **Walter Günther** und **Heinrich Socher**), München, *Herstellung von Ätzreliefs.* Zur Herst. von Ätzreliefs mit Hilfe von H_2O_2-Lsgg. wird lichtempfindliches Material verwendet, das eine Lichthofrückschicht aus feinverteiltem Ag besitzt. Diese wird bei Ausführung der Ätzung vollständig entfärbt. (**D. B. P. 910 741** Kl. 57b vom 5/10. 1950, ausg. 6/5. 1954. Anmeldung bekanntgemacht 18/10. 1951.) KALIX. 8647

Clarence E. Payne, San Francisco, Calif., V. St. A., *Farblösung für die Retusche von Negativen.* Lsg. enthält außer den üblichen Farbstoffen wie Brillantscharlach, einen mehrwertigen aliphat. Alkohol, bes. Diäthylenglykol, ein Netzmittel, ein Härtemittel für die Gelatine u. so viel Essigsäure, daß ihr p_H-Wert gleich dem des isoelektr. Punktes der einzufärbenden Gelatineschicht ist. (**A. P. 2 652 343** vom 22/12. 1947, ausg. 15/9. 1953.) KALIX. 8651

Herausgeber u. verantwortlich für den Inhalt: Prof. Dr. Maximilian Pflücke, Berlin NW 7, Schiffbauerdamm 19, Fernsprecher: 42 55 71. Redaktion: Chefredakteure Dr. Eugen Klever und Prof. Dr. Maximilian Pflücke. Verlag: Akademie-Verlag GmbH., Berlin W 8, Mohrenstraße 39 (Fernsprecher 20 03 86, Postscheckkonto Berlin 350 21), u. Verlag Chemie GmbH, Weinheim/Bergstraße (Postscheckkonto Frankfurt/M. 145314 u. Berlin [West] 7430, Fernsprecher: Weinheim 2017). Bestell- u. Verlags-Nr. dieses Heftes: 1007/125/42. Das Chemische Zentralblatt erscheint wöchentlich.
Satz u. Druck: VEB Leipziger Druckhaus, Leipzig, III/18/203. X. 54.
Veröffentlicht unter der Lizenznummer 1212 des Amtes für Literatur und Verlagswesen der Deutschen Demokratischen Republik.
Printed in Germany DDR.

Kolibri 360 GmbH
Ferdinand-Jühlke-Straße 7
99095 Erfurt, Deutschland
produktsicherheit@kolibri360.de